U0171064

化学与健康

主　编　解从霞　唐玉宝
副主编　魏庆莉　孙雪梅　吴汝林　杨晓玲　于跃芹

科 学 出 版 社
北 京

内 容 简 介

本书以与生命、人类健康和生活密切相关的化学因素为主线，介绍衣、食、住、行、用的材料和生物医用材料以及精神情绪中的化学因素。本书主要内容包括：化学与生活、化学与生命、饮食化学与健康、化妆品和洗涤用品与健康、材料化学与健康、环境化学与健康、药物化学与健康。本书多学科交叉融合，知识性与应用性相结合，旨在帮助学习者正确认识化学与生命、健康及生活的密切关系，能运用化学知识科学、健康地生活，并从中体悟化学在人类发展和科技进步特别是确保人类身体健康中发挥的重要作用。

本书可作为理工类、文管类、医学类、艺术类等专业本科生教材，也可供社会公众作为科普书学习了解相关知识。

图书在版编目(CIP)数据

化学与健康 / 解从霞，唐玉宝主编. —北京：科学出版社，2022.2
ISBN 978-7-03-063940-0

Ⅰ. ①化… Ⅱ. ①解… ②唐… Ⅲ. ①化学-关系-健康-高等学校-教材 Ⅳ. ①O6-05

中国版本图书馆 CIP 数据核字（2019）第 287819 号

责任编辑：陈雅娴　李丽娇 / 责任校对：何艳萍
责任印制：张　伟 / 封面设计：陈　敬

科学出版社 出版
北京东黄城根北街 16 号
邮政编码：100717
http://www.sciencep.com
北京中石油彩色印刷有限责任公司 印刷
科学出版社发行　各地新华书店经销
*
2022 年 2 月第　一　版　开本：787 × 1092　1/16
2023 年 6 月第二次印刷　印张：21
字数：538 000

定价：78.00 元

(如有印装质量问题，我社负责调换)

前　言

本书是青岛科技大学多年从事化学相关学科教学、研究和化学与健康课程教学一线的教师在博采精选内容、广泛征求学习者意见、不断总结教学经验的基础上完成的一本通识课教材。

党的二十大报告中指出“推动绿色发展，促进人与自然和谐共生”，“推进健康中国建设”，“加快规划建设新型能源体系”等，这些都与化学息息相关。本书内容紧扣党的二十大精神，以与健康密切相关的化学因素为主线，以化学是一门实用科学为导引，以知识性与应用性相结合、历史性与前沿性相结合、科学性与科普性相结合为原则。通过探究生命之源和生命现象，揭秘生命的化学本质，阐明生命是化学反应的产物；通过回顾化学发展的历史，展现化学的巨大成就；通过探究衣、食、住、行、用等生活不可或缺的化学制品之源，展示化学让人类生活变得丰富多彩；通过介绍与人类健康和生活密切相关的衣、食、住、行、用的材料和生物医用材料以及精神情绪中的化学因素，佐证化学与人类健康息息相关；通过思索现在、探究未来，展望化学将使人们的明天更精彩。本书旨在使学生感受到化学世界的宽广深邃和瑰丽神奇，在认知上了解化学与生命、健康及生活的密切关系；在情感上认知并体悟化学在人类发展和科技进步特别是确保人类身体健康中发挥的重要作用，使学生客观地认知化学，扭转部分学生对化学的误解与偏见；使学生感受到科学家的科学精神和爱国情怀，进而把爱国之情、报国之志融入为中华民族的伟大复兴而努力奋斗的行动中，为强国之路做出实质性贡献；在行为上能运用化学知识分析和解决日常生活问题，科学、健康地生活。

本书的编写分工如下：第 1 章、第 3 章的 3.3、3.5、3.6 节由魏庆莉编写；第 2 章的 2.1、2.2 节由陈丽华编写；第 2 章的 2.3、2.4、2.5 节，第 5 章的 5.1、5.2、5.3 节由唐玉宝编写；第 2 章的 2.6 节由李淑梅编写；第 3 章的 3.1 节和第 7 章由吴汝林编写；第 3 章的 3.2、3.4 节由李风起编写；第 4 章由杨晓玲编写；第 5 章的 5.4 节由武杰编写；第 6 章由孙雪梅编写。全书由解从霞和唐玉宝统稿，于跃芹参与了策划和第 3 章、第 5 章的部分统稿。在教材编写的初期，化学与健康课程组的王小燕(第 3 章、第 4 章)、郭维斯(第 6 章、第 7 章)老师为教材提供了大量的相关资料。另外，在本书的编写过程中，编者参考了已出版的相关教材和相关文献，并引用了其中少量的图、表等，主要参考资料列于各章后，在此说明并致谢!

由于编者水平和教学经验有限，书中不妥之处在所难免，欢迎读者批评指正。

编　者

2023 年 6 月于青岛

目　　录

前言

第 1 章　化学与生活 ……1

1.1　化学及其发展 ……1

1.1.1　化学一词的由来及定义 ……1

1.1.2　化学的发展及研究内容的演变 …2

1.1.3　古代实用化学 ……2

1.1.4　中古化学时期 ……5

1.1.5　近代化学的孕育与发展 ……7

1.1.6　现代化学 ……8

1.2　化学使生活丰富多彩 ……9

1.2.1　20 世纪以来化学的发展“空前辉煌” ……10

1.2.2　化学的中心地位 ……12

1.2.3　化学给予人类的物质保障 ……14

知识拓展：土碱如何打败洋碱 ……16

1.3　未来化学 ……17

1.3.1　21 世纪化学的发展方向 ……17

1.3.2　未来化学的发展方向 ……19

参考文献 ……22

第 2 章　化学与生命 ……23

2.1　生命及其起源 ……23

2.1.1　生命概述 ……23

2.1.2　生命起源 ……25

知识拓展：生命进化的十大奇迹 ……29

2.2　化学与生命活动 ……29

2.2.1　人类生命和健康的密码——DNA ……29

2.2.2　酶——人体的催化剂 ……31

2.2.3　血红蛋白与肌红蛋白——氧气的携带者 ……32

2.2.4　记忆与化学反应的关系 ……33

2.2.5　视觉的化学原理 ……35

2.2.6　控制进餐的化学物质 ……36

2.2.7　神奇的激素 ……37

知识拓展：“愤怒得失去理智”的原因及食疗 ……40

2.3　人体中的化学元素 ……40

2.3.1　人体中化学元素的来源 ……40

2.3.2　人体中化学元素的选择 ……41

2.3.3　人体中化学元素的存在形式及分布 ……42

2.3.4　人体中化学元素的分类 ……43

2.3.5　人体中化学元素在周期表中的位置规律 ……44

2.3.6　人体中化学元素与健康的相互作用 ……45

2.3.7　人体中化学元素的功能 ……46

2.3.8　人体中常量元素和微量元素 …47

知识拓展：“碘小姐的旅行”与“铝先生的诊疗” ……57

2.4　人体中的化学反应 ……57

2.4.1　人体中化学反应的特点 ……57

2.4.2　酶促反应 ……58

2.4.3　生物配位反应 ……62

2.4.4　生物氧化反应 ……64

2.4.5　表面化学反应 ……66

2.4.6　电化学反应 ……66

2.5　人体中的化学平衡 ……68

2.5.1　水、电解质平衡 ……68

2.5.2　酸碱平衡 ……71

2.5.3　血糖平衡 ……73

2.5.4　沉淀溶解平衡 ……75

知识拓展：全国爱牙日 30 年历年主题 …75

2.6　健康在于适当运动 ……76

2.6.1　人体运动与能量供应 ……76

健康贴士：运动中和运动后的饮食 …78

2.6.2 科学运动原则 …… 79
健康贴士：运动后七不宜 …… 81
2.6.3 运动与塑身 …… 82
健康贴士：如何判断自己的运动量是否合适？ …… 87
参考文献 …… 87
第 3 章 饮食化学与健康 …… 88
3.1 话说健康 …… 88
3.1.1 健康的定义和标准 …… 88
3.1.2 亚健康 …… 89
3.1.3 影响人体健康的因素 …… 90
3.1.4 人类自身的健康管理 …… 91
3.1.5 健康中国行动 …… 92
知识拓展：根据健康中国行动 50 条主要指标自测 …… 97
健康贴士：积累健康 …… 97
3.2 食品的营养与健康 …… 98
3.2.1 食品的定义与组成 …… 98
3.2.2 营养素概述 …… 98
3.2.3 人体的七大营养素 …… 99
3.2.4 饮食营养与疾病 …… 106
3.2.5 平衡营养与合理膳食 …… 110
3.3 中国居民膳食指南及平衡膳食宝塔 …… 111
3.3.1 《中国居民膳食指南(2016)》 …… 111
3.3.2 中国居民膳食宝塔 2016 …… 115
知识拓展：化学大事记 …… 118
3.4 食品添加剂与健康 …… 118
3.4.1 食品添加剂概况 …… 118
3.4.2 常用食品添加剂 …… 120
3.4.3 食品添加剂的安全使用 …… 124
3.4.4 科学选用食品 …… 126
3.5 茶与健康 …… 131
3.5.1 茶文化 …… 131
3.5.2 茶叶中的营养成分——饮茶有益健康的生化基础 …… 135
3.5.3 茶的保健功能及科学饮茶 …… 139
知识拓展：茶艺茶道 …… 143
3.6 酒与健康 …… 143
3.6.1 酒文化 …… 143
3.6.2 酒的分类及特点 …… 145
3.6.3 酒与健康的关系 …… 151
参考文献 …… 154
第 4 章 化妆品和洗涤用品与健康 …… 155
4.1 化妆品与健康 …… 155
4.1.1 化妆品的定义与分类 …… 155
4.1.2 化妆品原料简介 …… 156
4.1.3 皮肤和毛发的结构、作用与分类 …… 160
知识拓展：判断皮肤类型 …… 163
4.1.4 化妆品相关的法律法规和包装标识 …… 163
4.1.5 化妆品的发展趋势 …… 164
4.1.6 洁面和护肤化妆品与健康 …… 165
4.1.7 美容化妆品与健康 …… 174
4.1.8 头发洗护类化妆品与健康 …… 179
4.1.9 香水和花露水与健康 …… 183
4.1.10 特殊用途化妆品与健康 …… 185
4.2 洗涤用品与健康 …… 195
4.2.1 洗涤用品概述 …… 195
4.2.2 洗涤用品的正确使用 …… 203
参考文献 …… 204
第 5 章 材料化学与健康 …… 206
5.1 服装材料 …… 206
5.1.1 服装纤维材料 …… 206
5.1.2 天然纤维 …… 207
5.1.3 化学纤维 …… 208
5.1.4 海藻纤维 …… 210
5.1.5 新型绿色纤维 …… 212
5.1.6 功能纤维 …… 213
5.1.7 服装材料中常见的有害化学物质 …… 217
知识拓展：新型纤维服装展 …… 219
5.2 食品包装材料 …… 219
5.2.1 塑料包装材料 …… 219
5.2.2 纸质包装材料 …… 221
5.2.3 功能型包装材料 …… 222
5.3 建筑交通功能材料 …… 225

5.3.1 海绵城市建设材料…………226
5.3.2 室内表面功能材料…………229
5.3.3 外墙保温隔热材料…………232
5.3.4 碳纤维材料……………234
知识拓展：水立方膜材料…………236
5.4 生物医用材料……………236
5.4.1 生物医用材料概况…………236
5.4.2 生物医用金属材料…………237
5.4.3 生物医用无机非金属材料…239
5.4.4 生物医用高分子材料………242
5.4.5 生物医用复合材料…………246
参考文献………………………248
第 6 章 环境化学与健康……………249
6.1 大气环境与健康……………249
6.1.1 大气组成与空气质量评价标准……………………249
6.1.2 造成大气污染的化学反应类型……………………251
6.1.3 雾霾的形成、危害及控制…252
健康贴士：雾霾天要不要开窗通风？………………257
6.2 水与健康…………………257
6.2.1 水污染的来源及危害………257
6.2.2 水体重金属污染防治………260
健康贴士：日常生活中重金属污染的防治…………………262
6.3 土壤与健康………………262
6.3.1 土壤是生命之基……………262
6.3.2 土壤污染及其特点…………263
6.3.3 土壤污染的危害……………265
6.3.4 土壤污染防治………………266
6.4 电子垃圾与健康……………269
6.4.1 电子垃圾污染与危害………269
6.4.2 电子垃圾的治理……………272
6.5 居室环境与健康……………273
6.5.1 室内空气质量标准…………273
6.5.2 居室环境污染来源…………275
6.5.3 居室污染的种类及危害……276
6.5.4 改善居室环境的基本措施…279
6.5.5 现代科学治理居室环境技术……………………280
参考文献………………………282
第 7 章 药物化学与健康……………284
7.1 药物与健康………………284
7.1.1 药物概述……………………284
7.1.2 药物与健康的关系…………286
7.1.3 化学药物的发展趋势………291
健康贴士：服药注意事项…………292
7.2 抗生素与健康………………292
7.2.1 抗生素简介…………………293
7.2.2 合理使用抗生素……………297
7.2.3 抗生素的发展趋势…………298
健康贴士：使用抗生素注意事项…300
7.3 疟疾与青蒿素………………300
7.3.1 疟疾…………………………300
7.3.2 治疗疟疾的药物……………301
7.3.3 青蒿素的深入研究进展……302
7.4 癌症与健康…………………303
7.4.1 癌症及其临床表现…………303
7.4.2 癌症产生的原因……………305
7.4.3 癌症的治疗…………………306
7.4.4 癌症的预防…………………308
7.4.5 抗癌药物的发展……………309
健康贴士：远离癌症………………310
7.5 心脑血管疾病与健康…………310
7.5.1 心脑血管疾病的起因和危害··311
7.5.2 心脑血管疾病的症状和预防··311
7.5.3 心脑血管疾病治疗药物及其发展……………………312
健康贴士：远离心脑血管疾病……313
7.6 糖尿病与健康………………313
7.6.1 糖尿病及其分类……………314
7.6.2 糖尿病的预防………………314
7.6.3 糖尿病治疗药物及其发展…315
健康贴士：远离糖尿病……………319
7.7 痛风与健康…………………319
7.7.1 痛风…………………………319
7.7.2 痛风发病原因及影响因素…320

7.7.3 痛风的预防 …………………320
7.7.4 痛风治疗药物及其发展 ……321
健康贴士：远离痛风 ………………323
7.8 艾滋病与健康 ……………………323
7.8.1 艾滋病及其临床表现 ………323
7.8.2 艾滋病的预防 ………………324
7.8.3 艾滋病的治疗及治疗药物 …324
健康贴士：远离艾滋病 ……………326
参考文献 ………………………………326

第1章

化学与生活

化学强大的创造力为人类提供了丰富多彩的物质世界，化学对人类生活的重要性不言而喻。没有化学，世界难以想象。

1.1 化学及其发展

化学历史久远，可以说从人类学会使用火，就开始了最早的化学实践活动。人类的祖先钻木取火、烘烤食物、驱寒取暖、驱赶猛兽，充分利用了燃烧的发光发热现象，这在当时只是一种生活经验的积累。化学知识的形成、发展经历了漫长而曲折的道路。

1.1.1 化学一词的由来及定义

化学单从字面解释是“变化的科学”。汉语中化学一词最早出现于1856年英国传教士韦廉臣(1829—1890)编的《格物探原》一书，是英文chemistry一词的意译。英文chemistry来源于拉丁文alchemy，后者来源于阿拉伯语al-kimiya。

关于al-kimiya的来源有两种说法。一种说法认为其来源于古埃及语“黑色”(khem)或来源于希腊语“我浇铸”(cheo)。阿拉伯人继承了亚历山大炼金术士的说法，他们使用chemia(阿拉伯语al-kimiya)作为实现金属转变的物质或介质。炼金术又由阿拉伯传入中世纪的欧洲，演变为alche-my，再由这个词衍生出chime(法语“化学”)、chemie(德语“化学”)或chemistry(英语“化学”)。英文chemistry形象地体现了化学的本质“Chem is try”，即化学就是尝试、试验。直到16世纪，炼金术(alchemy)逐渐转变为近代化学(chemistry)。

印度学者马迪哈桑于1951年提出另一种说法，认为al-kimiya的词源是由中国金丹术衍生的。在阿拉伯语中al-kimiya的原意是炼金术，而阿拉伯的炼金术是由中国传入的。中国炼丹术士们主要的探究对象“金液”在福建方言中读音是“钦牙”(kimya)，阿拉伯人在中国接触的地区正是福建。“al-”是阿拉伯语中的冠词，“al-kimiya”可看作“金液学”。

关于化学的定义，《辞海》中为“化学是研究物质(单质及化合物)的组成、结构、性质及其变化规律的科学”。中学课本中为“化学是一门以实验为基础的自然学科，它研究物质的组成、结构、性质及变化规律等”。恩格斯指出：“化学可以称为研究物体由于量的构成的变化而发生质变的科学。”著名物理化学家、中国量子化学之父唐敖庆这样描述：“化学是总管物质在原子、分子层次变化的学科。也就是说，化学是一门试图从原子、分子层次上了解物质性质和物质发生反应的科学。”

1.1.2 化学的发展及研究内容的演变

化学的发展大致可以划分为三个时期：古代化学时期、近代化学时期、现代化学时期。

1. 古代化学时期

从远古时代的化学萌芽到17世纪中期是古代化学时期。在化学的萌芽时期，人类的制陶、冶金、酿酒、染色等工艺，主要是在实践经验的直接启发下经过多年摸索而来的，以实用为主，还没有形成化学知识，尚未形成一定规模的理论体系，可称为古代实用化学。古代化学在制陶和冶金等方面积累丰富经验的基础上，又经历了炼丹、炼金、医药化学和冶金化学等的中古化学时期。

2. 近代化学时期

从17世纪中期到19世纪90年代中期是近代化学时期。这个时期的主要特点是：化学成为一门独立的学科。近代化学是化学全面发展的时期，建立了无机化学、分析化学、有机化学、物理化学四大分支。同时，欧洲资产阶级革命的兴起使化学工业成为世界化学发展的重点。

3. 现代化学时期

从19世纪末期至今，化学进入现代化学时期。这个时期的主要特点是：从宏观到微观，从描述发展到推理，从定性发展到定量，从静态发展到动态。这个时期化学发展的重点是研究分子科学。

本章着重介绍古代化学时期的实用化学，近代化学和现代化学简单提及，后面章节将详细阐述。

1.1.3 古代实用化学

在长期的劳作中，人们接触到包括化学变化在内的众多自然现象，逐渐积累起选择物质、加工利用物质及其化学功用的许多经验，这些积累起来的经验就是早期实用化学知识。

1. 早期实用化学

1) 火的利用——化学的萌芽时期

原始人类为了生存，在与自然界的种种灾难抗争中发现并利用了火。摩擦生火是人类对自然界的第一个伟大胜利，原始人类从用火之时开始由野蛮进入文明，同时开始了用化学方法认识和改造天然物质。火是人类发现和利用的第一个化学现象，人类认识并支配了火，为实现一系列化学变化提供了条件。火的发现和利用改善了人类的生存条件，并使人类逐步变得聪明而强大。

从远古到大约公元前1500年，人类学会在熊熊的烈火中用黏土制出陶器、用矿石烧出金属，学会利用谷物酿造酒、给丝麻等织物染上颜色，这些都是在实践经验的直接启发下经过长期探索而形成的最早的化学工艺，是化学的萌芽时期。

2) 陶瓷器的出现和发展——化学的早期应用

陶器是人类利用天然物，用火按照自己的意志创造出来的一种全新的物品，是人类利用化学变化改变物质天然性质的开端，是人类社会由旧石器时代发展到新石器时代的标志之一。

陶器的出现丰富了原始人类的经济生活，给人类生活带来了极大的便利。在陶器制作过程中，人类的审美和智慧得到了创造性的发挥，其客观地记录了当时人们的精神和观念，具有重要的意义。

最初，人们只是用泥土捏成某种形状再烧制成陶器，以日用为主，只具有使用价值，不具有欣赏价值。已知最早的陶器是格拉维特文化小雕像。例如，在现今捷克下维斯特尼采境内发现的陶器——下维斯特尼采爱神，可以追溯到公元前 29000 年至公元前 25000 年。2012 年在江西仙人洞遗址中发现的陶器罐碎片是中国发现的迄今最古老的陶制容器碎片，可以追溯到公元前 20000 年至公元前 19000 年。在河北省阳原县泥河湾地区发现的旧石器时代晚期的陶片距今也有 11700 年之多。

从目前所知的考古材料来看，我国陶器中的精品有旧石器时代晚期距今 10000 多年的灰陶、8000 多年磁山文化的红陶、7000 多年仰韶文化的彩陶、6000 多年大汶口的蛋壳黑陶、4000 多年商朝的白陶、3000 多年西周的硬陶，还有秦朝的兵马俑、汉朝的釉陶、唐朝的唐三彩等。

随着社会的进步，制陶工艺不断进步和发展，制造的方法也由手工逐渐过渡到使用陶轮，焙烧的方式也由原来的篝火式发展到炉灶式，最后形成了陶窑。原料越选越精，陶器品种越来越多，质量也逐步提高，并且更加注重器型、纹饰、釉面等。

瓷器出现在商朝，瓷字在晋朝才有。陶与瓷一脉相承，却有着质的不同，两者的区别在于原料土和烧制温度不同。陶器的胎料是普通的黏土，烧制温度是 800～1000℃，而瓷器是用高岭土在 1300～1400℃烧制而成。

社会的进步也促进了制瓷业的发展，如北方邢窑白瓷“类银类雪”，南方越窑青瓷“类玉类冰”，两者组成“北白南青”两大窑系。另外，唐朝还烧制出雪花釉、纹胎釉和釉下彩瓷及贴花装饰等瓷器。

2005 年 7 月 12 日伦敦佳士得拍卖会上，我国元代的“鬼谷子下山”元青花大罐(高 27.5 cm，口径 21 cm，腹径 33 cm，足径 20 cm)拍出了 1568.8 万英镑，约合人民币 2.3 亿元，以当天的国际牌价可以买两吨黄金，创下亚洲艺术品拍卖和中国瓷器及中国工艺品拍卖的世界纪录。这件文物创下瓷器全球拍卖最高价，主要是因为其出品于中国历史上制作青花瓷器的顶峰时期，历经几百年仍然保存完好。

世界其他地区如古埃及、西南亚、印度、波斯及希腊的劳动人民，也和我们的祖先一样，创造了灿烂的古代文化，这些地区也都在新石器时代的一开始就出现了制陶工艺。

3) 金属的加工和使用——早期的金属知识

在新石器时代晚期，人类已开始加工和使用金属，最先使用的是没有加入其他金属的红铜(纯铜)。人们在拣取石料时遇到天然铜，发现它的性质和石料完全不同，可以锤延，有光泽，于是采用锤敲打击的加工方式将其加工成装饰品和小器皿。再后来人们借鉴用火和制陶的丰富经验，逐渐掌握了熔铸技术，更有效地利用了红铜。

由铜矿石冶炼出铜，使人们对自然界有了更进一步的认识，随后逐步冶炼出了锡、铅等其他几种金属，具有划时代意义的青铜冶炼铸造技术逐渐发展成熟起来。中国古代青铜主要是铜与锡的合金，这是人类技术发展史上的重要发明。远在 5000 多年前的马家窑文化时期，中国古人就开始使用青铜制品。夏、商、西周、春秋、战国时期是中国的青铜时代，青铜铸造达到鼎盛，堪称辉煌灿烂，促进了当时生产力的发展。

铁在自然界分布极广，但天然的铁在自然界中几乎不存在，铁矿石熔点较高，又易还原，所以人类利用铁较铜、锡、铅、金等金属晚。中国冶炼铁的技术始于原始社会末期，当时的冶炼方法是用木炭作燃料，因燃料释放的热量低，加上炉体小、鼓风设备差、炉温比较低，不能达到铁的熔炼温度，炼出的铁是海绵状的固体块，所以称为块炼法。

考古研究发现，中国春秋晚期的铁器制作极其繁荣兴盛，到了战国末年已经进入炼铁和铁器制造的黄金时代。不断出土的考古新发现有力地证明了历史上中国冶炼铁的技术成熟而完备，远远领先于同时期的世界各国。诞生于我国西汉时期的环首刀，是由钢经过反复折叠锻打和淬火后制作出来的长刀，显示了当时先进的冶炼技术。

4) 其他古代化学技术——酿造、染色与油漆等

酿造和染色与人们日常生活中的食、衣密切相关，早在几千年前就已经有所发展，是一门古老的化学工艺。我国原始氏族社会末期的龙山文化距今大约 4000 年，在其遗址中出土了大量青铜器和陶器，其中出现了尊、壶、爵、角、斗等酒具，酒具的出现说明当时已会酿酒。商周时期，甲骨文中出现了“酒”字。在酿酒的同时，人们还利用发酵原理，从谷物中酿造出醋、酱油等。

埃及和西欧也从古代起以谷物或水果为原料用发酵法酿酒，埃及和罗马帝国的葡萄酒远近闻名。

从考古发掘、甲骨文及其他古代文献中可知，我国商朝养蚕纺丝已相当发达。随着丝麻纺织业的发展，各种纺织品的染色技术也相应发展起来。到了周朝，染色已明确分为煮、湅、暴、染几个步骤。在《书·益稷》有“以五彩彰施于五色，作服，汝明”，用青、黄、赤、白、黑五色染丝帛制衣。1972 年，在长沙马王堆一号西汉墓出土的织物中，彩色套印花纱及多次套染的织物多达 36 种色相，反映出当时极高的染色水平。这时用的染色原料是经过化学加工而提炼出来的植物性染料，如蓝靛染蓝、茜草染绛等。中国古代提取蓝靛的技术在中世纪经中亚传入欧洲，直到人造染料合成以前，一直是欧洲染色与印花的重要染料技术之一。中国古代在油漆、颜料技术方面也取得了不少成就。

漆器是中国古代的一项重要发明，它至少已有 7000 多年的悠久历史。到了汉代，漆器进入了它的黄金时代。马王堆汉墓出土的漆器数量之多、保存之完好、器形之多样、工艺之精巧都是前所未有的。

5) 造纸术、黑火药的发明——中国的发明

造纸术是我国古代科学技术四大发明之一，是我国古代人民对世界科学文化发展作出的卓越贡献。

1933 年，在新疆汉烽燧遗址出土了公元前一世纪的西汉麻纸，说明早在西汉时期我国劳动人民就发明了造纸术。公元 105 年，蔡伦以树皮、麻绳头、破布、破渔网等为原料制出达到实用书写要求的植物纤维纸。汉安帝年间公元 114 年，蔡伦因久侍宫中被封为龙亭侯，后遂称以其法制造的纸为“蔡侯纸”，蔡侯纸制作工艺很快随纸张一起外传。

作为造纸原料的植物纤维素是一种天然高分子。用化学及机械方法除去其他杂质后制成浆液，方可制得较纯的纤维素，因此造纸术就是用化学方法制得较纯纤维素的一项重大成就。造纸术的发明是书籍制作材料上的伟大变革。

黑火药也是我国古代科学技术四大发明之一，在化学史上占有重要的地位。黑火药是炼丹术士们的意外收获，与本草学有着密切的关系。黑火药的主要成分有硝石、硫黄、木炭。称其为“药”是因为硝石、硫黄被作为药材，而称为“火药”是因为这种混合物极易燃，并且燃烧相当激烈，放出大量热，在密闭容器中燃烧还会爆炸，反应式如下所示。

$$S + 2KNO_3 + 3C = K_2S + N_2\uparrow + 3CO_2\uparrow \quad (1\text{-}1)$$

火药很快发挥了它的积极作用，特别是其在军事上的运用和发展，对于促进社会进步有着深远的意义。1225～1248 年，火药由商人经印度传入阿拉伯，欧洲人在与阿拉伯人的战争中接触并学会了制造火药和火药武器。重要的火药武器则主要是通过战争传至西方国家的。恩格斯曾说：“火药和火器的采用绝不是一种暴力行为，而是一种工业的，也就是经济的进步。”

2. 五行学说——中国古代的物质观

在古代，自然科学知识虽然还没有形成像近代这样的理论体系，但也形成了朴素的物质观。元素论是关于物质的科学理论之一，也是物质观的一个组成部分。我国的五行学说就是古代朴素的物质观。

五行是我国古代人民创造的一种哲学思想，以日常生活的五类物质：金、木、水、火、土，作为构成宇宙万物及各种自然现象变化的基础。五类物质在天上形成五星，即金星、木星、水星、火星、土星，在地上就是金、木、水、火、土五种物质，对应于人就是义、仁、智、礼、信五种德行。古代人认为这五类物质在天地之间形成串联，如果天上的木星有了变化，地上的木类和人的仁心都随之产生“变异”。五行学说将自然界一切事物的性质类别纳入五类物质的范畴。五行学说图示见 1-1。

图 1-1　五行学说图示

古人用阴阳与五行这种相生相克的关系来阐释一切事物之间的相互联系，即自然界阴阳相互作用，产生五行；五行相互作用，则产生万事万物的无穷变化。阴阳五行学说的形成不仅巩固了人们对世界物质性的认识，还进一步触及物质变化的规律。

3. 四元素学说——古希腊人的物质观

古希腊人认为水、火、土、气是万物之基。公元前 439 年，雅典哲学家柏拉图将四基正式定名为“元素”。他的学生亚里士多德发展了四元素学说，他认为万物由水、火、土、气四种元素组成，且认为四种元素都具有可被人类感知的两两对立的性质，是永恒存在的。虽然这与当代元素的科学概念毫不相干，但古人关于世界万物是统一的，其元素可相互作用和转换的观念逐渐被公认。

2000 多年前，古人的思想中已有科学精神的萌芽，对于自然科学的发展有重大意义。

1.1.4　中古化学时期

1. 中国炼丹术及医药

中国具有炼丹术出现的“沃土”和“种子”。冶金与制陶技术的飞速发展、长期使用矿物类药物的丰富经验，成为炼丹术兴起的两大物质条件(沃土)，而古代方术与社会流行的阴阳五行思想的神秘结合，则成为炼丹术发展的理论源泉(种子)。

炼丹术是企图由普通药物炼制出长生不老药“还丹”的方术。为求得长生不老的仙丹，炼丹术士开始了最早的化学实验，而后记载、总结炼丹术的书籍也相继出现。葛洪著有《抱朴子》，其中含有许多化学知识：“丹砂烧之成水银，积变又还成丹砂”，即硫化汞(丹砂，HgS)经加热分解成汞，汞还能在预硫化时生成硫化汞；“铅性白也，而赤之以为丹，丹性赤也，而白之而为铅”，可见作者知道铅能变成丹铅，而后者又能变成铅。中国炼丹术的大致经过阶段和代表性事件如下：

秦始皇派人海上“求仙人不死之药”——炼丹术的萌芽；

汉武帝痴迷仙道，崇信方士，一意追求“长生不老”之术——炼丹术的兴起；

东汉魏伯阳所著《周易参同契》为当今世界保存下来的最早的炼丹术著作；

西晋初年葛洪所著《抱朴子》为炼丹术的经典著作；

唐朝炼丹术士和医药学家孙思邈著《丹房决要》；

唐朝有唐太宗等六个皇帝因服丹而死——炼丹术的鼎盛时期；

宋代以气功为基础的“内丹”学说开始盛行，而被称为“外丹”的炼丹术逐步走向衰落；

明朝的皇帝服丹而死——炼丹术的衰落时期。

炼丹术的衰落使人们看到它荒唐的一面，但也从客观上促进了制药化学的开端，化学方法转而在医药和冶金方面得到正当发挥，药物学的发展为化学成为一门科学准备了丰富的素材。与此同时，人们进一步分类研究了各种物质的性质，特别是相互反应的性能。这些都为近代化学的产生奠定了基础，许多器具和方法经过改进后仍然在今天的化学实验中沿用。炼丹术士在实验过程中发明了火药，发现了若干元素，制成了某些合金，制出和提纯了许多化合物，这些成果至今仍在使用。

炼丹术在医学上的贡献是巨大的，尤其是以外用丹药治疗外科疾患，其疗效与安全性都得到了越来越充分的肯定。外用丹药作为中医外科的一个重要组成部分也一直流传至今。

中国古代长期积累起来的药物学知识是珍贵的科学遗产，大部分已载入历代本草书籍中。药物学的发展是与化学分不开的。本草学到了明代进入一个新的发展阶段，著名医药学家李时珍(1518—1593)的巨著《本草纲目》(1578 年)是对我国古代本草学的一次历史性总结。《本草纲目》被誉为“东方医学巨典”，在动植物分类学等许多方面有突出成就，并对其他有关学科如生物学、化学、矿物学、地质学、天文学等作出了贡献。1659 年，波兰人卜弥格将其中植物部分内容译成拉丁文传入欧洲，此后《本草纲目》又被译为日文、法文、德文、俄文等在世界范围传播。达尔文称赞《本草纲目》是“中国古代的百科全书”。

2. 中古时期阿拉伯及欧洲化学

阿拉伯人继承了古希腊的哲学思想，又吸收了中国炼丹术的精华，从而创造了阿拉伯炼金术的辉煌。

8～10 世纪，大批著名炼金术士出现在阿拉伯，贾比尔·伊本·哈扬(J. I. Hayyan，721—815)是其中最著名的一位。贾比尔·伊本·哈扬既是炼金术士，也是医生。在其一生从医和炼金生涯中，他注重实验，改进了古代的煅烧、蒸馏、升华、熔化和结晶等方法，并著有《物性大典》《七十书》《炉火术》《东方水银》等作品。在著作中，他提出了金属的两大组分理论，认为硫黄和水银是金属的基本质料，即金属起源的“硫汞理论”。这一理论在炼金术士的化学实验中引入了定量分析的方法。这些思想传入欧洲并产生很大影响。根据记载，他在炼金过程中还制造出了硝酸、硫酸、硝酸银等物质，这对现代化学的发展产生了积极影响。继贾比尔 · 伊本 · 哈扬之后的两百多年间，又涌现了数位著名的炼金术士。

波斯人拉齐(M. Zakariya al-Razi，865—925)，也译拉齐斯(Rhazes)，一位极其优秀的医生，被尊称为“穆斯林医学之父”。他著名的化学著作是《秘典》(或译作《秘中之秘》)。书中记载了各类物质的大量配方，如由硫黄、石灰合成多硫化钙等，都是化学史上的珍贵资料。拉齐的著作中对炼金术士使用的仪器设备做过详细的介绍，其中包括风箱、坩埚、勺子、铁剪、烧杯、平底蒸发皿、沙浴、焙烧炉、锉等。

阿维森纳(Avicenna，980—1037)，一位著名的医学家，他也极其重视实验观测，并把观测记录收录在《医药手册》一书中。作为一位有着出色化学“嗅觉”的医学家，他凭直觉感到通过炼金术使金属嬗变是不可能的，他认为炼金术士不可能使金属的种类发生任何真正的转化，只能造出出色的仿制品。这在当时实属难能可贵。

16 世纪英国哲人弗朗西斯 · 培根(F. Bacon)曾经就炼金术的贡献做出了公正合理的评价。他说：“炼金术可比喻为《伊索寓言》里的一位老人，当他快要死去的时候，他告诉他的儿子们，说他的葡萄园里已埋下许多黄金留给他们。儿子们把葡萄树四周的泥土都挖松了，并没有发现金子。他们除去了树根旁的青苔和乱草，结果第二年长成满园的好葡萄。同样，炼金术士寻找黄金的苦心毅力，已使他们的后人获得许多有用的发明和有意义的实验，并且间接促使化学走上光明的大路。”

以现代科学的眼光回顾人类社会的炼金术发展史，不难得出这样的结论：炼金术最初的目标是“使贱金属变成贵金属”，这显然不能算是一门科学。但它又绝不仅仅是术士们的骗钱“把戏”，曾经有一大批科学家凭着严谨的态度认真探索，客观上促进了近代化学的产生。正因为如此，恩格斯将炼金术称为化学的原始形式。

这一时期欧洲越来越多的化学家转向生产实践研究，发展冶金和医药化学，更多的医生也转而研究化学，他们不再用草根树皮而是用化学方法制成的药剂来治病。最著名的代表人物是帕拉塞斯(P. A. Paracelsus，1493—1541)，他为了制造提纯化学药物，进行了许多化学实验，完成了许多无机物之间的化学转变。

欧洲古代化学之所以能上升为科学化学，其中一个重要原因是采用了天平等衡量器具和数学推理。而中国的炼丹术士们缺乏数学的素养，虽然也采用衡量器具，如对于从多少分量的汞能制得多少分量的硫化汞有过相当正确的记载，但一直未能指出汞、硫、硫化汞相互间的数量关系，当然也就没有发现物质组成的恒定、物质成分元素间的比例和物质变化的质量守恒的规律。

1.1.5　近代化学的孕育与发展

1. 近代化学的孕育

1650～1775 年是近代化学的孕育时期。随着冶金工业和实验室经验的积累，人们总结感性知识，进行化学变化的理论研究，使化学成为自然科学的一个分支。这一阶段开始的标志是英国化学家玻意耳为化学元素指明科学的概念。随后，化学又借燃素说从炼金术中解放出来。在燃素说流行的一百多年间，化学家为解释各种现象做了大量的实验，发现多种气体的存在，积累了更多关于物质转化的新知识。燃素说认为化学反应是一种物质转移到另一种物质的过程，化学反应中物质守恒，这些观点奠定了近代化学思维的基础。这一时期从科学实践和思想两方面为近代化学的发展做了准备。

2. 化学基本定律的建立

16 世纪开始，欧洲工业生产蓬勃兴起，推动了医药化学和冶金化学的创立和发展。炼丹术转向医药化学，炼金术转向冶金化学，注重生活和实际应用，继而更加注重物质化学变化本身的研究。在元素的科学概念建立后，通过对燃烧现象的精密实验研究，建立了科学的氧化理论和质量守恒定律，随后又建立了定比定律、倍比定律和化合量定律，为化学进一步科学地发展奠定了基础。

3. 分子学说的建立

1775 年前后，拉瓦锡(A. L. Lavoisier)用定量化学实验阐述了燃烧的氧化学说，开创了定量化学时期，使化学沿着正确的轨道发展。19 世纪初，英国化学家道尔顿(J. Dalton)提出近代原子学说，突出强调了各种元素的原子质量为其最基本特征，其中量的概念的引入是与古代原子论的一个主要区别。近代原子学说使当时的化学知识和理论得到了合理的解释，成为说明化学现象的统一理论。随后意大利科学家阿伏伽德罗(A. Avogadro)提出分子概念。用原子-分子论来研究化学，化学才真正被确立为一门科学。这一时期建立了不少化学基本定律。俄国化学家门捷列夫(D. Mendeleev)发现元素周期律，德国化学家李比希(J. von Liebig)和维勒(F. Wöhler)发展了有机结构理论，这些都使化学成为一门系统的科学，也为现代化学的发展奠定了基础。

4. 近代化学的发展

19 世纪下半叶，热力学等物理学理论引入化学，不仅澄清了化学平衡和反应速率的概念，而且可以定量地判断化学反应中物质转化的方向和条件。相继建立了溶液理论、电离理论、电化学和化学动力学的理论基础。物理化学的诞生把化学在理论上提高到一个新的水平。人们通过矿物分析发现了许多新元素，加上对原子分子学说的实验验证，经典性的化学分析方法也有了自己的体系。草酸和尿素的合成、原子价概念的产生、苯的环状结构和碳的价键四面体等学说的创立、酒石酸拆分成旋光异构体，以及分子的不对称性等的发现，推动了有机化学结构理论建立，使人们对分子本质的认识更加深入，奠定了有机化学的基础。

1.1.6 现代化学

20 世纪的现代化学是一门建立在实验基础上的科学，实验与理论一直是化学研究中相互依赖、彼此促进的两个方面。进入 20 世纪以后，由于受到自然科学其他学科发展的影响，并广泛应用了当代科学理论、技术和方法，化学在认识物质的组成、结构、合成和测试等方面都有了长足的发展，在理论方面取得了许多重要成果，并在无机化学、分析化学、有机化学和物理化学四大分支学科的基础上产生了新的化学分支学科。

近代物理的理论和技术、数学方法及计算机技术在化学中的应用，对现代化学的发展起了很大的推动作用。19 世纪末，电子、X 射线和放射性的发现为化学在 20 世纪的重大进展创造了条件。在结构化学方面，由于电子的发现而确立的现代有核原子模型，丰富和深化了人们对元素周期表的认识，发展了分子理论，人们开始应用量子力学研究分子结构。

从氢分子结构的研究开始，逐步揭示了化学键的本质，先后创立了价键理论、分子轨道理论和配位场理论。化学反应理论也随之深入到微观领域。测定化学立体结构的衍射方法有 X 射线衍射、电子衍射和中子衍射等，其中以 X 射线衍射法的应用所积累的精密分子立体结构信息最多。研究物质结构的谱学方法也由可见光谱、紫外光谱、红外光谱扩展到核磁共振波谱、电子自旋共振谱、光电子能谱、射线共振光谱、穆斯堡尔谱等，与计算机联用后，积累了大量物质结构与性能相关的资料。

经典的元素学说由于放射性的发现而发生了深刻的变革。从放射性衰变理论的创立、同位素的发现，到人工核反应和核裂变的实现、氘的发现、中子和正电子及其他基本粒子的发现，人类的认识深入到亚原子层次，创立了相应的实验方法和理论。

作为 20 世纪的时代标志之一，人类开始掌握和使用核能。放射化学和核化学等分支学科相继产生并迅速发展；同位素地质学、同位素宇宙化学等交叉学科也相继诞生。另外，人们开始探索超重元素以验证元素“稳定岛假说”。与现代宇宙学相依存的元素起源学说和与演化学说密切相关的核素年龄测定等工作都在不断补充和更新元素的观念。

酚醛树脂的合成开辟了高分子科学领域。20 世纪 30 年代聚酰胺纤维的合成使高分子的概念得到广泛认同。高分子的合成、结构和性能研究、应用三方面相互促进，高分子化学得以迅速发展，为现代工农业、交通运输、医疗卫生、军事技术及人们的衣食住行等各方面，提供了多种性能优异而成本较低的重要材料，成为现代物质文明的重要标志。高分子工业发展成为化学工业的重要支柱。

20 世纪是有机合成的黄金时代。化学的分离手段和结构分析方法已经有了很大发展，许多天然有机化合物的结构问题得到圆满解决，许多新的有机反应和专一性有机试剂得以发现。在此基础上，精细有机合成特别是不对称合成取得了很大进展，合成了各种有特种结构和特种性能的有机化合物，合成了不稳定的自由基，还合成了有生物活性的蛋白质、核酸等生命基础物质。这些科学成果为解决生命物质的合成问题及前生命物质的化学问题等提供了有利的条件。

20 世纪以来，化学发展的趋势可以归纳为：由宏观向微观、由定性向定量、由稳定态向亚稳定态发展，由经验逐渐上升到理论，再用于指导设计和开拓创新的研究。一方面，现代化学为生产和技术部门提供了尽可能多的新物质、新材料；另一方面，化学在与其他自然科学相互渗透的进程中不断产生新学科，并向探索生命科学和宇宙起源的方向发展。

1.2　化学使生活丰富多彩

美国化学家鲍林(L. C. Pauling)慨叹：“世界上可以没有空气，但不能没有化学。”一位中学生曾经向诺贝尔化学奖获得者克罗托(H. W. Kroto)提问：“人们都说 21 世纪是生命科学和信息科学的世纪，您能否告诉我化学有什么用？我们为什么要学习化学？”克罗托回答：“正因为 21 世纪是生命科学和信息科学的世纪，所以化学才更为重要。”克罗托的回答非常巧妙，但似乎没有解决这位中学生提出的实质问题。

实际上，20 世纪以来，继物理革命之后，化学也发生了深刻的革命。目前化学科学已经渗透到国民经济的各领域，它在为人类提供丰美的食品、丰富的能源、种类繁多的材料、治疗疾病的医药，以及保护人类的生存环境等方面发挥着巨大的作用。

1.2.1 20 世纪以来化学的发展“空前辉煌”

科学技术是第一生产力，一个时代的特征是由这个时代的重大技术发明决定的。1776 年，瓦特发明蒸汽机，彻底改变了人类手工劳动的方式，掀起了全世界的工业革命，使 18 世纪末到 19 世纪成为蒸汽机或工业革命时代。19 世纪后期，电的发明又使世界跨入了电气时代。

20 世纪以来，化学的发展日新月异。化学合成与分离技术、信息技术、生物技术、航空航天和导弹技术、核科学和核武器技术、纳米技术及激光技术等都取得了辉煌成就。新的成果无论在数量方面，还是在水平方面，都不断给人以新鲜的感觉。1900 年以前，人们已知 55 万种化学物质，到 1970 年也不过 236.7 万种。但在之后的 30 年中，这个数目增加了近 9 倍，到 2000 年达到 2340 万种(表 1-1)。

表 1-1 新化学物质的飞速增长

年份	已知化学物质种类	增长趋势
1900	55 万种	
1945	110 万种	翻一番(1900～1945 年)
1970	236.7 万种*	↓
1975	414.8 万种*	又翻一番(1945～1970 年)
1980	593 万种*	↓ 每 10 年翻一番(1970～2000 年)
1990	1057.6 万种*	↓
2000	2340 万种	1900～2000 年间增加了 2285 万种

*根据美国《化学文摘》1991 年统计数字。

现代化学是以指数级加速度向前发展，没有一门科学能像化学在过去的 100 年中创造出如此多的新物质。化学发展如此之快，取得辉煌成就有多方面的原因，首先归功于化学键理论。化学键理论的建立和不断深入发展使化学从宏观领域研究进入微观领域研究。

1. 化学键理论的形成与发展

化学键是纯净物分子内或晶体内相邻两个或多个原子(或离子)间强烈相互作用的统称。

我国现代理论化学的奠基人唐敖庆院士总结的 19 世纪化学的三大理论成就为化学键理论的形成奠定了基础：

(1) 经典原子分子论，包括道尔顿原子论、分子结构和原子价理论。

(2) 门捷列夫的化学元素周期律。

(3) 古尔德贝格(C. M. Guldberg)和瓦格(P. Waage)提出的化学反应的质量作用定律，是宏观化学反应动力学的基础。道尔顿的原子论和门捷列夫的化学元素周期律对于 20 世纪物理学家玻尔建立原子的壳层结构模型具有十分重要的借鉴作用。

我国物理化学家徐光宪院士总结的 20 世纪化学的三大理论成就进一步促进了化学键理论的发展：

(1) 化学热力学，可以判断化学反应的方向，提出化学平衡和相平衡理论。20 世纪 50 年代，由于美国国家标准学会的努力和美国石油协会(American Petroleum Institute，API)的支持，数以百万计化合物的热力学数据被测定和计算出来，编成手册和数据库。人们利用这些热力学数据判断化学反应的可能性，为合成化学指明了方向。数以万计的相图被绘制出来，为物相和功能材料设计提供了依据。

(2) 量子化学和化学键理论，以及结构和性能关系的初步规律。这对设计合成具有优良性能的化合物至关重要。化学键理论促进了现代分子生物学的建立。例如，量子化学家鲍林提出的氢键理论和蛋白质分子的螺旋结构模型，为1953年沃森和克里克提出DNA分子的双螺旋模型奠定了基础，后者又为破解遗传密码奠定了基础，从而创建了现代生物学。

(3) 20世纪开展的化学动力学研究和20世纪60年代发展起来的分子反应动力学，特别是催化理论的发展和计算机设计合成方法的推广，大大推动了合成化学。分子反应动力学是用动力学方法研究化学反应体系在势能面上的运动过程，从分子原子等微观层次揭示化学反应过程，回答“化学反应是怎样发生的”这一基本问题。针对这一问题，美国哈佛大学的赫希巴赫(D. R. Herschbach)、加利福尼亚大学的李远哲(Y. T. Lee)和加拿大多伦多大学的波拉尼(J. C. Polanyi)提出了交叉分子束方法，他们因研究化学反应动力学的贡献而在1986年获得了诺贝尔化学奖。

1956年，美国化学家马库斯(R. A. Marcus)提出了电子转移(electron transfer)反应理论，即马库斯理论。电子转移(或单电子转移)反应在无机化学、有机化学、生命过程中普遍存在，如金属离子的氧化还原反应、自由基链式亲核取代反应、光合作用和呼吸等生命过程。马库斯理论实际应用广泛，处理了众多电子转移体系，正确地预测了许多电子转移反应机理。马库斯由于在创立和发展电子转移反应理论中作出重大贡献而获得1992年诺贝尔化学奖。

日本理论化学家福井谦一建立和发展了关于化学反应性能的前线轨道理论，他从物质运动的观点解释化学反应，认为在化学反应中并不是分子中所有的电子都起作用，而是能量最高、运动在边沿特定轨道上的一部分电子在起支配作用。这就是所谓的前线轨道理论。研究实践证明，前线轨道理论对研究生物体内的反应，药物制备、高分子化合物和金属化合物等的合成均有实际的应用价值。

美国量子化学家霍夫曼(R. Hoffmann)与有机化学家伍德沃德(R.B.Woodward)在1965年提出了伍德沃德-霍夫曼规则。霍夫曼在哈佛大学工作期间与伍德沃德合作进行维生素 B_{12} 的研究。他利用量子化学知识对获得的实验结果进行计算研究，并以福井谦一的前线轨道理论为工具，提出了分子轨道对称性守恒原理，即伍德沃德-霍夫曼规则：化学反应的分子轨道的对称性在化学反应前后是守恒的，用图示表示轨道的相关性，研究反应的难易程度，在确定反应难易程度的过程中，前线轨道的变化起主要作用。研究实践证明，伍德沃德-霍夫曼规则可以解释以前无法解释的一些反应。

霍夫曼和福井谦一由于在分子轨道对称性守恒原理及前线轨道理论方面的研究获得了1981年诺贝尔化学奖。

在漫长的化学演化过程中，直到20世纪中叶，才能利用量子力学计算得到原子、分子的结构信息，借以解释和预测某些物质的性质，即研究结构与性能的关系，这一方法在预测分子性质和反应性方面具有广泛用途。这些理论大致是在20世纪40年代以后建立或加快发展的。这就可以解释为什么20世纪上半叶合成化学的进展很慢，经过了45年，已知化学物质的种类才从55万翻一番到了110万，但在20世纪下半叶三大化学理论确立以后，化学物质种类就以指数函数的加速度发展了，从1945年的110万到2000年的2340万。这就是实验与理论相互结合的结果。

2. 化学与其他学科相互促进渗透

宇宙进化有物理进化，化学进化，天体演化，地质演变，生物进化，社会进化，人工自然进化，物质产生精神、精神反作用于物质八个层次，如图 1-2 所示。

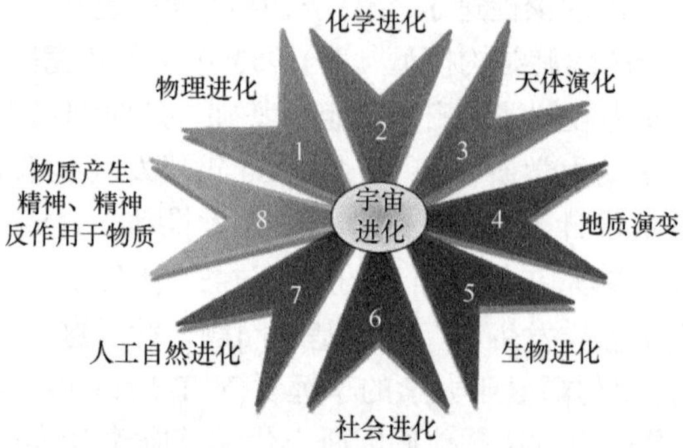

图 1-2　宇宙进化八个层次

“数理化天地生”传统学科相互促进发展，数学在化学中有广泛应用。19 世纪后期的化学只用到一次方程，而 20 世纪以来数学在化学中的应用逐渐增多，从一次方程发展到二次方程、复变函数、微分方程、线性代数、群论、矩阵、概率论和拓扑学等多种数学分支。计算机在化学中的应用也极大地促进了化学的发展。

3. 实验水平的空前提高为化学发展提供了强大的动力

实验精密程度、实验效率和自动化程度的大幅提高为探索化学奥秘提供了锐利武器。多功能、高精密度仪器包括光谱仪、各种类型的分光光度计、X 射线衍射仪、各种类型的显微镜、电子探针、中子衍射仪、核磁共振仪及多种联用仪等，在化学实验中应用越来越广泛。

展望 21 世纪的化学，正如诺贝尔化学奖获得者克罗托所说：“正因为 21 世纪是生命科学和信息科学的世纪，所以化学才更为重要。”21 世纪是信息科学、合成化学和生命科学共同繁荣的世纪。换句话说，21 世纪合成化学的发展仍然是世界经济的增长热点领域和科学技术发展的支柱与主干科学。

1.2.2　化学的中心地位

截至 2011 年 5 月 23 日，美国《化学文摘》化学物质数据库收录的化学物质数量已达到 6000 万种，这些物质应用在各领域。化学创造对人类的贡献无处不在。

1. 化学是一门承上启下的中心学科

科学可按照研究对象由简单到复杂的程度分为上游、中游和下游。数学、物理学等是上游，化学是中游，生命科学、材料科学、环境科学等朝阳学科是下游。上游学科研究的对象比较简单，但研究程度很深。下游学科的研究对象比较复杂，除了用本学科的方法以外，如果借用上游学科的理论和方法，可以达到事半功倍的效果。化学是中心学科，是从上游到下游的必经之地，永远不会像有些人估计的那样将要在物理学与生命科学的夹缝中逐渐消亡(图 1-3)。

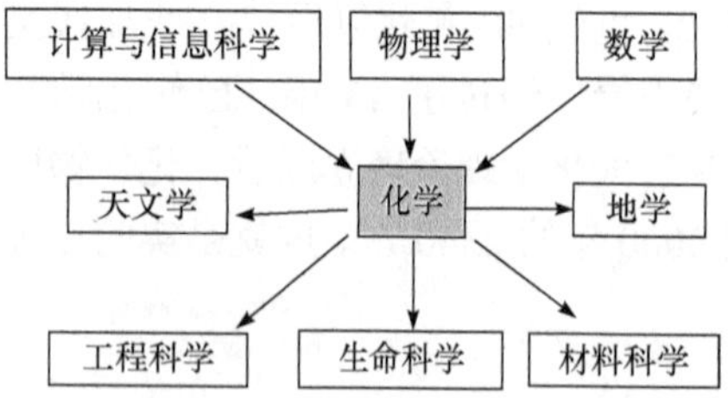

图 1-3　化学在各学科及社会需求中的中心地位

2. 化学是与八大朝阳学科都有紧密的联系、交叉和渗透的中心学科

化学与信息科学、生命科学、材料科学、环境科学、能源科学、地球科学、空间科学和核科学等八大朝阳学科都有紧密的联系，并产生了许多重要的交叉学科，如生物化学(或称分子生物学)、生物大分子的结构化学(或称结构生物学)、生物大分子的物理化学(或称生物物理学)、固体化学(或称凝聚态物理学)、溶液理论、胶体化学(或称软物质物理学)、量子化学(或称原子分子物理学)。

然而，化学家们非常谦虚，在交叉学科中放弃了带有化学字样的冠名权。例如，人类基因组计划的主要内容之一基因测序，实际上是分析化学相关内容，但人们往往忽视了化学家在研究中发挥的重要作用。又如，分子晶体管、分子芯片、分子马达、分子导线、分子计算机等都是化学家开始研究的，但开创这方面研究的化学家没有提出“化学器件学”新名词，微电子学专家发掘了这些研究的发展前景，并将其称为“分子电子学”。再如，化学家合成了 C_{60}，之后又做了大量研究工作合成了碳纳米管，但是许多相关发明被人们当作应用物理学或纳米科学的贡献。

3. 合成化学和分离技术在七大技术发明中的基础地位

从人类对七大技术发明的需要与迫切性来看，化学合成技术应当排名第一。化学的核心是合成化学，其中心任务是人工合成或从自然界分离出新物质为人类提供需要，化学的成就可用合成或分离出的新物质的数量和质量衡量。合成化学(包括分离技术)为其余六大技术发明提供了不可或缺的物质基础。

如果没有合成各种抗生素和大量新药物的技术，人类很难控制传染病和缓解心脑血管疾病，平均寿命可能要缩短 25 年。如果没有合成纤维、合成塑料、合成橡胶技术，人类生活会受到很大影响。信息技术的核心是集成电路芯片，这是在化学合成的硅单晶片上经过光刻生产的。计算机的存储器材料也与化学合成有关，其部件用了大量合成高分子材料。核电站的关键是核燃料，而核燃料铀、钚等的生产和废水处理等都是重要的化学工艺过程。激光技术、航空技术、航天技术、导弹技术和纳米技术等无不需要化学合成的高新材料。因此，如果没有化学合成技术，信息技术、生物技术、核科学和核武器技术、航空航天和导弹技术、激光技术、纳米技术在某种程度上都难以实现甚至无法实现。

按七大技术发明衍生的产业规模及其对世界经济的影响排序，第一是信息产业，第二是化学合成和分离产业，第三是飞机、航天、人造卫星及导弹产业，第四是核电站和核工业。其中在核产业中，有很大一部分是化工产业，如核燃料的前处理和后处理工业，重氢、重水工业，稀有元素冶炼工业等。又如，信息产业和航空航天导弹卫星产业中，都要依靠冶金、稀有元素冶炼，以及高分子和许多新材料的化学合成产业。

相对于前述四大产业而言，第五生物技术产业、第六纳米技术产业和第七激光技术产业规模较小。其中纳米技术产业主要是化学家发明的 C_{60}、碳纳米管等衍生出来的合成化学产业，以及用各种方法将化学物质制成纳米尺度的合成产业。

根据资料统计，在中国排名次序大致如下：第一是由化学合成和分离技术衍生的石油化工、精细化工、化肥工业、高分子化工、药物、农药工业等产业，以及化学分离产业，第二才是信息产业。

1.2.3 化学给予人类的物质保障

三大合成材料——塑料、合成纤维和合成橡胶的出现，结束了人类依靠天然材料的历史，谱写了现代文明新篇章。

1. 无处不在的合成材料

1) 美观耐用的纤维

合成纤维是用某些低分子物质经聚合反应制成的线型高分子化合物。合成纤维的品种很多，由高聚物合成的"六大纶"(丙纶：$\text{+}CH_2—CH(CH_3)\text{+}_n$；腈纶：$\text{+}CH_2—CH(CN)\text{+}_n$；氯纶：$\text{+}CH_2—CHCl\text{+}_n$；维纶：$\text{+}CH_2—CH(OH)\text{+}_n$；涤纶：$\text{+}OCH_2CH_2O—OC—C_6H_4—CO\text{+}_n$；锦纶 66：$\text{+}OC—(CH_2)_4—CO—NH—(CH_2)_6—NH\text{+}_n$，锦纶 6：$\text{+}HN—COCH_2CH_2CH_2CH_2CH_2\text{+}_n$)等使人们结束了单纯依赖天然纤维服装。合成纤维耐磨、耐蚀、不缩水，用其制作的服装不易褶皱、结实耐穿。但合成纤维与天然纤维相比，吸湿性和透气性差。因此，人们把合成纤维和天然纤维混纺，制成兼有两类纤维优点的混纺织物。

2017 年的世界合成纤维产量达到了 6694 万吨，远超过天然纤维产量。一个年产万吨的合成纤维厂的产能，约相当于 30 万亩(1 亩 ≈ 667 m^2)棉花或者 250 万头绵羊的产能。我国每年生产的合成纤维约占世界产量的 60%，相当于可为全球每个人制作 4 套衣服。

2) 五光十色的塑料

1920 年，德国的施陶丁格(H. Staudinger)提出由简单结构单元重复链接方式形成高分子化合物，他的大分子理论为三大合成材料的出现奠定了理论基础，他因此获得了 1953 年诺贝尔化学奖。

德国的齐格勒(K. Ziegler)和意大利的纳塔(G. Natta)通过改进聚合反应引发体系，使等规结构的塑料从实验室走进工厂，实现了生产上的突破。由此，高性能的塑料制品如雨后春笋般涌现，他们因此获得了 1963 年诺贝尔化学奖。如今，世界塑料产量相当于木材和水泥的总产量，是钢产量的 2 倍，有色金属产量的 17 倍。

塑料的主要成分是树脂，塑料的名称是根据树脂的种类确定的。除树脂外还根据需要加入特定用途的添加剂，如提高塑性的增塑剂、防止塑料老化的抗老剂。例如，以聚乙烯树脂为主要成分的塑料称为聚乙烯塑料，可作食品、商品的包装袋。添加剂的品种很多，如增塑剂、抗氧化剂、稳定剂、着色剂、润色剂、填充剂等。

塑料有热塑性塑料和热固性塑料两大类。热塑性塑料受热时软化成型，冷却后固化，并且可以反复加工，具有线型结构，如聚乙烯($\text{+}CH_2—CH_2\text{+}_n$)、聚氯乙烯($\text{+}CH_2—CHCl\text{+}_n$)、聚丙烯($\text{+}\underset{|}{\overset{CH_3}{CH}}—CH_2\text{+}_n$)等。热固性塑料受热时软化成型，冷却后固化，但一经固化就不能再用加热方法使之软化，具有网状结构，如酚醛塑料、脲醛塑料等。

塑料带来的健康和环境问题也必须引起重视。有些塑料无毒，如聚乙烯和聚丙烯，可用来制作食品袋和其他食具；但有些塑料有毒，如聚氯乙烯，不能用来制作食具或食品袋。塑料薄膜袋和泡沫塑料容器原料是非生物降解材料，在自然状态下能长期存在不分解，造成环境污染，称为"白色污染"。许多城市已禁用此类物品，提倡使用纸袋或纸质容器。

3) 性能优异的合成橡胶

合成橡胶是利用小分子物质聚合成的一类弹性好的高分子化合物，如丁苯橡胶(SBR)、氯丁橡胶(CR)和丁腈橡胶(NBR)。合成橡胶的很多性能比天然橡胶优越，广泛用于轮胎和制鞋工业等。天然橡胶产量相当有限，而且橡胶园一般受到地域的限制。合成橡胶填补了橡胶缺口，年产 8 万吨的合成橡胶厂产能约相当于 145 万亩橡胶园。现在使用的橡胶 60%是合成橡胶。

$$\text{-[CH—CH}_2\text{—CH}_2\text{—CH=CH—CH}_2\text{]}_n$$

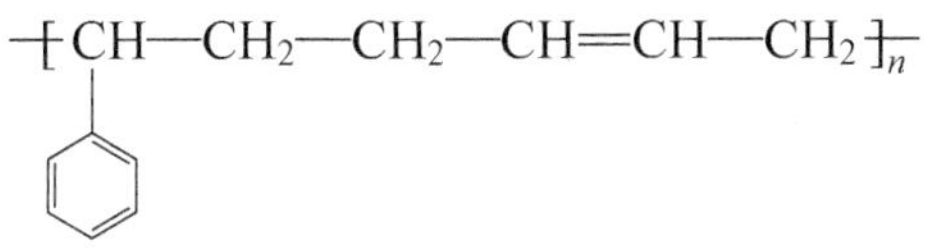

丁苯橡胶结构简式

4) 保障健康的合成药物

德国的多马克(G. Domagk)发现了抗菌药物——磺胺，磺胺的问世标志着合成药物时代的来临，他因此被授予 1939 年诺贝尔生理学或医学奖。这终结了人类仅仅依靠天然药物的历史，开创了人类健康新时代，也开辟了如今广泛使用的抗生素领域。磺胺药物声名大噪还因为曾用其治愈了英国前首相丘吉尔的肺炎和美国前总统罗斯福的儿子的细菌感染。

1928 年，英国化学家弗莱明(A. Fleming)幸运地发现了青霉素。1940 年，英国化学家弗洛里(H. W. Florey)和侨居英国的化学家钱恩(E. Chain)成功提取出青霉素。从此，青霉素成了家喻户晓的救命药，但由于生产条件的限制，青霉素的成本高，产量小，当时的价格比黄金还贵。1942 年青霉素正式用于临床治疗，在第二次世界大战期间挽救了无数伤员的生命。弗莱明、弗洛里和钱恩三人共同获得了 1945 年诺贝尔生理学或医学奖。英国化学家霍奇金(D. Hodgkin)用 X 射线测定出青霉素的结构，推动了一系列抗生素的合成，因此获得了 1964 年诺贝尔化学奖。

化学家们的一步步努力，让青霉素从发现、合成、提取、鉴定再到新品种的生产成为现实，使得比黄金还贵的青霉素成为真正惠及大众的普通抗生素。

20 世纪六七十年代，我国的屠呦呦研究团队与国内其他机构合作发现了青蒿素，开创了疟疾治疗新方法，裨益世界数亿人。她因此获得 2015 年诺贝尔生理学或医学奖(详见第 7 章)。

5) 促进农业发展、解决世界粮食问题的“固氮技术”

19 世纪以前，化学家指出：为了使子孙后代将来免于饥饿，必须实现大气固氮。以氮、氢为原料合成氨的工业化生产曾是一个较难的课题。德国化学家哈伯(F. Haber)于 1905 年攻克了这一难题，合成氨的方法也被称为哈伯法合成氨，他因此获得了 1918 年诺贝尔化学奖。一个多世纪过去了，全世界仍然在采用哈伯法合成氨。

$$N_2 + 3H_2 \xrightarrow[\text{催化剂}]{\text{高温、高压}} 2NH_3\uparrow \tag{1-2}$$

德国博施(C. Bosch)建成了世界上第一座合成氨工厂并实现商业化，他被授予 1931 年诺贝尔化学奖。2007 年，德国埃特尔(G. Ertl)阐明了合成氨相关表面反应机理，获得了当年的诺贝尔化学奖。

被誉为“20 世纪最重要发明”的人工固氮技术是化工生产实现高温、高压、催化反应的第一个里程碑。它解决了氮肥生产的原料问题，促进了农业的发展。如果没有人工固氮，世界粮食产量至少要减半，60 多亿人口可能有一半会饿死。它还为工业生产、军事工业需要的大量硝酸、炸药解决了原料问题，推动了高温、高压、催化剂等一系列化工生产技术进步。

2. 化学为新能源发展提供物质基础和技术保障

1901年美国得克萨斯州斯平德勒托普(Spindletop)油田的发现使得石油在后来50年内逐步超越煤成为了世界主要燃料来源。

在汽车行业，人们在汽油中添加少量的化学物质(醇类、醚类)提高其辛烷值，改善汽油的性能，降低发动机的磨损以延长发动机寿命，可以说化学的作用得到了很大的发挥。

当电力、煤炭、石油等不可再生能源频频告急，能源问题日益成为制约经济社会发展的瓶颈时，越来越多的国家开始实行“阳光计划”，开发太阳能资源，寻求经济发展的新动力。1839年科学家发现了光伏效应，1954 年生产出第一个硅基太阳能电池，1977 年第一个非晶硅太阳能电池问世，20 世纪 90 年代世界太阳能电池年产量稳步增长，这一系列里程碑式的进展为人类未来大规模利用太阳能提供了极大的信心，使得太阳能电池有望成为未来重要的能量来源。

电池已成为人类生活不可或缺的必需品，从铅酸蓄电池到锌锰电池、镍镉电池、镍氢电池，再到锂离子电池，化学的身影无处不在。2019 年诺贝尔化学奖授予古迪纳夫(J. B. Goodenough)、惠廷厄姆(M. S. Whittingham)和吉野彰(A. Yoshino)，以表彰他们在锂电池发展中所作的贡献。

3. 化学为军事武器装备提供新材料

军用新材料是新一代武器装备的物质基础，也是当今世界军事领域的关键技术。随着化学材料科学的发展，新型材料的研发为现代武器装备蒙上了神秘面纱。

军用材料大致可分为结构材料和功能材料两大类。应用于军事领域的各种新型结构材料和功能材料包括：高速飞机、导弹和航天器用的新型复合材料，微电子器件用的半导体材料，发展光电子技术所必需的光信息材料，能吸收雷达波、红外线或声波的隐身材料，高温超导材料，用于制造人体器官的生物材料等。

例如，具有“坚强性格”的未来“第三金属”——钛，能制造飞机、火箭，还能制造坦克、军舰、核潜艇等。雷达是飞机的“照妖镜”，然而化学涂料铁氧体能吸收雷达波，“明察秋毫”的雷达对涂有这种化学涂料的“隐形飞机”也无能为力。

新型化学材料和化合物的研制取决于分子及显微结构设计的合理性，因此必须进行物质结构理论研究，才能在原子、分子水平上认识物质的性能与组成、结构的关系，逐步实现按军事需要研制各种新材料、火炸药、毒剂和化合物。

利用脉冲光谱技术能较深入地揭示化学反应的本质，为寻找或设计最佳的化学过程、开发新的军用化学产品奠定基础。

加强化学生产工艺技术的研究，促进材料技术、微电子技术、光电子技术和生物技术的进步，可使武器系统的战术技术性能得到不断提高。未来化学化工技术一定会为现代化军事工业的发展作出更多的贡献。

知识拓展：土碱如何打败洋碱

范旭东的中国近代化学工业创立之路和侯德榜创立制碱工业的过程，实际上是中国的民族工业与帝国主义、资本主义工业斗争的缩影。执着实业梦，坎坷救国路！可查阅相关资料了解范旭东及中国第一个制碱企业永利制碱公司的详细情况。

1.3 未来化学

未来化学将会为人类提供一系列安全的生活必需品。化学帮助人类适应人口增长、应对能源挑战、缓解环境压力，化学将为构建和谐社会和国家的长治久安作出贡献。

1.3.1 21 世纪化学的发展方向

20 世纪的化学取得了辉煌的成就，21 世纪的化学将与物理学、生命科学、材料科学、信息科学、能源科学、环境科学、海洋科学、空间科学等领域相互交叉、相互渗透、相互促进、共同发展。

1. 化学与信息科学交叉的新园地

20 世纪中后期，随着计算机技术的发展，化学家意识到多年来所积累的大量信息必须通过数据库的形式呈现，才能为科学界所用。化学信息学新领域出现后，一直没有恰当的名称。活跃在该领域的化学家总是称自己在“化学信息”领域工作。然而，这一名称难以将处理化学文献的工作和发展计算机方法处理化学信息的研究区分。所以，一些化学家就称之为“计算机化学”，以强调采用计算机技术处理化学信息工作的重要性。但是，计算机化学又容易与理论化学计算即计算化学相混淆。

化学信息学这一名词出现在 20 世纪末。例如，“应用信息技术和信息处理方法已成为药物发现过程中的一个很重要的部分。化学信息学实际上是一种信息源的混合体。它可将数据转换为信息，再由信息转换为知识，从而使我们在药物先导化合物的识别和组织过程中的决策变得更有效”。

2005 年 5 月 21 日，为庆祝中国科学院学部成立 50 周年，徐光宪院士作了题为《超越化学前沿的探索——与信息科学交叉的新园地》的报告，阐述了信息的概念、信息科学的体系，详细讲解了化学信息学的基础知识。化学信息学是近年发展起来的一个新的分支，是建立在多学科基础上的交叉学科，是一门应用信息学方法解决化学问题的学科。

2. 21 世纪化学的四大难题

1) 化学反应理论(化学的第一根本规律)

化学研究物质的组成、性质、结构与变化规律，化学反应理论是化学的第一根本规律，是建立精确有效而又普遍适用的化学反应的含时多体量子理论和统计理论。19 世纪古尔德贝格和瓦格提出的质量作用定律是最重要的化学定律之一，但它是经验的、宏观的定律。艾林(H. Eyring)提出的绝对反应速率理论虽然非常有用，却是建立在过渡态、活化能和统计力学基础上的半经验理论。过渡态、活化能和势能面等都是根据不含时间的薛定谔第一方程计算的。

近年来发展理论方法对描述复杂化学体系还有困难，所以建立严格彻底的微观化学反应理论，既要从初始原理出发，又要巧妙地采取近似方法，使之能解决实际问题：包括如何判断某两个或某几个分子之间能否发生化学反应，能否生成预期的分子；需要什么催化剂才能在温和条件下进行反应；如何在理论指导下控制化学反应；如何计算化学反应的速率；如何确定化学反应的途径等。化学反应理论是21世纪化学应该解决的第一个重大难题。

2) 结构和性能的定量关系(化学的第二根本规律)

这里的“结构”和“性能”是广义的概念，前者包含构型、构象、手性、粒度、形状和形貌等，后者包含物理、化学和功能性质，以及生物和生理活性等。虽然科恩(W. Cohn)从理论上证明了一个分子的电子云密度可以决定它的所有性质，但实际计算要困难很多，人们对结构和性能的定量关系的了解还远远不够。这是21世纪化学的第二个重大理论难题。其中，要优先研究的课题有：

(1) 分子和分子间的非共价键相互作用的本质和规律。

(2) 超分子结构的类型、生成和调控的规律。

(3) 给体-受体作用原理。

(4) 进一步完善原子价和化学键理论，特别是无机化学中的共价问题。

(5) 生物大分子的一级结构如何决定高级结构，高级结构又如何决定生物和生理活性。

(6) 分子自由基的稳定性和结构的关系。

(7) 掺杂晶体的结构和性能的关系。

(8) 各种维数的空腔结构和复杂分子体系的构筑原理和规律。

(9) 如何设计合成具有人们期望的某种性能的材料。

(10) 如何使宏观材料达到微观化学键的强度。例如，金属晶须的抗拉强度比普通金属丝大一个数量级，但还远未达到金属-金属键的强度，所以金属材料强度的潜力是很大的。又如，目前高分子纤维的强度比高分子中共价键的强度小两个数量级。这就向人们提出如何挑战材料强度极限的难题。

以上各方面是化学的第二难题，其迫切性可能比第一难题更大，因为它是解决分子设计和实用问题的关键。

3) 生命现象的化学机理——生命化学难题

生命活动的过程可以用也必须用化学过程理解。虽然生命过程不能简单地还原为化学过程和物理过程的加和，但研究生命过程的化学机理就是从分子水平了解生命，可以为从细胞、组织、器官等层次整体了解生命提供基础。充分认识和彻底了解人类和生物的生命运动的化学机理，无疑是21世纪化学亟待解决的重大难题之一。

(1) 要了解生命的化学机理，最重要的是了解如何调控。这就是化学生物学的任务：如何用配体小分子的“钥匙”打开生物大分子的“锁”。人类约有4万个基因，它们表达的蛋白质约有25万种，这就是29万把“锁”。要找到能激发或抑制这些基因、蛋白质的“钥匙”来调控生命，需要58万把“钥匙”才能实现，然而目前人们只知道5000个，不到1%。过去选一把“钥匙”(药物)至少要合成大量的化合物，现在用组合化学的方法可以大大提高筛选比，但还需要合成几千万个新化合物。找到这些钥匙后，人类就可以避免疾病的痛苦，寿命大幅延长。

哈佛大学施莱伯(S. Schreiber)创建了化学遗传学，为开创化学蛋白质组学、化学基因组学奠定了基础。

(2) 研究光合作用、生物固氮作用，以及牛羊等食草动物胃内酶分子如何把植物纤维分解为小分子的反应机理，为充分利用自然界丰富的植物纤维资源打下基础。

(3) 人类的大脑是用“泛分子”组装成的最精巧的计算机。如何彻底了解大脑的结构和功能将是21世纪的脑科学、生物学、化学、物理学、信息和认知科学等交叉学科需共同解决的难题。

(4) 研究从化学进化到手性和生命起源的飞跃过程。如何实现从生物分子到分子生命的飞跃？如何制造活的分子，跨越从化学进化到生物进化的鸿沟？美国加利福尼亚州斯克利普斯(Scripps)研究所的化学家雷贝克(J. Rebek)认为，在化学与生物学边界真正开创性的工作在于通过化学手段合成生物系统。他认为其中最大的挑战是从“设计图纸合成出活体细胞，以及有生物活性的分子，并重新创造新陈代谢”。他又称：“这是纯化学问题，在取得成功以前，还不会变成生物学问题。”换句话说，如果化学家得不到支持，未做这些开创性的工作，那么生命科学的发展会受到很大的限制。

(5) 研究复杂、开放、非平衡的生命系统的热力学，耗散和混沌状态，分形现象等非线性科学问题。

4) 纳米尺度难题

中国、美国、日本等国都把发展纳米科学技术定为战略目标。在复杂性科学和物质多样性研究中，尺度效应至关重要。尺度的不同常引起主要相互作用力的不同，导致物质性能及其运动规律和原理的质的区别。纳米粒子体系的热力学性质包括相变和集体现象(collective phenomena)，其铁磁性、铁电性、超导性和熔点等与宏观聚集态有很大差异。处在这个尺度的粒子的热运动的涨落和布朗运动对粒子的性质起重要作用。

例如，金的熔点为 1063℃，纳米金(5～10 nm)的熔化温度却降至 330℃；银的熔点为 960.3℃，而纳米银(5～10 nm)的熔化温度却降至 100℃。当代信息技术的发展推动了纳米尺度磁性的研究。由几十个到几百个原子组成的分子磁体表现出许多特性，如量子隧穿效应、量子相干效应等。纳米粒子的比表面积很大，由此引起反应性质的不同。例如，纳米铂黑催化剂可使乙烯催化反应的温度从 600℃降至室温。

又如，电子或声子的特征散射长度即平均自由程在纳米量级。当纳米微粒的尺度小于此平均自由程时，电流或热的传递方式就发生质的改变。纳米分子和材料的结构与性能关系的基本规律是 21 世纪的化学和物理学需要解决的重大难题之一。

1.3.2　未来化学的发展方向

当前，人类社会的发展正面临着环境污染、气候变化、能源短缺、食品安全等诸多全球性问题和挑战。为应对这些问题和挑战，多领域、多学科的合作作用突显出来。作为一门中心学科，化学在解决人类社会发展所面临的挑战方面能发挥哪些作用？面临怎样的机遇？

英国皇家化学会会刊《化学世界》2007 年 10 月撰文阐述化学的作用，指出：化学是让世界实现可持续发展的最现实办法。面对未来发展的机遇与挑战，为实现人类社会科学发展和可持续发展的目标，化学责无旁贷，大有可为。

1. 为人类提供一系列安全的生活必需品

化学是改善人类生活最有成效、最实用的学科之一。未来化学将会为人们提供清新的空气、纯净的水、健康的食品、可信赖的药物、先进的材料和绿色制品等一系列安全的生活必需品。

利用化学反应和过程制造产品的化学过程工业(包括化学工业、精细化工、石油化工、制药工业、日用化工、橡胶工业、造纸工业、玻璃和建材工业、钢铁工业、纺织工业、皮革工业、饮食工业等)在发达国家中占有较大的份额。这个数字在美国超过 30%，而且还不包括诸如电子、汽车、农业等要用到化工产品的相关工业的产值。发达国家从事研究与开发的科技人员中，化学化工专家占一半左右。世界专利发明中有 20%与化学有关。

2. 适应人口增长

根据联合国报告，预计到 2050 年全球人口将达到 197 亿，届时地球资源消耗的 46% 将用于满足不断增长的人口需要。化学已经并将继续在农药、化肥、医药与保健品、合成材料等方面作出积极而重要的贡献。化学为研究开发高效安全肥料、饲料农药、农用材料及新兴农业生产方式等打下基础。

在解决了上述 21 世纪化学的第一难题和第三难题，充分了解光合作用、固氮作用机理和催化理论的基础上，人们可以期望实现农业的工业化。在工厂中生产粮食和蛋白质，可大大节省宝贵的耕地资源，使地球能养活人口的数量成倍增加。

联合国粮食及农业组织指出，发展中国家的粮食增产 55% 来自化肥，中国以占世界 7% 的耕地，养活占世界 22% 的人口，化肥起到举足轻重的作用。合成氨领域研究者中已经出现了三位诺贝尔化学奖获得者，期望出现第四位或更多的诺贝尔奖获得者，实现合成氨工业的活性更高、能耗更低。

化学将在适应人口增长、医疗保健、健康食品等人口与健康的诸多方面开拓新局面，提高人类的生活质量。待化学的第三难题得到解决，探明了生命现象的化学机理，化学将为医学家提供理论依据。

3. 应对能源挑战

地球能源储量有限，面对实现低能耗、低排放、资源再生、循环和综合利用、开发新型能源等一系列可持续发展的要求，化学的作用必将得到更加极致的体现。

(1) 洁净煤利用技术。在充分了解结构与性能关系的基础上，即在解决了第二难题的基础上，通过化学方法和手段提高能源利用率、降低污染，开启环保高效新篇章。

(2) 石油三次采油技术。能使多数油田的原油采油收率提高到 20% 以上，相当于过去 50 年油田总产量的一半。

(3) 原油的二次加工。利用原油的二次加工提高石油产品的质量和轻质油的收率。

(4) 稻壳秸秆作为生物燃料。通过化学方法或生物发酵将稻壳秸秆等制成乙醇、生物柴油等液体燃料和氢、甲烷等气体燃料。秸秆是来源稳定、有很大潜力的清洁可再生资源，2 t 稻壳秸秆发电相当于 1 t 煤。我国每年秸秆发电量相当于 3.25 亿吨煤。

(5) 实现利用化学开发可再生新能源。可再生能源包括太阳能、风能、核能、水能、潮汐能等。太阳投射到地球上的能量约是当前全世界能耗的一万倍。如果光电转化效率为 10%，只要利用 0.1%的太阳能，就能满足当前全世界能源的需要。

(6) 合成廉价、可再生的储氢材料和能量转换材料。未来街上行走的汽车将全部是零排放的电动汽车，人们穿的将是空调衣服。

(7) 石墨烯的开发利用。石墨烯于 2004 年问世，英国曼彻斯特大学海姆与诺沃肖洛夫因在石墨烯方面做出开创性实验获得 2010 年诺贝尔物理学奖。

石墨烯在锂电池上的应用是史上的一次革命性突破。未来石墨烯手机只需 5 s 就能充满电，可以连续使用半个月；石墨烯电池只需充电 10 min，电动汽车就有可能行驶 1000 km。这些仅仅是石墨烯的神奇应用之一。

科学家认为，石墨烯未来将取代煤炭、石油和天然气，成为人类主要的能源来源。石墨烯取代硅，有望使计算机处理器的运行速度快数百倍；石墨烯有望引发触摸屏和显示器产品的革命，制造出可折叠、伸缩的显示器件。石墨烯强度超出钢铁数十倍，有望用于制造超轻型飞机材料、超坚韧的防弹衣等。

(8) 可燃冰的开发利用。可燃冰是一种无色透明的结晶体，是由甲烷和水组成的混合物，燃烧时不产生烟雾，不留灰烬，不污染环境，是未来理想的新型清洁能源之一。

可燃冰承载着地球可持续发展的希望。我国南海的可燃冰储量相当丰富，全球可燃冰含量约为 $2.1\times10^{16}\ m^3$，而我国南海约含有 $6.4\times10^{13}\ m^3$ 可燃冰。

4. 缓解环境压力，发展绿色化学

人类在收获文明的同时也面临着地球和环境生态平衡破坏等诸多问题。化学将通过进一步研究物质在环境中迁移、转化、降低的规律等，还人类以碧水蓝天。

面对生存环境的持续恶化，化学不仅关注有效污染控制技术，更加关注原始污染的预防，“绿色化学”应运而生，为人类最终解决环境问题带来新希望。如果说哈伯-博施法人工固氮是现代化学的第一次革命，那么现代化学的第二次革命就是发展绿色化学。美国化学家特罗斯特是绿色化学创始人，在 1998 年获“美国总统绿色化学挑战奖”。

绿色化学又称环境友好化学，从科学角度看，绿色化学是对传统化学思维方式的更新和发展；从环境角度看，其核心是利用化学原理从源头上减少和消除工业生产对环境的污染，反应的原子全部转化为期望的最终产物，理想目标是实现废物的零排放，是与生态环境协调发展的更高层次的化学；从经济角度看，它要求合理地利用资源和能源、降低生产成本，符合经济可持续发展的要求。

绿色化学不仅涉及对现有化学过程的改进，更涉及新概念、新理论、新反应途径、新过程的研究。未来化学将更加注重绿色产品的设计理念，更加注重通过经济、高效、环境友好的途径制备与人类生活息息相关的物质。绿色化学将引起化学化工生产方式的变革。绿色化学的内涵如图 1-4 所示。

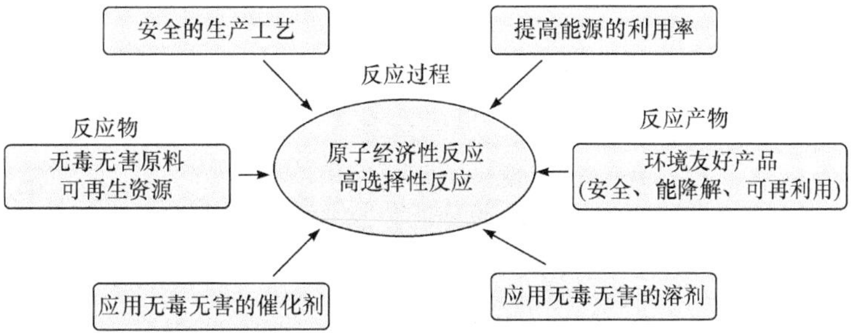

图 1-4　绿色化学的内涵

原子经济性(atom economy)是绿色化学及化学反应的一个专有名词。绿色化学的原子经济性是指在化学品合成过程中，合成方法和工艺应被设计成能把反应过程中的原材料尽可能多地转化到最终产物中；化学反应的原子经济性概念是绿色化学的核心内容之一。常用原子利用率(atom utilization，AU)衡量化学反应过程的原子经济性：

$$AU = \frac{\text{目标产物的摩尔质量}}{\text{化工过程所有物种摩尔质量的和}} \times 100\% \tag{1-3}$$

按绿色化学的原则，最理想的“原子经济性”就是反应物中的原子全部转化为期望的最终产物，即原子利用率为100%。

5. 社会公共安全问题呼唤化学

社会公共安全已成为全球关注的重要问题，其中不确定性和应急性是公共安全突发事件的重要特征。处理已经发生的危机和防患于未然是化学家义不容辞的责任和义务。2012 年 7 月 24 日，在中国化学会第 28 届学术年会开幕式暨中国化学会八十华诞庆祝仪式上，中国科学院院长白春礼指出研究社会公共安全问题也是化学的使命。白春礼称，多年来我国化学研究在与生命、材料、环境等学科的交融中，催生了许多新兴交叉的前沿学科，促进着人们生活、生产方式的发展和转变。化学在解决新能源危机、探索太空等方面都发挥着重大的作用。化肥将人们从饥饿中拯救出来，还有各种化学药物的产生，也让人类的健康更有保障。白春礼还称，化学在食品安全检测、化学事故处理救援、炸药与毒品等方面发挥至关重要的作用。社会公共安全问题呼唤化学。这也是化学研究的使命之一。

化学将在食品安全检测、化学事故处理救援、炸药与毒品等危险品的检测及处置、建筑阻燃与消防安全、人身防护材料等方面发挥越来越重要的作用。

参 考 文 献

白春礼. 2011. 化学：发现与创造的科学——国际化学百年发展启示[J]. 中国科学院院刊, 26(1): 5-14.
李宏乾. 2011. 世界因化学而精彩——记“国际化学年”首场专题报告会[J]. 中国石油和化工, (3): 11-13.
刘军. 2008. 化学与人类文明[M]. 沈阳：东北大学出版社.
毛立新. 2004. 二十世纪化学取得了空前辉煌的成就[J]. 化学与粘合, (6): 354-357.
徐光宪. 1997. 化学的定义、地位和任务[J]. 化学通报, 7: 54-57.
徐光宪. 2003. 21 世纪是信息科学、合成化学和生命科学共同繁荣的世纪[J]. 化学通报, (1): 3-11.
徐光宪. 2003. 今日化学何去何从[J]. 大学化学, 18(1): 1-6.
《化学发展简史》编写组. 1980. 化学发展简史[M]. 北京：科学出版社.
Brown F. 1998. Chemoinformatics: What is it and how does it impact drug discovery[J]. Annual Reports in Medicinal Chemistry, 33: 375-384.

第2章

化学与生命

在化学家眼里，生命是化学反应的产物。生命过程中的化学问题几乎无处不在，化学对生命的起源、生命的维系发挥着不可或缺的作用。

化学使生物学进入分子水平，无论是蛋白质结构的α螺旋和β折叠等多肽的二级结构模型(1951 年)，还是 DNA(脱氧核糖核酸)双螺旋结构模型的建立(1953 年)，抑或是肌红蛋白(1957 年)和血红蛋白(1959 年)以及溶菌酶(1965 年)和羧肽酶 A(1967 年)的晶体结构的发现，都使生物学从观察、描述和分类的科学发展为将生命当作化学过程来认识的学科，至此，对生命的本质问题的研究上升到了原子和分子水平。

2.1 生命及其起源

生命起源是一个亘古未解之谜，老子在《道德经》中写道“道生一，一生二，二生三，三生万物”，即地球上的生命是由少到多演化而来的。地球上原始生命的种类、产生的时间、产生的地点及产生的方式等问题存在多种臆测和假说，并有很多争议，是现代自然科学正在努力解决的重大问题。

2.1.1 生命概述

生命的定义是人类理性思维中最富有挑战性的问题之一。至今还没有一个统一的被大多数科学家所接受的关于生命的定义。

1. 生命的定义

1) 恩格斯关于生命的定义

恩格斯在《反杜林论》中指出：生命是蛋白体的存在形式，这个存在形式的基本因素在于和它周围外部自然界不断地新陈代谢，而且这种新陈代谢一旦停止，生命就随之停止，结果便是蛋白质的分解。

恩格斯的这个定义是在批判杜林的生命定义的基础上提出来的。杜林曾把生命定义为细胞的新陈代谢活动。恩格斯认为，高级生物是由简单的类型“细胞”组成的，但有低于细胞的生物，它们和高级生物有联系，是因为它们的基本组成也是蛋白质，从而执行着蛋白质的职能——生和死。

恩格斯的生命定义在一定程度上揭示了生命的物质基础是具有新陈代谢功能的蛋白体，蛋白体就是指核酸和蛋白质，即没有蛋白质就没有生命。由此从根本上否定了上帝造人的神创说。

恩格斯大胆地提出，既然生命是物质运动的高级形式，那么只要条件合适，生命之花当然也可以在别的星球上开放，现代天文学家肯定了这种说法。

2) 其他关于生命的定义

关于生命的定义曾有以下 5 种论述。

(1) 直观论。直观论者是凭直观(感性认识)和常识来理解生命，“活的就是生命”。直观论者无法确认病毒是否有生命。

(2) 活力论。活力论认为生命的本质是一种未知的或起源于神的灵魂或活力。一个死亡的细胞同样具有核酸、蛋白质，但它是死的，细胞死与活的区别在于它们有没有活力。马勒(Müller)认为生物具有特殊的能，这种能称为生命或活力。他将生命与生物体分开。

(3) 机械论。哈维(Harvey)等认为生命现象可以用机械的原理加以阐明。认为人和一个用杠杆和弹簧装配起来的机器没有本质的区别。

(4) 还原论。还原论认为生命现象可以用构成生命体的生命物质的物理、化学运动规律来说明。蛋白质分子或核酸分子就其本质来说并不是活的，在这个意义上，它同其他任何分子并没有什么区别。

1944 年，著名理论物理学家薛定谔撰写了《生命是什么》一书，尝试用负熵论解释生命现象。薛定谔所持的负熵论就是一种还原论。熵是指体系的混乱程度，热力学第二定律告诉人们，在一个孤立系统中发生的自发过程，其熵总是增加的，表现为从有序向无序演化。薛定谔认为：“一个生命有机体在不断地产生熵或者称是在增加正熵并逐渐趋向于最大熵的危险状态，即死亡。要摆脱死亡，要活着，唯一的办法是从环境中不断地吸取负熵。负熵是十分积极的东西。有机体就是靠负熵为生的。”生命的表现形式就是能不断地从外界环境中吸取“负熵”(以食物形式存在的物质和能)，通过新陈代谢，把它们转化为高熵状态后排出体外，从而使生物体这一开放系统的总熵不致增加。

(5) 整体论。生物体是一个整体，它的各组成部分的规律(如分子的规律、细胞的规律等)加起来不等于整体的规律，局部的规律只有在整体的调节下才有意义，单靠生物体内分子层次的规律是不能解释生物整体属性的。

目前，还原论和整体论这两种意见还在持续争论。

尽管很难给生命下一个科学统一的定义，但毋庸置疑，从物理学角度看，变化都是趋于混乱度增加、熵增加的过程，而生命的演化过程总是朝着混乱度降低、熵减少的方向进行，一旦负熵的增加趋近于零，生命将趋向终结。这种逆热力学第二定律本身就是一种奇迹。从生物学的角度看，生命是由核酸和蛋白质等物质组成的多分子体系，它具有不断自我更新、繁殖后代和对外界产生反应的能力。生命都具有一系列的属性，也就是生命现象的一些共性。

2. 生命的属性

(1) 任何生命形式在组成上是完全一致的，即化学成分的同一性。从元素成分来看，生命体是由自然界中的化学元素组成的，如碳(C)、氢(H)、氧(O)、氮(N)、磷(P)、硫(S)等，并不存在特殊的生命所特有的元素。从分子成分来看，生命体除含有多种无机化合物(如氯化钠、氯化钾等)之外，还含有有机化合物如蛋白质、核酸、糖、脂类等，这些有机化合物是生命的化学基础和物质基础。

(2) 严整有序的结构。生物体的各种化学成分在体内不是随机堆砌在一起的，而是严整有序的，生物大分子→细胞→组织→器官→系统→个体。人体由 40 万亿～60 万亿细胞构成，细胞和细胞之间含有细胞间质。许多形状相似、功能相同的细胞及其细胞间质结合起来，构成了人体中的上皮组织、结缔组织、肌肉组织和神经组织。这 4 种组织的不同配合，构成了人体的骨骼、肌肉、脑、心、肺、肝、肾等器官。许多作用相近的器官组合成一个系统，完成某一方面的功能。人体有运动系统、循环系统、呼吸系统、消化系统、泌尿系统、神经系统、内分泌系统和生殖系统等 8 大系统，这些系统之间互相巧妙地协调配合，使人体成为一个整体，并与内外界环境的变化保持动态平衡。

(3) 生物都有新陈代谢。生物本身是个开放系统，生物和周围环境间不断进行着物质和能量的交换。生物的新陈代谢包括两个相反的过程，一个是组成作用，即从外界摄取物质和能量，转化为生命本身的物质和储存在化学键中的化学能；另一个是和组成作用相反的分解作用，即分解体内的物质，将能量释放出来，供生命活动用。

(4) 生物都能接受外界刺激而发生一定的反应。

(5) 生物体内环境的性质维持不变，总是保持相对稳定。

(6) 生物体都能通过新陈代谢而生长发育，这是一个由遗传决定的稳定过程。

(7) 生物都能繁殖和遗传。生物能繁殖并通过繁殖后代使生命得以延续。生物在繁殖过程中把它们的特性传给后代，这就是遗传。生物的遗传由基因决定，基因或基因的组合发生了变化，生物的性状就可能出现变异。

(8) 生物的结构都适合于一定的功能，而生物的结构和功能适合于该生物在一定环境条件下的生存和延续。例如，人的鼻子的构造适合于感受气味，鱼的体型和用鳃呼吸适合于在水中生活等。

2.1.2　生命起源

千百年来，关于生命起源的假说很多，曾流传着神创论、灾变论、生命外来论、生命自生论、生命化学起源学说等。其中占主流的有以下三种。

1. 生命外来论

生命外来论又称宇生论。提倡一切生命来自宇宙，认为地球最初的生命是来自宇宙间的其他星球，即“地上生命，天外飞来”。这一假说认为，宇宙太空中的生命胚种可以随着陨石或其他途径跌落在地球表面，成为最初的生命起点。这一假说如果成立，需要已知具有生命体星球的存在，遗憾的是，除地球外已知星球温度接近热力学零度，又充满具有强大杀伤力的紫外线、X 射线和宇宙射线等，因此生命胚种是不可能存在的。

2. 生命自生论

生命自生论又称自然发生论或无生源论，认为生物是由非生物产生，或者由另一些截然不同的物体产生的。例如，我国古代有“天地合气万物有生”的说法，古代欧洲有“地球乃孕育生命的慈母”的说法。我国古代有“肉腐出虫，鱼枯生蠹”、“腐草化为萤”(萤火虫是从腐草堆中产生的)、“腐肉生蛆”、“淤泥生鼠”等说法。有人通过“实验”证明，将谷粒、破旧衬衫塞入瓶中，静置于暗处，21 天后就会“产生”老鼠，并且让他惊讶的是，这种“自然”产生的老鼠竟和常见的老鼠完全相同。到了 17 世纪，这个“实验”证明被意大利医生弗朗西斯科雷迪的实验推翻，他用细纱布把瓶中的新肉盖住，使苍蝇不能接近，而在没有被细纱布盖住的瓶子中，苍蝇飞入导致生蛆，证明肉蛆不能自然发生[图 2-1(a)]，从而反驳了古代的生命自生论。

1860 年法国微生物学家巴斯德发现，将肉汤置于烧瓶中加热，沸腾后让其冷却，如果将烧瓶开口放置，肉汤中很快就繁殖出许多微生物，但如果将瓶口制成细长弯曲的玻璃管，再进行同样的实验，肉汤中就没有微生物繁殖。巴斯德认为，肉汤中的微生物来自空气而不是自生的，由于瓶外空气中的微生物进入烧瓶，肉汤中才出现了大量的微生物[图 2-1(b)]。巴斯德的这个实验为科学家进一步否定生命自生论奠定了坚实的基础。

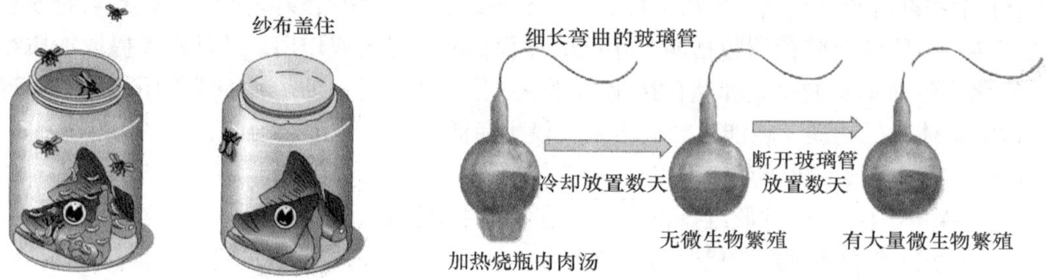

(a) 意大利弗朗西斯科雷迪的实验　　(b) 法国巴斯德曲颈瓶实验

图 2-1　弗朗西斯科雷迪和巴斯德的实验

通过上述实验，人们逐渐相信较大的生物不能自生，认为小生物可以自然发生，其他生物则可以从这些小生物进化而来。所有生物只能来源于生物，非生命物质中绝对不可能自发产生出新的生命个体。现代生物学和化学的研究结果更加彻底地否认了自然发生论，生命的创造只能通过遗传物质的复制及细胞的分裂过程实现。生活中直观观察到的生命“自生”现象，全都是某种不易发现的遗传物质的复制过程在起作用。

3. 生命化学起源学说

生命化学起源学说又称新的自然发生学说，其以《物种起源》和米勒实验为理论基础，是现在学术界广为接受的生命起源学说。随着认识的不断深入和各种不同证据的发现，人们对生命起源的问题将会有更深入的研究。

按照该学说，生命是在长时期宇宙进化过程中产生的，是宇宙进化到某一阶段无生命的物质所发生的一个进化过程，而不是在现在条件下由非生命的有机物质突然产生的。生命起源发生在距今 35 亿～45 亿年间。

生命的化学起源应当追溯到与生命有关的元素及化学分子的起源。因而，生命的起源过程应当从宇宙形成之初、通过所谓的大爆炸产生碳、氢、氧、氮、磷、硫等构成生命的主要元素谈起。

大约在 66 亿年前，银河系内发生过一次大爆炸，其碎片和散漫物质经过长时间的凝集，大约在 46 亿年前形成了太阳系。作为太阳系一员的地球也同时形成了。接着，冰冷的星云物质释放出大量的引力势能，转化为动能、热能，导致温度升高，加上地球内部元素的放射性热能也发生增温作用，故初期的地球呈熔融状态。高温地球的旋转过程使其中的物质发生分异，重的元素下沉到中心凝聚为地核，较轻的元素构成地幔和地壳，逐渐出现了圈层结构。这个过程经过了漫长的时间，大约在 38 亿年前出现原始地壳。原始地球变冷，表面温度降低但内部温度很高，发生火山爆发形成原始大气，又称还原型大气。原始大气中氢气(H_2)、甲烷(CH_4)、氨气(NH_3)、硫化氢(H_2S)、氰化氢(HCN)、水蒸气(H_2O)等构成了形成生命的物质基础。

生命最初的保护是依靠水的作用。由于熔融的地球的热量，水转化为蒸汽，变成包围地球、辐射线不易穿透的云层。在云层之下，地球的温度开始急剧下降，虽然地球中心仍是熔融状态，但地壳表面逐渐冷却、凝固、挤压、褶皱和断裂，从而形成深谷和高峰。随着地球的继续冷却，云中的蒸汽变成水开始降雨。大雨连续下了几千年，雨水填满了所有裂缝和鸿沟，淹没了洼地，也漫到山区，几乎覆盖了全部南半球，于是诞生了生命的起源地——原始海洋。

生命化学起源学说将生命的产生过程分为四个阶段。

第一个阶段，从无机小分子生成有机小分子的阶段。原始大气中的氢气、甲烷、氨气、硫化氢、氰化氢、水蒸气等无机小分子，在太阳辐射(紫外线)、火山爆发、电闪雷鸣等极端情况提供光、热等能量的条件下，合成了有机酸、氨基酸、核苷酸、单糖、脂类等一些简单的有机化合物。

支持此阶段的证据是 1953 年美国芝加哥大学研究生米勒(S. Miller)的模拟实验(图 2-2)。他采用早期地球上普遍存在的氢、甲烷、氨和水蒸气等，模拟早期地球的环境，通过加热、火花放电，合成了氨基酸。之后，科学家们又通过模拟早期地球条件的实验，合成出了嘌呤、嘧啶、核糖、脱氧核糖、核苷、核苷酸、脂肪酸、卟啉、脂质等，这些都是组成蛋白质和核酸的重要物质。这些实验表明，组成生命的基本物质蛋白质和核酸的原料，完全可以在原始地球的条件下通过简单的化学反应产生，但是这些生命的基本构件转变成物种还需要一段相当长的时间。

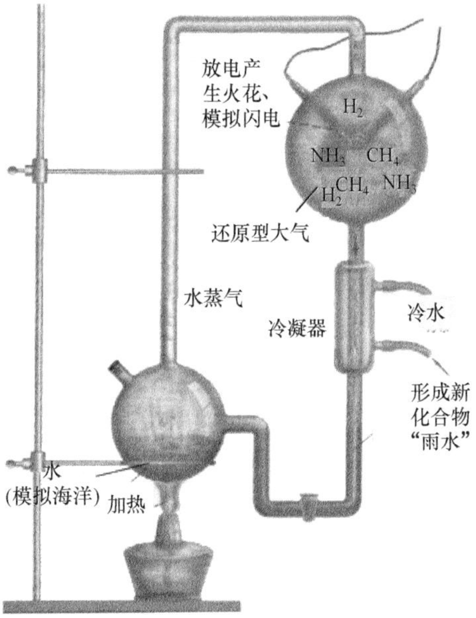

图 2-2　米勒的模拟实验装置示意图

第二个阶段，从有机小分子物质生成生物大分子物质的阶段。这一过程是在原始海洋中发生的，在原始海洋的岸边、岩石、黏土的表层或湖泊样的小水体中，氨基酸、核苷酸等有机小分子物质经过长期积累，相互作用，吸收能量，通过溶液聚合或浓缩聚合的方式形成了原始的蛋白质、核酸等生物大分子。

支持此阶段的证据是美国福克斯(F. Fox)实验。福克斯将氨基酸混合物倾倒在 160～200℃的热砂或黏土上，水分蒸发，氨基酸浓缩并化合生成类蛋白质分子。

目前，科学家已经通过在实验室中模拟原始地球的条件，制造出了类似于蛋白质和核酸的物质。虽然这些物质与蛋白质和核酸是有差别的，并且原始地球上的蛋白质和核酸的形成过程还需要考察和进一步验证，但至少可以说明一点，在原始地球条件下，产生有机高分子物质是可能的。

第三个阶段，从生物大分子物质组成有机多分子体系的阶段。支持这一阶段的证据有团聚体学说、微球体学说、细胞膜的发现等。

(1) 团聚体学说。苏联学者奥巴林提出了团聚体学说。他通过实验证明，将蛋白质、多肽、核酸和多糖等生物大分子放在合适的溶液中，它们能自动地浓缩聚集为分散的球状小滴，这些小滴就是团聚体，即有机多分子体系。

奥巴林认为，团聚体可以表现出合成、分解、生长、生殖等生命现象。例如，直径 1～500 μm 的团聚体能稳定存在几小时甚至几周，具有类似膜的边界，内部的化学特征显著区别于外部的溶液环境。团聚体能从外部溶液中吸入某些分子作为反应物，还能在酶的催化作用下发生特定的生化反应，生成的产物也能从团聚体中释放出去。

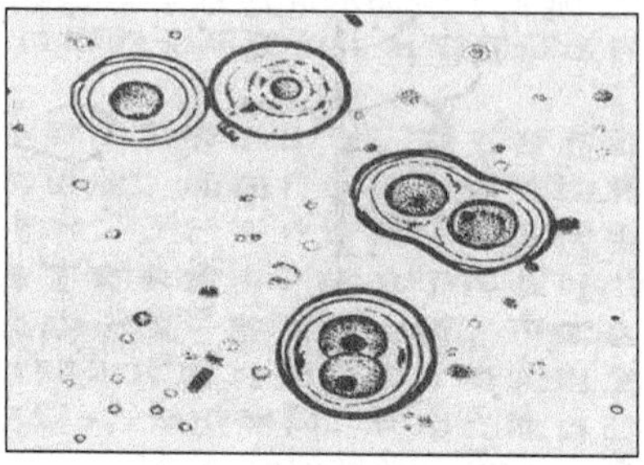
图 2-3　福克斯的微球实验示意图

(2) 微球体学说。福克斯将浓缩干燥的氨基酸在水中溶解形成的类蛋白球状小体与核酸加热浓缩，形成了胶质小体，其表面都具有双层膜(图 2-3)，可以选择性地吸收介质中的类蛋白而生长和繁殖，体现了生命的某些特征。

(3) 细胞膜的发现。1969 年 9 月，澳大利亚莫契逊附近小镇坠落一块重约 100 kg 的陨石，引来了无数的科学家，他们把陨石的小碎片(太空岩石)作为研究目标。其中加利福尼亚大学圣克鲁兹分校的大卫 · 迪莫发现，一枚陨石碎片闻起来有股奇怪而难闻的味道。他说这是 45 亿 7 千万年前的味道，这是地球最古老的味道。这股味道似乎给他带来了灵感，他认为这些陨石中应该含有有机化合物。在显微镜下观察发现，陨石的萃取液内含有分子形成的小气泡，这些小气泡非常像微生物的外膜，有些化合物还能形成膜状结构，就像细胞的美丽小隔间，他认为这就像在远古地球上形成的第一个细胞膜。但是这些分子要形成薄膜，必须浸泡过浓度适当的淡水。于是科学家们进一步地想象，那些来自外太空的化合物刚好坠落在火山池的附近，当水滴遇热蒸发之后，水分子便开始凝聚成小气泡，这些来自外太空自行聚合的细胞膜就是生命诞生的第一步。

1997 年，伍兹霍尔海洋研究所的研究队伍在海面 203 m 下的海床里搜寻到了火山活动的迹象。在这个见不到阳光的海底世界里发现了深海热泉，有岩浆自海底喷出，有化学能和热能，有微生物、管虫和蛤蜊以及各种怪螃蟹和其他动物，可谓生机盎然。在搜寻海底深处时，他们意外发现了烟囱状的排管，这些排管正在喷出滚烫的热水，罗伯海申的直觉告诉他，这个热泉的喷发口很有可能产生有趣的化学作用，或许这就是产生海底有机生命的源泉。他决定做一个实验验证自己的感觉。取一点矿物质和化学物品放进金管封闭，将管子放在高温高压下数小时，罗伯海申发现产生了芳香扑鼻、味道像蜜糖一样的物质，在 350℃左右，气味像杰克丹尼威士忌酒。这个特殊的气味让罗伯海申明白，他们创造出了有机分子，而这些有机分子与莫契逊陨石中萃取出的分子一样，也具有集结成膜状的小气泡。罗伯海申的实验证明在原始海洋中生物大分子能形成多分子体系的团聚体。

第四个阶段，从有机多分子体系演变为原始生命的阶段。这一阶段是在原始海洋中形成的，是生命起源过程中最复杂和最有决定意义的阶段。科学家们认为，原始海洋底部或许就是孕育生命的最初摇篮，在那里生命有了容身之处，有了繁殖的能力。有机多分子体系具有的特征是其演变为原始生命所必需的：

(1) 具有脂双层膜围成的与周围环境隔开的含水囊泡。

(2) 囊泡内有多种核酸、蛋白质、糖类大分子。

(3) 能选择性地从周围环境中吸纳“食物”。

(4) 利用“食物”的分解，复制自身一部分起核心作用的大分子。

(5) 囊泡因大分子增多而“生长”和“繁殖”。

产生原始生命之后，生物学的演化正式拉开了序幕。但在演化初期，由于地球氧气稀缺，很长一段时间主要是以厌氧型的原核生物为主，且物种单一、数量不多。直到地球氧气逐渐充足，真核生物才开始出现，逐渐演化出今天地球上无数复杂的生命形态。

生命化学起源学说虽然被学者广为认同，但并非被所有人接受。有质疑者认为该学说无法揭示生命的信息是如何被创造的。关于这一质疑，在相当长的一段时间里都没有得到有效的解答。

近年来，有研究提出以腺苷三磷酸(adenosine triphosphate，ATP)为核心的遗传信息起源学说，即 ATP 中心假说。按照这一学说，生命的起源是在能量向信息转化的过程中实现的，在这个过程中产生了记录生命过程的遗传密码子。ATP 在生命的遗传信息起源学说中扮演了重要角色。

(1) ATP 是光能转化成化学能的终端。

(2) 推动了一系列的生化循环(如卡尔文循环等)和元素重组。

(3) ATP 通过自身的转化与缩合将生命过程信息化——筛选出用 4 种碱基编码 20 多种氨基酸的三联体密码子系统，构建了一套遗传信息的保存、复制、转录和翻译系统及多肽链的生产体系。

(4) ATP 演绎出蛋白质与核酸互为因果的反馈体系，并通过自然选择，筛选出对细胞内同步发生的生化反应进行管控的体系与规则，并最终建立起了生命的传递机制——遗传。

生命的起源尚未彻底探明，要彻底揭开这个千古之谜，还需要进行极其艰苦的探索和实践。但毋庸置疑，化学与生物学应该说是互相依赖并需要携手共求发展的伙伴。

知识拓展：生命进化的十大奇迹

参考阅读资料：杨孝文. 2009. 生命进化十大奇迹[J]. 百科知识, 3: 26-27.

2.2　化学与生命活动

生命是化学反应的产物，没有化学物质就没有生命。生命的遗传、代谢、呼吸过程及某些器官功能(记忆、视觉、控制进餐、情感等)的发挥，都离不开化学反应。

2.2.1　人类生命和健康的密码——DNA

地球生命代代繁衍复制，这与生命体内一类奇妙的有机化合物相关。它控制着生命的基本构造和性能，储存着生命的种族、血型，以及孕育、生长、凋亡过程等的全部信息，生物体的生、长、衰、老、病、死等一切生命现象都与人体生命和健康的密码息息相关。

1. DNA 的美妙双螺旋

20 世纪中期，科学家们发现了 DNA 分子拥有迷人的螺旋结构(图 2-4)，并发现分子中的碱基腺嘌呤与胸腺嘧啶配对、鸟嘌呤与胞嘧啶配对，且腺嘌呤与胸腺嘧啶的数量相等，鸟嘌呤与胞嘧啶的数量相等，从此生命之谜被揭开，一个又一个生命的奥秘从分子角度得到了更清晰的阐明。这种美妙的螺旋是如何演化出来的?

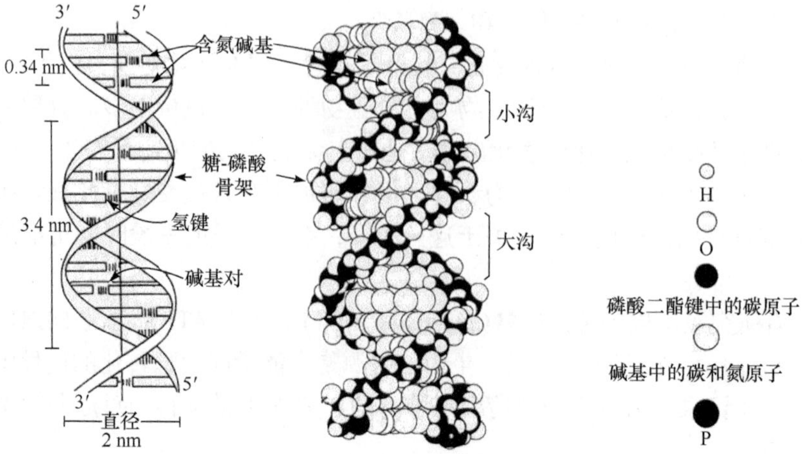

图 2-4 DNA 的双螺旋结构

关于 DNA 结构的演化进程，目前提出的理论是在现代碱基产生的最早期阶段可能存在一种“原核碱基”物质。科学家们精心筛选后发现，原核碱基主要以螺旋方式组成物质锁定在三氨基嘧啶(TAP)和三聚氰酸(CA)上，他们惊喜地发现，将原核碱基的两种分子结合在一起的化学键并非共价键，而是类似于磁铁之间的吸引力，螺旋有两种盘旋方式，即向左或向右。有意思的是，组成现代 DNA 的构成单元都是右手螺旋。为此，科学家们做了另一个实验，他们分批使用了无手性的三氨基嘧啶和三聚氰酸，结果产生了大致相当数量的左手和右手螺旋，同时有一个奇特的现象引起了科学家们的注意，就是分子会非常强烈地倾向于向某一个方向盘旋，使得批次中的大部分区域主要由朝单一反向扭曲的组装体构成。于是研究者向实验中引入了少量与 TAP 和 CA 相似的化合物，这种化合物具有左旋或右旋手性。最终，整个批次的手性都受到了影响，所有的手性都与添加物的手性一致，使得组装体向一个统一的方向扭转，这与现代 DNA 螺旋结构是一模一样的。

佐治亚理工学院的一组研究人员在超分子聚合物的形成过程中发现了一种自发的对称性破缺，这对生物纯手性的起源有着重大的启示作用。他们认为，可能早在数十亿年前，当构成 DNA 的那些化学物质偶然地旋转成螺旋状时，出现了 DNA 的螺旋结构，并且这种自发旋转成螺旋状的现象所出现的环境，正是人们认为地球在进化出第一批生命之前的常见环境——室温下没有催化剂的水中。研究者认为螺旋结构可能起到了某种加强作用，促使了具有相同手性的分子连接在一起，形成了一个呈螺旋扭转的骨架。

值得注意的是，这项研究必须解决的还有生命化学演化中的一个悖论，就是如果在没有活细胞酶的帮助下，要用真正的碱基来制造 DNA 将是一项艰难无比的任务。因此，DNA 能在生命出现以前的地球上得以演化是诸多极端条件异常作用的结果。然而，新的生命化学演化模型却表明，碱基前体可以很容易就自组装成 DNA 的原型，它们与聚合物类似，被称为组装体，然后演化成了后来的 DNA。

2. DNA 与人体健康

DNA 分子序列承载着人类所有的遗传信息，它将该信息传递给模板 mRNA，然后经过翻译传递给身体中实施各种功能的蛋白质，承担转运的信使分子 tRNA 与氨基酸的匹配非常精确，因此保证了整个过程不会出现任何问题。理论上，DNA 分子结构序列十分稳定，能在细胞分裂时精确地复制自己。但这种稳定性是相对的，环境、饮食和其他外界因素的影响可能导致 DNA 分子发生突然的可遗传的变异，生成错误的蛋白质或导致蛋白结构发生变化，进而致病。例如，19 世纪初期，芝加哥的一家医院收治了一位大学生，他患有严重的贫血症，常规的补铁药物对他毫无用处，通过在显微镜下观察，发现患者的红细胞中存在很多镰刀形的细胞，这种疾病就是非正常血液病——镰刀形细胞贫血病，患这种病的最主要原因就是患者的相关 DNA 发生了突变，使得翻译出来的蛋白质中的一个谷氨酸被缬氨酸取代。另一个例子是，英国女王维多利亚的家族在她以前没有发现过血友病的患者，但是她的一个儿子患了血友病，成了家族中第一个患血友病的成员。后来，又在她的外孙中出现了几个血友病患者。很显然，在她的父亲或母亲中产生了血友病基因的突变。这个突变基因遗传给了她，而她是杂合子，所以表现仍是正常的，但通过她传给了她的儿子。血友病表现出来基因变异的后果除引起遗传病外，还可造成死胎、自然流产和婴儿出生后夭折等，这称为致死性突变。

3. DNA 在医疗领域的应用

现代医学发展了 DNA 诊断技术。通过使用 DNA 芯片技术分析人类 DNA 组，就可以找出致病的遗传缺陷 DNA 区域。癌症、糖尿病等都是遗传基因缺陷引起的疾病。借助一小滴测试液，医生们便能预测药物对患者的功效，诊断出药物在治疗过程中的不良反应，还能当场鉴别出患者受到了何种细菌、病毒或其他微生物的感染。未来人们在体检时，由搭载 DNA 芯片的诊断机器人对受检者取血，转瞬间体检结果便可以显示在计算机屏幕上。利用基因诊断技术，医疗将从千篇一律的“大众医疗”时代，进入按照个人遗传基因“定制医疗”的时代。

2.2.2　酶——人体的催化剂

科学家们发现活细胞里有一种活的物质在血液中活动，或进入细胞，或在脏器中，或在肌肉骨骼中，这就是酶。身体会发热、心脏会跳动、血液会循环、脑细胞会思考都与酶有密切关系。例如，胖的人容易出汗是因为脂肪多。脂肪在催化剂酶的作用下完全分解，以 H_2O 和 CO_2 的形式从人体排放出去，表现为出汗。如果身体里缺少酶，消化功能变弱，引起肠胃疾病，这种酶缺乏症状严重时会导致各器官的衰老，所以说生命离不开酶。

酶是一类具有活性中心和特殊构象的生物大分子，大多数由人体内的微量金属元素和蛋白质(少数为 RNA)组成。作为一种生物催化剂，酶能在机体中十分温和的条件下，高效地催化各种生物化学反应，促进人体的新陈代谢。酶几乎参与所有的生命活动，思考问题、睡眠、消化、吸收、呼吸、运动、生殖等都是酶催化反应过程。当人体内没有了活性酶，人体内营养的吸收、能量的获取、物质的代谢、信号的传导等正常的新陈代谢就会变得很缓慢，甚至无法正常进行，生命也就结束了。因此，酶被称为掌握所有生命活动的物质。

酶由活细胞产生，却并不会消耗细胞，这归功于化学反应的调控作用。例如，胰蛋白酶从胰腺细胞中被分泌出来，此时称为胰蛋白酶原，胰蛋白酶原在合成初期比活性酶多了六个氨基酸，故其活性中心无法形成，酶原无活性。当它进入小肠后，在 Ca^{2+} 的存在下，受小肠黏膜分泌的肠激酶作用，赖氨酸与异亮氨酸之间的肽键被水解打断，失去一个六肽，使其构象发生变化，形成了催化作用必需的活性中心，成为具有活性的胰蛋白酶。

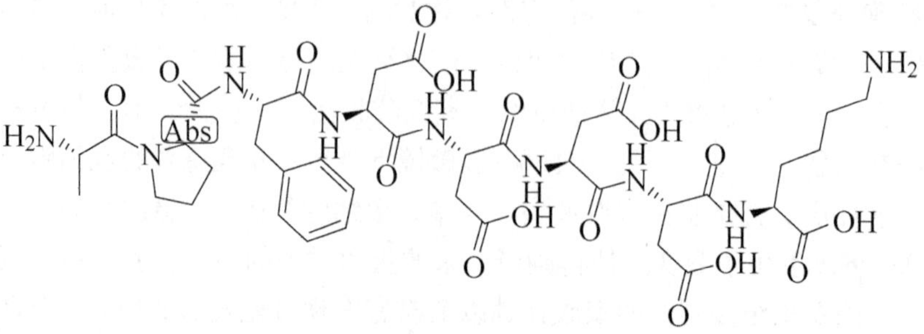

胰蛋白酶原

事实上，酶活性调控机制中伴随着诸多化学反应，如酰化作用、磷酸化作用和 S-亚硝基化。例如，一氧化氮(NO)合成是由内皮源性一氧化氮合成酶(eNOS)来完成的，而内皮源性一氧化氮作为重要的内皮功能调节因子，其保护效应主要是通过调节血管张力和血压，抑制血管平滑肌细胞增殖和迁移，抑制血小板聚集，抑制单核细胞和血小板的黏附等作用来实现的。血管内皮细胞位于循环血液和血管平滑肌之间，在调节血管功能、维持血管稳态和防止心脑血管疾病中起着至关重要的作用。在病理状态下，以内皮依赖性血管舒张功能下降、血管通透性增加、炎症反应、内皮细胞脱落等为主要表现的血管内皮功能紊乱是诸多循环系统疾病如高血压、动脉粥样硬化等共同的始动因素及病理基础。一氧化氮合成酶在这种生理刺激和病理状态下就依靠着上述化学修饰动态调控酶的活性。

人体内存在大量的酶，它们支配着生物的新陈代谢、营养和能量转换等许多催化过程，与生命活动关系密切的反应是酶催化反应，在人体的消化方面表现得尤为突出。

2.2.3 血红蛋白与肌红蛋白——氧气的携带者

无论是作为高等智慧生物的人类，还是构造简单的微生物，一切生命形式的存在都必须依靠一系列的环境条件支持，如适宜的温度、适宜的湿度、充分的光照等，在这些条件中最为重要的还是氧气的存在。生命的存活离不开氧气，正是因为地球的气体结构逐渐发生变化，空气中的氧气含量逐渐提高，原始的生命形式才逐渐出现，地球慢慢地充满了生机。血红蛋白(英文缩写为 HGB 或 Hb)和肌红蛋白(myoglobin, Mb)就是在人类的生存繁衍中充当着氧气搬运工的角色，各个角落中的细胞都是依赖这两种蛋白相互协助完成氧气传送的。

血红蛋白作为红细胞内运输氧的特殊蛋白质，由珠蛋白和血红素组成，其中珠蛋白部分是由两对不同的珠蛋白链(α链和β链)组成的四聚体。血红素是铁卟啉化合物，它由 4 个吡咯通过 4 个甲炔基相连成一个大环，Fe^{2+}居于环中。红细胞内含有大量血红蛋白，红细胞的机能主要由血红蛋白完成。血红蛋白除作为血液缓冲物质而发挥作用外，其主要功能在于携带氧气和二氧化碳。氧气结合于二价铁离子上，血红蛋白与氧分子疏松结合形成氧合血红蛋白，这种氧合作用于氧分压高时容易进行，氧分压低时则易于解离。血红蛋白结合和携带氧气的过程并不会使得血红素中心的二价铁离子变成三价铁离子，因为三价铁离子并无携带氧气的能力。一氧化碳与血红蛋白的亲和力远远大于氧气，一旦结合就无法分离，导致血红蛋白丧失运输氧气和二氧化碳的能力，该现象即一氧化碳中毒。

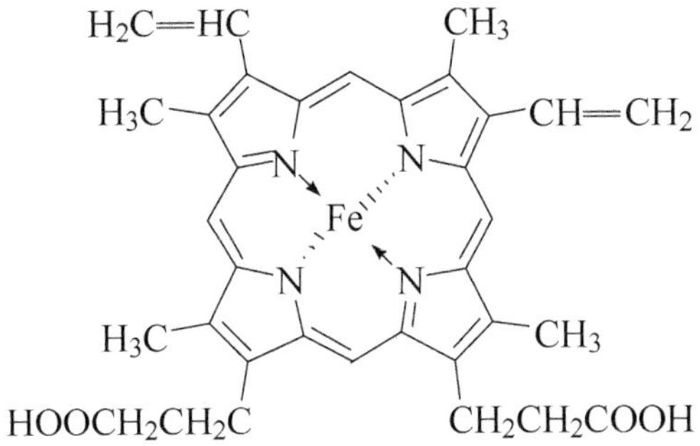

血红素含铁(Ⅱ)辅基平面结构

肌红蛋白是哺乳动物细胞(主要是肌细胞)储存和分配氧的蛋白质，它由一条多肽链和一个辅基血红素构成，相对分子质量为 16700，含 153 个氨基酸残基。除去血红素的脱辅基肌红蛋白称为珠蛋白(globin)，它和血红蛋白的亚基(a-珠蛋白链和 p-珠蛋白链)在氨基酸序列具有明显的同源性，它们的构象和功能也极其相似。铁与卟啉环及多肽链氨基酸残基的连接是铁卟啉上的两个丙酸侧链以离子键形式与肽链中的两个碱性氨基酸侧链上的正电荷相连。血红素的 Fe^{2+}与 4 个五元氮杂环的氮原子形成配位键，另两个配位键一个与 F8 组氨酸结合，一个与 O_2 结合，故血红素在此空穴中保持稳定位置。这种构象非常有利于运氧和储氧功能，同时使血红素在多肽链中保持稳定。

2.2.4 记忆与化学反应的关系

人类的记忆是人脑对经历过的事物的识记、保持、回忆和再认的过程，它是进行思维、想象等高级心理活动的基础。现代科学已经证实，人的记忆和思维也是化学反应的产物。

识记是记忆过程的开端，是对事物的识别和记住并形成一定印象的过程。保持是对识记内容的一种强化过程，使之能更好地成为人的经验。回忆和再认是对过去经历过的事物的两种不同再现形式。这三个环节是相互联系并相互制约的。识记是保持的前提，没有保持也就没有回忆和再认，而回忆和再认又是检验识记和保持效果好坏的指标。这一复杂的人类行为与大脑的海马体及大脑内部的化学成分变化有关。

例如，多巴胺、胆碱及谷氨酸神经递质，它们在学习记忆中有着极其重要的作用，若它们的功能失调，人类极有可能出现神经疾病。当外界信息通过感觉器官向大脑输入的时候，大脑细胞中的突触所产生的信息脉冲会沿着一定的神经通道传导。因为大脑中的化学物质如蛋白质、核酸及神经递质等物质中的 C—H、C—N 和 C—C 键能够伸缩和旋转，所以在外界信息脉冲的作用下，这些化合物原子的位置和结构会发生变化，这种变化会在神经通道作为一种“化学印记”记录下来。如果一次刺激太弱或者反复刺激太少，这种化学印记就达不到一定强度，不久后就会消失，瞬间记忆就不能转化为长久记忆。相反，如果一次的刺激强度很大或者反复刺激，就能形成很强的“化学印记”——记忆。于是，当同样的信息脉冲再次通过这个通道时，便可将这种化学印记所“记述”的情景重现，这就是记忆的化学原理。

有人曾经用放线菌素阻止实验动物大脑 DNA 和蛋白质的合成，结果实验动物随即出现了记忆障碍和神经系统功能紊乱。该实验佐证了大脑的记忆思维行为离不开蛋白质、核酸等化学物质。比利时研究人员发现了一种名为后叶加压素的物质，它与人的记忆和思维有密切关系，在动物体内由脑垂体分泌，可以增强记忆力。现在已经能够人工合成后叶加压素，科学家让大学生服用了人工合成的这种加压素，结果考试成绩比往常提高了 20%；一批中年妇女服用后，记忆力提高了 50%；有 16 名记忆力衰退的老年人服用 3 天后，记忆力显著提高。

美国的研究人员发现，人脑中的化学物质促肾上腺皮质激素和促黑素细胞激素不仅能提高人的记忆力，而且能增强人的注意力。接受这些化学物质实验的学生在一系列的工作中，比起对照组的学生，注意力容易集中，能较好地记住在他们面前闪过的几何图形。为了反映这些化合物的奇特作用，研究人员送给它们一个非常动听的名字——天才药。研究人员认为，不同人之间学习工作能力的差别，可能关键就是由大脑中先天的“天才药”的多少决定的。

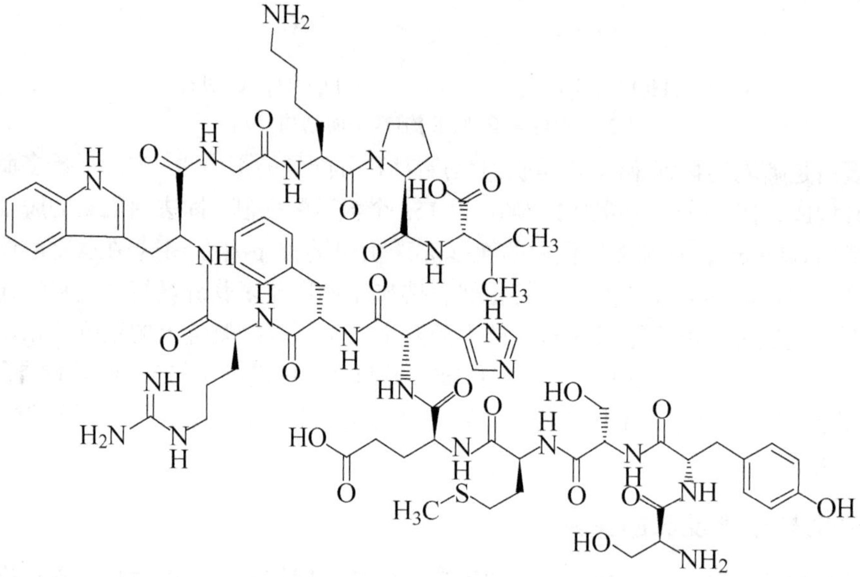

alpha1-13-促肾上腺皮质激素结构式

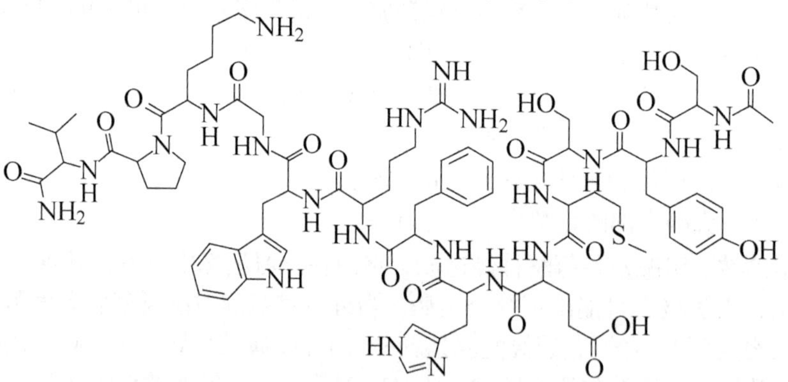

A-促黑素细胞激素结构式

研究发现，当一个人蛋白质的摄入量充足时，脑中的儿茶酚胺就会增加，去甲肾上腺素的传递就活跃。而去甲肾上腺素与大脑的记忆和思维能力关系十分密切，这种物质分泌传递越活跃，记忆和思维的能力就越强。

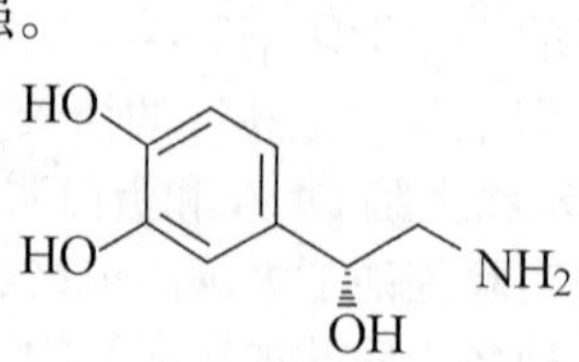

去甲肾上腺素结构式

中国科学院上海生物研究所的专家研究发现，人的记忆力和思维能力高低与大脑中的一种蛋白质的多少有关，且人工合成了这种化学物质，取名为记忆增强肽。临床实验证明，这种蛋白质能增强和延长人的记忆力，也能使被损伤的记忆力得以恢复。

虽然人们至今还没有真正揭开大脑记忆和思维的全部奥秘，但是综合上述研究可以得到结论：人的记忆和思维活动与化学物质有着密切关系。

2.2.5　视觉的化学原理

视觉是一个生理学词汇。光作用于视觉器官，使其感受细胞兴奋，其信息经视觉神经系统加工后便产生视觉。通过视觉，人和动物感知外界物体的大小、明暗、颜色、动静，获得对机体生存具有重要意义的各种信息，至少有 80% 以上的外界信息经视觉获得，视觉是人和动物最重要的感觉。所有这些过程都与化学反应有关，科学家已经揭示了视觉的化学原理。

视觉的起始过程发生在光感受器中。光感受器在视网膜上，按其形态分为两种：一种是视杆细胞，另一种是视锥细胞。这两种细胞构造相似，但分工不同。视杆细胞主管暗视(如夜视)，视锥细胞则主管明视。两种细胞中都排列着一种对光特别敏感的色素，称为视色素。视色素受光照射后，便发生一系列的化学变化，这便是整个视觉过程的起始点。

人们眼睛里有一种称作视紫红质(又称视紫质)的物质，它是一种结合蛋白，由视黄醛(也称网膜素)和视蛋白结合而成(图 2-5)。视黄醛有多个同分异构体(此处主要为两个)，在视紫红质内与视蛋白结合的为分子构象较为卷曲的一种，即 11-顺视黄醛，11-顺视黄醛是一种很奇妙的物质，在光照下即转变为构象较直的全-反视黄醛。全-反视黄醛能进而引起视蛋白分子构象改变，并开始和视蛋白部分分离，之后又在酶的作用下继续分离，直至分解成 2 个分子。分解后的全-反视黄醛不能直接和视蛋白结合成视紫红质，但它可以在维生素 A 酶的作用下还原成维生素 A，通常也是全反型的，储存在色素上皮细胞内，然后进入视杆细胞，再氧化成 11-顺视黄醛，参与视紫红质的合成、补充及分解反应继续进行(图 2-6)。在暗环境情况中，在酶的作用下全-反视黄醛变成 11-顺视黄醛，这一步是一种耗能反应，其反应的平衡点取决于光照强度。11-顺视黄醛一旦生成就和视蛋白合成视紫红质，这是第二步，该步不耗能，可以很快完成。

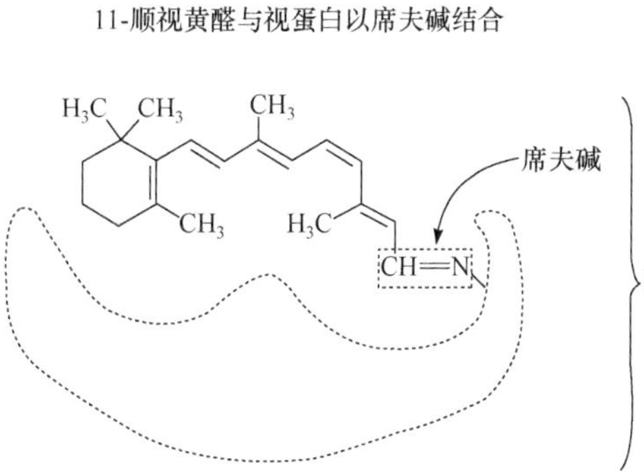

图 2-5　视紫红质结构

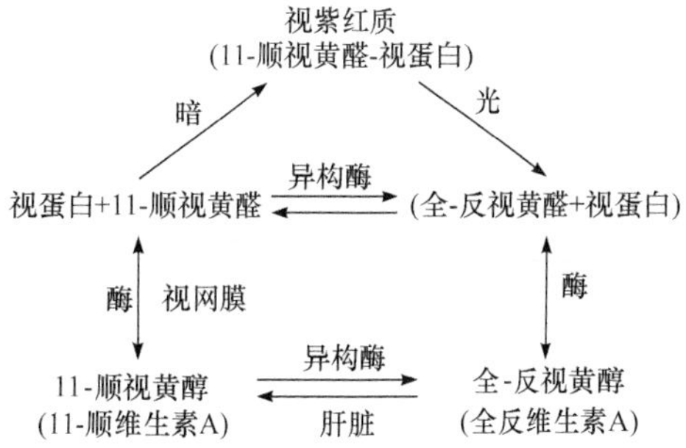

图 2-6　视紫红质化学反应图解

在上述过程中，光感受器受激兴奋，产生电信号，按上述机制向上传送给大脑。光感受器所感受的信号经视网膜神经网络传向大脑主管视觉的视皮层，视皮层对视觉信号进行综合处理，从而使眼睛看到东西。

视黄醛则由维生素 A 氧化而形成，是维生素 A 的醛化合物。维生素 A 与视黄醛之间的转化虽是可逆的，但由于一部分视黄醛在反应过程中已被消耗，故必须依赖血液中维生素 A 的供应。人和高等动物体内不能自行合成维生素 A，必须由食物中摄取，缺乏维生素 A 的患者傍晚在暗处看不清物体，医学上称为夜盲症。夜盲症可通过摄入含维生素 A 丰富的食物而治愈。

2.2.6 控制进餐的化学物质

人体是如何控制进餐的？科学家发现，人体有很多感受器：体表冷暖感受器、鼻腔的气味感受器、大脑、消化系统和心血管系统的感受器；胰岛素感受器、pH 感受器、脑啡肽感受器、脂肪酸感受器。其中胰岛素感受器(图 2-7)就是控制进餐的感受器。

胰岛素是人的胰腺分泌的化学物质。胰腺位于胃的后下方，被十二指肠环抱，由外分泌区域和内分泌区域组成。外分泌区域主要分泌胰液，通过胰管流入十二指肠，参与食物消化；内分泌区域是分散在胰腺表面的一群群细胞团，就像分布在湖面上的一群群小岛，所以形象地称它们为胰岛。胰岛素就是由胰岛分泌的一种蛋白质激素，它调节人体糖代谢。

胰岛素是胰岛β细胞分泌的一种由 51 个氨基酸组成的多肽类激素。胰岛β细胞首先在粗面内质网生成含 102 个氨基酸的前胰岛素原，其 N 端的氨基酸顺序引导此多肽穿过内质网膜，同时切除 16 个氨基酸的引导序列而成为含 86 个氨基酸的胰岛素原，形成由许多高尔基囊组成的胰岛β颗粒(图 2-8)。当胰岛β细胞接受刺激后，β颗粒移向细胞膜，并在蛋白水解酶的作用下，使胰岛素原分解脱下一段含 35 个氨基酸残基(第 31 位至第 65 位氨基酸)的连接肽，并进一步在其氨基端和羧基端分别切下精-赖、精-精两对氨基酸，形成含 31 个氨基酸的 C 肽，以及以β链(30 个氨基酸残基)C 端与 A 链 N 端(21 个氨基酸残基)以两对二硫键相连接构成的胰岛素。因此在分泌胰岛素的同时，总是有等物质量的 C 肽和少量的胰岛素原分泌。C 肽既无胰岛素的生物活性，也无胰岛素的免疫原性质；而胰岛素原有 3%的胰岛素活性，在免疫效应方面与胰岛素有交叉反应。

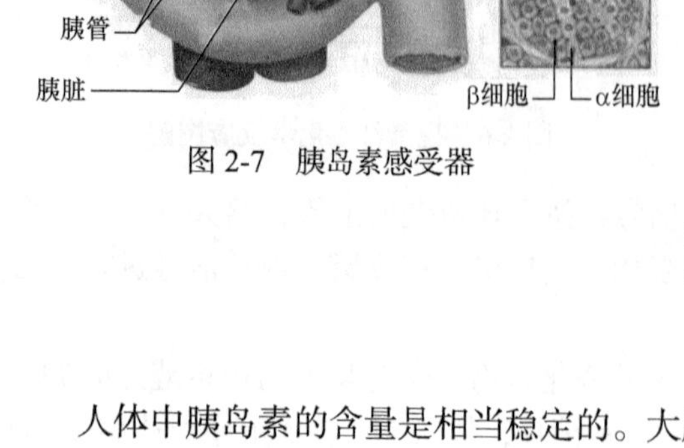

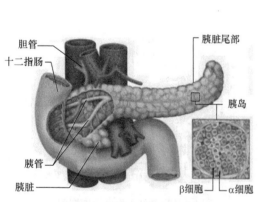

图 2-7 胰岛素感受器

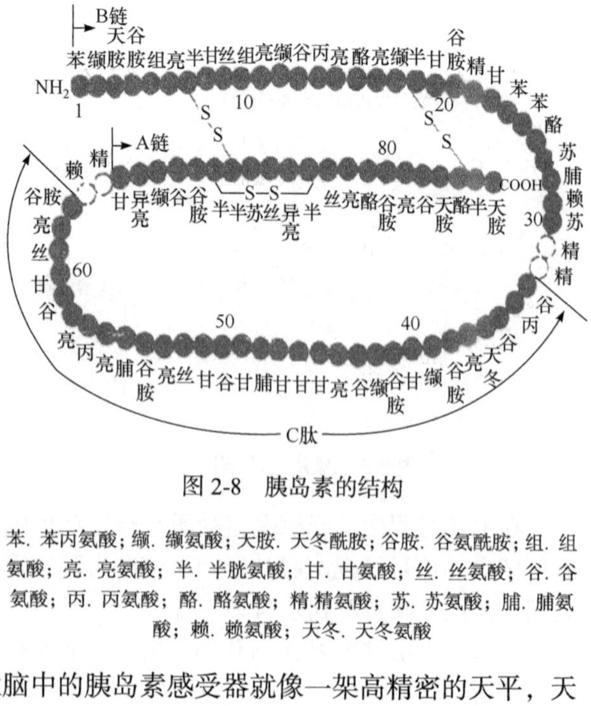

图 2-8 胰岛素的结构

苯. 苯丙氨酸；缬. 缬氨酸；天胺. 天冬酰胺；谷胺. 谷氨酰胺；组. 组氨酸；亮. 亮氨酸；半. 半胱氨酸；甘. 甘氨酸；丝. 丝氨酸；谷. 谷氨酸；丙. 丙氨酸；酪. 酪氨酸；精.精氨酸；苏. 苏氨酸；脯. 脯氨酸；赖. 赖氨酸；天冬. 天冬氨酸

人体中胰岛素的含量是相当稳定的。大脑中的胰岛素感受器就像一架高精密的天平，天平的一端是脑内主管饭量的神经中枢，另一端是脑内主管进餐的神经中枢。当人饥饿时，胰岛素水平下降，于是胰岛素感受器就发出进餐的“指令”；当进餐到一定程度时，即胰岛素水平上升到一定程度后，胰岛素感受器就发出已经吃饱的“指令”。由此可见，胰岛素和胰岛素感受器控制着人的饮食量。

无论胰岛素还是胰岛素感受器，它们都是化学物质。它们在控制人的饮食过程中必然会发生极其复杂的化学变化。

2.2.7 神奇的激素

人们在日常生活中体验着各种情绪变化，愉快、苦闷、兴奋、紧张、生气、愤怒等，人们多半将这些情绪变化归因于心理变化。最新研究表明，人们的情绪变化不仅仅由心理变化所支配，还与生理因素有关。体内的一些化学物质的量的变化会影响人的情绪。为什么有的人钱财万贯，却整天无精打采，有的人每天为生活奔波，却神采奕奕？每个人都经历过情绪的高潮和低谷，到底是哪些化学物质在操纵这些？研究表明，多巴胺、血清素、内啡肽(endorphin)三激素是快乐的物质基础。

1. 多巴胺

多巴胺由大脑分泌，可影响一个人的情绪。化学名称为 4-(2-氨基乙基)-1,2-苯二酚。多巴胺是一种能带来能量和动力的神经传导物质，不仅能左右人们的行为，还参与情爱过程，激发人对异性情感的产生。此外，多巴胺还与愉悦和满足感有关，当人们经历新鲜、刺激或具有挑战性的事情时，大脑中就会分泌多巴胺。在多巴胺的作用下，人们感觉到爱和幸福。

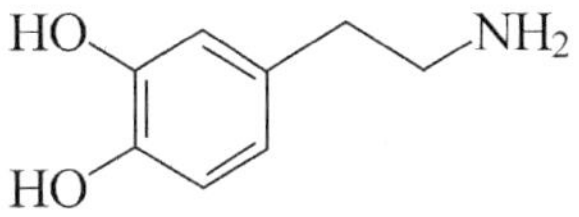

多巴胺结构式

1) 多巴胺缺乏症

多巴胺缺乏症是由于人体分泌的多巴胺不足导致的，其症状一般表现为抑郁、体重增加及极端疲劳等。男性多巴胺水平低导致的症状与睾酮不足很类似，变化通常发生在身体和性欲两方面。例如，多巴胺低通常会降低男性的骨密度、性欲、体力和肌肉量。此外，多巴胺水平低还会导致男性的胆固醇和身体脂肪数量增加，女性体内缺乏多巴胺引起的症状与雌激素缺乏相关症状很相似。例如，多巴胺往往会提高经绝期的负面影响，包括潮热、盗汗、睡眠紊乱和情绪波动等。

2) 多巴胺水平的提高

(1) 有氧运动。跑步、跳绳、骑车之类的有氧运动除可以锻炼身体，还可以促进身体的多巴胺分泌。

(2) 恋爱。恋爱的时候，人体的多巴胺水平往往会维持在较高的水平。

(3) 调整饮食。香蕉、牛奶、豆类、肉类都是食物中可以刺激多巴胺分泌的种类，如低脂酸奶和三文鱼等。太多的脂肪会阻止多巴胺的分泌。

(4) 药物。可通过摄取维生素 B_6 来改善多巴胺的分泌，具体应咨询内分泌科医生。

(5) 保持充足的睡眠。睡觉的时候体内多巴胺会相对静止，消耗比日常低，充足的睡眠后可使白天多巴胺维持更高的水平。

(6) 心态。开心愉悦的时候，身体也会分泌更多的多巴胺，使人感觉更开心愉悦，这是一个良性循环。因此从根本上来说，人需要一定程度的冒险、挑战和竞争，以刺激多巴胺的分泌。

2. 血清素

血清素的化学成分是 5-羟色胺。早期研究表明血清素能影响心血管和肠胃等系统的活动。最新研究显示，血清素在负责理智和愤怒的大脑部位之间发挥信使作用，不仅会影响人的胃口、内驱力(食欲、睡眠等)，还会影响人的情绪。

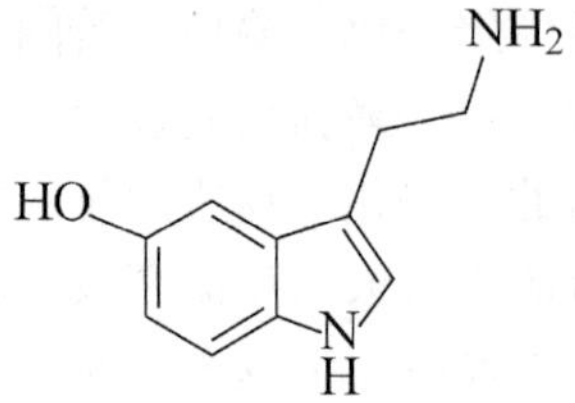

血清素结构式

1) 血清素缺乏症

很多健康问题与大脑血清素水平低有关。造成血清素减少的原因很多，包括压力、睡眠不足、营养不良和缺乏锻炼等。当血清素水平降低到需要数量以下时，人们就会出现注意力不集中、经常伴随压力和厌倦感。如果血清素水平进一步下降，还会引起抑郁。

其他与大脑血清素水平降低有关的问题还包括易怒、焦虑、疲劳、慢性疼痛、焦躁不安和暴力等。如果不采取预防措施，会随时间推移而恶化，并最终引起强迫症、慢性疲劳综合征、关节炎、纤维肌痛和轻躁狂抑郁症等疾病。患者可能会出现不必要的侵略行为和情绪波动。

在西方，女性血清素缺乏已成了一种流行病，数百万女性都需要用百忧解等精神活性药物刺激血清素的正常分泌。研究发现，女性各种程度的经前期综合征、心力交瘁、体重超标、对婚姻不满、阵发性抑郁、性冷淡、潮热等大多与饮食和锻炼习惯不好而导致血清素分泌不足有关。大脑中血清素的含量不仅在抑郁症患者中较低，即使是健康人，在寒冷的季节和黑暗环境中，大脑内的血清素含量也会下降。

2) 血清素的提高

保持大脑血清素水平平衡非常重要。在血清素不足时，有必要及时补充。

(1) 食补血清素。碳水化合物对提高身体血清素水平有帮助。梅子、茄子、西红柿、菠萝、香蕉和胡桃等碳水化合物含量高的食物可以提高血清素水平。血清素是由称为色氨酸的氨基酸产生的，简单的方法是多吃氨基酸尤其是色氨酸含量高的食物，通常蛋白质含量较高的食物中都含有色氨酸，因此，不妨在日常生活中多吃蛋白质含量较高的大豆、鸡蛋等食物。进食富含ω-3 脂肪酸、色氨酸、镁和锌的食物有助于血清素的产生，调养肠胃，人的肠细胞能产生 95% 的血清素。适量吃些巧克力，可提高脑内血清素浓度。

(2) 明亮的光线也有助于血清素水平提高。早上醒来晒晒太阳，能刺激大脑分泌血清素物质。

(3) 极端情况下可以采用羟色胺再摄取抑制剂帮助大脑获得足够的血清素。

(4) 一些研究还发现，锻炼也有助于提高大脑中的色氨酸数量，最终可以帮助提高血清素水平。

3. 内啡肽

内啡肽又称脑内啡或安多芬，是由脑下垂体和脊椎动物的丘脑下部所分泌的氨基酸化合物，是一种类吗啡生物化学合成激素。内啡肽能与吗啡受体结合，与吗啡、鸦片剂一样有止痛和欣快感，等同天然的镇痛剂，利用药物可增加脑内啡的分泌效果。内啡肽有α、β、γ、δ四种类型，其中β-内啡肽大量存在于垂体中。

从 20 世纪 80 年代开始，越来越多的人发现，每天慢跑能让自己心情愉快、体重下降、身体健康。人们认识到体育锻炼能极大地提高人们的愉悦程度和幸福感受。慢跑能促进内啡肽在大脑中的分泌，让人们的忧虑得到迅速缓解。内啡肽是使人感觉喜乐的激素，因此又被称为“快感荷尔蒙”或者“年轻荷尔蒙”。

目前，能测出内啡肽在大脑和脊髓中的数量和轨迹。诺贝尔奖获得者罗杰 · 吉尔曼发现，人体产生内啡肽最多的区域及内啡肽受体最集中的区域就是学习和记忆的相关区域，因此内啡肽可以提高学习成绩、加深记忆等。

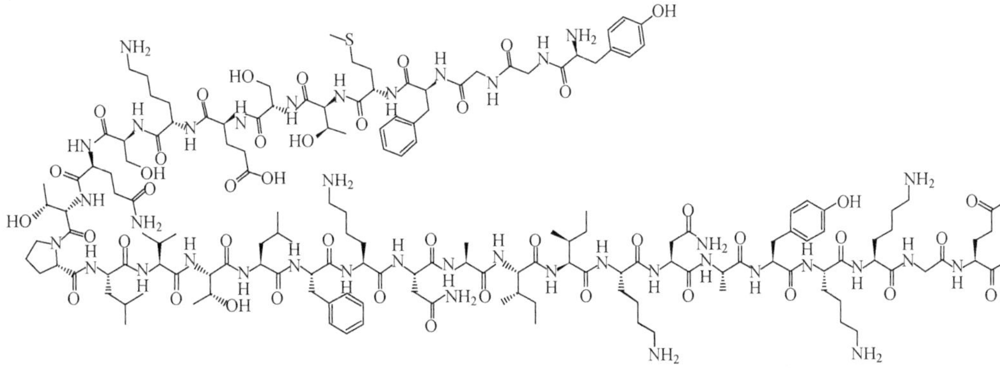

β-内啡肽结构式

另外，内啡肽能够调整不良情绪，调动神经内分泌系统，提高免疫力，缓解疼痛。在内啡肽的激发下，人体能顺利入梦，消除失眠症，人的身心处于轻松愉悦的状态中。内啡肽可以对抗疼痛、振奋精神、缓解抑郁，还可以抵抗哀伤，掀起兴奋的波涛，使创造力勃发，提高工作效率。内啡肽让人们充满爱心和光明感，积极向上，愿意和周围的人交流沟通。因此，人人都需要内啡肽。研究表明，可以通过调节饮食、社交、运动等方式促进内啡肽的释放。

4. 爱情就是化学反应

千百年来人们一直在苦苦寻求“爱情是什么”的答案。既有生物学、生理学、医学等学科的严谨求证，又有小说、电视剧、电影等的反复演绎，可时至今日，爱情到底是什么的问题依然令人们困惑。其实，在化学家看来，爱情很简单，就是一种化学反应。

人类对爱情的态度受基因和激素的严格控制。进入青春期以后，由于性激素的作用，爱情的萌芽会在每一位男女体内萌发，在每个人的心目中都会懵懵懂懂地勾勒出自己喜欢的异性形象，并越来越渴望见到她或他。爱情是一对钟情男女体内一系列化学物质发生化学变化的结果和体现。

科学家们经过研究发现，恋爱中的男女的下丘脑会分泌出具有爱恋作用的爱情物质。这些爱情物质会使他们的神经突然激发，产生强烈地对异性亲近、追求的神经活动。坠入爱河的男女体内分泌大量的能够产生爱情的物质。人体内的爱情物质主要包括苯乙胺、去甲肾上腺激素、5-羟色胺、多巴胺、催产素和内啡肽等。其中，苯乙胺、去甲肾上腺激素和5-羟色胺是“爱情兴奋剂”，主要完成爱情的启动任务。而多巴胺和催产素是“爱情催化剂”，主要完成使爱情升华的使命；内啡肽则被称为“爱情稳定剂”，它负责给因爱而有些“发昏”的大脑降温，使爱情得以稳定和持久。

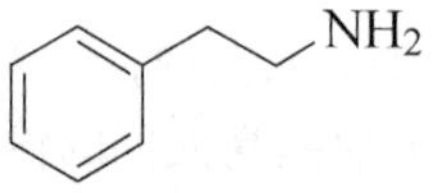

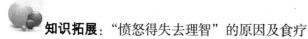

苯乙胺结构式

在恋爱的初期，体内的“爱情兴奋剂”发挥主要作用，高浓度的“爱情兴奋剂”会使人感到极度的快乐，甚至感到如醉如痴。这种极度的快乐是如此的刻骨铭心以至于终生不忘。更有意思的是“爱情兴奋剂”会令人无法意识到对方的缺点而爱得糊里糊涂。最初的好感阶段是由性激素睾酮和雌激素驱动的。随后的互相吸引阶段，遭到多巴胺、去甲肾上腺素和5-羟色胺轮番“轰炸”，给人们带来暂时性的“精神失常”。接着进入附属阶段，催产素和后叶加压素开始出现，直至内啡呔出现，步入婚姻殿堂，它也可称为“婚姻激素”。

知识拓展：“愤怒得失去理智”的原因及食疗

人们常用“愤怒得失去理智”来形容一个人发怒的样子，其实这时并不一定是其大脑没有理智，而可能是大脑中负责理智的部分缺乏一种信号物质——血清素的帮助，因此难以控制与愤怒相关的大脑部位活动。

2.3 人体中的化学元素

人体是由化学元素组成的，人体内存在一个准确的控制系统，精准地调节着各种元素的来踪去路。现代科学技术已经揭秘了其中的一些细节，具体包括：人体内化学元素的来源、进入人体的方式、在人体内的存在形态、元素的种类和数量、存在的部位、与人体内物质结合的方式、每天需要补充的数量、发挥作用的方式及排泄路径等。

2.3.1 人体中化学元素的来源

按照生命化学起源学说，生命起源于化学，人是化学变化的产物，人就是由化学元素组成的。已有大量证据证明，地球是人体中化学元素的源泉。

生命体中的化学元素均来自于地球，不曾发现生命体中有地球上不存在的元素。

(1) 原始地球为原始生命的产生提供了能量基础(热能、太阳能、闪电等)、物质基础(原始大气：CH_4、NH_3、H_2O、H_2、H_2S、HCN、CO、CO_2等)及孕育场所(原始海洋)。

(2) 截至2016年，化学周期表中的元素更新为118种，1～92号是天然元素，存在于地球上，93～118号是人造元素。地球上天然存在的92种化学元素在人体中已发现82种，说明地球是生命元素的源泉。

(3) 人的血液组成与地壳中的元素相似。最典型的证据是1971年著名英国地球化学家汉密尔顿(Hamilton)等测定了220例英国人血液中的所有元素，结果发现它们与地壳中元素的组成规律有着惊人的相似性，并且人体和地壳中各种元素按照一定的比例保持动态平衡。

(4) 按照生命化学起源学说，生命的化学进化是在海洋中进行的。海水中的 10 种主要化学元素中有 9 种是人体的主要元素。此外，人体血液中的矿化度(溶解的盐类的总量)为 9 g · L^{-1} (输液的生理盐水的浓度是 0.9% NaCl)，根据科学家的研究，30 亿年前地表原始海水的矿化度也正是 9 g · L^{-1}，这说明现代人的血液组成和原始海水具有相同的部分。

上述四个方面充分证明了地球是人体化学元素的源泉。

地球上的生物圈在一个特定的环境体系中进行演化，如果地球表面没有水圈、大气圈和土壤岩石圈，那么生命也就成了无源之水、无本之木了。事实上，人体是一个开放体系，它以新陈代谢的形式与周围环境不停地进行着物质、能量、信息的交换而得以存在。人体内的元素主要有以下几大来源。

(1) 天然淡水(河流、湖泊、地下水)。天然水体中最主要的离子有八种，Na^+、K^+、Ca^{2+}、Mg^{2+}、Cl^-、SO_4^{2-}、HCO_3^-、CO_3^{2-}。

(2) 海洋。海水有着较高的含盐量，一般为 32～37 g·kg^{-1}海水。组成海水的十大元素为 O、H、Cl、Na、Mg、S、Ca、K、Br 和 C。

(3) 土壤。土壤中元素组分的平均含量居前的元素是 O、Si、Al、Fe、C、Ca、K、Na、Mg、N、Mn、P、S、Ba、Sr、F、Rb 和 Cl。在人类活动的影响下，土壤中还聚集着大量有毒、有害的污染元素，人体中的有毒元素主要来源于土壤。

(4) 大气。大气层中除了包含大气组分的元素外，自然界的其他元素还通过火山喷发、海洋风浪的鼓泡活动、岩石的风化作用以及人类的活动进入大气圈，然后通过沉降作用回到地球表面。在参与生物圈循环的气体中，O_2 和 N_2 是主要成分，其余还有 H_2、CO、CO_2、CH_4、NO_x、SO_2 和 H_2S 等。受人类活动的影响，被污染的大气中还存在重金属元素及有毒化合物，如砷化物、氟化物、铅等，它们也成了人体中这些元素的来源。受雨水的冲刷，大气中的许多元素又重新回到地面，进入生物圈、水圈、土壤岩石圈，这些元素的量巨大，根据科学家估计，从大气进入海洋的 Cu、V、Sn、I、Cr、Cd、Hg、Pb 元素每年就达 10^4～10^5 t。

2.3.2　人体中化学元素的选择

人体从大自然选择组成自身元素的过程是一个极其长期而又复杂的历程，选择的元素种类及含量多少的规律是客观存在的。

人类赖以生存的地球环境——水圈、大气圈、土壤圈和岩石圈等中的元素种类和含量，是人体选择化学元素的先决条件。目前人体必需的 11 种常量元素在海洋、大气、土壤、岩石中大量存在，因此生物可得性高，尤其是组成生命有机体的 O、C、H、N 这四种元素，构成了原始大气的主要成分，大量存在于原始海洋、土壤岩石以及现代大气、土壤岩石和海洋中。

元素的化学性质是人体选择化学元素的决定性因素。人体中必需的常量非金属元素 C、H、N、P、S、Cl 都是元素周期表中第一、二、三周期的典型非金属，它们的电负性较大，原子半径较小，价电子数多，易于形成稳定的共价化合物，在原始地球的条件下，它们相互结合形成原始大气中的致生分子，再在原始地球中逐渐由这些小分子形成氨基酸、核糖、脱氧核糖等有机分子，进而发展进入生物大分子蛋白质和核酸的自然合成过程，这些生物大分子再在原始海洋中组成多分子体系，经过漫长的生物进化历程，逐渐过渡到现代生命，并进化成为人。元素 C 具有自相成键以及生成不同类型键的能力，且易与 H、N、S、P、Cl 等主要生命非金属元素共价组合，因而以碳为主体可以无限多地组成有机界、生物界和人体的复杂化合物。人体必需的常量金属元素 K、Na、Ca、Mg 都是第三、第四周期的活泼金属元素，易形成 8 电子的稳定正离子，配位能力弱，因此它们大量以游离正离子的状态，存在于体液中以维持体液的电荷与渗透压平衡。

那么，地球上的化学元素是如何进入人体内的呢？自然界中的生物分为自养生物和异养生物。自养生物是指能够从无机物合成有机物过程中获得本身生命活动所需养料和能量的生物，包括能进行光合作用的绿色植物、细菌，能进行化能合成作用(通过化学反应释放的能量来合成有机物的作用)的细菌。某些化能合成细菌如硝化细菌、硫细菌、铁细菌等，能氧化无机物，并借助于氧化放出的能量制造本身所需的营养物质。自养生物是生态系统中的生产者。异养生物是指不能直接利用无机物合成有机物，只能把从外界摄取的现成的有机物转变成自身的组成物质并储存能量的生物，包括捕食、寄生、腐生的各种生物，在生态系统中是消费者或分解者。人类作为捕食者处在食物链的顶端，食物链中各级植物和动物逐级积累的各种元素都以食物的形式进入人体，这是地球上的化学元素进入人体的主要方式。此外，化学元素还可通过皮肤及呼吸系统进入人体内。例如，呼吸时人会吸收外界的氧而排出身体内的碳。

庄子认为："天地与我并生，而万物与我为一。"这种"天人合一"的思想思索天与人的相通之处，追求天与人之间的和谐，正说明了人与地球环境息息相关。

2.3.3 人体中化学元素的存在形式及分布

1. 化学元素的存在形式

对于人体中化学元素存在形式的研究主要包括各元素在人体中的存在价态、结构形式、与其他元素的结合形式及化合状态。简单来说，人体中化学元素的存在形式大致分为四种类型。

(1) 难溶无机化合物。无机物结构元素主要有 Ca、F、P、Si 和少量的 Mg，以难溶无机化合物形态如 SiO_2、$CaCO_3$、$Ca_{10}(PO_4)_6(OH)_2$ 等存在于硬组织中。作为结构材料，Ca、P 构成骨骼、牙齿。

(2) 游离水合离子。有电化学功能和信息传递功能的离子 Na^+、Mg^{2+}、K^+、Ca^{2+}、Cl^- 等，分别以游离水合阳离子和阴离子形式存在于细胞内外液中，两者之间维持一定的浓度梯度。Ca^{2+}与氨基酸中的羧酸结合起到传递某种生物信息的作用；存在于体液中的 Na^+、K^+、Cl^- 等起到维持体液中水、电解质平衡和酸碱平衡的作用。

(3) 生物大分子。C、H、O、N、S 构成生物大分子，这里指蛋白质、肽、核酸及类似物等需要金属元素(如 Mo、Mn、Fe、Cu、Co、Ni、Zn 等)结合的大分子，包括具有催化性能和储存、转换功能的各种酶。

(4) 小分子。属于这一类的元素一般有 F、Cl、Br、I、Cu 和 Fe，存在于抗生素中；Co、Cu、Fe、Mg、V 和 Ni 等，存在于卟啉配合物中，如含有 Fe^{2+}的血红蛋白负责运载氧；As、Ca、Se、Si 和 V 等存在于其他小分子中。化学元素在生物体内的化学形态十分复杂，还有待进一步研究。

2. 化学元素的分布

化学元素在人体中的分布是极不均匀的，各脏器所含元素的种数不尽相同。例如，在人体血液中检测到 72 种元素，但在子宫、前列腺、胃肠道中只检测到 30 多种元素。图 2-9 为某些元素在人体组织、体液中的富集情况。

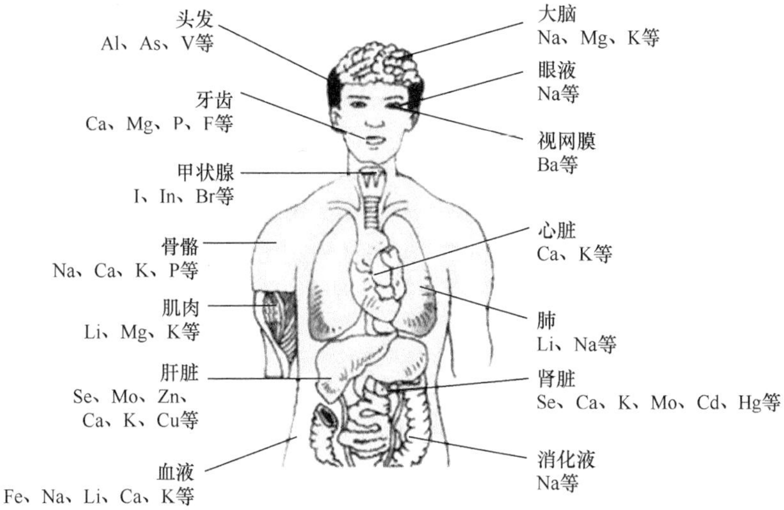

图 2-9　化学元素在人体中富集情况示意图

头发中含有铝、砷、钒、锌、铁等；大脑中含有钠、镁、钾、磷、钒、锌；脑垂体中含有铟、锰、铬、溴等；眼液中含有钠、锌、钾等；视网膜中含有钡等；牙齿中含有钙、镁、磷、氟、硅等；甲状腺中含有碘、铟、溴等；心脏中含有钙、钾、镁等；骨筋中含有锂、镁、钾等；骨骼中含有钠、钙、钾、磷、镁等；肾脏、肺、胰腺中含有硒、钙、钾、钼、镉、汞、锂、钠、镁等；肝脏中含有锂、锌、钼、镁、铜、钾、钙、硒等；血液中含有铁、锂、钠、钾、钙、磷等；消化液中含有钠等。表 2-1 是部分元素在人体中的主要分布部位。

表 2-1　部分元素在人体中的主要分布部位

元素	主要分布部位及占人体中该元素的比例	元素	主要分布部位及占人体中该元素的比例
铁	血色素 70.5%	钼	肝 19.0%
氟	骨 98.9%	锶	骨 99.0%
锌	肌肉 65.2%	溴	肌肉 60.0%
铜	肌肉 34.7%	钡	骨 91.0%
钒	肌肉>90%	铝	肺 19.7%、骨 34.5%
锡	脂肪、皮肤 25%	镉	肾、肝 27.8%
硒	肌肉 38.3%	汞	脂肪、肌肉 69.2%
锰	骨 43.3%	铅	骨 91.6%
碘	甲状腺 87.4%	铬	皮肤 37.0%
镍	皮肤 18.0%	钴	骨髓 18.6%

2.3.4　人体中化学元素的分类

目前，在人体中发现的化学元素从 60 多种已上升到 82 种，按其作用分为必需元素、非必需元素和污染元素，污染元素都是有毒有害的元素；按其含量分为常量元素、微量元素，所有的常量元素都是必需元素。

1. 按作用分类

(1) 必需元素是人体维持生命活动不可缺少的元素。如果没有这些元素，人体就不能正常生长。必需元素必须从饮食中摄取，且以较恒定的含量存在于机体的健康组织中，这些元素一旦缺少，会导致机体生化代谢过程紊乱、生理功能及机构异常，产生疾病。如果及时补充这些元素或通过对机体的调节增加其吸收率，恢复到生理要求的正常水平，机体的这种缺乏状态会得到缓解，或可纠正病变，使疾病痊愈。某些必需元素对机体具有某种特异的生化功能，这种作用不能被其他任何元素完全代替。人体中共有 25 种必需元素，其中 11 种必需常量元素为碳、氢、氧、氮、硫、磷、钠、钾、钙、镁、氯，14 种必需微量元素为铁、铜、锌、锰、钼、钴、钒、镍、铬、锡、氟、碘、硒、硅。这些必需元素中，除碳、氢、氧、氮主要以有机物形式存在外，其他各元素存在形式均为无机矿物质。

(2) 非必需元素都属于微量元素，即非必需微量元素。这些元素无明显生理功能活性，在体内可有可无，其生物学效应或许迄今未被人们认识，可能来自外环境的污染，包括铷、钛、锆、钡、铌等。

(3) 污染元素是存在于生物体内，会阻碍机体正常代谢过程和影响生理功能的微量元素。这些元素在体内的浓度是变化的，可能来自环境污染，而又不易排出，会在体内富积。当这些元素在体内的含量达到一定程度后，会引起中毒甚至危及人的生命，如铋、镉、汞、锑、铍、铅等。

2. 按含量分类

(1) 常量元素是含量大于体重的 0.01%，每人每日需要量在 100 mg 以上的元素。11 种必需常量元素约占人体重量的 99.95%以上。

(2) 微量元素是含量小于体重的 0.01%，每人每日需要量在 100 mg 以下的元素。微量元素仅占人体重量的 0.05%，浓度非常低，但具有极其强大的生物学作用，包括必需微量元素和非必需微量元素。14 种必需微量元素的特点是多数为金属，在体内多以结合状态存在，并以结合状态形式参与体内生物学过程，具有高度生物学作用，超过生理需要量产生毒副作用，如必需微量元素硒每人每天摄入 100 mg 较为合适，若长期低于 50 μg，可能引起癌症、心肌损害及贫血，但过度的摄入又可能造成腹泻和神经官能症等中毒反应。因此，元素对人体有益还是有害与其浓度有密切关系。

人体内的元素划分界限不是恒定不变的，随着科学的进步和各种检测手段的改进及完善，人体内元素的数量、功能及类型还会重新划定。今天认为是非必需的元素明天可能就会被发现是必需的。实际上，必需非必需和有害无害是相对的，在特定的条件下可以相互转化。

2.3.5 人体中化学元素在周期表中的位置规律

反映各种元素及其化合物化学性质的周期表，在一定程度上也能预示各元素的生物学性质。

1. 生命元素在元素周期表中的分布

(1) 11 种必需常量元素全部集中在周期表开始的前 20 个元素内且为主族元素，主要分布在周期表中s区上部和p区上部。而14种必需微量元素除碘、硒、氟外，几乎都是过渡金属。

(2) 随着元素原子序数的增大，其对人体的毒性也相应增大，这在周期表的主族元素中表现尤为明显，如铊、铅、铋都是有害元素，都处在主族元素最下端。

(3) 大多数的致癌金属元素集中在第四周期。

对元素间内在生物学规律的揭示，不仅概括了已知生物元素与有毒元素的归属，确证生物体与自然界元素的密切关系，还为预测稀有分散元素和常见元素的营养性或毒性提供了有益的启示。例如，根据锗在周期表中的偏前位置、环境丰度和生物利用性，曾有人预测它很可能是有益元素。目前已查明锗是某些药用植物如参类、灵芝等的成分，有机锗化合物如 ^{132}Ge 具有重要的生物活性，可提高人体自身免疫能力。综观生物元素在周期表中所占的位置，近似“昂首翘尾”的动物体型，好像告诉人们生命就在其中。

2. 生命元素的丰度规则

生命元素在周期表中的位置特征也不是偶然的，而是受到生物体的丰度规则支配。丰度规则是指当一种功能可以由两种以上的物质完成时，生物体将会选用自然界中较为丰富且易于获得的那种物质。

(1) 自然界中比较轻的元素含量较丰富，而生命元素除钼、碘以外，其余全部是原子序数小于35的元素。

(2) 钙电负性为1.00，锶电负性为0.95，两者电负性相近，性质相似，它们的碳酸盐、磷酸盐都具有不溶性，但由于自然界中钙含量(1.38%)比锶(0.02%)要丰富得多，因此有机体自觉地选择钙的碳酸盐、磷酸盐用作自身的保护物质和骨架材料。同样，含锌酶中 Zn(Ⅱ)在体外能被 Co(Ⅱ)置换而不失其催化活性，但由于锌在大海及地壳中属丰产元素，含量是钴的6倍还多，故有机体选择了锌。

(3) 氟在地壳中的含量为0.031%，氯为0.03%，两者在地壳中含量相近，但由于氟的活泼性高，很难获得，因此有机体选择了易于获得的氯，当然，这还与生物体是在原始海洋中孕育有关。

研究人体中的元素与周期表的关系为解释许多有关的生命现象提供了理论依据。

2.3.6 人体中化学元素与健康的相互作用

化学元素各有特性，对人体也各有利弊。同一种元素往往既能营养人体，又能损害人体，这就犹如“水能载舟，亦能覆舟”。人们要达到健康状态，必然要求这些生命元素不仅必须存在于体内，而且必须处于恰当的位置，具有恰当的含量、恰当的氧化态，同时必须与恰当的化学对象结合，具有适应特殊功能的能力。

化学元素和人体健康产生的相互作用有以下几种。

1. 元素含量与健康

元素含量与健康是指每一种化学元素在人体内都有一个安全的、最佳的浓度范围，缺乏和过量都会引起疾病，甚至死亡。例如，人体内Li元素缺乏易产生暴力行为，Al过量易得老年痴呆。

化学元素在体内的浓度水平可分为5个等级。

(1) 等级1：绝对缺乏，生物体无法生存而死亡。

(2) 等级 2：临界缺乏，生物体可以存活，但显示出与缺乏该种元素相应的功能障碍。
(3) 等级 3：随着生物体摄入元素量的增加，生物体的功能达最佳状态。
(4) 等级 4：继续增加元素的摄入量，出现与该种元素过剩相关的毒性反应。
(5) 等级 5：摄入量超过临界水平时，毒性急剧增加，使生物体中毒而死亡。

2. 元素形态与健康

元素形态与健康是指人体内存在的变价元素都是其低价态。例如，Cr 元素是变价元素，有正三价和正六价，正三价的 Cr 是人体的必需微量元素，而正六价的 Cr 对人体有毒。再如，正二价的 Fe 是人体的必需微量元素，能运载氧气，而正三价的 Fe 不易被人体吸收。

3. 元素相互作用与健康

元素相互作用与健康是指人体内的元素不是独立的，它们之间相互作用，不仅可以阻止或减缓环境毒物对人们的伤害，还可以利用元素间的相互作用达到事半功倍的效果。元素间的作用主要有协同作用、拮抗作用和配合作用三种方式。

(1) 元素的协同作用是指元素间联合作用的效果超过各元素单独作用效果的总和。例如，铜是铁的助手，与铁具有生理协同作用，无论人还是其他动物，当铁充足而铜缺少时一样可能发生贫血。

(2) 拮抗作用是指生物体中一种元素对另一种元素的正常生理功能产生抑制或抵消的作用。例如，铁与锌、锌与铜是典型的相互拮抗的例子，膳食中铁锌比从 1∶1 到 22∶1 变动时，铁对锌吸收的抑制作用逐渐增强；增加膳食中锌的水平，会降低铜的吸收。

(3) 配合作用是指 14 种微量元素大部分是过渡金属，进入人体后与生物大分子配位形成配合物。例如，Fe^{2+}与卟啉环配位形成血红素。

2.3.7 人体中化学元素的功能

人体中的化学元素有的功能比较单一，如钠、钾，主要作用就是调节体液中电解质的平衡，有的元素则身兼数职，具有多方面的功能，如钙和磷。化学元素在人体内所起到的生理和生化作用主要有以下几个方面。

(1) 材料功能。组成人体的结构材料，碳、氢、氧、氮、硫、磷构成碳水化合物、脂肪、蛋白质等有机大分子，它们是人体机体组织的材料。钙、磷、镁构成骨骼、牙齿等硬组织。钾、钠、镁、氯是体液和细胞质中的成分。

(2) 运载功能。人体对某些元素及物质的吸收输送以及它们在体内的传递代谢等过程，不是简单的扩散及渗透，而需要运载体、金属离子及它们所形成的一些配合物在其中担负重要的作用。例如，含有 Fe^{2+} 的血红蛋白对氧气和二氧化碳有运载作用。

(3) 催化功能。酶是人体活细胞产生的一种生物催化剂，催化生物体内各种生物化学反应的进程。人体内的 3000 多种酶 60% 以上含有微量元素，约 1/4 的酶的活性与金属离子有关。有的金属离子参与了酶的固定组成，而有些酶则必须有金属离子存在才能被激活以发挥它们的催化功能，这些酶称为金属激活酶。参加酶活动的元素有铁、铜、锌、镁、钴、钼等。这些元素不足时可使酶的活性降低，导致体内生物化学反应紊乱。

(4) 调节功能。人体体重的 2/3 以上都是水分，体液主要是由水和溶解在其中的电解质组成的。人体的大部分生命活动在体液中进行，为保证体液的正常生化活动及功能，需要维持体液中的水、电解质平衡和酸碱平衡，而存在于体液中的钠、钾、氯等发挥着重要的调节作用。人有敏锐的味觉离不开元素锌的调节；人体肌肉维持紧张与放松的平衡状态，心脏保持一定的节律，需要元素钙和镁的调节。

(5) 信使功能。生物体需要不断地协调机体内的各种生物过程，这就要求有各种信息传递系统。细胞间的沟通即信号的传递需要有接收器，化学信号的接收器是蛋白质。Ca^{2+} 是细胞中功能最多的信使，它的主要受体是一种由多个氨基酸组成的肽蛋白质，称为钙媒介蛋白质。钙媒介蛋白质与 Ca^{2+} 结合而被激活，活化了的钙媒介蛋白质可以调节各种酶的活力。因此，Ca^{2+} 起到了传递某种生命信息的作用。

2.3.8 人体中常量元素和微量元素

1. 人体中的常量元素

碳、氢、氧、氮几种常量元素以水、糖类、油脂、蛋白质和维生素等有机质的形式存在于人体内，占人体总质量的 96% 以上，还有少量硫(0.25%)也是组成有机质的元素。它们是组成地球上生命的基础。

1) 常量元素——钠、钾、氯

钠(Na)、钾(K)、氯(Cl)三种元素非常“友爱”，总是在一起。钠主要存在于细胞外液中，钾则存在于细胞内液中，而氯在细胞内外体液中都存在。

Na^+ 在体内起钠泵的作用，调节渗透压，给全身输送水分，使养分从肠中进入血液，再由血液进入细胞中，与 Cl^- 共同调节细胞外的水分和渗透压，维持人体酸碱平衡，参与糖代谢和氧的利用。K^+ 参与碳水化合物、蛋白质的代谢，维持细胞内正常渗透压和细胞内外正常的酸碱平衡，维持神经肌肉的应激性和正常功能，与 Cl^- 共同维持细胞内的水分和渗透压。此外，它还维持心肌的正常功能，过高或过低都会造成心律失常。Cl^- 参与血液中 CO_2 的运输，这是其一项非常重要的工作。CO_2 进入红细胞后，与水结合为碳酸，再解离为 H^+ 和 HCO_3^-，HCO_3^- 被移出红细胞进入血浆，H^+ 却不能扩散出红细胞，所以 Cl^- 就进入红细胞，以保持正负离子的平衡；红细胞中的 HCO_3^- 浓度低于血浆时，Cl^- 就从红细胞进入血浆，HCO_3^- 转入红细胞，从而使血液中的大量 CO_2 得以输送至肺部排出体外。Cl^- 还参与胃酸形成，胃酸能促进食物消化，促进维生素 B_{12} 和铁的吸收，并刺激肝脏功能，促使肝中的代谢废物排出。

氯化钠广泛存在于食物中，而且以食用盐的形式被家家户户作为调味品使用，因此一般情况下不会缺乏，反而是经常有人摄入过多。钠摄入过多，尿中的 Na^+/K^+ 比值随之增高，这是导致高血压的重要因素。研究表明，Na^+/K^+比值与血压呈正相关，尿钾与血压呈负相关。

一般，人们缺钾的常见原因是损失过多，如频繁的呕吐、腹泻，会造成钾的消化道损失；各种以肾小管功能障碍为主的肾脏疾病，可使钾从尿中大量流失；高温作业或重体力劳动者，会因大量出汗大量流失钾。另外，氢氯噻嗪等一些利尿剂也会使机体排钾增多。人体缺钾可在神经肌肉、消化、心血管、泌尿、中枢神经等系统发生功能性或病理性改变，表现出肌肉无力或瘫痪、心律失常、横纹肌裂解症及肾功能障碍等严重反应。此外，细胞内的钾与细胞外的钠在正常情况下能形成均衡状态，当钾不足时，钠会带着许多水分进入细胞内使细胞胀裂，形成水肿。此外，缺钾还会导致血糖降低。

2) 常量元素——钙

钙被誉为“人体的建材”。人体骨骼的主要成分是磷酸钙，人体内 99% 的钙以羟基磷灰石

$[Ca_{10}(PO_4)_6(OH)_2]$的形式存在于骨骼和牙齿中，称为骨钙，其余 1% 分布在血液、细胞外液、组织液中，称为血钙。

骨钙支撑着躯体，保护内部器官，血钙参与细胞外液、组织液中的某些酶反应。血钙与骨钙保持动态平衡，缺钙时动用骨钙，使骨钙减少，血钙增多，从而使骨钙与血钙处于动态平衡。血钙含量的微小变化可引起一系列人体的生理变化，如维持神经肌肉的正常兴奋和心跳规律，血钙含量增高可抑制神经肌肉的兴奋，血钙含量降低，则引起兴奋性增强而产生手足抽搐。

成年人缺钙，早期会出现情绪不稳定、睡眠不好等反应。如果持续缺钙，长期处于低血钙平衡状态容易引起骨骼持续大量释放骨钙，引起骨质疏松、骨质增生、手足抽搐及高血压、肾结石、结肠癌等一系列疾病。老年人缺钙，经常有关节炎、神经痛、牙齿松动脱落、阵发性心悸、骨质疏松、骨质增生、驼背、身体严重萎缩等病情。儿童严重缺钙时，会导致牙齿发育不良、鸡胸、漏斗胸、腿弯曲、抽筋、O 型腿或 X 型腿、软骨病、佝偻病、厌食、夜惊等疾病。

3) 常量元素——磷

磷元素被认为是生命存在的必要条件之一，诺贝尔奖获得者托德(Todd)提出“哪里有生命，哪里就有磷”“只有在有磷的星球上，才能存在生命”的论断。

人体内约 90% 的磷元素以磷酸根(PO_4^{3-})形式与钙共同组成羟基磷灰石$[Ca_{10}(PO_4)_6(OH)_2]$、氯磷灰石$[Ca_{10}(PO_4)_6Cl_2]$及氟磷灰石$[Ca_{10}(PO_4)_6F_2]$，存在于人体骨骼和牙齿中，另外的约 10% 则存在于身体内的各种磷脂、核蛋白、DNA、RNA 及辅酶中。磷又是生命能源库腺苷三磷酸(ATP)的主要成分。

近年来的研究表明，磷是生命物质核酸、蛋白质的主控因子，磷的化学规律控制着核糖核酸(RNA)及氨基酸(蛋白质)的化学规律，从而控制着生命的化学进程，还通过磷酸根维持着体液的酸碱性，在酶的活性调节上也起着关键作用。

磷和钙之间相互拮抗，缺磷和摄入过量的磷都会影响钙的吸收，而缺钙也会影响磷的吸收。每天摄入的钙、磷质量比为 1～1.5 最好，有利于两者的吸收，正常的膳食结构一般不会缺磷。

4) 常量元素——镁

Mg^{2+}是细胞内的主要阳离子之一，浓集于线粒体中，其含量仅次于钾和磷。在细胞外液，镁含量仅次于钠和钙居第三位。成人体内 70% 以上的镁参与骨骼和牙齿的组成，约 25% 存在于软组织中，肌肉、心、胰和肝中含镁量相近。

人体中每一个细胞都需要镁，它对于蛋白质的合成、脂肪和糖类的利用及数百组酶系统都有重要作用。因为多数酶中都含有维生素 B_6，而维生素 B_6 必须与镁结合才能被充分地活化、吸收和利用。镁是降低血液中胆固醇的主要催化剂，能防止动脉粥样硬化，所以摄入足量的镁可以防治心脏病。镁和钙的关系很微妙，既相互拮抗，又相互促进。镁和钙一样具有保护神经的作用，能起到镇静和抑制作用，是骨细胞结构和功能所必需的元素，对骨骼和牙齿的正常生长非常重要。如果单纯补钙而不加镁，则钙离子代谢需要的 ATP 酶不能被激活，钙难以真正进入骨骼，这也是许多骨质疏松患者大量补钙却得不到明显改善的原因之一。补钙时添加镁成分，能促进钙快速成倍地吸收，并增强骨结构和柔韧度，更好地防止骨钙的流失。

人体缺镁时可产生骨质脆弱和牙齿生长障碍，严重缺镁时会使大脑思维混乱，丧失方向感，产生幻觉甚至精神错乱。研究还发现，缺镁是高血压和心律失常的因素，而且也可能是冠状动脉痉挛及心肌梗死的因素。若镁过量也会导致镁、钙、磷从粪便、尿液中大量流失，从而导致肌肉无力、眩晕、丧失方向感、反胃、心跳变慢、呕吐甚至失去知觉。

2. 人体中的必需微量元素

人体中的必需微量元素虽然含量甚微，但在维持生命的正常代谢过程中起着重要作用。它们作为酶、激素、维生素等物质的组成成分，参与机体的生长、发育、代谢、疾病及死亡过程。这些元素缺乏或过量都会引起人体机能的紊乱，甚至失常和产生病变，只有当它们维持在正常的水平时，人的生命才是健康和谐的生命。

1) 必需微量元素——铁

铁在人体中的分布很广，几乎所有组织都含有铁，铁是人体内含量最高的微量元素。正常人体含铁量因年龄、性别、体重和血红蛋白水平不同而不同。其中，60%～70% 存在于红细胞中，组成血红蛋白；4%～6% 存在于肌红蛋白中，这部分铁称为功能性铁；约 25% 存在于骨髓、肝、脾中，组成储存形式的铁蛋白或含铁血黄素，这部分铁称为储存铁；其余微量铁组成多种酶和氧化还原反应的激活剂，在组织呼吸、生物氧化等过程中起重要作用。早在 17 世纪时就已发现铁是人体必需微量元素。铁吸收的主要部位在十二指肠及空肠上段，柠檬酸、氨基酸、果糖等可与铁结合成可溶性复合物，有利于铁的吸收。铁盐主要以二价铁的形式被吸收，三价铁很难被吸收，但二价铁进入肠黏膜细胞后可氧化成三价铁，其中一部分结合成铁蛋白沉积于肠黏膜细胞中，另一部分则经细胞浆膜面进入血液循环。食物铁蛋白中结合的铁在胃酸作用下被吸收，血红素分子可直接进入肠黏膜细胞内，由小肠黏膜内部亚铁血红素撕裂酶利用 H_2O_2 的氧化作用使卟啉环打开，释放出游离铁。

铁在人体内参与各种生理功能：作为血红蛋白、肌红蛋白、铁蛋白等的组成部分，直接参与氧的运输和储存；铁与某些酶的合成与活性密切相关，如铁参与血红素合成酶、琥珀酸脱氢酶、细胞色素氧化酶、过氧化物和过氧化氢酶的合成，担负电子传递和氧化还原过程，解除组织代谢产生的毒物；铁还直接参与能量释放过程，对免疫系统和其他微量元素均产生影响。

研究发现，人群中缺铁者相当普遍，尤其是青年女性。婴儿缺铁会导致精神发育改变和生长受阻，表现为兴奋、躁动、反应迟钝等。成年人缺铁易得传染病和缺铁性贫血症，并可导致记忆力、免疫力等功能下降。铁过量可引起中毒，导致细胞损伤及器官功能不全，引起血色病，表现为皮肤色素沉着、糖尿病、肝功能异常、关节病变和心脏异常等。

2) 必需微量元素——锌

锌被称为“生命的火花”。人体内锌主要以结合状态存在。以眼、头发、肝脏、骨骼、肾脏、生殖器和皮肤中的含量最高。锌主要在小肠中吸收，动物性食物较植物性食物中的锌吸收好；肠腔内有与锌特异结合的因子，能促进锌的吸收，食物含锌量以贝壳类、肉类、果仁等较为丰富。1934 年证实锌为人体必需微量元素。

锌与多种酶、核酸、蛋白质的合成密切相关。目前报道的结构含锌酶和锌激酶已增加到 300 多种，如 DNA 聚合酶、RNA 合成酶、肠磷酸酶、碳酸酐酶(CA)、超氧化物歧化酶、血管紧张肽转换酶等。

碳酸酐酶是所有锌酶中最重要、最具代表性的一种，它是 1940 年从动物红细胞中分离纯化而得的第一种含锌酶，是 Zn^{2+}和蛋白质配体形成的配合物，承担了极其重要的生化过程——CO_2 可逆水合作用的催化。单纯的 CO_2 水合过程是十分缓慢的，$CO_2 + H_2O \Longrightarrow HCO_3^- + H^+$，反应速率常

数仅为 $7\times10^{-4}\,mol\cdot L^{-1}\cdot s^{-1}$，但在碳酸酐酶催化下，反应速率常数急增为 $1.4\times10^{6}\,mol\cdot L^{-1}\cdot s^{-1}$。借助碳酸酐酶的作用，可将机体组织细胞代谢产生的大量 CO_2 迅速变为溶于血液中的 HCO_3^-。随着血液的流动，在肺部的微血管内，HCO_3^- 又迅速转变为 CO_2 而自呼吸道排出。

锌在人体中具有重要的生理、生化功能和营养作用。锌参与 DNA、RNA 的结合及蛋白质合成等，对细胞分裂、生长和再生的影响很大，所以锌对婴幼儿生长发育、性器官的正常发育和性机能的正常、保护皮肤健康，创伤、烧伤、外科手术患者伤口的恢复、愈合都起着重要作用；锌参与胰岛素合成，增强胰岛素的活性；维持垂体组织生长激素、胸腺素含量；参与维生素 A 和视网膜组织细胞内视黄醇结合蛋白的合成，影响维生素 A 的代谢，从而改善视力，增强暗适应能力。锌参与免疫、防御功能，可能对多种疾病(包括癌肿、风湿、动脉硬化及神经病等)的发生、发展有一定抑制作用；锌可通过合成味觉素改善食欲，维持味觉及嗅觉；锌还具有维护中枢神经系统的功能。

人体缺锌引发各种锌酶活性降低，导致一系列病症，如食欲不振、生长迟缓、小儿厌食症和异食癖、嗅觉和味觉减退甚至丧失、脱发、皮肤粗糙、视力下降、贫血、肝脾肿大、机能障碍及不育症等。锌过量会引起恶心、头晕、呕吐、痉挛、腹泻等症状。锌与铜之间有拮抗作用，锌过量可引起铜缺乏症。

3) 必需微量元素——硒

硒是癌症的克星，在人体各器官组织和体液中都有分布，主要以含硒蛋白质的形式存在。各器官组织蓄积量由高到低的顺序为肾—肝—脾—胰—睾丸—心—肺—脑。在肌肉、骨骼和血液中相对较低，脂肪中最低。

硒能刺激免疫球蛋白及抗体产生，使中性白细胞杀菌能力增强，增强机体免疫力；保护心血管并能使心脏处于功能正常状态；维持酶和某些维生素的活性、参与激素的生理作用等。硒作为谷胱甘肽过氧化物酶(GSH-PX)的必需组成成分，在机体抗氧化防御体系中有着举足轻重的作用，GSH-PX 酶能分解 H_2O_2 和清除体内自由基，防止脂质过氧化作用，同时能加强维生素 E 的抗氧化作用，从而可保护细胞膜不受过氧化物损伤，维持生物膜正常结构和功能。试验证明，硒能抑制动物的自发性、移植性和化学病毒诱发性癌症，包括皮肤癌、肝癌、结肠癌及淋巴肉瘤等。硒还是天然的金属解毒剂，硒在体内能拮抗和降低汞、铜、铊、砷等元素的毒性，减轻维生素 D 中毒病变和黄曲霉毒素的急性损伤。

缺硒会造成克山病、大骨节病、骨癌、白内障、贫血。而硒过量则有毒，会对身体造成危害，甚至引起硒中毒。慢性硒中毒会导致毛发脱落、四肢僵硬和骨关节糜烂等症状，急性硒中毒则可能会出现“蹒跚盲”综合征，表现为腹痛、呼吸困难甚至失明。

4) 必需微量元素——碘

碘被称为智力元素。成年人体内碘主要存在于甲状腺内的球蛋白中，占人体总碘的 80%以上。碘是合成甲状腺激素的重要原料。甲状腺激素化学式为 $C_{15}H_{11}O_4I_4N$，化学名称为四碘甲状腺原氨酸，是氨基酸衍生物，对机体生长、发育、代谢、生殖和分化等各种功能均有重要作用。

碘有促进蛋白质合成、活化多种酶、调节能量转换、加速生长发育、维持中枢神经系统结构的作用。

缺碘可导致一系列的生化紊乱及生理功能异常。中度缺碘时甲状腺不能合成出正常需要的甲状腺激素，而是合成出许多半成品堆积在甲状腺中促使甲状腺组织增长肥大，引起甲状腺肿，即大脖子病。严重缺碘时可致生长发育停滞，大脑组织受损，妨碍儿童身体和智力发育；可引起细胞代谢异常，皮肤毛发结构异常，生殖能力低下，神经发育受限，以致痴呆产生克汀病(呆小症)。严重缺碘的地区曾流传这样的说法：一代粗，二代傻，三代四代断根芽。现代科学已证实，碘元素缺乏是妨碍青少年智力发育的原因之一。甲状腺肿大症与克汀病都是地方病，与地方饮用水缺碘有关。机体摄入碘量过多不但无益，反而有害，碘过量可导致甲状腺功能减退，甚至出现免疫甲状腺疾病等。

5) 必需微量元素——氟

在人的骨骼、肌肉、血液和脏器中都有氟的存在，约 90% 存在于牙齿、骨骼中。人体主要通过饮用水获得氟，最佳氟化水的浓度为 0.5～1.0 $mg \cdot L^{-1}$。

氟的主要生理功能是杀死细菌，坚固牙齿，预防龋齿。适量氟对人体牙齿、骨骼的形成和生长具有促进作用，有利于骨折的愈合和钙化，此外，氟还可直接刺激细胞膜中的 G 蛋白，激活腺苷酸环化酶或磷脂酶 C，启动细胞内环磷酸腺苷(cAMP)或磷脂酰肌醇信号系统，引起广泛生物效应。

但氟对人体的安全范围很窄，人体活动与氟的平衡易被破坏，氟摄入量不足会引起骨质疏松或龋齿，由龋齿导致的常见感染性疾病有肾炎、关节炎，甚至威胁生命的心内膜炎、脑膜炎；氟摄入量过多会发生氟中毒，诱发氟斑牙。严重氟中毒导致氟骨症，患者骨头变硬、变脆，全身关节疼痛，脊柱呈骨性强直，出现圆驼背畸形。过量氟还会抑制许多酶的活性，干扰基因合成，影响内分泌功能。生活在高氟区的人群往往有肢体麻木、知觉异常、反应迟钝、嗜睡不醒等症状。

6) 必需微量元素——铜

人体内铜主要存在于骨骼、肝、肾、小肠、血液、肌肉及中枢神经等。食物含铜丰富，一般可满足人体需要。1928 年证实铜为人体必需微量元素。

铜在人体内以铜蛋白的形式存在。铜蓝蛋白除具有运铜作用外，还具有铁氧化酶的作用，能催化二价铁转化为三价铁，促进铁的吸收和储存铁的释放。铜还是体内 30 余种含铜金属酶的必需成分，以及为维持某些酶的活性所必需的辅助因子，如细胞色素氧化酶、超氧化物歧化酶、亚铁氧化酶、酪氨酸酶、尿酸酶(尿酸氧化酶)、多巴胺氧化 β-羟化酶、赖氨酰氧化酶、单(双)胺氧化酶、色氨酸吡咯酶等。因此，铜有参与细胞呼吸，消除超氧化阴离子自由基，参与铁代谢、酪氨酸代谢，促进蛋白质及胶原的合成，影响中枢神经系统，并对骨骼及结缔组织代谢、能量代谢、心血管系统、毛发、皮肤和内分泌产生影响等作用。

缺铜能使血液中胆固醇的含量迅速增加，导致冠状动脉粥样硬化而形成冠心病。缺铜能使酪氨酸丧失制造黑色素的能力，引起白癜风、白发等黑色素脱色症，并使毛发易折断和引发卷发综合征，有时还使患者双目失明。缺铜还能引起大脑萎缩，影响大脑的正常发育，使患者智力降低，出现惊厥等症状；还能使铁的运输和代谢及骨髓细胞的形成受到阻碍，并导致严重的贫血。过量的铜则严重影响机体的正常代谢，急性铜中毒会产生恶心、呕吐、急性溶血、黄疸、中枢神经系统功能障碍、肾功能衰竭及休克等。

7) 必需微量元素——锰

锰大部分分布在具有线粒体的肝、胰、肾、心、脑等器官中，以肝脏、骨骼和垂体中的含量最高。1931 年证实锰为人体必需微量元素。

锰在人体内以二价形式存在：一部分作为金属酶或金属蛋白的组成部分，如精氨酸酶、脯氨酸肽酶、RNA 多聚酶、超氧化物歧化酶等；另一部分作为酶的激活剂起作用，有水解酶、脱羧酶、激酶、转移酶和肽酶等。锰可以激活许多酶，因此对脂肪的利用有直接帮助。锰可特异性地激活转葡萄糖苷酶、磷酸烯醇式丙酮酸羧基激酶和木糖转移酶，这三种酶在骨骼形成过程中起重要作用，因此锰还是构成骨骼的必要物质。含锰激酶对人体生化代谢具有非常重要的作用，与消除自由基、抗衰老、黏多糖的合成、钙磷代谢、生殖与生长发育等都有密切关系。除此之外，锰还可以消除疲劳，帮助消化，使人精神焕发；有助于预防骨质疏松症，保持健康的体形；能增强记忆力，使人更聪明；有利于缓解神经过敏和烦躁不安。

人体正常饮食就可摄取足量的锰。但当机体对锰需要量增加时，如妊娠和生长期可能会出现锰的相对不足，人体缺锰表现为生长发育迟缓、营养不良、运动失调、生殖功能障碍及碳水化合物和脂肪代谢紊乱等，并由于黏多糖和硫酸软骨素合成障碍，伴有骨骼异常、关节畸形等。长期大量摄入锰可引起中毒，而其中吸入二氧化锰尘最易发生中毒，人慢性锰中毒表现为无力、动作迟缓、表情呆滞、食欲减退、易激动、平衡失调、运动障碍、语言模糊、肢体发硬并有震颤和痉挛。

8) 必需微量元素——钼

钼分布于各组织细胞，以肝、肾含量较多。钼是黄嘌呤氧化酶、醛氧化酶、亚硫酸氧化酶等某些酶的重要组成部分及激活剂，参与体内的嘌呤代谢、氧化还原反应及生物转化作用。

钼的过多或过少都可影响到黄嘌呤氧化酶和醛酸酶这两个钼黄蛋白，并可能影响对葡萄糖的代谢。钼对动物心肌起保护作用，钼在心肌代谢中可以抵消 NO_2^- 对心肌的损害。

钼缺乏可导致儿童生长发育障碍，特别是对于妊娠期的胎儿和新生儿的发育影响更为明显。缺钼还会引起心血管、食管癌、肾结石、龋齿等疾病。钼过多可干扰铜的吸收，从而影响铁的代谢及造血功能。

9) 必需微量元素——铬

1959 年证实铬为人体必需微量元素，并且只有三价铬才有生物活性，六价铬具有毒性。在生物体中，三价铬不能氧化为六价铬。铬在肺组织中含量比较高。

铬在机体内参与脂肪代谢，能调节胆固醇，防止血管硬化；参与糖代谢，能维持糖耐量处于正常水平，促进生长发育。三价铬与两分子烟酸、三分子氨基酸结合形成葡萄糖耐量因子 GTF，GTF 是胰岛素的辅助因子，它可增加葡萄糖对胰岛素的敏感作用。

人体缺铬后，胰岛素生物活性降低，糖耐量受损，严重时导致糖尿病；影响脂类及蛋白质的代谢，使血内脂肪类脂特别是胆固醇的含量增加，出现动脉粥样硬化症。近年来，铬的缺乏与冠心病的关系越来越受到人们的重视。冠心病患者补充含铬的葡萄糖耐量因子后，血胆固醇降低，同时高密度脂蛋白(HDL)升高，所以三价铬有防治冠心病、动脉粥样硬化的效果。

铬对人体的危害是六价铬化合物所致，铬中毒常表现为肢体发麻，中枢神经系统及肾脏损害。

10) 必需微量元素——钴

钴是以维生素 B_{12} 的形式且是唯一已知存在形式在人体内发挥生物效应的元素。人体本身并不能将钴转化成维生素 B_{12}，必须从肉类食物及细菌中得到维生素 B_{12} 的供给。维生素 B_{12} 大部分储存于肝内，其次是肾。1935 年证实钴是人体必需微量元素。

维生素 B_{12} 作为辅酶参与蛋白质的合成、叶酸的储存、硫醇酶的活化及骨髓磷脂的形成，具有刺激造血的功能，可治疗贫血症。

长期素食者可导致维生素 B_{12} 缺乏症。体内缺乏维生素 B_{12} 可导致高血压、心肌衰竭等心血管疾病、青光眼、脊髓病及 DNA 合成障碍引起的巨细胞性贫血等。服用大量的钴可引起钴中毒，主要表现为甲状腺肿大和心脏损害。因为钴能抑制许多重要细胞的呼吸酶，从而干扰氧的代谢，并直接抑制亚铁血红蛋白的合成，可引起高血钴症和变异性血红蛋白症。

11) 必需微量元素——镍

1974 年证实镍为人体必需微量元素。镍以肺中含量最高，其次是脑及各组织器官中。普通膳食摄入量可满足人体需要。

目前人们对镍的生理生化功能知之甚少。镍作为一种金属元素参与金属特异酶的各种功能，形成活性中心，通过形成络合物参与底物与酶的结合，通过抑制或促进其他金属元素的作用控制酶活性。目前已知镍参与细胞激素和色素的代谢、生血、激活多种酶如脱氧核糖核酸酶；镍可能是胰岛素分子中的辅酶成分，与增强胰岛素效应、降低血糖水平有关。

血液中镍的含量是监测白血病发展的一个指标。随着白血病病情进展，血镍有不断增加的趋势。缺镍会造成肝硬化、尿毒、肾衰、肝脂质和磷脂代谢异常等疾病。肝硬化时呈低血镍症，急性肝炎时血清镍值升高。以蒸气形式从呼吸道吸入的羰基镍为高毒性物质，急性镍中毒时表现为肺水肿、灶性出血、肝小叶中央区瘀血及坏死、大脑皮质血管扩张和出血等。

12) 必需微量元素——钒

钒多集中在骨骼和牙齿中，少量存在于脂肪和血液中。细胞外的钒主要是 +5 价的。在 pH = 4～8 的体液中，钒主要以 VO_3^- 形式存在，红细胞内的钒为 +4 价的 VO^{2+}。1971 年证实钒为人体必需微量元素。

研究发现，钒在人体中能刺激骨髓造血、降血压、降血糖、促生长，参与胆固醇和脂质及辅酶代谢。降血糖是钒最显著的生理功能。

人体对钒的需要量较低，一般食物中所含的钒就能满足人体的需要。人体缺钒可能会引起胆固醇高、生殖功能低下、贫血、心肌无力、骨骼异常等症状。金属钒毒性很低，但钒化合物对人及动物有中度或高度毒性。钒的毒性随化合价的升高而增大，+5 价钒的毒性最大，所以 V_2O_5 及其盐类的毒性最大。铬和铁可削弱钒的致毒作用，维生素 C 也能阻止钒的毒性作用，这可能是因为维生素 C 能使毒性强的+5 价钒还原成+3 价钒。钒中毒常引起呼吸、消化、神经系统及某些酶功能紊乱。钒对人的危害只限于工业生产中自空气进入肺的污染，由食物摄入过量而中毒则未见报道。

13) 必需微量元素——锡

锡主要分布于脑、肾脏、心脏、肝脏、肺、脾脏、胃膜、胆囊、胸腺、网膜、睾丸、卵巢、肌肉、骨骼等处。一般从饮食和饮用水中摄取已足够。锡在 20 世纪 70 年代才被公认为人体生命活动必需的微量元素。

锡的生理功能主要表现在抗肿瘤方面，因为锡在胸腺中可以产生一个或多个包括与类固醇及肽的化合物，类固醇和多肽是活性激素，参与胸腺的免疫功能，这些甾族类锡化合物具有直接或间接抑制癌细胞的作用。锡还与黄素酶活性有关，并能促进蛋白质及核酸的生成，有利于身体的生长发育。锡能抑制铁的吸收和卟啉类的生物合成，也能促进血红蛋白的分解，从而影响血红蛋白的功能。锡可以促进组织生长和创伤愈合，并能参与能量代谢。锡还是肾血红素氧化酶的诱导剂。

人体内缺锡有可能导致蛋白质和核酸代谢异常，使人体发育缓慢，特别是儿童，锡补充不够影响生长发育，如果长期缺锡有可能患侏儒症。大多数无机锡化合物毒性都很低，人体摄取过量无机锡或化合物时，可出现中毒症状，表现为恶心、腹泻、腹部痉挛、食欲不振、胸部紧憋、喉咙发干、口内有金属味等，还有头疼、头晕、狂躁不安、记忆力减退甚至丧失等神经症状。与无机锡化合物不同，有机锡化合物多数有害，属神经毒性物质，毒性与直接连在锡原子上基团的种类和数量有关。有机锡化合物中毒会影响神经系统能量代谢和氧自由基的清除，引起严重疾病，如脑部弥漫性的不同程度的神经元退行性变化，脑血管扩张充血，脑水肿和脑软化；出现严重而广泛的脊髓病变性疾病；全身神经损害，引起头痛、头晕、健忘等症状；严重的后遗症。有机锡中毒目前尚无特效解毒药。锡及其化合物的毒性还可以影响人体对其他微量元素的吸收和代谢，如锡能影响人体对锌、铁、铜、硒等元素的吸收；降低血液中钾离子等的浓度。

14) 必需微量元素——硅

硅在人体的所有组织及器官中都有分布，以皮肤及肺部含量最高。硅不同于其他大多数生物必需元素，硅没有直接生物功能。由于缺硅引起软骨组织变性，因此推测 O—Si—O 桥键在结缔组织的蛋白质和多糖大分子之间起交联作用，从而影响它的第三级结构。

硅的功能主要表现在与铝的拮抗，可以降低地壳中丰度很大的铝的生物利用度，从而减少铝的生物毒性作用。硅是构成某些氨基葡萄糖衍生物和多糖羧酸的主要成分，参与多糖的代谢，为生物连接剂，与结缔组织的弹性和结构有关。硅元素诱发胶原的生物合成及骨的生成，促进骨骼生长发育。硅与心血管病有关，根据统计显示，含硅量高的地区，冠心病死亡率低，而含硅量低的地区，冠心病死亡率高。硅可软化血管，缓解动脉硬化，对甲状腺肿、关节炎、神经功能紊乱和消化系统疾病有防治作用。

长期大剂量吸入二氧化硅(SiO_2)粉尘会引起硅肺病，这是硅对人体最大的危害。结晶 SiO_2 对动物有致癌作用。人体内硅含量高可引起肾脏疾病，摄入量过大对骨骼发育不利。硅缺乏或硅代谢发生障碍时，可发生多种疾病，如引起心血管、骨、肾疾患，并有可能引起人体衰老。

微量元素参与体内代谢过程后，分别随同尿、粪、汗液等排出体外，或作为毛发成分随同毛发丢失。毛发中的微量元素虽已不参与机体代谢过程，但可作为体内某些微量元素多少的含量指标。

3. 人体中的有害元素

所有的有害元素无论在人体内含量有多少，都会对人体产生不良影响，长期在体内蓄积会使人发病甚至死亡，因此对有害元素必须采取综合的防治措施。

1) 有害元素——镉

镉是一种重要的环境和工业毒物，也是一种生物半衰期很长(10～35 年)的多器官、多系统毒物。在新生儿的肾中几乎检测不到它，人体内的镉都是从工业接触、食物、空气、水、吸烟等经消化道和肺吸收的。镉进入人体后分布于人体各个器官，被吸收的镉 1/3～1/2 蓄积于肝和肾。镉吸收进入血液后，50%～70% 存在于血红细胞中，部分与血红蛋白结合，部分与金属硫蛋白结合。

当镉的浓度在各器官中超过限度时，就会发生镉中毒。人在有烟尘(空气中镉含量达 $mg \cdot m^{-3}$ 级)的空气中停留 1～16 h，会引起急性中毒，其靶器官为肺脏，症状有咳嗽、胸闷、呼吸不畅、头痛、头晕、喉干、眼涩、肌肉骨骼疼痛，甚至引起化学性肺炎、肺水肿。镉慢性中毒主要损害肾近曲小管上皮细胞，表现为蛋白质尿、糖尿、氨基酸尿。食用含镉酸性食物会发生剧烈呕吐，大剂量时可引起肠道痉挛、呕吐、腹痛、腹泻等。长期在含镉较高的环境中易引起中性中毒，会造成肾损伤、肺损伤、骨损伤、嗅觉障碍、牙齿染黄、缩短红细胞寿命，对男性生殖能力造成破坏，甚至致癌。中毒轻者会出现乏力、头昏、头痛、食欲下降、睡眠障碍等。此外，镉对磷有亲和力，故可使骨骼中的钙析出而引起骨质疏松软化，出现严重的腰背酸痛、关节痛及全身刺痛。镉还可致畸胎，有致癌作用并引起贫血。

2) 有害元素——汞

汞俗称水银，是常温常压下唯一以液态存在的金属。自然界的汞主要以 HgS 形式存在。金属汞在常温下能蒸发，蒸发量随温度升高而增加。金属汞及其化合物主要以蒸气和粉尘形式经呼吸道侵入机体，也可经消化道、皮肤黏膜侵入。汞通过呼吸道到达肺，再经肺泡毛细管吸收进入血液。汞进入血液与血浆蛋白和血红蛋白结合的最多，通过血液进入各器官中，以肾脏和脑含量最高，肺部汞含量也较高，其次为肝脏、甲状腺、睾丸等。正常人血液中的汞浓度小于 5～10 $\mu g \cdot L^{-1}$，尿液中小于 20 $\mu g \cdot L^{-1}$。

汞是一种蓄积性毒物，在人体内排泄缓慢，汞对人体毒性的大小与它的存在形态密切相关。有机汞的毒性大于无机汞，在有机汞中，甲基汞对人体的危害最大。无机汞进入人体后主要积蓄在肾脏，无机汞的毒性主要表现为神经毒性和肾脏毒性，比较典型的症状包括肌肉震颤、情绪失常、视力模糊、注意力分散、记忆衰退、失眠、头痛及综合性神经异常等，其他毒性包括呼吸消化系统毒性、心血管系统毒性、皮肤毒性、生殖毒性、免疫系统影响、严重致癌性等。甲基汞由于相对分子质量小、脂溶性强等特点，极易通过血脑屏障，因此表现出很强的神经毒性，表现为精神和行为障碍，能引起感觉异常、共济失调、智能发育迟缓、语言和听觉障碍等。20 世纪 50 年代日本的水俣病事件曾轰动一时，患者运动失调、精神失常，严重可致畸、致癌甚至死亡。甲基汞对心血管影响的症状包括心血管疾病、高血压及心律异常。近年来的研究表明，汞及其化合物还能在体内诱导产生自由基，引起脂质过氧化作用，从而引起毒性效应。

3) 有害元素——铅

铅通过呼吸道、消化道进入机体后，主要以不溶磷酸盐形式沉淀于骨骼中，其中 90% 以上成为储存性铅。当体内铅浓度增高到一定程度超过正常值时，如血铅大于 80 $\mu g \cdot 100\ \mu L^{-1}$、尿铅大于 80 $\mu g \cdot 100\ \mu L^{-1}$ 即认为过量，会产生铅中毒。

铅元素对人体各种组织均有毒害作用，尤其是神经系统、造血器官和肾脏。铅元素可致儿童智力低下和多动症；视觉运行功能及记忆受损；导致语言和空间抽象能力、感觉和行为功能改变，表现为模拟学习困难、空间综合能力下降、运动失调、易冲动、注意力不集中、侵袭性增强等。铅可危害造血功能，导致贫血；影响免疫功能及内分泌系统、消化系统；导致不孕不育症；影响骨骼发育；出现口腔金属味和齿龈铅线。大量动物实验表明铅有致癌作用，中毒严重时休克、死亡。

4) 有害元素——铝

铝是地壳中仅次于氧和硅的第三丰量元素，在环境中广泛存在。在人体器官中铝含量以肺最高，皮肤次之，其他器官如心、肝、脾、肾仅为肺的 1/50～1/30。铝在胃肠道中可被吸收。铝是一种对人体健康有害的元素，世界卫生组织(WHO)和联合国粮食及农业组织(FAO)1989 年将铝确定为食品污染物加以控制，提出人体铝的暂定摄入量标准为 7 $mg \cdot kg^{-1}$(体重)。

铝对人体具有全身性毒性，铝的毒性主要表现为对中枢神经系统的损害。铝在脑组织中蓄积，使人记忆力下降、神志不清、行动不协调，严重时会引起阿尔茨海默病及中枢神经功能紊乱。铝直接作用于骨组织，通过钙、磷以及与维生素 D 相互作用，干扰骨磷酸产生和骨内钙、磷结晶的形成，出现骨痛、骨折等症状，引发软骨病、骨质疏松症等；铝与肝细胞核的 DNA 有较强的亲和力，能使肝细胞受损；铝可引起红细胞低色素性贫血；影响多种酶系统的活性，对造血系统产生毒性；铝对免疫功能有明显抑制作用；铝还具有胚胎毒性和致畸性等。接触铝盐多的人要多吃花生、豆类、黑木耳等含磷较多的食物，尽量不吃含明矾的油条、油饼。

5) 有害元素——砷

砷是一种准金属，其很多性质和环境行为都与重金属类似，因此也将它归入重金属元素。急性砷中毒会导致人的死亡，如误食砷污染的食品、误饮砷污染的饮料或误服含砷农药等。慢性中毒可引起皮肤病变，使皮肤色素沉着，导致异常角质化，并且会导致神经、消化和心血管系统障碍，有积累性毒性作用，破坏人体细胞的代谢系统。三氧化二砷(As_2O_3)俗称砒霜，如果 24 h 内尿液中的砷含量大于 100 μg · L^{-1} 就会使中枢神经系统发生紊乱，并有致癌的可能。如果孕妇体内砷超标还会诱发畸胎。

2013 年，*Science* 发表的一篇论文报道了内蒙古自治区河套平原的地下水可能有砷污染。究其原因，早在 20 世纪 60 年代，我国居民开始大规模使用管井(也称手压井)汲取地下水作为饮用水。由于地质学和地球化学等许多因素的影响，砷很容易从地下岩层中溶到水里，通过手压井抽出来的是受砷污染的地下水，从而引发地砷病等病症。后来，我国引用水库和湖泊的蓄水、打深井，或者对抽出来的有污染的水处理进行改水。如今当地全部用上了干净的水，病情得到控制。

6) 有害元素——铬(Ⅵ)

铬的毒性与其存在价态有关，三价铬对人体的直接毒害作用小，六价铬比三价铬毒性高 100 倍。六价铬具有强氧化作用，对皮肤、黏膜、消化道有刺激性和腐蚀性，代谢和被清除的速度缓慢，长期摄入会使皮肤充血、糜烂、溃疡、鼻穿孔，且易蓄积在体内引发扁平上皮癌、腺癌、肺癌等疾病，又称铬癌。皮肤直接接触铬化合物所造成的急性中毒伤害有铬性皮肤溃疡(铬疮)和铬性皮炎及湿疹，多见于手背、腕、前臂等裸露部位。溃疡可深达骨骼，愈合缓慢，愈合后可形成色素沉着。

有害金属元素在人体内的作用机理是，进入人体后有害元素不再以游离离子的形式存在，而是与体内的蛋白质、核糖、维生素、激素等有机成分结合成金属络合物或金属螯合物，导致原来的生理化学功能丧失或改变，进而产生病变，对人体造成危害。例如，镉与钙具有类似的原子半径，进入人体后会和钙发生竞争，进而将钙取而代之。钙离子作为细胞内的信使维持着细胞内各种代谢活动的正常进行，而镉进入细胞，替钙发出信号，扰乱了细胞正常的生理活动，诱导细胞凋亡。

4. 微量元素与地方病

通过呼吸、饮水和食物，人体与地球表面的物质交换和动量交换达到动态平衡。由于自然或人为原因，地球中某些化学元素的分布含量发生变化时，便将通过食物链和周围环境影响到人类，引起人体内元素分布结构失调，并导致地方性疾病或污染性疾病的发生，甚至发生疾病恶化而死亡。常见地方病与微量元素的关系见表 2-2。

表 2-2 常见地方病与微量元素的关系

地方病	微量元素状况	主要症状
地方性克汀病	碘缺乏	精神发育迟滞、运动功能障碍、聋哑、矮小、性发育落后
地方性甲状腺肿	碘缺乏、碘过量	甲状腺肿大、吞咽困难、发音嘶哑
地方性汞中毒(水俣病)	慢性甲基汞中毒	感觉障碍、共济失调、语言障碍、眼异常、智力障碍、震颤等
地方性镉中毒(骨痛病)	慢性镉中毒	易骨折、骨质疏松、软化变形、全身疼痛
地方性氟中毒	氟过量	氟斑釉齿、氟骨病、心脏病
侏儒症、胎儿畸形	锌缺乏	厌食、生长障碍、骨畸形
克山病	硒缺乏	心肌病、心律不齐、心脏扩大、心力衰竭、休克
大骨节病	硒缺乏	骨端软骨细胞变性坏死、肌肉萎缩、发育障碍、行动蹒跚
地方性砷中毒(黑脚病)	慢性砷中毒	皮肤色素过度沉着、神经性皮炎、脚趾自发性坏死、致癌

无机环境创造了生命，一切生命(包括人类)都起源于地球表层的化学元素。在地球和人类的进化发展过程中，人体和外界环境间不断地进行物质交换。在地壳中能找到的元素，随着分析仪器和技术的发展，在人体内也一定能检测到。至于元素在体内含量的多少并不代表其重要不重要，从元素与生命的关系看，元素无论其量是“微”还是“宏”，都各司其职，各有利弊。而必需与非必需、有益与有害、营养与毒性元素的划分仅是人类不同认识阶段的相对概念。发现了 7 种必需元素的美国科学家施瓦兹就预言，所有元素可能最终都显示出其生物学作用。随着研究的深入，将会发现一些“非必需元素”“有害元素”因具有一定的生物学作用而成为必需元素。美国动物和人类元素营养学家默兹也提出相似的观点，他认为就人们现有的知识，除根据化学性质外，不可能找出一种合理的微量元素分类方法。事实也证实了，过去认为有毒害的元素，如硒、钼、锡、镍、钒等现在成为必需元素。所有元素的毒性是固定的，其毒性作用却与它同生物物质接触的浓度有关，因此对毒性较大的元素，只要控制其对环境的污染，不长时间接触，就不会给人体健康带来很大的危害。

知识拓展：“碘小姐的旅行”与“铝先生的诊疗”

请参阅：1. 蔡恬菲，朱一帆. 2018. 碘小姐的旅行[J]. 大学化学, 33(7): 40-42.

2. 赵梓润，刘俊杰，朱亚先. 2018. 铝先生的诊疗[J]. 大学化学, 33(7): 9-12.

2.4 人体中的化学反应

人体中的化学元素相互结合形成生命分子——蛋白质、糖、核酸、脂肪、无机盐、水。这些物质在人体内各司其职，掌管着人的全部生命活动，每天发生着数以万计的化学反应。

2.4.1 人体中化学反应的特点

人体中化学反应的特点是：常温常压、接近中性、温和条件，反应温度是体温；反应速率特别快，选择性、效率很高；特定的反应介质。

人的正常体温是 37℃左右，体温高或低对人会产生影响。体温升到 41℃，会出现昏迷、说胡话的现象；体温升到 43℃以上，就可能死亡。而体温降到 35℃时，人体内的化学反应变慢；当降到 30℃时，大脑功能受到影响；降到 22℃时，心脏就会停止跳动。但人体能自动调控，维持体温在 37℃左右，原因有以下三个方面。

(1) 人体内的生物氧化反应是在温和条件下、在酶的催化下逐步进行的，人体内糖、蛋白质、脂肪氧化放出的热量也是逐步释放出来的，以这种方式放出热不至于使体温突然升高而对人体造成伤害。

(2) 人体内有完善的调控机制。当人体内发生生物氧化反应时，必定伴随着发生磷酸化反应。体内的腺苷二磷酸(ADP)分子与磷酸分子反应生成腺苷三磷酸(ATP)分子，同时把反应释放出的能量储存在 ATP 分子内。当人体需要能量时，ATP 分子通过水解变为 ADP 分子，同时放出能量，供人体需要，见图 2-10。

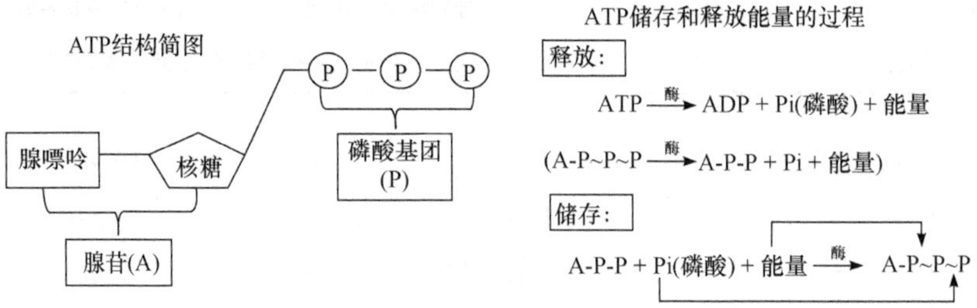

图 2-10　ATP 储存和释放能量过程示意图

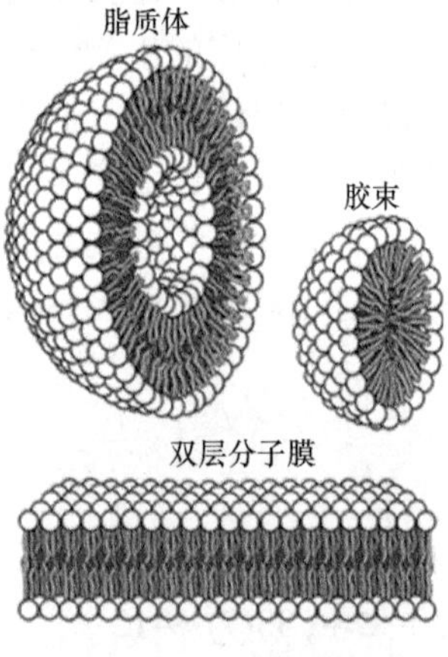

图 2-11　反应介质示意图

(3) 人体有一套完整而精巧的散热“装置”，使人体保持恒定的温度。人体体温的调节中枢位于下丘脑。在环境温度为 20℃时，体温散热方式有 5 种：通过皮肤辐射、对流和传导散热，占散热总量的 74.7%；由皮肤和肺呼吸的蒸发占 21.7%；加热饮食占 1.6%；加热吸入的空气占 1.3%；排出粪便和尿液占 0.7%。环境温度增至 35℃及以上时，出汗是唯一的散热方式。

以上三个方面确保了人体体温的调节功能。

人体中化学反应的介质是一种既亲水又亲油的表面活性剂，在体液内定向有序排列而分隔内外环境并形成胶束，见图 2-11。在这样的介质中进行反应时，可以使反应物增溶、浓集、降低电离势、改变氧化还原性质，影响电离平衡，改变化学反应的途径和速率，使反应物、产物、中间产物稳定化，使电荷分散或使反应物分离。

2.4.2　酶促反应

酶促反应又称酶催化反应或酵素催化作用，是指由酶作为催化剂进行催化的化学反应。例如，吃馒头时多嚼一会儿会感到有甜味，原因是馒头中的淀粉在口腔分泌出的唾液淀粉酶的作用下发生水解反应，转变成了麦芽糖、葡萄糖等有甜味的糖。淀粉是一种多糖，化学式为$(C_6H_{10}O_5)_n$，多糖水解反应的速率本来没有那么快，但在唾液淀粉酶的作用下，反应速率大大加快。再如，人体内的化学反应之所以能在常温常压、接近中性的条件下进行，而且反应速率快，选择效率高，正是因为体内酶的存在。

1. 酶的特点

酶作为生物催化剂除具有一般催化剂的特点，如改变反应速率、反应前后无变化、不改变反应平衡点等特征外，还具有其独特性。

1) 催化效率高

酶的催化效率比非催化反应高 10^8～10^{20} 倍，比一般催化剂高 10^7～10^{13} 倍。例如，过氧化氢分解反应 $2H_2O_2 \longrightarrow 2H_2O + O_2$，1 mol 无机催化剂 Fe^{2+}分解速率为 10^{-5} mol · s^{-1}，1 mol 过氧化氢酶分解速率为 10^5 mol · s^{-1}，酶的催化效率是 Fe^{2+}催化剂的 10^{10} 倍。人体消化道中的蛋白质在酶的作用下于 37℃环境中，1～2 h 就可以分解完全，但在体外分解时，在 100℃下需要一天。酶的高效率还指少量酶就可以起到很强的催化作用。例如，1 份淀粉酶能催化 100 万份淀粉水解成麦芽糖。

2) 催化作用具有高度专一性

催化作用具有高度专一性包括结构专一性和立体异构专一性。

(1) 结构专一性包括结构绝对专一性和结构相对专一性。结构绝对专一性指酶只能作用于特定结构的一种底物，进行一种专一的反应，生成一种特定结构的产物。例如，脲酶仅能催化尿素水解生成 CO_2 和 NH_3，而不能催化甲基尿素水解。结构绝对专一性还指有些酶可以区分光学异构体和立体异构体，只能催化一种光学异构体或立体异构体进行反应。结构相对专一性指酶对底物的专一性不是依据整个底物分子结构，而是依据底物分子中的特定的化学键或特定的基团，因而可以作用于含有相同化学键或化学基团的一类化合物。例如，磷酸酶可作用于所有含磷酸酯键的化合物，无论是甘油的还是一元醇或酚的磷酸酯均可被其水解；蛋白酶仅对蛋白质中肽键的氨基酸残基种类有选择性，而对具体的底物蛋白质种类没有严格要求。

(2) 立体异构专一性是指当底物含有不对称碳原子时，酶只作用于其立体异构中的一种。例如，乳酸脱氢酶仅催化 L-乳酸脱氢生成丙酮酸，而对 D-乳酸脱氢无作用；α-淀粉酶只能水解淀粉中的α-1,4-糖苷键，不能水解纤维素中的β-1,4-糖苷键。

正是由于酶的高度专一性，人体内的新陈代谢才能有条不紊，物质间才不会相互乱起作用，物质代谢的产物才会是恒定的，不会产生对人体有危害的产物。

3) 反应条件温和

人体内的酶催化反应在常温常压、生理 pH 下进行。人体内酶的最适温度接近体温，一般为 37～40℃；大多数酶的最适 pH 接近中性，如唾液淀粉酶的最适 pH 为 6.8，但也有例外，如胃蛋白酶的最适 pH 为 1.5～2.2，肝精氨酸酶的最适 pH 约为 9.8。

(1) 酶活性易受环境变化的影响。酶是蛋白质，酶促反应要求一定的 pH、温度等温和的条件，强酸、强碱、有机溶剂、重金属盐、高温、紫外线、剧烈振荡等任何使蛋白质变性的理化因素都可能使酶变性而降低或失去催化活性。人在发高烧时常常食欲大减，最根本的原因是体温超过合适温度，消化酶的活性下降。

(2) 在体内，酶活性受调节和控制。酶是生物体的组成成分，与体内其他物质一样不断在体内新陈代谢，酶的催化活性也受多方面的调控。酶的生物合成的诱导和阻遏、酶的化学修饰、抑制物的调节作用、代谢物对酶的反馈调节、酶的别构调节及神经体液因素的调节等，这些调控保证酶在体内新陈代谢中发挥其恰如其分的催化作用，使生命活动中的种种化学反应都能够有条不紊、协调一致地进行。例如，磷酸果糖激酶-1 的活性受磷酸腺苷(AMP)的别构激活，而受 ATP 的别构抑制；胰岛素诱导 HMG-CoA 还原酶的合成，而胆固醇则遏制该酶合成。

(3) 酶的多样性。人体内存在大量酶，结构复杂，种类繁多，到目前为止已发现 3000 多种，遍布在人的口腔、胃肠道、胰腺、肝脏、肌肉和皮肤里。人体如何获得所需要的酶？摄入的食物、饮用的水和呼吸的新鲜空气里均含有一些能形成酶的物质。未加工的食物具有丰富的酶原，而烹饪后的食物中酶原含量大为减少。因此，凡能生吃的蔬菜水果最好生吃，从而获得大量的酶原，这对健康有益处。

人体内酶越多，越完整，生命就越健康；相反，酶缺乏或异常将引起人体正常的新陈代谢变慢，甚至无法正常进行，导致疾病的产生。一些酶缺乏或异常引起的疾病见表 2-3。

表 2-3 一些酶缺乏或异常引起的疾病

酶	疾病
苯丙氨酸羟化酶	苯丙酮尿症
红细胞葡萄糖-6-磷酸脱氢酶	蚕豆病
细胞色素氧化酶	氰化物中毒
胆碱酯酶	有机磷中毒
酪氨酸酶	白化病

2. 酶促反应机制及影响因素

在酶的催化反应体系中，反应物分子称为底物，底物通过酶的催化转化为另一种分子。与其他非生物催化剂相似，酶通过调节化学反应的活化能改变反应速率，大多数的酶可以将其催化的反应速率提高上百万倍。事实上，酶是提供另一条活化能需求较低的途径，使更多反应粒子产生更多的有效碰撞，以产生更多的动能。

1) 酶促反应机制

酶(E)的活性中心与底物(S)定向结合生成酶-底物复合物(ES)是酶催化作用的第一步。定向结合的能量来自酶活性中心功能基团与底物相互作用时形成的多种非共价键，如离子键、氢键、疏水键等次级键，也包括范德华力。它们结合时产生的能量称为结合能，这就不难理解各种酶对自己的底物的结合有选择性。若酶只与底物互补生成 ES 复合物，不能进一步促使底物进入过渡状态，那么酶的催化作用不能发生。这是因为酶与底物生成 ES 复合物后尚需通过酶与底物分子间形成更多的非共价键，生成酶与底物的过渡状态互补的复合物，才能完成酶的催化作用。实际上在上述更多的非共价键生成的过程中，底物分子由原来的基态转变成过渡状态，即底物分子成为活化分子，为底物分子进行化学反应提供了条件。因此，过渡状态不是一种稳定的化学物质，不同于反应过程中的中间产物。当酶与底物生成 ES 复合物并进一步形成过渡状态时，这一过程已释放了较多的结合能，这部分结合能可以抵消部分反应物分子活化所需的活化能，从而使原先低于活化能阈的分子也成为活化分子，于是加快了化学反应速率，见图 2-12。

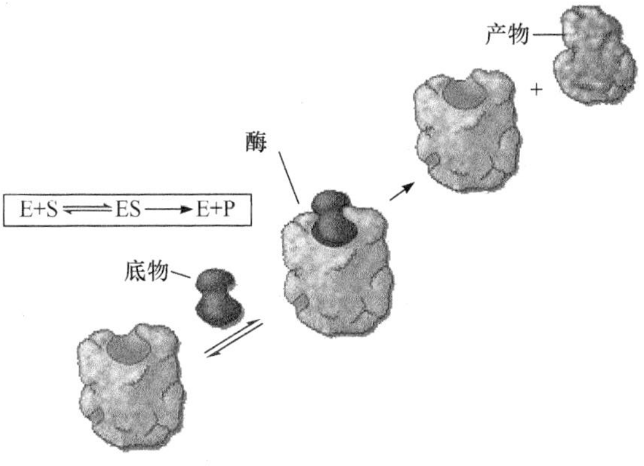

图 2-12　酶催化反应示意图

2) 影响酶促反应的因素

(1) 温度。温度对酶促反应速率的影响有两个方面。一方面，在一定的温度范围内反应速率随温度升高而加快，一般温度每升高 10℃，反应速率增加 1～2 倍；另一方面，温度升高到一定限度时，酶的高级结构将发生变化或变性，导致酶活性降低甚至失活，反应速率随温度的升高而下降。通常将酶促反应速率最大的某一温度范围称为酶的最适温度。在一定的条件下，酶在最适温度时活性最大。一般酶在 60℃即开始变性，超过 80℃，酶的变性不可逆，只有少数酶可耐高温，如牛胰核糖核酸酶加热到 100℃仍不失活。因为酶的变性过程需要水参与，所以干燥的酶可耐受高温，而液态酶失活较快。

植物和微生物的酶最适温度是 32～60℃；动物的酶最适温度是 35～40℃，人体内酶的最适温度接近体温，一般为 37℃左右；少数酶特殊，如液化淀粉酶的最适温度为 90℃。

(2) pH。在不同的 pH 条件下，酶的活性中心与底物之间形成氢键的能力和方向不同，会影响酶-底物过渡态的形成和稳定程度，从而影响反应速率。酶只能在一定的 pH 范围内才表现出活性，过酸或过碱都会使酶永久失活。酶在一定的 pH 活力最高，该 pH 称为最适 pH。一般酶的最适 pH 在 6～8，少数酶需偏酸或碱性条件。

(3) 酶的浓度。在底物充足、其他条件固定、适宜的情况下，酶促反应速率与酶浓度成正比。

(4) 底物浓度。底物浓度的变化对酶促反应速率的影响比较复杂。在一定的酶浓度下，在底物浓度较低时(底物浓度从 0 逐渐增高)，反应速率随底物浓度的增加而急剧加快，反应速率与底物浓度成正比；在底物浓度较高时，底物浓度增加，反应速率也增加，但不显著；当底物浓度很大且达到一定限度时，反应速率达到一个最大值，此时再增加底物浓度，反应速率不再增加。

(5) 激活剂的作用。凡是能提高酶活性的物质都称为激活剂，大部分激活剂是离子或简单有机化合物。在酶促反应中加入激活剂可导致反应速率增加。通常酶对激活剂有一定选择性，一种酶的激活剂对另一种酶可能是抑制剂。有些离子间还有拮抗作用，会影响激活剂的作用，如钠抑制钾的激活作用、钙抑制镁的激活作用。有些金属离子可互相替代，如激酶的镁离子可用锰取代。酶对激活剂的浓度也有要求，当激活剂的浓度超过一定范围时，它就成为抑制剂，如对于氧化型辅酶Ⅱ($NADP^+$)，镁离子浓度为 5～10 $mmol \cdot L^{-1}$ 时起激活作用，为 30 $mmol \cdot L^{-1}$ 时就会使酶活性下降。

(6) 抑制剂的作用。通过改变酶必需基团的化学性质从而引起酶活性降低或丧失的作用称为抑制作用。具有抑制作用的物质称为抑制剂，抑制剂通常是小分子化合物，但在生物体内也存在生物大分子类型的抑制剂。抑制剂的作用包括不可逆抑制和可逆抑制两种。抑制剂与酶反应中心的活性基团以共价形式结合，引起酶的永久失活，称为不可逆抑制，如有机磷毒剂二异丙基氟磷酸酯，能够与某些酶蛋白上催化活性中心的丝氨酸残基上的羟基牢固地结合，抑制某些蛋白酶(如胰蛋白酶、胰凝乳蛋白酶等)和酯酶。抑制剂与酶蛋白以非共价方式结合，引起酶活性暂时丧失，通过透析等方法除去抑制剂后，能部分或全部恢复酶的活性，称为可逆抑制。

2.4.3 生物配位反应

生命元素中微量金属离子和生物配体结合生成金属配合物的过程称为生物配位反应。生成的金属配位化合物称为生物配合物，其结构极其复杂。生物配合物参与的生物反应也属于生物配位反应的范畴。生物配体主要是蛋白质、肽、核酸、酶、糖、糖蛋白及脂蛋白等大分子，也包括一些有机、无机离子如有机酸根、碳酸氢根、磷酸氢根，某些维生素和激素的小分子。金属离子是生物配合物的中心离子，本身没有生物活性，但经过生物配体的配位之后形成了具有特殊功能的生物配合物，表现出活性和相应的生理功能。常见的血红蛋白、肌红蛋白、维生素 B_{12}、碳酸酐酶等就是生物配合物，见表 2-4。

表 2-4　生物体中某些金属离子与配体

金属离子	配体	生物体系
Mn^{2+}	咪唑	丙酮酸脱羧酶
Fe^{2+}	卟啉	血红素
Fe^{3+}	含硫配体	铁氧化还原蛋白
Co^{3+}	咕啉环	维生素 B_{12}
Zn^{2+}	—NH_2、咪唑	碳酸酐酶
Zn^{2+}	—S—	醇脱氢酶
Ni^{2+}	半胱氨酸	脲酶
Cr^{3+}	吡啶环	葡萄糖耐量因子(GTF)

生物配位反应复杂且类型多，常见的有生物配合物催化反应、配体取代反应、加成反应和电子转移反应。生物配位反应与普通配位反应主要区别在于生物配位反应有很高的反应速率和高度的选择性，许多配位反应在体外不能进行，而在体内能够顺利进行。

1. 生物配合物催化反应

生物体内许多生物化学反应需要某些配合物作为催化剂才能够进行反应，这种催化剂称为生物配合物催化剂，参与的反应称为生物配合物催化反应。例如，人体内有机物中的羧基脱羧生成 CO_2，H 被氧化生成 H_2O。CO_2 在血液中发生水合反应 $CO_2 + H_2O = HCO_3^- + H^+$，以调节血液中 CO_2 的浓度，该反应必须在含有锌的配合物碳酸酐酶的催化下才能顺利进行。有碳酸酐酶催化时，反应速率为 $1.0\times10^6\ s^{-1}$，即 1 mol 碳酸酐酶在 37℃时每秒能使 10^6 个 CO_2 分子发生水合作用。没有碳酸酐酶催化时，CO_2 的水合速率仅为 $7.0\times10^{-4}\ s^{-1}$，配合物碳酸酐

酶使 CO_2 的水合速率提高了 10^9 倍，大大加速了人体静脉中 CO_2 的输送。这是因为碳酸酐酶分子中带电金属离子 Zn^{2+} 吸引反应物分子形成一种中间产物——活化络合物，降低了反应活化能，使反应速率加快。

已有人提出把碳酸酐酶应用于潜艇，以控制艇内人员呼吸释放的 CO_2 浓度。根据统计，一个成年人处于静态时每天需吸入 O_2 约 450 L，呼出 CO_2 约 360 L。如果配合植物的光合作用，将艇内人员呼出的 CO_2 经生物转化生成 O_2，则在控制 CO_2 浓度的同时，还可以解决艇内人员的供氧问题，使艇内的 CO_2 和 O_2 维持平衡。

2. 生物配合物参与体内各种物质的合成、各种官能团的重排、脱氢等反应

有的配合物在生物体内参与蛋白质、核酸等物质的合成反应。例如，维生素 B_{12} 是结构很复杂的含钴螯合物，它由不变的核苷酸和咕啉环及可变部分组成，中心离子是钴(Ⅲ)，可变部分如果是 5-脱氧腺苷基团，则称为 B_{12} 辅酶。它参与体内血红蛋白的合成和官能团的重排反应。

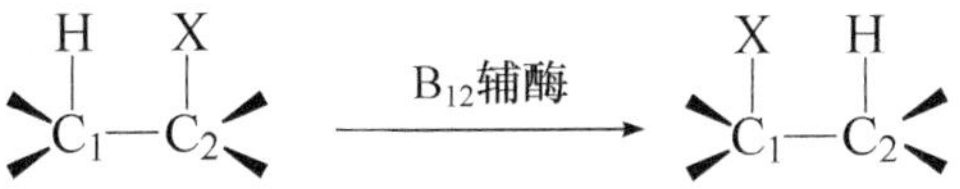

(2-1)

$(X = COO^-，OH，NH_3^+)$

3. 生物配体取代反应

人体内配体的浓度高于金属离子的浓度，每个金属离子都受到各种不同形式配体的争夺。

(1) A 和 B 分别代表不同生物配体，M 代表金属离子(略去电荷)，发生竞争取代反应。

$$MA + B \rightleftharpoons MB + A \tag{2-2}$$

该反应是生物配体 B 取代配合物中配体 A 的取代反应，反应向着生成更稳定的配合物方向进行。

重金属螯合剂二巯基丙醇、二巯基丁二钠、青霉胺的分子中都具有活性巯基，与重金属亲和力大，能夺取已与组织中酶系统结合的重金属，形成更稳定的无毒、可溶性配合物而由尿排出体外，使巯基酶恢复活性，从而解毒。

(2) 不同配合物中的中心离子相互置换后，生成更稳定的配合物。

$$M_1A + M_2B \rightleftharpoons M_1B + M_2A \tag{2-3}$$

Cd(Ⅱ)置换含锌酶中的锌，Ni(Ⅱ)置换酪氨酸酶中的 Cu(Ⅱ)，产物空间构型发生改变，活性受到控制或全部消失。乙二胺四乙酸二钠钙($CaNa_2$-EDTA)作为金属解毒剂就是应用该反应原理。当人体发生铅中毒时，将乙二胺四乙酸二钠钙溶于生理盐水或葡萄糖形成溶液，注射到体内，Pb^{2+} 与 $CaNa_2$-EDTA 作用，形成的$(PbEDTA)^{2-}$及剩余的$(CaEDTA)^{2-}$均可随尿排出体外，从而达到解铅毒的目的。

4. 生物配合物的加成反应

生物配合物大多数为巨大的配合物，它与另一物质发生加成反应，生成相对分子质量更大的生物配合物。

血红蛋白(Hb)的活性基团为亚铁血红素，而亚铁血红素是 Fe(Ⅱ)-原卟啉配合物。脱氧血

红蛋白的亚铁血红素为五配位体的配合物，Fe^{2+}位于原卟啉环面上方，与卟啉大环配体上的4个N原子形成4个配位键，再与珠蛋白中一个组氨酸残基的咪唑N原子形成第5个配位键，具有四方锥体结构。当Hb与O_2加合成$Hb \cdot O_2$后，分子构型发生变化，原卟啉环面上方Fe^{2+}进入卟啉环面，形成六配位的具有八面体构型的氧合血红蛋白($Hb \cdot O_2$)，该反应速率快且可逆，但选择性不高。CO也可与血红蛋白配合，它比O_2配合能力高200多倍。血红蛋白与CO加成后，失去与氧结合的能力，发生CO中毒。

5. 生物配合物电子转移反应

在反应过程中生物配合物中心离子的价态发生改变，即发生氧化还原反应，配合物空间构型和它的生理功能也发生改变。

当人体发生苯胺或硝基苯中毒时，血液中亚铁血红蛋白被氧化成高铁血红蛋白，即中心离子由低自旋二价铁离子被氧化成高自旋三价铁离子，中心离子发生电子转移，引起配位结构变化，高自旋高铁血红蛋白的携氧能力比低自旋亚铁血红蛋白的携氧能力低，将导致缺氧中毒。

脱氧血蓝蛋白存在于某些节肢动物、软体动物的血浆中，其生理功能是载氧，它的中心离子是双核亚铜离子，与氧作用后，氧与中心离子发生氧化还原反应，中心离子由一价铜变成二价铜，中心离子的配位结构发生改变，起到载氧作用。

2.4.4 生物氧化反应

有机物在生物体细胞内的氧化作用(伴随还原作用)统称为生物氧化，主要指糖类、脂肪、蛋白质等在体内分解时逐步释放能量，最终生成二氧化碳和水的过程。该过程耗氧、排出CO_2，又在细胞内进行，所以又称为细胞呼吸。

人体内进行生物氧化反应需要氧气。氧在水中的溶解度很小，常温常压下水中溶解氧的浓度仅为3×10^{-4} mol · L^{-1}，靠这种溶解氧无法满足生物氧化反应对氧的需求。

氧以配位键的形式配位在蛋白质所含的过渡金属离子上，这种配位反应是可逆的，氧可以配位上去，也可以解脱下来。在人体中载氧的过渡金属离子是铁(Ⅱ)。

人们通过呼吸把空气吸到肺部，血红蛋白含铁(Ⅱ)辅基(血红素)从肺气泡中把氧气结合在铁(Ⅱ)上载走，然后输送给肌红蛋白分子和其他需要氧气的细胞和部位，此时氧分子从铁(Ⅱ)上下来，与生物有机分子发生生物氧化反应。

$$Hb + O_2 \underset{\text{氧分压低时(组织中)}}{\overset{\text{氧分压高时(肺中)}}{\rightleftharpoons}} HbO_2 \tag{2-4}$$

血红蛋白载氧效率很高，室温下人血液中氧的浓度可达9×10^{-3} mol · L^{-1}，相比之下，血液中氧的浓度是水中氧浓度的30倍。

1. 生物氧化方式

生物氧化是在一系列氧化还原酶催化下分步进行的，每一步反应都由特定的酶催化。在生物氧化过程中主要包括如下几种氧化方式。

1) 脱氢氧化反应

(1) 脱氢。在生物氧化反应中，脱氢反应占有重要地位，它是许多有机物质生物氧化的重要步骤。脱氢反应的催化剂是各种类型的脱氢酶，如琥珀酸脱氢酶。

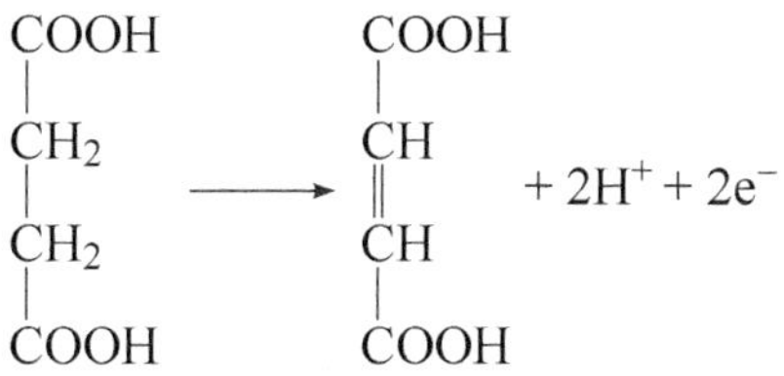

$$\begin{array}{cc} \text{COOH} & \text{COOH} \\ | & | \\ \text{CH}_2 & \text{CH} \\ | & \longrightarrow \quad \| \qquad + 2\text{H}^+ + 2\text{e}^- \\ \text{CH}_2 & \text{CH} \\ | & | \\ \text{COOH} & \text{COOH} \end{array} \qquad (2\text{-}5)$$

(2) 加水脱氢。酶催化的醛氧化成酸的反应即属于这一类。例如，3-磷酸甘油醛脱氢酶催化 3-磷酸甘油醛氧化成 1,3-二磷酸甘油酸。

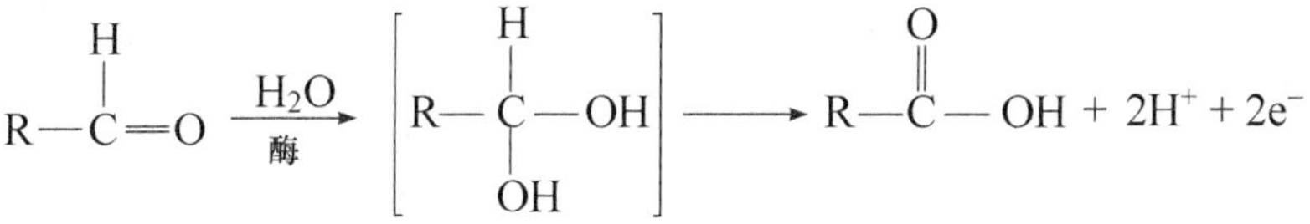

$$\text{R}-\overset{\text{H}}{\underset{}{\text{C}}}\!\!=\!\!\text{O} \xrightarrow[\text{酶}]{\text{H}_2\text{O}} \left[\text{R}-\overset{\text{H}}{\underset{\text{OH}}{\text{C}}}\!-\!\text{OH}\right] \longrightarrow \text{R}-\overset{\text{O}}{\text{C}}\!-\!\text{OH} + 2\text{H}^+ + 2\text{e}^- \qquad (2\text{-}6)$$

2) 氧直接参加的氧化反应

这类反应包括加氧酶催化的加氧反应和氧化酶催化的生成水的反应。

加氧酶能够催化氧分子直接加入有机分子中。例如，甲烷单加氧酶能够将甲烷氧化成甲醇。

$$\text{CH}_4 + \text{NADH} + \text{H}^+ + \text{O}_2 \xrightarrow{\text{酶}} \text{CH}_3\text{OH} + \text{NAD}^+ + \text{H}_2\text{O} \qquad (2\text{-}7)$$

氧化酶主要催化以氧分子为电子受体的氧化反应，反应产物为水。在各种脱氢反应中产生的氢质子和电子最后都是以这种形式进行氧化的。

3) 生成二氧化碳的氧化反应

(1) 直接脱羧作用。氧化代谢的中间产物羧酸在脱羧酶的催化下，直接从分子中脱去羧基生成二氧化碳。例如，丙酮酸的脱羧。

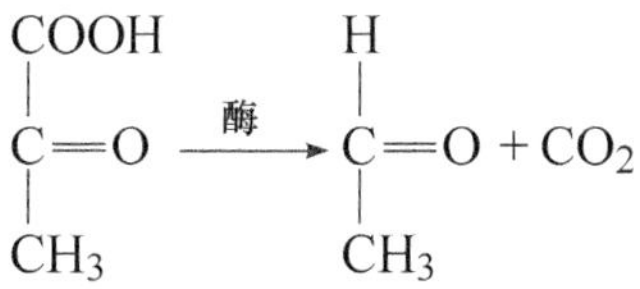

$$\begin{array}{cc} \text{COOH} & \text{H} \\ | & | \\ \text{C}\!=\!\text{O} \xrightarrow{\text{酶}} \text{C}\!=\!\text{O} + \text{CO}_2 \\ | & | \\ \text{CH}_3 & \text{CH}_3 \end{array} \qquad (2\text{-}8)$$

(2) 氧化脱羧作用。氧化代谢中产生的有机羧酸(主要是酮酸)在氧化脱羧酶的催化下，在脱羧的同时发生氧化(脱氢)作用。例如，L-苹果酸在氧化型辅酶 I (NAD$^+$)下氧化脱羧生成丙酮酸。

$$\begin{array}{c} \text{COOH} \\ | \\ \text{HO}-\text{CH} \\ | \\ \text{CH}_2 \\ | \\ \text{COOH} \end{array} \xrightarrow[\text{[O]}]{\overset{\text{NAD}^+ \quad \text{NADH}}{\overset{\curvearrowright}{\text{ME}}}} \begin{array}{c} \text{COOH} \\ | \\ \text{O}\!=\!\text{C} \quad + \text{CO}_2 \\ | \\ \text{CH}_3 \end{array} \qquad (2\text{-}9)$$

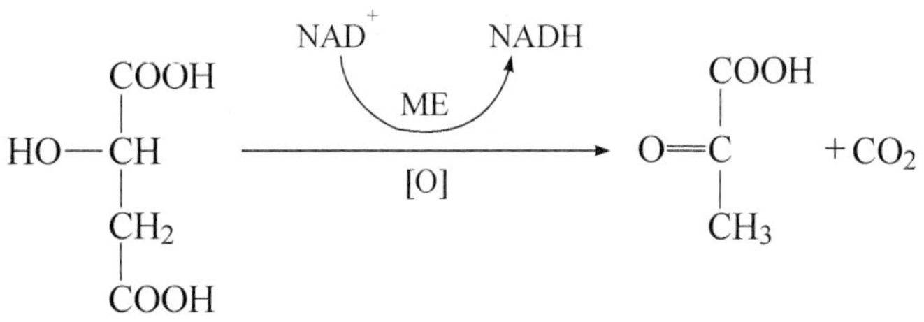

2. 生物氧化反应特点

生物氧化与体外氧化反应一样，遵循氧化还原反应的一般规律，物质在体内外氧化时所消耗的氧量、最终产物和释放的能量均相同，但生物氧化又具有自己的特点。

(1) 生物氧化是在生物细胞内进行的酶促氧化过程，反应条件温和(水溶液，pH ≈ 7，常温)。

(2) 在生物氧化反应进行过程中，必然伴随生物还原反应的发生。

(3) 水是许多生物氧化反应的氧供体，通过加水脱氢作用直接参与氧化反应。

(4) 在生物氧化过程中，碳的氧化和氢的氧化不是同步进行的。氧化过程中脱下来的氢质子和电子通常由各种载体如还原型辅酶Ⅰ(NADH)等传递给氧并生成水。

(5) 生物氧化是分步进行的过程。每一步都由特殊的酶催化，每一步反应的产物都可以分离出来。这种逐步进行的反应模式有利于在温和条件下释放能量，提高能量利用率。

(6) 生物氧化释放的能量通过与 ATP 合成相偶联，转换成生物体能够直接利用的生物能 ATP。ATP 是生物细胞最直接的能量来源。

2.4.5 表面化学反应

在各种软组织(以蛋白质为主)和硬组织(以钙盐为主)的表面、细胞表面及外源性的活性表面(如吸入的粉尘)和惰性表面(如植入的金属)上，都可能和与其接触的体内物质发生表面化学反应。正常矿化反应如骨骼、牙齿的生长，异常矿化如牙齿表面牙石的产生，关节炎、动脉壁硬化等都是在有机质上形成矿物质的表面化学反应。生物高分子材料器官植入人体内，当血液与高分子材料接触时，如果血浆-高分子材料的表面能高，血浆蛋白会在高分子材料的表面上吸附，继而发生化学反应，血浆蛋白结构将发生明显变化而凝结，最终导致血栓形成。

2.4.6 电化学反应

人体有 40 万亿～60 万亿个细胞，每个细胞都被厚度为 8～10 nm 的细胞膜所包围。细胞膜又称质膜，主要由脂类、蛋白质和少量糖类组成。细胞膜具有三层结构，内外两侧各有一条厚约 2.5 nm 的电子致密带，中间夹有一条厚约 2.5 nm 的透明带[图 2-13(a)]。目前用流动镶嵌模型来说明细胞膜结构，见图 2-13(b)，细胞膜的骨架是由磷脂双分子层组成，称为脂双层，磷脂分子头部的磷酸和碱基是亲水性极性基团，朝向细胞膜的内外表面，与细胞外液和胞质液体中的极性水分子接触，尾部的两条长链脂肪酸则是疏水性的非极性基团，朝向脂双层内部；蛋白质分子或嵌在脂双层表面，或嵌在其内部，或横跨整个脂双层，表现出分布的不对称性；细胞膜的表面还有糖类分子，形成糖脂、糖蛋白；细胞膜的内外表面上，脂类和蛋白质的分布不平衡反映了膜两侧的功能不同，可以有选择地透过某些物质。

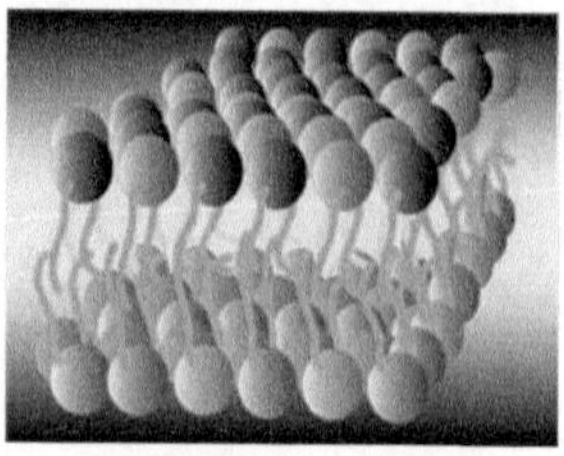

(a) 细胞膜三层结构

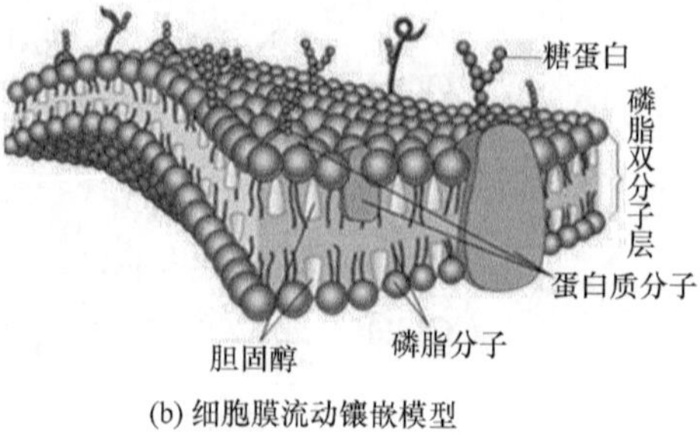

(b) 细胞膜流动镶嵌模型

图 2-13 细胞膜结构示意图

细胞内外即细胞膜两侧同一离子浓度的分布并不相同，一般细胞内钾离子浓度大大超过细胞外，细胞外钠离子和氯离子的浓度则大大超过细胞内。离子浓度不均一导致离子从高浓度处向低浓度处扩散，形成浓差电池，在细胞膜内外侧存在电势差即膜电势。在平衡时，膜电势可表示为

$$\varphi_{\mathrm{M}}=\varphi_{内}-\varphi_{外}=\frac{RT}{z_iF}\ln\frac{a_{i,外}}{a_{i,内}} \tag{2-10}$$

式中，z_i、$a_{i,内}$、$a_{i,外}$分别为 i 离子的价数、在细胞内的活度、在细胞外的活度。

静止神经细胞内液中 K^+的浓度约是细胞外液中的 35 倍。假定活度系数均为 1，则

$$\varphi_{\mathrm{M}}=\frac{RT}{F}\ln\frac{a_{\mathrm{K^+},外}}{a_{\mathrm{K^+},内}}=\frac{8.314\ \mathrm{J\cdot K^{-1}\cdot mol^{-1}}\times 298\ \mathrm{K}}{96485\ \mathrm{C\cdot mol^{-1}}}\ln\frac{1}{35}=-91\ \mathrm{mV} \tag{2-11}$$

采用微电极技术测出神经细胞的膜电势约为−70 mV，这是由机体中体液处于非平衡状态所造成的。对于静止肌细胞，膜电势约为−90 mV，肝细胞的膜电势约为−40 mV。

膜电势对人的生理活动具有多方面的影响。依靠神经细胞膜电势可以传递神经细胞的刺激，肌肉细胞膜电势的变化可以引起肌肉的收缩，人的思维、视觉、听觉和触觉等都和膜电势的变化有密切关系。心电图、脑电图也是利用了电势的变化来检查病情。探究生命奥秘，揭示电势差维持及变化的原因和影响因素，这一研究领域正越来越被人们所重视。

膜电势是生物体内产生生物电的主要基础。生物电是有生命生物体内生物化学反应造成的体内带电粒子数量、极性、位置等改变，从而引起其本身电磁场变化的一种物理现象。生物电现象是生命活动的基本属性，在机体的一切生命过程中都伴随着生物电的产生。心电、脑电和肌电是有代表性的生物电。

超氧自由基($\cdot O_2^-$)是人体内产生的一种活性氧自由基，能引发体内脂质过氧化，加快从皮肤到内部器官整个机体的衰老过程，并可诱发皮肤病变、心血管疾病、癌症等，严重危害人体健康。电离、辐射、高温、紫外线和光照都能使体液中的水产生水合电子(e_{aq}^-)、氢自由基($\cdot H$)和氢氧自由基($\cdot OH$)，e_{aq}^-和 O_2 反应便产生$\cdot O_2^-$。体内一些酶反应过程也会产生$\cdot O_2^-$，某些物质自身氧化时也会有$\cdot O_2^-$释放出来。实验表明，化学物质致癌时，人体内的超氧自由基含量增加，超氧自由基可使致癌前体物转变为致癌物，也可使磷脂膜上的脂肪酸发生变化，从而触发癌变。

人体自身具有一套清除超氧自由基的防御体系，人体内的超氧化物歧化酶能催化其转变为过氧化氢(H_2O_2)和氧气(O_2)，而 H_2O_2 则由过氧化氢酶催化分解为 H_2O 和 O_2，从而除去超氧自由基。超氧化物歧化酶简称 SOD，在人体内的 SOD 有两种：一种是 Cu-SOD、Zn-SOD，主要存在于细胞液内；另一种为 Mn-SOD，存在于除红细胞外所有细胞的线粒体和细胞液中。人们对从牛血细胞中提取的 SOD 研究得较多，151 个氨基酸残基与一个 Cu 和一个 Zn 组成一个亚基，再由两个相同的亚基组成 SOD，这种 SOD 能催化超氧自由基。

生命和人体的演变过程离不开化学反应，没有化学反应就没有生命，更不会有人类，人类的生存和繁衍更是靠化学反应来维持的。人体内的化学反应种类繁多且非常复杂，它们互相影响、互相协调、互相制约，有条不紊地维持人体的生命活动。

2.5 人体中的化学平衡

人体是一个复杂的有机体，正常生命活动的维持必须依赖于有机体内部的各种化学平衡，人体内存在多种化学平衡，如水、电解质平衡，酸碱平衡，血糖平衡，沉淀溶解平衡等。了解人体化学平衡及其调节机制，对于保持身体健康、寻找健康的生活方式都有重要作用。

2.5.1 水、电解质平衡

1. 体液的组成

人体内存在的液体称为体液。体液的主要成分是水，其质量约占人体体重的 2/3，其次是电解质。无机物、部分以离子形式存在的低分子有机化合物和蛋白质统称为电解质。体液以细胞膜为界，分为细胞内液和细胞外液两大部分。细胞外液与细胞内液的电解质不同，细胞外液的阳离子以 Na^+为主，阴离子以 Cl^- 为主，其次为 HCO_3^-；细胞内液的阳离子以 K^+为主，阴离子以 $H_2PO_4^-$、HPO_4^{2-} 与蛋白质为主。此外，血浆中含有少量的 Mg^{2+}。

正常情况下，细胞内、外液总的渗透压相等，其阳离子所带的正电荷总数与阴离子所带负电荷总数也相等，因而体液呈电中性。

2. 水、电解质代谢平衡

1) 水平衡

正常人的体液量是相当稳定的，每日水的摄入量与排出量处于动态平衡中，保证了人体水含量的相对稳定，见表 2-5。

表 2-5 成人每日水的进出量(mL)

摄入途径	摄入量	排出途径	排出量
饮水	1000～1500	尿液	1000～1500
食物	700	粪便	150
代谢水	300	呼吸蒸发	350
		皮肤蒸发	500
总摄入量	2000～2500	总排出量	2000～2500

人体水的来源有饮水、食物及代谢水。代谢水是指糖类、脂肪、蛋白质等营养物质在体内氧化生成的水，又称氧化水。100 g 糖类氧化时产生约 60 mL 水，100 g 脂肪可产生约 107 mL 水，100 g 蛋白质可产生约 41 mL 水。1 kg 肌肉组织破坏时可释放出约 850 mL 水，因此在严重创伤如挤压综合征时，大量组织破坏可使体内迅速产生大量代谢水。

机体排出水分的途径有四种，即粪便、皮肤蒸发(显性汗和非显性汗)、呼吸蒸发和尿液。皮肤非显性出汗排出的水仅含有少量电解质，呼吸蒸发排出的水几乎不含电解质，故这两种不断蒸发排出的水分可以当作纯水看待。皮肤显性出汗时汗液是一种低渗溶液，含 NaCl 约为 0.2%，并含有少量的 K^+，因此，在炎热的夏天或高温环境中活动导致大量出汗时，会伴有电解质的丢失。

水代谢的特点是多进多排，少进少排，不进也排。如果停止进水，机体仍继续从肺、皮肤和肾排水。如果禁食几天也没有补充液体，将导致严重缺水。需要注意的是，婴儿日需水量(120～160 mL · kg^{-1})是成人的 2～3 倍，这与婴幼儿的生理特点有关，如生长迅速、组织细胞生长时需蓄积水分，尿浓缩能力较差(肾小管重吸收功能尚未完善)，新陈代谢旺盛，经尿排出的代谢废物相对较多等。

2) 钠平衡

人体内的钠约 60% 是用来交换的，约 40% 是不可交换的(主要结合于骨骼的基质)。机体通过膳食和食盐形式摄入，摄入的钠几乎全部由小肠吸收，Na^+主要经肾随尿排出，少量的 Na^+由粪便和汗液排出。Na^+代谢特点是多进多排，少进少排，不进不排。正常情况下摄钠和排钠量几乎相等，如成人每日摄入氯化钠 10.5 g，排泄的总量也为 10.5 g，见表 2-6。

表 2-6　成人每日氯化钠的进出量(g)

摄入途径	摄入量	排出途径	排出量
食物	10.5	汗液	0.25
		粪便	0.25
		尿	10.0
总摄入量	10.5	总排出量	10.5

3) 钾平衡

人体内 98% 左右的钾存在于细胞内液，细胞外液含钾量仅占约 2%。食物含钾比较丰富，进食数分钟后，被吸收的钾几乎全部被转移至细胞内，其后数小时内主要经肾随尿排出体外，其余小部分随粪便及汗液排出体外。K^+ 代谢特点是多进多排，少进少排，不进也排。

3. 水、电解质平衡的调节

1) 水平衡的调节

水的摄入需求主要由渴觉中枢控制，而排出主要取决于血浆中抗利尿激素的浓度，即通过抗利尿激素调节尿量。渴觉中枢和分泌抗利尿激素的细胞都位于下丘脑。当机体失水时，血浆的渗透压升高，血量减少，刺激下丘脑，促使抗利尿激素分泌增加，抗利尿激素经血液运输到达肾远曲小管与集合管上皮细胞的基底侧膜，与膜上的受体结合，在上皮细胞内产生环腺苷酸，使该上皮细胞的管腔膜对水的通透性增强，从而使水的重吸收增加，尿量减少；同时渴觉中枢兴奋，引起口渴，促使人主动饮水。这样体内水含量增加，使升高了的血浆渗透压又恢复到正常的水平。相反，当体内水含量增加时，血浆渗透压下降，抗利尿激素的分泌减少，因而肾远曲小管与集合管对水的通透性减弱，水重吸收减少，尿量增多，排出体内多余的水分，供血浆渗透压恢复到正常水平。

体内水的含量与氯化钠的含量有着密切的关系，当体内氯化钠的含量增多时，水的含量也增多。相反，当体内缺氯化钠时，水的含量随之减少，严重时可导致循环衰竭，这是由于血量减少，动脉血压降低。

2) 钠平衡的调节

钠平衡的调节主要依赖调节肾的排钠量，肾脏的保钠能力很强，当机体缺钠时尿中钠明显减少甚至消失。肾脏的排钠量主要通过以下方式调节。

(1) 肾素-血管紧张素-醛固酮系统是保钠的主要调节系统。醛固酮是肾上腺皮质球状带分泌的盐皮质激素，其主要作用是促进肾远曲小管和集合管对 Na^+ 的主动重吸收，同时通过 Na^+-K^+ 和 Na^+-H^+ 交换而促进 K^+ 和 H^+ 的排出，所以醛固酮有排钾、排氢、保钠的作用。随着 Na^+主动重吸收的增加，Cl^- 和水的重吸收也增多，可见醛固酮也有保水作用。醛固酮的分泌主要受肾素-血管紧张素系统和血浆中 Na^+、K^+ 浓度的调节。当血容量减少、动脉血压降低时，与肾小球相连的入球小动脉的动脉壁牵张感受器受到刺激，使近球细胞分泌肾素增加，通过肾素-血管紧张素系统产生血管紧张素，后者可使醛固酮分泌增多。血浆高 K^+ 或低 Na^+ 可直接刺激肾上腺皮质球状带分泌醛固酮。

(2) 心房利钠肽(ANP)的调节。ANP 是由心房肌细胞合成的肽类激素。ANP 具有强烈而短暂的利尿、排钠和松弛血管平滑肌的作用。当心房扩张、血容量增加、血 Na^+ 增高或血管紧张素增多时，将刺激心房肌细胞合成和释放 ANP。ANP 进入血液后主要从四个方面影响水、钠的代谢，即减少肾素的分泌、抑制醛固酮的分泌、对抗血管紧张素的缩血管效应，以及拮抗醛固酮的滞 Na^+ 作用。

3) 钾平衡的调节

钾平衡主要通过肾脏及钾的跨细胞转移进行调节。

(1) 肾脏的调节。肾是排钾的最重要的器官。肾排钾过程可大致分为三个部分，即肾小球的滤过、近曲小管和髓襻对钾的重吸收、远曲小管和集合管对钾的排泄调节。钾可自由通过肾小球滤过膜，通常情况下肾小球的滤过作用不会对钾的平衡产生影响，除非出现肾小球滤过率的明显降低。近曲小管和髓襻重吸收滤过钾量的 90%～95%，该吸收通常也无调节作用，即无论机体缺钾还是钾过多，该段肾小管对钾的重吸收率始终维持在滤过钾量的 90%～95%。对不断变动的钾摄入量，机体主要依靠远曲小管和集合管对钾的分泌和重吸收进行调节来维持钾的平衡。

(2) 钾的跨细胞转移的调节。泵-漏机制是调节钾跨细胞转移的基本机制。泵指钠-钾泵，即 Na^+-K^+-ATP 酶将 K^+ 逆浓度差摄入细胞内；漏指 K^+ 顺浓度差转移到细胞外液。胰岛素、细胞外液 K^+ 浓度升高，以及β肾上腺素受体激动剂，均可直接刺激 Na^+-K^+-ATP 酶的活性，促进细胞摄钾。此外，碱中毒时，细胞内液 H^+向细胞外转移，也可促进细胞外 K^+进入细胞内。酸中毒、β肾上腺素受体阻滞剂、高血糖合并胰岛素缺乏、细胞外液渗透压的急剧升高及剧烈运动等均可促进 K^+从细胞内向细胞外转移。通过 K^+在细胞内外的转移可迅速、准确地维持细胞内外液的钾浓度平衡。

水平衡和电解质的平衡是相互联系的。细胞内液或外液中的含水量明显增加或降低时，也会引起电解质浓度的剧烈变化，所以人体往往通过水的平衡调节来保持电解质的平衡。

4. 水、电解质失衡对人体健康的危害

水失衡往往伴随着钠失衡，常见的是失水和失钠，二者关系紧密。根据失水后细胞外液水、钠比例不同，将失水分为高渗性失水、低渗性失水和等渗性失水。

(1) 高渗性失水又称为原发性失水，失水多于失钠。原因是水摄入不足(如食管癌的吞咽困难)、水丧失过多(如高热)等。

失水量为体重的 2%～4% 属于轻度失水(相当于断水 24 h)，主要表现为口渴、尿少、尿比重增高等；失水量为体重的 4%～6% 属于中度失水(相当于断水 48～96 h)，除上述表现加重外，

还出现皮肤弹性差、眼窝明显凹陷、唇舌干燥、软弱无力、烦躁等；失水量超过体重的 6% 属于重度失水(相当于断水 96 h 以上)，出现躁狂、幻觉，甚至昏迷等循环及意识的改变；失水量超过体重的 15% 时，出现高渗性昏迷、休克、尿闭甚至急性肾功能衰竭。

(2) 低渗性失水又称为慢性失水、继发性失水或低钠血症，失钠多于失水。原因是消化液的慢性丧失；大面积烧伤；长期使用利尿剂，使肾排水排钠过多；水、钠同时缺乏而单纯补水，致钠不足等。轻度缺钠表现为疲乏无力、头晕、手足麻木、口渴不明显、尿中 Na^+ 减少等；中度缺钠表现为恶心、呕吐、血压不稳或下降、视力模糊、站立型晕倒等；重度缺钠表现为神志不清、肌肉痉挛性抽搐、出现木僵甚至昏迷，常发生休克。

(3) 等渗性失水又称急性或混合性失水，水、钠成比例丧失。原因是消化液的急性丧失，如大量呕吐、腹泻；在感染区或软组织内体液丧失，如烧伤早期。表现是既有失水又有失钠。

三种失水类型的比较见表 2-7。

表 2-7 三种失水类型的比较

项目	高渗性失水	低渗性失水	等渗性失水
发病原因	水摄入不足 或丧失过多	体液丧失， 而单纯补水	水和钠成比例丧失而未予补充
发病原理	细胞外液高渗， 细胞内液丧失为主	细胞外液低渗， 细胞外液丧失为主	细胞外液先等渗后高渗， 细胞内外液均有丧失
主要表现和影响	口渴、尿少等	脱水体征、休克等	口渴、尿少， 脱水体征、休克等
治疗	补充水分为主	补充生理盐水或 3% 氯化钠溶液	补充等渗盐水

摄入水过多也会引起水失衡。当人体水的排出量小于摄入量时，大量水分潴留体内，肾脏排水功能障碍引起水潴留。水潴留会引起细胞外液电解质被稀释，渗透压下降，水分向渗透压较高的细胞内液转移，引起细胞水肿。脑细胞水肿及由水肿造成的电解质浓度下降会引起嗜睡、烦躁、失语、定向功能失常、昏迷等症状。水过多是水在体内过多潴留的一种病理状态，如果过多的水进入细胞内，导致细胞内水过多就是水中毒了。水中毒又称为稀释性低钠血症，表现为头痛、精神失常、癫痫样发作、嗜睡与躁动交替以致昏迷。

正常人体内 K^+ 浓度是 3.5～5.5 $mmol \cdot L^{-1}$。K^+ 失衡主要有两种情况。

(1) 低钾血症，K^+ 浓度小于 3.5 $mmol \cdot L^{-1}$。原因是钾的摄入量不足(如长期进食不足)，钾的损失过多(如呕吐)等。主要表现为胃肠肌力减退、腹胀，心脏传导和节律异常，神经肌肉兴奋性降低，神志淡漠、肌无力、软瘫、嗜睡甚至昏迷等。

(2) 高钾血症，K^+ 浓度大于 5.5 $mmol \cdot L^{-1}$。原因是摄入钾过多，肾排泄功能减退，缺氧、酸中毒、休克等。表现和低钾血症差不多。高钾血症的危害比低钾血症更为严重，属急症。

2.5.2 酸碱平衡

1. *体液的酸碱度*

正常人体内酸性与碱性物质总是保持一定的数量和比例，占人体体重 70% 的体液有一定的酸碱度，并在较窄的范围内保持稳定，称为酸碱平衡。人体内的各个器官、血液、体液各有不同的健康酸碱度。人体内的化学反应和生理过程都需要在一定 pH 条件下才能正常进行。

2. 酸碱平衡的调节

摄取食物、人体的代谢和消化液的吸收等生理活动使得机体每时每刻都会产生不同种类、不同浓度的酸性或碱性物质。酸性物质的来源有人体内的糖、蛋白质、脂肪氧化分解产生的CO_2，是人体中主要酸性物质碳酸的来源；人体代谢过程中产生的乳酸、尿酸等有机酸；饮食中摄入的肉、醋、酱油等酸性物质。碱性物质的来源有人体代谢过程中氨基酸脱氨基产生的氨气，经肝脏代谢生成的尿素；饮食中摄入的蔬菜、水果等碱性物质。人时刻都在摄取或产生不等量的酸性和碱性物质，但体液的 pH 并没有发生显著变化，这是因为体内存在着严格调控酸碱平衡的机制，主要是血液的缓冲作用、肺的呼吸作用、肾的重吸收和排泄作用以及组织细胞的离子交换作用。这里介绍血液中的缓冲体系对酸碱平衡的调节作用。

人体血液的 pH 范围为 7.35～7.45，血液是 pH 变动范围很窄的弱碱性环境。这为体内细胞及各类生物酶正常发挥其生理生化功能提供了适宜的内环境。若 pH 超出这个狭小范围，细胞会丧失正常生理功能。为什么人体血液的 pH 可以维持在这一狭小范围内呢？这是由于血液中存在多种缓冲体系。

血浆内的缓冲体系：H_2CO_3-$NaHCO_3$、NaH_2PO_4-Na_2HPO_4、Na 血浆蛋白-H 血浆蛋白。

红细胞内的缓冲体系：H_2CO_3-$KHCO_3$、KH_2PO_4-Na_2HPO_4、K 血红蛋白-H 血红蛋白、K 氧合血红蛋白-H 氧合血红蛋白。

在血浆缓冲体系中，以碳酸氢盐缓冲体系最为重要，因为该缓冲体系浓度最大，缓冲能力最强。在红细胞缓冲体系中，以血红蛋白(Hb)和氧合血红蛋白(HbO_2)缓冲体系最重要，因为血液对CO_2(溶解)的缓冲作用主要靠它们来实现。

碳酸在溶液中主要以溶解状态的CO_2形式存在，在碳酸氢盐缓冲体系中存在如下平衡：

$$CO_2(g) + H_2O \rightleftharpoons H_2CO_3 \rightleftharpoons HCO_3^- + H^+ \tag{2-12}$$

25℃时，H_2CO_3 的 $pK_{a_1}^{\ominus}$ 为 6.38。由于 CO_2 溶解在离子强度为 0.16 mol · L^{-1} 的血浆中，体温为 37℃，经校正 H_2CO_3 的 $pK_{a_1}^{\ominus}$ 为 6.10，因此血浆中的碳酸氢盐缓冲体系 pH 的计算式为

$$pH = pK_a^{\ominus} + \lg\frac{[HCO_3^-]}{[CO_2(aq)]} = 6.10 + \lg\frac{[HCO_3^-]}{[CO_2(aq)]} \tag{2-13}$$

正常人血浆中 HCO_3^- 和 CO_2(aq)浓度分别为 0.024 mol · L^{-1} 和 0.0012 mol · L^{-1}，将其分别代入式(2-13)，可得血液的正常 pH 为

$$pH = 6.10 + \lg\frac{0.024}{0.0012} = 6.10 + \lg\frac{20}{1} = 7.40 \tag{2-14}$$

在体内，HCO_3^- 是血浆中含量最多的抗酸成分，在一定程度上可以代表血浆对体内所产生的非挥发性酸的缓冲能力，所以将血浆中的 HCO_3^- 称为碱储。

人体内正常血浆中 CO_2(aq)-HCO_3^- 缓冲系的缓冲比为 20∶1，已超出缓冲溶液有效缓冲比(10∶1～1∶10)的范围，但人体是一个开放系统，与外界既有物质交换又有能量交换，当机体内 CO_2(aq)或 HCO_3^- 的浓度改变时，可由肺的呼吸作用和肾的生理功能获得补偿或调节，使得血浆中的 HCO_3^- 和 CO_2(aq)的浓度保持相对稳定。

肺气肿引起的肺部换气不足，患糖尿病、食用低碳水化合物和高脂肪食物引起代谢酸(如硫酸、磷酸、乳酸等)的增加等，都会引起血液中的酸度增加，即 H^+ 浓度增加，则平衡反应(2-12)将向左移，生成较多的 H_2CO_3，H_2CO_3 随血液流经肺部时分解生成 CO_2 和 H_2O，产生的 CO_2 由肺部呼出，减少的 HCO_3^- 由肾脏调节补充，使血液中 HCO_3^- 含量与 H_2CO_3 含量仍维持正常的比值。当人体代谢产生和摄入的碱性物质进入血液时，大量的 H^+ 立即和外来的 OH^- 结合生成 H_2O，由于 H^+ 的减少，平衡反应(2-12)将向右移动，H_2CO_3 的进一步电离及时补充了因中和所消耗的 H^+，同时生成 HCO_3^-。过量的 HCO_3^- 随血液流经肾时进行生理调节，随着尿液排出体外，同时肺部呼吸变浅，减少 CO_2 的排出，由此阻止了 pH 的变化。

碳酸氢盐缓冲体系不能缓冲 H_2CO_3 和组织细胞代谢产生的 CO_2，它们需要靠非碳酸氢盐缓冲系统调节，特别是血红蛋白(Hb)和氧合血红蛋白(HbO_2)缓冲体系。正常人体代谢产生的二氧化碳进入静脉血液后，绝大部分与红细胞内的血红蛋白离子发生下列反应

$$CO_2 + H_2O + Hb^- \rightleftharpoons HHb + HCO_3^- \tag{2-15}$$

反应中生成的 HCO_3^- 由血液运送至肺部，并与氧合血红蛋白作用，生成的二氧化碳从肺部呼出，所以在大量的二氧化碳从组织细胞运送到肺部的过程中，对血液的 pH 也不会有太大的影响。

血液缓冲体系对酸碱平衡的调节并不是无限度的，只能短时间调节血液酸碱平衡，如果长期膳食不当，使体内酸度或碱度过量，超过了人体缓冲体系的缓冲能力，就会造成酸中毒或碱中毒。

3. 酸碱失衡对人体健康的危害

当机体内出现的酸性或碱性物质过多，超过血液缓冲体系的调节能力，或由于肾和肺的病变其调节机制出现障碍时，就会引起酸碱平衡失调或称酸碱失衡。

当血液的 $pH<7.35$ 时，机体将发生酸中毒；当 $pH<6.8$ 时，会因严重的酸中毒而危及生命。轻微酸中毒者常会感到身体乏力、口渴、心慌、厌食等；严重酸中毒者其症状是：年幼者患皮肤病、胃酸过多、神经衰弱、疲劳倦怠、骨软骨病等，中老年者患神经痛、骨质疏松症、关节炎、痛风、心血管疾病或出现血压升高等。当血液的 $pH>7.45$ 时，机体将发生碱中毒；当 $pH>7.8$ 时，会因严重的碱中毒而危及生命。体液碱性过高易导致呕吐、糖尿病、白血病等。

体液处于酸碱平衡状态时人体最健康。亚健康状况的出现在某种意义上也是酸碱失衡的结果。

2.5.3 血糖平衡

1. 血糖的来源和去路

人体血液中含有一定浓度的葡萄糖，称为血糖。血糖是人体活动所需的主要能量来源，如大脑几乎完全依靠葡萄糖供能进行神经活动，血糖供应不足会使神经功能受损。在正常情况下，人体血糖含量保持动态平衡，空腹血糖的正常范围是 3.89～6.11 $mmol \cdot L^{-1}$。

血糖的来源有：①食物中的糖，是血糖的主要来源；②肝糖原分解，是空腹时血糖的直接来源；③非糖物质，如甘油、乳酸及生糖氨基酸通过糖异生作用生成葡萄糖，在长期饥饿时作为血糖的来源。

血糖的去路有：①在各组织中氧化分解提供能量，是血糖的主要去路；②在肝脏、肌肉等组织进行糖原合成；③转变为其他糖及其衍生物，如核糖、氨基糖和糖醛酸等；④转变为非糖物质，如脂肪、非必需氨基酸等；⑤血糖浓度过高时由尿液排出。

2. 血糖平衡的调节

正常人体内存在精准的调节血糖来源和去路动态平衡机制。保持血糖浓度的相对恒定是神经系统、激素及组织器官共同调节的结果。神经系统对血糖浓度的调节主要是通过下丘脑和自主神经系统调节相关激素的分泌，是一种间接调节。激素对血糖浓度的调节是通过胰岛素、胰高血糖素、肾上腺素、糖皮质激素、生长激素及甲状腺激素之间的相互协同、相互拮抗以维持血糖浓度的恒定，是一种直接调节，其中以胰岛素和胰高血糖素的调节作用为主。胰岛素能促进血糖分解，促进血糖合成糖原，降低血糖浓度；胰高血糖素和肾上腺素等促进肝糖原分解成葡萄糖释放到血糖中，抑制血糖分解，促进糖的异生，提高血糖浓度。肝脏是调节血糖浓度的最主要器官。

当血糖浓度升高时，下丘脑的相关区域兴奋，通过副交感神经直接刺激胰岛β细胞释放胰岛素，同时抑制胰岛α细胞分泌胰高血糖素。胰岛素是唯一能够降低血糖含量的激素，它一方面能促进肝脏、肌肉等合成相应糖原，促进葡萄糖转变为非糖物质；另一方面能够抑制肝糖原的分解和非糖物质转化为葡萄糖。总的结果是既增加了血糖的去路，又减少了血糖的来源，从而使血糖含量降低。当血糖浓度降低时，下丘脑的另一个区域兴奋，通过交感神经一方面作用于胰岛α细胞分泌胰高血糖素，另一方面作用于肾上腺髓质，刺激肾上腺素的分泌，直接作用于肝脏加速糖原分解和其他非糖物质转变为血糖，两方面共同作用的结果使血糖浓度升高。

3. 血糖失衡对人体健康的危害

(1) 当血糖浓度为 2.78～3.89 $mmol \cdot L^{-1}$时，出现低血糖早期症状，表现为头昏、心慌、出冷汗、面色苍白、四肢无力，如能及时吃一些含糖较多的食物，或者喝一杯浓糖水，就可以恢复正常。

(2) 当血糖浓度低于 2.5 $mmol \cdot L^{-1}$时，出现低血糖晚期症状，表现为惊厥或昏迷等。原因是人的脑组织一般不储存糖原，必须不断地从血液中摄取葡萄糖以氧化分解供给能量，当血糖浓度过低时就会因得不到足够的能量而发生功能障碍，只要及时从静脉输入葡萄糖溶液，症状就会缓解。

(3) 当空腹血糖浓度高于 7.22 $mmol \cdot L^{-1}$时称为高血糖症。葡萄糖进入细胞和在细胞内氧化利用发生障碍，肝释放和非糖物质转化增多，出现高血糖。一次性食糖过多造成血液中葡萄糖浓度过高，超过了肾小管的重吸收能力，尿液中会有葡萄糖，此现象属于正常的生理现象，称为糖尿。

(4) 当血糖含量为 8.89～10 $mmol \cdot L^{-1}$时，会引发糖尿病。如果胰岛β细胞发生病变，胰岛素分泌量不足，血糖浓度过高，超过了肾小管对葡萄糖的重吸收能力，就会有部分葡萄糖进入尿液，因尿液中有葡萄糖，故称为糖尿病。症状表现为“三多一少”，即多食、多饮、多尿、体重减少。原因是细胞内能量供应不足，患者总感觉饥饿而多食；肾小管液中葡萄糖浓度高，水分重吸收减少，出现多尿；高血糖使细胞外液渗透压升高，产生渴觉而多饮；糖氧化功能障碍，使得体内脂肪和蛋白质的分解加强，导致机体逐渐消瘦，体重减少。采取调节和控制饮食，用药物降低血糖的方法，从而减少血糖的来源，控制血糖浓度。

2.5.4　沉淀溶解平衡

人体内 Ca^{2+}和 PO_4^{3-} 溶液混合可以生成三种物质：

(1) $Ca_{10}(PO_4)_6(OH)_2$	羟基磷灰石	$pK_{sp}^{\ominus} = 117.2$
(2) $Ca_{10}(HPO_4)(PO_4)_6$	无定形磷酸钙	$pK_{sp}^{\ominus} = 81.7$
(3) $Ca_8(HPO_4)_2(PO_4)_4 \cdot 5H_2O$	磷酸八钙	$pK_{sp}^{\ominus} = 68.6$

在体温 37℃、pH 为 7.4±0.5 的生理条件下，羟基磷灰石是最稳定的。实验表明，在生理条件下将 Ca^{2+} 和 PO_4^{3-} 混合时，若同时满足上述三种物质形成沉淀的条件，首先析出的是无定形磷酸钙，后转变成磷酸八钙，最后变成最稳定的羟基磷灰石，在形成过程中并不是一开始就形成羟基磷灰石的。

生物体内这种羟基磷灰石又称为生物磷灰石，是组成生物体骨骼的重要成分。骨骼中含有 55%～75% 的羟基磷灰石，骨骼中这种成分的形成涉及沉淀的生成与沉淀的转化原理，即矿化和脱矿。

牙齿的脱矿和再矿化过程是人体内典型的沉淀溶解平衡。人类口腔最常见的疾病是龋齿，龋齿是牙齿脱矿和再矿化的失衡。牙齿的牙釉质很坚硬，牙釉质的最外层与口腔内的唾液和菌斑液紧密接触，其表面的羟基磷灰石处于溶解和再沉积的动态平衡之中。牙釉质中羟基磷灰石的溶解速度取决于唾液的 pH 和唾液中钙、磷酸根离子的浓度。羟基磷灰石在 $pH<5.5$ 时溶解，这个过程称为脱矿。牙齿脱矿是由细菌消化食物中的糖类物质所产生的酸或者摄入的酸性食物导致的。

$$Ca_{10}(PO_4)_6(OH)_2(s) + 8H^+ = 10Ca^{2+} + 6HPO_4^{2-} + 2H_2O \tag{2-16}$$

唾液中富含钙离子和磷酸根离子，可以缓冲唾液 pH 变化，从而抑制羟基磷灰石的溶解。在 $pH>5.5$ 和钙、磷酸根离子浓度高的情况下，反应平衡会朝着磷酸钙沉积的方向进行，从而使脱矿的牙齿得以再矿化。牙齿再矿化是指钙、磷酸根及其他矿物离子不断沉积在釉质脱矿面，形成羟基磷灰石晶体的过程。

脱矿长期发展下去则产生龋齿。因此，龋齿的产生本质上是羟基磷灰石溶解于细菌代谢产生的有机酸。为此，必须注意口腔卫生，经常刷牙，使用含氟牙膏也是降低龋齿病的措施之一。

F^-与 Ca^{2+}、PO_4^{3-} 生成的氟磷酸钙[$Ca_{10}(PO_4)_6F_2$]覆盖在牙齿表面。氟磷酸钙的溶解度比羟基磷灰石更小、质地更坚固，可减缓牙齿的溶解脱矿，促进矿化和再矿化过程。

$$10Ca^{2+} + 6PO_4^{3-} + 2F^- = Ca_{10}(PO_4)_6F_2 \tag{2-17}$$

生命体是化学反应的产物，生活规律、有序而不过多扰乱人体内的化学平衡就是健康长寿的秘诀，人体健康是体内多种化学平衡的结果。

知识拓展：全国爱牙日 30 年历年主题

2.6 健康在于适当运动

运动是生命机体不可或缺的表现形式，是人类生活行为的体现，也是人类挑战自我、超越自我的一种重要方式。生命在于运动，运动需要科学。体育锻炼是获得身体健康的一种方式，但并不是所有的体育运动都能被称为科学健身。只有在遵循运动技能形成规律和人体生理变化规律，在自我监督的基础上进行的体育锻炼，对人体才是最有意义的。世界卫生组织研究数据表明，影响健康的 60% 以上的因素是行为和生活方式，体育运动是健康生活方式的重要内容，适当的体育锻炼能促进人的身体健康，提高生命质量。

2.6.1 人体运动与能量供应

1. 人体运动时能量的供应

1) 运动时的供能系统

人体运动时的唯一直接能源是来自体内的一种特殊的高能磷酸化合物——腺苷三磷酸(ATP)。肌肉活动时，肌肉中的 ATP 在酶的催化下迅速分解为腺苷二磷酸(ADP)和磷酸，同时释放出能量供肌肉收缩(图 2-10)。但是人体肌肉内 ATP 含量很少，依靠肌肉中的 ATP 做功只能维持 1 s 左右，因此机体只有不停地合成 ATP 才能满足肌肉收缩的需要。人体内有三个系统可以合成 ATP，分别是磷酸原系统、乳酸能系统和有氧氧化系统。

2) 运动时三个供能系统的特点

(1) 磷酸原系统(ATP-CP 系统)。肌肉活动的直接能源是 ATP，ATP 分解为 ADP，释放出能量供肌肉做功。磷酸肌酸(CP)是储存在肌细胞内的另一种高能磷化物，安静状态下肌肉中 CP 的含量约为 ATP 的 3 倍。剧烈运动时，肌肉中 ATP 含量减少而 ADP 含量增加，ATP/ADP 值将变小。ATP/ADP 值对于调节能量代谢过程有着重要的意义。比值稍变小，即可促使 CP 分解释放能量，供 ADP 再合成为 ATP；在运动后的恢复期，肌肉中 ATP 大量合成后，经肌酸激酶的催化作用，磷酸肌酸再合成为 CP。研究证明，全身肌肉中磷酸原系统供能能力仅能持续 8 s 左右。磷酸原系统供能是短时间、大强度运动的主要供能方式。发展这一系统供能能力的最好的训练方法是每次持续 10 s 以内的全速跑，且进行重复练习，中间间歇休息 30 s 以上。如果间歇时间短于 30 s，由于磷酸原系统恢复不足，就会产生乳酸积累。

(2) 乳酸能系统。当机体进行稍长时间(多于 10 s)的大强度运动时，仅靠 CP 已不能满足机体对能量的需求，而此时供给机体的氧量也不能满足运动的实际需要。这种情况下 ATP 的再合成主要依靠肌糖原的无氧酵解。糖酵解的产物是乳酸，因此将这一系统称为乳酸能系统，又称无氧糖酵解系统。依靠糖酵解再合成的 ATP，剧烈运动可持续 30～40 s 或更长。由于乳酸的生成和积累，酵解作用部分或完全被抑制，因此，依靠糖酵解供能的运动不能持续太长时间。400 m 和 800 m 跑是典型的乳酸能系统供能的运动项目。

(3) 有氧氧化系统。有氧供应充足的条件下，机体利用糖和脂肪氧化分解成二氧化碳和水，同时释放出大量能量合成 ATP，这一系统称为有氧氧化系统(图 2-14)。除糖和脂肪氧化供能外，蛋白质也可参与供能，但所占比例较小。运动初期，糖是主要的供能物质，随着运动时间延长，脂肪供能比例增加，蛋白质也将参与供能。因此，有氧氧化系统是进行长时间耐力运动的主要供能系统。人体的有氧供能能力和心肺功能有关，要提高这一供能能力，可采用较长时间的中等或较低强度的匀速跑，或较长距离的中速间歇训练等。

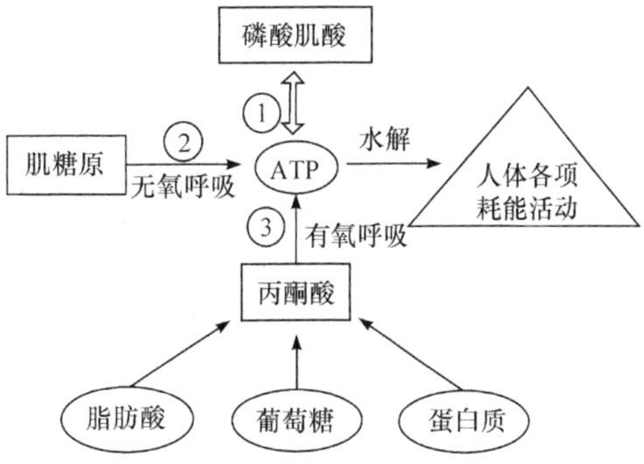

图 2-14 有氧氧化系统

无氧供能和有氧供能是机体在不同的运动强度和运动时间下，依据需氧量的不同而采用的两种供能方式，二者紧密相连，不可分割。10 s 以内的短时间最大强度的运动几乎完全依赖无氧供能；800 m 跑的无氧和有氧供能比例相差不大；长时间低强度的运动，有氧供能占主导地位。肌肉收缩时，肌细胞中 ATP 水解后的再合成并不是孤立地依靠某一种能量代谢途径提供高能磷酸基团，在各种供能系统的能量转化机制之间有着密切的联系，这能保证整个肌细胞能量代谢的有机协调和高效率。因此，可以认为在肌细胞内 ATP 再合成过程中，各种代谢途径所提供的高能磷酸基团之间的转换是一种极其有效的细胞自身调节机制。

2. 运动时能源物质的消耗

糖、脂肪和蛋白质是机体主要的能源物质，人体生命活动所需能量的 60%～70% 来自糖。安静时，糖供能占 25%，脂肪供能占 75%，糖供能比例与运动强度的增大成正比。长时间低强度运动时，脂肪是最主要的能源；当运动强度达到 25% 最大摄氧量水平时，糖和脂肪供能各占 50% 左右；当运动强度达到 50% 最大摄氧量水平时，糖供能占身体总耗能的 65.9%，糖成为运动时主要的供能物质；当运动强度达到 70%～90% 最大摄氧量水平时，肌糖原是决定性的供能物质。

3. 运动时血糖浓度的变化

安静状态下，空腹血糖浓度的正常值为 4.44～6.67 $mmol \cdot L^{-1}$。血糖是中枢神经系统的基本能源物质，也是长时间运动时骨骼肌的重要代谢产物。运动时血糖浓度的变化主要由肝脏输出葡萄糖的速率和骨骼肌摄取利用的血糖量决定，中枢神经系统摄取血糖的速率基本与休息状态时相同。

短时间大强度运动时(如 100～800 m 跑)，骨骼肌主要依靠肌糖原酵解供能，此时不仅不摄取血糖，还可能释放少量葡萄糖到血液中，但血糖浓度没有太大变化；如果运动时间相对较长(如 1000～3000 m 跑)，骨骼肌仍以利用肌糖原进行有氧氧化和无氧酵解为主要的能量代谢方式，摄取利用血糖很少，此时肝脏输出葡萄糖的速率增加，葡萄糖进入血液的速率明显超过组织器官摄取葡萄糖的速率，血糖浓度明显升高，可达到 4.44～6.67 $mmol \cdot L^{-1}$，即出现尿糖现象；如果运动时间持续更长(如 5000～10000 m 跑)，因肌糖原已有一定的消耗，骨骼肌摄取利用血糖速率相对增大，血糖浓度开始有所下降，但仍显著高于休息状态，为 7.22～7.77 $mmol \cdot L^{-1}$；长时间运动时，由于肌糖原大量排空，骨骼肌摄取利用血糖速率显著增大，肝糖原储存量也大量排空，利用糖异生作用产生和输出葡萄糖已很难完全满足机体的需要，如果没有外源性葡萄糖的补充，血糖浓度会出现进行性降低，甚至可能出现低血糖现象，严重时还会引起低血糖休克。血糖下降首先影响神经系统的正常活动，是引起中枢性疲劳的重要因素。因此，在从事长时间运动如马拉松时，比赛过程中应适当补充糖分，以弥补血糖的降低。

4. 运动后能源物质的恢复

1) 能源物质的恢复过程

运动时人体内的代谢加强，以不断满足身体对能量的需要。运动中及运动后，需要不断补充和恢复能源物质。能源物质的恢复过程大致可分为三个阶段：

第一阶段恢复过程在运动中就已开始。这时机体一边消耗能量，一边补充能源物质，由于消耗大于补充，能源物质的储量逐渐下降。

第二阶段在运动结束后，此时能源物质消耗已逐渐减少，而恢复过程不断增强，锻炼中消耗掉的能源物质不断得到补充，直至补充到锻炼前的水平。

第三阶段是超量恢复阶段，能源物质恢复到原水平后并未停止，而是继续恢复补充，在一段时间内，能源物质的恢复可超过原有储备的水平，这在生理学上称为超量恢复。

2) 超量恢复现象

超量恢复是体育运动的重要理论依据。运动一段时间后能源物质的储备又回到原来水平，如果坚持体育锻炼，不断增强能源物质的恢复过程，超量恢复便能达到更高程度，体质也就不断得到增强。在进行高强度、超负荷的运动训练后，运动水平能否提高取决于超量恢复的水平。因为超量恢复使机体中能源物质的储存高于以往，负荷能力强，此时是投入训练的最好时机。可以说，充分恢复的标准就是机体能否最大限度地超量恢复。超量恢复是 ATP、CP、肌糖原、蛋白质等能源物质的超量补偿和存储的过程。超量恢复建立的两个基础就是充足的营养和充分的睡眠。机体在承担一定的负荷后要经历疲劳—恢复—超量恢复的过程，要使疲劳症状得到恢复，使机体产生超量恢复，就得让机体在承受一定的负荷后得以休息，使负荷与休息交替进行。在保证机体充分恢复的前提下，负荷越大，对机体刺激越深刻，产生的超量恢复水平也就越高。

健康贴士

运动中和运动后的饮食

运动中及时、恰当地补充水分和由出汗而流失的电解质，运动后及时补充充足的蛋白质、维生素和糖类，是机体恢复的重要保障。否则机体不能获得足够的能源物质和平衡的体内环境，肌肉在超量恢复过程中就不能以肌糖原的形式储存较多的能量，下次运动时肌肉就会持续疲劳。

建议的运动饮食方式是：

(1) 如果运动持续时间不超过 1 h，运动强度不大，那么适当补充水分就可以了。

(2) 如果运动时间持续 1 h 以上且运动强度较大，则最好在运动时及时补充含有电解质(钾、钠、氯离子)和一定量糖类(蔗糖或葡萄糖)的功能型饮料。

(3) 在剧烈活动或高强度对抗性运动后的 20～30 min 内，适当吃点小零食，用以补充糖类和蛋白质；2 h 左右进食正餐。

2.6.2 科学运动原则

1. 体育锻炼的 FIT 原则

FIT 原则是以健康为目的的运动所必须遵循的基本原则。FIT 是频数(frequency)、强度(intensity)和时间(time)这 3 个英文单词首字母的组合。要想在安全的锻炼过程中取得良好的效果，必须科学地控制锻炼的频数、强度和时间。

F 表示频数，要想获得良好的体育锻炼效果，每周至少应该进行 3～5 次体育锻炼。著名呼吸病学专家、中国工程院院士钟南山指出：把锻炼看成跟吃饭一样重要，再忙再累，也决不放弃锻炼，你工作的能量和生命的能量都来自运动。中国工程院院士赵铠呼吁大家每天要走上六七千步，他自己身体力行，每天带着计步器，一天要走六七千步。研究人员发现，偶尔运动不仅对身体健康无益，甚至还会加重对器官的磨损，导致寿命缩短。美国哈佛大学对 16936 名毕业生进行了 16 年的跟踪调查，发现偶尔运动者所吸入体内的氧气比长期坚持适度运动的人要多，随着呼吸频率的加快，各种组织代谢加快，耗氧量骤增，容易破坏人体内正常的新陈代谢过程，造成细胞的衰老，危害机体。德国和美国的一些科学家研究报道称，如果一个人平时很少运动，突然参加大强度的运动，如快步跑、赶车、搬重物或上高楼等，会使心脏病发病的危险性增大 6～100 倍。

I 表示运动强度。在进行有氧运动时，心率应该控制在最大心率的 60%～80% 之间。运动强度大小的监控必须遵守循序渐进的原则，必须充分考虑自己当前的身体状况和健康水平。

T 表示时间。每次运动时至少应有持续进行 20～30 min 的有氧运动，用来提高心肺循环系统的耐力。练习的强度会直接影响持续运动的时间，而在大多数情况下控制运动时间要比控制运动强度容易得多。按照美国运动医学学会的定义，剧烈运动是指运动负荷超过人体负荷的 60%，剧烈运动可能对心脏和肺健康有害。运动医学研究表明，在做剧烈、长时间的运动如跑马拉松时，身体内会分泌一种称为安多芬(又名内腓肽)的有麻醉作用的化学物质，它可使人在运动中感觉不到痛苦，失去心脏病发作的前奏感；安多芬还能使免疫系统的淋巴细胞失去抵制外来病毒的作用，引起免疫功能失调，使感冒、肿瘤或恶性肿瘤发作。剧烈运动使血压急剧上升，诱发心力衰竭，可导致猝死。另外，过分剧烈的运动会产生许多对身体组织和肌肉破坏性很大的氧自由基，造成血浆内锌和铁的降低与流失，导致缺铁性贫血。

2. 体育锻炼的超负荷原则

超负荷原则是指在进行体育锻炼时，身体或特定的肌肉受到的刺激程度强于不锻炼时或已适应的刺激程度。在进行体育锻炼时只有遵循超负荷原则，身体健康素质才能逐渐得到提高。

要提高有氧耐力水平，可以通过增加每周的运动次数、延长每次运动的持续时间和加大每次运动的强度来达到超负荷的目的。发展肌肉力量锻炼的超负荷，可通过增加器械的重量、增加练习的次数或组数以及缩短每组练习的间歇时间来实现。超负荷原则同样适用于发展关节和肌肉的柔韧性，可通过增加肌肉的拉伸长度、延长拉伸持续的时间和加大关节活动的幅度来实现。

虽然超负荷锻炼可以使身体健康素质逐渐得到提高，但这并不意味着每次必须练到筋疲力尽。事实上，即使不进行超负荷的锻炼，一般性的锻炼也能保持和提高身体健康水平，只不过要花更多的时间进行锻炼才能取得良好的锻炼效果。

百分之十原则是指导锻炼者既运用超负荷原则，又避免因过度运动而导致损伤的一种监控方法。其含义为：每周的运动强度或持续运动时间的增加不得超过前一周的10%。例如，如果每天坚持跑步20 min，下一周要超负荷运动，跑步的持续时间不应超过22 min。从事其他的运动或增加运动强度都应遵循百分之十原则。

3. 体育锻炼的循序渐进原则

循序渐进原则是超负荷原则的延伸。该原则是指在进行体育锻炼或发展某种身体健康素质时应逐渐增加运动负荷。要想获得理想的锻炼效果，增加运动负荷不宜太慢或太快。运动负荷增加太慢会限制身体健康素质的进一步提高，而增加太快则可能造成过度疲劳或引发运动损伤，影响正常的学习和生活。体育锻炼的循序渐进原则是保持体育锻炼的动机和欲望以及预防运动损伤的重要条件。需要牢记的是，提高身体健康素质是一个需要终身追求的漫长历程。如果放松或忽视了平时循序渐进的体育锻炼，在进行体育测试时又想取得好的成绩，那么痛苦、沮丧、自卑等不良的心理体验就会与测试结伴而来，最终导致对体育锻炼的恐惧、厌倦和冷漠，使身体健康发展就此中断。

设定锻炼目标的原则和内容如下：

(1) 定位于自我提高。目标是针对自己，而且是可行的。

(2) 自己的目标必须自己设定，其他人的意见只作为参考。

(3) 目标的设定必须明确、具体。

(4) 一次设定项目最多1～2项。

(5) 目标不要定得过高而不易实现，应有一定难度，或稍加努力就可以实现。

(6) 应进行定期检查评价目标达到的程度。

(7) 目标可参考《大学生体质健康标准》，包括课外体育锻炼的时间、次数。

4. 体育锻炼的安全性原则

安全性原则要求在体育锻炼的过程中要始终注意保护自己，做到安全第一。安全性原则的主要内容如下：

(1) 在制定或实施锻炼计划前，一定要进行体检，得到医生的许可。如果患有某种疾病或有家族遗传病史，需要找医生咨询，在有医务监督的情况下按照体育教师和医生的建议进行锻炼。

(2) 在有条件的情况下，请运动医学专家根据体质健康状况开出运动处方。根据运动处方有目的、有计划地进行安全、科学的锻炼。

(3) 每次锻炼前必须做好充分的准备活动，克服内脏器官的生理惰性，防止出现运动损伤。

(4) 饭后、饥饿或疲劳时应暂缓锻炼。疾病初愈不宜进行较大强度的锻炼。

(5) 每次锻炼后，要注意做好整理、放松活动。这有利于促进身体的恢复。

(6) 锻炼过程中不要大量饮水，以免加重心脏的负担或引起身体及肠胃的不适。运动后不宜立刻洗冷水澡。

健康贴士

运动后七不宜

(1) 不宜立即蹲下休息。
(2) 不宜立即大量喝水。
(3) 不宜马上洗澡、游泳、吹风或用空调。
(4) 不宜立即喝啤酒。
(5) 不宜立即吃饭。
(6) 不宜大量喝糖水。
(7) 不宜吸烟。

5. 运动强度的适时监控原则

测量心率有助于了解和控制体育锻炼过程中的运动强度，它可准确地告诉运动者运动强度是需要增大还是需要减小。触压桡动脉和颈动脉就可以测量心率。为了准确地测量运动时的心率，必须在停止运动的 5 s 内进行测量，测量 10 s 的心率再乘以 6，算出运动时 1 min 的心率。

(1) 最大心率：指人体做极限运动时的心搏频率。一般运动强度采用最大心率的百分数表示，但要直接测出每个人的最大心率不仅很困难，还具有一定的危险性。现在已有了测量最大心率的简单、方便的办法，不同年龄、不同性别的人都可以用下列公式估算出自己的最大心率。

$$\text{最大心率} = 220 - \text{年龄} \tag{2-18}$$

(2) 靶心率：指通过有氧运动提高人体心血管系统耐力的有效而且安全的运动心率范围。为了提高心血管系统的有氧耐力水平，运动时心率必须保持在靶心率的范围内。下列公式可以计算或监测运动时自己适宜的心率范围。

$$\text{靶心率} = \text{最大心率}\times 60\% \sim \text{最大心率}\times 80\% \tag{2-19}$$

成年人靶心率的上限为最大心率的 80%，青少年靶心率的上限为最大心率的 85%。

靶心率为人们确定了在进行以健康为目的的运动时必须保持的心率的上限和下限。一旦靶心率被确定，就可以监控自己的练习强度：如果运动时心率超过自己靶心率的上限就应该降低运动强度；相反，如果运动时心率低于自己靶心率的下限就应该增加运动强度。

6. 体育锻炼的环境监控原则

1) 太阳直射对人体的影响

在体育锻炼时，强烈的阳光会对暴露在外的皮肤造成很大的伤害。紫外线可使局部皮肤毛细血管扩张充血，使表皮细胞遭到破坏，导致皮肤发红、水肿，出现红斑；过量紫外线照射还可引起光照性皮炎、眼炎、白内障、头痛、头晕、体温升高及精神异常等症状。

红外线的穿透力较强，常用于消炎，镇痛，改善局部营养，治疗运动创伤、神经痛和某些皮肤病。但是，过强的红外线照射对机体有害，它会使局部组织温度过高，甚至造成灼伤。当头部受强烈阳光照射时，红外线可使脑组织的温度上升而引起全身机能失调。因此，要尽量避免在强烈的阳光下进行体育锻炼，同时应选择在反射率低的场地进行锻炼。

2) 热环境中的体育锻炼

人体运动时，不管外界的温度如何，体内产热量都会大幅度增加，剧烈运动时的产热量比平时增加 100 倍以上。体内产生这么多热量，在高温的环境下很难在短时间内向外散发，便蓄积在体内，使体温升高，引起一系列的机能失调甚至死亡。因此，在热环境中进行体育锻炼时必须采取防暑措施，否则会有患热辐射疾病的危险。

(1) 应尽量避免在酷暑下锻炼，在热环境中锻炼时一定要及时补充水分，通过增加排汗量促进体内热量的散发。

(2) 要控制运动的强度和时间，还要穿合适的衣服，既要保护皮肤不被紫外线灼伤，又要通风透气，保证体热的散发，防止热疾病的发生。

3) 冷环境中的体育锻炼

在寒冷的环境条件下进行锻炼，可以提高人体对外界环境的适应能力和对疾病的抵抗能力。但是，冷环境可使肌肉的黏滞性增大，伸展性和弹性降低，工作能力下降，容易出现运动损伤。为了避免冷环境给运动带来不利影响，需采取相应的保护措施。

(1) 在运动前一定要做好准备活动并延长其时间，保证体温有一定程度的升高。

(2) 不要张大嘴巴呼吸，避免冷空气直接刺激喉咙而引起呼吸道感染和咳嗽等。

(3) 注意耳、手、足的保温，防止这些部位被冻伤。另外，在运动时不要穿太厚的服装，以免在运动中出汗较多，导致运动后感冒；运动后要及时穿好衣服以保持体温。

4) 湿度对体育锻炼的影响

在气温适中时，空气的湿度对人体的影响不大，而在高温或低温时，较大的湿度对人体十分不利。湿度越大，人体通过排汗蒸发热的途径就越容易受到阻碍，人体产热和散热的平衡就会被打破，机体的正常功能将受到不良的影响。在一般情况下，适宜的湿度为 40%～60%。在气温过高或过低的情况下，空气湿度越低越好；当温度高于 25℃时，空气湿度以 30%为宜。

5) 避免在空气污染的环境中进行锻炼

大气污染物的种类很多，目前引起人们注意的有 100 多种，其中对人类有较大威胁的是烟雾尘、硫化物、氧化物、氮化物、卤化物等。大气中的污染物一般通过呼吸系统进入人体，也可以通过接触(皮肤、黏膜、结膜等)危害人体。

大气中的臭氧和一氧化碳是影响体育锻炼效果的两种重要的污染物，它们可导致胸腔发闷、咳嗽、头痛、眩晕及视力下降等，有时会导致支气管哮喘。

(1) 当空气中的臭氧含量达到 0.2～0.75 $mg \cdot m^{-3}$ 时，不应再进行户外锻炼。

(2) 一氧化碳可与血液中血红蛋白结合，降低血液运输氧的能力，从而直接影响锻炼效果。汽车排放的尾气中含有大量一氧化碳，因此，应避免到车流量大的马路边散步或跑步。

(3) 出现沙尘暴、可吸入颗粒物较多或大雾天气时，也应停止户外锻炼。一般空气中度污染时就尽量不要户外运动，雾霾天气是心血管疾病患者的“健康杀手”，尤其是有呼吸道疾病和心血管疾病的老人，雾霾天最好不出门，更不宜晨练，否则可能诱发病情，甚至导致心脏病发作，危及生命。

2.6.3 运动与塑身

1. 身体质量指数及其标准

身体质量指数(body mass index，BMI)是国际上常用的衡量人体肥胖程度和是否健康的重

要标准，BMI 值是一个中立而可靠的指标

$$BMI = \frac{W}{h^2} \tag{2-20}$$

式中，W 为体重，kg；h 为身高，m。

WHO 的 BMI 标准为 18.5～25 $kg \cdot m^{-2}$，在中国一般认为成人正常的 BMI 范围是 18.5～23.9 $kg \cdot m^{-2}$(未满 18 岁的青少年不适应此数值)。BMI 分为正常值、一级危险值、二级危险值和三级危险值。一级危险值：17.5～18.5 $kg \cdot m^{-2}$ 和 25～30 $kg \cdot m^{-2}$；二级危险值：16～17.5 $kg \cdot m^{-2}$ 和 30～40 $kg \cdot m^{-2}$；三级危险值：16 $kg \cdot m^{-2}$ 以下与 40 $kg \cdot m^{-2}$ 以上。达到三级危险值患高血压、冠心病、糖尿病与肝胆疾病的概率就很高。

老年人体重过轻或消瘦会增加患骨质疏松、食管和胃肿瘤等疾病的风险，同时导致对疾病的抵抗耐受力降低、寿命缩短。因此，建议老年人的身体质量指数最好不低于 20 $kg \cdot m^{-2}$，最高不超过 26.9 $kg \cdot m^{-2}$，微胖的老人相对更健康。身体质量指数过高的老年人，应适当增加身体活动量并适当控制能量摄入，循序渐进地使体重回归到适宜范围内。老年人切忌在短时间内使体重出现大幅度变化。

2. 肥胖的危害

肥胖不仅影响工作、生活、学习和形象，而且对健康有一定的危害。WHO 已将肥胖定义为疾病，认定肥胖是目前继心脑血管病和癌症之后威胁人类健康的第三大敌人。肥胖者易患高血压、冠心病、脂肪肝、糖尿病、高血脂、痛风及胆石症等疾病。临床化验显示，绝大多数单纯性肥胖患者出现内分泌紊乱，尤其是高胰岛素血症、糖耐量实验异常、性激素水平紊乱、肾上腺皮质激素偏高等；青少年肥胖还易导致肥胖性生殖无能症。肥胖病的早期治疗对防止上述疾病的发生具有重要意义。

从心理学角度讲，肥胖的人容易出现性格孤僻。在成长过程中人通常会越来越注重自己的外表，会意识到自己过胖的体形不好看，可能产生自卑、消极、孤僻等心理，不愿与人交往，这不但不利于身心的健康发展，还会形成恶性循环，使身体越来越胖。

3. 减肥的手段

1) 合理饮食

(1) 合理选择食物。每天可以放心选择的食物有适量的新鲜蔬菜、水果及米饭、馒头、鸡蛋、低脂奶、瘦肉和植物油。这些食物中含有人体必需的营养素，可促进身体健康，是每天必须选择的食物。

(2) 限量食用。不可吃太多的食物有煎蛋、炒饭、炸鸡、糖醋排骨、汉堡、比萨饼、水果罐头等。这些食物中虽含有人体必需的营养素，但糖、油脂、盐分的含量过高，是必须限量食用的食品。平时最好少摄入的饮料和食物包括碳酸饮料、炸薯条、巧克力、奶油蛋糕等，这些主要提供热量、糖、油脂和盐分，其他需要的营养素含量则很少，只能偶尔选择。不过，上述分法重在对食物的“定性”，因此同一食物属于哪类，也是因人而异的。以花生为例，对于想减肥的人来说，因其油脂含量高，属于不可多吃的食物，但对于素食者，花生因其蛋白质含量丰富，而属于每天可以放心食用的食物。

(3) 吃饭先喝汤。这个办法对于想减肥的人来说效果不错。喝过汤后，大脑中负责管理吃饭的“饱腹中枢”就会兴奋，食欲也就随之下降，吃饭不会“狼吞虎咽”了。虽然只是一个

饮食习惯问题，但如果天天如此，无形之中食量就减少了。

(4) 晚饭要尽量少吃。如果一天饮食的总量不变，早饭和午饭吃得少，晚饭吃得最多，人就容易发胖。相反，早饭和午饭多吃一些，晚饭少吃一些，就不容易发胖。如果晚饭以蔬菜为主，喝一些汤，把原来晚饭的主食移到早饭或午饭，这样分配一日三餐，总量没有变化，效果却大不一样。

2) 适当运动

肥胖的一大原因是运动少，经常进行适量的运动能够消耗每天在体内积存下来的脂肪。实践证明，运动是消除肥胖的最有效的手段。在体育锻炼过程中，肌肉要消耗热量，这些热量主要来源于脂肪。经常进行体育锻炼，原来聚积的脂肪就逐渐减少，皮下脂肪少了，自然减肥。更有意义的是，体育锻炼能促进新陈代谢，改善和提高各器官系统的机能，使肌肉变得粗壮结实，既健康，又健美。

有助于减肥的运动项目有两类：一类是消耗体内过多脂肪的运动项目，如跑步、跳绳、游泳等；另一类是着重锻炼脂肪过多部位的项目，如大腹便便者多做腹背运动、仰卧举腿，臂部和大腿脂肪多者多做下蹲起立、踢腿运动。胖人进行减肥运动时，务必注意锻炼的科学性，切勿操之过急。体重有上升倾向的人，从现在起就要坚持锻炼，莫要“急来抱佛脚”。

4. 科学塑身的方法

体育锻炼被誉为最安全的减肥方式，但并不是所有的体育锻炼都可以达到减肥的效果，必须遵循体育技能形成规律和人体生理变化规律，在自我监督的基础上科学地进行体育锻炼，才能最终达到减肥的目的。

1) 有针对性地选择健身项目

减肥塑身应采取有氧运动和无氧运动相结合的原则。

(1) 有氧运动也称有氧代谢运动，是指身体长时间、低强度的运动，肌肉能量来自糖和脂肪，可以增强人的心肺功能，提高耐力，如步行、慢跑、游泳、骑自行车、健美操、爬楼梯及登山等，都是有氧运动。

(2) 无氧运动又称无氧代谢运动，是指身体进行短时间的大强度运动。肌肉能量来自糖原的无氧酵解，产生的乳酸堆积使人觉得肌肉酸痛。为了氧化掉这些乳酸，身体在运动后还有一段时间处于较高的新陈代谢状态。无氧运动主要是强度大、持续时间短、速度快的运动，可起到增加肌肉、减肥健美的作用，如快速短跑、举重、跳跃、投掷、拳击、引体向上、俯卧撑、仰卧起坐、举哑铃、拉拉力器等均为无氧运动。

(3) 混合型运动介于两者之间，如球类，它既有快跑又有缓和的动作。有氧运动和无氧运动并不是对立的运动，虽然这两种运动的减脂效果不同，但是为了得到最佳的运动塑身效果，应做到有氧运动和无氧运动锻炼相结合。

进行体育锻炼需选择适合的项目作为载体，虽然体育项目都存在一定的共性，即都可以在一定程度上改善身体素质，但不同的项目往往有不同的侧重点。例如，瑜伽的静力性拉伸动作比较多，对发展柔韧素质效果比较明显；而篮球运动的身体对抗较多，活动比较剧烈，比较适合年轻人等。因此，在选择运动项目时一定要依据自身的实际条件及参与体育锻炼的目标，结合各个项目的特点，选择合适自己的运动。

2) 做好准备活动

进行准备活动的目的是使身体发热，从而使肌肉的黏滞性下降，提高肌肉收缩和舒张的速度，增加肌力。在体温较高的情况下，血红蛋白和肌红蛋白会释放出更多的氧，小血管的扩张增加了肌肉的血供应，从而增加了肌肉的氧供应。肌肉温度升高还能够增加肌肉和韧带的伸展性，尤其是在冷天可以有效预防运动损伤的发生。

3) 合理安排运动量

合理安排运动量是为了既能达到锻炼的目的，又不至于对锻炼者的健康产生不良影响。运动量是否合理可以通过客观生理指标和锻炼者的主观感觉来检验判断。

(1) 客观生理指标。测量脉搏变化是最简便易行的办法。一般人安静时脉搏基本上与心率保持一致，为 60～80 次 · min^{-1}，耗氧量增加时心率相应加快。最大强度运动时能达到最大心率或极限心率。最大心率仅仅是一个理论值，在实际运动中是不允许达到最大心率的，否则会对机体造成损害。在运动中一般将心率控制在靶心率范围内，即最大心率的 60%～80%。在靶心率范围内运动，锻炼效果最明显，而且不会对身体造成伤害。

(2) 主观感觉。凭主观感觉精力是否充沛、食欲和睡眠是否良好等。锻炼后略有疲惫感是正常的，一般经过休息就可以恢复，但如果影响了食欲和睡眠，甚至导致精力涣散，则有可能是运动量过大所致，应注意参照客观生理指标对运动量进行适当调整。

4) 注意运动频率

运动频率就是通常所说的一周运动的次数。实验证明，一般的体育锻炼维持在每周三次就可以有比较明显的锻炼效果。

5) 运动持续时间的安排

运动持续时间是指完成一次体育锻炼所持续的时间。在运动强度、运动频率一定的情况下，运动持续时间越长，机体所承受的负荷越大。一般有氧运动建议运动 30 min 以上，因为 30 min 之前主要是靠糖类和肌肉供应能量，30 min 之后才开始消耗脂肪，如果要达到减肥的目的，建议应达到 40 min 以上。但运动持续时间必须结合自身的主观感觉和客观生理指标而定，运动时间太短达不到锻炼效果，运动时间太长则会对机体造成一定的损害。

6) 大强度间歇运动具有更好的减肥效果

传统观点认为：人体在进行任何形式的身体运动时都会消耗身体的能量，但短时间的运动并不能消耗身体的脂肪，只有长时间中低强度的有氧运动，才能使身体的脂肪供能，才能消耗身体多余的脂肪，达到预期的减肥目的。但最近的实验表明：中低强度长时间的有氧运动主要是在运动过程中消耗脂肪，大强度间歇运动在运动后恢复期间仍可以消耗更多的能量。因而，理论上大强度间歇运动能够使肥胖者达到更好的减肥效果。但具体哪一种锻炼方式对减肥更有效，还可能与运动个体的身体健康状况、有无潜在心血管疾病等有关。身体状况好而且无心血管系统疾病者，可以采用大强度间歇运动减肥；如果身体条件较差，应该以低强度有氧运动方式减肥。另外，中低强度有氧运动或者大强度运动结合适当力量训练可能会达到更好的减肥效果。

7) 运动后及时消除运动疲劳

进行体育锻炼后身体会产生疲劳，这是正常现象，需要积极应对才会适当地减轻身体的不适感。有效地消除运动后的疲劳包括做整理活动、进行放松活动、温水浴、营养的补充和充足的睡眠等。

整理活动是指在正式运动后所做的旨在加速机体功能恢复的身体运动。进行整理活动的目的在于使人体由紧张剧烈的运动状态平稳过渡到安静状态，从而加速疲劳的消除、促进体能的恢复。

进行放松活动主要是进行按摩，改善血液循环，促进代谢产物的排出，有利于消除运动后的肌肉疲劳。按摩应注意从轻到重，力度逐渐增大，叩打、捏揉、按压等手法要相互结合。

除此之外，还要进行适量的营养补充。因为体育锻炼时能量的消耗比平时多很多，应补充足够的食物，尤其是优质蛋白质，保证身体细胞的正常代谢，使摄入的热量与消耗掉的能量之间达到一定的平衡，从而维持机体的健康和健美。

充足的睡眠是使机体恢复的最有效手段，在睡眠过程中，大脑处于抑制状态，从而可以使器官得到有效的休息，同时抑制状态可以使许多消耗掉的物质和补充的营养进行有效的补充。另外，许多损毁的细胞、组织的修复也大多在睡眠中完成。因此，良好的睡眠对恢复体力是至关重要的。

5. 快速燃烧脂肪的运动

减肥就是减脂，运动减肥非常科学，会燃烧大量脂肪，而且不会反弹。所有运动都可消耗热量，但到底哪些运动才能燃烧脂肪呢？各种运动按照运动的激烈程度可以分成三类：低度剧烈的运动、中度剧烈的运动、高度剧烈的运动。低度剧烈的运动，如户外快走，快走的速度不至于让人太喘，而且可以维持几个小时，这种运动燃烧的大部分是脂肪。中度剧烈的运动，如标准的有氧运动，瑜伽和健美操，通常可维持 1～2 h。这种运动的能量一半来自脂肪，一半来自肝糖原。高度剧烈的运动，如拳击比赛，通常只能维持 30～60 min。高强度运动时，能量的主要来源是体内暂存的肝糖原。很显然，如果要消除脂肪，建议做一些低度剧烈到中度剧烈的运动。

研究表明，低度剧烈的运动除了直接燃烧脂肪之外，代谢效果也很好。它可以使人的血糖趋向正常值的最低值，从而降低胰岛素，使脂肪细胞更能释放脂肪酸，在休息的时候提供能量。所以低度剧烈的运动可以在运动之后继续燃烧脂肪，从而达到减肥的效果。

6. 健身塑型误区

(1) 误区一：坚持仰卧起坐和侧腰运动即可消除腰部脂肪。

仰卧起坐适于增强腹部肌肉，减少局部脂肪是不可能的，当躯体消耗脂肪时，它是从类脂库中获取的，而不是从某个特定部位得到的。通过锻炼可以起到一定的减肥效果，但对某些特定部位而言则收效甚微，因为人体天生就有一些储存脂肪的部位，如男性在两肋和腹部，女性在大腿、臀部和胳膊处。

(2) 误区二：希望自己身体内部脂肪重新进行分配。

有人不想减肥，只是希望身体中的脂肪能重新分配一下，其实体脂是不能重新分配的。如果想保持优美体形，那就必须减少脂肪，若想把脂肪变成肌肉或重新分配，是不可能的。

(3) 误区三：害怕一旦停止运动，肌肉就会变成脂肪。

肌肉是不会变成脂肪的，脂肪也不可能转变成肌肉。许多运动员之所以退役后发胖，是因为他们没有像在役时那样运动，能量消耗少了，而饮食并未相应改变，是能量过剩所致。

(4) 误区四：运动强度越大，效果越好。

在能量消耗上，运动时间比强度更重要。一个普通人不可能长时间地全速奔跑，或者高强度地踩踏板，平稳的慢跑比剧烈的短跑能消耗更多的能量。只要坚持运动就能预防肥胖。

(5) 误区五：出汗越多，减肥越快。

增加出汗只能使人加速脱水，体重似乎变轻了，但 24 h 之内又会恢复到原来的水平，这只是一个短暂的身体失水过程。在某些情况下，这种失水过程是极其危险的，因为出汗过多会造成脱水甚至中暑。

(6) 误区六：锻炼有益，多多益善。

锻炼就像吃饭喝水一样，不是多多益善，重要的是适度。尽管锻炼对身体有益，但如果做得太多太剧烈，也会适得其反。锻炼量有一定的临界点，过度锻炼会增加受损伤的风险。

综上，生命在于运动，其含义应该是，生命在于适度运动。我国古代养生学认为，在锻炼身体增进健康时，必须动静相宜，有机结合，并提出了“动过则损，静过则废”的观点。科学家通过多种形式的研究同样得出了“生命在于运动，也在于休息”的理论，即“动也养生，静也养生”。因此，健康在于适度运动，科学运动，动静平衡。

健康贴士

如何判断自己的运动量是否合适

运动次日早晨身体机能恢复达到 90% 以上，就可以放心大胆地进行与上次的强度相同的运动；如果经过严格和积极的恢复后，自觉体力恢复只能达到昨日运动前的 60%～80%，就应该相应减少运动强度或者缩短运动时间，减少的量大概相当于上次运动强度的 1/3；假如经过一整天的休息和积极恢复，但次日身体恢复的程度降低到了前日运动前的 60% 以下，就应果断停止前日的运动项目，改为休养、休闲活动甚至暂停运动一天。“磨刀不误砍柴工”，毕竟健身是为了更高水平的健康，而不是损害健康。

参考文献

陈邦进. 2013. 酸碱平衡与人体健康[J]. 化学教育, 34(3): 1-3.
陈同强. 2014. 对 HIIT 减肥新观点的探讨[J]. 当代体育科技, 4 (13): 11-12.
邓树勋. 2002. 体育与健康[M]. 广州：中山大学出版社.
何燕, 周国华, 王学求. 2008. 从微量元素与人体健康关系得到的启示[J]. 物探与化探, 32(1): 70-74.
江元汝. 2009. 化学与健康[M]. 北京：科学出版社.
李相如, 凌平, 卢锋. 2016. 休闲体育概论[M]. 北京：高等教育出版社.
李颖. 2013. 人体内的化学元素与人体健康[J]. 课程教育研究, (23): 167.
楼鸣虹. 2013. 常量元素大家庭[J]. 中国药店, (10): 66-67.
唐志华. 2001. 生命元素图谱与化学元素周期表[J]. 广东微量元素科学, 8(2): 1-5.
王文清. 2013. 宇宙·地球·生命：化学家眼里的生命[M]. 长沙：湖南教育出版社.
于文广, 李海荣. 2013. 化学与生命[M]. 北京：高等教育出版社.
袁晓艳. 2013. 浅谈配位反应在化学和生物中的应用[J]. 生物技术世界, (1): 160.
张勇. 2010. 14 种微量元素与人体健康[J]. 化学教与学, (6): 79-81.

第 3 章

饮食化学与健康

健康是人类发展的永恒主题，国发〔2019〕13 号文《国务院关于实施健康中国行动的意见》从三方面明确了 15 个专项行动：一是从健康知识普及、合理膳食、全民健身、控烟、心理健康、健康环境等方面综合施策，全方位干预健康影响因素；二是关注妇幼、中小学生、劳动者、老年人等重点人群，维护全生命周期健康；三是针对心脑血管疾病、癌症、慢性呼吸系统疾病、糖尿病四类慢性病，以及传染病和地方病，加强重大疾病防控。其目的在于通过政府、社会、家庭、个人的共同努力，使群众不生病、少生病，提高生活质量。

3.1 话说健康

人民健康是民族昌盛和国家富强的重要标志。中共中央、国务院发布了《“健康中国 2030”规划纲要》，提出了健康中国建设的目标和任务。党的十九大作出实施健康中国战略的重大决策部署，强调坚持预防为主，倡导健康文明生活方式，预防控制重大疾病。

3.1.1 健康的定义和标准

2000 年 WHO 阐述健康的概念是在躯体健康、心理健康、社会适应良好、道德健康和生殖健康五个方面健全。因此，健康是指一个人在身体、精神和社会等方面都处于良好的状态，而不仅仅是指无疾病或不虚弱。

一般意义上讲，健康包括两个方面的内容：一是主要脏器无疾病，身体形态发育良好，身材均匀，人体各系统具有良好的生理功能，有较强的身体活动能力和劳动能力，这是对健康最基本的要求；二是对疾病的抵抗能力较强，能够适应环境变化、各种生理刺激及致病因素对身体的作用。传统的健康观是无病即健康，现代人的健康观是整体健康。

健康的含义是多元的、广泛的，其中社会适应性归根结底取决于生理和心理的素质状况。心理健康是身体健康的精神支柱，身体健康又是心理健康的物质基础。良好的情绪状态可以使生理功能处于最佳状态，反之则会降低或破坏某种生理功能而引起疾病。身体状况的改变可能带来相应的心理问题，生理上的缺陷和疾病，特别是痼疾，往往会使人产生烦恼、焦躁、忧虑、抑郁等不良情绪，导致各种不正常的心理状态，身体健康和心理健康是紧密依存的两个方面。

目前全世界公认健康的标志有 13 个方面，如果背离了这些健康标志，就可能意味着某种疾病的征兆。

(1) 富有进取心。

(2) 性格开朗，充满活力。

(3) 正常的身高与体重。

(4) 保持正常的体温、脉搏和呼吸(体温 37℃；脉搏 72 次 · min^{-1}。呼吸率因年龄而变化，婴儿 45 次 · min^{-1}，4～7 岁 25 次 · min^{-1}，15～25 岁 18 次 · min^{-1}，年龄稍大会有所增加) 。

(5) 食欲旺盛。

(6) 明亮的眼睛和粉红的眼膜。

(7) 不易得病，对流行病有足够的耐受力。

(8) 正常的大小便。

(9) 淡红色的舌头，无厚的舌苔。

(10) 健康的牙龈和口腔黏膜。

(11) 皮肤光滑柔韧而富有弹性，肤色健康。

(12) 光滑带光泽的头发。

(13) 指甲坚固而带微红色。

身体质量指数(BMI)是国际上常用的衡量人体肥胖程度和是否健康的重要标准，BMI 值是一个中立而可靠的指标(详见 2.6 节)。

3.1.2　亚健康

亚健康是指健康的透支状态，即身体确有种种不适，表现为易疲劳，体力、适应力和应变力衰退，但又没有发现器质性病变的状态。

亚健康也称第三状态或灰色状态，是近年来由医学界提出的新概念。现代医学根据人的健康情况，把健康人称为“第一种人”，把患病者称为“第二种人”，把处于健康与疾病之间的人称为“第三种人”。

目前我国城市的白领亚健康比例高达 70%，处于过劳状态的白领接近六成，我国亚健康人群发生率为 45%～70%。亚健康已经被医学界认为是与艾滋病并列的 21 世纪人类健康的头号大敌。

造成亚健康的原因主要有四个方面：身体过度疲劳，处于超负荷状态；各种急慢性疾病的产生；人体生物钟的低潮时期；人体自然衰老和身体器官的老化。

处于亚健康状态的人虽然没有明确的疾病，却出现精神活力和适应能力的下降，如果这种状态不能得到及时的纠正，容易引起身心疾病。亚健康状态是很多疾病的前期征兆，如肝炎、心脑血管疾病、代谢性疾病等。亚健康人群普遍存在五高一低：①高负荷(心理和体力)；②高血压；③高血脂；④高血糖；⑤高体重；⑥免疫功能低下。

WHO 制定了一个由 30 个项目组成的指标，认为只要符合其中 6 项以上，就可以初步认定为亚健康状态。这 30 个项目是：①精神紧张，焦虑不安；②孤独自卑，忧郁苦闷；③心悸心慌，心律不齐；④耳鸣耳背，易晕车船；⑤记忆减退，熟人忘名；⑥兴趣变淡，欲望骤减；⑦懒于交往，情绪低落；⑧易感乏力，眼易疲倦；⑨精力下降，动作迟缓；⑩头昏脑涨，不易复原；⑪体重减轻，体虚力弱；⑫不易入眠，多梦易醒；⑬晨不愿起，昼常打盹；⑭局部麻木，手脚易冷；⑮掌腋多汗，舌燥口干；⑯自感低烧，夜有盗汗；⑰腰酸背痛，此起彼伏；⑱舌生白苔，口臭自生；⑲口舌溃疡，反复发生；⑳味觉不灵，食欲不振；㉑返酸嗳气，消化不良；㉒便稀便秘，腹部饱胀；㉓易患感冒，唇起疱疹；㉔鼻塞流涕，咽喉肿痛；㉕憋气气急，呼吸紧迫；㉖胸痛胸闷，心区压感；㉗久站头昏，眼花目眩；㉘肢体酥软，力不从心；

㉙注意力分散，思考肤浅；㉚容易激动，无事自烦。

3.1.3 影响人体健康的因素

WHO 认为影响健康的基本因素是：父母遗传占 15%，环境因素占 17%，个人生活方式占 60%，医疗条件占 8%。其中父母遗传及环境因素属个人不可控因素，而医疗及个人生活方式属可控因素，共占 68%。WHO 提出并向全世界推广健康的生活方式，它的基本原则是：不吸烟、少饮酒、平衡膳食、注意锻炼等。

1. 个人生活方式

个人生活方式是影响健康的“第一关”。所谓生活方式，是指人们在日常生活中所遵循的各种行为习惯，包括饮食习惯、起居习惯、日常生活安排、娱乐方式及参与社会活动等。要养成健康的生活方式，必须从日常的膳食、运动、心理等方面来共同努力。据 WHO 2002 年估计，全球 1/3 以上的死亡可归因于吸烟、酗酒、不健康饮食等 10 种不健康行为，生活方式病占总疾病的 70% 左右。不健康的行为和生活方式已成为人类健康的最大“杀手”。

人们经过多年总结和分析，认为以下 10 个方面属于危险的生活方式：

(1) 极度缺乏体育锻炼。极易造成疲劳、昏眩等现象，引发肥胖和心脑血管等疾病。

(2) 有病不求医。不理会“小毛小病”，或者随便吃点药扛过去，常常导致疾病被拖延，错过了最佳治疗时机，一些疾病被药物表面缓解作用掩盖而延误成大病。

(3) 不参加体检。不能及时了解自身健康状况和危险因素，而延误了最佳预防治疗时机。

(4) 不吃早餐。不吃早餐可导致消化系统和代谢性疾病。

(5) 缺少交流。在缺乏交流、疏导和宣泄的情况下，人的精神压力会与日俱增。

(6) 长时间处在空调环境中。调查显示，常年处在空调房中的“温室人”，自身机体调节和抗病能力明显下降。

(7) 久坐不动。长时间坐着不利于血液循环，会引发很多代谢性和血管性疾病；坐姿长久固定，也可引发颈、腰椎病。

(8) 不能保证睡眠时间。睡眠不足是导致疾病的重要原因。

(9) 面对计算机过久。过度使用和依赖计算机，除了辐射会导致眼病和颈、腰椎病，精神心理性疾病的发生率也增高。

(10) 饮食无规律。不能保证三餐定时适量，常常导致心脑血管和代谢性疾病。

2. 遗传因素

人的身体是由分子、细胞、组织、器官等系统构成的。婴儿从发育到成人这一生长过程中，时时刻刻都在进行着新陈代谢、防御侵袭、免疫反应、修复愈合等活动。在这个过程中，影响人体生长发育最重要的因素就是遗传。基因是决定一个物种的所有生命现象最基本的因子，基因是人体细胞核内的 DNA 链上的一个功能片断，基因的排序决定人类遗传变异特性，通俗地说，基因决定了人的生命状态和生存状态，相貌、体型、疾病无一不与基因有关，人的生、老、病、死也是受基因控制的。例如，父亲和母亲均有高血压，子女患高血压的概率为 45%；仅单亲患，子女患高血压的概率则为 28%；双亲均正常，子女患高血压的概率仅为 3.5%。

3. 心理因素

现代医学和心理学研究表明，疾病的产生、症状、类型、发展及病程长短、转归和预后很多都是由心理、社会的紧张刺激因素所引起的行为和情绪方面的变化导致的。由心理因素产生的行为情绪变化能够使神经系统、内分泌系统、生殖系统及骨骼肌肉系统发生生理性变化，最终导致疾病的产生。患病后的心理状况还可以持续影响病情，是走向好转还是恶化，都与心理状态有很大的关系。

现代医学有一个名词是“心身性疾病”，指的是心理因素导致的身体健康的失调，高达临床常见疾病的 80%～90%。例如，有的学生一到考试就头疼，一放假就好了，这都是心身性疾病。

4. 社会因素

社会因素有两个方面，即自然环境(主要指次生环境)和社会环境。自然环境又称为物质环境，包括未受人类影响的、天然形成的地理环境，即原生环境。受人类影响而形成的生产和生活环境称为次生环境。社会环境又称为非物质环境，是社会因素的主要方面，它包括一系列与社会生产力、生产关系有密切联系的因素，即以生产力发展水平为基础的经济状况、社会保障、人口、科学知识等，以及以生产关系为基础的政治、文化、社会关系、卫生保健等。社会因素所包括的内容非常广泛，涉及人类生活的各个环节。

古代的人寿命一般不长，主要影响因素有：医疗条件差、生活条件困难、战争和瘟疫等。现在随着人们生活水平的提高，医疗保健水平的改善，加上人们自身的保健意识增强，人的寿命越来越长。

经济发展状况成为影响寿命长短的重要因素。在经济发达的国家和地区，更多的人死于心脑血管疾病、糖尿病、癌症等慢性病，并且这些病症的患者有逐渐年轻化的趋势。在发展中国家，由于生活水平的不断提高，“文明病”如高血脂、高血压和糖尿病等开始袭击人类。在欠发达国家和地区，由于经济的不发达，不安全性行为、被污染的水源和卫生设施、室内污染等，导致各种疾病如营养不良、传染病、艾滋病等大量发生。

目前我国面临多重疾病威胁并存、多种健康影响因素交织的复杂局面，既面对着发达国家面临的卫生与健康问题，也面对着发展中国家面临的卫生与健康问题。新中国成立后特别是改革开放以来，我国卫生健康事业获得了长足发展，居民主要健康指标总体优于中高收入国家平均水平。随着工业化、城镇化、人口老龄化进程加快，我国居民生产生活方式和疾病谱不断发生变化。心脑血管疾病、癌症、慢性呼吸系统疾病、糖尿病等慢性非传染性疾病导致的死亡人数占总死亡人数的 88%，导致的疾病负担占疾病总负担的 70%以上。居民健康知识知晓率偏低，吸烟、过量饮酒、缺乏锻炼、不合理膳食等不健康生活方式比较普遍，由此引起的疾病问题日益突出。肝炎、结核病、艾滋病等重大传染病防控形势仍然严峻，精神卫生、职业健康、地方病等方面问题不容忽视。

3.1.4 人类自身的健康管理

1. 健康管理的重要性

健康管理就是古人所谓的养生。养，即调养、保养、补养之意；生，即生命、生存、生长之意。现代意义的养生指的是根据人的生命过程规律主动进行物质与精神的身心养护活动，包括保养、涵养和滋养。保养是指遵循生命法则，通过适度运动，加之外在护理等手段，让身体机能及外在皮肤得以休养生息，恢复应有机能，这是养生的第一层面；涵养是指开阔视野、通达心胸、广闻博见，通过对自身道德和素质的修炼和提升，让身心得到一种静养与修为，从而达到修心修神的目的；滋养是指通过适时适地适人，遵循天地四时之规律，调配合宜食疗，以滋养调理周身，达到治未病而延年的目的。实质上，养生就是保养五脏，使生命得以绵长。健康是金，没有健康，我们所拥有的和正在创造即将拥有的一切将统统为零。

2. 把健康掌握在自己手中

健康商数(health quotient，HQ)作为最新的健康文化和全新的健康理念，是由国际著名健康专家、美国哈佛大学医学博士谢华真首先提出并运用的，是一个建立在最新医学成果和健康知识基础之上的全面的、全新的、有科学依据的健康观念，它反映了一个人的健康才智，代表着一个人的健康层面及其对健康的全新态度。

HQ 代表一个人的健康智慧及其对健康的态度。HQ 从宏观上来说是指一个人已具备和应具备的健康意识、健康知识和健康能力，这三个方面缺一不可。健康商数理念认为，一个人的情感、心理状态及生存环境和生活方式，都可以对健康产生直接影响。健康商数强调健康思想，描绘健康蓝图。首先要确立自己的健康指数，然后决定一个合适的方案，最后制定能显著地改善生活和健康的实施计划。一旦了解了自己的健康商数，知道怎样利用它，就掌握了健康长寿的秘诀，更重要的是，不管年龄多大、身体状况如何，生命质量都将大大提高。

3. 健康的三个里程碑和四大基石

1) 健康的三个里程碑

1992 年世界卫生组织发表的《维多利亚宣言》中提出健康的三个里程碑，即平衡饮食、有氧运动和心理状态。

2) 健康的四大基石

1992 年世界医学大会《维多利亚宣言》提出健康四大基石：合理膳食，适当运动，戒烟限酒，心理平衡。

(1) 合理膳食。只有选择科学的饮食方式，才能吃出健康。

(2) 适当运动。生命在于运动，经常参加体育锻炼者，其心肺功能会比较健康，肌肉比较发达。

(3) 戒烟限酒。吸烟时会产生数百种致癌和有害物质，严重损害健康。适量饮酒可以促进血液循环，但过量饮酒会对健康产生不良影响。特别是酗酒，严重影响健康。

(4) 心理平衡。身心健康才是真正的健康，因为疾病在很大程度上受到心理因素的影响。大量医学研究表明，心理健康的人抵抗力强、生病少，即使生病也会很快康复。人的痛苦与烦恼主要来自两方面：身病与心病。身病可以通过药物进行治疗，心病在很大程度上需要自我缓解。

3.1.5 健康中国行动

《国务院关于实施健康中国行动的意见》旨在加快推动从以治病为中心转变为以人民健康为中心，动员全社会落实预防为主方针，实施健康中国行动，提高全民健康水平。

《国务院关于实施健康中国行动的意见》中，明确强调了实施健康中国行动的基本原则包括四个方面：①普及知识、提升素养。把提升健康素养作为增进全民健康的前提，根据不同人群特点有针对性地加强健康教育与促进，让健康知识、行为和技能成为全民普遍具备的素质和能力，实现健康素养人人有。②自主自律、健康生活。倡导每个人是自己健康第一责任人的理念，激发居民热爱健康、追求健康的热情，养成符合自身和家庭特点的健康生活方式，合理膳食、科学运动、戒烟限酒、心理平衡，实现健康生活少生病。③早期干预、完善服务。对主要健康问题及影响因素尽早采取有效干预措施，完善防治策略，推动健康服务供给侧结构性改革，提供系统连续的预防、治疗、康复、健康促进一体化服务，加强医疗保障政策与健康服务的衔接，实现早诊早治早康复。④全民参与、共建共享。强化跨部门协作，鼓励和引导单位、社区(村)、家庭和个人行动起来，形成政府积极主导、社会广泛动员、人人尽责尽力的良好局面，实现健康中国行动齐参与。

实施健康中国行动的总体目标：到 2022 年，健康促进政策体系基本建立，全民健康素养水平稳步提高，健康生活方式加快推广，重大慢性病发病率上升趋势得到遏制，重点传染病、严重精神障碍、地方病、职业病得到有效防控，致残和死亡风险逐步降低，重点人群健康状况显著改善。到 2030 年，全民健康素养水平大幅提升，健康生活方式基本普及，居民主要健康影响因素得到有效控制，因重大慢性病导致的过早死亡率明显降低，人均健康预期寿命得到较大提高，居民主要健康指标水平进入高收入国家行列，健康公平基本实现。

健康中国行动的主要任务包括三个方面：

1. 全方位干预健康影响因素

1) 实施健康知识普及行动

维护健康需要掌握健康知识。面向家庭和个人普及预防疾病、早期发现、紧急救援、及时就医、合理用药等维护健康的知识与技能。建立并完善健康科普专家库和资源库，构建健康科普知识发布和传播机制。强化医疗卫生机构和医务人员开展健康促进与教育的激励约束。鼓励各级电台电视台和其他媒体开办优质健康科普节目。到 2022 年和 2030 年，全国居民健康素养水平分别不低于 22%和 30%。

2) 实施合理膳食行动

合理膳食是健康的基础。针对一般人群、特定人群和家庭，聚焦食堂、餐厅等场所，加强营养和膳食指导。鼓励全社会参与减盐、减油、减糖，研究完善盐、油、糖包装标准。修订预包装食品营养标签通则，推进食品营养标准体系建设。实施贫困地区重点人群营养干预。到 2022 年和 2030 年，成人肥胖增长率持续减缓，5 岁以下儿童生长迟缓率分别低于 7%和 5%。

3) 实施全民健身行动

生命在于运动，运动需要科学。为不同人群提供针对性的运动健身方案或运动指导服务，努力打造百姓身边健身组织和“15 分钟健身圈”，推进公共体育设施免费或低收费开放。推动形成体医结合的疾病管理和健康服务模式。把高校学生体质健康状况纳入对高校的考核评价。到 2022 年和 2030 年，城乡居民达到《国民体质测定标准》合格以上的人数比例分别不少于 90.86%和 92.17%，经常参加体育锻炼人数比例达到 37%及以上和 40%及以上。

4) 实施控烟行动

吸烟严重危害人民健康。推动个人和家庭充分了解吸烟和二手烟暴露的严重危害，鼓励领导干部、医务人员和教师发挥控烟引领作用，把各级党政机关建设成无烟机关。研究利用税收、价格调节等综合手段，提高控烟成效。完善卷烟包装烟草危害警示内容和形式。到 2022 年和 2030 年，全面无烟法规保护的人口比例分别达到 30%及以上和 80%及以上。

5) 实施心理健康促进行动

心理健康是健康的重要组成部分。通过心理健康教育、咨询、治疗、危机干预等方式，引导公众科学缓解压力，正确认识和应对常见精神障碍及心理行为问题。健全社会心理服务网络，加强心理健康人才培养。建立精神卫生综合管理机制，完善精神障碍社区康复服务。到 2022 年和 2030 年，居民心理健康素养水平提升到 20%和 30%，心理相关疾病发生的上升趋势减缓。

6) 实施健康环境促进行动

良好的环境是健康的保障。向公众、家庭、单位(企业)普及环境与健康相关的防护和应对知识。推进大气、水、土壤污染防治。推进健康城市、健康村镇建设。建立环境与健康的调查、监测和风险评估制度。采取有效措施预防控制环境污染相关疾病、道路交通伤害、消费品质量安全事故等。到 2022 年和 2030 年，居民饮用水水质达标情况明显改善，并持续改善。

2. 维护全生命周期健康

1) 实施妇幼健康促进行动

孕产期和婴幼儿时期是生命的起点。针对婚前、孕前、孕期、儿童等阶段特点，积极引导家庭科学孕育和养育健康新生命，健全出生缺陷防治体系。加强儿童早期发展服务，完善婴幼儿照护服务和残疾儿童康复救助制度。促进生殖健康，推进农村妇女宫颈癌和乳腺癌检查。到 2022 年和 2030 年，婴儿死亡率分别控制在 7.5‰及以下和 5‰及以下，孕产妇死亡率分别下降到 18/10 万及以下和 12/10 万及以下。

2) 实施中小学健康促进行动

中小学生处于成长发育的关键阶段。动员家庭、学校和社会共同维护中小学生身心健康。引导学生从小养成健康生活习惯，锻炼健康体魄，预防近视、肥胖等疾病。中小学校按规定开齐开足体育与健康课程。把学生体质健康状况纳入对学校的绩效考核，结合学生年龄特点，以多种方式对学生健康知识进行考试考查，将体育纳入高中学业水平测试。到 2022 年和 2030 年，国家学生体质健康标准达标优良率分别达到 50%及以上和 60%及以上，全国儿童青少年总体近视率力争每年降低 0.5 个百分点以上，新发近视率明显下降。

3) 实施职业健康保护行动

劳动者依法享有职业健康保护的权利。针对不同职业人群，倡导健康工作方式，落实用人单位主体责任和政府监管责任，预防和控制职业病危害。完善职业病防治法规标准体系。鼓励用人单位开展职工健康管理。加强尘肺病等职业病救治保障。到 2022 年和 2030 年，接尘工龄不足 5 年的劳动者新发尘肺病报告例数占年度报告总例数的比例实现明显下降，并持续下降。

4) 实施老年健康促进行动

老年人健康快乐是社会文明进步的重要标志。面向老年人普及膳食营养、体育锻炼、定期体检、健康管理、心理健康及合理用药等知识。健全老年健康服务体系，完善居家和社区养老政策，推进医养结合，探索长期护理保险制度，打造老年宜居环境，实现健康老龄化。到 2022 年和 2030 年，65 至 74 岁老年人失能发生率有所下降，65 岁及以上人群老年期痴呆患病率增速下降。

3. 防控重大疾病

1) 实施心脑血管疾病防治行动

心脑血管疾病是我国居民第一位死亡原因。引导居民学习掌握心肺复苏等自救互救知识技能。对高危人群和患者开展生活方式指导。全面落实 35 岁以上人群首诊测血压制度，加强高血压、高血糖、血脂异常的规范管理。提高院前急救、静脉溶栓、动脉取栓等应急处置能力。到 2022 年和 2030 年，心脑血管疾病死亡率分别下降到 209.7/10 万及以下和 190.7/10 万及以下。

2) 实施癌症防治行动

癌症严重影响人民健康。倡导积极预防癌症，推进早筛查、早诊断、早治疗，降低癌症发病率和死亡率，提高患者生存质量。有序扩大癌症筛查范围。推广应用常见癌症诊疗规范。提升中西部地区及基层癌症诊疗能力。加强癌症防治科技攻关。加快临床急需药物审评审批。到 2022 年和 2030 年，总体癌症 5 年生存率分别不低于 43.3%和 46.6%。

3) 实施慢性呼吸系统疾病防治行动

慢性呼吸系统疾病严重影响患者生活质量。引导重点人群早期发现疾病，控制危险因素，预防疾病发生发展。探索高危人群首诊测量肺功能、40 岁及以上人群体检检测肺功能。加强慢阻肺患者健康管理，提高基层医疗卫生机构肺功能检查能力。到 2022 年和 2030 年，70 岁及以下人群慢性呼吸系统疾病死亡率下降到 9/10 万及以下和 8.1/10 万及以下。

4) 实施糖尿病防治行动

我国是糖尿病患病率增长最快的国家之一。提示居民关注血糖水平，引导糖尿病前期人群科学降低发病风险，指导糖尿病患者加强健康管理，延迟或预防糖尿病的发生发展。加强对糖尿病患者和高危人群的健康管理，促进基层糖尿病及并发症筛查标准化和诊疗规范化。到 2022 年和 2030 年，糖尿病患者规范管理率分别达到 60%及以上和 70%及以上。

5) 实施传染病及地方病防控行动

传染病和地方病是重大公共卫生问题。引导居民提高自我防范意识，讲究个人卫生，预防疾病。充分认识疫苗对预防疾病的重要作用。倡导高危人群在流感流行季节前接种流感疫苗。加强艾滋病、病毒性肝炎、结核病等重大传染病防控，努力控制和降低传染病流行水平。强化寄生虫病、饮水型燃煤型氟砷中毒、大骨节病、氟骨症等地方病防治，控制和消除重点地方病。到 2022 年和 2030 年，以乡(镇、街道)为单位，适龄儿童免疫规划疫苗接种率保持在 90%以上。

人民健康是民族昌盛和国家富强的重要标志，预防是最经济最有效的健康策略。要建立健全健康教育体系，普及健康知识，引导群众建立正确健康观，加强早期干预，形成有利于健康的生活方式、生态环境和社会环境，延长健康寿命，为全方位全周期保障人民健康、建设健康中国奠定坚实基础。

4. 健康中国行动 50 条主要指标

怎样才能做一个健康的中国人？根据健康中国行动推进委员会在 2019 年 7 月 9 号发布的《健康中国行动(2019—2030 年)》，挑选出了 50 条简单易记的主要指标。

1) 注重健康膳食

(1) 人均每日食盐摄入量不高于 5 g。

(2) 成人人均每日食用油摄入量不高于 25～30 g。

(3) 人均每日添加糖摄入量不高于 25 g。

(4) 蔬菜和水果每日摄入量不低于 500 g。

(5) 每日摄入食物种类不少于 12 种，每周不少于 25 种。

(6) 成年人维持健康体重，将体重指数(BMI)控制在 18.5～24 $kg \cdot m^{-2}$。

(7) 成人男性腰围小于 85 cm，女性小于 80 cm。

(8) 足量饮水，成年人一般每天 7～8 杯(1500～1700 mL)。

(9) 进食有规律，不要漏餐，不暴饮暴食，七八分饱即可。

(10) 早晚刷牙、饭后漱口，采用正确的刷牙方法，每次刷牙不少于 2 min。

2) 养成运动习惯

(11) 鼓励每周进行 3 次以上、每次 30 min 以上中等强度运动，或者累计 150 min 中等强度或 75 min 高强度身体活动。

(12) 达到每天 6000～10000 步的身体活动量。

(13) 中小学生每天累计至少 1 h 中等强度及以上的运动。

3) 关注睡眠及心理健康

(14) 小学生每天睡眠 10 h，初中生 9 h，高中生 8 h，成人每日平均睡眠时间为 7～8 h。

(15) 出现睡眠不足及时设法弥补，出现睡眠问题及时就医。

(16) 保持积极健康的情绪，避免持续消极情绪对身体健康造成伤害。

(17) 学习并运用健康的减压方式，避免使用吸烟、饮酒、沉迷网络或游戏等不健康的减压方式。

(18) 建立良好的人际关系，积极寻求人际支持，适当倾诉与求助。

(19) 出现心理行为问题要及时求助。

(20) 当与家庭成员发生矛盾时，不采用过激的言语或伤害行为，不冷漠回避，而是要积极沟通加以解决。

4) 注意用眼卫生

(21) 中小学生保持正确读写姿势。

(22) 中小学生读写连续用眼时间不宜超过 40 min。

(23) 中小学生非学习目的的电子屏幕产品使用单次不宜超过 15 min，每天累计不宜超过 1 h。

(24) 长时间使用电脑的，工作时电脑的仰角应与使用者的视线相对，不宜过分低头或抬头，建议每隔 1～2 h 休息一段时间，向远处眺望，活动腰部和颈部，做眼保健操和工间操。

5) 远离不良习惯

(25) 不吸烟者不去尝试吸烟。吸烟者尽可能戒烟，戒烟越早越好，什么时候都不晚。

(26) 远离不安全性行为。

(27) 不以任何理由尝试毒品。

6) 关爱身体健康

(28) 参加定期体检。经常监测呼吸、脉搏、血压、大小便情况，发现异常情况及时做好记录，必要时就诊。

(29) 18 岁及以上成人定期自我监测血压，关注血压变化，控制高血压危险因素。

(30) 40 岁以下血脂正常人群，每 2～5 年检测 1 次血脂；40 岁及以上人群至少每年检测 1 次血脂。心脑血管疾病高危人群每 6 个月检测 1 次血脂。

(31) 定期防癌体检。

(32) 注意预防感冒。慢性呼吸系统疾病患者和老年人等高危人群主动接种流感疫苗和肺炎球菌疫苗。

(33) 健康人 40 岁开始每年检测 1 次空腹血糖。

(34) 主动了解艾滋病、乙肝、丙肝的危害、防治知识和相关政策。

(35) 被犬、猫抓伤或咬伤后，应当立即冲洗伤口，并在医生的指导下尽快注射抗狂犬病免疫球蛋白(或血清)和人用狂犬病疫苗。

7) 了解母婴知识

(36) 积极参加婚前、孕前健康检查。

(37) 定期产检，保障母婴安全。

(38) 尽量纯母乳喂养 6 个月。

(39) 注意经期卫生，熟悉生殖道感染、乳腺疾病和宫颈癌等妇女常见疾病的症状和预防知识。

(40) 掌握避孕方法知情选择，知晓各种避孕方法，了解自己使用的避孕方法的注意事项。

8) 掌握健康急救常识

(41) 积极参加逃生与急救培训，学会基本逃生技能与急救技能。

(42) 遵医嘱治疗，不轻信偏方，不相信“神医神药”。

(43) 配备家用急救包(含急救药品、急救设备和急救耗材等)。

(44) 及时、主动开展家庭环境卫生清理，做到家庭卫生整洁，光线充足、通风良好、厕所卫生。

(45) 适度使用空调，冬季设置温度不高于 20℃，夏季设置温度不低于 26℃。

(46) 新装修的房间定期通风换气，降低装饰装修材料造成的室内空气污染。

(47) 烹饪过程中提倡使用排气扇、抽油烟机等设备。

(48) 重污染天气时，建议尽量减少户外停留时间，易感人群停止户外活动。

(49) 不疲劳驾驶、超速行驶、酒后驾驶，具备一定的应急处理能力。

(50) 选择管理规范的游泳场所，不提倡在天然水域游泳，下雨时不宜在室外游泳。

知识拓展：根据健康中国行动 50 条主要指标自测

根据以上健康中国行动 50 条主要指标，设定每一条为 2 分，满分为 100 分，同学们可以自己进行测试，看看能得多少分。建议不及格的同学赶紧收藏对照改正。

健康贴士

积累健康

(1) 透支健康如同自毁堤坝。

(2) 健康需要积累，如同知识和财富需要积累。

(3) 积累健康是一笔无形的投资，自己受益，家庭受益。

(4) 没有健康，就没有小康。

(5) 健康需要预防。

3.2 食品的营养与健康

食物是人类赖以生存的物质基础。食物是指能被食用并经消化吸收后给机体提供营养成分、供给生命活动所需能量或调节生理机能的化学物质。换言之，食物就是含有各种营养成分和能量的物料，人类通过摄取食物来获得各种营养素，以维持生命活动。经过加工的食物称为食品。

3.2.1 食品的定义与组成

《食品工业基本术语》将食品定义为：可供人类食用或饮用的物质，包括加工食品、半成品和未加工食品，不包括烟草或只作药品用的物质。

《食品卫生法》中食品的含义是：指各种供人食用或者饮用的成品和原料以及按照传统既是食品又是药品的物品，但是不包括以治疗为目的的物品。

食品与化学密不可分。食品中大部分的成分来源于天然的原材料，属于天然成分，但在食物的加工储藏和运输过程中会加入一些非天然的物质，属人为添加的非天然成分。天然成分包括无机成分如水和矿物质，有机成分如蛋白质、碳水化合物、脂类、维生素、纤维素、激素、色素和香味物质等。非天然成分包括人为添加的食品添加剂及一些化学物质。

食物无论如何美味可口，究其本质都是各种营养素的组合。

3.2.2 营养素概述

1. 营养素概念

人体为了维持正常的生命活动和劳动必须不断摄取食物和水分，食物和水中含有人体所必需的各种有机物和无机物，这些对人体有益的物质称为营养素。营养素又称为养分，是指食物中可为人体提供能量、机体构成成分、修复组织和生理调节功能的化学物质。

2. 营养素的分类

营养素是蕴含在各类食物中，能促进人体生长发育，维持生理功能。它由六大成员组成，分别是：蛋白质、脂类、碳水化合物、矿物质、维生素和水。现在人们把碳水化合物中不被人体消化吸收的膳食纤维称为第七营养素。

在人的正常生长过程中，纤维素既不提供能量又不参与生理过程，它的作用却是上述六大营养素不可替代的，被称为“没有营养的营养素”。因此，通常称人体有七大营养素。

3. 营养素的主要生理功能

营养素的基本功能是营养功能和生理调节功能，营养素对人体具有如下作用。

(1) 作为能源物质，提供人体从事劳动所需的能量，如碳水化合物、脂肪和蛋白质在体内产生热量，为产热营养素。

(2) 作为人体结构的物质，供给身体生长、发育和修补组织所需要的原料。

(3) 生理调节功能。维生素、矿物质、蛋白质和水都具有各自不同的调节生理活动的作用。

3.2.3　人体的七大营养素

1. 蛋白质

1) 蛋白质及其组成

蛋白质是天然高分子化合物，是机体细胞的重要组成部分，是机体组织更新和修补的主要原料。生命的产生、存在和消亡都与蛋白质有关，可以说没有蛋白质就没有生命。

蛋白质是由 20 多种氨基酸构成的。氨基酸是含有氨基和羧基的一类有机化合物，氨基连在α-碳上的称为α-氨基酸。组成蛋白质的氨基酸(天然氨基酸)都是α-氨基酸。氨基酸组成的数量和排列顺序不同，使人体蛋白质多达 10 万种以上。它们的结构、功能千差万别，造成了生命的多样性和复杂性。

氨基酸按照对机体的作用可分为必需氨基酸和非必需氨基酸两种。必需氨基酸是指人(或其他脊椎动物)自身不能合成，需要从食物中获得的氨基酸，共有 8 种：缬氨酸、亮氨酸、异亮氨酸、苯丙氨酸、蛋氨酸、色氨酸、苏氨酸、赖氨酸。非必需氨基酸并不是人体不需要的氨基酸，而是指人(或其他脊椎动物)自身能由简单的前体合成，或者由其他的氨基酸转变而来，不需要从食物中获得的氨基酸。

2) 蛋白质的主要生理功能

(1) 人体组织的构成成分。人和动物体内最重要的组成成分就是蛋白质，人体的每种组织，毛发、皮肤、肌肉、骨骼、内脏、大脑、血液、神经、内分泌等都主要由蛋白质组成。

(2) 修补人体组织。人的身体是由无数个细胞组成，它们处于永不停息的衰老、死亡、新生的新陈代谢过程中，生命活动的基本特征就是蛋白质的不断自我更新。

(3) 维持人体正常的生理活动。蛋白质几乎参与了人体内的每一项正常生理活动，血红蛋白输送氧气，排出二氧化碳。蛋白质构成酶、抗体和某些激素，参与人体的新陈代谢，维持人体的正常生理功能，防止外界细菌病毒的侵害。蛋白质可使机体对外界某些有害因素保持高度的抵抗力，能够保护机体免受细菌和病毒的侵害。

(4) 提供能量。当糖和脂肪不足时，蛋白质能向机体提供能量，大约占总热能的 14%。

蛋白质广泛存在于动植物性食品中，植物性蛋白质以大豆含量为最高，其次是小麦、小米、玉米、高粱、大米等，动物性蛋白质则以鸡肉含量最高。常见食物中蛋白质含量见表 3-1。

表 3-1　常见食物中的蛋白质含量

食物	蛋白质含量/%	食物	蛋白质含量/%
猪肉	13～19	玉米	8～9
牛肉	16～22	高粱	7～9
羊肉	14～18	小米	9～10
鸡肉	21～24	大豆	36～38
鲤鱼	17～18	豆腐	4～7
鸡蛋	13～15	花生	25～30
牛奶	3.3	白菜	1～1.5
大米	7～9	红薯	1～2
小麦	12～13	马铃薯	2～3

动物性蛋白质质量好，容易被人体消化吸收，但同时富含饱和脂肪酸和胆固醇。植物性蛋白质被纤维包围，不易与消化酶接触而利用率较低。要注意蛋白质互补，将不同的食物适当搭配食用，可以提高蛋白质的营养价值。

2. 脂类

1) 脂类组成与分类

脂类是油脂和类脂的总称，是生物体中不溶于水而溶于有机溶剂的一类有机化合物。脂肪是人体内能源的“仓库”，是糖类的后备物，与蛋白质、碳水化合物一起构成产能的三大营养素。人们吃的动物油脂(如猪油、牛油、羊油、奶油等)、植物油(如豆油、菜籽油、花生油、芝麻油、棉籽油等)及工业和医药上用的蓖麻油和麻仁油等都属于脂类物质。

油脂是由甘油和脂肪酸组成的三酰甘油酯(也称甘油三酯)，其中甘油的分子比较简单，而脂肪酸的种类却不相同。天然油脂中的脂肪酸都含偶数碳原子，分为饱和脂肪酸(表 3-2)和不饱和脂肪酸(表 3-3)两类。在常温下含不饱和脂肪酸较多的呈液态，称“油”，如花生油、菜籽油、葵花籽油、玉米油、芝麻油等植物油。常温下含饱和脂肪酸较多的呈现固态，称“脂”，如猪油、牛油、羊油等动物脂肪。

不饱和脂肪酸是人体必需的脂肪酸，在体内不能合成得到，而要从食物中摄取。重要的必需脂肪酸有 3 种：亚油酸、亚麻酸、花生四烯酸。近年来，人们在深海鱼类中发现了 EPA(二十碳五烯酸)、DHA(二十二碳六烯酸)，它们都是不饱和脂肪酸。不饱和脂肪酸能抑制胆固醇的吸收，并加速胆固醇的分解和排泄，故有利于血液中胆固醇浓度的降低，从而对防治心血管系统疾病有益。

表 3-2 油脂中常见的饱和脂肪酸

俗名	系统命名	结构式	分布
羊蜡酸	癸酸	$CH_3(CH_2)_8COOH$	椰子油、奶油
月桂酸	十二碳酸	$CH_3(CH_2)_{10}COOH$	鲸蜡、椰子油
肉豆蔻酸	十四碳酸	$CH_3(CH_2)_{12}COOH$	肉豆蔻酯
软脂酸	十六碳酸	$CH_3(CH_2)_{14}COOH$	动植物油脂
硬脂酸	十八碳酸	$CH_3(CH_2)_{16}COOH$	动植物油脂
花生酸	二十碳酸	$CH_3(CH_2)_{18}COOH$	花生油
掬焦酸	二十四碳酸	$CH_3(CH_2)_{22}COOH$	花生油

表 3-3 油脂中常见的不饱和脂肪酸

俗名	系统命名	分布
棕榈油酸	(9*Z*)-十六碳烯酸	椰子油、奶油
油酸	(9*Z*)-十八碳烯酸	动植物油
亚油酸	(9*Z*,12*Z*)-十八碳二烯酸	植物油
亚麻酸	(9*Z*,12*Z*,15*Z*)-十八碳三烯酸	亚麻籽油
蓖麻醇酸	12-羟基-(9*Z*)-十六碳烯酸	蓖麻油
花生四烯酸	(5*Z*,8*Z*,11*Z*,14*Z*)-二十碳四烯酸	卵磷脂

不饱和脂肪酸分子中双键的几何构型一般有顺式和反式两种，顺式构型是天然存在的形式，反式不饱和脂肪酸对身体有害。当不饱和脂肪酸受热或发生化学反应时，很容易从天然的顺式构型转变成反式构型。因此，食用油应避光密封保存，长期存放可加入适量的抗氧化剂维生素 E，避免氧化酸败产生有害物质。

饱和脂肪酸分子中没有双键，性质比较稳定。饱和脂肪酸为非必需脂肪酸，摄入过量会增加体内血脂的含量，但由于它对人体特别是对人的大脑发育起着不可替代的作用，因此如果长期摄入不足也会影响大脑的发育。

类脂包括糖脂、磷脂、固醇和脂蛋白等，最重要的是磷脂和固醇两类。磷脂是指甘油三酯中一个或两个脂肪酸被含磷的基团所取代的一类脂类物质。重要的磷脂有卵磷脂和脑磷脂。卵磷脂主要存在于动物的脑、肾、肝、心、卵黄以及大豆、花生、核桃、蘑菇之中。脑磷脂主要存在于脑、骨髓和血液中。

固醇分为胆固醇和类固醇。胆固醇对人体有重要的生理功能，因其广泛存在于动物性食物中，一般不存在胆固醇缺乏的问题。相反，人们更多关注的是体内过多胆固醇的危害。研究表明，人体内胆固醇水平升高的主要原因是内源性的，所以注意热量摄入的平衡比控制胆固醇摄入量更为重要。

2) 脂类的生理功能

(1) 供给与储存能量。脂肪在人体内的主要功能是供给能量，每克脂肪产生的能量比糖、蛋白质要高得多。体内营养过多时，可以把过剩的糖、蛋白质等以脂肪的形式储存起来，一旦营养缺乏，又把脂肪转化为糖类，给人体提供能量。

(2) 构成机体组织。脂肪是构成人体细胞的主要成分。脂肪对蛋白质有保护作用，人在绝食时，体内先将储存的脂肪转为热量维持生命，而不会先分解肌肉中的蛋白质。

(3) 促进脂溶性维生素的吸收。脂肪能促进脂溶性维生素的吸收，增加食欲和饱腹感。维生素 A、维生素 D、维生素 E、维生素 K 及胡萝卜素等必须溶解在脂肪中才能被人体吸收。

(4) 维持正常体温，保护器官。脂肪导热性差，分布在皮下的脂肪可减少体内热量的过度散失，对维持人的正常体温和御寒起着重要的作用。分布在器官、关节和神经组织等周围的脂肪组织起着隔离层和填充作用，可以保护和固定器官。

(5) 提供脂肪酸，调节生理功能。必需脂肪酸是细胞的重要构成物质。例如，细胞膜中含有大量脂类，特别是磷脂和胆固醇，是细胞维持正常的结构和功能不可缺少的重要成分。

总之，脂类对于人的生命活动有重要的作用，是人体不可缺少的营养素。科学试验证实，一个体重 65 kg、从事一般体力劳动的成年男子，每天要从主副食品中得到 50 g 脂肪，才能满足机体对脂肪的需要。

3. 碳水化合物

1) 碳水化合物及其分类

碳水化合物也称糖类，是由碳、氢、氧三种元素组成的有机化合物，是绿色植物光合作用的产物，也是自然界分布最广、含量最丰富的一类有机化合物。碳水化合物是动植物所需能量的主要来源，在人类的生命活动过程中起着十分重要的作用。人们每天所摄取的能量中约有 70% 来自糖类。碳水化合物可根据其水解反应的情况分为单糖、低聚糖和多糖三类。

(1) 单糖是最简单的碳水化合物，是不能再水解为更小分子的糖，主要有葡萄糖和果糖，另外还有半乳糖、甘露糖、肌醇、戊糖、阿拉伯糖及木糖等。

(2) 低聚糖又称为寡糖，是指能水解生成 2～10 个单糖分子的糖。其中以双糖存在最为广泛，双糖中重要的是蔗糖和麦芽糖，另外还有乳糖、棉籽糖、水苏糖等。

(3) 多糖是指水解后能生成多个单糖的一类高分子化合物。多糖分为两类：一类是可被人体消化吸收的，如淀粉、糊精、动物糖原等；另一类是不能被人体消化吸收的，如纤维素、半纤维素、木质素和果胶等。与生物体关系最密切的多糖是淀粉、糖原和纤维素。

2) 碳水化合物的主要生理功能

(1) 提供能量。碳水化合物在生物体内氧化分解后释放出大量的能量，供生命活动之用。在人体供能物质中，糖产热最快，供能及时，是神经系统和心肌的主要能源，也是肌肉活动的主要燃料。人体所需能量的 70% 是由糖氧化分解供给的，1 g 葡萄糖在体内完全分解可释放出约 16.7 kJ 热量。碳水化合物对维持心脏和神经的正常功能，增强耐力有重要意义。

(2) 构成机体。碳水化合物是构成机体组织的重要物质，并参与细胞的组成和许多生命活动。所有神经组织和细胞粒中都含有碳水化合物，主要以糖脂、糖蛋白和蛋白多糖的形式存在，分布在细胞膜、细胞器膜及细胞间基质中。这些复合糖类对动物细胞也有支持和保护作用。

(3) 控制脂肪和蛋白质的代谢。摄入足量的碳水化合物可以抑制体内糖原异生，还可以协同脂肪酸氧化分解，具有辅助脂肪氧化的抗生酮作用。摄入体内的糖类释放的热能有利于蛋白质的合成和代谢，起到节约蛋白质的作用。食物中糖的供给充足，可使蛋白质作为抗体、机体等的能量被消耗，使蛋白质用于最合适的地方。当糖类与蛋白质共同摄入时，体内储留的氮比单独摄入蛋白质时多，这就是糖类对蛋白质的保护作用，也称糖类节约蛋白质的作用。

(4) 调节血糖保肝解毒。碳水化合物的含量、类型和摄入总量是影响血糖的主要因素。糖类对维持神经系统的功能具有很重要的作用，脑缺乏葡萄糖会产生不良反应。机体肝糖原丰富时会对某些细菌毒素的抵抗能力增强。葡萄糖醛酸是葡萄糖代谢的氧化产物，它对某些药物具有解毒作用，吗啡、水杨酸和磺胺类药物等都是通过与之结合，生成葡萄糖醛酸衍生物排泄而解毒的。动物试验表明，当肝糖原和葡萄糖充足时，肝脏对由各种细菌感染引起的毒血症，以及某些化学物质如四氯化碳、砷和乙醇有较强的解毒能力。

4. *矿物质*

1) 矿物质及其特点

矿物质也称无机盐，是人体代谢中的必需物质。人体中除碳、氢、氧和氮等元素组成碳水化合物、脂肪、蛋白质、维生素等有机物外，其余的均为无机盐。

无机盐可以维持体液的渗透压和体内的酸碱平衡等。体内不能合成无机盐，必须从食物和饮水中摄取，其在体内分布极不均匀，相互之间存在协同作用或拮抗作用，虽需要量很少，但生理剂量与中毒剂量范围较窄，摄入过多易产生毒性。

2) 矿物质的主要生理功能

(1) 构成机体的重要组成成分。人体骨骼和牙齿等硬组织大部分是由钙、磷、镁组成，硫和磷是蛋白质的组成成分。软组织含钾较多，体液中含钠较多。

(2) 维持细胞的渗透压与机体的酸碱平衡。矿物质与蛋白质一起调节细胞膜的通透性，控制水分，维持正常的渗透压和酸碱平衡，维持神经肌肉的兴奋性。

(3) 构成体内生理活性物质。例如，血红蛋白中的铁和细胞色素酶系中的铁，甲状腺中的碘对呼吸、生物氧化和甲状腺素的作用具有特别重要的意义。此外，还可构成酶或激活酶的活性。

5. 维生素

1) 维生素及其特点

维生素是维持身体生长与正常生命活动必需的一类有机化合物。维生素在生理上既不是构成机体各种组织的主要原料，也不能供给机体能量，但是机体的能量转换和代谢调节又离不开它。不同的维生素有不同的生理功能，在对物质的代谢和生命活动方面都起着重要的作用，所以维生素也称为人体新陈代谢的“催化剂”。

维生素的化学结构不同、性质各异，因而生理功能不同，但是它们有以下共同特点：

(1) 维生素在人体内不能提供能量，也不参与机体细胞、组织的构成，但参与调节机体的新陈代谢，促进生长发育，提高人体预防和抵抗疾病的能力。

(2) 大多数维生素不能在体内合成或合成量不足，必须由食物供给以满足机体需要。维生素或其前体都在天然食物中存在，但没有任何一种天然食物含有人体所需的全部维生素。

(3) 人体所需的维生素量很少，日需要量通常以毫克或微克计算，但是绝对不可缺少，长期缺乏会引起代谢紊乱和出现病理状态。

2) 维生素的分类

维生素分为脂溶性和水溶性两类。

脂溶性维生素只含有碳、氢、氧三种元素。在脂肪存在的情况下，脂溶性维生素被肠道吸收，脂溶性维生素大量储存在体内有脂肪的地方。脂溶性维生素可通过胆汁从粪便中排出。脂溶性维生素包括维生素 A、维生素 D、维生素 E、维生素 K 等。

水溶性维生素不仅含有碳、氢、氧三种元素，还含有氮、硫、钴等。水溶性维生素的吸收相对较简单，因为肠道不断吸收水，而随水分进入血液中。水溶性维生素主要从尿液排出。水溶性维生素包括 B 族维生素、维生素 C、维生素 H 等。

3) 维生素的生理功能

目前被认为对人体的发育和健康有用的维生素有二十多种，主要功能是作为辅酶调节机体新陈代谢。其中至关重要的维生素有 13 种，即维生素 A、B 族维生素、维生素 C、维生素 D、维生素 E、维生素 K，其中 B 族维生素包括维生素 B_1、维生素 B_2、维生素 PP、维生素 B_6、维生素 B_{12}、叶酸、泛酸和生物素 8 种。表 3-4 为重要维生素的分类、主要生理功能和来源。长期缺乏任何一种维生素都会导致某种营养不良症及相应的疾病。每种维生素都履行着特殊的生理功能，不能互相替代。

表 3-4　重要维生素的分类、主要生理功能和来源

分类	名称	主要生理功能	来源
脂溶性维生素	维生素 A(视黄醇)	合成视紫红质，防治干眼症、夜盲症、视神经萎缩，促进生长	鱼肝油、绿色蔬菜
	维生素 D	调节钙、磷代谢，预防佝偻病和软骨病	鱼肝油、蛋黄、乳类、酵母
	维生素 E(生育酚)	预防不育症和习惯性流产，抗氧剂	鸡蛋、肉、肝、鱼、植物油
	维生素 K(凝血维生素)	凝血酶原和辅酶合成，促进血液凝固	菠菜、苜蓿、白菜、肝

续表

分类	名称	主要生理功能	来源
水溶性维生素	维生素 B_1(硫胺素)	抗神经炎，预防脚气病	酵母、谷类、肝、豆、瘦肉
	维生素 B_2(核黄素)	预防舌及口角炎，促进生长	酵母、肝、蛋、蔬菜
	维生素 B_6(吡哆素)	预防皮炎，参与氨基酸代谢	酵母、肝、蛋、乳
	维生素 B_{11}(叶酸)	预防恶性贫血	肝、含叶酸高的植物
	维生素 B_{12}(钴胺素)	预防恶性贫血	肝、肉、蛋、鱼
	维生素 PP(烟酸)	预防癞皮病，形成辅酶Ⅰ、Ⅱ的成分	酵母、米糠、谷物、肝
	维生素 C(L-抗坏血酸)	预防坏血病，还原剂，促进胆固醇代谢	新鲜蔬菜和水果
	维生素 H(生物素)	预防皮肤病，促进脂类代谢	肝、酵母

4) 重要的维生素

(1) 明眸活肤源——维生素 A。维生素 A 是视网膜内感光色素的组成成分。其主要的生理功能是促进眼内感光色素的形成，维持眼睛在黑暗情况下的视力。维生素 A 具有很好的抗氧化功能，可以治疗因晒伤而出现的红肿，保护视力，预防衰老，促进胶原蛋白及弹性蛋白的生长，令皮肤的弹性增强。不同人群对维生素 A 的需求量也不完全相同，成人所需维生素 A 就比儿童多。过量的维生素 A 会引起中毒，出现腹泻、食欲不振、肝脾肿大、骨质增生等症状。

(2) 能量加油站——维生素 B_1。维生素 B_1 又称硫胺素，是最早被人们提纯的维生素。其主要的生理功能是维持正常的食欲，促进糖类和脂肪的代谢，在能量代谢中起辅酶作用。硫胺素能为神经组织提供所需能量，防止神经组织萎缩和退化，预防和治疗脚气病等。

(3) 脂肪代谢的使者——维生素 B_2。维生素 B_2 又称核黄素，主要的生理功能是参与糖类、蛋白质、核酸和脂肪的代谢，提高机体对蛋白质的利用率，促进生长发育。参与细胞的生长代谢，是机体组织代谢和修复的必须营养素。严重缺乏时会引起代谢紊乱，出现口角炎、皮炎、角膜炎和结膜炎等。

(4) 人体建筑师——维生素 B_6。维生素 B_6 又称吡哆素，是含吡哆醇或吡哆醛或吡哆胺的水溶性维生素。它是人体内某些辅酶的组成成分，与氨基酸代谢有密切关系。长期缺乏维生素 B_6 会导致皮肤、中枢神经系统和造血机构的损坏。

(5) 人体神秘造型师——维生素 H。维生素 H 也称生物素，有“头发的维生素”之称。主要功能是维护头发健康，防治脱发，预防少白头。同时可以促进脂肪代谢，减肥、缓解肌肉酸痛，促进神经、骨髓和汗腺的正常发育。

(6) 生命解码器——叶酸。叶酸最初是从菠菜叶中提取出来的，因而称为叶酸。叶酸掌控血液系统、促进细胞发育，参与红细胞和白细胞的制造，提高免疫力。缺乏叶酸会导致舌头红肿、贫血、消化不良、头发变白、疲劳、记忆力减退等症状。

(7) 营养大本营——维生素 B_{12}。维生素 B_{12} 即抗恶性贫血维生素，又称钴胺素，是唯一含有金属钴元素的维生素。可以抗脂肪肝，促进维生素 A 在肝脏中储存，促进细胞发育成熟和机体代谢。缺乏维生素 B_{12} 可导致恶性贫血，也可引起恶心、食欲不振、体重减轻、牙龈出血、头痛、痴呆、记忆力减退等症状。

(8) 免疫先锋——维生素 C。维生素 C 又称 L-抗坏血酸，是机体内一种很强的抗氧化剂。

维生素 C 能有效控制细胞内的氧化还原，有效清除体内自由基，保护及抵抗紫外线的伤害，从而起到抗衰老作用。同时能促进细胞组织的再生，维持牙齿、骨骼、血管和肌肉的正常功能；增强肝脏的解毒能力；对体内胆固醇的代谢有调节作用。胶原蛋白的合成需要维生素 C，丰富的胶原蛋白可以防止癌细胞的扩散，从而提高人体对疾病的抵抗能力。当人体缺乏维生素 C 时会发生坏血病，出现牙齿松动、牙龈出血、骨骼脆弱、伤口不易愈合等症状。

(9) 阳光储备室——维生素 D。维生素 D 又称抗软骨病维生素，是由其前体在紫外线照射下转化而成的。维生素 D 的主要功能是促进机体对钙和磷的吸收，维持血液中钙和磷的正常浓度；促进生长和骨骼钙化，促使牙齿和骨骼的正常发育。同时能维持血液中柠檬酸盐的正常水平，防止氨基酸通过肾脏损失。缺乏维生素 D 会引起佝偻病、手足抽搐和软骨病。维生素 D 摄食过量会引起乏力、疲倦、恶心、头痛、腹泻等，还可使总血脂和血胆固醇量增加，妨碍心血管功能。

(10) 保险精灵——维生素 E。维生素 E 具有抗氧化作用，可以清除体内的自由基，保护神经系统、骨骼肌、视网膜和机体细胞免受自由基的毒害。维生素 E 能避免氧化导致的细胞膜及表皮损伤，同时能维持细胞的正常呼吸，减缓细胞老化，并减少老人斑的沉积。维生素 E 的滋润性较高，能补充水分和养分，维持皮肤及头发的健康。当缺乏维生素 E 时，表皮层会出现粗糙老化的症状，头发也会出现开叉、断裂及脱落的情况。

维生素 E 能促进人体内黄体激素的分泌，具有抗不育活性，所以又称生育酚。缺乏时会出现肌肉萎缩、不育、流产等症状。多吃含维生素 E 的食物可以改善血液循环，预防近视、增强体质，防癌抗癌。

6. 水

1) 水是生命的源泉

水是人体内含量最多的营养物质。水不仅孕育了生命，其本身就是机体必不可少的组成部分。人体是由细胞组成的，凡是有细胞的地方就有水。血液、唾液、胃液等各种体液的主要成分是水，头发、骨头、指甲中也含有水。人体中的水有 70% 在细胞中，20% 在组织液中，10% 在血浆中。

水在生物的成长发育和生理功能方面起着极其重要的作用，是体内新陈代谢、物质交换、生化过程中必不可少的媒介。人对水的需要仅次于对氧气的需要。当人体失去体内水分的 10% 时，就会发生严重的生理功能紊乱；失去体内 20%的水时，很快就会死亡。人在疲劳、负伤等情况下，首先需要的是水，关键时刻一口水就可能救活一条生命。

水是优良的溶剂，营养物质必须溶解在水中才能运送到人体的各个部位，以维持生命活动的需要。人体中的一些废物如尿素、尿酸等，也必须溶解在水中才能排出体外。因此，水是人类生命活动的重要物质，如果没有水，一切生命活动都将停止。

2) 水的主要生理功能

(1) 调节体温。水的比热和蒸发热较大，因而可作为维持恒定温度的调节剂，使周围环境温度波动对细胞的影响降到最低。脊椎动物能够利用汗水蒸发作为一种冷却机制，这对人体处在较高的气温环境时是很重要的。另外，水的流动性大，能随血液迅速分布全身，人体在代谢过程中产生的热还可以通过血液送到体表而散发到环境中去，使全身各部位保持均衡的温度。因此，水对于维持机体温度的稳定起很大作用。

(2) 水是体内化学反应的介质和参与者。水是一种良好的溶剂，人体内的一切化学反应都是在水溶液中进行的。因为水分子的极性大，可使溶解于其中的营养物质解离成离子，有利于体内化学反应的进行。即使那些不溶于水的脂肪和某种蛋白质，也能在适当的条件下分散于水中形成乳浊液或胶体溶液。只有溶解或分散于水中的物质才容易发生化学反应，所以水对于体内许多生化反应都有促进作用。同时水本身也直接参加水解、水化、脱水和氧化还原等生化反应，如蛋白质、脂肪、糖类的水解反应，都是在水的参与下进行的。

(3) 水是体内物质运输的载体。由于水溶液的流动性大，分散在水中的各种营养物、组织和细胞所需的养分及代谢物，在体内的运转都要靠水作为载体，经血液循环或淋巴系统运送至各组织细胞进行代谢，或通过肾脏、皮肤以尿或汗的形式排出体外。

(4) 水是体内摩擦的润滑剂。水可以维持细胞的膨压，使摩擦面滑润，减少体内脏器的摩擦、防止损伤，并可使器官运动灵活。这对关节、器官、组织、肌肉起到缓冲和润滑的保护作用。

7. 纤维素

1) 纤维素及其特点

纤维素是自然界中最丰富的多糖，是葡萄糖的多聚体，又称为没有营养的营养素。纤维素有水溶性纤维素和不溶性纤维素两种。例如，蔬菜、水果中的果胶，海带、裙带菜等中的海藻酸等属于水溶性纤维素。不溶性纤维素很多，如谷物、豆类、小麦等中的纤维素、半纤维素、木质素，虾、蟹壳等中大量存在的甲壳素等。

由于人体中缺乏分解纤维素结构所需的酶，因此，纤维素不能作为人类的主要食品，但纤维素能促进肠的蠕动而有助于消化，适当食用是有利于健康的。

2) 纤维素的主要生理功能

(1) 刺激胃肠消化液分泌。膳食纤维在口腔里增加了咀嚼时间，刺激唾液分泌，加强胃肠蠕动，使食物残渣排泄增快，增加了粪便排泄和肠内有益细菌，可预防大肠肿瘤发生。

(2) 调节肠道菌群。纤维素可维护人体胃肠道中正常菌群结构，避免菌群失调。人体肠道中的大肠杆菌还能利用纤维素合成泛酸、烟酸、谷维素、核黄素、肌醇、维生素等，以保障人体对这些生命物质的需求。

(3) 增强饱腹感。食用纤维素有很强的吸水能力，进食后可增加胃肠容量、增强饱腹感，防止摄入热量过多而导致肥胖。

(4) 降低胆固醇，预防现代病。纤维素能阻碍脂肪吸收，可以螯合胆固醇，吸附胆酸，使之由粪便排出，从而降低血清胆固醇，抑制机体对胆固醇的吸收，可防止动脉硬化，预防心脑血管疾病的发生。可溶性膳食纤维可降低餐后血糖的升高幅度，有利于糖尿病患者血糖的控制。常吃豆科植物和五谷杂粮等富含纤维素的食物，对心脏病、肥胖症、慢性便秘、痔疮等都有预防作用。

膳食纤维主要来源是植物性食物，如谷类的麸皮和糠含有大量纤维素、半纤维素和木质素；柑橘、苹果、香蕉、柠檬等水果，圆白菜、甜菜、苜蓿，蚕豆、豌豆等蔬菜含有较多的果胶。随着生活节奏的加快、食品的日益精细化，纤维素的摄入量逐渐减少，由此带来了许多健康问题。应合理安排一日三餐，保证膳食纤维的摄入量。

3.2.4 饮食营养与疾病

人的身体在持续不断地进行着自身结构的更新，包括看上去最坚固的骨骼，还有肌肉、皮肤、血液等。因此，合理饮食以提供充足的能量和各种营养素，防止营养不良是非常必要的。营养不良不仅指营养素的缺乏，营养过剩及不均衡都属于营养不良的范畴。营养不良会引起一系列疾病，饮食营养对人体健康的影响是逐渐发生的，甚至是潜在的。随着社会经济的发展，饮食结构的变化，由营养不平衡导致的各种疾病越来越多，如肥胖、高血压、冠心病、糖尿病、癌症、痛风及高尿酸血症、营养性贫血、骨质疏松等。因此应该了解饮食营养与疾病的关系，通过饮食干预措施预防或缓解这类疾病。

1. 肥胖

肥胖的根本原因是摄入的能量大于机体消耗的能量，多余的能量以脂肪的形式储存起来从而导致肥胖。肥胖的原因很多，有遗传、病理、药物等因素，现代医学认为：肥胖同进食过多、饮食中所含热量过高，营养失去平衡有关。营养素过剩可以引起肥胖，营养不良或微量营养素不足也可引起肥胖，许多不良饮食习惯如偏食、嗜酒等都是易肥胖的原因。关于肥胖的危害、肥胖的饮食控制详见 2.6.3。

2. 高血压

高血压是一种以体循环动脉血压增高(成人收缩压大于 140 mmHg，舒张压大于 90 mmHg)为主要特征的心血管疾病。高血压控制不当会导致重要脏器如心、脑、肾的损害，甚至会致残、致死。血压过高引起损害是逐渐进行的慢过程，许多患者没有症状，而在不知不觉中出现重要器官的损害。现在心脑血管疾病已经成为危害人类健康的头号“杀手”，而高血压就是导致心脑血管疾病的重要原因。

高血压的饮食防治：

(1) 戒烟戒酒、控制体重，限制钠盐的摄入，增加钾的摄入。钾/钠比值达到 2∶1 较为理想。减少脂肪和胆固醇的摄入，脂肪占总热量的 25%以下；每日胆固醇限制在 300 mg 以下；蛋白质摄入量应为 $1.0\ g \cdot kg^{-1}$ 体重左右；保证摄入充足的维生素、钙和微量元素；适当增加镁的摄入，特别是对于使用依他尼酸、呋塞米等利尿剂的患者。

(2) 多食富含钾的食物，包括蔬菜、水果、土豆、蘑菇等；富含钙、维生素和微量元素的食物，包括新鲜蔬菜、水果、瘦肉等；富含优质蛋白、低脂肪、低胆固醇食物，包括无脂奶粉、鱼类、豆制品等。

(3) 禁食或少食高钠食物，包括咸菜、榨菜、咸鱼、咸肉、火腿等腌制食品，加碱或发酵粉、小苏打制备的面食和糕点；高脂肪、高胆固醇食物，包括动物内脏、肥肉、蛋黄、松花蛋等；辛辣有刺激性的调味品；以及浓的咖啡、茶和肉汤等。

3. 高脂血症

高脂血症是一种全身性疾病。人体血浆中所含的脂类称为血脂，包括胆固醇、胆固醇脂、甘油三酯、磷脂等，主要是指血清胆固醇和甘油三酯。当胆固醇和甘油三酯等均经常超过正常值时就称为高脂血症。高脂血症是动脉粥样硬化的主要原因，常因侵犯重要器官引起严重后果，如冠心病、糖尿病、脑血管意外、顽固性高血压及肾病综合征、脂肪肝等。动脉硬化的发生和发展与血脂过高有密切的关系。

对于高脂血症，控制饮食是第一要点。因为高脂血症大多是饮食不合理造成的，所以一定要少吃脂肪含量高的食物，如动物内脏、肥肉、松花蛋、动物油等。适量吃一些蛋白质(尤其是植物蛋白质)、清淡易消化的食物，如脱脂牛奶、鸡肉、豆制品、白菜、芦笋、西红柿、冬瓜、山药、百合、萝卜、芹菜、菠菜、黑木耳、山楂、花生等。

4. 糖尿病

糖尿病是一种以高血糖为特征的代谢性疾病，高血糖则是由胰岛素分泌缺陷或其生物作用受损，或两者兼有引起的。糖尿病可并发多种疾病，如心脏病、冠心病、脑血管病、视网膜血管病、肾动脉硬化、肢体动脉硬化等。糖尿病是现代饮食疾病，与过多摄入热量、脂肪、碳水化合物以及营养过剩、少运动有关，故被称为富贵病。糖尿病患者的饮食调理应遵循以下原则：

(1) 保持总的能量平衡，平时进食的各类水果和零食也应计算其热能的含量，然后扣除主食相当热能的用量。

(2) 合理分配餐次，以利于调节血糖并使之处于稳定状态。热量的分配应照顾患者的饮食习惯，并根据其体力活动强度及胰岛素应用情况随时调整。

(3) 不断调换食物，以调动患者的食欲。

(4) 选择含胆固醇低的优质蛋白质食物，如奶类、蛋类、豆制品、鱼、瘦肉。

(5) 增加膳食纤维的摄入，除粗粮和纤维含量高的蔬菜、水果外，还可食入豆胶、果胶、麦麸、藻胶、魔芋等食品。

(6) 每日碳水化合物的供能比应为 55%～65%，不要过分限制碳水化合物的摄入，因为碳水化合物的代谢能刺激胰岛素的敏感性，但要注意选择一些血糖指数低的碳水化合物，如粗粮。

5. 痛风

痛风是以高尿酸血症为特征的一种慢性疾病，血尿酸高是痛风的重要标志，也是引发痛风的根本原因。痛风是人体内嘌呤代谢异常导致血中的尿酸堆积，使关节腔滑膜受刺激发炎引起的。嘌呤是组织细胞核中的遗传物质核酸的重要成分，不仅人体细胞含有嘌呤，几乎所有的动植物细胞都含有嘌呤，在正常情况下，从饮食摄入的嘌呤会以尿酸的形式通过肾脏从尿中排出，入与出处于动态平衡中，一旦这种平衡被破坏，就会表现为痛风。

痛风的诱因主要是暴饮暴食、酗酒、创伤、外科手术、过度疲劳、精神紧张、受寒、服用某些药物等。预防和控制痛风的根本是把好饮食关，使嘌呤的摄入量尽量降低，科学饮食。

(1) 限制高嘌呤食物。动物内脏、海鲜、浓肉汤、菌菇类蔬菜等高嘌呤食物会增加尿酸生成，故应尽量少吃或不吃，猪、牛、羊等畜禽肉要适量，新鲜蔬菜、牛奶则可适量多吃。

(2) 远离酒类。由于乙醇会干扰尿酸经肾脏排泄，啤酒本身含有大量嘌呤，故痛风患者最好戒酒，不管是啤酒、白酒还是红酒，尽量都不要喝。此外，饮料中的果糖也会影响尿酸的代谢，故甜饮料也尽量不要喝。

(3) 平常多喝水。多饮水、多排尿有助于尿酸的排泄。即便没有口渴，每天也要摄入足量的水分。痛风患者每天饮水量应在 2000 mL 以上，白开水、淡茶水，特别是含有碳酸氢钠、能够碱化尿液的苏打水都是不错的选择。

(4) 控制体重。有充分的证据显示肥胖程度与血尿酸的含量成正比，控制体重有助于降低尿酸，预防痛风发作。因此，肥胖痛风患者还要“管住嘴，迈开腿”，尽量把体重控制在正常范围内。

(5) 保持良好的生活方式。过度劳累、剧烈活动(如快跑)、外伤、受寒等均可诱发痛风急性发作。良好的睡眠也可以增强人体的免疫力。

6. *癌症*

癌症也称恶性肿瘤，是一种细胞的异常增生，其诱因中包括食品污染，目前已知的致癌物有 *N*-亚硝基化合物、多环芳烃类化合物、蛋白质和氨基酸的热解产物、黄曲霉毒素及其他霉菌毒素的污染物等；饮食习惯、营养素摄入不足、营养素摄入过多或营养素间不平衡都是重要因素。食物中有许多可以抑制癌细胞增殖的化学因子，通过合理膳食和健康的生活方式，可望降低癌症发病率。

《肿瘤》期刊 2000 年（第 20 卷第 4 期）刊登了一篇题为“食物、营养与癌症预防及对膳食的 14 条建议”。文中介绍了世界癌症研究基金会和美国癌症研究协会专家小组提出的预防癌症的十四条膳食建议，现简介如下：

(1) 食用营养丰富的、以植物性食物为主的多样化膳食，选择富含各种蔬菜和水果、豆类的植物性膳食，但并不意味着素食。应该让植物性食物占据饭菜的 2/3 以上。

(2) 保持适宜的体重。在整个成年阶段保持 BMI 为 21~25。避免体重过低或过高，并将整个成人期的体重增加限制在 5 kg 之内。

(3) 坚持体力活动。如果从事的是轻或中等体力活动的职业，则每天应进行 1 h 的快步走或类似的活动。每周还要安排 1 h 较剧烈的出汗运动。

(4) 鼓励全年多吃蔬菜和水果，使其提供的热量达到总能量的 7%，全年每日吃多种蔬菜和水果，每日达 400～800 g。

(5) 选用富含淀粉和蛋白质的植物性主食，应占总能量的 45%～60%，精制糖提供的总能量应限制在 10%以内。个体每日摄入的淀粉类食物应达到 600～800 g，还应尽量食用粗加工的食物。

(6) 不要饮酒，尤其反对过度饮酒。如果要饮酒，男性每日限制在 2 杯，女性在 1 杯以内(1 杯的定义是：啤酒 250 mL、葡萄酒 100 mL、白酒 25 mL)。孕妇、儿童及青少年不应饮酒。

(7) 肉类食品，红肉(指牛、羊、猪肉及其制品)的摄入量应低于总能量的 10%，每日应少于 80 g，最好选择鱼、禽类或非家养动物的肉类。

(8) 总脂肪和油类提供的能量应占总能量的 15%～30%，限制脂肪含量较多特别是动物性脂肪较多的食物，植物油也应适量，且应选择含单不饱和脂肪并且氢化程度较低的植物油。

(9) 限制食盐，成人每日从各种来源摄入的食盐不应超过 6 g，其中包括盐腌的各种食品。

(10) 尽量减少霉菌对食品的污染，应避免食用受霉菌毒素污染或在室温下长期储藏的食物。

(11) 食品储藏。易腐败的食品在购买时和在家中都应冷藏或用其他适当方法储藏。

(12) 对食品的添加剂和残留物以及各种化学污染物应制定并监测其安全用量，并应制定严格的管理和监测办法。食品中的添加剂、污染物及残留物的含量低于国家所规定的水平时，它们的存在是无害的，但乱用或使用不当可能影响健康。

(13) 营养补充剂。补充剂不能减少癌症的危险性，大多数人应从饮食中获取各种营养成分而不用营养补充剂。

(14) 食物的制备和烹调。在吃肉和鱼时用较低的温度烹调，不要食用烧焦的肉和鱼，也不要经常食用炙烤、熏制和烟熏的肉和鱼。此外，建议不吸烟和不嚼烟草，不鼓励以任何形式生产、促销和使用烟草。

3.2.5 平衡营养与合理膳食

人体所必需的营养素有七种，在需要量上有很大区别，但是它们都是不可缺少的。在日常饮食中应科学地摄入全部必需营养素。科学地摄入是指全面和按比例地摄入，对此各国的营养学家们都对自己国家的公民提出了膳食指南和平衡膳食宝塔。合理膳食是维护健康的重要组成部分，并且不同人群有不同的膳食要求。

1. 婴儿的膳食要求

鼓励母乳喂养，四个月后逐渐添加辅助食品。特殊情况不能母乳喂养的，要选择合适的、各种营养素齐全的、经食品药品监督管理部门许可出售的配方奶制品或其他奶类制品。

2. 幼儿和学龄前儿童的膳食要求

幼儿和学龄前儿童每日饮奶或相应的奶制品不少于 350 mL，还要注意食用蛋和蛋制品，半肥半瘦的禽畜肉、加工好的豆类，以及切细的蔬菜及海产品类食物，并逐步进食一些粗粮类食物。

3. 学龄儿童的膳食要求

要保证吃好早餐，少吃零食，食物要粗细搭配，多吃富含蛋白质的鱼、禽、蛋、奶类及豆类，不要挑食。

4. 青少年的膳食要求

青少年要多吃谷类，保证鱼、肉、蛋、奶、豆类和蔬菜的摄入，避免盲目节食。谷类是我国膳食中能量和蛋白质的主要来源，青少年能量需要量大，蛋白质又是组织器官增长及调节生长发育和性成熟的各种激素的原料，蛋白质摄入量不足会影响青少年的生长发育。每日摄入一定量的奶类和豆类食品，能补充生长发育所需的钙，增加维生素 C 的摄入量能促进铁的吸收。青春发育期的女孩要常吃海产品增加碘的摄入。

5. 孕妇的膳食要求

孕妇从第 4 个月起必须增加能量和各种营养素以满足代谢的需要。我国推荐膳食营养素供给量推荐，怀孕中期每日的能量、蛋白质、钙、铁和其他营养素如碘、锌、维生素 A、维生素 D、维生素 E、维生素 B_1、维生素 B_2、维生素 C 等都要相应增加。膳食中要增加鱼、肉、蛋等富含优质蛋白质的动物性食物，含钙丰富的奶类，含无机盐和维生素丰富的蔬菜、水果等。

6. 乳母的膳食要求

我国推荐膳食营养素供给量建议乳母每日要增加蛋白质、钙和能量的摄入，每日要喝牛奶，多吃动物性食物、大豆制品及水产品。

7. 老年人的膳食要求

老年人必须从膳食中获得足够的微量营养素，食物不宜过精，主食要粗细搭配，保证膳食纤维和微量元素的需要。

如果一个人活到了 80 岁或更长，他将吃 87600 多顿饭，身体将会处理掉约 50 t 的各种食物和约 50 t 的饮用水。因此，选择食物会对身体产生累加性的作用，这些作用到一定时候就会反映出来。据 WHO 发表的资料显示，人体健康与否有 35% 或更多是由饮食因素决定的。

均衡膳食是营养之本。平衡营养、合理配置、优势互补是 21 世纪餐饮中应当注意的一种新理念。人体对营养的需要和膳食之间的平衡关系直接影响人体的新陈代谢、体质强弱、智力高低、免疫能力优劣。合理的营养可以预防多种疾病，过剩和不足都可能诱发疾病，只有树立科学的营养观，合理膳食，才能健康长寿。

3.3 中国居民膳食指南及平衡膳食宝塔

在中国古代传统饮食文化中，讲究“天人合一”的饮食观念，《礼记 · 郊特牲》称“凡饮，养阳气也；凡食，养阴气也”，认为饮食与天地阴阳互相协调；注重“均衡协调”的饮食结构。《黄帝内经 · 素问》提出“五谷为养，五果为助，五畜为益，五菜为充”的说法；提倡“食医合一”的饮食理论。《淮南子 · 修务训》称：“神农……尝百草之滋味，水泉之甘苦，令民知所辟就。当此之时，一日而遇七十毒。”我国古代农书《齐民要术》和医书《备急千金要方》等古代典籍都提到饮食和医药相结合的理论。

中国传统膳食结构强调“平衡膳食、辨证用膳”，提倡摄取含不同营养成分食物的互补。有关中华民族传统膳食结构有如下精辟论述：

五谷宜为养，失豆则不良；
五畜适为益，过则害非浅；
五菜常为充，新鲜绿黄红；
五果当为助，力求少而数；
气味合则服，尤当忌偏独；
饮食贵有节，切切勿使过。
主副食比例适当，保持营养均衡。

由此可见，中华民族传统膳食结构提倡食物来源多样性，具有广杂性、主从性和匹配性。但是，随着我国人民生活水平的提高，尤其是改革开放以来，逐渐从温饱型转向小康型的生活水平，各类人群的膳食结构发生了很大的变化，对饮食的要求也越来越高。由于人们缺乏营养知识，在饮食问题中仍存在一些不科学的饮食观念和方式，结果造成“花钱没有买来健康”，反而产生营养失调，出现营养过剩或营养不良的情况。

中国营养学会发布的《中国居民膳食指南(2016)》能为人们的食谱提供科学的建议。

3.3.1 《中国居民膳食指南(2016)》

1. 什么是膳食指南

《中国居民膳食指南》是原卫生部委托中国营养学会针对我国民众的营养健康问题提出的，旨在指导大众合理选择和搭配食物，达到促进健康、减少与营养相关的疾病，是告诉大家需要吃什么的科学性文件。

1989 年，我国首次发布了《我国的膳食指南》，1997 年和 2007 年进行了两次修订，修订为《中国居民膳食指南》。然而随着我国社会经济的快速发展，与膳食营养有关的慢性疾病对我国居民健康的威胁更加突出，同时贫困地区营养不良的问题依然存在。中国营养学会于 2016 年正式发布了最新版的《中国居民膳食指南(2016)》。

2. 制订《中国居民膳食指南(2016)》的意义

1) 我国居民膳食结构现状

我国居民膳食结构仍存在不合理现象，豆类、奶类消费量依然偏低，脂肪摄入量过多，部分地区营养不良的问题依然存在，超重肥胖问题凸显，与膳食营养相关的慢性病对我国居民健康的威胁日益严重。例如，我国多数居民的食盐摄入量过高，过多的盐摄入与高血压、胃癌和脑卒中有关。我国居民近 30 年来普遍对四种营养素维生素 A、维生素 B_2、钙、膳食纤维的摄入量不足。因此，我国在健康方面存在两种极端——营养不良、肥胖和体重超标。

一方面，统计显示我国成年人营养不良率达 6%，儿童生长发育迟缓率约 3.2%，儿童和青少年的消瘦率为 9%。例如贫血，6～11 岁期间的儿童贫血率为 5%，孕产妇贫血率达到 17.2%，60 岁以上的老年人贫血率为 12.6%。

另一方面，6～17 岁青少年的体重超标率达 9.6%，肥胖达 6.4%，18 岁以上成人体重超标率达 30.1%，肥胖率达 11.9%。肥胖、体重超重等与糖尿病、高血压等慢性病的发病率逐年上升有关。2015 年公布的数据显示，我国 18 岁以上成人高血压发病率达 25.2%，糖尿病发病率达 9.7%。

2) “健康中国”国家战略的需要

为了使居民的食谱更加切合健康需要，中国营养学会根据《中国居民营养与慢性病状况报告(2015)》中指出的我国居民面临营养缺乏和营养过剩双重挑战的情况，结合中华民族饮食习惯及不同地区食物可及性等多方面因素，参考其他国家膳食指南制定的科学依据和研究成果，对部分食物日摄入量进行调整，提出符合我国居民营养健康状况和基本需求的膳食指导建议，也就是上面提及的《中国居民膳食指南(2016)》。

3. 新旧指南解读

与 2007 版的《中国居民膳食指南》相比，2016 版《中国居民膳食指南》针对 2 岁以上的所有健康人群提出 6 条核心推荐，更加精简浓缩，每条均为八个字，重点突出，方便记忆：

食物多样，谷类为主；

吃动平衡，健康体重；

多吃蔬果、奶类、大豆；

适量吃鱼、禽、蛋、瘦肉；

少盐少油，控糖限酒；

杜绝浪费，兴新食尚。

2016 版《中国居民膳食指南》对部分食物日摄入量进行了调整，强调食物种类要丰富，但必须控制总量。新指南有一个突出的变化，具体表现在五大类食物中四类下调，一类上升，解读图示如图 3-1 所示。

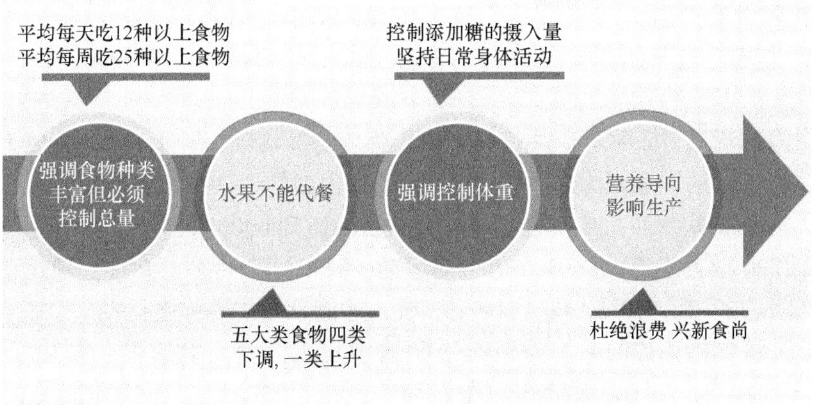

图 3-1 2016 版《中国居民膳食指南》解读图示

四类下调主要是因为近 10 年来我国男女平均体重一直呈增长趋势，动物性食物和油脂摄入量逐年增多，导致能量摄入过剩。为保持健康体重，预防慢性病风险，在营养标准中下调了每日热量标准，即建议大家“少吃点”，总热量平均减少了 200 kcal。

此外，我国多数居民的食盐摄入量过高，过多的盐摄入与高血压、胃癌和脑卒中有关，所以对于盐倡议更少量。

2016 版《中国居民膳食指南》的核心是平衡膳食，食物多样化，每天的膳食应包括谷薯类、蔬菜水果类、畜禽鱼蛋奶类、大豆坚果类等食物，要餐餐有蔬菜，天天吃水果，建议平均每天摄入 12 种以上的食物，每周 25 种以上。

2016 版《中国居民膳食指南》量化了到底什么是“食物多样”，让人们在选择多种食物时有了目标。除全谷物食物外，特别强调要摄入杂豆类食物(红豆、绿豆、芸豆、鹰嘴豆等非大豆类的豆子)；将薯类食物从“蔬菜水果和薯类”转移至主食这一分类中，并明显增加了全谷物、杂豆和薯类的推荐摄入量。

2016 版膳食宝塔中各类食物的推荐量和 2007 版有些不同，其中水由 1200 mL 上升为 1500～1700 mL；水果、畜禽肉、水产品等动物类食品、大豆及坚果类日推荐量都略微下调，如水果类由 200～400 g 调整为 200～350 g，畜禽肉由 50～75 g 调整为 40～75 g，水产品由 75～100 g 调整为 40～75 g。此外，食盐由 6 g 调整为小于 6 g。

每日水果的推荐摄入量最高值下降 50 g，并强调果汁不能代替水果。这与 WHO 对添加糖的限制要求保持了一致。

坚果在 2007 版中属于零食类食物，在 2016 版中与大豆类食物合并，同时推荐摄入量也有所下降，两者相加后每日为 25～35 g。为什么大豆可以经常吃，坚果要适量？因为坚果的油脂含量和能量都更高，选择坚果时一定要选择健康价值更高的，还要把握好量。

考虑到一天内不容易将畜、禽、鱼类和水产品全都吃到，因此新版以周为单位推荐动物性食物，这样如果今天吃的是禽肉，明天最好就换成水产品等。此外，新的研究认为蛋黄(包括其他食物中)的胆固醇对健康人血胆固醇的影响有限，考虑到蛋黄包含了鸡蛋一半以上的营养物质，因此 2016 版中特别强调吃鸡蛋时不要遗弃蛋黄。

提出控制添加糖的摄入量，特别是甜饮料、果汁、各种糕点、烹调用糖以及加工食品中的隐性糖。很多食物吃起来不甜，在配料表中却有糖、果葡糖浆等字样，这就是隐性糖。

“杜绝浪费，兴新食尚”这一条建议是 2016 版的一大改变。在食物本身之外，更加强调了饮食文化和社会效益。珍惜食物，按需备餐，提倡分餐不浪费。选择新鲜卫生的食物和适宜的烹调方式。食物制备生熟分开、熟食二次加热要热透。学会阅读食品标签，合理选择食品。

坚持日常身体活动，每周至少进行 5 天中等强度身体活动，累计 150 min 以上。每日 6000 步由原来的“身体活动”强调为“主动身体活动”，也就是说“在床上翻个身”这种不经意间的身体活动不能蒙混算数了，必须是主动进行的活动达到 6000 步以上。中等强度运动是指能达到最大心率(220 减去年龄)的 60%～70%的运动。例如，您 30 岁，参加一项运动后心率达到(220–30)×60%～(220–30)×70%，即 114～133 次，才能算是中等强度运动。

《中国居民膳食指南(2016)》为最大限度地满足人体营养健康需要提供了建议，是中国人的营养实践宝典。2016 版指南的亮点和特色是以平衡膳食模式和解决公共营养问题为主导，提高了可操作性和实用性，弘扬了新饮食文化，扩大了覆盖人群，兼顾科学性和科普性。

4. 膳食指南 2016 三大法宝

膳食指南 2016 三大法宝是指《中国居民平衡膳食宝塔(2016)》、《中国居民平衡膳食餐盘(2016)》和《中国儿童平衡膳食算盘(2016)》。

膳食宝塔是 2016 版膳食指南的主图形，如图 3-2 所示，具体体现了 2016 版膳食指南的核心推荐内容。膳食宝塔共分五层，宝塔各层面积大小不同，体现了五类食物推荐量的多少；宝塔旁边的文字注释提示了在能量需要量为 1600～2400 kcal 时，一段时间内健康成年人平均到每天的各类食物摄入量范围，还强调增加身体活动量和足量饮水的重要性。

《中国居民平衡膳食餐盘(2016)》和《中国儿童平衡膳食算盘(2016)》是 2016 版膳食指南的辅助图形，便于理解、记忆和实践。平衡膳食餐盘描述了一餐膳食的食物组成和大致重量比例，形象直观地展现了平衡膳食的合理组成与搭配。平衡膳食算盘是儿童膳食指南核心推荐内容的体现，简单勾画了儿童平衡膳食模式的合理组成搭配和食物摄入基本分数。

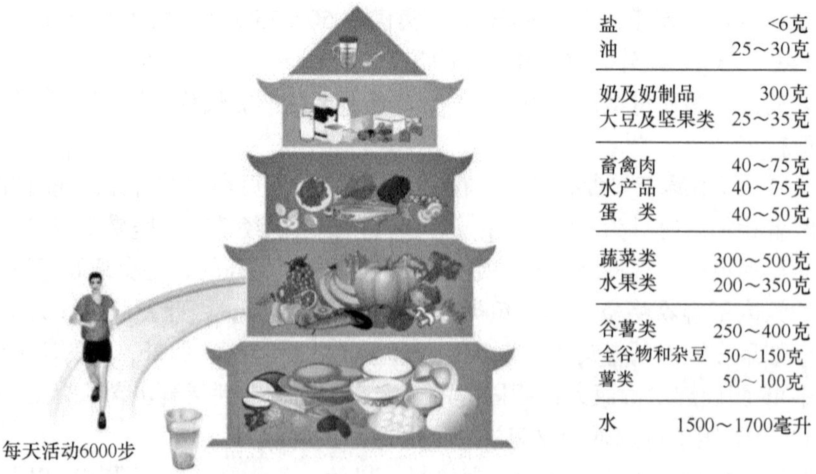

图 3-2 中国居民平衡膳食宝塔(2016)

3.3.2　中国居民膳食宝塔 2016

1. 什么是膳食宝塔

为了帮助大众把膳食指南的原则具体应用于日常膳食实践中，中国营养学会提出了“中国居民平衡膳食宝塔”(以下简称宝塔)。

宝塔是膳食指南的量化和形象化的表达，也是人们在日常生活中贯彻膳食指南的方便工具。

2. 膳食宝塔 2016 内容

宝塔共分五层，包含了人们每天应吃的主要食物种类。宝塔各层位置和面积不同，在一定程度上反映出各类食物在膳食中的地位和应占的比例。下面详述各层包含的食物种类和数量。

1) 宝塔第一层

第一层主要指谷薯类食物，包括粗细粮食、薯类及杂豆等食物。

粗粮也称全谷，即完整的含淀粉的植物种子，没有经过精制加工，种在地里能够发芽成苗。狭义的粗粮包括糙米、全麦、大麦、燕麦、黑麦、荞麦、小米、大黄米、高粱等。杂粮包括富含淀粉的杂豆和各种薯类，包括赤豆、绿豆、芸豆、干蚕豆、干豌豆和马铃薯、甘薯、山药、芋头等。广义的粗杂粮指除了细粮(精白米和精白面粉)外，其他所有含淀粉的粮食、豆类和薯类。

五谷为养，粗粮、杂粮的营养价值优于白米、白面。吃全谷杂粮能增加营养供应，因为全谷杂粮保留了天然谷物和杂粮的全部成分，是膳食纤维、B 族维生素、矿物质、抗性淀粉及其他营养素的来源(图 3-3)。

平衡谷薯类膳食，有利于降低肠癌风险；能摄入更多的防病保健成分，如可以预防糖尿病(图 3-4)；能帮助平衡激素水平；能帮助改善皮肤质量；有助于预防饭后困倦；能保障体力和思维能力。

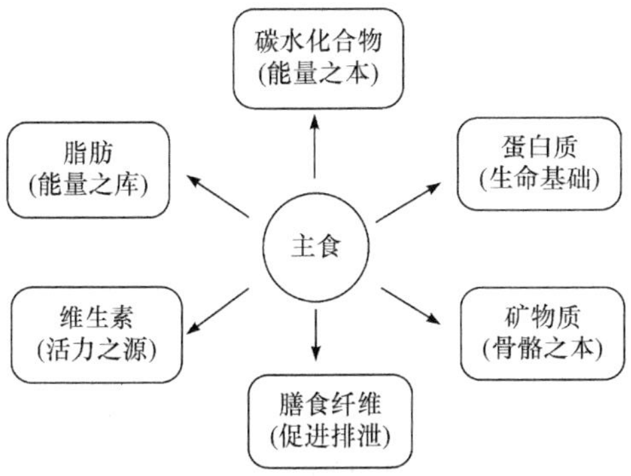

图 3-3　谷薯类食物平衡膳食示意图

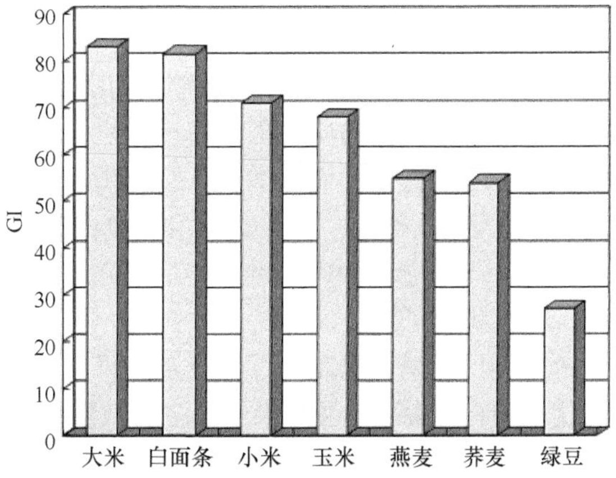

图 3-4　不同五谷杂粮血糖生成指数(GI)

2) 宝塔第二层

第二层是蔬菜类和水果类食物。蔬菜和水果是维生素、矿物质、膳食纤维、微量营养素和植物化学物质的重要来源。其各有各的特点，不能相互替代。

2003 年 WHO 在报告中指出，蔬菜和水果摄入少是导致死亡的十大危险因素之一。据估计，蔬菜和水果摄入不足会导致约 19% 的胃肠道癌症、31% 的缺血性心脏病、11% 的中风的发生。该报告还指出，已有充分证据表明蔬菜和水果可减少糖尿病的发病风险。

餐餐有蔬菜，新鲜蔬菜每人每天的摄入量应该达到 300～500 g。天然蔬菜胜过维生素片，蔬菜的营养素大多高于水果，青菜可延缓大脑衰老。膳食建议深色蔬菜应占 1/2，注意增加十字花科、菌藻类蔬菜的摄入。十字花科蔬菜 (如芥菜、芥蓝、水田芥) 具有抗癌性，深色蔬菜所含有的维生素特别是β-胡萝卜素等和矿物质比浅色蔬菜更加丰富，这主要是从促进健康、预防疾病的角度提出的建议。

每人每天摄入新鲜水果 200～350 g，吃水果不分时间，但要适量。许多人把多吃水果与健康饮食联系在一起，但专家指出，很多水果比较甜，含糖量高，能量也比较高，水果并不是吃得越多越好。

常见水果就是很好的营养品，如水果里的全能医生——苹果、养颜佳品——大枣、含钾高的香蕉等。

3) 宝塔第三层

第三层是畜禽肉、水产品、蛋类等动物性食物，这类食物属优质蛋白，每天适当摄入对维持机体的正常代谢非常必要。但过量易造成高脂、高胆固醇、高能量，对心脑血管的健康不利。

虽然还无法证明膳食中的胆固醇与血清胆固醇有显著关联，美国膳食指南咨询委员会在 2015 年建议不再对膳食中摄入的胆固醇提出上限，我国也已修改了膳食胆固醇参考量的标准，不再设定上限，但 2016 版指南特别强调应控制饱和脂肪酸的摄入，要求饱和脂肪酸提供的能量不超过总能量的 10%。对于老人，为了身体健康更应限制脂肪摄入，少吃肥肉、油炸食品。

动物脂肪和胆固醇是动物性食物不可避免的。专家指出，如果在摄入大量膳食胆固醇的同时，又伴随进食大量的饱和脂肪酸，那么它们对于血清胆固醇的影响就会显现出来。饱和脂肪酸多含于牛、羊、猪等(红肉类)动物的脂肪中。

另外，如果蛋白质的摄入超过了机体所需要的范围，多余的蛋白质就会被机体作为燃料消耗掉，不仅低效，而且增加肝肾负担。因此专家建议，改变膳食习惯优先选择白肉而非红肉，少吃肥肉与荤油，少食烟熏和腌制肉制品。白肉是指禽(两条腿的动物)肉和鱼肉，红肉是指畜 (四条腿的动物)肉。世界癌症研究基金会的建议是红肉的摄入量每周应少于 500 g。

4) 宝塔第四层

第四层是奶及奶制品、大豆及坚果类。多吃奶及奶制品，大豆和坚果适量。奶类富含钙及优质蛋白，大豆类及坚果富含多种微量营养素。推荐成人每天摄入 300 g 奶及奶制品，25～35 g 大豆及坚果类。每天一袋奶对儿童和老人预防佝偻病、成人软骨病、骨质疏松症非常必要。2016 版《中国居民膳食指南》突出了对奶类、大豆或豆制品的摄入要求，因为我国居民在这方面依旧摄入不足。

牛奶富含钙、钾、优质蛋白和 12 种维生素。适量喝奶好处多，能有效抑制肝脏制造胆固醇，是高血压的“天敌”。牛奶馒头更香更好吃是因为牛奶不仅能增加面筋的弹性，其中的氨基酸还能让酵母活性更高，产生更多的香气物质。值得注意的是，乳糖不耐受者不要空腹喝牛奶。

大豆被誉为蛋白质之星，含丰富的优质蛋白质、人体必需脂肪酸、B 族维生素、维生素 E 等营养素，且含有卵磷脂、低聚糖，以及异黄酮、植物固醇等多种植物化学物质。为保证蛋白质摄入量，同时防止过多消费肉类带来的不利影响，应多吃大豆及其制品。常见大豆制品有豆腐、豆浆等。

豆浆的钙含量虽只有牛奶的 1/10，但其具有独特的营养价值，如含有植物性保健成分，对预防多种慢性疾病均有帮助；含有维生素 E 和不饱和脂肪酸，不含胆固醇；含有膳食纤维。喝豆浆不会导致蛋白质过量，但痛风患者不建议大量喝豆浆。

5) 宝塔塔尖

宝塔塔尖(第五层)为盐和油。膳食指南核心推荐少油少盐。

中国居民的食盐摄入量普遍处于较高的水平，平均每人每天 12 g，比建议的健康摄入量(6 g)高出一倍。食盐(NaCl)中的钠离子是对血压有影响的主要成分。人群的血压水平和高血压的患病率均与食盐的摄入量密切相关。中国成年居民的高血压患病率为 25.2%。还有一些研究显示，长期摄入较大量的食盐有可能增加胃癌发病率，加重骨质疏松症等。尽量不吃或少吃含盐较高的食物及调味品，如 100 mL 酱油约含 15 g NaCl，100 g 黄酱约含 10 g NaCl，100 g 红腐乳约含 8 g NaCl，100 g 味精约含 21 g NaCl，100 g 榨菜约含 11 g NaCl。

油和盐摄入过多也是心脑血管疾病的诱因之一。烹调油有植物油和动物油，尽量使用植物油，尽量食用橄榄油、茶油等健康油。食用油有多种，每种植物油的脂肪酸构成不同，必需脂肪酸的含量不同，营养特点也不同，但是它们都能提供同样的能量，吃多了一样会能量过剩。虽然我国居民使用的烹调油以植物油为主，但用量很大，超过推荐量将近 1 倍。高脂肪膳食(包括摄入过多食用油)是高脂血症的独立危险因素，长期血脂异常可引起脂肪肝、动脉粥样硬化、冠心病、脑卒中、肾性高血压、胰腺炎、胆囊炎等。高脂肪膳食也是引发肥胖的主要原因，是引起糖尿病、高血压的危险因素。

值得说明的是，2019 年 7 月《健康中国行动(2019～2030 年)》对外公布，给出了合理膳食行动目标：提倡人均每日食盐摄入量不高于 5 g，成人人均每日食用油摄入量不高于 25～30 g，人均每日添加糖摄入量不高于 25 g，蔬菜和水果每日摄入量不低于 500 g 等，此部分在 3.1 节中述及。

6) 宝塔底座

2016 版指南把“吃动平衡、健康体重”概念提到了前面，在宝塔底部特别注明运动和饮水，主动身体活动最好每天 6000 步，每天饮水 1500～1700 mL。身体活动能有效地消耗能量，促进能量平衡和保持身体健康。水是食物消化吸收和营养输送的载体，饮水不足会对人体健康带来危害。

人体能量来源于碳水化合物、脂类、蛋白质三大营养素摄入后产生的能量，而人体的生长发育、基础代谢、身体活动则消耗能量。如果能量摄入大于消耗，长时间就形成肥胖；反之，能量消耗大于摄入，长时间就形成消瘦。正常情况下二者维持平衡，保持稳定的体重(图 3-5)。不注重生活方式，进食量大，身体活动却少，是导致我国超重和肥胖发生率增加的主要原因。

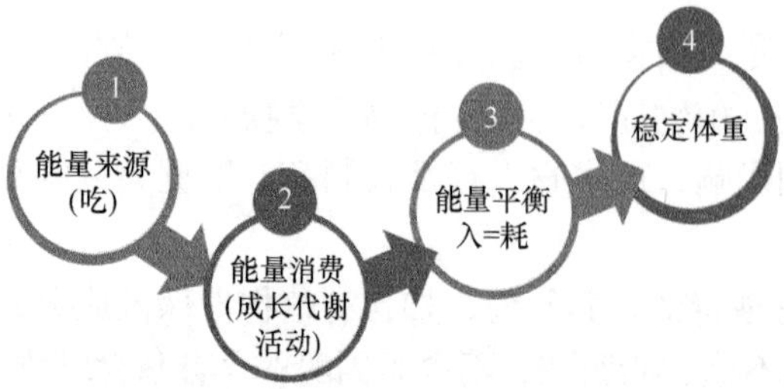

图 3-5 “吃动平衡、健康体重”图示

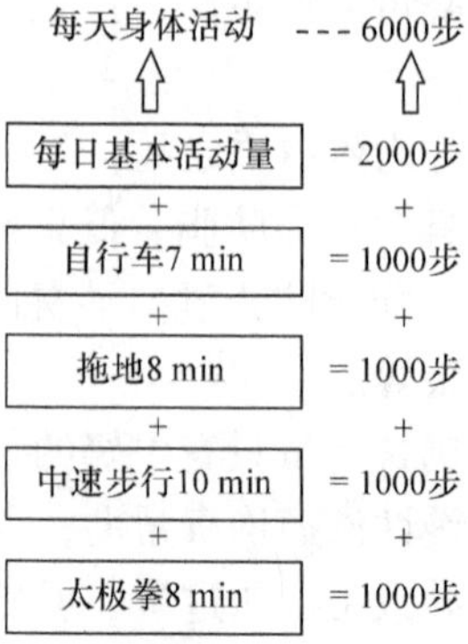

图 3-6 运动促进健康

民间有句俗语“管住嘴，迈开腿”，实际是“吃动平衡”的通俗表达。运动促进健康。每周 5～7 次、累计 150 min 以上中等强度的主动身体活动或运动，如快走、骑自行车、打乒乓球，甚至日常的家务如拖地等，都会起到预防慢性病的有益作用，而增加活动量，有益作用也会随之增强。提倡每天活动 6000 步，约每天 30 min 的活动量(图 3-6)，每周以 5 天计，即相当于一个 60 kg 体重的人每周消耗能量约 630 kcal。这个推荐量与国际上常见的推荐量相符。

《中国居民膳食指南(2016)》是根据营养学原理，紧密结合我国居民膳食消费和营养状况的实际情况制定的。其目标是指导广大居民合理选择食物，实践平衡膳食，积极运动，维持适宜体重，保持良好健康生活状态，预防和减少膳食相关慢性疾病的发生，提高居民整体健康素质。人人都应学习一些营养知识，树立科学的饮食观，从而达到增进健康和预防疾病的目的。

知识拓展：化学大事记

2018 年 1 月 9 日，中国营养学会妇幼营养分会官网上推荐发布了“备孕妇女、孕妇和乳母平衡膳食宝塔”(http://www.mcnutri.cn/Dietary/911800204.html)和“婴幼儿喂养指南关键推荐示意图/平衡膳食宝塔”(http://www.mcnutri.cn/Dietary/911800205.html)。

3.4 食品添加剂与健康

食品添加剂是食品工业的“灵魂”，没有食品添加剂就没有现代食品工业。食品添加剂在食品工业大发展中起了决定性作用，是食品工业的催化剂和基础，是食品加工和制造环节中不可或缺的一部分。食品添加剂的应用已渗透到食品加工的各个领域，推动了现代食品工业的蓬勃发展。然而，随着近年来食品安全问题频频曝光，食品添加剂受到广泛质疑。一遇到食品安全事件，人们就会想到食品添加剂，误以为食品安全问题是食品添加剂造成的，再加上个别媒体的不实报道，导致这种误解越来越深，认为食品添加剂危害人体健康，含有食品添加剂的食品都是垃圾食品。因此，应该对食品添加剂有全面、客观的认识。

3.4.1 食品添加剂概况

食品添加剂特指国家许可使用添加于食品中，用于改善食品品质、延长食品保存期、便于食品加工和增加食品营养成分的一类化学合成物质或者天然物质。

人类使用食品添加剂的历史悠久，我们的祖先使用的肉桂等香料，传统点豆腐的凝固剂(氯化镁或硫酸钙)等，一直流传至今。日常生活中炸油条使用的明矾、蒸馒头使用的小苏打等都是食品添加剂，已经有一千多年的历史。在唐朝就有用于腐乳的微生物发酵产生的红曲色素，《本草纲目》中对其有详细介绍。还有作为肉制品防腐和护色的亚硝酸盐，大约在 800 年前的南宋就已用于腊肉加工，并于公元 13 世纪传入欧洲。据了解，全世界的食品添加剂市场每年销售额高达 160 亿美元以上，世界各国使用的添加剂有 1 万多种。但是近几年食品安全问题成为社会热点，各种媒体争相报道，食品添加剂经常被牵扯其中，受到广泛质疑。民众的食品安全感越来越差，对食品添加剂的误解已经影响到经济的发展和社会的稳定，普及食品添加剂科学知识和相关法律法规到了刻不容缓的地步。

1. 食品添加剂及其分类

我国实施的《食品安全国家标准　食品添加剂使用标准》(GB 2760—2014)对食品添加剂的定义是：为改善食品品质和色、香、味，以及为防腐、保鲜和加工工艺的需要而加入食品中的人工合成或者天然物质。目前我国使用的食品添加剂多达 2000 余种，可以按照来源和功能不同进行分类。

(1) 按来源可分为三类：天然提取物，如辣椒红等；利用生物发酵制取的类天然物质，如柠檬酸等；用化学合成方法得到的化学合成物质，如苯甲酸钠等。

(2) 按功能可分为：防腐剂、抗氧化剂、着色剂、发色剂、漂白剂、调味剂、凝固剂、疏松剂、增稠剂、消泡剂、甜味剂、乳化剂、品质改良剂、拮抗剂、增味剂、保鲜剂、酶制剂、被膜剂、香料、营养强化剂等 23 类。

2. 食品添加剂的作用

民以食为天，食以“添”为“鲜”。没有食品添加剂，食品就没有如此丰富多彩的花色和品种，就不可能有良好的品质、诱人的口感、丰富的营养和保存质量。食品是否安全与添加剂有直接关系。食品添加剂对食品安全提供的是正能量，如果食品中没有食品添加剂，可能安全性没有保障。例如，带气泡的饮料中添加了二氧化碳，我国食品添加剂的卫生标准明确表明，二氧化碳的作用是防腐。如果没有二氧化碳作为防腐剂，汽水、啤酒等饮料的保质期就会大大缩短。

很多食品添加剂对人体是有益的。例如，点豆腐用的凝固剂含有钙、镁离子，是人体必需的微量元素。某些人工矿泉水为了补充镁离子而添加了硫酸镁，因为人体如果缺少镁元素可能会影响钙的吸收等。再如，维生素 C、维生素 B、维生素 D 等都属于食品添加剂。食品添加剂在食品生产中的作用主要包括以下几个方面。

1) 提高食品的储藏性，防止食品腐败变质

据报道，各种生鲜食品在采收后如果不能及时加工或加工不当，损失可达 20%～30%。例如，果酱、果泥等水分含量大，易发酵、霉变，在加工过程中必须添加防腐剂。防腐剂不仅能抑制微生物生长、延长食品货架期，还可以防止由微生物污染引起的食物中毒。

抗氧化剂可阻止或延缓食品氧化变质，提高食品的稳定性和储藏性，避免发生酸败，延长食品的保质期，同时可以阻止油脂自动氧化产物的形成。此外，抗氧化剂还可以抑制水果、蔬菜的酶褐变和非酶褐变。天然抗氧化剂还具有预防疾病发生和阻碍疾病发展的作用，被广

泛用于保健食品中。

2) 改善食品的感官性状和品质质量，增加食品的花色品种

食品的色、香、味、形、质是衡量食品质量的重要指标。食品在加工过程中有的褪色，有的变色，风味和质地都有可能改变，适当使用着色剂、发色剂、漂白剂、香精香料、乳化剂和增稠剂，可明显提高食品的质量。例如，着色剂可以赋予食品诱人的色泽；甜味剂、增味剂和香精香料可以赋予食品良好的风味；乳化剂、增稠剂、膨松剂等有利于食品加工成形，赋予食品松、软、酥、脆、黏等各种不同的口感。巧克力独特的风味和舒适的口感，方火腿又香又嫩、携带方便，这些都是食品添加剂的功劳。如果没有食品添加剂，也就没有果冻、软糖这类食品出现。

3) 便于食品的生产和流通

在食品加工中使用澄清剂、助滤剂和消泡剂有助于加工操作，有利于生产的机械化、连续化和自动化，推动食品工业迈向现代化。

4) 保持或提高食品的营养价值

食品防腐剂、抗氧化剂在防止食品腐败变质的同时，对保持食品的营养价值有重要作用。营养强化剂是指为增加营养成分而加入食品中的天然的或人工合成的属于天然营养素范围的食品添加剂。通过营养强化剂可以补充在食品加工、储藏过程中降低的营养成分，调整食品的营养构成，提高食品的营养价值。例如，婴幼儿配方奶粉中添加了婴幼儿生长发育所需的微量元素和维生素等营养成分，用以满足其成长过程中对这些营养素的需求。中国人膳食中钙、维生素 A 和核黄素缺乏，利用现代技术在某些食品中强化这些营养素，可以补充膳食中的摄入不足，改善国民的营养状况。

5) 满足其他特殊需要

营养强化剂等食品添加剂还具有机体免疫、防病保健、益智防衰等重要作用。从营养学角度可把人群分为婴幼儿、儿童、少年、青年、中年、老年，还有特殊职业者和慢性病患者等，不同的人群对营养的需求是不同的。例如，糖尿病患者不能食用蔗糖，但木糖醇等低热能的甜味剂可以满足糖尿病患者对甜味的需求。俗称“脑黄金”的二十二碳六烯酸(DHA)是大脑和视网膜的重要构成成分，添加到婴幼儿食品中可以促进视力和智力发育。

6) 提高经济效益和社会效益

在生产过程中使用稳定剂、凝固剂、絮凝剂等食品添加剂能降低原材料消耗、提高产品率，从而降低生产成本，提高经济效益。在生鲜食品中添加防腐剂，可以延长食品的货架期，避免过早腐烂变质造成的经济损失等。

3.4.2 常用食品添加剂

1. 防腐剂

防腐剂是最早使用的食品添加剂之一，用于防止因微生物引起的食品腐败变质，延长食品的保质期，也称抗菌剂或抗微生物剂。微生物引起食品变质可分为：细菌繁殖造成的食品腐败，霉菌代谢导致的食品霉变和酵母菌分泌的氧化还原酶促使的食品发酵。

用作食品防腐剂的要求是：符合国家卫生标准，与食品不发生化学反应，防腐效果好，对人体正常功能无影响，使用方便，价格低廉。现就日常生活中经常使用的防腐剂进行简单介绍。

1) 苯甲酸

苯甲酸俗名安息香酸，分子式为 $C_7H_6O_2$，相对分子质量 122.12，外观为白色有荧光的晶体。苯甲酸在酸性条件下对多种微生物(酵母菌、霉菌、细菌)有明显的抑菌作用。由于苯甲酸溶解度低，实际生产中大多使用其钠盐。苯甲酸钠的分子式为 $C_7H_5O_2Na$，相对分子质量 144.12，外观为白色颗粒或晶体粉末。

苯甲酸类防腐剂的防腐作用机理是用其未解离的分子发生作用。苯甲酸的亲油性强，易通过细胞膜进入细胞内，干扰霉菌和细菌等微生物细胞的通透性，阻碍细胞膜对氨基酸的吸收。进入细胞内的苯甲酸分子可酸化细胞内的储碱，抑制微生物细胞内的呼吸酶系的活性，从而起到防腐作用。此类防腐剂通常使用在酱油、果酱、酱菜、腐乳和一些饮料食品中。

2) 山梨酸及其盐类

山梨酸也称花楸酸，化学名称为 2,4-己二烯酸，分子式为 $C_6H_8O_2$，相对分子质量 112.13。外观为无色针状结晶或白色晶体粉末。山梨酸为酸性防腐剂，具有较高的抗菌性能，对酵母菌、霉菌、细菌均有明显的抑制作用，而毒性仅为苯甲酸的 1/4，通常使用在果脯、肉制品等食品中。

山梨酸钾的分子式为 $C_6H_7O_2K$，相对分子质量 150.22，通常为白色至浅黄色结晶或晶体粉末。食用后可参与体内正常新陈代谢，一般对人体无害。其每日允许摄入量(acceptable daily intake，ADI)为 0～25 $mg \cdot kg^{-1}$(体重)。

3) 对羟基苯甲酸酯类

对羟基苯甲酸酯类又称尼泊金酯类，包括对羟基苯甲酸乙酯、对羟基苯甲酸丙酯、对羟基苯甲酸异丙酯、对羟基苯甲酸丁酯和对羟基苯甲酸异丁酯等。可用于酱油、醋、清凉饮料(汽水除外)、果品调味剂、水果及蔬菜、腌制品等。

我国食品添加剂使用卫生标准规定，对羟基苯甲酸甲酯、对羟基苯甲酸乙酯、对羟基苯甲酸丙酯可以应用于多种食品中，用量在 0.012～0.5 $g \cdot kg^{-1}$ 之间(以对羟基苯甲酸计)。

美国、欧洲各国主要使用尼泊金甲酯、尼泊金乙酯和尼泊金丙酯，尼泊金庚酯在美国也应用于饮料酒中。日本主要使用尼泊金丁酯。尼泊金酯与目前的几种化学防腐剂相比，有用量较少、成本较低、安全性好、抑菌范围广、在较宽 pH(4～8)内有效等优点，还可以与多种酯混合或与相应尼泊金酯钠盐复配，不仅可以提高溶解度，还由于它们之间存在协同作用而具有更好的防腐能力。

4) 丙酸钠、丙酸钙

丙酸钠和丙酸钙都是酸性防腐剂，通过在酸性环境中生成的未解离的丙酸起防腐作用。丙酸钠对防止霉菌有良好的效果，但对细菌抑制作用较小，且对酵母菌无作用。丙酸钠可用于乳酪制品防霉，也可用于面包发酵过程抑制杂菌生长。丙酸钙抑菌的有效剂量较丙酸钠小，能抑制面团发酵时枯草杆菌的繁殖。丙酸钠和丙酸钙适合于面包和糕点的保鲜，使用丙酸钙可补充食品中的钙质，具有营养强化剂的功能。

5) 双乙酸钠

双乙酸钠简称 SDA，为乙酸钠和乙酸的分子复合物，呈白色吸湿性结晶粉末或结晶状固体。双乙酸钠是一种广谱、高效、无毒的防腐剂，对细菌和霉菌有良好的抑制能力。双乙酸钠对粮食、谷物有极好的防霉效果，用于面包、蛋糕的防霉，可以完全代替丙酸钙。

研究表明，双乙酸钠主要通过有效地渗透入霉菌的细胞壁而干扰酶的相互作用，从而抑制霉菌的产生，达到高效防霉和防腐等功能。双乙酸钠对黑曲霉、黑根霉、黄曲霉、绿色木霉的抑制效果优于山梨酸钾。

6) 乳酸链球菌素

乳酸链球菌素别名乳酸链球菌肽或乳链菌肽，是研究较为成熟的天然防腐剂。由 34 个氨基酸残基组成，通过二硫键形成 5 个内环。其活性分子常为二聚体(相对分子质量约 7000)或四聚体(相对分子质量约 14000)。

乳酸链球菌素能抑制大部分革兰阳性菌、耐热腐败菌等，但对酵母菌和霉菌无效。常用于干酪、奶油制品、罐头、高蛋白制品的防腐，使用时一般先溶于 0.02 $mol \cdot L^{-1}$ 的 HCl 溶液后再加入食品中，现配现用，以保证其活性。

7) 亚硝酸钠

亚硝酸钠不仅可使肉制品色泽红润，还可抑菌、保鲜、防腐。亚硝酸根离子进入肉类后生成少量很不稳定的亚硝酸，亚硝酸分解生成的 NO 和肌红蛋白反应生成亮红色的亚硝基肌红蛋白。近年来发现，亚硝酸盐能与多种氨基化合物(主要来自蛋白质分解)反应，产生致癌的 *N*-亚硝基化合物，如亚硝胺等。亚硝胺是国际公认的致癌物，动物实验表明，长期小剂量使用或一次摄入足够量都有致癌作用。但是在没有理想替代品之前，可将亚硝酸钠用量限制在最低水平。

2. 抗氧化剂

抗氧化剂的主要功能是防止或减缓食品氧化，提高食品的稳定性，避免发生酸败，延长食品的保质期。除微生物引起腐败外，氧化也是食品变质的一个重要因素，特别是油脂和含油食品。油脂氧化轻则产生异味，重则产生有毒物质，食用后引起胃肠道疾病或引起食物中毒，危害人体健康；其他食品氧化则引起食品褐变、褪色、维生素破坏等，大大降低食品的营养价值。氧化过程中氧代谢产生的氧自由基会对细胞造成严重破坏，损伤 DNA 并引发心脑血管病变、多种炎症和恶性肿瘤，也是造成人体衰老的重要原因。抗氧化剂特别是天然抗氧化剂具有预防疾病发生和阻碍疾病发展的作用，被广泛用于保健品，甚至可作为治疗某些疾病的潜在药物。抗氧化剂按照溶解性可分为两大类。

1) 脂溶性食品抗氧化剂

脂溶性食品抗氧化剂常用于油脂类的抗氧化，主要有丁基羟基茴香醚、二丁基羟基甲苯、没食子酸丙酯、特丁基对苯二酚、维生素 E 等。

(1) 丁基羟基茴香醚，又名叔丁基-4-羟基茴香醚、丁基大茴香醚，简称 BHA(tert-butyl-4-hydroxyanisole)，为两种成分 3-BHA 和 2-BHA 的混合物。分子式为 $C_{11}H_{16}O_2$，相对分子质量为 180.25。丁基羟基茴香醚的抗氧化作用是由它放出氢原子阻断油脂自动氧化而实现的。可用于食用油脂、油炸食品、干鱼制品、饼干、方便面、速煮米、果仁罐头、腌腊肉制品、早餐谷类食品，其最大使用量为 0.2 $g \cdot kg^{-1}$。

(2) 二丁基羟基甲苯(dibutylated hydroxy toluene，BHT)，别名为抗氧剂 264，化学名称为 2,6-二叔丁基-4-甲基苯酚，分子式为 $C_{15}H_{24}O$，相对分子质量为 220.34。作为抗氧剂，能够与自动氧化中的链增长自由基反应，消灭自由基，从而使链式反应终止。二丁基羟基甲苯在抗氧化过程中既可以作为氢的给予体，也可以作为自由基俘获剂。

(3) 没食子酸丙酯(propyl gallate，PG)，又名棓酸丙酯，化学名为 3,4,5-三羟基苯甲酸丙酯，作为一种常见的油溶性抗氧化剂已被广泛应用于油脂及含油食品、油炸食品、肉类食品、花粉食品、化妆品等。

(4) 特丁基对苯二酚(tertiary butyl hydroquinone，TBHQ)，又名叔丁基对苯二酚，是一种抗氧化剂，为白色粉状结晶，有特殊气味。可用于食用油脂、油炸食品、干鱼制品、饼干、方便面、速煮米、干果罐头、腌腊肉制品、烘炒坚果食品等。

(5) 维生素 E 又称生育酚，广泛存在于植物组织的绿色部分和禾本科种子的胚芽中，如小麦、玉米、菠菜、芦笋、茶叶及植物油。在植物油精制过程中可回收大量精制维生素 E 混合物。其抗氧化性好、使用安全，主要用于婴儿食品、奶粉等。

2) 水溶性食品抗氧化剂

水溶性食品抗氧化剂常用于食品色泽的保持和果蔬的抗氧化，主要有抗坏血酸(盐)、异抗坏血酸(盐)、乙二胺四乙酸二钠、植酸、茶多酚等。

茶多酚也称维多酚、茶单宁、茶鞣质，是茶叶中所含的一类多酚化合物，主要包括儿茶素、黄酮醇、花色素、酚酸等，其中儿茶素占总量的 60%～80%。儿茶素具有很强的供氢能力，能与脂肪酸自由基结合，终止自由基的链反应，同时可螯合金属离子，结合氧化酶。茶多酚无毒，对人体无害，除抗氧化性外，还能杀菌消炎，强心降压。添加在饮料中可防止维生素 A、维生素 C 等多种维生素降解，保护其中的营养成分。

3. 膨松剂

膨松剂也称疏松剂，商品名为泡打粉、吉士粉、发酵粉，用于焙烤食品的生产。其作用原理是通过酵母发酵产气，或在焙烤、油炸过程中的化学膨松剂受热分解产生气体，从而使面胚起发，体积胀大，内部形成均匀致密的海绵状多孔组织，使食品具有酥脆、疏松和柔软等特征。常用的膨松剂有：

(1) 碱性膨松剂，如碳酸氢钠、碳酸氢铵等。

(2) 酸性膨松剂，如明矾、磷酸氢钙、酒石酸氢钾。

(3) 复合膨松剂，如发酵粉等。

(4) 生物膨松剂，如酵母等。

膨松剂对人体毒性较小，少量摄入一般对人体无影响，一般不限制每日允许摄入量。但含铝的膨松剂应限量使用，如明矾会给人带来潜在的危害，特别是对大脑正处于发育期的儿童，易导致神经系统发育障碍，另外促进阿尔兹海默病的发生。碳酸氢钠是钠的来源，高血压、心脏病患者要尽量少吃含碳酸氢钠膨松剂的食品，以免钠摄入过量。

目前市场上的无铝膨松剂是由食用碱、柠檬酸、葡萄糖酸内脂、酒石酸氢钾、磷酸二氢钙等混合制成。无铝复合膨松剂安全、高效、方便，适应消费者的要求，是近年来膨松剂的主要发展趋势。

4. 甜味剂和鲜味剂

甜味剂是指赋予食品以甜味的食品添加剂，其甜度是蔗糖的数十倍到数百倍。甜味剂按来源可分为天然甜味剂(如木糖醇等)和人工合成甜味剂(如糖精钠等)。按化学结构和性质分为糖类和非糖类甜味剂，按营养价值分为营养型和非营养型甜味剂。

木糖醇是一种多元糖醇，也是天然的功能性甜味剂，主要生理功能类似低聚糖。木糖醇存在于多种水果和蔬菜中，工业上主要从玉米芯、甘蔗渣等植物中提取，其甜度与蔗糖相当。目前市售有含木糖醇的口香糖、奶糖、糕点、饮料和营养品。

木糖醇作为一种功能性甜味剂，具有热量低、代谢速度快，不会引起血糖升高的特点，但是木糖醇也并非多多益善。木糖醇不能被人体内的胃酶分解，直接进入肠道，易造成渗透性腹泻。

5. 增味剂

增味剂也称鲜味剂，是补充或增强食品原有风味的食品添加剂。生活中常用的味精就是一种鲜味剂，其化学名为L-谷氨酸钠。1908年日本人池田发现海带鲜味的本质是L-谷氨酸，数年后采用水解面筋法实现了 L-谷氨酸的工业化生产，目前绝大多数味精采用发酵法生产。研究发现，当味精长期受热或加热到150℃以上时，会因分子内脱水生成有毒无鲜味的焦性谷氨酸，因此在烹调时要注意加入味精的时间和温度，避免长时间加热。

6. 着色剂

着色剂也称食用色素，是使食品着色和改善食品色泽的食品添加剂。目前使用的食用色素有天然和合成两类。

(1) 天然食用色素多是从植物中提取的，也包括来自动物和微生物的一些色素。植物色素，如甜菜红、姜黄、胡萝卜素、叶绿素等。动物色素，如紫胶红、胭脂虫红等。微生物类色素，如红曲红等。

(2) 合成食用色素主要指用人工合成方法所制得的有机色素。偶氮色素类，如苋菜红、日落黄、柠檬黄等。非偶氮色素类，如赤藓红、亮蓝、靛蓝等。

天然着色剂不仅安全，许多还具有一定的营养价值和生理活性。例如，广泛用于果汁饮料的β-胡萝卜素，不仅是维生素 A 原，还具有很显著的抗氧化、抗衰老等保健功能。用于各种食品着色的红曲红色素还具有明显的降血压作用。

3.4.3 食品添加剂的安全使用

根据消费者调查显示，超过80%的人认为食品安全问题是由食品添加剂造成的。事实上，迄今在我国对人体健康造成危害的食品安全事件中，没有一起是由合法适量使用食品添加剂引起的。

有食品专家断言："不加任何食品添加剂的加工食品，不可能是优质的、安全的食品。"食品添加剂对食品提供了必不可少的安全保障。日常生活中微生物时时刻刻都在和人类争夺食品中的营养物质，空气中的氧气随时都可以使食物中的营养成分氧化变质。没有防腐剂、抗氧化剂，由食物腐败变质引起的食源性疾病就不可避免。

1. 食品添加剂的使用原则

关于食品添加剂的使用，世界各国都有严格的规范和标准。我国规定食品添加剂的生产、使用、安全、管理都必须遵循《中华人民共和国食品安全法》(简称《食品安全法》)，而且规定食品添加剂必须是技术上确实有必要使用，并经过风险评估证明安全可靠，才可以列入相关标准。

国家对食品添加剂的生产实行许可制度，未列入卫生部公告名单的新食品添加剂和营养强化剂，和已列入的需扩大使用范围和使用剂量的，必须向卫生部申报，并向国务院授权负责食品安全风险评估的部门提交相关产品的安全性评估材料。因此，经过严格风险评估的食品添加剂在国标规定的剂量和范围内使用都是安全的。食品添加剂选用原则如下：

(1) 食品添加剂对食品的营养素不应有破坏作用，也不得影响食品的质量和风味。

(2) 食品添加剂不得用于掩盖食品腐败变质等缺陷。

(3) 选用的食品添加剂应符合相应的质量指标，用于食品后不得分解产生有毒物质。

(4) 食品添加剂加入食品中后能被分析鉴定出来。

(5) 食品添加剂价格低廉，来源充足。

(6) 使用方便、安全，易于储存、运输和处理。

2. 食品添加剂使用中存在的问题

食品添加剂成为食品安全事件的“替罪羊”，是由公众对食品添加剂缺乏准确、科学、系统的认知造成的，同时与不法商贩误用、滥用有关。

1) 民众对食品添加剂认识的三大误区

(1) 非法添加物等同于食品添加剂。

(2) 大量或长期食用含食品添加剂的食品对身体有害。

(3) 不含任何食品添加剂的食品更安全。

我国《食品安全法》中有明确规定，只有列入《食品安全国家标准　食品添加剂使用标准》(GB 2760—2014)的添加剂才可称为食品添加剂，才是允许使用的。除此之外添加的均为非法添加物，如苏丹红、瘦肉精、三聚氰胺等均属于非法添加物，是不允许使用的。民众之所以对添加剂印象不好，就是把非法添加到食品中的有毒有害物质和食品添加剂混为一谈。

在食品添加剂的安全评价中，是以保证“大量”或“长期”食用含添加剂的食品安全作为科学依据。因此，只要没有超剂量、超范围和重复使用食品添加剂，也没有用工业品代替食品级添加剂，严格按标准使用，安全性是不足为虑的。

商家为了迎合消费者的心理，宣传“本品不含任何食品添加剂”，其实是对消费者的误导和欺骗。现代食品中常含有食品添加剂，如肉类、花生等食品，如果没有防腐剂，不久就会产生肉毒杆菌和黄曲霉毒素，这些毒素会给人带来生命危险，其危害远比防腐剂大百倍。

2) 食品添加剂的滥用问题

尽管世界各国把食品添加剂的安全问题放在首要位置，制定了严格的添加规范和使用标准，但滥用食品添加剂的现象在一些食品加工企业尤其是小作坊中大量存在。

(1) 超剂量使用食品添加剂。曾发现在面粉中有超限量 5 倍的过氧化苯甲酰，在腌菜中有超标准 20 多倍的苯甲酸。

(2) 超范围使用食品添加剂。2011 年 3 月媒体揭露上海多家超市的玉米面馒头系染色制成，生产商承认使用柠檬黄是为了造成以玉米面为原料生产的假象。柠檬黄是食品着色剂，但使用范围中没有小麦粉及其制品、发酵面制品及面制品。

(3) 工业品滥用。1955 年，日本森永乳业公司使用含砷的 Na_2HPO_4 作为乳汁稳定剂加入牛奶中生产奶粉，结果有一万多名婴幼儿中毒，其中 130 人因脑麻痹症而死亡。这种含砷的磷酸氢钠与食品添加剂在外观上无差异。酸奶和冰激凌里的明胶是通过动物骨头或皮提炼而成，主要用作增稠剂。但不法商贩在酸奶及一些药用胶囊生产中，用工业明胶代替食品级明胶，就属于非法添加。另外，众所周知的苏丹红、吊白块、三聚氰胺等均属于滥用非食品加工用化学添加物。

(4) 重复使用食品添加剂。食品中添加了苯甲酸钠，又添加山梨酸钾，使防腐剂过量；儿童奶粉中过量添加强化剂使碘超标等。

(5) 使用食品添加剂进行伪造或掺假。用矿物油使大米、瓜子增亮；在质量低劣或腐败食品中添加着色剂；用 SO_2 处理变质米粉、生产粉丝等。

3.4.4 科学选用食品

1. 食品标签识别

购买食品首先要读懂食品标签。掌握食品标签与标识的正确识别方法，不仅可以了解食品的质量特征、安全特性、食用方法等，还可以通过查看标签鉴别伪劣食品。如果发现并证实标签的标识与实际品质不符，可以依法投诉并获得赔偿。

1) 查看标签内容是否齐全

食品外包装上应该标明食品名称、规格、净含量、成分或配料表，生产厂家、地址、联系方式、生产日期和保质期，产品标准代号、储存条件、食品生产许可证编号，所使用的食品添加剂在国家标准中的通用名称，以及法律法规或食品安全标准规定应该标明的其他事项。

2) 查看标签内容是否清晰完整

食品标签中的所有内容应清晰醒目，便于消费者在选购时识读和辨认，不得在流通环节中变得模糊甚至脱落，更不得与包装容器分开。

3) 查看标签内容是否科学规范

食品标签上的语言、文字、图形、符号必须准确科学，符合《预包装食品标签通则》要求。标签上必须标示的文字和数字的高度不得小于 1.8 mm；食品标签的汉字必须是规范的汉字，不得使用不规范的简化字和淘汰的异体字；同时使用的汉语拼音或少数民族文字、外文必须与汉字有严密的对应关系，外文不得大于相应的汉字；净含量与食品名称必须标注在包装物或包装容器的同一视野，便于消费者识别和阅读。

4) 查看标签内容是否真实

食品标签的所有内容不得以错误的、容易引起误解或欺骗性的方式描述或介绍。《食品安全法》及其相关法律明确规定食品不得加入药品，食品不得宣传疗效，一些产品标签上违法标注对某些疾病有预防或治疗作用，如延年益寿、返老还童、抗癌治癌等虚假内容。还有一些地下食品加工厂的标签上地址不详，联系电话打不通。

2. 标签内容的理解

1) 食品名称和类别

食品名称必须反映食品的真实属性，通过食品标签上标明的食品名称可以区别食品的内涵和质量特征。例如，甜牛奶和甜牛乳饮料就是属性完全不同的两种产品，营养价值和生产成本也不相同。前者属性是牛奶，是指在牛奶中加糖的产品；后者属性是乳饮料，是在牛奶中加水、加糖，且水的比例大于牛奶，蛋白质含量大于 1% 即可。同样果汁、果汁饮料和果味饮料也不是一个概念，果汁中的果汁含量达 100%，果汁饮料中果汁含量需大于 10%，果味饮料中果汁含量只需大于 5% 即可。

标签上标明的食品类别是国家许可的规范名称，能反映出食品的本质。例如，盒装饮料上注明咖啡乳，究竟是饮料还是牛奶产品？如果标签上的食品类别项目注明是调味牛奶，就是在牛奶中加了咖啡和糖，而不是在水中加了糖、增稠剂、咖啡和少量牛奶。如果是后者，那么在食品类别上就属于乳饮料，而不属于牛奶。

2) 正确理解配料表

按照食品用料量递减的标示原则，食品配料表按顺序标示了食品的原料、辅料、食品添加剂等信息。查看配料表不仅可以了解食品的原料组成，还可以了解各原料的加入量。例如，某麦片产品的配料表上写着“米粉、蔗糖、麦芽糊精、燕麦、核桃……”，说明其中的米粉含量最高，蔗糖次之，其中的燕麦和核桃都很少。如果产品的配料表上写着“燕麦、米粉、蔗糖、麦芽糊精、核桃……”其品质显然会好得多。

目前对食品添加成分的标注也有严格要求，不能简单用色素、甜味剂等模糊的名称，而必须注明其具体名称，标出添加了哪种食品添加剂，消费者可根据自己的情况来选择。例如，糖尿病患者可以选择一些添加人工甜味剂的食品来满足特殊需求。

3) 营养素含量、净含量和固形物含量

标签上的营养成分表显示该食品所含的能量、蛋白质、脂肪、碳水化合物等食物营养的基本信息，有助于人们了解食品的内在质量和特征，帮助人们进行科学选择、有效控制、平衡营养、合理膳食。

从净含量或固形物含量上可以识别食品的数量及价值。特别是含有固液两种物态的食品，如糖水梨罐头或包冰的冷冻虾仁，除标示净含量外，还应标示固形物含量。在购买此类食品时要重点查看固形物含量。

4) 生产日期和保质期

从生产日期和保质期可以识别食品的新鲜程度，因此在选购食品时应注意查看标签上的生产日期和保质期是否清晰，有没有另外加标签、补标签和篡改迹象，是否过期等。

保质期是指可以保证产品具备出厂时的应有品质的时间，过期产品品质有所下降，但很可能仍然能够安全食用。保存期或最后食用期限则表示超过这个日期便不能保障食用的安全性。

在保质期之内，应当选择距离生产日期最近的产品。虽然没过保质期意味着食物仍具有安全性和口感，但毕竟随着时间的延长，其中的营养成分或保健成分含量可能会有不同程度的降低。例如，某种酸奶的保质期是 14 天，但即便在冰箱中储藏，其中的乳酸菌活菌数量也在不断下降，所以最好选择距离生产日期最近的酸奶。

5) 进口食品标签识别

(1) 查看进口商品是否有中文标签。《中华人民共和国食品安全法》2015 年修订版第九十七条规定：进口的预包装食品，食品添加剂应当有中文标签；依法应当有说明书的，还应当有中文说明书。标签、说明书应当符合本法以及我国其他有关法律、行政法规的规定和食品安全国家标准的要求，并载明食品的原产地以及境内代理商的名称、地址、联系方式。预包装食品没有中文标签、中文说明书或者标签、说明书不符合本条规定的，不得进口。

(2) 查看进口商品是否有激光防伪的 CIQ 标志。CIQ 标志是中国出入境检验检疫标识，其式样为圆形，直径 10 mm。正面文字为“中国检验检疫”及其英文缩写“CIQ”，背面加注 16 位数码流水号。中文标签应具备以下信息：产品名称、原产国或地区、经销商的名称和地址、内装物量、日期标注、必要的安全警告和使用指南等。

(3)查看进口食品卫生证书。该证书是检验检疫部门对进口食品检验检疫合规后签发的，证书上注明进口食品包括生产批号在内的详细信息，是进口食品的“身份证”，必须查看，确保货证相符。

3. 食品质量安全标志

食品质量安全标志是表明食品符合质量安全基本要求的标志。通过查看各种食品质量安全标志可以了解食品安全的档次，是最重要的选购依据。

1) 食品市场准入标志

食品质量安全市场准入制度由原国家质检总局统一制定并于 2002 年推出。食品市场准入标志由质量安全英文(quality safety)字头“QS”和“质量安全”中文字样组成。标志主色调为蓝色，字母“Q”与“质量安全”四个中文字样为蓝色，字母“S”为白色[图 3-7(a)]。食品市场准入标志的式样、尺寸及颜色都有具体的制作要求。

(a) 食品市场准入标志　(b) 有机食品标志　(c) 绿色食品标志　(d) 无公害农产品标志

图 3-7　食品标志

依据相关法规，食品生产加工企业在食品外包装上加贴 QS 标志必须具备三个条件：

(1) 属于原国家质检总局按照规定程序公布的，实行食品质量安全市场准入制度的食品。

(2) 从事该食品生产的企业已经取得《食品生产许可证》并在有效期内。

(3) 出厂的食品经检验合格。

食品生产许可证编号由 SC(“生产”的汉语拼音字母缩写)和 14 位阿拉伯数字组成。数字从左至右依次为：3 位食品类别编码、2 位省(自治区、直辖市)代码、2 位市(地)代码、2 位县(区)代码、4 位顺序码、1 位校验码。

新获证及换证食品生产者应当在食品包装或标签上标注新的食品生产许可证编号，不再标注 QS 标志。食品生产者存有的带有 QS 标志的包装和标签，可继续使用完为止。2018 年 10 月 1 日起，食品生产者生产的食品不得再使用原包装、标签和 QS 标志。使用原包装、标签、标志的，在保质期内可以继续销售。

2) 有机食品标志

有机食品是从英文 organic food 直译的，指来自于有机农业生产体系，根据国际有机农业生产要求和相应的标准生产加工的，并通过独立的有机食品认证机构认证的农副产品，包括粮食、蔬菜、水果、奶制品、禽畜产品、蜂蜜、水产品、调料等。有机食品需要符合以下条件：

(1) 原料必须来自于已建立的有机农业生产体系，或是用有机方式采集的野生天然产品。

(2) 产品在整个生产过程中严格遵循有机食品的加工、包装、储藏、运输标准。

(3) 生产者在有机食品的生产和流通过程中，有完善的质量控制和跟踪审查体系，有完整的生产和销售记录档案。

(4) 必须通过独立的有机认证机构认证。

有机食品标志[图 3-7(b)]采用人手和叶片为创意元素：一只手向上持着一片绿叶，寓意人类对自然和生命的渴望；两只手一上一下握在一起，将绿叶拟人化为自然的手，寓意人类的生存离不开大自然的呵护，人与自然需要和谐美好的生存关系。有机食品概念的提出正是这种理念的实际应用。人类的食物从自然中获取，人类的活动应尊重自然的规律，这样才能创造一个良好的可持续发展空间。

有机食品与其他食品的区别主要有三个方面：

(1) 有机食品在生产加工过程中绝对禁止使用农药、化肥、激素等人工合成物质，并且不允许使用基因工程技术。

(2) 有机食品在土地生产转型方面有严格规定。考虑到有些物质在环境中会残留相当一段时间，土地从生产其他食品到生产有机食品需要 2～3 年的转换期，而生产绿色食品和无公害食品则没有转换期的要求。

(3) 生产有机食品在数量上进行严格控制，要求定地块、定产量，生产其他食品没有如此严格的要求。

因此，有机食品是一类真正源于自然、富营养、高品质的环保型安全食品。

3) 绿色食品标志

绿色食品标准分为两个技术等级：A 级绿色食品标准和 AA 级绿色食品标准。A 级绿色食品标准要求，生产地的环境质量符合《绿色食品产地环境质量标准》，生产过程中严格按绿色食品生产资料使用准则和生产操作规程要求，限量使用限定的化学合成生产资料。AA 级绿色食品标准要求，生产地的环境质量符合《绿色食品产地环境质量标准》，生产过程中不使用化学合成的农药、肥料、食品添加剂、饲料添加剂、兽药及有害于环境和人体健康的物质。按照农业部发布的行业标准，AA 级绿色食品等同于有机食品。从本质上讲，绿色食品是从普通食品向有机食品发展的一种过渡性产品。

绿色食品是遵循可持续发展原则，按照特定生产方式生产，并经权威机构认定，许可使用专门标志的无污染的安全、优质的营养类食品。绿色食品必须同时具备以下条件：

(1) 产品或产品原料产地必须符合农业部制定的绿色食品生态环境标准。

(2) 农作物种植、畜禽饲养、水产养殖及食品加工必须符合农业部制定的绿色食品的生产操作规程。

(3) 产品必须符合绿色食品质量和卫生标准。

(4) 产品外包装必须符合国家食品标签通用标准，符合绿色食品特定的包装和标签规定。

根据中国绿色食品发展中心有关人士介绍，防伪标签是绿色食品产品包装上必备的特征，既可防止企业非法使用绿色食品标志，也便于消费者识别。绿色食品标志防伪标签采用了以造币技术中的网纹技术为核心的综合防伪技术。标签用指定颜色印有标志及产品编号，背景为各国货币通用的细密实线条纹图案。防伪标签的发放数量受到监管，以控制企业产量，从而避免企业取得标志使用权后扩大产品使用范围及产量。

绿色食品标志[图 3-7(c)]是由绿色食品发展中心在国家工商行政管理总局商标局正式注册的质量证明标志。它由三部分构成，即上方的太阳、下方的叶片和中心的蓓蕾，象征自然生态；颜色为绿色，象征着生命、农业、环保；图形为正圆形，意为保护、安全。AA 级绿色食品标志字体为绿色，底色为白色；A 级绿色食品标志字体为白色，底色为绿色。整个图形描绘了一幅明媚阳光照耀下的和谐生机，告诉人们绿色食品是出自纯净、良好生态环境的安全、无污染食品，能给人们带来蓬勃的生命力。提醒人们保护环境，创造自然界新的和谐。识别绿色食品应通过四位一体的外包装。四位一体是指：图形商标、文字商标、绿色食品标志许可使用编号和绿色食品防伪标签同时使用在一个包装产品上。绿色食品标志的使用期限为三年。

4) 无公害农产品标志

无公害农产品是指产地环境符合无公害农产品的生态环境质量，生产过程符合规定的农产品质量标准和规范，有毒有害物质残留量控制在安全质量允许范围内，安全质量指标符合《无公害农产品(食品)标准》的农、牧、渔产品(食用类，不包括深加工的食品)，经专门机构认定，许可使用无公害农产品标识的产品。

广义的无公害农产品包括有机农产品、自然食品、生态食品、绿色食品、无污染食品等。除有机农产品外，这类产品生产过程中允许限量、限品种、限时间地使用人工合成的安全的化学农药、兽药、肥料、饲料添加剂等。无公害农产品符合国家食品卫生标准，但比绿色食品和有机农产品标准要宽。无公害农产品是保证人们对食品质量安全最基本的需要，是最基本的市场准入条件，普通食品都应达到这一要求。

无公害农产品认证采取产地认定与产品认证相结合的方式，产地认定主要解决产地环境和生产过程中的质量安全控制问题，是产品认证的前提和基础，产品认证主要解决产品安全和市场准入问题。无公害农产品由农业部门认证，对申报种植业、畜牧业无公害农产品项目进行审核，审核其产地环境、生产过程、产品质量是否符合农业部无公害农产品相关标准和规范的要求。其标志的使用期限为三年。

全国统一无公害农产品标志标准颜色由绿色和橙色组成。标志图案[图 3-7(d)]主要由麦穗、对钩和“无公害农产品”字样组成，麦穗代表农产品，对钩表示合格，橙色寓意成熟和丰收，绿色象征环保和安全。标志图案直观、简洁、易于识别，含义通俗易懂。必须向当地无公害管理部门申报，经省级无公害管理部门批准才可获得标志使用权。表 3-5 为无公害农产品、绿色食品和有机食品的区别与联系。

食品添加剂是一个国家科学技术和经济发展水平的标志之一，越是发达的国家，食品添加剂的品种越多，人均消费量越大。安全问题是食品工业的一个永恒主题，希望消费者能够正确认识食品添加剂，理性对待食品添加剂；生产管理者能够健全法规、规范品种应用范围和用量，提高产品质量，开发出更多天然、健康且具有一定功能性的食品添加剂，造福于全人类。

表 3-5　无公害农产品、绿色食品和有机食品的区别与联系

项目	无公害农产品	绿色食品	有机食品
涵盖食品	未经加工或者初加工的食用农产品	营养类食品	粮食、蔬菜、水果、奶制品、畜禽产品、水产品、蜂产品及调料等
目标定位	规范农业生产，保障基本安全，满足大众消费	提高生产水平，满足更高需求，增强市场竞争力	保持良好生产环境，人与自然和谐共生
质量水平	中国普通农产品质量水平	达到发达国家普通食品质量水平	达到生产国或销售国普通农产品质量水平
技术规范	政府部门通过实施产地认证、产品认证、市场准入等一系列措施，基本实现全国范围内食用农产品的无公害生产	通过产前、产中、产后的全程技术标准和环境产品一体化的跟踪监测，严格限制化学物质的使用，保障食品和环境安全，促进可持续发展，规范市场秩序	生产中不采用基因工程获得的生物及其产物，不使用化学合成的农药、化肥、生长调节剂、饲料添加剂等物质，遵循自然规律和生态学原理，协调种植业和养殖业平衡，采用一系列可持续发展的农业技术
安全评定	保证广大人民群众饮食健康的一道基本安全线	生产标准介于无公害农产品标准和有机食品标准之间	目前最高安全级别的食品
权威性	主要由农业部农产品质量安全中心和各省级农业行政主管部门实施认证	中国绿色食品发展中心是组织和指导全国绿色食品开放和管理工作的权威认证机构，也是绿色食品标志商标的所有者	国家认证认可监督管理委员会根据国家有机农业生产和粮食加工的基本标准，结合我国食品行业标准和具体情况制定。根据统一的生产加工认证的基本规范、规则，统一的合格评定程序，统一的标准，统一的标志，对全国有机产品认证活动进行统一管理
有效时限	证书有效期为三年	证书有效期为三年	证书有效期为一年
联系	无公害农产品、绿色食品、有机食品都是经质量认证的安全农产品；无公害农产品是绿色食品和有机食品发展的基础，绿色食品和有机食品是在无公害农产品基础上的进一步提高		

3.5　茶与健康

茶叶的发现与利用已有 4000 多年的历史。茶树最早起源于中国的西南部，虽然国际上还有不同观点，但大多数文献认同这一看法。我国近代茶叶研究的先驱吴觉农先生早在 1922 年就发表过《茶树原产地考》一文，提出中国是世界茶树原产地的观点。对于饮茶始于中国，国内外并无太多分歧。

对中国人来说，开门七件事，“柴米油盐酱醋茶”，茶是生活中不可缺少的饮用品。中华民族认识和利用茶叶的历史悠久，清代陈元龙编写的类书《格致镜原》中，里面记载的《本草》说：“神农尝百草，日遇七十二毒，得茶而解之。”这里所说的“荼”就是茶，在当时是一种野生植物，具有解毒的药性。

茶是一种廉价、方便的碱性饮料，有利于保持人体酸碱平衡，茶已成为世界三大饮料(茶、可可、咖啡)之首。

3.5.1　茶文化

中国茶文化源远流长，博大精深。茶文化内容十分丰富，涉及科技教育、文化艺术、医

学保健、历史考古、经济贸易、餐饮旅游和新闻出版等学科与行业。本书着重介绍饮茶与健康的相关知识。

1. 古今对饮茶与健康的认识

茶最初因其药用特性而被消费。作为草药，中国人将叶子添加到食物中以提供营养或作为毒药的解毒剂。

西汉时，饮茶之风已是上层人士家庭日常生活的内容。到三国时，饮茶之风进一步发展，茶的烹煮和饮用方式也有所改进。到了南北朝时期，饮茶已日渐普遍。茶兴于唐而盛于宋。饮茶的地域几乎遍及中原地区和边远地区。

公元 780 年，唐代陆羽写了世界上第一本关于茶的著作《茶经》，陆羽也因此被后人称为“茶圣”。《茶经》不仅对茶的起源、种类、特征、制法、烹煮、茶具、饮茶风俗、名茶产地等作了全面论述，更为重要的是把儒、释、道诸家精华及诗人的气质和艺术思想渗透其中，创造了中国茶道精神，奠定了中国茶文化的理论基础。

茶文化是华夏文明的重要组成部分，对世界各地的茶文化也产生了很大影响。最先受到影响的是朝鲜、韩国、日本等国。特别是在日本，茶文化得到了充分发挥，形成了独具特色的日本茶道。明清时期，随着中西贸易更加频繁，中国的茶叶也与丝绸和瓷器一样，成为外销商品的大宗品类，饮茶之风在西方也逐渐兴起。

2. 茶的分类及特点

茶叶的不同主要是因为制造工艺不同，影响茶叶品质最主要的因素是发酵、揉捻及焙火。

从茶树上摘下来的嫩叶称为茶青，首先要让它失去一些水分，称为萎凋，然后再发酵。茶青不是用酶发酵，而是通过萎凋的茶青本身所含的成分和空气中氧的氧化作用发酵，发酵的结果是茶叶从原来的碧绿色变成红色。

当茶青发酵到人们需要的程度时，用高温把茶青炒熟或蒸熟，以便停止继续发酵，这个过程称为杀青。茶叶经过杀青之后就进入揉捻，揉捻是把叶细胞揉破，使得茶所含的成分在冲泡时容易溶入茶汤中，并且揉捻出所需要的茶叶形状。干茶的外形有条索形、半球形、珠形和碎片状等。一般说来，干茶的外形越紧实就越耐泡。

揉捻成形后进行干燥，干燥的目的是将茶叶的形状固定，以有利于保存使之不易变坏。经过这些步骤制造出的茶叶就是初制茶叶，称为毛茶。

初制完成后为了让茶叶成为更高级的商品，要拣去茶梗，再烘焙成为精制茶。焙火是茶叶制成后用火慢慢烘焙，使茶叶从清香转为浓香。焙火是影响茶叶特性的一个要素，焙火和发酵的作用不同，发酵影响茶汤颜色的深浅，焙火则关系茶汤颜色的明暗。焙火越重，茶汤颜色越暗，茶的风味也因此变得更老沉。所谓生茶、熟茶的区别就是指茶叶焙火的轻重不同。焙火越重，则咖啡碱和茶单宁挥发得越多，茶叶的刺激性也就越小，所以喝茶会睡不着觉的人可以喝焙火较重、发酵较多的熟茶。

发酵程度直接影响茶叶的颜色、香型、品质和特点。未经发酵的茶属菜香型绿茶类，如龙井、碧螺春、黄山毛峰等；让其轻度发酵 10%～20%，变成花香型微发酵黄茶，如君山银针、广东大叶青等；轻度发酵 20%～30%，变成坚果香型白茶，如白毫银针、白牡丹等；让其发酵 30%～60%，变成成熟果香型的半发酵茶，如武夷岩茶、大红袍、铁观音、凤凰单枞等；若其发酵 80%～90%，则变成糖香型全发酵茶，如正山小种、祁门红茶等；前发酵茶叶在储存中仍然可以随着时间的推移进行自然的陈化，还具有越陈越香的特点，最后发酵成黑茶，生茶变成熟茶，如安化黑茶、云南普洱等。

1) 绿茶

绿茶是茶树新叶未经发酵，经杀青、揉捻、干燥等典型工艺制得，其制成品的色泽、冲泡后的茶汤较多地保存了鲜茶叶的绿色主调。绿茶不仅香高味长，品质优异，且造型独特，具有较高的艺术欣赏价值。绿茶按其干燥和杀青方法的不同，一般分为炒青、烘青、晒青和蒸青。我国是世界上产绿茶最多的国家，年产约 10 万吨绿茶，绿茶在我国分布最广、品种最多、消费量最大。

绿茶较多地保留了鲜叶中的天然物质，维生素损失较少，从而形成了清汤绿叶、滋味收敛性强的特点。绿茶中保留的天然物质对防衰老、防癌、杀菌、瘦身减脂、消炎等有特殊效果，对人体健康十分有益。

绿茶比起其他茶类更容易氧化，保存期限相对更短，应该尽快喝完或放入冰箱保存。由于高温也会破坏有益健康的成分，因此冲泡绿茶时水温不宜过高，冲泡水温 80℃左右即可。

绿茶有龙井茶、碧螺春、黄山毛峰、庐山云雾茶、六安瓜片等。

2) 黄茶

黄茶是我国特产。黄茶的杀青、揉捻、干燥等工序均与绿茶相似，其最重要的工序在于闷黄，这是形成黄茶的关键，主要做法是将杀青和揉捻后的茶叶用纸包好，或堆积后以湿布盖之，时间以几十分钟到几个小时不等，促使茶坯在水热作用下进行非酶性自动氧化，形成黄色。

黄茶是沤茶，在沤的过程中会产生大量的消化酶，因此黄茶的功效主要表现在四个方面：保护脾胃，提高食欲，帮助消化；恢复脂肪细胞代谢功能，消除脂肪；一定程度上防治食道癌；杀菌、消炎。但肾有问题的人不宜喝黄茶。

黄茶经过沤制，茶中的营养成分大多已变成可溶性，一般的沸水即可使营养物质溶解，因此水温要求不是很高，70～75℃即可。

湖南洞庭的君山银针就是黄茶。

3) 白茶

白茶是我国茶类的特殊珍品，发酵程度低。主要产地在福建福鼎、政和，是我国特种茶之一。白茶由采自茶树的嫩芽制成，细嫩的芽叶上覆盖了细小的白毫。制作白茶需要采用特殊工艺，一般只有萎凋、干燥两道工序，加工的时候只将细嫩有绒毛的茶叶晒干或者烘干，使白色绒毛完整地保留下来。因此白茶最主要的特点是毫色银白，素有“绿妆素裹”之美感。冲泡后汤色黄亮，叶底嫩匀，滋味鲜醇，还能起药理作用。

白茶中除了含有其他茶叶固有的营养成分外，还含有人体所必需的活性酶，长期饮用白茶可以显著提高体内脂酶活性，促进脂肪分解代谢，有效控制胰岛素分泌，延缓葡萄糖的肠吸收，分解体内血液中多余的糖分，促进血糖平衡。白茶含多种氨基酸，其性寒凉，具有退热、祛暑、解毒的功效。白茶中还含有丰富的维生素 A 原，被人体吸收后能迅速转化为维生素 A，维生素 A 能合成视紫红质，使眼睛在暗光下看东西更清楚，可预防夜盲症与眼干燥症。白茶中还有防辐射物质，对人体的造血机能有显著的保护作用，能减少电视辐射的危害。白茶富含的二氢杨梅素等黄酮类天然物质可以保护肝脏，加速乙醇代谢产物乙醛分解变成无毒物质，降低对肝细胞的损害。

泡白茶不宜太浓，生活中建议用 150 mL 水，投茶 5 g，冲泡时间根据个人的口感调整。

白茶冲泡水温要求 90～100℃。

白茶可分为白芽茶和白叶茶。白茶品种有白毫银针、白牡丹等。

4) 青茶

青茶也称乌龙茶，属于半发酵茶，其加工工艺介于绿茶与红茶之间，兼有二者的优点。乌龙茶是中国传统六大茶类中独具鲜明特色的茶叶品类，在六大茶类中工艺最复杂，泡法也最讲究，所以喝乌龙茶也被称为喝工夫茶。乌龙茶是经过杀青、萎凋、摇青、半发酵、烘焙等工序后制出的品质优异的茶类。前身由宋代贡茶龙团、凤饼演变而来，创制于 1725 年前后。

乌龙茶的功效与作用：能够刺激胰脏脂肪分解酵素的活性，减少糖类和脂肪类食物被吸收，消食去腻、生津利尿、减肥健美；抗肿瘤、预防老化；阻止发生齿垢，预防蛀牙；美容养颜、改善皮肤过敏；提神益思，解除疲倦；解热防暑、杀菌消炎、解毒防病。喝乌龙茶三忌：空腹不能饮，否则就会感到饥肠辘辘，甚至会头晕眼花，翻肚欲吐，即俗称的茶醉；睡前不能饮，否则会使人难以入睡；冷茶不能饮，乌龙茶冷后性寒，对胃不利。

乌龙茶要用沸水冲泡。由于乌龙茶具有某些特殊的芳香物质，需要在高温条件下才能完全发挥出来，因此一定要用沸水冲泡。注入沸水时注意悬壶高冲，将茶叶充分地激荡起来，水温高，茶汁浸出率高，茶味浓、香气高，更能品饮出乌龙茶特有的韵味。

乌龙茶有武夷岩茶、铁观音、冻顶乌龙等。

5) 红茶

红茶与绿茶恰恰相反，是一种全发酵茶(发酵程度大于 80%)。红茶是以茶树的芽叶为原料，经过萎凋、揉捻、发酵、干燥等典型工艺精制而成，因其干茶色泽和冲泡的茶汤以红色为主调而得名。世界上最早的红茶由我国福建武夷山茶区的茶农发明，名为正山小种。红茶为我国第二大茶类，2021 年红茶出口量为 2.96 万吨，占总出口量的 8.0%。

由于发酵作用，红茶中的维生素 C 几乎全部被破坏，但果糖、葡萄糖、麦芽糖及游离氨基酸仍较多，含酵素和醇，因而品性温和，味道醇厚。红茶富含微量钾元素，可以增强心脏血液循环，减少体内钙流失。红茶中含有锰元素，常喝红茶可以强健骨骼；红茶中的类黄酮类化合物可以预防心脏病和中风；红茶可以帮助胃肠消化、促进食欲，可利尿、消除水肿；红茶的抗菌力强，用红茶漱口可预防蛀牙与食物中毒，降低血糖与血压。

红茶可以用 100℃水冲泡，但是为了口感更好，也可采用 80～85℃水冲泡。

常见红茶有祁门红茶、滇红、川红等。

6) 黑茶

黑茶是经过渥堆、陈化加工而成的后发酵茶，原料为粗老的茶叶，将其经过较长时间堆积发酵制成，属非酶性发酵茶。最早的黑茶是由湖南安化生产的，是由绿毛茶经蒸压而成的边销茶。

黑茶按照产区的不同和工艺上的差别，可以分为湖南黑茶、湖北老青茶、四川边茶和滇桂黑茶。黑茶叶色油黑，汤色橙黄，香味醇厚。通常制成紧压茶，如饼茶、砖茶、沱茶。

黑茶能补充膳食营养；助消化、解油腻、顺肠胃；降脂、减肥、软化人体血管、预防心血管疾病；抗氧化、延缓衰老，延年益寿；抗癌、抗突变；降血压；改善糖类代谢，降血糖，预防糖尿病；杀菌、消炎；利尿解毒、降低烟酒毒害。

黑茶有云南普洱、安化黑茶、广西六堡茶、四川西路边茶等。

7) 再加工茶类

再加工茶类是指在六大茶类的基础上，采用一定的手段进行再次加工而成的茶叶，主要包括花茶、紧压茶、含茶果味茶、药用保健茶等。

花茶主要是以绿茶、红茶或者乌龙茶作为茶坯，配以能够吐香的鲜花原料，采用窨制工艺制作而成的茶叶。花茶是集茶味之美、鲜花之香于一体的茶中珍品。花茶分为 3 种：一种是熏花花茶，它是用茶叶和香花进行拼和窨制，使茶叶吸收花香而制成的香茶；一种是工艺花茶，经过杀青兼轻揉，初烘理条、选芽装筒、造型美化、定型烘焙、足干储藏等工艺程序制成；一种是花果茶，一般选用红茶、绿茶或者普洱茶与花草科学配制而成。

紧压茶是以黑毛茶、老青茶、做庄茶及其他适合的毛茶为原料，经过渥堆、蒸、压等典型工艺过程加工而成的砖形或其他形状的茶叶。紧压茶的多数品种比较粗老，干茶色泽黑褐，汤色橙黄或橙红，在少数民族地区非常流行。我国目前生产的紧压茶主要包括饼茶、方包茶、茯砖茶、固形茶、黑砖茶、花砖茶、圆茶、竹筒香茶等 8 个品种。

含茶果味茶是以红茶、绿茶提取液和果汁为主要原料，再加糖和天然香料经科学方法调制而成的一种新型口味饮料。这类茶既有茶味，又有果味香，风味独特。其滋味酸甜可口，回味甘凉，是一种提神解渴、老少皆宜的饮料，如荔枝红茶、柠檬红茶、猕猴桃茶、鲜橘汁茶、椰子茶、山楂茶等。

药用保健茶是以绿茶、红茶或乌龙茶、花草茶为主要原料，配以确有疗效的单味或复方中药制成，也有用中药煎汁喷在茶叶上干燥而成，或者由药液、茶液浓缩干燥而成。

3.5.2 茶叶中的营养成分——饮茶有益健康的生化基础

茶的鲜叶中含有 75%～80% 的水分，干物质含量为 20%～25%。到目前为止，科学家已经从茶叶中检测出茶多酚、生物碱、蛋白质、维生素、氨基酸、糖类、类脂类等 400 多种有机成分，还有钾、钠、铁、铜、磷、氟等 28 种矿物元素(表 3-6)。这些成分对茶叶的香气、滋味、颜色及营养、保健起着重要的作用。

表 3-6 茶叶中的化学成分及干物质中的含量成分

成分	含量/%	组成
蛋白质	20～30	谷蛋白、球蛋白、精蛋白、白蛋白
氨基酸	1～5	茶氨酸、天冬氨酸、精氨酸、谷氨酸、丙氨酸、苯丙氨酸等
生物碱	3～5	咖啡碱、茶碱、可可碱等
茶多酚	20～35	儿茶素、黄酮、黄酮醇、酚酸等
碳水化合物	25～35	葡萄糖、果糖、蔗糖、麦芽糖、淀粉、纤维素、果胶等
脂类化合物	4～7	磷脂、硫脂、糖脂等
有机酸	≤3	琥珀酸、苹果酸、柠檬酸、亚油酸、棕榈酸等
矿物质	4～7	钾、磷、钙、镁、铁、锰、硒、铝、铜、硫、氟等
色素	≤3	叶绿素、类胡萝卜素、叶黄素等
维生素	0.6～1	维生素 A、维生素 B_1、维生素 B_2、维生素 C、叶酸等

茶叶中含有的大量营养成分可协同作用，使茶叶具有多种保健功能。下面介绍与健康有密切关系的功能因子。

1. 茶多酚

茶多酚是茶鲜叶中含量最多的可溶性成分，茶多酚的含量占干物质总量的20%～35%，其具有多种生理活性，是茶叶保健功能的重要化学因子，同时是茶味和茶色的主要成分，是影响茶叶品质的关键。

茶多酚是茶叶中多种酚类物质及其衍生物的总称，它主要由儿茶素类、黄酮类化合物、花青素和酚酸、缩酚酸组成，其中儿茶素类化合物含量最高，约占茶多酚总量的 70%。儿茶素类中主要包括表儿茶素(EC)、表没食子儿茶素(EGC)、表儿茶素没食子酸酯(ECG)和表没食子儿茶素没食子酸酯(EGCG)，它们是茶叶药效的主要活性组分。

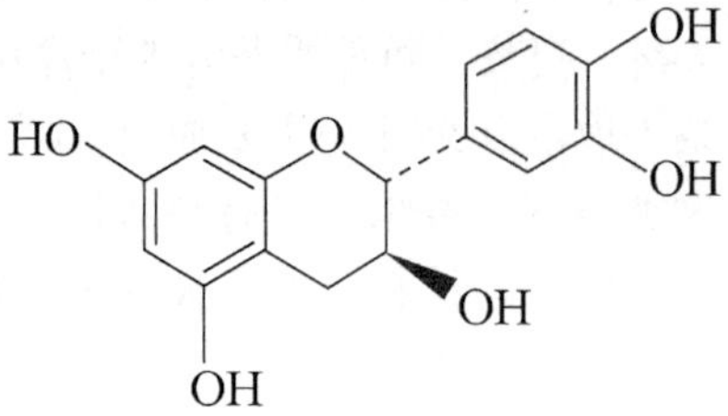

儿茶素结构式

茶多酚有强化血管、促进肠胃消化、防止动脉粥样硬化、降血脂、消炎抑菌、防辐射等作用；能抑制对肿瘤具有促发作用的酶类(鸟氨酸脱羧酶、蛋白激酶 C、脂氧合酶和环氧合酶)的活性；可促进具抗癌活性的酶(谷胱甘肽过氧化物酶、过氧化氢酶、谷胱甘肽硫转移酶、NADPH-醌氧化还原酶、尿苷二磷葡萄糖醛酸基转移酶和甲氧基-9-羟基异吩 D149 唑-*O*-脱烷基酶)的活性，提高人体免疫性，抗肿瘤增殖活性。

基于上述种种生理活性，在临床上茶多酚已直接或辅助用于心脑血管疾病、肿瘤、糖尿病、脂肪肝、肾病综合征、龋齿等的预防和治疗。此外，茶多酚在食品(如食品保鲜剂)、日化(如化妆品、空气清新剂等)等领域也具有广阔的应用前景。

2. 氨基酸

氨基酸是茶叶鲜爽味道的主要成分，茶叶中氨基酸的含量占干物质总量的 1%～5%。茶叶中已发现有 26 种氨基酸，其中 6 种为非蛋白质组成的游离氨基酸。茶氨酸是茶叶中最多的游离氨基酸，其含量占游离氨基酸总量的 50% 左右，是茶叶的特征性氨基酸。茶叶中各种氨基酸含量的多少与茶种类有关，绿茶中谷氨酸最多，白茶中茶氨酸最多。以氨基酸总量而论，绿茶多于其他茶，黑茶含量相对较低。

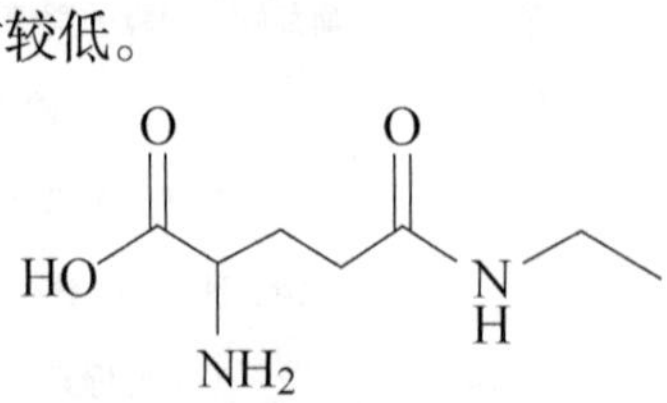

茶氨酸结构式

氨基酸是人体必需的营养成分，具有促进大脑功能、防癌抗癌、降压安神、增强人体免疫机能、延缓衰老等功效。谷氨酸能降低血氨，治疗肝昏迷。蛋氨酸能调整脂肪代谢。

3. 生物碱

茶叶中的生物碱包括咖啡碱、可可碱和茶碱等。其中以咖啡碱的含量最多，占干物质总量的 2%～5%。3 种生物碱都属于甲基嘌呤类化合物，是一类重要的生理活性物质。它们是茶叶的特征性化学物质之一，其药理作用相似。研究表明，咖啡碱具有抗癌效果，以及兴奋大脑中枢神经、强心、利尿等多种药理功效。

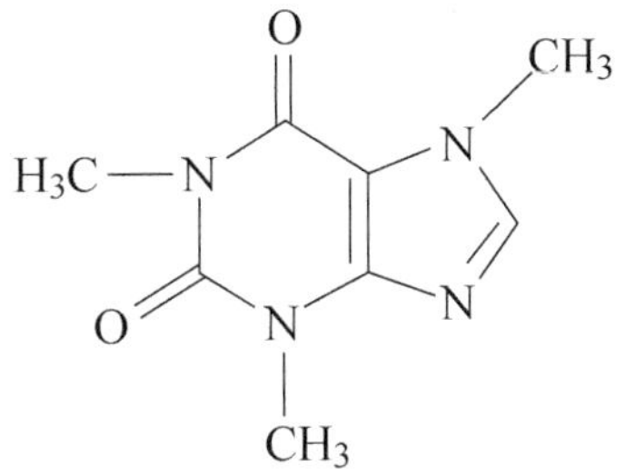

咖啡碱结构式

饮茶有许多功效，如消除疲劳、提高工作效率、抵抗乙醇和尼古丁等毒害、减轻支气管和胆管痉挛、调节体温、兴奋呼吸中枢等，这些功效都与茶叶中的咖啡碱有关。当然，咖啡碱也存在负面效应，主要表现在晚上饮茶可影响睡眠，对神经衰弱者及心动过速者有不利影响。

4. 茶多糖

茶多糖是一种酸性糖蛋白，其结合有大量的矿物质元素，称为茶叶多糖复合物，简称茶叶多糖或茶多糖(tea polysaccharide)。其中蛋白部分主要由约 20 种常见的氨基酸组成，糖部分主要由阿拉伯糖、木糖、岩藻糖、葡萄糖、半乳糖等组成，矿物质元素主要有钙、镁、铁、锰等，还有少量的微量元素如硒、锌等。其含量占干物质总量的 1% 左右。研究表明随茶叶原料粗老程度的递增，茶多糖含量递增，所以在防治糖尿病方面粗老茶比嫩茶效果还好。

茶多糖的药理作用有：降血糖、降血脂、防辐射、抗凝血及血栓、增强机体免疫功能、抗氧化、抗动脉粥样硬化、降血压和保护心血管等。

5. 色素

茶叶中的色素包括脂溶性色素和水溶性色素两部分，含量仅占茶叶干物质总量的 1% 左右，最大不超过 3%。脂溶性色素主要影响茶叶干茶色泽及叶底色泽，而水溶性色素茶色素是一个通俗的名称，其概念范畴还不太明确。实际使用中一般是指叶绿素、β-胡萝卜素、茶黄素、茶红素等。已经证明茶色素中的许多成分对人体健康极为有利，是茶叶具有保健功能的主要功效成分之一。

叶绿素是茶叶脂溶性色素的主要组成部分。作为天然的生物资源，茶叶叶绿素是一种优异的食用色素，它还具有抗菌、消炎、除臭等多方面的保健功效。

茶叶中β-胡萝卜素的含量也较丰富，它对茶叶保健功效也有一定贡献。β-胡萝卜素的生理功效首先表现在它具有维生素 A 的作用，1 个 β-胡萝卜素分子在体内酶的作用下可转化为 2 个维生素 A 分子。它具有抗氧化作用，能清除体内的自由基、增强免疫力、提高人体抗病能力等。

茶叶中的茶黄素是由茶多酚及其衍生物氧化缩合而成的产物，它们是红茶的主要品质成分和显色成分，是红茶中的软黄金，也是茶叶的主要生理活性物质之一。茶黄素是一种有效的自由基清除剂和抗氧化剂，还具有抗癌、抗突变、抑菌、抗病毒、改善和治疗心脑血管疾病、防治糖尿病等多种功能。

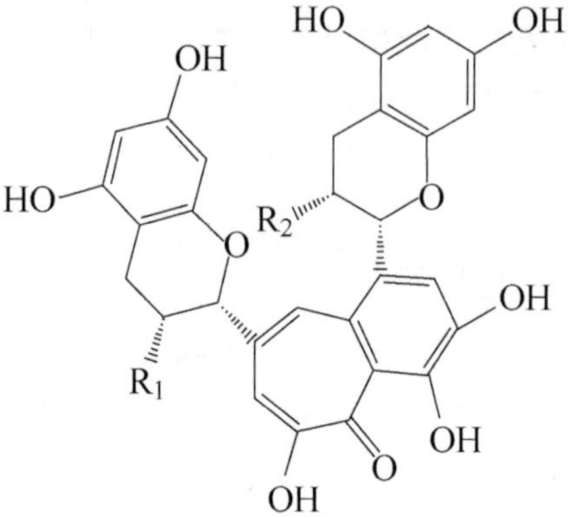

茶黄素结构式

6. 维生素

维生素是维持人体新陈代谢及健康的必需营养成分。茶叶中维生素的含量占干物质总量的 0.6%～1%，其中以维生素 C 和 B 族维生素的含量最高。对于不同种类的茶，维生素的含量也不同。例如，绿茶的维生素含量显著高于红茶。维生素 C 有很强的还原性，在体内具有抗细胞氧化、解毒等功能，还能防治坏血病、增加抵抗力、促进伤口愈合等。茶叶中的维生素 C 还能与茶多酚产生协同效应，提高两者的生理效应。在正常饮食情况下，每天饮高档绿茶 3～4 杯便可基本满足人体对维生素 C 的需求。茶叶中的 B 族维生素含量也很丰富，其中维生素 B_5 的含量又占 B 族维生素的一半。它们的药理功能主要表现在对癞皮病、消化系统疾病、眼病的显著疗效。

尽管茶叶中的脂溶性维生素含量也较高，但因茶叶饮用一般以水冲泡或水提取为主，而这些脂溶性维生素在水中溶解度很小，所以饮茶时对它们的利用率并不高。

7. 矿物质

茶叶中矿物质的含量占干物质总量的 4%～7%，分为水溶性和水不溶性两类。茶叶中的无机矿物质元素约有 27 种，包括磷、钾、硫、镁、锰、氟、铝、钙、钠、铁、铜、锌、硒等。其中，以磷与钾含量最高。就保健功效而言，氟和硒最为重要。

茶叶中氟的含量较高，我国茶叶平均氟含量为 22～550 $mg \cdot kg^{-1}$，氟对预防龋齿和防治老年骨质疏松有明显效果，但大量饮用粗老茶有可能导致氟元素摄入过度，从而引起氟中毒症状，如氟斑牙、氟骨症等，这一问题主要发生在砖茶消费区。因此，在合理利用茶叶中氟的保健功能的同时，也要预防氟摄入过量。

硒是人体谷胱甘肽氧化酶的必需组成，能刺激免疫蛋白及抗体的产生，增强人体抗病力；它能有效防治克山病，并对治疗冠心病、抑制癌细胞的发生和发展等有显著效果。

8. 芳香性物质

茶叶中的芳香性物质是茶叶中挥发性物质的总称。茶叶中芳香性物质含量并不多，鲜叶中含量约为 0.02%。据分析，鲜叶中香气成分化合物为 50 种左右，绿茶香气成分化合物有 100

多种，红茶香气成分化合物有300多种。

9. 其他物质

茶叶中的类脂类物质包括脂肪、磷脂、甘油酯、糖脂和硫脂等，含量占干物质总量的8%左右，对形成茶叶香气有积极作用。

茶叶中有机酸种类较多，含量为干物质总量的3%左右，茶叶中的有机酸多为游离有机酸，如苹果酸、柠檬酸、琥珀酸、草酸等。在制茶过程中形成的有机酸有棕榈酸、亚油酸、乙烯酸等。茶叶中的有机酸是香气的主要成分之一，现已发现茶叶香气成分中有机酸的种类达25种。有些有机酸虽本身无香气，但经氧化后转化为香气成分，如亚油酸等；有些有机酸是香气成分的良好吸附剂，如棕榈酸等。

茶叶中蛋白质的含量为20%～30%，主要是谷蛋白，难溶于水，所以从茶叶中摄取的蛋白质很少。

3.5.3　茶的保健功能及科学饮茶

1. 茶的保健功能

1) 延缓衰老

科学研究表明，人体内过多的自由基是引起人体衰老、致病、致癌的重要因素之一。自由基(free radical，FR)是指化合物分子在光、热、高能射线作用下，或体内代谢过程中被均裂为含有不成对电子的原子、分子、离子及原子团。自由基不仅化学活性高，而且往往能进行连锁反应。

生物机体由核酸、蛋白质、脂类等多种生物分子组成，这些成分易遭受自由基等因素的攻击而发生氧化、交联、聚合等，使其丧失正常功能，进而危及细胞功能和机体健康。茶叶具有很强的抗氧化作用，它能增强人体清除自由基的能力，因而具有延缓衰老、延长寿命的作用。

瑞典科学家曾比较了红茶、绿茶和21种蔬菜水果的抗氧化活性，结果表明绿茶和红茶的抗氧化活性比试验用蔬菜水果高许多倍。对延缓衰老和延长寿命有贡献的茶叶成分是多种多样的，作用及作用机制往往也是综合的。目前已经证明对抗衰老作用有贡献的成分是：茶多酚、茶多糖、茶氨酸及各种维生素等。

2) 美容养颜

茶及其提取物通过其抗氧化和清除自由基的作用、抑制有害微生物的作用、调节血脂和提高人体免疫功能的作用、抵抗紫外线及其他电离辐射的作用等，帮助人体保持正常体重、延缓皮肤衰老等，从而具有养颜的功效。

3) 抗龋齿、健齿

龋齿是最常见的牙病，居口腔病症之首。

自古以来，中国人就有饮茶和以茶水漱口作为防龋方法的传统。苏轼就曾自创了一套浓茶固齿法：把普通的茶泡得浓浓的，在饭后用来漱口，既去腻味，又不伤脾胃。残留在齿缝里的肉屑便会“消缩脱去”，不需再剔牙，而“齿性便若缘此渐坚密”。这种饮茶防龋护齿方法得到了现代中医的认可，也早已为国内外研究所证实，美国、日本和我国早在20世纪70年代就通过实验证明，儿童每天饮用一杯茶水可使龋齿率降低一半。

茶叶中能防龋齿的主要成分是氟和儿茶酚等物质。茶叶中的氟元素含量很高，氟离子可将牙釉质中的羟基磷灰石变为氟磷灰石，改善牙釉质的结构，增强其抗酸的作用；儿茶酚等物质可抑制口腔内变形链球菌(致龋菌)的增殖。

目前欧美许多国家已将饭后饮茶作为解决由于饮食乳酪、肉类较多而引起口臭的措施之一。

4) 调节血糖、血脂、血压

茶叶能降低血液中甘油酸酯的含量，是饮茶减肥的原因之一。茶叶降脂的物质基础主要是茶多酚、咖啡碱、茶多糖等。中国民间有泡饮粗老茶治疗糖尿病的做法，现代研究也证实了这一功效，并发现茶多糖、茶色素等是其主要物质基础。适量饮茶可预防或降低高血压。用高浓度儿茶素作为降低血压的药物在临床上已经得到应用。茶叶降压的物质基础主要是茶多酚、茶多糖、茶氨酸、γ-氨基丁酸、茶叶皂苷等。

5) 预防心血管疾病

血管疾病意味着动脉硬化，指的是血管经常破裂或堵塞，引发中风或心脏病。绿茶可以净化血管，预防中风和心脏病。

绿茶究竟对心脏病的根源——动脉硬化有怎样的影响？动脉硬化的重要危险因素是被氧化的低密度胆固醇和引起动脉硬化初期反应的可溶性 P-选择素等细胞附着物，这些细胞附着物越多，血管壁上越容易沾上油滴，血栓的固体质块就容易脱落，其堵塞脑血管时就引发中风。日本大阪市立医院的竹岛博士观察了绿茶对血液流通产生的影响，结果发现喝绿茶的人比喝咖啡的人血液流通更畅通，这归功于绿茶中的成分儿茶素，绿茶中含有 15% 左右的儿茶素，儿茶素是强力的抗氧化物质，其抗氧化能力是维生素 C 的 40～100 倍，不仅具有抗癌效果，还能够抑制血管老化，从而净化血液。在荷兰进行的流行病学调查结果也显示，饮茶多的人群患冠心病的危险性可降低 45%。

6) 抑制有害微生物

人体内存在数量庞大的微生物，成人消化道中就有一百多种微生物，其细菌总数约有一百兆之多。这些细菌有的是有益的，有的是有害的。饮茶对杀灭肠道病菌有持久的效果。

日本和美国科学家证明茶叶中的表没食子儿茶素没食子酸酯对流感病毒有很强的抑制作用，能阻止病毒黏附在细胞上。2003 年非典流行期间，专家就建议喝茶以阻止冠状病毒的入侵。

7) 抗癌

茶多酚在茶叶的抗癌功能方面发挥了重要作用，能抑制肿瘤细胞 DNA 的复制，对肿瘤细胞生长周期有一定影响，对肿瘤细胞增殖具有抑制作用，还具有抗氧化和清除自由基的作用。茶的抗癌作用近年来研究得最多并取得了显著进展。

8) 增强免疫功能

人体的免疫性反映了对疾病的抵抗力，可分为血液免疫和肠道免疫。饮茶可以增加血液中白细胞和淋巴细胞的数量，从而提高血液免疫性。饮茶还可以增加肠道中的有益菌(如双歧杆菌)的数量，减少有害菌的数量，从而提高肠道免疫功能。茶多糖在提高机体免疫功能方面发挥了重要作用。

实验表明，茶多糖能够促进单核巨噬细胞系统的吞噬功能，增强机体自我保护的能力。

9) 减缓香烟毒害

饮茶可中和烟毒，这是因为茶中含有的茶多酚、维生素 C 等是氧自由基的清除剂和脂质过氧化的阻断剂，能清除气相烟雾中的活泼自由基，部分补充吸烟造成的体内抗氧化剂的损失，恢复吸烟破坏的体内氧化还原的平衡。

10) 抗辐射

大量研究和实践证实，茶是一种能有效防治辐射损伤的天然饮料，被誉为“原子时代的保健饮料”。根据对第二次世界大战期间日本广岛原子弹受害者的调查，凡长期饮茶的人受辐射损伤的程度较轻，存活率也较高。临床医学还发现，某些癌症患者因采用放射治疗而引起的轻度放射病症，如食欲不振、恶心、腹泻等，遵医嘱饮茶后，有 90% 的患者放射病症状明显减轻。

2. 科学饮茶

茶有不同的特性，人也有不同的状况，加上不同的季节和环境条件，都会影响人与茶之间的关系。饮茶也要讲究科学合理。

1) 饮茶与季节

我国大部分地区是季风气候，春温、夏热、秋凉、冬寒，四季极为分明。

(1) 春饮花茶。春季人们普遍感到困倦乏力，表现为春困。花茶甘凉而兼芳香辛散之气，有利于散发积聚在人体内的冬季寒邪，促进体内阳气生发，令人神清气爽，利于春困自消。高档花茶的泡饮应选用透明玻璃盖杯，取花茶 3 g 放入杯中，用沸水稍凉至 90℃左右冲泡，随即盖上杯盖，以防香气散失，2～3 min 后即可品饮。花茶以茉莉花茶最为有名，茉莉花香气清婉，入茶饮之浓醇爽口，馥郁宜人。

(2) 夏饮绿茶。夏日炎热，人的体力消耗很多，精神不振，这时以品绿茶为好。绿茶属未发酵茶，性寒，寒可清热，最能去火，生津止渴，消食化痰。取 80℃左右开水冲泡，冲泡时不必盖上杯盖，以免产生热闷气，影响茶汤的鲜爽度。绿茶水色清冽，香气清幽，滋味鲜爽。夏日常饮绿茶能清热解暑，强身益体。

(3) 秋饮青茶。秋天天高云淡，气候干燥，令人口干舌燥，嘴唇干裂，中医称之为秋燥，这时宜饮青茶。青茶属半发酵茶，介于绿茶、红茶之间，既有绿茶的清香和天然花香，又有红茶醇厚的滋味，不寒不热，温热适中，有润肤、润喉、生津、清除体内积热，让机体适应自然环境变化的作用。青茶适宜浓饮，注重品味闻香，需 100℃沸水冲泡，泡后片刻再饮，品时香气浓郁，齿颊留香。

(4) 冬饮红茶。冬天万物蛰伏，寒邪袭人，人体生理功能减退，阳气渐弱，中医认为“时届寒冬，万物生机闭藏，人的机体生理活动处于抑制状态，因而冬天喝茶以红茶为上品。红茶甘温，可养人体阳气；红茶含有丰富的糖，生热暖腹，增强人体的抗寒能力，还可助消化、去油腻。冲泡红茶宜用刚煮沸的水，并加以杯盖，以免释放香味。英国人普遍有饮午后茶习惯，常将中国的祁门红茶和印度红茶拼配，再加牛奶、砂糖饮用。在我国一些地方也有将红茶加糖、奶、芝麻饮用的习惯，这样既能生热暖腹，又可增添营养，强身健体。

2) 饮茶因人而异

茶叶对人体健康的作用是毋庸置疑的，但对不同的人也有不同的建议：用脑过多者，宜饮茉莉花茶、绿茶；体力劳动、运动过后，宜饮乌龙茶、红茶；常处于空气污染严重环境，宜饮绿茶；缺乏劳动和运动的人，宜饮绿茶、花茶；嗜烟酒者，宜饮绿茶；肉食主义者，宜饮乌龙茶、黑茶；阴虚体质者，宜饮绿茶；阳虚体质、脾胃虚寒者，宜饮乌龙茶、花茶；便秘者，宜饮白茶、蜂蜜茶；减肥美容，宜饮乌龙茶、普洱茶、绿茶；抗癌、防癌，宜饮绿茶；

降血脂、防动脉硬化，宜饮乌龙茶、绿茶；延年益寿，宜饮乌龙茶、红茶；女性朋友多饮花茶可疏肝解郁，理气调经。

3) 饮茶时间、茶汤温度及饮用量

饭后不宜马上饮茶，一般可把饮茶时间安排在饭后 1 h 左右。饭前半小时以内也不要饮茶，以免茶叶中的酚类化合物等与食物营养成分发生不良反应。临睡前也不宜喝茶，以免茶叶中的咖啡碱使人兴奋，同时摄入过多水分引起夜间多尿，从而影响睡眠。忌空腹饮茶，茶性入肺腑，会冷脾胃，等于“引狼入室”，我国自古就有“不饮空心茶”之说。

一般提倡热饮或温饮，避免烫饮和冷饮。避免烫饮是因为过高的水温不仅会烫伤口腔、咽喉及食道黏膜，长期的高温刺激还是口腔和食道肿瘤的一个诱因。对于冷饮则要视具体情况而定。对老人及脾胃虚寒者，应当忌冷茶，因为茶叶本身性偏寒，冷饮其寒性得以加强，对脾胃虚寒者产生聚痰、伤脾胃等不良影响，对口腔、咽喉、肠等也有副作用；对于阳气旺盛、脾胃强健的年轻人而言，在暑天以消暑降温为目的时，可以饮凉茶。

饮茶过度特别是过量饮浓茶，对健康非常不利。因为茶中的生物碱容易使中枢神经过于兴奋，心跳加快，增加心、肾负担，晚上还会影响睡眠；过高浓度的咖啡碱和多酚类等物质对肠胃产生强烈刺激，会抑制胃液分泌，影响消化功能。根据人体对茶叶中药效成分和营养成分的合理需求，并考虑到人体对水分的需求，成年人每天饮茶的量以每天泡饮干茶 5～15 g 为宜。这些茶的用水总量可以控制在 200～800 mL。这只是对普通人每天用茶总量的建议，具体还需考虑年龄、饮茶习惯、所处生活环境和健康状况等因素。

4) 饮茶的禁忌

(1) 不喝过度冲泡的茶汤。一杯茶经 3 次冲泡后约有 90% 的可溶性成分已被浸出，再冲泡时进一步浸出的有效成分已十分有限，反而一些对健康不利的物质会浸出较多。

(2) 不喝放置过久的茶汤。茶叶泡好后放置太久容易产生微生物污染，此外，茶叶中的茶多酚、芳香物质、维生素、蛋白质等物质也会氧化变质或变性。

(3) 不吃茶渣。避免摄入铅、镉等重金属；避免摄入水溶性较小的农药残留物；避免摄入过量氟(尤其对于粗老茶)。

(4) 发烧忌喝茶。茶叶中的咖啡碱能使人体体温升高，还会降低药效。

(5) 肝脏病患者忌饮茶。茶叶中的咖啡碱等物质绝大部分经肝脏代谢，若肝脏有问题，饮茶过多超过肝脏代谢能力，就会对肝脏组织有损。

(6) 溃疡病患者慎饮茶。饮茶可引起胃酸分泌量加大，增加对溃疡面的刺激，常饮浓茶会促使病情恶化。但对轻微患者，可以在服药 2 h 后饮些淡茶，加糖红茶、加奶红茶有助于消炎和胃黏膜的保护，对溃疡也有一定的治愈作用。

(7) 营养不良忌饮茶。茶叶有分解脂肪的功能，会加重营养不良症状。

(8) 神经衰弱慎饮茶。茶叶中的咖啡碱有兴奋神经中枢的作用，神经衰弱者饮浓茶尤其是下午和晚上饮用，会引起失眠，病情加重，可以在上午及午后各饮一次茶，在上午不妨饮花茶，午后饮绿茶，晚上不饮茶。这样，白天精神振奋，夜间静气舒心，可以早点入睡。

(9) 贫血患者忌饮茶。茶叶中的鞣酸可与铁结合成不溶性的化合物，影响机体对铁的吸收，故贫血患者不宜饮茶。

(10) 尿结石患者忌饮茶。尿路结石通常是草酸钙结石，由于茶叶中含有草酸，会和尿液中的钙质形成结石。

(11) 孕妇不宜饮茶，尤其不宜喝浓茶。茶叶中含有大量茶多酚、咖啡碱等，对胎儿的成长有许多不利因素。

(12) 妇女哺乳期不宜饮浓茶。哺乳期饮浓茶，过多的咖啡碱会进入乳汁，婴儿吸乳后会间接地产生兴奋，易引起少眠和多啼哭。

(13) 醉酒慎饮浓茶。茶叶有兴奋神经中枢的作用，醉酒后喝浓茶会加重心脏负担。饮茶还会加速利尿，使乙醇中有毒的醛尚未分解就从肾脏排出，对肾脏有较大刺激而危害健康。因此，对心肾生病或功能较差的人来说，不要饮茶，尤其不能大量饮浓茶；对身体健康的人来说，可以饮少量的茶，待清醒后，可采用进食大量水果或小口饮醋等方法，加快人体的新陈代谢速度，缓解酒醉。

(14) 慎用茶水服药。药物的种类繁多，性质各异，能否用茶水服药不能一概而论。茶叶中的鞣质、茶碱可以和某些药物发生化学反应。在服用催眠、镇静等药物和服用含铁补血药、酶制剂药、含蛋白质的药物等时，不宜用茶水服药，以防影响药效。有些中草药如麻黄、钩藤、黄连等也不宜与茶水混饮。一般认为服药 2 h 内不宜饮茶。服用某些维生素类的药物时，茶水对药效无影响，因为茶叶本身含有多种维生素，也有兴奋、利尿、降血脂、降血糖等功效，对人体可增进药效。另外，在民间常认为服用参茸之类的补药时也不宜喝茶。

社会上流传着一首饮茶保健歌：“烫茶伤人，糖茶和胃，姜茶治痢；饭后茶消食，酒后茶解醉，午茶长精神，晚茶致失眠；空腹茶令人心慌，隔夜茶伤人脾胃；过量茶使人消瘦，淡温茶清香怡人。”可见饮茶是有很多学问的。

知识拓展：茶艺茶道

请参阅：1. 陈香白. 2002.中国茶文化. 太原：山西人民出版社.

2.《典藏精品版》编委会. 2012. 中国茶道全书(典藏精品版)[M]. 哈尔滨：黑龙江科学技术出版社.

3.6　酒与健康

酒与茶并称中国饮食文化的两大主流。古人称颂的饮、食、起、居、行五大生活要素将“饮”(茶与酒)列为首位。酒与茶一样，是一种世界性饮料，但酒的风味又与茶不同。中国人有个说法：“茶如隐逸，酒如豪士；酒以结友，茶当静品。”酒文化作为一种特殊的文化形式，在传统的中国文化中有其独特的地位，它深深地植根于民族文化的沃土中。

在中国人传统的饮食文化里，“无酒不成席，无酒不成礼”，酒对于中国饮食文化而言是重要的组成部分。从化学的角度来看，酒与其他营养素一样具有两面性，适当饮用有益，饮用不当则有害。从历史发展来看，酒有功于人类文明，但也为人类生活带来许多麻烦，甚至还有灾难。那么人们应该如何健康饮酒？了解有关酒与健康的知识是十分必要的。

3.6.1　酒文化

我国酒的历史可以追溯到上古时期。《史记 · 殷本纪》中关于纣王“以酒为池，悬肉为林”，以及《诗经 · 七月》中“八月剥枣，十月获稻。为此春酒，以介眉寿”的诗句等，都表明酒在我国历史悠久。

据考古专家考证，远在上古新石器时代，我们的祖先就已学会了酿酒。在新石器时代的文化遗址中发现了大量的陶制酒器，说明酿酒在我国原始社会就已盛行。“酒”的文字则最早出现于殷商时期的甲骨文。

1. 酒的起源

原始野生孢子附在成熟的野生谷物或果实上，就开始了最原始的发酵作用，谷物或成熟的果实经过发酵便酿成了天然的酒液。目前没有任何典籍明确记载发酵作用是如何被发现的，关于酒的起源仅限于各种假说。关于我国酿酒起源于何时通常有五种传说：上皇兴酒、仪狄造酒、杜康作酒、猿猴造酒和酒星造酒。这些传说都颇有意趣，既有文学渲染的成分，也有人们想象的成分，但全是源于对酒的敬意和赞美。事实应该是人类的祖先从大自然中受到启发，开创了酿酒的先河，经过长期的探索、实践和总结，终于掌握和完善了酿酒技术，并创造了生生不息的酒文化。

酒的发明比文字出现要早得多，所以酒的起源没有准确的年代记载。有文字记载、全面论述酿酒技术的著作当推北魏农学家贾思勰的《齐民要术》。

2. 我国酒的发展历史

在几千年的发展历史过程中，中国传统酒呈阶段性发展：

(1) 第一阶段。公元前 4000～公元前 2000 年，即由新石器时代的仰韶文化早期到夏朝初年，是我国传统酒的启蒙期。这个时期是原始社会的晚期，先民们用发酵的谷物来炮制水酒是当时酿酒的主要形式，当时把酒看作一种含有极大魔力的饮品。

(2) 第二阶段。从公元前 2000 年的夏王朝到公元前 200 年的秦王朝，历时 1800 年，为我国传统酒的成长期。这时由于有了火，出现了五谷六畜，加之酒曲的发明，我国成为世界上最早用酒曲酿酒的国家。殷商时期，人工酒曲酿酒技术已经成熟，酒的产量和质量得到很大的提高，加上农产品的剩余为酒的发展奠定了基础。酒曲是我国特有的促进酿酒原料发酵的糖化发酵剂，是古代发酵技术的重要发明之一，并给现代工业发酵带来了深远的影响。

(3) 第三阶段。由公元前 200 年的秦王朝到公元 1000 年的北宋，历时 1200 年，是我国传统酒的成熟期。在此期间，《齐民要术》《酒法》等著作问世，李白、杜甫、白居易、杜牧、苏东坡等酒文化名人辈出。各方面的因素促使中国传统酒的发展进入了灿烂的黄金时期。酒之大兴始自东汉末年至魏晋南北朝时期。汉唐盛世及欧、亚、非陆上贸易的兴起，使中西酒文化得以互相渗透，为中国白酒的发明及发展进一步奠定了基础。

汉代开始出现了烧酒，即白酒。新丰酒、兰陵美酒等名优酒开始涌现，黄酒、果酒、药酒等酒品也有了一定程度的发展。西汉张骞出使西域，将栽培葡萄的种子和技术传入中原，使我国葡萄酒的人工酿造成为可能。

(4) 第四阶段。公元 1000 年的北宋到公元 1840 年的晚清时期，历时 840 年，是我国传统酒的提高期。这 800 多年间，白、黄、果、葡、药五类酒竞相发展。

元代十分重视和提倡果酒的酿造，虽曾下过禁酒令，但唯独对葡萄酒酿造“网开一面”，因此葡萄酒十分盛行，但明清时代又逐渐衰弱。公元 1871 年(清同治十年)，爱国人士张弼士回国在山东烟台创办了我国第一家现代葡萄酒公司，即著名的张裕葡萄酒公司。

(5) 第五阶段。自公元 1840 年至今，历时 182 年，是我国传统酒的变革期。在此期间，西方先进的酿酒技术与我国传统的酿造技艺争放异彩。啤酒、白兰地、威士忌、伏特加及日本清酒等外国酒在我国立足生根；竹叶青、五加皮、玉冰烧等新酒种产量迅速增长；传统的黄酒、白酒也琳琅满目，各显特色。我国酿酒事业进入了空前繁荣的时期。

3.6.2 酒的分类及特点

酒有多种分类方法。按酿造工艺分为蒸馏酒、酿造酒和配制酒。蒸馏酒是原料经发酵后再蒸馏制得，如传统的白酒，一般刺激性强，度数较高，酒精度不低于24度。这里的酒精度是指酒中乙醇(C_2H_5OH)体积占酒体积的百分数。酿造酒是原料经发酵后，再压榨、提取、过滤制得，如啤酒、黄酒和多数果酒，酒精度一般不超过20度，刺激性小。配制酒则主要是用成品酒配以一定比例的糖分、香料、药材混合泡制储藏，经过滤制得的酒，如果酒、露酒、药酒，酒精度适中，在22度左右，成本低、制作周期短。

按生产原料分为粮食酒和非粮食酒。按酒精含量分为高度酒、中度酒和低度酒。高度酒酒精度在40度以上，如茅台、五粮液等；中度酒酒精度在20～40度，如五加皮、竹叶青等；低度酒酒精度在20度以下，如啤酒、黄酒等。

我国商业上按传统的分类习惯，将酒分为七大类：白酒、葡萄酒、啤酒、黄酒、果露酒、药酒、其他酒。下面主要介绍前六类。

1. 白酒

白酒因能点燃又名烧酒。它是以曲类、酒母等为糖化发酵剂，利用粮谷或代用原料，经蒸煮、糖化发酵、蒸馏、储存、勾兑而成的蒸馏酒，与白兰地、威士忌、伏特加、朗姆酒、金酒共称为世界六大蒸馏酒。白酒是我国的传统酒，工艺独特，历史悠久，享誉中外。从古至今，白酒在消费者心目中都占有十分重要的位置，是社交、喜庆等活动中不可缺少的特殊饮品。

白酒的主要成分是乙醇和水，还含有占总量2%左右的其他香味物质，这些香味物质主要是醇类、酯类、醛类、酮类、芳香族化合物等，还有一些少量危害健康的物质，如甲醇、乙醛、杂醇油等。白酒成分复杂，酒中的香味物质种类和相互的比例不同，使酒具有独特的风格，产生了酱香型、浓香型、清香型、米香型、兼香型等不同香味口感的白酒。

1) 酱香型白酒

以茅台酒为代表，又称茅香型，主香成分是挥发性的酚化合物，还含有多元醇和多元酚等，是酱香、窖底香和醇甜三种风味融合的独特风味。茅台酒产于贵州省茅台镇，以高粱为原料加曲发酵，发酵后经数次蒸馏提取的酒液无色透明，再放入缸中陈化，酒味香浓醇厚，被誉为中国第一名酒，在国际市场上的价格可与法国干邑白兰地相当。

2) 浓香型白酒

以四川泸州特曲和五粮液为代表，又称泸香型和窖香型，主香成分是己酸乙酯和适量的丁酸乙酯。四川泸州特曲具有浓香、醇和、味甜、回味长的四大特色。五粮液迄今已有300多年历史，属浓香型大曲酒中出类拔萃的佳品，酒质清澈透明、香气悠久、味醇厚、入口甘绵、入喉净爽、各味谐调、恰到好处。

3) 清香型白酒

以山西杏花村汾酒为代表，又称汾香型，主香成分是乙酸乙酯和乳酸乙酯，酒质清香。汾酒有着4000年左右的悠久历史，被誉为最早的国酒，国之瑰宝。以工艺精湛源远流长，入口绵、落口甜、饮后余香、回味悠长特色而著称。除此以外，宝丰酒、特制黄鹤楼酒也是清香型白酒的代表。

4) 米香型白酒

典型代表是桂林三花酒，又称蜜香型，主香成分是乳酸乙酯、乙酸乙酯和高级醇。以大米为原料，以小曲(酒药)为糖化发酵剂，采用半固态先培菌糖化，后发酵，经蒸馏，于山洞陈酿而成，具有芬芳、干润爽口、醇厚绵软、酒味纯正的特点。

5) 兼香型白酒

兼有两种以上香型的白酒，如具有浓香兼酱香独特风格的蒸馏酒。典型代表有酒鬼酒、口子窖、白云边、白沙液等。

此外，还有以西凤酒为代表的凤香型白酒，以四特酒为代表的特香型白酒，以景芝白干为代表的芝麻香型白酒，以广东生产的玉冰烧酒为代表的豉香型白酒等，以董酒为典型代表的其他香型白酒等。

白酒按生产工艺可分为固态法和液态法白酒。固态法白酒是以粮谷为原料，经酒醅固态发酵、储存、勾兑而成，香气浓郁、口感柔和、绵甜爽净、余味悠长；液态法白酒是以谷物、薯类、糖蜜等为主要原料，将发酵蒸馏而得的食用酒精作为酒基，再经串香、勾兑而成的白酒。液态法白酒一般没有固态法白酒香气香和口感好。白酒按使用曲种分为大曲酒、小曲酒、麸曲酒；按使用原料分为粮食酒、薯干酒、代粮酒。

2. 葡萄酒

葡萄酒是以鲜葡萄或葡萄汁为原料，经全部或部分发酵酿制而成的饮品，其酒精度不低于 7 度。

酵母菌广泛存在于自然界中，在含糖多的果实的果皮上及果园土壤中尤其多。当葡萄成熟甚至产生小裂纹时，附着在果皮上的野生酵母得以繁殖。据报道，在成熟的葡萄皮上每 1 cm^2 大约有 5 万个酵母细胞。在葡萄破碎、榨汁的过程中，果皮、果梗上附着的酵母也随之落入葡萄汁中开始繁殖并进行发酵，其中一些发酵力弱、耐酒精性差的种类逐渐被淘汰，而耐酒精度好的葡萄酒酵母则存留下来并在一定条件下进行作用，这就是酿酒中的自然发酵原理。为提高酿酒质量，在工艺改革上现多采用接种人工培养的纯酵母菌种——活性干酵母来加强发酵。活性干酵母使用方便，易保存，分红、白葡萄酒发酵用两类。

活性干酵母酵母菌的厌氧发酵使葡萄糖生成乙醇和二氧化碳(CO_2)，这个复杂的生化反应过程需要一系列的酶参与。除了乙醇和二氧化碳为主要产物外，还有种类多但数量不多的副产物，如乳酸、乙酸、琥珀酸、苹果酸、酒石酸、柠檬酸等多种有机酸，异戊醇、异丁醇、正丙醇、己醇等高级醇和甲醇，以及发酵陈酿中进一步形成的酯类，如乙酸乙酯、酒石酸乙酯等，此外还有醛类及酮类等物质。这些副产物对葡萄酒的香气、滋味和风味有重要作用。

葡萄酒的品种很多，因葡萄的品种、酿造工艺、产品风格不同等有不同的分类方法。

1) 按酒的颜色分类

按酒的颜色分为白葡萄酒、红葡萄酒和桃红葡萄酒。

(1) 白葡萄酒。用白葡萄或红皮白肉的葡萄酿成，颜色近似无色或禾秆黄色、金黄色等，酒精度为 9～13 度，以突出果香为主。

(2) 红葡萄酒。用红葡萄酿制，颜色有红、棕红、宝石红、紫红等，酒精度为 9～13 度，以突出酒香为主。

(3) 桃红葡萄酒。用红葡萄酿制，采用及时分离果汁发酵而成，颜色有浅桃红、桃红、玫瑰红。

2) 按含糖量分类

按含糖量分为干葡萄酒、半干葡萄酒、半甜葡萄酒和甜葡萄酒。

(1) 干葡萄酒。含糖量低于 4 $g \cdot L^{-1}$，品尝不出甜味，具有洁净、幽雅、香气和谐的果香和酒香，因酒的色泽不同又可分为干白、干红、干桃红葡萄酒。

(2) 半干葡萄酒。含糖量为 4～12 $g \cdot L^{-1}$，微具甜感，酒的口味洁净、幽雅、味觉圆润，具有和谐怡悦的果香和酒香。

(3) 半甜葡萄酒。含糖量为 12～50 $g \cdot L^{-1}$，具有甘甜、爽顺、舒愉的果香和酒香。

(4) 甜葡萄酒。含糖量大于 50 $g \cdot L^{-1}$，具有甘甜、醇厚、舒适爽顺的口味，和谐的果香和酒香。

天然的半干、半甜葡萄酒是以含糖量较高的葡萄为原料，在主发酵尚未结束时即停止发酵，使糖分保留下来；甜葡萄酒多采用调配补加转化糖提高糖分的方法，国外也有采用添加浓缩葡萄汁以提高糖分的方法。

3) 按是否含 CO_2 分类

按是否含 CO_2 分为静止葡萄酒和汽酒。

(1) 静止葡萄酒。不含自身发酵或人工添加的 CO_2 的葡萄酒，又称静酒。

(2) 汽酒。含有一定量 CO_2 气体的葡萄酒，又分为起泡酒和加汽酒。起泡酒所含 CO_2 是用葡萄酒加糖再发酵产生的，其特点是开瓶时出现一种持久的来自发酵产生的 CO_2，如法国的香槟酒。加汽酒是用人工的方法将 CO_2 添加到葡萄酒中。因 CO_2 作用，酒更具有清新、愉快、爽怡的味感。

4) 按酿造方法分类

按酿造方法分为天然葡萄酒、加强葡萄酒和加香葡萄酒。

(1) 天然葡萄酒。完全采用葡萄原料进行发酵，发酵过程中不添加糖分和酒精，选用提高原料含糖量的方法来提高成品酒精含量及控制残余糖量。

(2) 加强葡萄酒。发酵成原酒后用添加白兰地或脱臭酒精的方法来提高酒精含量，称加强干葡萄酒。既加白兰地或酒精，又加糖以提高酒精含量和糖度的酒称加强甜葡萄酒，我国称浓甜葡萄酒。

(3) 加香葡萄酒。采用葡萄原酒浸泡芳香植物，再经调配制成，属于开胃型葡萄酒，如味美思、丁香葡萄酒、桂花陈酒；采用葡萄原酒浸泡药材，精心调配而成，属于滋补型葡萄酒，如人参葡萄酒；采用优良品种葡萄原酒蒸馏，或发酵后经压榨的葡萄皮渣蒸馏，或由葡萄浆经葡萄汁分离机分离得到的皮渣加糖水发酵后蒸馏而得的葡萄酒称为葡萄蒸馏酒。一般再经细心调配的称为白兰地，不经调配的称为葡萄烧酒。

葡萄酒中含有糖类、酯类、其他醇类、矿物质、有机酸、多种氨基酸及维生素等，适量饮用能起到活血、通脉、利尿和防治心血管、贫血等疾病，还能增加营养、促进食欲，有一定的保健作用。

葡萄酒的品质可以说先天在葡萄，后天在工艺。葡萄的品种及产地就是先天因素，葡萄酒的“3S 原则”，即 sun——阳光充足，sand——沙砾土壤，sea——适宜的环境，世界上著名的葡萄酒产区，如法国、澳大利亚、加拿大、葡萄牙、西班牙、德国、美国、意大利、新西兰、南非、智利、阿根廷等的葡萄酒产区就满足了“3S 原则”。

3. 啤酒

啤酒是人类最古老的酒精饮品之一，是排在水和茶之后世界上消耗量排名第三的饮品。

啤酒是以大麦芽(利用其淀粉和蛋白质)、酒花、水为主要原料，经酵母发酵作用酿制而成的饱含 CO_2、低酒精度的饮料酒，被称为液体面包。在酿造啤酒时，为降低成本，在不降低质量的前提下，还会选择一些含淀粉较多的谷物和糖类为辅助原料。

酿制啤酒的酒花(hops)既是植物名称又是花名，又称蛇麻花，是大麻科律草属多年生草本植物，可生存二三十年。酒花为雌雄异株，制啤酒用的是雌花，不用雄花。雌株球果先有一些小花后结果。球果中含有树脂腺，树脂腺产生啤酒花苦味素，苦味素中含有精华油和树脂，这两种成分使啤酒花有独特的香气，并最终使啤酒带上了一些苦涩味，强烈的酒花味道能够平衡麦芽汁的自然甜度并激发食欲，还有利于形成啤酒优良的泡沫。

1) 按啤酒的色度分类

按啤酒的色度可分为淡黄色啤酒、金黄色啤酒、棕黄色啤酒、浓色啤酒、黑色啤酒。色度 EBC(欧洲啤酒协会的简称，啤酒的色度是以 1 in 的比色杯测定的，1 in=2.54 cm)是啤酒的一项重要理化指标。

(1) 淡黄色啤酒。色度在 7 EBC 以下，大多采用色泽极浅、溶解度不高的麦芽为原料，糖化时间短、麦汁接触空气少，而且多经过非生物稳定剂处理，除去酒体内的一部分多酚物质，因此色泽不带红棕色而带黄绿色，在口味上多属淡爽型，酒花香突出。

(2) 金黄色啤酒。色度为 7～10 EBC，采用的麦芽溶解度一般比淡黄色啤酒高些，非生物稳定性的处理也较轻，口味清爽醇和，酒花香突出。

(3) 棕黄色啤酒。色度为 10～14 EBC，采用的大麦芽大多溶解度较高，糖化时间较长，麦汁冷却时间长，接触空气多。其口感较为粗重，色泽黄中带棕色。

(4) 浓色啤酒。色度为 15～40 EBC，色泽呈红棕色或红褐色，特点是麦芽香突出，口味醇厚，酒花苦味较轻。酿制浓色啤酒除采用溶解度较高的深色麦芽外，还加入部分特种麦芽，如焦香麦芽、巧克力麦芽等。

(5) 黑色啤酒。色度大于 40 EBC，色泽呈深红褐色乃至黑色。特点是一般原麦汁浓度较高，芽香味突出，口味醇厚，泡沫细腻，苦味则根据产品的类型有较大的差异。

2) 按麦芽汁浓度分类

按麦芽汁浓度分为低度啤酒、中度啤酒和高度啤酒。啤酒的度数指的不是酒精含量而是麦芽汁的浓度(concentration of malt juice)。例如，每公升麦芽汁含有 120 g 糖类物质，该啤酒就是 12 度。

(1) 低度啤酒。麦芽汁浓度 7%～8%，酒精度为 1.2～2.5 度。

(2) 中度啤酒。麦芽汁浓度 11%～12%，酒精度为 3.1～3.8 度。

(3) 高度啤酒。麦芽汁浓度 14%～20%，酒精度为 4.9～5.6 度。

我国生产的啤酒酒精度一般为 4 度左右。

3) 按杀菌方式分类

按杀菌方式分为鲜啤和熟啤。

(1) 鲜啤。又称生啤、扎啤，在生产中未经杀菌，口味鲜美、营养价值高、稳定性差，多为夏季桶装啤酒。

(2) 熟啤。装瓶后经过巴氏杀菌，防止酵母发酵和微生物引起质量变化，稳定性好，不易发生混浊，易保管。

4) 按使用酵母性质分类

按使用酵母性质分为上层发酵啤和底层发酵啤。

上层发酵啤如爱尔啤酒、跑特黑啤；底层发酵啤如青岛啤酒、慕尼黑黑啤、燕京啤酒。我国自 20 世纪 70 年代中期开始采用室外圆柱体锥形底发酵罐发酵法(简称锥形罐发酵法)，目前国内啤酒生产几乎全部采用此发酵法。

啤酒对人体有重要的作用。啤酒中碳水化合物和蛋白质的比例约为 15∶1，符合人类的营养平衡，1972 年在墨西哥召开的第九届世界营养食品会议上啤酒被定为“营养食品”。

每升啤酒约有 3.5 g 蛋白质的水解产物——肽和氨基酸，几乎 100% 能被人体消化吸收和利用；含有 17 种氨基酸，其中有 8 种是人体不能合成且不可缺少的；约含有 50 g 糖类物质，它们是原料中的淀粉被麦芽中的各种酶催化水解形成的产物，其中水解完全的产物如葡萄糖、麦芽糖、麦芽三糖，在发酵中可经酵母作用转变成酒精，水解不太彻底的产物是低聚糊精，其中大部分是支链寡糖，可以被肠道中有益菌利用，协助清理肠道。

啤酒中还有多种抗氧化物质。例如，黄腐酚来源于啤酒酿造过程中添加的酒花或酒花浸膏，它能够阻止导致癌细胞生长的酶发挥作用，并能帮助人体消除其他致癌物质。目前人们获取黄腐酚的唯一途径就是喝啤酒。再如，多酚或类黄酮在酿造过程中形成的还原酮和类黑精，以及酵母分泌的谷胱甘肽等，都是可减少氧自由基积累的还原性物质。

奇妙的酒花素既能促进唾液、胃液和胆汁分泌，健胃益脾，又可治疗肺和淋巴结核，还能促进伤口愈合和烧伤痊愈。贫血患者常饮啤酒能促进红细胞的生长，增强造血功能。此外，啤酒中含多种多量的维生素。

4. 黄酒

黄酒属于酿造酒，以稻米、黍米、黑米、玉米、小麦等为原料，经过蒸料，拌以麦曲、米曲或酒药，进行糖化和发酵酿制而成。

黄酒是我国的特产，在世界三大酿造酒(黄酒、葡萄酒和啤酒)中占有重要的一席。黄酒是世界上最古老的酒类之一，源于中国且唯中国有，与啤酒、葡萄酒并称世界三大古酒。在 3000 多年前的商周时期，我国独创酒曲复式发酵法，开始大量酿制黄酒，酿酒技术独树一帜，成为东方酿造界的典型代表。

黄酒发酵属于固态发酵，经过选米、精白、清洗、浸米、蒸煮、摊凉、拌料、落缸、糖化发酵、压榨、澄清、煎酒工艺过程，制得成品酒。酒精度一般为 11～18 度。

与葡萄酒类似，黄酒按糖含量分为干黄酒、半干黄酒、半甜黄酒和甜黄酒。

(1) 干黄酒。总糖含量等于或低于 15 $g \cdot L^{-1}$，酒精度不低于 8.0 度，如状元红酒。

(2) 半干黄酒。总糖含量为 15.1～40.0 $g \cdot L^{-1}$，酒精度不低于 8.0 度，如加饭酒。

(3) 半甜黄酒。总糖含量为 40.1～100 $g \cdot L^{-1}$，酒精度不低于 8.0 度，如膳酿酒。

(4) 甜黄酒。总糖含量高于 100 $g \cdot L^{-1}$，酒精度不低于 8.0 度，如香雪酒。

黄酒含有 21 种氨基酸及大量 B 族维生素，还含有数种未知氨基酸，包括人体自身不能合成而必须依靠食物摄取的 8 种必需氨基酸，故被誉为液体蛋糕。在啤酒、葡萄酒、黄酒、白酒组成的“四大家族”中，当数黄酒营养价值最高，是名副其实的美味低度酒。自古以来，黄酒以其低度、醇和的酒性和独特的养生价值受到广大消费者的喜爱，特别是在传统中医学上的应用更多，更体现了其良好的保健养生功效。

著名的黄酒有加饭酒、花雕酒、绍兴状元红、上海老酒、福建老酒、江西九江封缸酒、江苏丹阳封缸酒、无锡惠泉酒、广东甜型黄酒、山东即墨老酒等。被中国酿酒界公认的、在国际国内市场最受欢迎的、最具中国特色的，还是首推花雕酒。

5. 果露酒

果露酒是将果实、果皮、鲜花等用食用酒精、发酵原酒或蒸馏酒浸泡，取其清液，加入其他配料如果汁、糖或其他芳香物质和成色物质制成的果酒，如柑橘酒、刺梨酒、桂花酒。

果露酒生产工艺简单，制作容易，所用材料来源充足，主要生产方法有：

(1) 浸泡法。将香料、果类、药材直接投入酒中，浸泡一定的时间，取出浸泡液过滤装瓶，或者将浸泡液加水稀释，调整酒精度，再加糖和色素等，经过一定时间的储藏后过滤装瓶。

(2) 煮出法。将需要的原料加水蒸煮，煮后去渣，取出原液加酒和水，调整到需要的酒精度，加糖、色素等，搅拌均匀，储存两三个月后过滤装瓶。

(3) 蒸馏法。将鲜花或鲜果投入酒中，密闭浸泡一段时间后取出，加入一定量的白酒和水进行蒸馏，将馏出液加水调成需要的酒精度，再加糖和色素等搅拌均匀，储藏一定时间后过滤装瓶。

(4) 配制法。在白酒或脱臭酒精中按一定比例加入糖、水、柠檬酸、香精、色素等，搅拌均匀后储存一定时间，过滤装瓶。

果露酒是一种具有特殊芳香气味的甜酒精饮料，是低度酒、营养酒、保健酒。因为它用鲜果汁或果皮等配制，果汁、果皮中所含的有益物质浸入酒中，营养丰富，对人体有益，能开胃、增进食欲，有显著的滋补作用。

6. 药酒

药酒是一种浸出酒。干燥的植物药材或食物，其组织细胞萎缩，细胞液中的各种成分以结晶或无定形沉淀的方式存在于细胞中，为浸出其有效成分需要用作为溶媒的酒液浸润药材使其进入细胞之中，发挥乙醇良好的溶解作用，使可溶性成分转入酒液中。

现代研究表明，酒的主要成分乙醇是一种良好的半极性有机溶媒，中药的多种成分如生物碱、盐类、鞣质、挥发油、有机酸、树脂、糖类及部分色素(如叶绿素、叶黄素)等均较易溶解于乙醇中。乙醇不仅有良好的穿透性，容易进入药材组织细胞中，发挥溶解作用，促进置换、扩散，有利于提高浸出速度和浸出效果，还有防腐作用，可延缓许多药物的水解，增强药剂的稳定性。

药酒有冷浸法、热浸法、煎膏兑酒法、淬酒法、酿酒法等多种制作方法，家庭配制则以冷浸法最为简便。可将按处方配齐的洁净饮片或药材粗末置于陶瓷罐或带塞(盖)的玻璃器皿中，加入适量的酒(一般用低度白酒或黄酒)，根据药材吸水量的大小，按 1∶5～1∶10 的比例配制，密封浸泡，每天或隔天振荡 1 次，14～20 天后用纱布过滤。

人们通常所说的药酒实际上是药准字号药酒(以下简称药酒)与营养类保健酒(以下简称保健酒)的通称。

药酒与保健酒相比，其相同之处是酒中有药，药中有酒，均能起到强身健体的功效，但二者又有明显的差异。

(1) 从定义上来说，保健酒首先是一种食品饮料酒，具有食品的基本特征；药酒则以药物为主，具有药物的基本特征。

(2) 从特点上来说，保健酒以滋补、强壮、补充、调节、改善为主要目的，还用于生理功能减弱、生理功能紊乱及特殊生理需要或营养需要者，以此来补充人的营养物质及功能性成分，它的效果是潜移默化的；药酒则是以治病救人为目的，用于患者的康复和治疗其病理状态。

(3) 从饮用对象(成年人)来说，保健酒适于健康人群、有特殊需要的健康人群、中间状态(介于健康与疾病之间)人群饮用；药酒则仅限于患有疾病的人群饮用，它是大夫开的一剂处方药，它有明确的适应证、禁忌证、限量、限期，必须在医嘱下饮用。

(4) 从风味上来说，保健酒讲究色、香、味，注重药香、酒香的协调；药酒则不必做到药香、酒香的协调。

(5) 从原料组成上来说，保健酒中的原料首选传统食物、食药两用的药材，且中药材、饮片必须经食品加工，功能强烈、有毒性者不可用；药酒中的原料首选安全、有效的中药，以滋补药为主，可适当配合其他中药(清、温、消、补、下、和等类中药)。

3.6.3 酒与健康的关系

酒是一种营养价值很高的饮品。适量饮酒可有助于增加高密度脂蛋白含量，减少动脉内胆固醇含量，从而预防心脏病，并有促进食欲、帮助消化、兴奋精神、舒筋活血、消除疲劳等功效。对老年人而言，适量饮酒有益长寿。我国古代医药学对酒的评价是：酒为水谷之气，味辛甘，入心、肝之经。适量饮酒有畅通血脉、活血行气、祛风散寒、助药力的功效。过度饮酒或饮酒不当则会对人体产生危害。

“酒可养人，亦可伤人”，皆源于酒中化学成分对人体健康的不同影响。

1. 酒的化学成分

在酿酒过程中，酿酒原料在复杂的微生物作用下，经过复杂的生物化学反应，产生醇(酒精)和香味物质。

淀粉吸水膨胀，加热糊化，形成结构疏松的α-淀粉，进一步在淀粉酶的作用下分解为低分子的单糖(葡萄糖)。单糖在脱羧酶、脱氢酶的催化下分解，逐渐分解形成二氧化碳和乙醇。

淀粉糖化： $(C_6H_{10}O_5)_n(\text{淀粉}) + nH_2O \longrightarrow nC_6H_{12}O_6$

葡萄糖氧化成醇： $C_6H_{12}O_6 \xrightarrow{\text{酶}} 2C_2H_5OH + 2CO_2$

酒的主要成分是水和乙醇，还含有高级醇类、脂肪酸类、酯类、糖类和醛类等。这些物质的种类和含量不仅对酒的质量有直接影响，对饮用者的身体健康也有多方面的影响。

1) 醇类

主要是乙醇、甲醇及杂醇油。

(1) 乙醇。无色透明液体，有独特的辛辣气味、较强的刺激性，是衡量白酒酒精度高低的标志。

(2) 甲醇。主要来源于原料中的果胶物质，在发酵过程中，果胶水解后生成甲醇。甲醇是无色液体，有刺鼻的气味，溶解于乙醇和水。甲醇毒性很大，能危害人的神经系统，尤其是视觉神经系统，会损伤人的视觉神经导致失明，还会导致机体代谢紊乱，因此在酿酒过程中要严格控制甲醇含量，更要严厉打击利用甲醇勾兑假酒。

(3) 杂醇油。主要是碳原子数多于乙醇的高级醇。酿酒原料中的蛋白质经水解生成氨基酸，氨基酸在酵母分泌的脱羧酶和脱氨基酶的作用下，进一步分解生成杂醇油。杂醇油为无色透明液体，具有刺鼻的气味和辛辣味，毒性大，如异戊醇的毒性为乙醇的 39 倍。我国对白酒中高级醇的含量有严格限制。

2) 酸类

主要是乙酸、丙酸、丁酸、己酸、乳酸、苹果酸、酒石酸、琥珀酸等有机酸。乙酸有刺激性强的酸味；丁酸量少能增加窖香，过浓则有汗臭气味；乳酸能增加酒的醇厚性，过多则呈涩味。

酒的风味与酒中的酸类含量有极大关系。酸类是白酒的重要口味物质，含量过少，酒味寡淡、后味短；但含量过多，则酒味粗糙，影响酒的品质。

3) 酯类

以乙酸乙酯较多，还有己酸乙酯、乙酸甲酯、甲酸乙酯、乳酸乙酯、丁酸乙酯等。酸和醇在发酵、蒸馏等过程中会产生酯，是酒香味的主要来源。但并不是所有的酯都是酒所需要的，在生产工艺上要求尽量产生有助于提升酒香味和质量的酯。

4) 糖类

酒中含有糖，如饮用葡萄酒、黄酒和果露酒时，回味中会感到有甜味。在葡萄酒等果酒中，有浆果中未经发酵的部分糖类，或是配制过程中加入的适量蔗糖(有的在发酵时加入白砂糖)，令酒中的甜、酸与酒精调和，使酒味醇和。糖分也是人体所需要的营养保健成分之一。

5) 醛类

主要是乙醛、乙缩醛、丙烯醛及糠醛。醛类多数是醇氧化成酸的中间产物，具有强烈的刺激性和辛辣味，醛类含量多则酒的质量差。

不同种类酒中的化学成分也有差异。葡萄酒中还含有很多其他物质，如芳香物质、多种矿物质(包括微量元素)、微量的二氧化碳，以及多种维生素(维生素 B_1、维生素 B_2、维生素 B_6、维生素 B_{12}、维生素 C、维生素 H、维生素 P 等)和各种氨基酸、果胶类、多酚化合物、无机物。啤酒、黄酒中也含有多种氨基酸、维生素等有益化学成分。啤酒中还存在多种抗氧化物质如多酚或类黄酮，抗癌物质如黄腐酚等，以及较多的无机离子，有助于饮用者保持细胞内外的渗透压平衡，同时解渴和利尿。

2. 健康饮酒

饮酒因人而异，饮酒后的表现(如脸红等)也不尽相同，这与酒在人体内的代谢有关。

1) 酒的代谢过程及过量饮酒的危害

人体对乙醇吸收快，但代谢很慢，如图 3-8 所示。乙醇在人体中的代谢主要在肝脏中进行，在肝细胞内，乙醇经乙醇脱氢酶作用转变为乙醛，再经乙醛脱氢酶作用转化为乙酸，最后转变成二氧化碳和水排出体外。

乙醇分解的中间产物乙酸参与细胞内众多的代谢过程，也可转变为乙酰辅酶 A，参与脂肪酸的合成或参与三羧酸循环，为机体提供能量。但在代谢过程中产生的乙醛对人体有毒性作用，出现醉态主要是乙醛造成的。乙醛在乙醛脱氢酶的作用下转化为乙酸，所以人体内乙醛脱氢酶的含量就决定了酒量的大小，如果体内乙醛脱氢酶含量少，乙醛在体内蓄积就会引起脸红、心跳加速、头晕等症状。

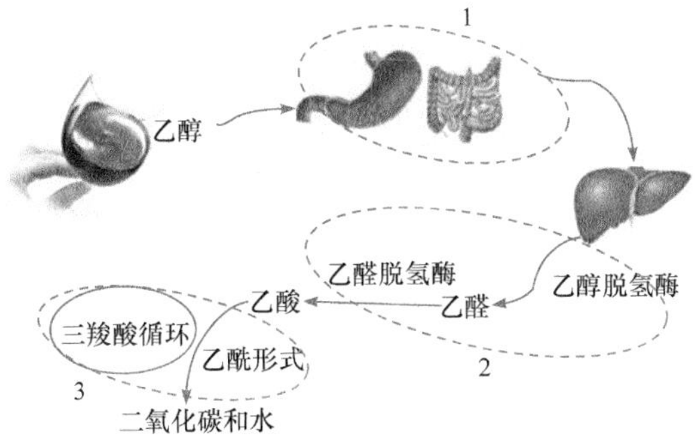

图 3-8 乙醇在人体内的代谢过程

乙醇在成人体内大约以每小时 10 g 的速率氧化，适量饮酒可加速血液循环，但过量饮酒，体内乙醇浓度升高，因其有抑制酶的作用，会麻痹中枢神经、麻痹运动反射，进而会出现注意力减退、精神恍惚、呼吸困难，严重时会引起酒精中毒甚至死亡。大量饮酒还会直接刺激胃黏膜引起胃炎，进而造成慢性肝病和肝硬化，甚至引起胰腺病变。

可见，酒是有两面性的物质。其味之美、意之浓，可谓精妙绝伦，但酒又易使人神志恍惚、仪态失常，甚至危及生命。因此，饮酒贵在适量、量力而行、节饮养身，要提倡科学饮酒。

2) 科学饮酒

(1) 饮度数低的高品质酒。古人对酒的品质十分讲究，古人还认为不应该饮用度数高而质量差的烈性酒，而应该适量饮用味淡而质量较高的酒，这一观点深为后世注重养生的人所重视。

(2) 饮酒适量。少饮有益，多饮有害。

(3) 饮时心境要好。身体不适、过分忧愁或盛怒之时不能饮酒，否则会损害身体健康。按中医的理论说，人在发怒时，肝气上逆，面红耳赤，头痛头晕，若再饮酒，加上乙醇的作用，势如火上浇油，更易失控，以致产生不堪设想的后果。

(4) 温饮高度酒。

(5) 饮必小咽。现代许多人饮酒常讲究干杯，似乎一杯杯地干才觉得痛快，才显得豪爽，其实这样饮酒是不科学的。正确的饮法应该是轻酌慢饮。

(6) 勿混饮。各种不同的酒中除都含有乙醇外，还含有其他一些互不相同的成分，其中有些成分不宜混杂。多种酒混杂饮用会产生一些新的有害成分，会使人感觉到胃不舒服、头痛等。

(7) 空腹勿饮。中国有句古语叫“空腹盛怒，切勿饮酒”，认为饮酒必佐佳肴。乙醇是靠肝脏分解的，肝脏在分解过程中又需要各种维生素来维持辅助，如果此时胃肠中空无食物，乙醇最易被迅速吸收，造成肌理失调、肝脏受损。因此，饮酒时应佐以营养价值比较高的菜肴、水果，这也是饮酒养生的一个窍门。

(8) 勿强饮。饮酒时不能强逼硬劝别人，自己也不能赌气争胜，不能喝硬要往肚里灌。

(9) 酒后少饮浓茶。自古以来，不少饮酒之人常常喜欢酒后喝茶，但酒后喝浓茶对身体极为有害。酒后若饮茶，以少饮淡茶为宜，可以用水果解酒，或以甘蔗与白萝卜熬汤解酒。

另外，还要避免美酒加咖啡、饮酒时吸烟、饮酒后服药、饮酒后洗澡、吃海鲜喝啤酒、剧烈运动后喝啤酒等不良习惯。

俗话说“动为刚，素为常，酒少量，莫愁肠”，这是健康之道，也说明酒少饮、科学饮用有益健康，多饮则会伤害身体，醉酒、酗酒更是危害极大。

参考文献

陈浩泉. 2000. 食物、营养与癌症预防及对膳食的 14 条建议. 肿瘤，20(4)：295-296.
戴迪. 2009. 解读健商——健康新概念[M]. 杭州: 浙江科学技术出版社.
戴礼坦. 2014. 新健康学[M]. 广州: 中山大学出版社.
何满子. 2001. 中国酒文化[M]. 上海: 上海古籍出版社.
贺伟. 2008. 健康教育[M]. 北京: 科学出版社.
健康生活研究组. 2009. 饮食决定健康: 20～40 岁健康饮食新方案[M]. 北京: 新世界出版社.
江元汝 2009. 化学与健康[M]. 北京: 科学出版社.
姜淑惠. 2009. 这样吃最健康[M]. 哈尔滨: 北方文艺出版社.
姜昭甫. 2007. 酒文化与健康饮酒[J]. 武汉商界, (4): 12.
柳一鸣. 2011. 化学与人类生活[M]. 北京: 化学工业出版社.
马爱国. 2015. 饮食与健康[M]. 北京: 科学出版社.
马玉海. 2015. 运动与健康[M]. 北京: 清华大学出版社.
郑建仙. 2019. 功能性食品学[M]. 3 版. 北京: 中国轻工业出版社.
中国营养学会. 2016. 中国居民膳食指南 2016: 科普版[M]. 北京: 人民卫生出版社.

第4章

化妆品和洗涤用品与健康

在日常生活中，人们为保持容颜俏丽会用到化妆品，为清洁环境会用到洗涤剂。如今市面上有大量不同品牌和类型的化妆品及洗涤剂，它们分别适用于不同类型的肌肤、毛发和不同材质的污垢表面。如何在种类繁多的化妆品和洗涤剂中选到适合自己的产品，就需要了解化妆品和洗涤剂的相关知识，掌握化妆品和洗涤剂的主要成分，以及对皮肤或污垢的作用原理，分清不同化妆品和洗涤剂的特点、功效，避免因使用不当造成对身体的损害，让我们能生活得更好、更健康。

4.1 化妆品与健康

随着科学技术的进步，越来越多的新成分被引入化妆品，由此开发出具备各种功能的化妆品，它们能帮助人们追求更高的生活品质。但在人们使用化妆品时，也出现了因化妆品使用不当而导致对皮肤和毛发造成损害的例子。因此，学习一些化妆品的专业知识，对于正确使用化妆品以保持身心健康，就显得尤为重要。

4.1.1 化妆品的定义与分类

1. 化妆品的定义

我国《化妆品监督管理条例》所称化妆品是指以涂擦、喷洒或者其他类似方法，施用于皮肤、毛发、指甲、口唇等人体表面，以清洁、保护、美化、修饰为目的的日用化学工业产品。

2. 化妆品的分类

化妆品的种类很多，分类方法也各不相同。常见分类方法有：按用途分类、按外观形态分类和按使用部位分类等。

1) 按用途分类

按用途可分为护肤类化妆品、清洁类化妆品、美容类化妆品、香水类化妆品和洗护发用类化妆品等。

2) 按外观形态分类

按外观形态可分为透明液体、膏霜、油膏、粉、啫喱和气雾剂化妆品等。

3) 按使用部位分类

按使用部位可分为毛发用化妆品、皮肤用化妆品、眼用化妆品、唇用化妆品和指甲用化妆品等。

4.1.2 化妆品原料简介

化妆品种类较多，功能也各不相同，但它们的主要组分有很多相似之处。只有了解化妆品的原料、组成和它们各自在化妆品中所起的作用，才能正确选购和使用化妆品。

化妆品是由多种原料按一定的配方加工而成的复杂混合物。根据用途和性能不同，原料主要分为两大类：基质原料和辅助原料。通过控制原料在产品中的含量使产品达到不同的效果。

1. 基质原料

基质原料是组成化妆品基体的原料，或在化妆品内起主要作用的物质，如油类(包括油脂、蜡和精油)、粉类、胶质类、溶剂类等。

1) 油类

油脂是油和脂的总称，油脂包括植物油脂、动物油脂、矿物油脂和合成油脂。油脂能够在皮肤上形成疏水性薄膜，赋予皮肤和毛发柔软、润滑和光泽性，同时防止外来的物理或化学作用对皮肤的刺激，具有清洁皮肤油性污垢、保护皮肤、抑制皮肤水分蒸发、防止皮肤干裂、促进皮肤吸收营养和补充皮肤必要脂肪的作用。蜡是动物、植物、矿物所产生的油质或合成的油状固态物，常温下为固态，具有可塑性、易熔化、不溶于水和可溶于有机溶剂的特点。由于蜡分子中含有疏水性较强的长链烃基，因此具有提高液态油的熔点、赋予产品触变性、改善皮肤柔软度、增强皮肤表面形成油性薄膜和提高产品光泽的作用。精油通常是以天然植物中的花、叶、根、青草、木、树脂、树皮和种子为原料，经特定的方式将其中的油性成分提取而得的产品，其成分多为萜烯类、醛类、酯类和醇类等结构的化合物。因为具有高流动性而称为油，但精油与日常生活中所说的植物油脂在结构上有本质的区别，精油的相对分子质量更小，具有更好的渗透性。

油脂、蜡类原料是组成膏霜、奶液、发乳等乳化体和发蜡、唇膏等油蜡基型化妆品的主要原料，也是制备各类表面活性剂的原料。精油是配制香水或精华液的主要原料，也可作为膏霜、奶液中的辅助性功能原料。

(1) 植物、动物油脂和蜡。植物、动物油脂和蜡的主要成分是脂肪酸甘油酯和少量的脂肪酸，有些油脂中还含有微量维生素、矿物质、抗氧化剂和蛋白酶等。植物、动物油脂和蜡与人体的亲和性好，对人体皮肤的渗透性好，易被人体吸收，具有赋予皮肤或毛发柔软、光泽、滋润、营养、清洁油垢、保护皮肤表层水分、防止干裂、促进皮肤吸收或提供养分的作用。常用植物油有橄榄油、杏仁油、茶籽油、葡萄籽油、小麦胚芽油、霍霍巴油、月见草油、鳄梨油和椰子油等；常用植物脂有可可脂和牛油树脂等；常用植物蜡有木蜡、巴西棕榈蜡、杨梅蜡和小烛树蜡等。常用动物油有水貂油、蛇油、马油和鸸鹋油等；常用动物脂有羊毛脂和卵磷脂等；常用动物蜡有蜂蜡、羊毛蜡和鲸蜡等。

(2) 矿物油脂和蜡。矿物油脂的主要成分大多是非极性的高碳烃，以直链饱和烃为主要成分，不易腐败、酸败、变质；对氧和热的稳定性高，但一般不易被皮肤吸收，不具备营养性。由于它来源丰富、易精制、化学稳定性好、价廉，因此至今仍用于低端的化妆品中，也是化妆品中价廉物美的重要原料。常用的矿物油脂有：液体石蜡(也称石蜡油或白油)、凡士林。常用的矿物蜡有：石蜡和微晶蜡。

(3) 合成油脂和蜡。合成油脂和蜡是指以各种油脂为原料经化学加工合成的改性的油脂和蜡。合成油脂和蜡保持原油脂和蜡的优点、组分和结构，并通过改性赋予其新的特性。合成油脂和蜡组成可控、功能突出、供货稳定，广泛应用于化妆品中。同时，随着化学工业的发展，这类原料将日益增多。常用的合成油脂有角鲨烷、硅油、肉豆蔻酸异丙酯和棕榈酸异丙酯等。常用的合成蜡有费托蜡。

(4) 精油。精油中包含很多不同的成分，可由几种至几百种不同的分子组合而成。精油的分子链较短，具有良好的亲脂性，极易渗入皮肤中，借助皮下脂肪的丰富毛细管而进入人体内，可调节情绪、身体的生理和心理机能。由于不同植物精油的结构和组成不同，每一种植物精油对人都有其独特的功效，如美白、祛斑、保湿和舒缓情绪等特殊功能。正确地选用精油，对人们的健康有一定的益处。但由于精油的提取率低，价格较贵，目前可作为制备高端化妆品的原料。

2) 粉类

粉类原料多用于粉状化妆品中，如香粉、粉饼和眼影等。粉类原料以小颗粒形式附着在肌肤上，具有遮盖、嫩滑、美白和防晒等功效，还可作为皮肤去角质的磨砂剂。

粉类原料又可分为两类，一类是无机粉类原料，另一类是有机粉类原料。无机粉类原料是由无机化合物组成的粉质原料，在化妆品中常见的有滑石粉、高岭土、膨润土、碳酸钙、钛白粉和氧化锌等。有机粉类原料通常有天然纤维微粒、合成高分子微粒、金属皂类和经表面处理的粉体，化妆品中常用的有机粉类原料有纤维素微粒、聚乙烯粉和经表面处理过的尼龙粉、聚苯乙烯粉和聚四氟乙烯粉等。近年来由于合成粉类微粒的不可降解性会造成水质污染，正逐步降低其使用量，有的国家已经开始禁用。

3) 胶质类

胶质类原料是指具有水溶性的高分子化合物，它们可以在水中膨胀成胶体，作为胶合剂、润滑剂、乳化剂和成膜剂，起到增稠、乳化、成膜、保湿、润滑、增泡和稳泡等作用。具有营养、保湿作用的胶质原料可用在膏霜、精华素和护发素等产品中，具有增稠、成膜作用的胶质原料可用在洗发水、护发素和发胶等产品中。

胶质原料也可分成天然和合成两大类。天然的胶质原料有淀粉、水解胶原蛋白、阿拉伯树胶、琼脂和海藻酸盐等，但它们的不稳定因素较多，易变质；合成的胶质原料相对于天然胶质原料更稳定且对皮肤的刺激性低。合成胶质原料包含半合成和合成的水溶性高分子化合物，半合成的胶质原料有羟丙基纤维素、羟乙基纤维素、甲基纤维素、羧甲基纤维素钠、脱乙酰壳多糖和瓜尔胶衍生物等；合成的胶质原料主要有聚乙烯醇、聚乙烯吡咯烷酮和丙烯酸-丙烯酸酯的聚合物等。上述胶质原料是制作啫喱状化妆品的主要原料。

4) 溶剂类

溶剂类原料是液体、膏霜等化妆品中必需的主要成分，起到溶解其他化合物的作用，使得产品具有一定的性能。常用的溶剂原料有水、醇类(如乙醇、丁二醇)、酯类、酮类、醚类、芳香族物质。其中的水为去离子水或蒸馏水，乙醇也需要精制后才能使用。

2. 辅助原料

化妆品中的辅助原料主要包括表面活性剂、营养剂、美白剂、防腐剂、抗氧剂、防晒剂、保湿剂、抗过敏剂、螯合剂、香精和色素等。

1) 表面活性剂

表面活性剂是指加入少量即能显著降低溶液表面张力、改变体系界面状态的物质。其一端为疏水基，另一端为亲水基。它的作用主要有去污、乳化、湿润、分散、增溶和抗静电等，在各类化妆品中都起到很重要的作用。化妆品中表面活性剂的品种、作用和用途见表 4-1。

表 4-1　化妆品中表面活性剂的品种、作用和用途

类型	名称	主要作用	用途
阴离子型	皂类	乳化、洗涤、发泡	膏霜、发乳、香波
	肌氨酸盐	乳化、洗涤、发泡	香波、奶液、牙膏
	烷基硫酸盐	乳化、洗涤、发泡	香波、牙膏
	磺化琥珀酸盐	洗涤、发泡	香波、泡沫浴
	烷基醚硫酸盐	发泡、洗涤、增溶	香波、泡沫浴、牙膏
	氨乙基磺酸盐	乳化、洗涤、发泡	香波、泡沫浴
	脂肪酰多肽缩合物	乳化、洗涤	香波及皮肤洗涤
	脂肪酸单甘油酯硫酸盐	发泡、洗涤、乳化	香波、牙膏
	烷基磷酸酯	乳化、抗静电	香波、洁面乳、沐浴露
阳离子型	酰胺基胺	乳化、杀菌	各种化妆品
	吡啶卤化物	乳化、杀菌	各种化妆品
	季铵盐	调理、抗静电、杀菌	护发洗发用品
	咪唑啉	乳化、杀菌	香波
两性离子型	咪唑啉衍生物	乳化、洗涤、柔软	婴儿香波
	甜菜碱	乳化、洗涤、柔软	香波
	氨基酸	乳化、洗涤、柔软	香波
	氧化脂肪胺	增稠、润滑、乳化、柔软、抗静电	香波
非离子型	多元醇脂肪酸酯	乳化、柔软	各种化妆品
	聚合甘油脂肪酸酯	乳化、柔软	各种化妆品
	聚氧乙烯脂肪醇	保湿、柔软、乳化	香波、发乳、护肤乳
	聚氧乙烯多元醇脂肪酸酯	乳化、增溶	乳化香水、膏霜及蜜
	聚氧乙烯脂肪酸酯	增溶、乳化	膏霜及蜜
	聚氧乙烯聚氧丙烯嵌段聚合物	润湿、发泡、乳化、洗涤	膏霜类化妆品
	聚氧乙烯烷基胺	乳化	护发用品
	烷基醇酰胺	乳化、增溶、稳泡	香波及洗涤用品

2) 营养剂

各类维生素、水解蛋白提取液或氨基酸、植物提取物、生物制剂等均作为化妆品中的营养剂被采用。这些营养剂具有防皱、防晒、抗衰老、美白、修复皮肤、增强皮肤血液循环、保持皮肤柔软和丰满等作用。

(1) 常用的维生素有：维生素 E、维生素 A、维生素 B 系列和维生素 C 系列衍生物，作用是营养、保湿和美白肌肤。

(2) 常用的水解蛋白提取液有：胶原蛋白、弹性蛋白和植物蛋白等。

(3) 常用的植物提取物有：芦荟提取物、葡萄籽提取物、石榴果提取物、松口蘑提取物、龙舌兰茎提取物、北美金缕梅提取物、马齿苋提取物、黄瓜果提取物、母菊花提取物、覆盆子叶提取物、光果甘草根提取物、苦参根提取物、紫花毛山菊提取物、白苏叶提取物、印度楝叶提取物、小白菊提取物、莲胚芽提取物、欧锦葵提取物、辣薄荷叶提取物、黄花九轮草提取物、婆婆纳提取物、香蜂花叶提取物和欧蓍草提取物等。

(4) 常用的生物制剂有：超氧化物歧化酶、动物胎盘提取液、血液提取物和辅酶 Q10 等，这些原料主要用于抗衰老的化妆品中。

虽然加入上述营养剂的化妆品均有很好的护肤作用，但也要注意使用步骤、使用时间，这样才能得到很好的效果，让皮肤变得更健康。

配方中添加这类物质很方便，但需注意如何保护它们，避免被微生物污染和氧化破坏而失去作用，所以这类产品通常需要添加防腐剂和抗氧剂。

3) 美白剂

美白剂是一类可以使皮肤恢复洁白、细嫩的物质。它的美白机理主要是通过抑制黑色素的生成、还原已有的黑色素、促进黑色素代谢及防止紫外线侵袭等，使皮肤恢复到透白的状态、减轻暗沉等不良的肌肤状态，进而让皮肤变得更健康。

常见的美白剂主要有：烟酰胺、传明酸、光甘草定、维 A 酸、谷胱甘肽、壬二酸、甘草酸二钾、甘草黄酮、神经酰胺、熊果苷、曲酸、泛酸衍生物、抗坏血酸、果酸、胎盘抽出液、透明质酸和各种植物提取液等。美白剂在化妆品中的含量不多，0.1%～0.5% 的含量就能起到良好的美白效果。

4) 香精

香精是赋予化妆品一定香气的原料，也是关键原料之一。在常温、常压下，香料的蒸气和微粒分散在空气中，能引起人们嗅觉上特殊快感，而香精是由几种或几十种香料按一定的要求、香型和用途调配在一起的芳香混合体。常用的香精有：百花香精、玫瑰香精、薰衣草香精、迷迭香精、茉莉花香精、柠檬香精和苹果香精等。

5) 色素

色素具有浓烈色泽，与其他物质接触时能使其着色。色素可分为颜料和染料。颜料不溶于水或溶剂，而有良好的遮盖力，能使其他物质着色，如钛白粉、氧化锌和滑石粉等。染料具有浓烈色彩，能溶解在指定溶剂中，并借助溶剂以使物体染色，如柠檬黄 CI 19140、苋莱红 CI 16185 和亮蓝 CI 42090 等。

6) 防腐剂和抗氧剂

化妆品中含有一定量的营养成分和油脂类成分，又需要常温下长时间保存，因此容易腐败和酸败，为了防止化妆品变质，需要加入防腐剂和抗氧剂。

防腐剂是防止腐败及变质的添加剂。常用的有：尼泊金酯类(对羟基苯甲酸酯)、凯松[异噻唑啉酮衍生物：5-氯-2-甲基-4-异噻唑啉-3-酮(CIT)、2-甲基-4-异噻唑啉-3-酮(MIT)]、苯氧乙醇、苯甲酸钠、山梨酸钾和双(羟甲基)咪唑烷基脲等。

抗氧剂能防止和减弱油脂氧化酸败。常见的有：二丁基羟基甲苯、维生素 E、没食子酸丙酯(3,4,5-三羟基苯甲酸丙酯)等。

7) 其他辅助原料

化妆品中还会添加防晒剂、保湿剂、抗过敏剂和螯合剂等。防晒剂也称紫外线吸收剂，可以吸收紫外线从而防止皮肤变黑、光老化和皮肤癌的发生。有机防晒剂有许多种，如 UVA 紫外线吸收剂(可防止晒黑)：二苯酮-3、丁基甲氧基二苯甲酰基甲烷等；UVB 紫外线吸收剂(可防止晒红、晒伤)：水杨酸乙基己酯、甲氧基肉桂酸乙基己酯、4-甲基苄亚基樟脑。无机紫外线吸收剂有二氧化钛及氧化锌。保湿剂几乎是所有护肤品中都有的添加剂，常见的有甘油、丙二醇、1,2-丁二醇、透明质酸和天然保湿因子。抗过敏剂是一些特殊肌肤需要的成分，常见的抗过敏添加剂有尿囊素、红没药醇等。螯合剂是为了螯合或屏蔽钙、镁或铁离子等杂质，常用的有乙二胺四乙酸二钠(EDTA-2Na)和乙二胺四乙酸四钠(EDTA-4Na)。

4.1.3 皮肤和毛发的结构、作用与分类

由于化妆品是要涂抹在皮肤或毛发上，通过保持一段时间使其达到预期效果，因此要想了解化妆品与健康的关系，只了解化妆品的主要组成和作用还远远不够，还需要了解皮肤的结构和作用，才能充分利用化妆品的功效。

1. 皮肤的结构、作用

皮肤是身体的外部屏障和物质交换的场所，它的主要作用包括屏障作用(免受或缓解物理性、化学性或生物性刺激)、维持体温、分泌、排泄和感觉作用。皮肤生理指标的测量包括皮肤屏障功能、角质层含水量、皮肤表面皮脂的含量和 pH 等。

皮肤按组成和结构主要可分为表皮层、真皮层和皮下组织，如图 4-1 所示。其中表皮层是没有血管的，但含有丰富的神经末梢，可感受到外部变化；真皮层中包含大量血管、神经、毛囊和皮脂腺等；皮下组织含有大量的脂肪组织等。

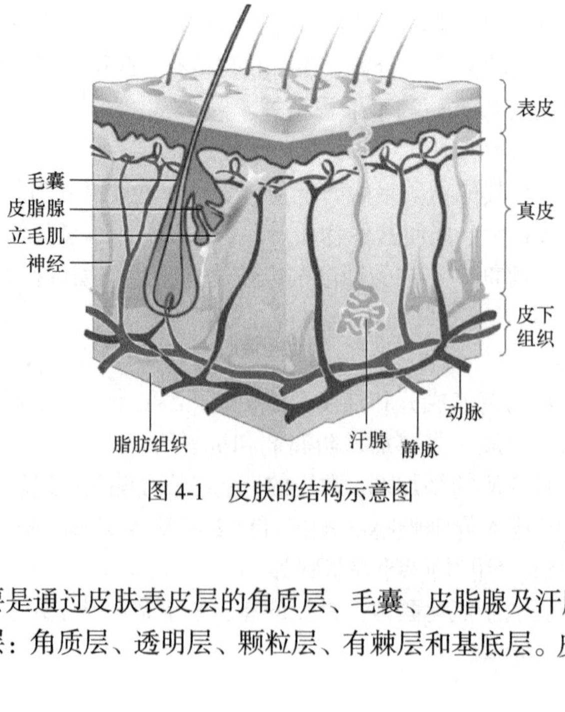

图 4-1 皮肤的结构示意图

1) 表皮层

化妆品的吸收主要是通过皮肤表皮层的角质层、毛囊、皮脂腺及汗腺管口来完成。表皮由外向内大约可分为 5 层：角质层、透明层、颗粒层、有棘层和基底层。皮肤表皮层的结构示意图如图 4-2 所示。

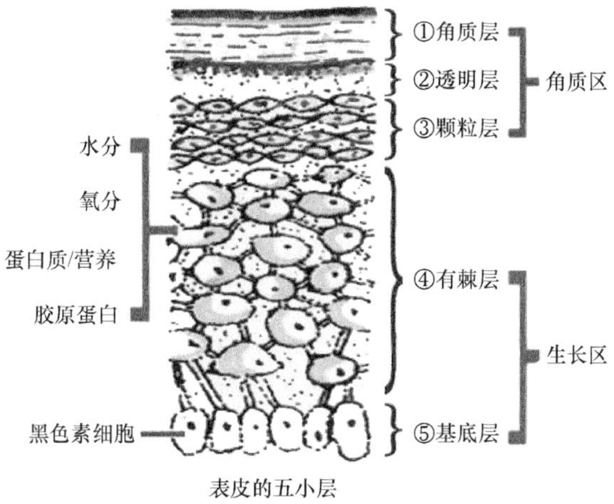

图 4-2　皮肤表皮层的结构示意图

(1) 角质层是表皮的最外层，由扁平无核的角化死细胞组成，具有抗摩擦，防止体外水分、化学物质及微生物等进入体内，保护内部组织，并吸收一定量的紫外线等功能。外层的角化细胞到一定时间会自行脱落，经常受摩擦的部位角质层比较厚，如手掌、足底等处；而眼睑部的角质层是最薄的，所以皮肤比较娇嫩。角质层的厚薄对人的肤色和皮肤的吸收能力也有一定影响。角质层过厚，会使皮肤发黄、皮肤的吸收能力变差。

(2) 透明层位于角质层下，只有在手掌、足底等角质层厚的部位的皮肤才有此层，光线可以透过。透明层细胞的主要成分是角质蛋白和磷脂类物质，有很强的疏水性，可以防止体内、体外的水、电解质透过，起到保护作用。

(3) 颗粒层由扁平细胞组成，能够防止异物入侵，同时过滤紫外线。

(4) 有棘层含有棘细胞、大量水分和营养成分。

(5) 基底层是表皮层的最内层，其中含有黑色素生长细胞，可以产生黑色素，还具有分生能力，维持着皮层的新陈代谢。基底层与真皮之间有一层具有通透性的膜，称为表皮下基底膜带(基底膜)。由于表皮无血管，营养物质及代谢产物只能通过基底膜进行输送和交换。在组织结构上，基底层除基底细胞外，还有一组形状像章鱼一样的细胞，医学上称为树枝状细胞(非角朊细胞)。因其在染色时一般不着色，也称为透明细胞。按其结构和功能分为黑素细胞、朗格汉斯细胞、麦克尔细胞和未定类细胞等。这些细胞是表皮中最有活力的细胞，是表皮生命活动的中心。

表皮层的新陈代谢：基底层分裂出新生细胞，将细胞向上推移，直到形成角质层，而后脱落。从基底层上移到角质层脱落需要 28 天，故皮肤新陈代谢的周期也为 28 天。

2) 真皮层

真皮位于表皮之下，其厚度为 1～2 mm。其由大量的纤维组织、细胞和基质构成，并含有丰富的血管、淋巴管、神经、腺体和立毛肌等。

(1) 真皮可分为上下两层，上层为乳头层，下层为网状层。乳头层位于真皮浅层，含有丰富的毛细血管网和感觉神经末梢。网状层位于真皮深层，含有丰富的血管、淋巴管、神经、肌肉、皮脂腺、汗腺和毛囊等。

(2) 真皮中纤维结缔组织有三种：胶原纤维、弹力纤维和网状纤维。其中胶原纤维具有一定的伸缩性，起抗牵拉作用；弹力纤维有较好的弹性，可使牵拉后的胶原纤维恢复原状；网状纤维属于未成熟的胶原纤维，主要存在于腺体、血管和神经周围。如果真皮中上述三种纤维含量减少，皮肤的弹性、韧性就会下降，容易产生皱纹。

(3) 真皮的基质是一种无定形的胶状物质，主要成分为黏多糖(氨基多糖)蛋白质、电解质和水，真皮的细胞、结缔组织均匀地分布在其中。基质中有大量液体，起着保护真皮水分的作用。

(4) 真皮层含水量占全部皮肤组织的 60%，低于 60% 时皮肤便处于干燥、起皱纹等缺水状态，当皮肤划伤深及真皮时，会产生疼痛感觉，皮肤会出血，在创伤修复过程中，纤维组织会大量增生，伤愈后会留下疤痕。

3) 皮下组织

皮下组织是皮肤以下的疏松结缔组织和脂肪组织，连接皮肤与肌肉，常称为浅筋膜。皮下组织介于皮肤与深部组织之间，使皮肤有一定的可动性。皮下组织具有连接、缓冲机械压力、储存能量、维持保湿等作用。另外，由于此层组织疏松，血管丰富，临床上常在此做皮下注射。

4) 皮肤的 pH

皮肤的 pH 是判断皮肤酸碱度的标准。在健康情况下，人体内流动的体液是呈弱碱性的，如血液、淋巴液等，而皮肤表面则呈弱酸性。皮肤表面的 pH 主要由皮脂与汗的混合物所组成的皮脂膜所决定，通常在 4.5～6.5，平均为 5.75，随性别、年龄不同而略有不同。皮肤有本能的生理保护作用，如使用了碱性的香皂或化妆品后，皮肤表面呈碱性，但 1～2 h 后，皮肤表面又复原为弱酸性。而正是皮肤的这种弱酸性，可以有效地抑制某些有害细菌的繁殖和生长，达到自身净化的作用。

研究表明，皮肤表面的 pH 会影响到表皮的功能。当 pH 过高时，皮肤屏障能力会下降，同时引起干燥或瘙痒，还易产生接触性皮炎。当皮肤表面 pH 维持在中性或微酸性的正常范围时，更有利于肌肤的健康，所以在选择化妆品时需要根据自己的皮肤酸碱度来判定。

5) 皮肤的分类

皮肤的分类方法较多，根据皮肤的油脂分泌量可将皮肤分为：干性皮肤、油性皮肤、中性皮肤、混合性皮肤和敏感性皮肤。

(1) 干性皮肤。干性皮肤的特征是：角质层含水量少于 10%，皮肤表面无油腻感，毛孔不明显，少光泽，有时还可见到糠样的脱屑。其原因与皮脂腺发育较差或与皮脂腺和汗腺功能减退有关，还可受维生素 A 缺乏、肾上腺机能低下、皮肤血液循环障碍、营养不良和劳累过度等因素影响。此外，乱用化妆品、过度洗涤、烈日暴晒、寒风吹袭等均可使皮肤干燥。干性皮肤对化妆品的附着力强，化妆后不易掉妆，不易生粉刺，但易长雀斑、易生皱纹，更经不起风吹日晒。

(2) 油性皮肤。油性皮肤的特征是：表面油腻光亮，纹理粗糙，可见粗大的毛孔，有时呈橘皮状。该类型皮肤角质层含水量正常，只是雄性激素促使皮脂腺腺体肥大，皮脂分泌旺盛，易生粉刺。分泌的皮脂和汗液混合在皮肤表面形成一层乳化膜用以缓冲外来酸、碱对皮肤的损害，可延缓皮肤老化，拥有此种类型皮肤者不易出现皱纹。

(3) 中性皮肤。中性皮肤介于油性与干性皮肤之间，皮肤不干不腻，不粗不细，脂度适中。看上去皮肤表面红润光滑，滋润而富有弹性，对外界刺激不太敏感，不易起皱纹，化妆后也不易掉妆。该类型皮肤水分和油脂能经常保持平衡，是最理想的皮肤，常随季节变化，夏天稍感油腻而近似于油性，冬天稍感干燥而近似于干性。

(4) 混合性皮肤。80% 的女性面部会同时存在两种不同性质的皮肤。一般在前额、鼻翼等处(T 区)皮脂分泌较多，毛孔也较粗大，甚至可能生粉刺，该处皮肤近似于油性皮肤，而面颊等其他部位皮肤较干燥，近似于中性皮肤。

(5) 敏感性皮肤。因其对外界刺激容易出现反应，故称这类皮肤为敏感性皮肤，又称过敏性皮肤、易发生异常的皮肤等，属于不健康皮肤。从表面上看，此种皮肤细嫩白皙，皮脂分泌也少，稍干燥，似中性皮肤。但如果皮肤反复洗涤或使用化妆品或受外界刺激后，易引起皮肤过敏。其原因与皮肤细胞产生免疫的能力有关，是肌体对外界不利因素反应过强而引起皮肤损伤或皮肤生理机能紊乱所致。其面部皮肤的另一个特点是容易衰老，表现为易出现皱纹，其中最易出现皱纹的部位是眼睑。

知识拓展：判断皮肤类型

2. 毛发的结构与作用

1) 毛发的结构

毛发是皮肤的附属器官，是表皮的上皮细胞向深处作棒形生长，由此发育出的角化杆状结构。其生长有周期性，从长出到脱落称为一个周期，其中包括生长期、衰退期和终末期。保持毛发的清洁和健康，对促进新陈代谢、保护身体健康有着重要的作用。头发的主要成分是角朊氨基酸，其干重 98% 是蛋白质。

单根毛发为空心结构，中间是毛髓质，外层是毛皮质，最外层为毛表皮。在毛表皮中含有黑色素颗粒，黑色素的含量决定了头发的颜色，如图 4-3 所示。

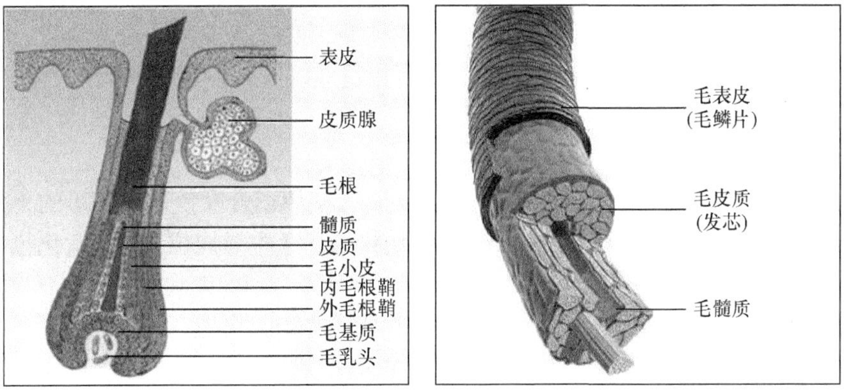

图 4-3　毛发的结构示意图

2) 毛发的作用

人的毛发作为皮肤的附属器官，与皮肤一样具有排泄、防护和吸收的作用，除此之外，还有指示功能和记录功能。毛发中的微量元素信息能够记录和反映人体的一些健康状况，可以说毛发是人体健康状况的一面镜子。它可以反映微量元素在体内某时期的累计情况，还可以确定人的血型和基因。

4.1.4　化妆品相关的法律法规和包装标识

1. 我国化妆品管理的法律法规

根据国家食品药品监督管理总局(CFDA)的规定，化妆品厂商必须遵守《化妆品监督管理条例》中的相关要求。

2. 化妆品包装上的标识简介

根据《化妆品监督管理条例》第三十六条规定，化妆品标签应当标注下列内容：产品名称、特殊化妆品注册证编号；注册人、备案人、受托生产企业的名称、地址；化妆品生产许可证编号；产品执行的标准编号；全成分；净含量；使用期限、使用方法以及必要的安全警示；法律、行政法规和强制性国家标准规定应当标注的其他内容。

4.1.5 化妆品的发展趋势

近年来，随着人民生活水平的提高，化妆品行业得到迅速发展，已经不仅是一种产业而更是形成了一种文化。面对各个国家和各种功效的化妆品，消费者的选择越来越多，同时需求也在不断变化和扩大。化妆品正向着天然化、多样化和个性化的方向发展。

1) 原料的绿色环保

现在的消费者越来越倾向于使用由天然环保原料配制成的化妆品，各种动植物提取物、发酵产品和基因工程生物制剂被加入各种化妆品中。例如，植物提取物中的绿茶提取物(抗氧化、抗衰老)、银杏叶提取物(清除氧自由基)、葡萄籽提取物(清除氧自由基)、母菊提取物(抗粉刺、美白)、海藻提取物(清除氧自由基、抗衰老、保湿、防晒、减肥)等，发酵产品中的透明质酸(保湿)、曲酸(美白)等，基因工程生物制剂中的表皮生长因子(EGF)、成纤维细胞生长因子(FGF)等。除了天然提取物外，一些合成原料也要求环保、安全性高。例如，化妆品中最常用的表面活性剂类物质也会选择环境友好、天然健康的类型，如烷基多苷、葡糖酰胺、醇醚羧酸盐等。当然，化妆品的外部容器和包装也要与产品相适应，同时使用更易处理、保存和降解的材料。

2) 种类多样化

现今的化妆品种类非常多，厂商会根据使用对象、使用场合及使用目的等的不同来调整产品配方、含量和价格而进行市场定位。目前女性化妆品居于主导地位，但儿童化妆品和男性化妆品也在不断崛起。

此外，药妆品也在国内快速兴起。我国没有药妆的界定，它是一种国外的化妆品种类，是介于化妆品和药品之间的产品，相当于我国分类中的功效性化妆品。

3) 技术先进化

由于现在化妆品行业竞争非常激烈，性能单一、美容观念陈旧的产品都很难在市场上站稳脚跟。高科技手段为化妆品创新提供了新的方向。

目前比较热门的化妆品技术有微乳液、脂质体、微胶囊和纳米技术。微乳液是由水、油脂、表面活性剂和助乳化剂配制而成的，是一种热力学稳定的分散体系。它可以提高油脂、香精和精油在水溶性产品中的相融性，解决油水不易相融的问题。脂质体是一种由类脂组成的双分子层的空心球，可以添加到膏、霜、乳液中，得到凝胶。微胶囊是将不溶于水的原料通过微胶囊化处理加入体系中，易于使用，不易变相。纳米技术可以提高化妆品中的活性物质的效果。

随着化妆品行业的快速发展、市场的不断扩大，结合化妆品的商品特殊性，许多政府工作部门或公司开始帮助消费者解读产品作用，使化妆品更加透明化。有理由相信，了解化妆品中不同原料的作用和化妆品的发展趋势，能帮助人们更好地选择适合自己的化妆品，使身体更健康。

4.1.6　洁面和护肤化妆品与健康

保持面部皮肤干净是健康最基本的保证，因此，每天都要进行面部皮肤的清理和保护，正确的洁面和护肤流程如图 4-4 所示。

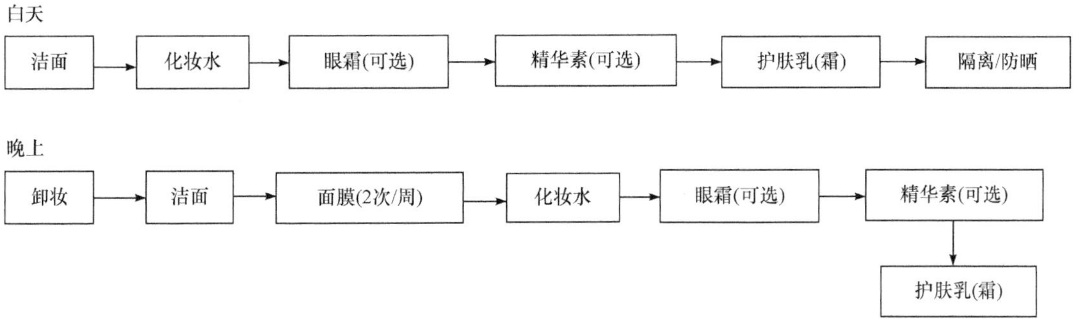

图 4-4　洁面和护肤流程示意图

由图 4-4 可见，主要的日常护理分为六或七个步骤，其中卸妆和洁面主要起清洁皮肤的作用，而后面的步骤是皮肤的护理步骤。

1. 卸妆油和卸妆水

要使皮肤能够健康、细腻和完美，首先要做的就是进行彻底地清洁，而卸妆就是其中非常重要的一环。即便只是简单的素颜或使用了防晒、隔离等具有护肤功效的化妆品，也要及时卸妆，否则化妆品在皮肤上长期残留，会导致皮肤颜色变暗、起斑、起痘等不良反应。

常见的卸妆产品有卸妆油和卸妆水，另外还有卸妆膏、卸妆巾等易于携带和方便使用的产品。它们在组分与原理上同卸妆油和卸妆水基本一致，本书只着重介绍卸妆油和卸妆水这两种卸妆产品。

1) 卸妆油

卸妆油是一种加了乳化剂的油脂，根据相似相溶原理可以与脸上的彩妆、油污轻易融合，再通过水乳化的方式，在冲洗时将脸上的污垢带走，起到卸妆的作用。卸妆油主要由油、乳化剂和助剂组成。油为：矿物油(如白油、凡士林)，植物油(如橄榄油、葡萄籽油、霍霍巴油、茶籽油、摩洛哥坚果油)，合成油(如氢化聚异丁烯、高级烷类、高级烯类)。乳化剂为：非离子表面活性剂(如 PEG-8 甘油硬脂肪酸酯、鲸蜡醇乙基已酯、脂肪醇聚氧乙烯醚、烷基糖苷)，阴离子表面活性剂(如月桂酰肌氨酸钠)。助剂为：抗氧化剂(如维生素 E)，防腐剂(如尼泊金酯)，营养剂(如水解蛋白、卵磷脂)，保湿剂(如甘油)等。

使用卸妆油时应注意干手干脸，取适量卸妆油涂于面部，适度按摩后加水乳化，经充分乳化后再冲洗，如果卸妆油不能完全乳化脸上的化妆品，可能会带来痤疮、闭口粉刺等肌肤问题。卸妆油中的成分对皮肤刺激性小，而且清洁油污的能力强。

2) 卸妆水

卸妆水也能很好地除去脸上的油污、保持面部清洁。卸妆水为水性的产品，其中有较多的表面活性剂及醇类物质，可以充分乳化面部的油脂，使用效果更加清爽，卸妆速度也很快。卸妆水可分为全脸用卸妆水和局部卸妆水，如更为柔和的眼唇卸妆水。

卸妆水的主要成分有：水，醇类(如乙醇、异丙醇等)，保湿剂(如甘油)，增溶剂(PEG-40 氢化蓖麻油、PEG-6 辛酸/癸酸甘油酯)，防腐剂(甘草酸二钾、己二醇)，植物提取液等。

卸妆水通常需要搭配化妆棉一起使用。取一块干净的化妆棉，蘸取一定量的卸妆水。将沾有卸妆水的部分贴在需要卸妆的部位，用手轻轻按住 5 s 左右，然后轻轻擦拭干净。

3) 卸妆油和卸妆水的选用

卸妆油和卸妆水都可以达到清洁面部化妆品和油污的作用，但卸妆水中还含有一些醇类物质，如乙醇等。这些原料的脱脂能力相对较强，可能对干性和敏感性肌肤不太适合，容易造成皮肤过敏或干涩，所以卸妆水比较适合皮肤偏油的人使用。卸妆油对皮肤的脱脂能力比较温和，因此适合干性皮肤和敏感性肌肤的人使用。卸妆后再正常用洗面奶洁面即可。

2. 洁面膏(乳)和沐浴露

空气中悬浮的尘埃、烟雾和无处不在的微生物，都会在皮肤上寻找栖息之地。由于生理作用，皮脂腺分泌的皮脂经长时间留存后会受到空气氧化和细菌分解，也变成有害于皮肤的物质；汗液中水分的蒸发也会将盐和尿素等残留在皮肤表面，它们会刺激皮肤、损伤皮肤。作为新陈代谢的结果，逐渐由人体脱落的死亡细胞会和分泌的皮脂、汗液及外来灰尘一起，附着在皮肤上生成污垢，妨碍汗液和皮脂的分泌，促进外来细菌的繁殖。而对经常化妆的人来说，涂在脸上的粉底、胭脂、眼影、唇膏等美容品对皮肤有相当程度的附着力，若不清洗干净，会阻塞毛孔，造成皮肤代谢上的困难。选择正确的洗脸产品和方式是健康的前提。

洁肤产品可以分成面部和身体清洁两部分。用于清洁面部的产品称为洁面乳或洁面膏，清洁身体的产品称沐浴露。洁肤产品中含有大量的表面活性剂，通过表面活性剂的亲水基、亲油基与皮肤表面的水溶性、油溶性污垢等结合，发生乳化作用后再将污垢用水冲洗掉。

洁面和沐浴产品的种类主要可分为皂基型、非皂基表面活性剂型和氨基酸表面活性剂型。除以上几种外，近年来还有越来越多性能优异的洁面产品，其原料是与人体亲和性更好、更低刺激的表面活性剂。例如，椰油基羟乙基磺酸盐、烷基糖苷、醇醚磺基琥珀酸二钠盐等，它们正不断地应用在高端洁面产品和婴幼儿产品中。

1) 洁面膏(乳)

(1) 皂基型洁面膏(乳)。皂基型洁面膏(乳)具有比较丰富的泡沫和优良的清洁力，加入适量软化剂和保湿剂可让面部洁面后没有肥皂的绷紧感。国内的使用者普遍更喜欢皂基型洁面膏(乳)，它们更接近于肥皂的那种清爽感，但皂基型的洗面乳有的 pH 稍高(pH 为 8.5～9.5)，适用于油性和中性皮肤，敏感性皮肤或干性皮肤会有不适感。

皂基型(或半皂基型)洁面膏(乳)配方的主要组分和作用见表 4-2。

表 4-2 皂基型(或半皂基型)洁面膏(乳)配方的主要组分和作用

组分	作用	主要原料
高级脂肪酸	与碱皂化后为主要的表面活性剂，去污，乳化	C_{12}～C_{18}酸，如月桂酸、肉豆蔻酸、棕榈酸、硬脂酸等
碱剂	与脂肪酸皂化，中和	氢氧化钠、氢氧化钾和有机碱
辅助表面活性剂	稳泡，起泡，降低刺激，改善黏度	月桂基硫酸钠、甲基月桂酰基牛磺酸钠、月桂醇醚琥珀酸酯磺酸二钠、椰油酰胺丙基甜菜碱、椰油单乙醇酰胺、聚氧乙烯醚烷基磷酸盐、甘油脂肪酸酯等

续表

组分	作用	主要原料
油脂	滋润	脂肪醇、霍霍巴油、羊毛酯、橄榄油、椰子油等
保湿剂	保湿	甘油、山梨糖醇、聚乙二醇等
螯合剂	螯合 Ca^{2+}、Mg^{2+}等离子	乙二胺四乙酸二钠(EDTA-2Na)、乙二胺四乙酸四钠(EDTA-4Na)
防腐剂	防止微生物生长	凯松、杰马 BP、尼泊金酯类、山梨酸钾等
抗氧剂	防止油脂氧化	2,6-二叔丁基-4-甲基苯酚(BHT)、维生素 E 等
香精	赋香	花香或果香等香精
特殊添加剂	营养，珠光效果	水解蛋白、维生素、植物提取液和珠光剂等
溶剂	溶解原料	去离子水

(2) 非皂基表面活性剂型洁面膏(乳)。由单一非皂基型表面活性剂配制的洁面膏(乳)，在使用后皮肤通常会感觉有点滑腻，可能有的消费者不习惯，似乎有冲洗不干净的感觉，为解决这个问题，通常在这类产品配方中加入脂肪酸盐等，通过合理的配比达到滑爽、微酸、与皮肤适宜、易于冲洗且没有紧绷感的目的。非皂基表面活性剂型洁面膏(乳)配方中的主要组分和作用见表 4-3。

表 4-3　非皂基表面活性剂型洁面膏(乳)配方中的主要组分和作用

组分	作用	主要原料
主表面活性剂	清洁、起泡	椰油基羟乙基磺酸酯钠、月桂酰基羟乙基磺酸钠、烷基磷酸酯及其盐、磺基琥酸钠、脂肪醇聚氧乙烯醚硫酸盐和脂肪醇硫酸盐等
辅助表面活性剂	增泡、稳泡、降低刺激	十二烷基甜菜碱、椰油酰胺丙基甜菜碱、烷基醇酰胺、异硬脂酸酯乳酸钠等
流变调节剂	调节黏度	无机盐(氯化钠等)、羟乙基纤维素和卡波树脂等
调理剂	滋润、柔软、抗静电	乳化硅油、霍霍巴油、羊毛酯和阳离子瓜尔胶等
酸度调节剂	调节 pH	柠檬酸(钠)、乳酸
植物提取液	营养、美白、舒缓、润肤	百合花提取物、金盏花提取物、石榴果提取物、马齿苋提取物、黄瓜果提取物等
着色剂	赋予颜色	化妆品用色素
珠光剂	产生珠光	乙二醇硬脂酸酯
保湿剂	保持水分	甘油、丙二醇、聚乙二醇
香精	赋香	花香或果香等香精
防腐剂	防止微生物生长	凯松、尼泊金酯类、山梨酸钾、DMDMH 等
螯合剂	螯合 Ca^{2+}、Mg^{2+}等离子	EDTA-2Na、EDTA-4Na
抗氧剂	防止氧化	BHT、维生素 E 等
特殊添加剂	杀菌、消炎、营养等	TCC(三氯卡班)、苯氧乙醇、水解蛋白、植物提取液等
溶剂	溶解原料	去离子水

注：DMDMH 为 1,3-二羟甲基-5,5-二甲基已内酰脲。

(3) 氨基酸表面活性剂型洁面膏(乳)。氨基酸表面活性剂在洁面膏(乳)中是主要清洁皮肤的原料，具有人体亲和性好、无毒和无刺激等特点，用其配制的洁面膏(乳)使用后没有强烈的脱脂感和紧绷感，而且可以滋养皮肤，因此这种洁面膏(乳)近年来很受消费者的欢迎。氨基酸类洁面膏(乳)配方主要组分和作用见表 4-4。

表 4-4 氨基酸类洁面膏(乳)配方中的主要组分和作用

组分	作用	主要原料
主表面活性剂	洗涤、起泡	肉豆蔻酰基谷氨酸钠、椰油酰基(或月桂酰基)谷氨酸钠、椰油酰基甘氨酸钾等
辅助表面活性剂	增泡、稳泡、降低刺激	椰油酰胺丙基甜菜碱等
流变调节剂	调节黏度	丙烯酸(酯)类共聚物、脂肪酸等
肤感调节剂	改善肤感	聚季铵盐
保湿剂	保湿、润肤	甘油、丁二醇等
香精	赋香	花香或果香等香精
防腐剂	防止微生物生长	苯氧乙醇、杰马 BP 等
螯合剂	螯合 Ca^{2+}、Mg^{2+}等离子	EDTA-2Na、EDTA-4Na
溶剂	溶解原料	去离子水

2) 沐浴露

沐浴露与洁面膏(乳)的配方类似，只是它的黏度通常不太高，通过使用泵装的瓶子按压出后，更容易在人体皮肤上铺开。常使用碳链为十二和十四的脂肪酸盐为主要原料。沐浴露配方中的主要组分和作用见表 4-5。

表 4-5 沐浴露配方中的主要组分和作用

组分	作用	主要原料
主表面活性剂	洗涤、起泡	脂肪醇聚氧乙烯醚硫酸盐、醇醚磺基琥珀酸单酯二钠盐
高级脂肪酸	与碱皂化后为主表面活性剂	C_{12}～C_{18}酸(如月桂酸、肉豆蔻酸等)
碱剂	皂化、中和	氢氧化钠、氢氧化钾和有机碱
辅助表面活性剂	稳泡、降低刺激、改性	椰油酰胺丙基甜菜碱、烷基醇酰胺、氧化胺等
油脂	滋润	脂肪醇、植物油、羊毛酯等
柔肤剂	柔软、抗静电	聚季铵盐
pH 调节剂	调节 pH	柠檬酸
保湿剂	保湿	甘油、丙二醇、聚乙二醇等
增稠剂	增加稠度	羟丙基甲基纤维素、氯化钠、氯化钾、聚丙烯酸(酯)聚合物
螯合剂	螯合 Ca^{2+}、Mg^{2+}等离子	EDTA-2Na
防腐剂	防止微生物生长	凯松、尼泊金酯类、山梨酸钾
抗氧剂	防止氧化	BHT、维生素 E
香精	赋香	花香或果香等香精
特殊添加剂	杀菌、营养	植物蛋白和植物提取液
溶剂	溶解原料	去离子水

3) 正确的洗脸方式

(1) 洁面膏(乳)的选择。常用的洁面膏(乳)有香皂、泡沫洁面乳、洁面凝胶和洗面奶等，应根据皮肤的类型选择不同的洁面膏(乳)。

通常中性或干性皮肤者应选择乳液状的洗面奶，既能达到清洁目的，也不会对皮肤造成伤害；油性皮肤者以选择泡沫性的洁面乳较为合适。其实，即使是油性皮肤也不能过度使用强力去污的洁面剂。对于经常化妆的人来说，油性的妆底即便用去污力很强的香皂也很难清洁干净，因此，须用卸妆液或清洁霜卸除。若为油性肤质，可先用卸妆水卸妆后，再用洁面膏(乳)清洗。洁面的结果应是使面部清爽滑顺，既不紧绷，也不油腻。

(2) 水温控制。想要把脸清洗干净，首先需要的是比较干净的水。水是最常用的洁面剂，它可以洗去水溶性的污垢。适合洁面的水温应与体温相仿，水温过高会使皮肤失去润泽，而冷水会使毛孔收缩，让污垢隐藏于其中，使之更不容易去除。

(3) 正确的洁面方法。将适量的洁面膏(乳)挤入掌心(若为泡沫洁面膏，应加水揉出泡沫)，用指尖蘸取点于额头、鼻尖、两颊、下巴五点。按图 4-5 所示方向以中指和无名指指肚打圈按摩约 1 min，用洁面巾擦除，再用清水漂洗。要注意鼻翼两侧是油脂堆积最多的地方，所以需要来回搓洗。

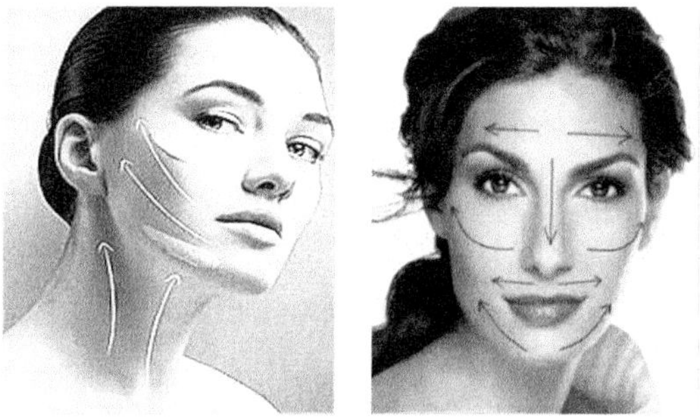

图 4-5　洗脸手势路线图

此外，洁面的次数也不可太多。过度洗脸不仅会使干性皮肤变得更干，对油性皮肤也有不好的影响。因为过度洗脸会使皮脂腺的分泌失去平衡，油性皮肤者甚至会分泌更多的油脂。所以无论何种类型的肤质，每天早晚各洗一次即可，最多不要超过三次。

需注意的问题是，不正确的洗脸方式不仅不能洗干净，而且长期下去会引起皮肤的粗糙、松弛和老化。因此，洗脸也要按照科学正确的方法进行。

3. 面膜

在美容化妆品中，面膜属于最早出现的一种，使用适合的面膜能让皮肤更加健康。面膜的历史比较久远，举世闻名的埃及艳后晚上常常在脸上涂抹鸡蛋清，蛋清干了便形成紧绷在脸上的一层膜，早上起来用清水洗掉，据说这就是现代流行面膜的起源。传言中国唐代“回眸一笑百媚生”的杨贵妃的美艳动人，除因饮食起居等生活条件优越外，还得益于她常使用专门调制的面膜。传说杨贵妃的面膜并不难做：将适量珍珠、白玉、人参研磨成细粉，用上等藕粉调和成膏状敷于脸上，静待片刻，然后洗去。由此看来，很早以前面膜便成为爱美女士的美容用品了。

面膜的作用原理：利用其覆盖在脸部的短暂时间，暂时隔离外界的空气与污染，提高肌肤温度，扩张皮肤毛孔，促进汗腺分泌与新陈代谢，当肌肤的含氧量上升时，有利于肌肤排除表皮细胞新陈代谢的产物和累积的油脂类物质。当面膜中的水分渗入表皮的角质层后，肌肤会变得柔软、自然光亮、有弹性。

1) 面膜的类型、主要组成及作用

面膜的类型主要有布型、泥膏型、撕拉型和免洗型四种。其中，无纺布型面膜是借助于面膜布使用的一种面膜，这类面膜占据面膜的主要市场份额；泥膏型面膜常见的有海藻面膜、矿泥面膜等；撕拉型面膜最常见的就是黑头粉刺专用鼻贴，这类面膜在使用过程中容易因撕拉而对皮肤造成轻微伤害，目前市面上此类产品已经较少；免洗型面膜有时也称睡眠面膜，这类面膜类似于乳霜剂型，但相对比较清爽，使用之后不需要清洗面部。

(1) 布型面膜。由面膜布和面膜液组成。面膜布可选择无纺布、蚕丝、天丝、生物纤维、果浆纤维、竹炭纤维等。市面上流行的无纺布面膜多采用 30～70 g 厚度的混纺无纺布，其中主要为纯棉无纺布和天丝无纺布。面膜液配方中的主要组分和作用见表 4-6。

表 4-6 面膜液配方中的主要组分和作用

组分	作用	代表性原料
水	补充角质层的水分、溶解原料	去离子水
保湿剂	保湿	甘油、丙二醇、透明质酸钠等
润肤剂	滋润、软化、保湿	水溶性植物油脂等
流变调节剂	改变流变性	羟乙基纤维素、卡波姆等水溶性聚合物
营养剂	为皮肤补充营养，具有美白、抗衰老等作用	植物或动物提取液、生物制剂、水解蛋白
增溶剂	油溶性原料增溶	短碳链醇或非离子表面活性剂
香精	赋香	花香香精
防腐剂	防止微生物生长	水溶性防腐剂，如 1, 2-戊二醇、辛甘醇、凯松和咪唑烷基脲等
其他	紧缩皮肤、祛痘	收敛剂、祛痘剂等

(2) 泥膏型面膜。近年来国内外化妆品行业对泥膏型面膜兴起了一股热潮，从皮肤的生理学和皮肤吸收动力学角度来看，泥膏型面膜有利于皮肤的吸收，因为皮肤吸收有两条途径：一是角质层吸收，主要以吸收油性物质为主，它占整个皮肤吸收量的 90%左右；二是附属器官吸收，约占皮肤吸收量的 10%，其主要以吸收水分为主，而在泥膏型面膜中既含水分又含油分，有利于皮肤的充分吸收，泥膏型面膜常常在皮肤护理中作底膜使用。

泥膏型面膜含有较多的黏土成分，如高岭土、硅藻土等，还含有润肤剂油性成分。泥膏型面膜的有效成分中常使用一些对皮肤有营养作用和改善皮肤功能的成分，如中草药、天然植物、动物原料和海洋生物原料等。在皮肤护理中泥膏型面膜涂抹在面部时一般都比其他面膜厚一些，以使面膜中的营养成分能够被皮肤充分吸收。这种面膜的缺点主要是不能将面膜揭下，需要用纸巾或水擦洗面部干了的面膜。但也有公司在泥膏型面膜中加入凝胶剂、成膜剂和黏合剂，使泥膏型面膜易于揭下。泥膏型面膜配方与无纺布的面膜液的水剂、乳化体系完全不同，其基质组分为粉质原料。泥膏型面膜配方中的主要组分和作用见表 4-7。

表 4-7　泥膏型面膜配方中的主要组分和作用

组分	作用	代表性原料
水	润湿粉料，补充角质层的水分	去离子水
乳化剂	乳化、稳定	脂肪醇聚醚、司盘、吐温等
粉剂	吸收、成型	高岭土、氧化锌、膨润土、海藻泥、二氧化钛等
流变调节剂	改善流变性、稳定	卡波姆、汉生胶、纤维素衍生物等
油脂	补充油分	橄榄油、合成油脂、霍霍巴油、葡萄籽油等
保湿剂	保湿	甘油、丙二醇、丁二醇、山梨糖醇等
防腐剂	防止微生物生长	咪唑烷基脲、羟苯甲酯和羟苯丙酯等

2) 面膜的选用

面膜能改善皮肤的纹理，深入调理肌肤，去除死亡的皮肤细胞及污垢，使皮肤细致。对于添加有活性成分的面膜，其活性成分还可渗入皮肤深层部分，发挥保水、营养、美白、祛痘和抗皱等作用。

对于干性和中性的皮肤，应使用补水性面膜。这类面膜通常含保湿剂、柔软剂，具有高效滋润作用，使干燥的皮肤形成自然的保水膜，舒活皮肤状况，使皮肤光滑柔嫩。

对于油性皮肤，应使用天然黏土为基底的泥膏型面膜，内含的活性成分可溶解、吸收多量的油脂，舒缓和安定面部肌肤，且具紧肤功效。膏状面膜的使用方法如下：挤出适量面膜，以五点法点在干燥的面部上，由内向外匀开，避开眼睛和口唇，约 10 min 后洗去。

对于暗沉的皮肤，可以选择具有美白功能的面膜，并按照产品说明书的方法使用。

4. 化妆水

化妆水一般为透明或半透明状液体，通常是在使用洁面产品后使用的产品。化妆水包含爽肤水、柔肤水及收敛水。它的作用主要是清洁、补充营养和水分，让皮肤变得柔软、光滑和收敛。

1) 化妆水的主要组分及作用

化妆水最基本的原料是水和保湿剂，但为了获得更多良好的性能和作用，丰富产品的多元需求，其原料中还包括润肤剂、增溶剂、防腐剂、香精等。化妆水配方中的主要组分和作用见表 4-8。

表 4-8　化妆水配方中的主要组分和作用

组分	作用	代表性原料
水	基质、补充角质层水分	去离子水
保湿剂	保湿	甘油、丙二醇、聚乙二醇、透明质酸、神经酰胺等
润肤剂(柔软剂)	滋润、软化、保湿	水溶性植物油脂、水溶性硅油等
流变调节剂	改变流变性	水溶性聚合物(如汉生胶、卡波树脂、羟丙基纤维素等)
醇类	增溶、收敛、杀菌	乙醇、异丙醇
香精	赋香	花香香精
防腐剂	抑制微生物生长	水溶性防腐剂(如 1,2-戊二醇、辛甘醇、杰马等)
缓冲剂	调节 pH	柠檬酸、乳酸等
其他活性成分	紧致、营养	收敛剂(如锌、铝盐类，柠檬酸等)、营养剂(如生物助剂、动植物提取液等)

化妆水最主要的作用是保湿，其保湿作用主要是依靠分子结构上的羟基和水分子之间形成氢键而锁住水，如甘油、丙二醇或聚乙二醇等多元醇类的保湿剂。高分子类保湿剂常用的有透明质酸钠和葡聚糖。透明质酸钠在相对湿度低(33%)的条件下吸湿量最高，而在相对湿度高(75%)的条件下吸湿量最低，这种独特的性质正适应皮肤在不同季节、不同环境湿度下的保湿作用。透明质酸钠渗透于皮肤真皮层等组织，分布在细胞间质中，对细胞器官本身也能起到润滑与滋养作用，同时提供细胞代谢的微环境，因此透明质酸钠是化妆水中最常用的高效保湿剂。另外，关注度较高的保湿剂还有神经酰胺类化合物，可应用于化妆水中的神经酰胺有九大类，目前常用的是神经酰胺-2 和神经酰胺-3。

2) 化妆水的选用

许多人认为化妆水只是洗面奶的补充程序，觉得只要用水洗干净面部就行了，不必再用化妆水。事实上化妆水的主要功能并非洗去残留的洁面膏(乳)或收缩毛孔，而是让肌肤恢复天然酸碱值，以便为下一个护肤步骤做好准备，可使后一步使用的营养精华素渗透性更好。如果洁面产品没有把化妆品和脏东西洗干净，那么应该换一种洁面产品，而不是单纯用化妆水来补救。

干性与中性皮肤应使用保湿化妆水，内含的活性成分多为氨基酸、多元醇和洋甘菊萃取液等，可帮助皮肤保留更多的水分，使皮肤平滑、柔嫩。

油性皮肤者则应使用收敛性的化妆水，内含的活性成分如金缕梅提取物、黄瓜提取物等可收敛毛孔，有效去除油脂，使皮肤细致有光泽。化妆水中所含的酒精可以帮助肌肤再次清洁、去除残余的油分和污垢，并且可起到杀菌、收敛作用。

长有粉刺的肌肤则适合用含杀菌、抑制皮脂分泌成分的化妆水。

5. 精华液

精华液也称精华素，是用于脸部护肤品中的一种，含有从植物、动物和矿物中提取的浓度较高的有效生物活性的珍贵精华(如植物提取物、神经酰胺、角鲨烷、维生素、胶原蛋白等)，具有营养、抗皱祛皱、美白、滋润、祛痘、平衡水分和油脂分泌、延缓肌肤老化速度、让肌肤重现活力与光彩等作用，对皮肤的改善有事半功倍的效果。外观剂型有：油剂、水剂、乳剂、针剂和胶囊等。精华液通常使用在护肤水之后，乳液或面霜之前。由于精华液中富含多种功效成分且浓度较高，因此价格比其他化妆品更高。

1) 精华液的主要组分及作用

精华液配方中的主要组分和作用见表 4-9。

表 4-9 精华液配方中的主要组分和作用

组分	作用	代表性原料
溶剂	基质、补充角质层水分	去离子水、矿泉水
保湿剂	保湿	甘油、丙二醇、聚乙二醇、透明质酸等
活性成分	营养、抗皱祛皱、美白、滋润、祛痘	植物提取液，如马齿苋提取物、蘑菇葡聚糖、青刺果油、人参根提取物、百合花提取物、红景天根提取物、葡萄籽提取物、雨生红球藻提取物、北美金缕梅提取物、积雪草提取物、橙花精油等；其他如烟酰胺、透明质酸钠、维生素 C、神经酰胺、胆甾醇、传明酸等
润肤剂(柔软剂)	滋润、软化、保湿	植物油脂，如山茶籽油、葡萄籽油等

2) 精华液的正确选用

如何在众多的精华液产品中选到适合自己的产品并正确使用它们，对皮肤的保养很重要。

(1) 按肤质选择精华液。好的精华液是油而不腻的。干性皮肤选择保湿成分较多、锁水性较好的偏油性精华液，这类精华液用后能在皮肤表层形成一道保护性的油膜屏障，防止水分蒸发；中性肤质可以选用一些自身需要的各类精华液，如美白、除皱等；油性肌肤则要选用能够紧肤、控制油脂分泌、收缩毛孔的精华液，如某些植物精华液。另外，不同形态的精华液适合于不同性质的肌肤。

(2) 按需要选择精华液。当皮肤缺乏水分显得干燥、粗糙时，可选用含保湿成分多的精华液，如含有玻尿酸(透明质酸)、甘草提取物、芦荟叶提取物和羟乙基脲等。当皮肤出现暗沉、斑点时，可选用含美白成分多的精华液，如含有烟酰胺、传明酸、谷胱甘肽、苯乙基间苯二酚、维生素 C 和熊果苷等。当皮肤弹性开始减少、细纹增多出现衰老时，可选用含抗衰老成分多的精华液，如含有多肽、氨基酸、辅酶 Q10、羊胚胎提取物、葡萄籽提取液等能激活休眠细胞、修复受损细胞、促进细胞再生物质。

3) 精华液的使用方法

就使用顺序而言，精华液应在洁面和使用化妆水之后使用。这样可让化妆水中的渗透成分帮助肌肤充分吸收精华液中的有效水分和养分。精华液的使用量并不是越多越好，若使用过度会加重肌肤的负担。一般的用量是：夏季每次 2～3 滴，冬季每次 3～5 滴。具体的使用方法可参考产品厂家推荐的使用方法。

6. 润肤霜和润肤乳

润肤霜和润肤乳都是日常生活中经常使用的护肤品，其中含有油性成分，主要作用是保持皮肤的滋润、柔软和富有弹性，让皮肤变得更加健康和美丽。润肤霜和润肤乳属于乳化体产品。乳化体是由两种或两种以上互不相溶的液状物(或其中一相是固体)，通过机械加工(搅拌、研磨)或加入某些促进均匀混合作用的物质，制成的稳定分散体或悬浮体。在乳化体中，当一相液体以十分微小的粒子形式分散在另一相液体中时，这种微小粒子称为分散相(内相)，另一相液体称为连续相(外相)。当油相为分散相、水相为连续相时，称为水包油(油/水，O/W)型乳化体；反之，水相为分散相、油相为连续相时，称为油包水(水/油，W/O)型乳化体。润肤乳是水包油型的乳化体，外观看上去较稀，有一定的流动性；润肤霜是油包水型的乳化体，外观看上去更稠，几乎没有流动性。

1) 润肤霜和润肤乳的主要组分和作用

润肤霜和润肤乳可增加皮肤的水合作用，一方面使皮肤对外界补充的水分与自身需求达到平衡；另一方面，在皮肤表面形成连续的封闭性油膜，可阻止深层皮肤中水分的蒸发，以保持肌肤的滋润。因此，使用这类护肤品的主要目的是保护皮肤使之不干燥，或阻止皮肤变得更干燥。几乎任何类型的油脂都可使粗糙皮肤变得光滑，但是只有具有封闭性的油脂才能使皮肤表面形成连续膜，以软化没有弹性的角质层，使角质层从底层组织吸收水分发生水合作用，防止水分散发到大气中。产品中起关键作用的润肤剂主要由天然的或合成的脂肪酸酯、甘油二酯、硅油、多元醇酯(如聚乙二醇酯)及醚(如聚乙二醇醚)、脂肪醇、脂肪酸、羊毛脂及其衍生物、蜂蜡及其衍生物、烃油(如矿物油、凡士林)、蜡(如地蜡、石蜡和微晶蜡)、角鲨烷等组成。润肤霜和润肤乳配方中的主要组分和作用见表 4-10。

表 4-10 润肤霜和润肤乳配方中的主要组分和作用

组分	作用	代表性原料
油脂	柔软、润滑、渗透	植物油、动物油、羊毛脂、蜂蜡、磷脂、矿物油、甘油三酯、支链脂肪醇等
乳化剂	乳化	非离子及阴离子表面活性剂
流变调节剂	调节流变性，增加稳定性	羟乙基纤维素、汉生胶等
保湿剂	角质层保湿	甘油、丙二醇、山梨醇、透明质酸钠和神经酰胺等
营养剂	保温、去皱、美白	透明质酸、植物提取液、烟胺酸、多肽、羊胎素、维生素等
防腐剂	抑制微生物生长	尼泊金酯、甲基异噻唑啉酮等
抗氧化剂	防止氧化	BHT、BHA、生育酚
香精	赋香	各种化妆品用香精
水	溶解其他原料	去离子水

润肤霜和润肤乳应具有如下特性：迅速而持久地为肌肤补充水分；用后倍感肌肤柔软、滋润；安全用于各类敏感性肌肤；对皮肤温和，没有刺激性反应，也不会引起粉刺。

2) 润肤霜和润肤乳的正确选用

喝足了水的肌肤饱满而富有弹性，但如不加强保护，水分又会很快蒸发散去，肌肤也会出现干燥脱水的症状。因此，需要在皮肤表面涂一层保护膜——润肤霜(乳)。此时，洁净而柔软的皮肤也更易吸收各种营养成分。只有帮助皮肤选对了保养用的护肤用品，皮肤才会更健康。

干性皮肤应选用油脂含量较高、含有高保湿成分的润肤霜或保湿霜，这样才能进一步补充油脂和水分，获得抚平细纹、消除皮肤紧绷感、增加皮肤光泽、保持皮肤柔嫩和弹性的效果。

中性皮肤可选用润肤乳，既滋润皮肤又无油腻感，可维持皮肤表面最适当的水分含量，使皮肤平滑而有弹性。

对于油性皮肤，人们通常会误认为不应再涂任何护肤品，殊不知长期下去，皮肤会因缺水而黯淡，因此应选择不含油的保湿凝露或凝胶，在皮肤上留下一层保水、无油脂的高分子膜。目前市面上有一种吸油性的润肤乳液，内含特殊透明的高分子空心球体，可吸收 10 倍于自身重量的油脂，涂于面部肌肤可在数小时内控制脸部出油发亮的现象，是油性皮肤者的最佳选择。

4.1.7 美容化妆品与健康

美容化妆品即美化容貌时用的化妆产品，该类产品主要用于脸、眼、唇及指甲等部位。美容化妆品通常包括以下产品：粉底类产品(如粉底液、BB 霜)、粉类产品(如粉、粉饼、胭脂、眼影)、唇膏、指甲油等。

美容化妆品是化妆品中色彩最为丰富的一类。此类化妆品可直接赋予皮肤各种鲜丽的色彩，通过改变肤色、添加阴影、增强立体感来修饰和美化容貌，并能给予身体优雅而馥郁的芳香，更有难以估量的心理效果，可使人心情愉快，充满活力与自信。

1. 粉底液和 BB 霜

粉底液和 BB 霜均为粉底化妆品。它们是用来遮蔽或弥补面部雀斑、粉刺、疤痕等瑕疵，同时调整肤色，使皮肤色泽自然而显得滑嫩的一类美容化妆品。早期的粉底化妆品几乎都是粉类，而随着乳化技术的逐渐发展和成熟，粉质原料在乳化体系中可以较为稳定地存在。这类产品的外观呈现为均匀稳定的粉状乳液。

1) 粉底液和 BB 霜的主要组分和作用

粉底液是由粉饼等粉状化妆品发展而来的，它是美容化妆过程中用作打底的膏霜型制品，实质上是颜料、粉料在乳化液中的悬浮体。悬浮体通常要经过均质和研磨，它以水为基质，添加了保湿剂、油脂等以缓解粉状原料带来的干燥不适感。粉底液的作用就是均匀肤色并遮盖皮肤上的瑕疵。

BB 霜中的 BB 是“blemish balm”的缩写，意思是伤痕保养霜，最初是德国为接受激光治疗的患者设计的，含护肤和防晒成分，能使受损肌肤得到修复与再生，其后被韩国化妆品界引进并加以改良，从医学美容品转变成日化美妆品。其主要成分有颜料、粉料和乳化剂，BB 霜是将颜料分散在黏性基质中制成的产品，集润肤、保湿、遮瑕和提亮功能为一体。BB 霜广受欢迎，主要原因是用它能画淡妆，符合现代潮流，并且使用方便。

从配方来讲，粉底液和 BB 霜的差别不大，主要是粉质原料添加量和乳化剂的选择有所不同。粉底液更注重遮盖效果，BB 霜除有一定的遮盖效果外，还兼有一定的护肤、保湿效果。可根据需要来选择使用粉底液或 BB 霜。其配方中的主要组分和作用见表 4-11。

表 4-11 粉底液和 BB 霜配方中的主要组分和作用

组分	作用	代表性原料
油脂	润滑、铺展、渗透	植物油、矿物油、甘油三酯、支链脂肪酸酯、硅油及其衍生物等
乳化剂	乳化	非离子或阴离子表面活性剂等
流变调节剂	增加稳定性，调节流变性	羟乙基纤维素、汉生胶等
保湿剂	角质层保湿	多元醇及透明质酸等
粉质原料	遮盖美白	TiO_2、ZnO 等
防腐剂	防止微生物生长	尼泊金酯类、甲基异噻唑啉酮类等
抗氧化剂	防止氧化	BHT、BHA、生育酚等
香精	赋香	花香或果香香精
着色剂	增色	酸性稳定的着色剂
溶剂	溶解其他原料	去离子水

2) 粉底液和 BB 霜的适度选用

在进行了皮肤的均衡滋润后，一般人认为护肤工作已完成。倘若是在入睡前，这种想法是正确的。但如果走出户外，去直面阳光，或亲近自然，或面对计算机，只是保湿滋润等还不够，还需要给面部皮肤穿上一件“外衣”，以隔绝紫外线、辐射、细菌与尘埃等的侵害。这件面部的“外衣”就是粉底化妆品。

粉底是美容化妆的第一步，也是基础保养的最后一步。少量使用粉底液会使皮肤柔滑、肤色均匀、毛孔细致，并能掩盖瑕疵。多效粉底均含有适量的防晒剂，还可以提供中等程度的防紫外线保护，真正起到令面部肌肤与外界隔离的作用。

许多人谈“粉”色变，认为粉类化妆品含铅，会毒害皮肤、堵塞毛孔、引发粉刺或痤疮，并使皮肤干燥、脱皮，使皮肤更加容易衰老。事实并非如此，只要购买的是正规化妆品厂家生产且经过产品质量检验合格的粉底，铅的含量会相当低，完全符合国家卫生标准要求，对皮肤不会有任何毒害。此外，使用粉底后要及时、彻底地卸妆。

粉底化妆品包括液状、膏状、块状及条状等不同类型，要依据肤质选择合适的类型。例如，油性皮肤者可选择无油粉底液或块状粉饼，中性皮肤者可选择粉底乳，干性皮肤者可选择粉底霜，若求快速上妆或外出携带方便，应选择条状粉底。目前，许多化妆品品牌都有轻盈透明和遮盖性较佳的两类粉底可供选择。若是浓妆或上镜建议选购后者，这样可以掩盖和修饰脸上的瑕疵，轻盈型的粉底适合日常裸妆使用。所选粉底的颜色应与肤色相近，只有涂到脸上既不会浮出白色，也不会令肤色显得暗沉的粉底颜色，才是最适合自己的。不要将粉底涂到手背上试色，正确的方法应该是在未打粉底的状态下，将粉底涂在腮部，并在自然光下查看，若颜色介于脸与颈部的中间色，就是适合的粉底色。

2. 定妆粉和粉饼

定妆粉又称散粉，是不含油分或含有很少量油分，以粉状原料为主配制而成的粉末状美容化妆品，主要在使用粉底化妆品后定妆或在脱妆后补妆用。具有调节皮肤肤色、遮盖皮肤上的斑点、吸收皮肤油脂和滑爽皮肤等功效。

粉饼与定妆粉的功能相同，为了便于携带，将散粉压成具有一定形状的粉饼，在使用时细粉不易到处飞扬、适用性更好。

1) 定妆粉和粉饼的主要组分和作用

定妆粉和粉饼的主要组分基本相同，由于两者剂型不同，在产品使用性能、配方组成和制造工艺上有一定差别。粉饼应具有良好的遮盖力、柔滑性、附着性和涂抹均匀等特性，还应具有适度的机械强度，使用时不会碎裂，并且使用粉扑或海绵等从粉饼蘸取时，粉体较容易附着在粉扑或海绵上，均匀地涂抹在皮肤上时不会结团、不感到油腻。通常粉饼中都添加较大量的胶态高岭土、氧化锌和金属硬脂酸盐，以改善其压制加工性能。如果粉体本身的黏结性不足，可添加少量的黏合剂，在压制时可形成较牢固的粉饼。水溶性黏合剂可以是天然的或合成的水溶性聚合物，一般常用低黏度的羧甲基纤维素水溶液，通常还添加少量的保湿剂。油溶性黏合剂包括硬脂酸单甘酯、十六醇(鲸蜡醇)、十八醇、脂肪酸异丙酯、羊毛脂及其衍生物、地蜡、白蜡和微晶蜡等。甘油、山梨醇、葡萄糖及其他滋润剂的加入能使粉饼保持一定水分而不致干裂。粉状化妆品配方中的主要组分和作用见表 4-12。

表 4-12　粉状化妆品配方中的主要组分和作用

组分		作用	代表性原料
基质粉体	无机填充剂	铺展、填充	滑石粉、高岭土、云母、碳酸镁等
	有机填充剂	提高滑感	纤维素微球、尼龙微球等
	天然有机填充剂	吸收汗液	木粉、纤维素粉、淀粉等
着色颜料	白色颜料	遮盖	钛白粉、氧化锌等
	有机颜料	着色	食品、药品及化妆品用色素等
	无机颜料	着色	红色氧化铁、黄色氧化铁、锰紫等
	天然颜料	着色	β-胡萝卜素、花红素等
	珠光颜料	赋予光泽	铝粉、云母钛等
油脂		赋脂剂、黏附	白油、羊毛脂、聚二甲基硅氧烷、硬脂酸锌
防腐剂		防止微生物增长	尼泊金酯、苯氧乙醇
香精		赋予香气	花香香精
黏合剂		提高可压性、黏性	羧甲基纤维素、黄芪胶等

2) 粉饼的选用

粉饼是塑造光洁面容的重要化妆品之一，选用合适的粉饼能够使脸庞看上去柔滑、细嫩，并且可固定粉底的妆效，使其不易脱妆，还可以吸收过量的油脂，使面部不泛油光。要选择适合自己肤色的色号，最好是和底妆贴合，这样才能使妆容看上去更自然。

通常用粉扑轻轻按上香粉，然后用粉刷将多余的粉拂去，在面部从额头往下刷，直至整个颈部。也可用粉刷蘸取，向下扫于面部。粉的用量不宜过多，只需薄薄一层即可。粉的用量过多会影响皮肤的自然呼吸，会让妆容显得不真实，粉还会吸收皮肤中的水分，使皮肤变得干燥、易皱。

3. 胭脂和眼影

胭脂和眼影都是粉类产品，可以通过涂敷于面部来调整面部颜色，增加面部深邃程度，增强面部立体感。

1) 胭脂

胭脂也称腮红，是一种使面部着色的美容化妆品，一般有多种剂型，但常用固态粉饼型腮红。它的基质与粉饼所用大致相同，主要有滑石粉、云母、高岭土、钛白粉和彩色颜料等。

2) 眼影

眼影是涂在眼睑和眼角上，产生阴影和色调反差，显出立体美感，达到强化眼神，使眼部显得更美丽动人的制品。眼影是眼部用化妆品中色调最丰富的产品，有蓝、青、绿、棕、茶、褐、紫、黑、白、红和黄等颜色。通常将各种色调的粉末在模盒上压制成型，并将多种颜色拼装在一个化妆盒内，便于携带和使用。

眼影化妆品的色调随流行色调而变化，带有潮流趋向，应配合不同肤色、服装、季节和交际场合使用。

胭脂、眼影的配方与粉饼大致相同。一般来说，眼影所含颜料量比胭脂多，也含有更高比例的珠光颜料。胭脂、眼影配方中的主要组分和作用可参见表 4-12。

3) 胭脂和眼影的正确选用

由于胭脂和眼影中有一定量的滑石粉，而某些天然滑石矿中可能有共生的石棉矿物，石棉已被国际公认为致癌物，因此对于滑石粉作为化妆品原料需要经过严格的检验。如果香粉中的滑石粉含有石棉这类致癌物质，那么这类香粉是不能使用的。为了保证香粉原料的质量，在选择粉类化妆品时应尽量选用大厂家的产品，以保证粉类原料质量的可靠性。

另外，使用时注意不要涂抹过厚，因为粉状化妆品中的滑石粉、高岭土的吸水性很好，会吸取皮肤中的水分，使皮肤变干燥，最好选用加有油性和水性保湿剂的胭脂和眼影。

4. 唇膏

唇膏通常是指油膏类的唇部美容化妆品，包括以润唇为主的非着色型产品(俗称润唇膏)和着色型产品(俗称口红)。唇膏具有勾勒唇形、美化唇色、润湿和软化唇部、保护唇部不干裂等功能，能很好地彰显女性特殊魅力。唇膏是使用极为普遍、消费量极大的化妆品类型。

1) 唇膏的主要组分及作用

唇膏类化妆品可直接应用于嘴唇，嘴唇是面部皮肤的延伸，在口腔内与黏膜相连。其角质层比一般皮肤薄，且无毛囊、皮脂腺、汗腺等附属器官，但有唾液腺。两唇不仅角质层薄，颗粒层也薄，所以颗粒层中的颗粒及黑色素皆已不存在，真皮乳头的毛细血管呈现出透析红色，使两唇呈现红润。根据唇部皮肤的特点和唇部美容化妆品的功能，唇部化妆品应该具备如下特征：①绝对无毒和无刺激性；②具有自然、清新愉快的味道和气味；③质量稳定。因此，唇膏需要使用食品级的原料、安全的乳化剂和油脂等物质。唇膏配方中的主要组分和作用见表 4-13。

表 4-13　唇膏配方中的主要组分和作用

组分		作用	代表性原料
油脂和蜡		溶解颜料、滋润	精制蓖麻油、可可脂、羊毛酯、巴西棕榈蜡等
着色剂	溶解性颜料	着色	红-40、红-22 等
	不溶性颜料	着色	炭黑、云母钛等
	珠光颜料	着色	云母-二氧化钛、氯氧化铋等
其他添加剂		保湿、防裂	泛醇、磷脂、维生素 A 等
香精		赋香	玫瑰醇和酯类、无萜烯类(食用香精)

2) 唇膏的正确选用

根据化妆品法律法规，所有零售的化妆品在产品标签上应有许多明确的标志。无生产许可证、无卫生许可证、无生产厂家的“三无”化妆品不能使用，可根据厂家公开的产品成分选购唇膏。

口唇的角质层很薄，保护作用不强，而且极为敏感，对唇膏的选用应该慎重。一定要选用优质产品，伪劣唇膏能够促进角质增生，令口唇透明度下降，使口唇色泽暗淡。如果口红中含有不合格的色素和香料，可引起唇炎。使用唇用化妆品前要检查口唇是否有脱皮或干裂，液体唇膏含有乙醇、石油醚等挥发性物质，当唇有裂口或切口时不可使用。涂于口唇上的化妆品很容易随饮食进入体内，它们所含成分都是脂溶性的，极易被消化道吸收，对其危害不可不防。涂上口红后应避免进食油性食物，进餐前应该把口唇上的化妆品擦掉。

有些唇膏中含有合成的色素如二溴荧光素、四溴荧光素以及偶氮染料和唇膏香料，这些可能引起过敏反应。使用了非化妆品级别的化工合成产品为原料的劣质唇膏中的某些成分可能有致突变作用，长期使用可诱发癌症。有的劣质口红中添加色素罗丹明和永久橙两种禁止使用的可致癌色素。还有一些劣质唇膏中的金属含量较高，摄入过量可能有潜在的健康风险。

劣质唇膏对于人体健康有着极大的危害，因此在购买唇膏时一方面要仔细查看配方表，不要购买“三无”产品，另一方面要选择放心和安全的品牌，防止出现健康隐患。

5. 指甲油

指甲油是用于修饰指甲的化妆品，它应具有易涂敷、快干成膜、黏附牢固、不易剥落和可用洗甲水除去等特性。

1) 指甲油配方中的主要组分和作用

指甲油配方中的主要组分和作用见表 4-14。

表 4-14 指甲油配方中的主要组分和作用

组分	作用	代表性原料
溶剂	溶解、分散	乙酸乙酯、乙酸丁酯、丙酮、邻苯二甲酸酯、甲苯、二甲苯、其他有机溶剂等
着色剂	赋予颜色	钛白粉、有色色浆等
增塑剂	增加膜的柔韧性	柠檬酸酯类、邻苯二甲酸二丁酯等
珠光剂	赋予光泽	鱼鳞箔、云母钛等
成膜剂	在指甲表面形成膜	硝化纤维素
黏合剂	增加成膜剂的附着力	醇酸树脂、氨基树脂、丙烯酸树脂、对甲苯磺酰胺甲醛树脂
防沉淀剂	防止粉状物沉淀	季铵化膨润土、气相白炭黑
香料	赋香	日化香精

2) 经常使用指甲油的危害

从表 4-14 可知，指甲油中常含有有机溶剂(如甲苯、二甲苯、丙酮)、合成树脂、增塑剂(如邻苯二甲酸二丁酯)、有机颜料、色素以及某些限用物质，它们对指甲和皮肤具有一定的刺激作用，经常使用指甲油可能造成指甲本身或指甲周围组织损伤和炎症。指甲油中带苯环结构的溶剂和树脂对人体有一定的毒性，而且都是脂溶性物质，容易溶解在油脂中。目前市面上很多非品牌指甲油的重金属、邻苯二甲酸酯和甲苯等含量超标。经动物研究发现，某些高浓度邻苯二甲酸酯会令动物内分泌失调或令胎儿有缺陷。另外，作为溶剂的甲苯可能会影响中枢神经系统，刺激呼吸道收缩。

长期使用指甲油很可能会伤害指甲表面的保护层，使得指甲变薄、变脆。指甲其实也需要透气，如果经常有指甲油在上面盖着，就会影响指甲的健康，使其失去原有的光泽，变得暗哑。美甲时要把指甲表层锉掉，指甲就失去了保护层，对酸性或碱性物质的腐蚀失去抵抗力。经常美甲容易引起指甲断折，颜色发黄或发黑。

如果确实要涂指甲油，一定要选择正规厂家生产的产品。因为正规的指甲油品牌基本能做到 3-free，即不含三种低毒性物质或使用量不超出国家标准：甲苯、邻苯二甲酸二丁酯和甲醛；而优秀的厂家可以做到 5-free，即同时不含对甲苯磺酰胺甲醛树脂和樟脑。

应特别注意的是，对于孕妇、儿童及易过敏人群来说，最好不要涂指甲油。

4.1.8 头发洗护类化妆品与健康

不同的发质需要不同的洗护方法：油性头发分泌皮脂较多，建议勤用中性或碱性稍强的洗发剂，一般不用头油，否则会因为毛囊堵塞、营养供应不足而脱发；干性头发分泌皮脂较少，因此不能洗得过勤，洗后要用发油保护，否则有抑制细菌作用的皮脂会减少，可能引发癣感染。中性头发可根据个人的需要进行必要的护理。

1. 洗发水和护发素

1) 洗发水

洗发水是人们日常生活中的必需品，用于洗净附着在头皮和头发上的人体分泌的油脂、汗垢、头皮上脱落的细胞、灰尘、微生物和不良气味等，以保持头皮和头发的清洁及美观。洗发水也称香波，是英文“shampoo”一词的音译，意为洗发。

(1) 洗发水的种类和特点。洗发水的种类很多，其配方结构也多种多样。按形态分类有液状、膏状、粉状等；按功效分类有普通香波、调理香波、去屑止痒香波、儿童香波、防晒香波及洗染香波等。消费者可以根据自己的发质选择不同效果的洗发水，如适用于正常头发、干性头发、油性头发等不同发质的洗发水，或具备去屑、防晒等不同功效的产品。

优良的洗发水要有以下特点：①适度的清洁能力，即可除去头发和头皮上的沉积物，但不会过度脱脂；②泡沫细腻且稳定；③易于清洗；④性能温和，刺激性低。

(2) 洗发水配方中的主要组分和作用(表 4-15)。洗发水的一个重要作用就是去屑。在医学上头屑被称为头皮糠疹、头部脂漏症，表现形式分为干性头屑和油性头屑两种。干性头屑的特点是头屑大多松散地分布在头发上，梳理头发时易呈现鳞屑状脱落，头屑的颜色是白色或灰白色。油性头屑的特点是头屑附着在头皮或头发上，不易脱落，其形式为油脂样淡黄色屑片。

表 4-15　洗发水配方中的主要组分和作用

组分	作用	代表性原料
主表面活性剂	清洁、起泡	脂肪醇硫酸钠(铵)、脂肪醇聚氧乙烯醚硫酸钠(铵)、仲烷基磺酸钠等
辅助表面活性剂	稳泡、降低刺激性	椰油酰胺丙基甜菜碱、氧化胺、烷基醇酰胺、咪唑啉、烷基糖苷等
调理剂	柔软、抗静电、润滑	季铵化羟乙基纤维素、聚季铵盐-10、阳离子瓜尔胶、十六烷基三甲基氯化铵等
流变调节剂	调节黏度、增加稳定性	电解质、聚乙二醇双硬脂酸酯、聚乙二醇甲基葡萄糖二油酸酯、水溶性聚合物等
珠光剂	赋予光泽	乙二醇双硬脂酸酯、乙二醇单硬脂酸酯等
螯合剂	络合金属离子	EDTA-2Na、EDTA-4Na 等
酸度调节剂	调节 pH	柠檬酸、乳酸等
色素	调色	化妆品用色素
香精	赋香	花香、果香型香精
防腐剂	抑制微生物生长	尼泊金酯类、凯松、杰马等
功能添加剂	去头屑、修复、防脱等	吡啶硫酮锌、OCT、芦荟提取液、金缕梅提取液等
溶剂	溶解其他原料	去离子水

注：OCT 为 1-羟基-4-甲基-6-(2,4,4-三甲基戊基)-2(1H)-吡啶酮-2-氨基乙醇盐(1∶1)，也称吡啶酮乙醇胺盐，具有广谱杀菌抑菌性能。

头屑是由头皮功能失调引起的，是新陈代谢的产物，引起头屑的主要原因包括：污垢和头皮分泌的皮脂混在一起干后成为皮屑；细菌滋生，产生脂溢性皮炎；角质细胞异常增生；新陈代谢旺盛；神经系统紧张；药物和化妆品引起的炎症等。近年来的研究表明，头屑过多和头皮发痒与卵圆形糠秕孢子菌的异常繁殖有密切的关系。头屑的产生为微生物的生长和繁殖创造了有利条件，同时刺激头皮，引起瘙痒，加速表皮细胞的异常增殖。因此，抑制细胞角化速度，从而降低表皮新陈代谢的速度和杀菌是防止头屑的主要途径。

洗发水中多采用添加抗真菌的有效成分，如吡啶硫酮锌和吡啶酮乙醇胺盐，以抑制卵圆形糠秕孢子菌、马拉色菌的活性，同时抑制皮脂的过多分泌、保持头发清洁，从而实现去屑止痒。

影响头屑的因素还有很多，如年龄，在青春期前很少有头皮屑，一般从青春期开始至 20 多岁时达到最高峰，中年和老年时下降。另外，头屑与季节有关，冬天较多，夏天较少。

2) 护发素

正常头发皮脂腺分泌的油脂较身体其他部位皮肤分泌得多，油性较强。头发角质的表皮有一层薄的油膜，此层薄膜可维持头发的水分平衡，保持头发光亮，同时直接保护头发和头皮，以减轻风、雨、阳光和温度等变化对其影响。如果此层油膜受外界刺激较多，如接触碱性物质、洗发、染发或烫发等对头发的脱脂作用，以及长期的风吹、日晒、雨淋等，头发就会变得枯燥、发脆、易断。此时就需要适当地补充水分和油分，以恢复头发的光泽和弹性。护发用品的主要作用是补充头发油分和水分，使头发保持天然、健康和美观的外表，赋予头发光泽、柔软和生机，同时减轻或消除头发或头皮的异常现象，达到滋润和保护头发、修饰和固定发型的目的。

(1) 护发素的分类。市场上护发产品的名称繁多，较早时期称为养发水、润丝，后来称为护发素、焗油膏。当前护发产品可分为两大类：①用于治疗或舒缓和头皮有关的不适或疾病的产品，如止头屑和防脱发产品；②用于改善、恢复和保护头发的调理性产品，如护发素、润发乳和发膜。其中护发素是主流的护发用品，广受欢迎。

(2) 护发素的护发机理。洗发水在洗去头发污垢的同时，也会洗去头发表面的油分，头发表面的毛鳞片受到损伤，头发之间的摩擦力增大，使得头发易于缠结，难以梳理，且特别容易产生静电，缺少光泽。而烫发、染发对头发造成的损伤就更加严重。一般认为头发带有负电荷，而护发素中带有正电荷的阳离子表面活性剂很容易吸附在带有负电荷的头发上，这时带正电荷的极性部分吸附在头发上，而非极性部分即亲油基部分向外侧排列(定向吸附)，如同在头发上涂上油性物质，在头发表面形成一层油膜，因此，头发被阳离子表面活性剂分开而变得滑润，头发的运动摩擦系数降低了，从而易于梳理，同时具有抗静电、光滑、柔软等效果，即护发素起到了调理的作用。

(3) 护发素配方中的主要组分和作用见表 4-16。

表 4-16　护发素配方中的主要组分和作用

组分	作用	代表性原料
调理剂	乳化、抗静电、抗缠绕、柔软等	季铵盐类阳离子表面活性剂(如 C_{16}～C_{18} 烷基三甲基氯化铵、C_{22} 烷基三甲基氯化铵、聚季铵盐等)、水解胶原蛋白、角蛋白、小麦蛋白、维生素(如维生素 E、维生素 B_5 等)
乳化剂	乳化	非离子表面活性剂(如脂肪醇聚氧乙烯醚、单甘酯)
阳离子聚合物	抗静电、调节流变	季铵化羟乙基纤维素、水解蛋白等
赋脂剂	调理、赋脂	C_{16}～C_{18} 醇、植物油、乙氧基化植物油、有机硅油等
增稠剂	调节黏度	盐(NaCl、KCl)、羟乙基纤维素、聚丙烯酸酯等
香精	赋香	花香、果香型香精
防腐剂	抑制微生物生长	尼泊金酯类、凯松、苯氧乙醇等
螯合剂	螯合 Ca^{2+}、Mg^{2+}等金属离子	EDTA-2Na、EDTA-4Na
抗氧化剂	防止油脂类氧化酸败	BHT、BHA、维生素 E 等
着色剂	赋予色彩	日化色素
其他活性成分	赋予各种功能，如去头屑、保湿和滋润等	ZPT、PCA-Na、泛醇等
溶剂	溶解其他原料	去离子水

3) 洗发水的选用

油性头发可以常用中性或碱性稍强的洗护产品，不需要经常使用发油，否则会造成毛囊堵塞，从而营养供应不足导致脱发等现象。干性头发不能清洗太勤，洗后要及时涂抹发油保护水分，否则干燥的头发容易断裂。

4) 为什么洗发水和护发素要分开使用

洗发水以阴离子、非离子表面活性剂为主要原料，提供去污和泡沫作用，而护发素的主要原料是阳离子表面活性剂。用洗发水洗净头发后，再使用护发素，它能中和残留在头发表面的阴离子电荷。若同时使用，洗发水中的阴离子表面活性剂会直接与护发素中的阳离子表面活性剂相互结合，生成不溶于水的盐沉淀，失去表面活性，不能起到洗发和护发的作用。

正确的洗头方式是先使用洗发水洗涤头发，在将洗发水完全冲洗干净后，再取适量的护发素涂抹于发梢和头发中段，静置几分钟后让护发素中的阳离子表面活性剂和营养成分与头发表面上的活性基团充分结合，以达到滋润头发的作用，最后将护发素冲洗干净。另外，强烈的日光照射下，头发角蛋白中的酰胺键和二硫键会发生断裂，使头发变得枯燥、易断。因此，在外出或游泳时需要使用护发产品以保护头发。

2. 发胶和发用摩丝

1) 发胶

发胶也称发用啫喱，用于喷或抹到头发上，能增强头发的抗变形性，使头发保持一定的形状，兼有修饰作用。发胶的主要成分如下：①推进剂，如丙烷、丁烷；②聚合物，如聚乙烯吡咯烷酮、乙酸乙烯酯聚合物、丙烯酸酯类聚合物；③溶剂，如乙醇或乙醇-水混合物；④中和剂，如氨甲基丙醇、三乙醇胺；⑤增塑剂，如柠檬酸三乙酯、水溶性硅油；⑥香精；⑦其他添加剂，如营养剂、防腐剂、紫外线吸收剂。

2) 发用摩丝

发用摩丝简称摩丝，即泡沫之意，是发胶的另一种形式，可形成泡沫状外观。它由液体和推进剂共存，在外界压力下，推进剂携带液体冲出气雾罐，在常温常压下能形成泡沫。其配方中含有阳离子合成树脂，能抑制头发上的静电效应，使头发柔软、光泽，具有梳理性能优良、定形效果好的特点。摩丝的主要成分有：①聚合物，如聚乙烯吡咯烷酮、乙酸乙烯酯聚合物、丙烯酸酯类聚合物；②起泡剂，如椰油酰胺丙基甜菜碱；③推进剂，如丙烷、丁烷；④保湿剂，如吡咯烷酮羧酸钠、聚乙二醇-400；⑤增溶剂，如聚氧乙烯氢化蓖麻油；⑥香精；⑦营养剂，如维生素 E 乙酸酯、泛醇、水解胶原蛋白、动植物提取液；⑧其他添加剂，如防腐剂、紫外线吸收剂；⑨溶剂，如乙醇或乙醇-水混合物。

3) 发胶和发用摩丝的特点

发胶和摩丝都对头发有定型作用，发胶更偏重于定型，摩丝更着重于养护头发。摩丝要求兼有调理和抗静电作用，具有一定的护发功能，能够产生大量的泡沫，稳定的泡沫可均匀地深入每根发丝，起到良好地护发定型作用。摩丝是水基产品，不会迅速挥发，这样美发师就有时间进行造型的设计。

发胶和摩丝的使用注意事项：①不能喷太多，太多的发胶或摩丝会让头发变得厚重，可能会造成皮肤感染；②长期使用时，头发和头皮不能很好地呼吸，会导致角质蛋白的流失，还可能引起毛囊堵塞，导致毛囊坏死，也就是脱发后不再长头发；③如果确需长期使用，建议洗发后给头发一定的呼吸时间，再用发胶或摩丝；④由于产品中含有易燃的溶剂和推进剂，存放时应避光和远离火源。

4.1.9　香水和花露水与健康

香水类化妆品是指以味道为主，以赋香为主要目的的化妆品。它主要由香精、脱醛乙醇和精制水组成。香水类化妆品具有浓郁持久的芳香香气，通过喷洒于衣襟、手帕、发饰、手腕和颈部等处，散发出悦人的香气。香水是包含艺术元素最多的一类化妆品。

传说最早出现的含有乙醇的香水类化妆品可追溯到 1370 年，称为匈牙利水。香水类化妆品的发展史大致可分为三个阶段：第一阶段是在有机合成化学出现之前，仅仅采用主要来自植物或动物的天然原料配制，可以是一种单一地取自某种植物的油或汁，也可以是多种天然香料的混合体；第二阶段是在有机合成化学诞生之后，合成香料应运而生；第三阶段是随着煤焦油和石油化学工业的飞速发展，以及对天然香料成分分析技术的进步，香料的合成有了极大的突破，加上调香技术(调配香精的技术与艺术)的进步，香水类化妆品的制造日新月异。

香水类化妆品按产品中香精含量的多少可大致分为香水、古龙水和花露水。

1. 香水

香水是香精溶于乙醇而得到的产品，能散发出浓郁、持久、悦人的香气，有时根据需要加入微量的色素、抗氧化剂、杀菌剂、甘油、表面活性剂等辅助添加剂。通过调香技术可配制出不同类型的香水。

1) 香水的分类及特点

香水有很多种分类方法。根据香气可简单地分为花香型香水和幻想型香水两大类。花香型香水因其只有单一花香，所以称为花香型香水，其余所有香型都称为幻想型香水。花香型香水的香气大多是模拟天然花香调配而成的，主要有玫瑰、茉莉、水仙、玉兰、铃兰、栀子、橙花、紫丁香、晚香玉、金合欢、金银花、风信子和薰衣草等。幻想型香水是调香师通过自然现象、风俗、景色、地名、人物、情绪、音乐和绘画等方面的艺术想象，创造出的新香型，往往具有非常美好的名称，如素心兰、香奈尔五号、夜航、夜巴黎、圣诞节之夜、欢乐、响马和沙丘等。

2) 香水的组成

香水又称高级香水，以区别于泛指的香水类产品。这类产品香精含量占 15%～20%(质量分数)，有的可高达 25%～30%(质量分数)。调配香水时，常用纯净的乙醇为溶剂，有时添加少量色素、抗氧化剂和紫外线吸收剂以使产品稳定。香水中使用的香精应为醇溶性且光稳定性好的高级香精，使产品香气幽雅、细致协调。香水既要有好的扩散性以达到香气四溢，又要有一定的留香能力，让香气诱人、能引起人们的喜爱，还要有一定的创新格调且安全性高，不会沾污衣物。

在香水香精的调配中一般采用头香、体香和尾香来划分和组合香精，也可称前调、中调和后调。头香是对香精嗅辨最初片刻时的香气印象，也就是人们首先能嗅感到的香气特征；体香是在头香之后被嗅感到的香气，而且能在相当长的时间内保持稳定和一致，体香是香精香气的主要组成部分；尾香是香精的头香与体香挥发后留下的最后的香气。头香一般是由香气挥发性最强和扩散力较好的香料所形成的，体香由具有中等挥发性和中等持久性能的香料形成的，尾香是由挥发性低、香气滞留性能较好的香料或某些定香剂所形成的。

香水的配方组成比较简单，主要就是介质、香精和其他添加剂。其中的香精成分比较复杂，它们最好是相互之间能溶解，否则易形成沉淀。香水配方中的主要组分和作用见表 4-17。

表 4-17 香水配方中的主要组分和作用

组分	作用	代表性原料
香精	赋香	薰衣草油、迷迭香油、苦橙花油、玫瑰油、茉莉精油、灵猫香膏等
乙醇	溶剂、增溶	脱醛乙醇
水	溶剂	去离子水
脂类	增加留香时间	肉豆蔻酸异丙酯等
色素	赋色	日化色素
螯合剂	水质软化	EDTA-2Na、EDTA-4Na 等
抗氧剂	防止氧化	二叔丁基对甲酚等

2. 古龙水

古龙水的香精含量占 3%～5%(质量分数)，乙醇占 70%～80%(质量分数)。古龙水的介质是乙醇-水的体系，一些香精的水溶性较差，直接用于古龙水会造成不稳定或混浊，添加溶剂可增加香精的溶解度。古龙水使用的香精档次低于高级香水，它的主要使用对象是男性。典型古龙水以柑橘、香柠檬、橙花、甜橙、柠檬、橙叶等香型为主，可添加薰衣草、迷迭香、岩兰草香，也可用素心兰型加辛香和木香组成。古龙水英文名为“Cologne water”，又称科隆水，是 1680 年首先由意大利人在现今德国 Cologne 地区创造的具有柠檬香型的芳香产品，后在德法战争期间由法国士兵将其带回法国并起名为“Eau de Cologne”(古龙水)，一直沿用至今。通常喷洒于手帕、床巾、毛巾、浴室、理发室等处，散发出令人清新愉快的香气。

3. 花露水

花露水是一种非常中国化的传统产品，诞生于清末的上海。其产品名称取自“花露重，草烟低，人家帘幕垂。”之意境，使得小小瓶子里的一汪清液被赋予了挥之不去的情感。中国市场上流行过很多的花露水品牌。资料显示，在花露水发展史上有品牌可查、名气最响的要数早期的双妹花露水和明星花露水。

1) 花露水的分类和主要组分

花露水的种类可以根据目标群体划分为大众型花露水、女士花露水、儿童花露水；根据功能划分为普通型花露水、驱蚊型花露水、清凉祛暑型花露水、祛痱止痒型花露水、滋润美肤型花露水(如女性所使用的精油纯露)；根据乙醇浓度划分为含醇花露水、低醇花露水(乙醇含量不超过 30%)、无醇花露水；根据组分划分为蛇胆花露水、金银花花露水、植物精华花露水、草本精华花露水。

花露水和香水主要组分一样，只是乙醇的用量更多。花露水由 3%左右的香精、70%左右的乙醇、25%的水配制而成。花露水所用的香精略差，含量也较少，一般为 1%～3%，所以香气不如香水持久。花露水的主要功效在于杀菌、防痱、止痒和防蚊，也是祛除汗臭的一种良好的卫生用品。花露水最早用花露油作为主体香料，以乙醇为溶剂制成。

花露水的香型比较单一，其多为功能性的产品。常见的有驱蚊、清凉和润肤型纯露。由于花露水中含有较多的乙醇，易造成皮肤干燥、紧绷，因此不宜在脸部或身体其他部位大面积使用。驱蚊型花露水要观察配方表中是否有避蚊胺(DEET)、驱蚊酯、派卡瑞丁、柠檬桉叶油等成分，若没有则难以起到驱蚊止痒的作用。

2) 花露水的作用及其原理

花露水的主要作用有：掩盖气味、祛除汗臭及在公共场所解除秽气；杀菌消毒；涂于蚊虫叮咬处起到止痒消肿的功效；涂抹于患痱子的皮肤上起到止痒的作用；还可带给使用者凉爽舒适之感。

(1) 驱蚊。人与动物汗液的挥发物最能吸引蚊子，这些挥发物主要有乳酸、丙酮和二甲基二硫醚。添加在花露水中的避蚊胺在皮肤表面形成了气状屏障，干扰了蚊虫触角的化学感应器对人体表面挥发物的感应，使它感受不到人的存在，故而可防止被蚊虫叮咬。

(2) 止痒。蚊子叮咬皮肤的同时吐出一种名为蚁酸(甲酸)的化合物注入人的肌肉，引起皮肤和肌肉局部发炎，给人带来痒痛和起红疙瘩等不舒服的感觉。蚁酸是一种具有刺激性、有臭味的无色液体，有很强的腐蚀性。花露水中的橙花油含有邻氨基苯甲酸甲酯，可以与酸作用，生成没有毒性的氨基化合物，引起瘙痒的蚁酸被中和了，所以可以起到止痒的作用。

(3) 消肿。花露水中含有大量乙醇(70%～75%)，乙醇是蛋白质凝固变性的药物，故将其涂抹于红肿处时，乙醇可渗透到皮肤内部，在细胞表面及毛细血管内壁上沉淀和凝固蛋白质，降低毛细血管通透性，使水肿消退。

(4) 消毒。由于花露水配方中乙醇含量较高，其易渗入细菌内部，故花露水也可作为有香味的消毒剂使用。

现今的花露水在配方和工艺上都在不断改进，在保留原有主方的基础上，添加一些具有清热解毒、消肿止痛功能的中药成分，从而使花露水除了原有功效外，还增加了祛痱止痒、治疗皮肤病、提神醒脑等功效。例如，花露水中加入薄荷脑等成分，使之更为清凉；加入驱蚊剂，使其具有驱蚊效果。此外，花露水中往往要加入少量螯合剂、抗氧剂及色素等成分，以提高其观赏性、安全性和稳定性。

除了上述主要成分外，有的花露水中还加入其他功效性添加剂，其中比较有代表性的是六神花露水中的六神丸。六神花露水将中药六神丸与花露水相结合，具有祛痱止痒、提神醒脑的功能。六神丸主要成分有珍珠、麝香等，将其溶于冷开水或米醋中，具有消肿止痛的功能。

4. 香水或花露水的选用

香水或花露水的选用可以按照个人喜好、场合、需要来确定。应尽量选择大品牌的香水或花露水。选择适合自己的香水或花露水一定要亲自试香，因为每个人的体温和体质不同，与香水中的香气分子结合后挥发的速率和香气类型都略有不同。嗅觉非常主观，需要去闻，鼻子喜欢是前提。在英语里，“用香水”是“wear perfume”，“穿”香。正如衣服一样，香水也有它的属性和特点，可随着季节、场合、性格、年龄、气质甚至心情而变化。

由于香味会影响人的呼吸系统和神经系统，会使人的情绪发生变化，因此使用香水时应注意：①对香味过敏者要慎用；②孕妇要慎用；③应该选择比较安全，并且做过毒性试验的品牌和产品；④香水不要喷洒在易被太阳照射到的身体部位，否则在紫外线的照射下，香精会导致皮肤炎或点状黑斑；⑤香水不要喷洒在头发上，否则香水中的化学物质会与头发上的污物混合，产生令人不愉快的气味。

4.1.10 特殊用途化妆品与健康

在《化妆品监督管理条例》中，化妆品可按风险程度分为特殊化妆品和普通化妆品。用于染发、烫发、祛斑美白、防晒、防脱发的化妆品以及宣称新功效的化妆品为特殊化妆品。

1. 美白霜(乳)

正常人皮肤的颜色主要由两个因素决定，一是皮肤内各种色素的含量，即外源性胡萝卜素、内源性黑色素、皮肤血液中的氧合血红蛋白与还原血红蛋白的含量；另一个是皮肤厚度及光线在皮肤表面的散射现象。人体的肤色差异主要取决于黑色素的含量及分布。黑色素是由黑素细胞产生的，成熟的黑素细胞位于表皮细胞的基底层，是一种树枝状细胞，每一个黑素细胞大约连接 36 个角朊细胞，构成一个表皮黑素单位。黑色素的排泄有两条主要途径：一是黑素细胞组织将黑色素转到表皮基底层细胞中，随着细胞的新陈代谢而被带到角质层中，最后随角质层细胞脱落；另一种是黑色素在皮肤内被分解、溶解、吸收后，经血液循环系统排出体外。

1) 美白霜(乳)的主要组分及作用

美白霜的配方与滋润、保湿等面霜相类似，只不过多加入了美白剂，对于黑色素的产生起到了抑制或降解作用。

皮肤美白成分是指在安全条件下直接或间接使皮肤增白的物质。对亚洲人及黑皮肤的人，皮肤美白成分主要的作用是使皮肤变淡或变白，同时使色调均匀、皮肤光亮。对所有类型的人，美白成分可用以治疗色素沉着如雀斑、黄褐斑、老年斑等。目前公认的黑色素的形成机理如图 4-6 所示。

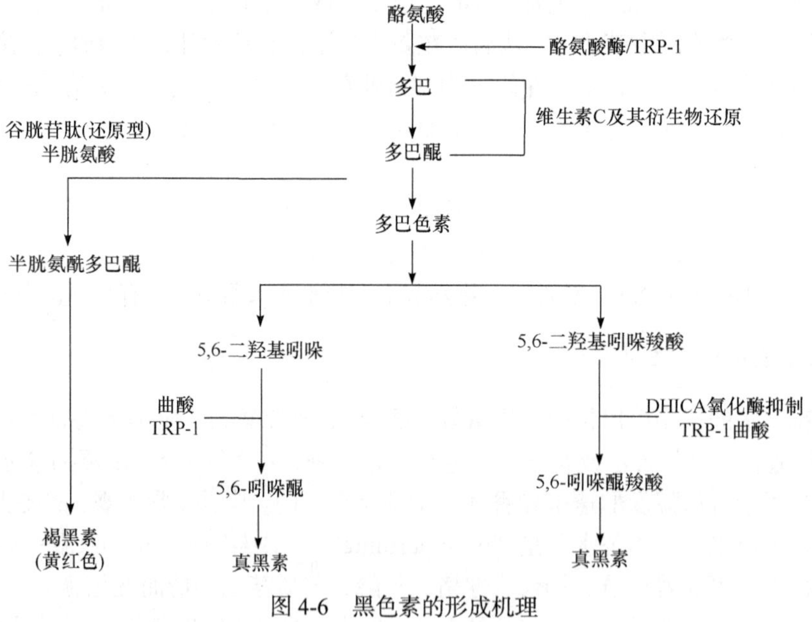

图 4-6 黑色素的形成机理

合成的黑色素称优黑素或真黑素，皮肤的色素主要由其组成。皮肤美白剂主要通过被皮肤吸收而起作用，根据其作用机理大致可分为如下五类：

(1) 酪氨酸酶抑制剂类。主要抑制或降低皮肤色素中间体和黑色素的产生。常见的有对苯二酚及其衍生物、对苯二酚糖苷类等。例如，光甘草定、熊果苷、白藜芦醇和苯乙基间苯二酚等都是安全有效的美白成分。

(2) 皮肤色素还原剂类。主要将已产生的皮肤色素中间体还原消除，并具有抗氧化和抗衰老的作用。常用的有维生素 C、维生素 C 棕榈酸酯、维生素 C 磷酸酯镁、维生素 C 磷酸三钠、维生素 C 磷酸单钠等。

(3) 双效作用皮肤美白成分类。具有皮肤色素还原和酪氨酸酶抑制双重功效，如抗坏血酸熊果苷磷酸酯、抗坏血酸熊果苷磷酸糖酯、抗坏血酸熊果苷磷酸酚酯。

(4) 失活表皮及时剥落剂类。增加角质细胞黑色素粒子的降解，及时剥落失活表皮。属于此类的美白剂有维生素 A、维生素 A 乙酸酯、维生素 A 棕榈酸酯、α-羟基酸(AHAs)、曲酸及曲酸酯类。

(5) 黑色素运输阻断剂类。黑色素运输阻断剂可以减少黑素细胞向角朊细胞转运的量。常用的有烟酰胺、维 A 酸和壬二酸。

基于对影响皮肤美白的各种因素的全面考虑，新一代美白产品应该是全效美白——从外部对紫外线的防护，到内部抑制黑色素的生成、提高细胞更新能力、降低色素沉积和促进表皮细胞脱落，直至增强皮肤细胞自身免疫力、提高皮肤弹性及新陈代谢等，采用全方位的配方组合，发挥多组分美白活性成分的多功效作用，使肌肤获得健康自然美白的效果。

目前较新的常用美白成分有：烟酰胺、苯乙基间苯二酚、水溶性光甘草定、抗坏血酸葡糖苷、曲酸二棕榈酸酯、维生素 C 磷酸酯钠、传明酸十六烷基酯、脱氧熊果苷、甘草黄酮、传明酸、熊果苷等。

2) 美白霜(乳)的选用

因为肤色一般是无法改变的，而且黑色素是肌肤自我保护的重要机制，过度干扰或者长期阻止其生长对肌肤健康不利。例如，“最有效”的美白成分汞能使皮肤在短期内变得白皙透明，但其代价是造成皮肤不可恢复的色素沉淀。对苯二酚即氢醌，一般认为 2% 用量对皮肤是安全的，超过 5% 有可能造成白斑现象，并可能致敏。

使用美白霜(乳)要尽早做好预防黑斑的形成。若天生肤色较黑，不易过多使用美白产品，因为其效果可能微乎其微。若属于一般肤色，则建议经常使用一些美白产品，虽然并不一定会变白，但可以有效干扰黑斑的形成。

最好选用正规厂家生产的含有新的、安全的美白成分生产的产品，如含有烟酰胺、苯乙基间苯二酚和维生素 C 磷酸酯钠等美白成分的产品。这样才能真正使皮肤美白，且不会伤害皮肤。

2. 祛斑霜

想要皮肤完美无瑕、白皙水嫩，除了用美白霜来提高肤色白皙度，还需要祛斑霜来重点除去雀斑等色素沉积。美白剂通常也具有祛斑的效果，所以美白霜和祛斑霜常常通用。

1) 色斑产生的机理

色斑是皮肤黑色素颗粒分布不均匀导致局部出现的斑点、斑片。色斑形成的最根本原因是新陈代谢的降低与皮肤衰老。当人体内脏功能及内分泌出现障碍时，体内的营养物质不能输送到皮肤的真皮层，导致供给细胞增殖分化所需的养分不足，细胞增殖与分化水平下降。另外，由于黑素细胞所释放出的黑色小体主要与角朊细胞结合，并伴随角朊细胞的代谢而排出外，它自身不会迁移与分解。因此，当角朊细胞增殖与分化水平降低时，黑色素也相应地累积在皮肤各层，久而久之形成色斑。

由于色斑产生的原因较多，因此除了要使用祛斑霜来美白、清除色素外，还需要调整作息时间等。以下是色斑产生的几种原因：

(1) 内脏机能因素。人体五脏六腑直接影响到面容。例如，肝可疏泄、调整气血，若肝功能异常，激素无法正常排泄，易出现颜面病变；脾具有消化、吸收、运送营养物质的作用，若脾的功能失常，则导致皮肤及面部淡白无华，并产生黄褐斑和黑眼圈。

(2) 内分泌因素。妊娠：孕期妇女雌激素增多，面颊部常见对称分布的黄褐斑，但生产后体内激素分泌恢复正常状态，大部分的斑会自然减轻或消失。脑下垂体：脑下垂体主宰分泌腺体，当人体本能正常的欲望需求得不到满足时，会造成自律神经失调，使垂体分泌黑色素。甲状腺：甲状腺亢进时，导致脾气暴躁、精神紧张、易疲劳、失眠，会产生更多的黑色素。松果体腺：经常性睡眠不足，松果体腺不能正常运转，极易产生黑色素。妇科疾患：生产不顺，子宫卵巢异常，造成雌激素失去平衡，产生黑色素。

(3) 遗传因素。发育时出现雀斑多数属于遗传性。一般来说，皮肤较白者易产生雀斑。

(4) 药物因素。避孕药：主要成分是孕激素或雌激素，易促进黑色素的生成并沉积。激素软膏：激素过量易刺激黑素细胞生长，产生黑色素。

(5) 紫外线照射。大气臭氧层变稀、变薄，出现臭氧空洞，UVA(长波紫外线)和 UVB(中波紫外线)区紫外线照射强度增大，氧自由基增加，酪氨酸酶活性增强，形成色素沉着，诱发日晒焦黑症。

(6) 精神压力因素。精神压抑忧郁，心浮气躁，导致气血紊乱，气血不和，过氧化酶增加，雌激素增多，诱发黑素细胞产生黑色素。

(7) 外伤性因素。擦伤、刀伤等伤口延缓处理，导致伤口部位色素沉着，诱发黑色素生成。

(8) 营养因素。营养不良会导致维生素 A、维生素 B_{12}、维生素 B_3 缺乏和多种矿物质不足，易产生色斑。

(9) 劣质化妆品因素。长期使用劣质化妆品，造成过量的重金属积聚于面部，导致黑色素增多、沉着。

(10) 疾病因素。一些慢性病如慢性肝炎、结核病等会导致酪氨酸酶活性增强，黑色素增多，而机体自身排除黑色素的能力却随之减弱，久而久之就会在面部产生黄褐斑。

2) 祛斑霜的主要组分及作用

基于色斑形成机理，祛斑化妆品的主要祛斑途径就是抵御紫外线、阻碍酪氨酸酶活性和改变黑色素的生成途径，以及清除氧自由基或对黑色素进行还原、脱色。

最早使用的氯化氨基汞(白降汞)对于祛斑有效，但汞盐有毒，在高浓度长期使用时会引起接触性皮炎，而且汞在体内被累积不能排出。以氢醌(对苯二酚)及氢醌的衍生物(氢醌单苄基醚)为原料制成的祛斑制剂属于抗氧化剂，影响黑色素的生成，对抑制表皮色素沉着有一定的效果，但药物性能极不稳定，不用药时又发作，且氢醌有一定的刺激性，长期使用会产生皮肤异色症等不良作用。因此，氯化氨基汞与氢醌都属于化妆品中的禁用原料。

新开发的祛斑美白剂类型较多，有化学药剂、生化药剂、中草药、动物蛋白提取物和植物提取液等。可用于化妆品的祛斑美白剂包括：间苯二酚类(如光甘草定、白藜芦醇、苯乙基间苯二酚)；果酸及其衍生物(如柠檬酸、苹果酸、乳酸、葡萄糖酸)；维生素 C 及其衍生物(维生素 C、维生素 C 磷酸酯镁、维生素 C 棕榈酸酯)；烟酰胺；熊果苷；壬二酸；传明酸；曲酸；动物提取物(如胎盘提取液、珍珠水解液)；中草药提取物(当归提取液、川芎提取液、丹参提取液)；植物提取液(芒果提取液、桑树提取液、红花提取液)等。

3) 祛斑霜的正确使用方式

只有正确使用祛斑霜才能取得良好的祛斑效果。其正确的使用方式见图 4-7。

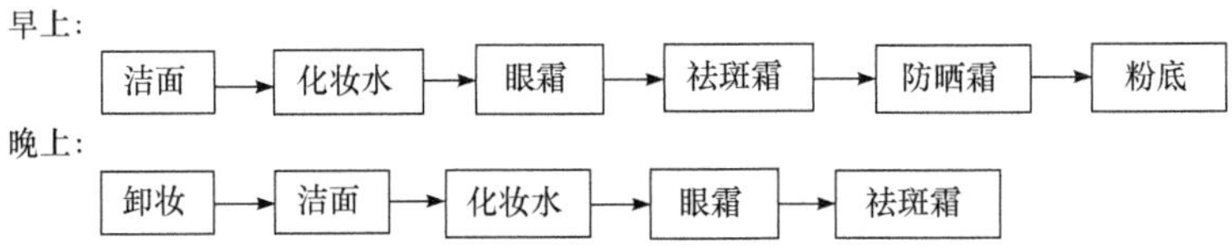

图 4-7　祛斑霜的正确使用方式

3. 防晒霜

1) 紫外线辐射与皮肤健康

太阳光线在红外线波段主要产生热效应，在可见光波段表现为各种颜色，而在紫外线波段则以光生物反应为特征。这种光生物反应可导致黑色素的产生而晒黑皮肤，或者引起遗传信息的改变甚至是细胞行为的异常。波长越短，辐射能越大；波长越长，散射越少。这个客观规律对于紫外线辐射(UVR)也同样成立。短波的 UVR 容易引起光化学反应，而长波的 UVR 能够穿透到皮肤的更深层。因而，由 UVR 引起的生物效应会随着波长的变化而不同。波长为 200～400 nm 的紫外线光谱可分为三部分：UVC(短波紫外线)、UVB(中波紫外线)和 UVA(长波紫外线)。光谱图如图 4-8 所示。

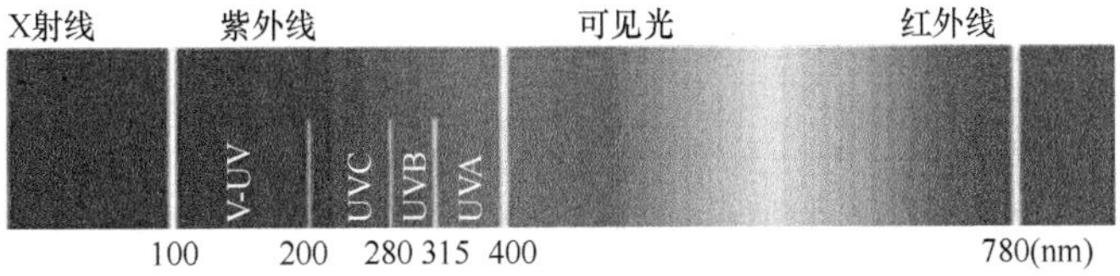

图 4-8　光谱图

UVC 的波长在 200～280 nm 之间，其完全被臭氧层吸收，所以对人体一般不会构成伤害。UVC 不会引起晒黑作用，但会引起红斑。

UVB 的波长在 280～315 nm 之间，可穿透臭氧层进入地球表面，它是太阳辐射中对皮肤引起光生物反应的主要波段。主要作用于表皮层，引发红斑而晒伤。经常性地暴露于强烈的 UVB 下会损害 DNA，也会改变皮肤的免疫反应。UVB 还会增加各种致命性突变的概率，最终导致皮肤癌，并降低机体识别和清除发生恶性变异细胞的可能性。

UVA 的波长在 315～400 nm 之间，它的穿透力很强，可穿过玻璃窗并穿透皮肤直达真皮层，产生很多光生物反应，使皮肤变黑、色素沉着及皮肤老化，还会引起皮肤癌，如黑素瘤等。UVA 还可以导致自由基和活性氧化物的生成，间接对皮肤发生作用。

UVB 会引起即时和严重的皮肤损害，UVA 则会引起长期、慢性的损伤，两者都表现出对皮肤的致癌作用。

日光照射对于人体来说有许多益处，但过度的日晒对人体特别是对皮肤会造成伤害，日光对人体的作用程度取决于光的波长和频率、光的强度、个体对光的敏感程度。过多的色素沉着、不规则的色素沉着及皮肤颜色不均匀等都是肤色保养中需要解决的问题。因此，在上述背景下，对具有防止色素沉着功能的化妆品活性成分需求不断增加，如何有效干预由阳光导致的色素沉着已成为化妆品配方研究中日益严峻的挑战。

日光中的紫外线照射人体时能消毒杀菌，能使皮肤中产生维生素 D，有益于身体健康。皮肤晒黑曾经被誉为健康美。然而，近年来皮肤科学研究证明，日光曝晒是促使皮肤老化的重要因素之一，强烈的紫外线照射可能引起皮肤癌。因此，现在普遍认为阳光照射对人体的作用是弊大于利。

2) 防晒剂及其分类

防止皮肤色素沉着的方法主要有两种：第一种，也是最早使用的一种方法，就是避免紫外线辐射，防止产生额外的黑色素沉着，即晒黑；第二种是使用化妆品活性物抑制色素沉着。这两种方法可以同时使用，以更有效地控制黑色素的形成，保养肤色。

防晒化妆品的防晒作用是基于其中所含的防晒活性成分即防晒剂。防晒剂大致可分为两类。

(1) 无机防晒剂。无机防晒剂通常是不透光的物质，本身不能有选择地吸收紫外线，但能反射、散射所有的紫外线及可见光。这类防晒剂包括二氧化钛(TiO_2)、氧化锌(ZnO)、高岭土、滑石粉、氧化铁等。

(2) 有机防晒剂。有机防晒剂通常是透光物质，可吸收紫外线，对紫外线的防护是基于光物理作用，即这些紫外线吸收剂将入射的紫外线吸收后转化为分子的振动能或热能，同时由于分子内激发态的级间转移，还可产生荧光和磷光等。根据其吸收的紫外线波长不同而发挥不同的作用。

有机防晒剂按化学结构不同可分为八类，详见表 4-18。

表 4-18　有机防晒剂按化学结构分类及其作用

有机防晒剂种类	作用及特点
对氨基苯甲酸或酯类及其同系物	属 UVB 吸收剂，是上市最早的一类防晒剂，对皮肤刺激性较大
邻氨基苯甲酸酯类	属 UVA 吸收剂，防晒效率低，对皮肤有与对氨基苯甲酸同样的刺激性
水杨酸酯类	属 UVB 吸收剂，价格低、吸收率低，但能增加二苯甲酮类防晒剂的溶解度
对甲氧基肉桂酸酯类	属 UVB 吸收剂，商品名如 Parsol MCX、OMC，防晒效果好，对皮肤刺激性较低，是广泛采用的一类防晒剂
二苯甲酮及其衍生物	对 UVA、UVB 区兼能吸收，吸收率较差，但对光和热较稳定，渗透性强，无光敏性，毒性低
二苯甲酰甲烷类衍生物	属高效 UVA 吸收剂，对皮肤刺激且致敏，商品名如 Parsol 1789
樟脑系列(苄基樟脑)	常被欧美各国用在晒黑或防晒黑制品中，储存稳定，不刺激皮肤，无光致敏或致突变性，皮肤吸收能力弱，毒性小
苯并咪唑类衍生物	在 UVA 区有很好的吸收和散射作用，光稳定性良好，对皮肤安全，商品名如 Tinosorb M

3) 防晒系数及防晒效果

防晒化妆品的防晒效果好坏可用 SPF(sun protection factor)值和 PA(protection of UVA)值来评价。SPF 和 PA 均标记在化妆品包装上，以表示该化妆品的 UVB 和 UVA 的防护效果。

(1) 日光防护系数 SPF 值。目前，国际上评价防晒剂的防晒效果是以防晒化妆品的 SPF 值来衡量的。SPF 值即日光防护系数，代表防晒产品的实际防晒功效，是根据中波紫外线照射皮肤产生红斑的情况而计量出的一个量化指标。

$$\mathrm{SPF}=\frac{\text{使用防晒产品的MED}}{\text{未使用防晒产品的MED}} \tag{4-1}$$

MED 为最小红斑量(minimal erythema dose)的英文名称缩写，是指引起皮肤红斑的范围达到照射点边缘所需要的紫外线照射最低剂量($J \cdot m^{-2}$)或最短时间(s)。

SPF 值的高低从客观上反映了防晒产品对 UVB 紫外线防护能力的大小，最低防晒品的 SPF 值为 2～6，中等防晒品的 SPF 值为 6～8，高度防晒产品的 SPF 值为 8～12，SPF 值在 12～20 之间的产品为高强防晒产品，超高强防晒产品的 SPF 值为 20～30。实验证明，SPF 为

15 时，对紫外线的吸收率可达 93.3%，当 SPF>15 后，防晒效果提高程度已不大。因此，通常情况下，选用 SPF 为 15 的防晒产品就能满足日常生活的防晒需要，最好不要超过 30，超过 30 后防晒剂的加入量会增加，对皮肤的刺激性也会加大。

(2) PA 值。PA 值是评价防晒化妆品对 UVA 紫外线防护能力的指标。PA 根据 UVA 的防护系数进行分级(protection factor of UVA，PFA)。PFA 值是指引起被防晒化妆品防护的皮肤产生黑化所需的最小持续性黑化量。

$$PFA = \frac{\text{使用防晒产品的MPPD}}{\text{未使用防晒产品的MPPD}} \tag{4-2}$$

MPPD(minimal persistent pigment darkening dose)为辐照 2～4 h 后，在整个照射部位皮肤上产生轻微黑化所需要的最小紫外线辐照剂量或最短辐照时间。

其防护 UVA 效果为：当 PFA 值<2 时，无 UVA 防护效果；当 PFA 值为 2～3 时，为 PA+；当 PFA 值为 4～7 时，为 PA++；当 PFA 值>8 时，为 PA+++。“+”代表 4 h，“++”代表 8 h，“+++”代表 12 h。通常选用 PA++的防晒产品，皮肤在 4～7 h 后才会被晒黑的防晒产品就能满足日常生活所需。

有一种错误的观点认为，用防晒化妆品后就可以阻隔所有波长的紫外线，有的人因此而延长暴露在阳光下的时间。其实，目前市售防晒化妆品大多只对 UVB 有防护作用，或者对 UVB 和较短波长的 UVA 有防护作用，这就潜在地增加了皮肤接受 UVA 的量。

再者，SPF 只是评价 UVB 的防护效果的指标，并不包括 UVA，也就是说，无论 SPF 值有多高，都不能完全阻隔紫外线，并且防晒剂对人的皮肤也有一定的危害性，不能盲目地认为 SPF 值越高越好。通常有效的广谱防晒品的 SPF 值为 15～25，UVB/UVA 的防护比率≤2.5∶1，并且应每天使用，这将显著减少皮肤接受紫外线的量，并可减轻紫外线造成的急慢性光损伤。因此，在购买选用防晒化妆品时，不仅要关注 SPF 值，怕晒黑的人也要关注 PA 值。

4. 烫发水

毛发对头皮不仅有保护作用，而且其形态还可以增加人的美感。烫发是美化头发的一种重要的化妆艺术，烫发制品是将天然直发或卷曲的头发改变为所期望发型的化妆品。随着消费者对美的追求不断提高，常使用烫发化妆品来达到毛发形态能够和自己整体形象搭配的目的，从而让人变得更有魅力。

烫发的历史可以追溯到古代埃及，约公元前 3000 年，埃及妇女将湿泥土涂于头发上，经太阳晒干后做人工卷曲。目前市场上的烫发产品主要以不同种类的含巯基化合物为主，其基本组成差别不大，各国根据民族特点、习惯和法规不同而有不同选择。烫发制品在发类制品中占有一定的份额，主要以发廊专用产品为主，家庭用产品所占份额为 15%～20%。

头发大部分由不溶性角蛋白组成，角蛋白占 85%以上。此外还含有一部分可溶性的物质，如戊糖、酚类、尿酸、糖原、谷氨酸、缬氨酸和亮氨酸。角蛋白由氨基酸组成，它通过一个氨基酸的羧基与另一个氨基酸的氨基之间脱水形成肽键连接，成为相对分子质量很大的缩聚聚合结构——多肽。

1) 烫发机理

在烫发过程中伴随着二硫键(S—S)的破坏和转移，主要包括与碱和还原剂的反应。一般分两步进行，当施加形变时，首先使头发结构塑化，然后在形变松开前除去塑化因素。一般利用水或加热进行塑化，使头发暂时弯曲变形。当头发被润湿或由卷发烙铁加热时，可将头发卷在卷发夹上。加热或水使蛋白质结构移动，在新的构型内形成盐键和氢键，这些键的形成使移除水或热后形变稳定。这种作用称为黏聚定型。

当黏聚定型时，能量储存在皮质内蛋白质二硫键的网格内。当头发的卷发夹松开时，这种能量使定型头发伸展开，并重新恢复到头发原有的构型。在高湿度时黏聚定型失效，如果头发直接接触水，失效会十分快。

为了获得永久定型，必须破坏二硫键，并形成新的构型使形变稳定。在永久烫发时，首先用还原剂将 S—S 键破坏，使结构位移，然后通过温和氧化作用使二硫键在新的位置形成。

二硫键破坏的过程是使头发软化、化学张力松弛的过程，在卷曲处理后，用水将过剩的还原剂冲洗掉，然后涂上氧化剂(或中和剂)，使半胱氨酸基团重新结合，在新的位置上形成二硫键，这样就使卷曲后的发型固定下来，这个过程称为定型过程。其基本化学过程较简单，角蛋白半胱氨酸重新被氧化成角蛋白胱氨酸，交换的纤维形成，恢复头发的弹性。

2) 烫发水组成

烫发水由两部分组成：还原剂和氧化剂。烫发水配方中的主要组分和作用见表 4-19。

表 4-19　烫发水配方中的主要组分和作用

组分		作用	代表性原料
第一剂(还原剂)	还原剂	破坏头发中胱氨酸的二硫键	巯基乙酸盐、亚硫酸盐、半胱氨酸、单巯基乙酸甘油酯等
	碱化剂	调节 pH	氢氧化铵、三乙醇胺、单乙醇胺、碳酸铵等
	螯合剂	螯合 Ca^{2+}、Mg^{2+}等离子，防止还原剂发生氧化反应，增加稳定性	EDTA-4Na、羟乙叉二磷酸等
	润湿剂	改善头发的润湿性，使烫发液能更好地接触头发	脂肪醇聚氧乙烯醚、脂肪醇硫酸酯盐类
	调理剂	护理作用，减少烫发时头发的损伤	水解蛋白、季铵盐及其衍生物、脂肪醇、矿物油、天然油脂、羊毛脂等
	珠光剂	赋予烫发液珠光状外观	聚丙烯酸酯、聚苯乙烯乳液
	香精	赋香，掩盖巯基化合物和氨的气味	碱性条件下稳定的香精
	溶剂	溶解原料	去离子水
第二剂(氧化剂)	氧化剂	使被破坏的二硫键重新形成	过氧化氢、溴酸钠
	酸缓冲剂	保持 pH	柠檬酸、乙酸、乳酸、酒石酸、磷酸
	螯合剂	螯合 Ca^{2+}、Mg^{2+}等离子，增加稳定性	EDTA-4Na
	润湿剂	使中和剂充分润湿头发	脂肪醇聚氧乙烯醚、吐温、月桂醇硫酸酯铵盐
	调理剂	护理作用，减少烫发时头发的损伤	水解蛋白、脂肪醇、季铵盐、保湿剂
	稳定剂	防止过氧化氢分解	8-羟基喹啉、六偏磷酸钠、锡酸钠
	溶剂	溶解原料	去离子水

3) 烫发水对头发的危害

卷发剂冷烫精中含有的巯基乙酸在高浓度时是一种强刺激物，虽然它在冷烫精中的含量较低，并以巯基乙酸铵盐的形式存在，但也要尽量避免与皮肤接触。在烫发之前最好沿发际皮肤涂些凡士林并放置吸收棉条，用以避免药液接触颜面皮肤。皮肤敏感者应改用以半胱氨酸为卷发成分的烫发剂。当头和面部有外伤尚未痊愈时不要烫发，以免有害物质刺激而诱发皮炎。在使用烫发或其他具有刺激性物质的美发用品之后，一定要注意认真清洗头发，防止残留的有害物对头皮引起刺激。通过动物实验证实，巯基乙酸极易通过完整的皮肤侵入体内，属于高毒物质，对肝脏、肾脏和生殖系统均有毒副作用。因此，患有慢性肝脏或肾脏疾病的人要尽量少用冷烫液。通过对烫发者烫发前后头发毛囊细胞的微核试验发现，用化学烫发剂烫发后的 24 h 内，毛囊细胞微核率显著增高，反映出经皮接触化学烫发剂后可能有过量的致突变物质进入体内。根据动物实验和人群实验观察检测结果发现，口服维生素 B_{12} 可以有效地拮抗巯基乙酸的经皮致突变，烫发前口服 1000 μg 维生素 B_{12} 和 3 g 葡萄糖粉，在烫发后则见不到毛囊细胞的微核率增高。

5. 染发剂

与烫发类似，染发也是美化头发的一种重要化妆艺术。染发制品可以改变和增加头发的色彩，通过使用染发化妆品实现毛发的颜色和人整体形象的搭配，从而提升魅力。

根据历史记载，古代的波斯人、希伯来人、希腊人、罗马人、中国人和印度人早已开始利用染发剂，古代人主要利用天然植物或矿物原料染发，如用凤仙花和乙酸铅制成的染发剂。古埃及人利用凤仙花的热水提取物使头发染成橙红的色调；罗马人利用浸酸、酒或醋的铅梳子梳头，以乙酸铅来掩盖灰发。乙酸铅染发剂是沿用时间较长的染发剂，能产生棕色至棕黑色的色调。18 世纪中期，有机化学的发展提供了可在短时间染色和较安全、更可靠的染料。

现今市售染发剂主要包括同时利用漂白、染色作用的氧化型永久性染发剂，即利用染料使头发着色的直接染发剂和除去头发天然色泽的漂白剂。目前的染发剂化妆品市场中，以永久性染发剂为主，约占 80% 份额。随着我国人口的老龄化和年轻人向往时尚和潮流的需求日益增长，染发剂市场呈稳定性的增长趋势。

1) 染发剂的作用机理

通过对毛发染发机理的大量研究，证明了当染发剂与头发最外层(毛表皮)接触时，开始起作用。在染发剂和头发的液-固界面上可以观察到润湿作用和吸附作用的界面现象。染发剂利用渗透作用和扩散作用，通过细胞膜复合体、表皮进入皮质，发生聚合作用。

染发剂一般有两剂，在染发过程中，将Ⅰ剂与Ⅱ剂混合后，Ⅱ剂中的过氧化氢使Ⅰ剂的中间体产生活性，经化学反应发挥染色功能，同时过氧化氢对头发所含的黑色素进行氧化分解使其发生褪色，并使中间体渗透进毛髓形成的大分子色素“卡”在头发的内部进行显色。毛发所含黑色素可分为两类：一是真黑色素，不含硫原子，使头发呈黑色或棕色，这是最普通的一种；二是脱黑色素，含硫原子，使头发呈黄色/金黄色、橘黄色、红色色调。如果头发中没有黑色素，则呈白色或灰色。针对毛发不同部位，其染色机理也不同。

(1) 毛表皮表面：染发时颜料或染料定位在毛表皮的表面，可利用一些不同的方法完成该步骤，包括利用油和油脂的黏着性(如着色棒)、水溶性聚合物黏着性(如着色凝胶)和聚合物树脂胶黏作用(如着色喷雾和着色摩丝)。暂时性染发剂在头发上着色就是以这些机理为基础的。

(2) 部分表皮和皮质内：酸性染料渗透至部分表皮和皮质内，通过离子键结合，头发吸收着色剂。利用如苄醇等溶剂的载体效应可使着色剂的渗透变得容易。染发可持续约 1 个月的半暂时性染发剂是以这种机理为基础的。

(3) 皮质内：单体的氧化染料(胺类和酚类)渗透进入头发，同时在氧化剂(通常为过氧化氢)的作用下发生氧化聚合，形成聚合物着色剂并沉着在皮质内。由于着色剂的聚合物特性，在皮质内形成的聚合物着色剂被永久固定在头发内。永久性染发剂染发是以这种机理为基础的。

(4) 如果将毛发染为白色，则是对毛发的脱色过程，其脱色机理为：过氧化氢与氢氧化铵混合活化，将毛发内部的黑色素氧化分解，黑色素减少使头发呈白色或灰色。脱色是染发过程中使毛发的蛋白质损伤的重要原因。

2) 染发剂的主要组分及作用

染发剂配方中的主要组分和作用见表 4-20。

表 4-20　染发剂配方中的主要组分和作用

组分		作用	代表性原料
Ⅰ剂	还原剂	包含中间体和偶合剂，合成染料前体	中间体：对苯二胺、甲苯-3,4-二胺等 偶合剂：间苯二酚、2-甲基间苯二酚等
	抗氧化剂	减慢中间体的氧化作用，增加稳定性	亚硫酸钠、亚硫酸氢钠、抗坏血酸钠、苯基甲基吡唑啉酮等
	调理剂	调理头发	羊毛脂衍生物、蛋白质等
	乳化剂	乳化	鲸蜡硬脂醇聚醚-6、甘油硬脂酸酯、月桂醇聚醚硫酸酯钠等
	氧化减缓剂	减慢中间体的氧化作用	异抗坏血酸钠
	增稠剂	调节黏度	脂肪醇、烷基醇酰胺等
	脂肪酸及其盐	溶剂、染料中间体分散剂作用	油酸、油酸铵等
	溶剂	增加还原剂溶解度、增强扩散作用	乙醇、异丙醇等
	碱化剂	调节 pH	氢氧化铵、三乙醇胺、氨甲基丙醇等
	螯合剂	螯合 Ca^{2+}、Mg^{2+}等离子	EDTA-2Na、羟乙二磷酸等
	香精	赋香	耐碱香精
	溶剂	溶解	去离子水
Ⅱ剂	氧化剂	显色	过氧化氢、尿素过氧化物等
	赋形剂	基质	鲸蜡醇、硬脂醇等
	乳化剂	乳化	鲸蜡硬脂醇聚醚-6、鲸蜡硬脂醇聚醚-25、甘油硬脂酸酯等
	酸度调节剂	调节 pH	磷酸、磷酸氢二钠、磷酸二氢钠等
	螯合剂	螯合 Ca^{2+}、Mg^{2+}等离子	EDTA-2Na、羟乙二磷酸等
	稳定剂	稳定双氧水	非那西汀、8-羟基喹啉硫酸钠等
	溶剂	溶解	去离子水

3) 染发对身体的损害

近些年，关于染发剂可能导致疾病的报道并不少见。美国癌症学会研究表明，女性使用染发剂，患淋巴瘤的机会将增加 70%。他们曾对 1.3 万名染发妇女进行调查，发现她们中患白血病的人数是未染发妇女的 3.8 倍。染发剂无论品牌或者档次高低，只要含有对苯二胺的化学成分，对人体健康的威胁就不会消失。染发剂对人体健康的影响是多方面的，原因包括染发剂本身含有潜在危害性的化学成分，也包括消费者使用不当所引起的急慢性健康危害。

永久性和半永久性染发剂中含有的对苯二胺、对氨基苯酚和对甲基苯二胺等芳香族化合物、过氧化物、氨水、过硫酸铵等均具有致敏性，可引起某些敏感个体急性过敏反应，如皮肤炎症、哮喘、荨麻疹等，严重时会引起发热、畏寒、呼吸困难，若不及时治疗可导致死亡。但正常使用染发剂一般不会造成急性中毒。目前市场上出售的染发剂以国产居多，我国执行的染发剂标准是《染发剂》(QB/T 1978—2016)。此外，永久性氧化型染发剂还含有使细胞遗传物质产生突变的成分，某些染发剂原料在动物体内具有致癌作用。虽然随着现代技术的不断提高，减少了一些染发剂中有害物质(如铅、汞等)的含量，同时，一些化妆品生产企业对染发剂原料配方也不断更新，例如采用低毒合成染料或天然色素替代传统的苯二胺类化学物质，但由于染发剂是一种成分非常复杂的化学制剂，目前世界上还没有一种完全无害的染发剂。

4) 染发剂的正确选用

夏季气温较高，毛孔随之变大，染发剂中的有害物质特别容易渗入皮肤和血液中，其危害是平时染发的数十倍，所以建议夏天不染发。染发剂中含有多种化学成分，可能诱发过敏、红斑狼疮甚至癌症等多种疾病。因此，过敏性体质者染发要慎重。此外，高血压、心脏病、哮喘病患者，以及准备生育的夫妻、孕妇及哺乳期妇女都不宜染发。

染发时应注意以下问题：

(1) 染发次数越少越好。

(2) 少用永久性染发剂，选用没有添加过氧化氢的半永久性和暂时性染发剂。

(3) 染发时最好只处理头发中、尾段部分，减少头皮对药物的吸收。

(4) 不要用不同的染发剂同时染发，不同染发剂有可能会发生化学反应，生成有毒物质。

(5) 染发最好能与头皮相隔近 1 cm。

(6) 有疮疖、皮肤溃疡和对染发剂过敏的人，不宜染发。

(7) 染发前在头皮上擦上一些凡士林，不小心沾上药水后容易洗掉。

(8) 注意提醒染发技师，调取药液时，不可使用金属类器皿。

(9) 染完头发后要多清洗几次，不要让染发剂残留在头皮上。

此外，在选购染发剂的时候，应选购正规商家包装完好、标识清楚的产品，要看生产许可证、卫生许可证、特殊用途化妆品的批准文号及执行产品标准号；在选购进口产品时要查看进口化妆品卫生批准文号、中文产品名称、制造者名称和地址，以及经销商注册的名称地址，以免购买到假冒伪劣产品。

4.2　洗涤用品与健康

4.2.1　洗涤用品概述

1. 洗涤剂的定义

洗涤剂是指洗涤物体时能改变水的表面活性，提高去污效果的一类物质。通常意义上，洗涤剂指用于清洗各种物体和人体等的制剂，如洗衣剂、餐具洗涤剂和厨卫洗涤剂等，最常见的有香皂、肥皂、洗衣粉和液体洗衣剂。另一种对洗涤剂的定义为，洗涤剂是以去污为目的而设计配合的制品，由必需的活性成分和辅助成分构成。作为活性成分的是表面活性剂，作为辅助成分的有助剂、抗沉积剂、酶、填充剂等，其作用是增强和提高洗涤剂的各种效果。

洗涤剂一般分为皂类洗涤剂和合成洗涤剂两大类。

按洗涤剂的形态分类为：固体洗涤剂，如洗衣粉、肥皂；液体洗涤剂，如洗衣液、洗洁精等；膏状洗涤剂，如洗发膏、洗衣膏等。

2. 污垢的去除机理

洗涤的目的在于去除污垢，在一定温度的介质(主要以水为介质)中，利用洗涤剂所产生的各种物理化学作用，减弱或消除污垢与被洗物品的作用力，在一定的机械力作用下(如手搓、洗衣机的搅动、水的冲击)，使污垢与被洗物品脱离，达到去污的目的。

由于污垢多种多样，污垢的存在形式也多种多样，加上被洗对象结构的复杂性，因此对于污垢的去除应根据具体情况选择合适的洗涤剂，采取适宜的洗涤方法。

1) 液体污垢的去除机理

(1) 润湿。液体污垢大多为油性污垢。油污能润湿大部分的纤维物品，在纤维材料的表面上或多或少扩散成一层油膜。洗涤作用的第一步是洗涤液润湿表面。为说明方便，可将纤维的表面看成是平滑的固体表面。液体在固体表面的润湿程度可用接触角θ度量，接触角θ定义为自固-液界面经过液体内部到气-液界面的夹角，如图 4-9 液滴与固体的接触角所示。

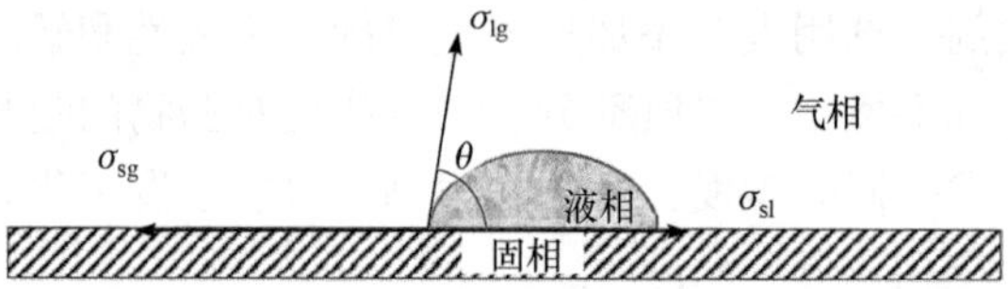

图 4-9 液滴与固体的接触角

θ：接触角；σ_{lg}：液-气表面张力；σ_{sg}：固-气界面张力；σ_{sl}：固-液界面张力

固体表面的润湿状况可用润湿方程表达，此时的接触角为平衡接触角。习惯上将 90° 定为润湿与否的标准：$\theta < 90°$时，称为润湿，且θ越小，润湿性越好；$\theta > 90°$ 时，称为不润湿；平衡接触角 $\theta = 0$ 时，则为完全润湿。当 $\cos\theta = 1$ 时，此时的表面张力称为临界表面张力。

只有当液体的表面张力等于或低于固体的临界张力时，液体在固体表面的扩散才可以自发进行，才能彻底润湿。

表 4-21 列出了一些纤维材料的临界表面张力。

表 4-21 一些纤维材料的临界表面张力(20℃)

纤维材料	临界表面张力 $\gamma_c/(10^{-5}\ N \cdot cm^{-1})$	纤维材料	临界表面张力 $\gamma_c/(10^{-5}\ N \cdot cm^{-1})$
聚四氟乙烯	18	尼龙	46
聚三氟乙烯	22	聚丙烯腈	44
聚氟乙烯	28	纤维素 C(再生)	44
聚丙烯	29	聚乙烯醇	37
聚乙烯	32	聚氯乙烯	39
聚苯乙烯	31	聚酰胺	46
聚酯	43		

从表 4-21 中可以看出，除聚四氟乙烯、聚三氟乙烯、聚氟乙烯外，其他材料的临界表面张力均在 $29\times10^{-5}\ N \cdot cm^{-1}$ 以上，因此一般洗涤剂水溶液容易润湿这些材料。若材料表面已经沾上污垢，其临界表面张力一般也不会低于 $30\times10^{-5}\ N \cdot cm^{-1}$，一般表面活性剂溶液也能较好地润湿。在一般天然纤维(棉、毛等)上水的润湿性能较好，但在人造纤维(如聚丙烯、聚酯等)上的润湿性往往较差。表面活性剂水溶液的表面张力一般低于一些常见纤维的临界表面张力，因而在洗涤作用中，洗涤液对纤维的润湿并非困难之事。此外，实际材料表面并非光滑表面，多为粗糙表面，因而更易于润湿。

(2) 油污的脱离-卷缩机理。洗涤作用的第二步是油污的去除，液体污垢的去除是用一种卷缩(rolling-up)的方式来实现的。液体污垢原来是以铺开的油膜形式存在于表面上，在洗涤液对固体表面优先润湿的作用下，逐级卷缩成为油珠，被洗涤液替换下来，在一定外力作用下最终离开表面，如图 4-10 所示。

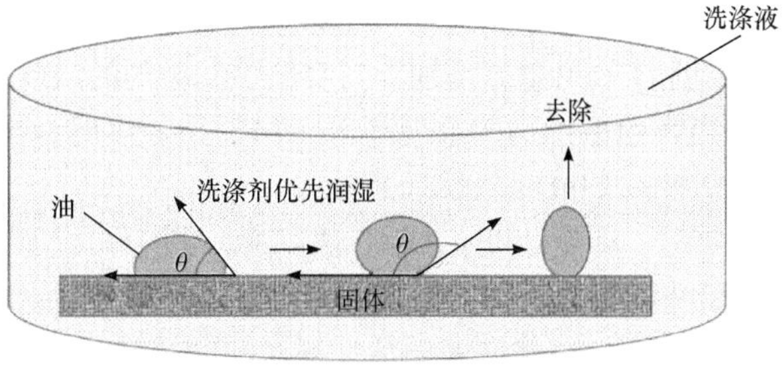

图 4-10　固体表面上的油膜在洗涤液作用下卷缩成油珠示意图

在洗涤过程中，由于表面活性剂容易吸附在固体表面和油污膜面上，固体-水和油-水的界面张力降低。为了维持固-水-油三相界面上作用力的平衡，油污的固体表面上的接触角有变大的趋势，即油污会逐渐卷缩，达到一定程度时就能脱离固体表面。

2) 固体污垢的去除机理

固体污垢的去除机理与液体污垢不同，在洗涤过程中，主要是洗涤液对污垢质点及其载体表面的润湿。由于表面活性剂在固体污垢及其载体表面的吸附，减小了污垢与载体表面之间的相互作用，降低了污垢质点在载体表面的黏附强度，因而污垢质点容易从载体表面上去除。

阴离子型表面活性剂在固体污垢及其载体表面上的吸附有可能增加固体污垢及其载体表面的表面电势，更有利于污垢的去除。非离子表面活性剂一般在带电的固体表面上能产生吸附，尽管不能明显改变界面电势，但吸附的非离子表面活性剂往往在表面上形成一定厚度的吸附层，有助于防止污垢再沉积。阳离子表面活性剂的吸附会使污垢质点及其载体表面的负表面电势降低或消除，这使得污垢与表面之间的排斥降低，因而不利于去除污垢。

3) 特殊污垢的去除

蛋白质、淀粉、人体分泌物、果汁渍、茶渍等这类污垢用一般的表面活性剂难以除去，需采用特殊的处理方法。

(1) 蛋白质污垢：可以利用蛋白酶除去。像奶油、鸡蛋、血液、牛奶、皮肤排泄物等蛋白质污垢容易在纤维上凝结变性，黏附较为牢固，可以利用蛋白酶将其除去。蛋白酶能将污垢中的蛋白质分解成水溶性氨基酸或低聚肽。

(2) 淀粉污垢：可以用淀粉酶除去。淀粉污垢主要来自于食品，其他如肉汁、糨糊等，淀粉酶对淀粉类污垢的水解有催化作用，可使淀粉分解成糖类。

(3) 动植物油污垢：可以用脂肪酶除去。脂肪酶能催化分解一些用通常方法难以除去的三脂肪酸甘油酯类污垢，如人体分泌的皮脂、食用油脂等，使三脂肪酸甘油酯分解成可溶性的甘油和低碳链脂肪酸。

(4) 颜色污垢：用氧化剂或还原剂除去。一些来自果汁、茶汁、墨水、唇膏等有颜色的污渍，即使反复洗涤也常常难以彻底洗干净。此类污渍可以通过一些像漂白粉之类的氧化剂或还原剂进行氧化还原反应，破坏生色基团或助色基团的结构，使之降解成较小的水溶性成分而除去。

4) 影响洗涤作用的因素

表面活性剂在界面上的定向吸附及表面(界面)张力的降低是液体或固体污垢去除的主要因素。但洗涤过程较为复杂，即使同一类洗涤剂的洗涤效果也受到其他许多因素的影响。这些因素包括洗涤剂的浓度、温度、污垢的性质、纤维的种类和织物的组织结构等。

(1) 表面活性剂的浓度。溶液中表面活性剂的胶束在洗涤过程中起到重要作用。当浓度达到临界胶束浓度(CMC)时，洗涤效果急剧增加。当溶剂中洗涤剂的浓度稍高于 CMC 值时，才有良好的洗涤效果。但是当表面活性剂的浓度高于 CMC 值较多时，洗涤效果递增就不明显了，因此过多地增加表面活性剂的浓度是没有必要的。

借助增溶作用去除油污时，即使浓度在 CMC 值以上，增溶作用仍随表面活性剂浓度的提高而增加。这种作用可用于洗涤物体表面上的局部重垢。例如，在衣服的袖口和衣领处污垢较多，洗涤时可先涂抹一层洗涤剂，以提高表面活性剂对油污的增溶效果。

(2) 温度。温度对去污作用有很重要的影响。总的来说，提高温度有利于污垢的去除，但有时温度过高也会引起不利因素，如洗涤剂中的有些组分在高温下会分解、非离子表面活性剂在浊点以上时会析出等。

温度提高有利于污垢的扩散，固体油垢在温度高于其熔点时易被乳化，纤维也因温度提高而增加膨化程度，这些因素都有利于污垢的去除。但是对于紧密织物，纤维膨化后纤维之间的微隙减小了，这对污垢的去除是不利的。

温度变化还影响表面活性剂的溶解度、CMC 值、胶束量大小等，从而影响洗涤效果。长碳链的表面活性剂温度低时溶解度较小，有时溶解度甚至低于 CMC 值，此时就应适当提高洗涤温度。温度对 CMC 值及胶束量大小的影响对于离子型和非离子型表面活性剂是不同的。对离子型表面活性剂，温度升高一般使 CMC 值上升而胶束量减少，这就意味着在洗涤溶液中要提高表面活性剂的浓度。对于非离子型表面活性剂，温度升高，导致其 CMC 值减小，而胶束量显著增加，可见适当提高温度，有助于非离子型表面活性剂发挥其表面活性作用，但温度不宜超过其浊点。

总之，最适宜的洗涤温度与洗涤剂的配方及被洗涤的对象有关。有些洗涤剂在室温下就有良好的洗涤效果，而有些洗涤剂冷洗和热洗的去污效果相差很多。

(3) 泡沫。人们习惯上把发泡能力与洗涤效果混为一谈，认为发泡能力强的洗涤剂洗涤效果好。研究结果表明，洗涤效果与泡沫的多少并没有直接关系，用低泡洗涤剂进行洗涤，其洗涤效果并不比高泡洗涤剂差。

泡沫虽与洗涤没有直接关系，但在某些场合下，泡沫有助于污垢的去除。例如，手洗餐具时洗涤液的泡沫可以将洗下来的油滴携带走。擦洗地毯时，泡沫也可以带走尘土等固体污垢粒子，地毯污垢中尘土占很大比例，因此地毯洗涤剂应具有一定的发泡能力。

发泡能力对于洗发香波也是重要的，洗发或沐浴时液体产生的细密泡沫使人感到润滑舒适。

(4) 纤维的品种和纺织品的物理特性。除了纤维的化学结构影响污垢的黏附和去除外，纤维的外观形态、纱线和织物的组织结构对污垢去除的难易也有影响。

羊毛纤维的鳞片和棉纤维弯曲的扁平带状结构比光滑的纤维更易积存污垢。例如，沾在纤维素膜(黏胶薄膜)上的炭黑容易去除，而沾在棉织物上的炭黑就难以洗脱。又如，聚酯的短纤维织物比长纤维织物容易积聚油污，短纤维织物上的油污也比长纤维织物上的油污难以去除。

紧捻的纱线和紧密织物，由于纤维之间的微隙较小，能抗拒污垢的侵入，同样也能阻止洗涤液把内部污垢排除出去，故紧密织物开始时抗污性好，但一经沾上污垢，洗涤也会比较困难。

(5) 水的硬度。水的硬度表示水中钙、镁、铁、铝、锌等离子的含量，通常以 Ca^{2+}、Mg^{2+} 含量计算。水中 Ca^{2+}、Mg^{2+} 等金属离子的浓度对洗涤效果的影响很大。

有的阴离子表面活性剂(如皂类)，遇到 Ca^{2+}、Mg^{2+} 形成钙、镁盐，溶解性变差，会降低其去污能力。在硬水中即使表面活性剂的浓度较高，其去污效果仍比在蒸馏水中差得多。

要使表面活性剂发挥最佳洗涤效果，水中 Ca^{2+} 浓度要降到 1×10^{-6} mol · L^{-1}($CaCO_3$ 要降到 0.1 mol · L^{-1})以下。这就需要在洗涤剂中加入各种软水剂，如乙二胺四乙酸二钠等。

3. 皂类洗涤剂

皂类洗涤剂根据用途可以分为家用皂和工业用皂两类，家用皂又可分为洗衣皂、香皂、特种皂等，工业用皂则主要指纤维用皂。按形态分类又可分为块皂、液体皂、皂粉、皂片、半纹皂、透明皂和半透明皂等。

皂类洗涤剂中的主要成分是皂基。皂基是含有 8 个碳原子以上的脂肪酸或混合脂肪酸的碱性盐类的总称。它是油脂、蜡、松香、脂肪酸与无机或有机碱进行皂化、中和所得的产物，因此皂基是脂肪酸盐，结构简式为 RCOOM，其中，R 为烃基(碳数以 12～18 为好)，M 为金属离子(Na^+或 K^+)或有机碱类。钠离子的皂基称为钠皂，因其质地较硬称为硬皂；钾离子的皂基称为钾皂，因其质地较软称为软皂。

日常生活中人们使用较多的皂类洗涤剂包括肥皂和香皂两大产品。肥皂主要是清洗织物表面的动植物油脂、食物残留、泥土和灰尘等污垢，香皂由于具有芳香气味主要是清洗人体分泌的油脂和皮屑等污垢。

肥皂和香皂的主要成分均为皂基，其他组分也几乎相同，但两种产品对原料质量的要求不同，制作香皂所用的原料质量比肥皂高。性能优良的皂类洗涤剂在进行配方设计时应遵循以下原则：①良好的洗涤能力；②一定的抗硬水能力；③尽可能小的刺激性，不伤皮肤；④硬度适当、形状适宜、气味正常、无污垢和杂质。

皂类洗涤剂常由以下组分构成：油脂、碱、加脂剂、螯合剂、着色剂、透明剂、香精、抗氧剂和杀菌剂等。皂类洗涤剂配方中的主要组分与作用见表 4-22。

表 4-22 皂类洗涤剂配方中的主要组分与作用

组分	作用	主要原料
油脂	与碱皂化后能去污、洗涤	硬化油、牛油、猪油、棕榈油、椰子油、菜籽油、棉籽油、米糠油、豆油、玉米芽油等
碱剂	与油脂皂化成表面活性剂	氢氧化钠、氢氧化钾、碳酸钠、碳酸钾等
加脂剂	润滑、保护皮肤	脂肪酸、高级脂肪醇、羊毛脂及其衍生物等
螯合剂	螯合 Ca^{2+}、Mg^{2+}等离子	EDTA-2Na、EDTA-4Na
抗氧剂	防止油脂被氧化	BHT、BHA 等
防腐剂	消毒、除菌	凯松、玉洁新、三氯生、布罗波尔等
着色剂	赋色	耐碱色素
透明剂	增加透明度	乙醇、甘油、蔗糖、山梨醇、丙二醇等
香精	赋香	耐碱香精

4. 合成洗涤剂

合成洗涤剂是近代化学工业发展的产物，起源于表面活性剂的开发。合成洗涤剂是指以合成表面活性剂为活性成分与各种助剂、辅助剂配制而成的洗涤剂。按产品用途合成洗涤剂可分为民用和工业用洗涤剂。民用洗涤剂是指家庭日常生活中所用的洗涤剂，如衣物洗涤、居室清洁、身体清洁、卫生间清洁和厨房清洁所用的洗涤剂等；工业用洗涤剂则主要是指工业生产中所用的洗涤剂，如纺织工业用的洗涤剂和机械工业用的洗涤剂等。按泡沫多少，合成洗涤剂可分为高泡型、抑泡型、低泡型和无泡型洗涤剂；按产品外观形态，合成洗涤剂可分为固体洗涤剂、液体洗涤剂。日常生活中使用的固体洗涤剂主要有洗衣粉和去污粉等，其中洗衣粉的产量最大，包括细粉状、颗粒状和空心颗粒状等；日常生活中使用的液体洗涤剂主要有洗衣液、肥皂、香皂、洗发液、洗洁精和卫生间洗涤剂等。

1) 洗衣粉

洗衣粉的主要成分是阴离子表面活性剂及非离子表面活性剂，再加入一些助剂等，其经混合、喷粉等工艺制成。洗衣粉配方中的主要组分与作用见表 4-23。

表 4-23　洗衣粉配方中的主要组分与作用

组分	作用	主要原料
表面活性剂	清洁去污(乳化、分散、增溶、起泡)	烷基苯磺酸钠、椰油醇硫酸钠、脂肪醇聚醚硫酸盐、脂肪醇聚氧乙烯醚等
助洗剂	除 Ca^{2+}、Mg^{2+}和降低灰分	二硅酸盐与碳酸盐复合物、层状二硅酸钠、MAP 型沸石、聚天冬氨酸盐
缓冲剂	调节 pH	磷酸二氢钠、柠檬酸、五水偏硅酸钠、碳酸钠
增效剂	增强去油污、漂白能力	蛋白酶、脂肪酶、过碳酸钠、过硼酸钠等
辅助成分	提高性能	紫外线吸收剂、染料转移抑制剂、崩解剂、污垢释出剂、抗污垢再沉积剂等

值得注意的是，虽然近年来液体洗涤剂的市场份额越来越大，但由于洗涤习惯和价格等因素，洗衣粉还将在很长的一段时期内存在，并且占有一定的市场份额，浓缩化将是洗衣粉发展的主要方向。

2) 洗衣液

液体织物洗涤剂也就是洗衣液，用于各种织物的洗涤。这些织物一般为棉、棉/化纤或化纤制品，常沾有人体污垢、固体污垢及动植物油脂等。因此，洗衣液配方应有以下基本要求：①去污力强；②水质适应性好，可用于硬水；③泡沫合适，对于机洗，泡沫不能高，应易于漂洗；④碱性适中。重垢洗衣液可以有一定的碱性，以提高去污力，但碱性应符合国家标准。

洗衣液配方中的主要组分与作用见表 4-24。

表 4-24　洗衣液配方中的主要组分与作用

组分	功能	主要原料
表面活性剂	去污除垢(乳化、起泡)	脂肪醇聚氧乙烯醚硫酸钠、脂肪醇聚氧乙烯醚、烷基苯磺酸钠、烷基磺酸钠、烯基磺酸盐和烷醇酰胺等
增效剂	增强洗涤效果	蛋白酶、脂肪酶、分散剂聚丙烯酸钠等
螯合剂	螯合 Ca^{2+}、Mg^{2+}金属离子	EDTA-2Na、柠檬酸钠、次氮基三乙酸钠等

续表

组分	功能	主要原料
消泡剂	控制泡沫量	有机硅类、聚醚类等
增稠剂	调节黏度	氯化钠等
溶剂	溶解各原料	水、乙醇、乙二醇醚、二元醇、异丙醇等
pH 调节剂	调节 pH	氢氧化钾、氢氧化钠、柠檬酸、柠檬酸钠、琥珀酸钠、碳酸钠、碳酸氢钠、偏硅酸钠、磷酸盐等
防腐剂	抑制细菌生长	凯松、苯并异噻唑啉酮、布罗波尔等
染料	赋色	日用品色素
功能性助剂	提高性能	荧光增白剂、活性氧助剂、抗菌植物提取物等

我国液体洗涤剂始于 1967 年的“海鸥牌”洗涤剂，经过数十年的发展，特别是 2008 年以来液体洗涤剂市场的爆发性增长，至今已具备相当规模，并逐渐走向成熟。在今后一段时间，液体洗涤剂的发展将以浓缩化、低温、节水、安全环保和循环经济为趋势。

3) 洗洁精

洗洁精是洗涤餐具时最常用的产品，与过去用的纯碱相比，对食用油污具有更优良的去污能力。

洗洁精是由多种表面活性剂原料复配而成的餐具和食品清洁剂，不仅对餐具表面的油污有极强的去除力，而且能清洗水果和蔬菜，起到杀菌、去除残留农药的作用。洗洁精要求溶解性能好、泡沫稳定、去油污力较强、对皮肤无刺激、无异味，洗涤后对餐具表面无影响，生物降解性能好。它的 pH 应控制在 6.5～8.5。为避免用洗洁精洗涤餐具后，水中的钙离子和镁离子在餐具表面产生沉淀留下斑纹、斑点，可在洗涤剂中加入少量的蔗糖。另外，可以加入一些釉面保护剂，如乙酸钠、甲酸钾等。洗洁精配方中的主要组分与作用见表 4-25。

表 4-25　洗洁精配方中的主要组分与作用

组分	作用	主要原料
表面活性剂	乳化、润湿	脂肪醇聚氧乙烯醚、脂肪酸蔗糖酯、AES 等
碱剂	去除油污	氢氧化钠等
黏度调节剂	调节黏度	NaCl、氧化胺、羧甲基纤维素等
pH 调节剂	调节 pH	柠檬酸等
增溶剂	提高溶解度	吐温-20、乙醇等
防腐剂	抑制细菌生长	苯甲酸钠、凯松等
香精	赋香	香精
溶剂	溶解	去离子水

4) 抽油烟机洗涤剂

抽油烟机已成为现代家庭必不可少的厨房电器。抽油烟机使用久了其表面会形成一层不易清洗的顽固油膜污垢，不仅影响厨房的环境卫生，还会影响抽油烟机的排烟效果。抽油烟机洗涤剂所洗涤的污垢相对较单一，最主要的是油污，由于抽油烟机的油污通常囤积的时间较长，并且曾被高温加热，植物油中含有的双键容易在较长久的时间内聚合成高相对分子质量的油膜，使之用通常的洗涤剂很难洗涤干净。因此，要求洗涤剂的溶解、润湿、乳化能力非常强。抽油烟机洗涤剂要求产品都应符合以下基本要求：

(1) 必须对人体绝对安全，还要对皮肤尽可能温和。

(2) 去油污性能好，能有效清除动植物油污及其他污垢。

(3) 不损伤玻璃、陶瓷、金属制品的表面，不腐蚀餐具、炉灶等厨房用具。

抽油烟机洗涤剂配方中的主要组分及作用见表 4-26。

表 4-26 抽油烟机洗涤剂配方中的主要组分与作用

组分	作用	主要原料
表面活性剂	乳化、润湿	LAS、AES、AOS、AEO、烷醇酰胺、氧化胺、烷基糖苷、酰基葡萄糖酰胺等
溶剂	溶解油污	乙二醇单乙(丁)醚、二乙二醇单乙(丁)醚、丙二醇单乙(丁)醚、二丙二醇单乙(丁)醚等
碱剂	去除油污	氢氧化钠、硅酸钠等
防腐剂	减缓氧化	尼泊金酯类、布罗波尔、凯松等
香精	赋香	耐碱香精
水	溶解原料	去离子水

注：LAS 为烷基苯磺酸钠；AES 为脂肪醇聚氧乙烯醚硫酸钠；AOS 为α-烯基磺酸钠；AEO 为脂肪醇聚氧乙烯醚。

从表 4-26 中可以看出，抽油烟机洗涤剂中加入了在其他洗涤剂中没有的乙二醇单乙(丁)醚、二乙二醇单乙(丁)醚、丙二醇单乙(丁)醚和二丙二醇单乙(丁)醚等醇醚，此成分就是在短时间内就能很好地溶解抽油烟机上油膜的有效物质，它的加入能很快地将非常难洗的油膜洗去。

5) 卫生间洗涤剂

卫生间洗涤剂是专用于清洗浴盆、浴室瓷砖、便池等具有杀菌、祛臭和去污等多种功能的洗涤剂。一般要求产品泡沫丰富，去污力强，使用安全，并具有一定的消毒功能，不伤金属镀层、瓷性釉面和塑料表面。

从外观上来看，卫生间洗涤剂有块状、粉状、液体和气体喷射型等几种，其中液体产品使用较多，有酸性、碱性和中性等洗涤剂。目前，碱性产品较少，酸性产品较多，主要用于清洗抽水马桶中不易去除的含钙、镁离子的尿垢，中性产品主要用于清洗浴室的瓷砖。

(1) 不同种类卫生间洗涤剂的作用机理。

摩擦型：含有固体颗粒，加有少量表面活性剂、助溶剂、香精和溶剂等，主要靠摩擦力除去污垢。

溶解型：主要靠酸的作用，可迅速溶解无机盐、金属氧化物及碱性有机物等污垢，但对于许多油脂状污垢如高碳醇、多糖、蛋白质等洗涤效率较低，而且对铁等金属有腐蚀作用。

物理化学作用型：以表面活性剂为主，借助乳化、增溶等作用去污。特点是对油脂污垢的去除率高、作用温和、不损伤洗涤对象的表面，但对铁锈、脲的去除作用较弱。

(2) 卫生间洗涤剂的组分和作用。

卫生间洗涤剂除了常用的表面活性剂外，还有特殊组分如除臭剂、杀菌消毒剂、研磨剂、缓蚀剂等。卫生间洗涤剂的配方中应考虑：耐硬水，在光滑表面的残留少，与漂白剂和杀菌剂相融，酸液中极好的润湿性和去污性能。

常用的卫生间洗涤剂有中性和酸性两种配方。中性卫生间洗涤剂配方中的主要组分与作用见表 4-27，酸性卫生间洗涤剂配方中的主要组分与作用见表 4-28。

表 4-27　中性卫生间洗涤剂配方中的主要组分与作用

组分	作用	主要原料
表面活性剂	乳化、润湿	烷基苯磺酸钠、烷基酚聚氧乙烯醚、脂肪醇聚氧乙烯醚等
增溶剂	增加表面活性剂的溶解度	二甲苯磺酸钠、尿素
助洗剂	螯合、分散	五水偏硅酸钠、焦磷酸钾、乙二胺四乙酸二钠等
研磨剂	摩擦去污	二氧化硅、氧化铝、氧化镁、铝硅酸盐、碳化硅等
溶剂	溶解原料	去离子水

表 4-28　酸性卫生间洗涤剂配方中的主要组分与作用

组分	作用	主要原料
表面活性剂	乳化、润湿	烷基苯磺酸钠、烷基酚聚氧乙烯醚等
增溶剂	增加表面活性剂的溶解度	二甲苯磺酸钠、尿素
除臭剂	除去异味	香精、无机酸、有机酸等
缓蚀剂	抑制酸的腐蚀	硫脲、C_2～C_6 硫醇、甲醛等
杀菌消毒剂	消除细菌	次氯酸钠、过氧化氢、乙二醛等
无机酸或有机酸	溶解硬水垢、皂垢和铁锈	盐酸、硝酸、草酸、甲酸等
研磨剂	摩擦去污	二氧化硅、氧化铝、氧化镁、铝硅酸盐、碳化硅等

4.2.2　洗涤用品的正确使用

1. 肥皂和香皂的使用

肥皂和香皂在软水中虽然具有良好的洗涤效果，而且对人体的毒性和刺激性都非常小，还有良好的生物降解性，但肥皂的使用也有一些限制条件，如它不能在硬水中很好地发挥洗涤作用。硬水中含有一定量的钙盐和镁盐，肥皂遇到钙、镁离子就会生成不溶性钙皂、镁皂并沉积在织物上，很难洗去，而且使织物变色、变硬，降低其强度。如果想达到与使用软水同等的洗涤效果，就要增加 1～3 倍的肥皂使用量。因此，在水质较硬或水质不好的地区就不适合使用皂类产品。同时，肥皂还不适用于酸性环境，因为在酸性环境中肥皂会分解成脂肪酸和盐，失去洗涤功能。

2. 洗衣粉和洗衣液的使用

洗衣粉为粉状产品，洗衣液为液态产品。洗衣粉加入水中后有溶解过程，如果溶解不完全，衣服的洗涤效果就会大打折扣，并且未溶解的粉料还有可能残留在衣服上，造成污染衣服和洗衣粉的浪费。洗衣粉中的主要洗涤成分为阴离子表面活性剂烷基苯磺酸钠，它的溶解性在常温下较小，最好能加热到 35℃左右，才能增加其在水中的溶解度，提高洗涤效率。洗衣液在常温下就能很好地溶在水中，所用的主洗成分为水溶性好的脂肪醇聚氧乙烯醚硫酸钠和脂肪醇聚氧乙烯醚，与洗衣粉中的主表面活性剂烷基苯磺酸钠相比，前两种成分为更环保、无毒、人体亲和性好的表面活性剂。因此，建议在条件允许的情况下首选洗衣液。

3. 洗洁精的正确使用

选购洗洁精时一定要选择正规厂家的产品，不要购买“三无”或小作坊自加工的产品，防止未洗净的餐具上残留的有害物质损害身体健康。劣质洗洁精的不合格项目主要为甲醛超标。甲醛在劣质的洗洁精中常被用作防腐剂，并且具有很好的防腐效果和低价格的优点，会被一些不注重产品质量的小作坊用以降低原料成本。甲醛含量是洗洁精产品重要的安全卫生指标之一，甲醛在许多国家已被禁用在洗涤剂中。

洗洁精在低浓度下对人体是安全的。用洗洁精洗蔬菜、水果时，浸泡时间不宜过长，如果浸泡时间过长，溶解了洗涤剂的水又会重新渗透到果蔬中，因此浸泡时间以 5 min 为宜，浸泡后还需反复用流水冲洗三四遍。用厨房洗涤剂洗餐具时，洗后也需反复用流水冲洗干净。

4. 抽油烟机洗涤剂的正确使用

为了达到良好的油污清洗效果，大多数抽油烟机洗涤剂都具有较高的 pH，通常会在 11 以上，皮肤接触后可能引起轻微的化学性灼伤，使用时一定要戴塑料或橡胶手套，洗涤过程中要将抽油烟机擦洗干净，减少残留物质。在家中存放时一定要放置在儿童不易拿取的地方，防止误服、误用造成伤害。另外，其中的醇醚成分均具有一定的毒性，吸入过多会出现头痛、恶心和抑制中枢神经系统等症状。因此，在使用抽油烟机洗涤剂时最好打开所有的窗户，让室内尽量通风以降低其对身体的危害。

5. 卫生间洗涤剂的正确使用

不可混用多种洗涤剂。卫生间洗涤剂如洁厕灵与漂白粉合用，或洁厕灵与含氯洗涤剂混合使用，均可产生一定量的有毒氯气，氯气不仅会刺激眼睛、鼻子和咽喉，严重时还会烧伤肺部。因此，各种洗涤剂应单独存放、单独使用，绝不可以混放、混用，以防对人体健康造成伤害。

注意卫生间洗涤剂的 pH。酸性卫生间洗涤剂的 pH 通常小于 1，与皮肤稍长时间的接触会对皮肤造成伤害。因此，在使用卫生间洗涤剂时最好戴上手套，并注意不要溅到身上。通常酸性卫生间洗涤剂在使用时会与尿垢等反应，会产生不良气体，最好在通风条件下使用。

参考文献

戴岚. 2004. 香水的鉴别和使用[J]. 中国检验检疫, (4): 62.
董银卯, 邱显荣, 刘永国. 2009. 化妆品配方设计 6 步[M]. 北京: 化学工业出版社.
方波. 2008. 日用化工工艺学[M]. 北京: 化学工业出版社.
龚盛昭. 2014. 日用化学品制造原理与工艺[M]. 北京: 化学工业出版社.
郭钱换. 2006. 常染发不利健康[J]. 农村实用技术与信息, (7): 57.
贾奎寿, 徐蕤. 2000. 防晒化妆品的防晒效果研究[J]. 上海大学学报(自然科学版), 6(5): 456-458.
李东光. 2018. 护肤化妆品: 设计与配方[M]. 北京: 化学工业出版社.
梁杨鸿. 2015. 毒你: 化妆品与清洁用品的真相[M]. 新北: 瑞昇文化事业股份有限公司.
吕维忠, 刘波, 罗仲宽, 等. 2008. 现代化妆品[M]. 北京: 化学工业出版社.
诗清. 2006. 化妆不当可致畸胎[J]. 家庭护士, (7): 43.
王前进, 张辰艳, 苗宗成. 2018. 洗涤剂: 配方、工艺及设备[M]. 北京: 化学工业出版社.
王慎敏, 唐冬雁. 2001. 日用化学品化学[M]. 哈尔滨: 哈尔滨工业大学出版社.
王雪梅. 2004. 画眉深浅入时无[M]. 合肥: 安徽大学出版社.

颜红侠, 张秋禹. 2004. 日用化学品制造原理与技术[M]. 北京: 中国轻工业出版社.
张婉萍. 2018. 化妆品配方科学与工艺技术[M]. 北京: 化学工业出版社.
张彰, 杨黎明. 2015. 日用化学品[M]. 北京: 中国石化出版社.
章苏宁. 2013. 化妆品工艺学[M]. 北京: 中国轻工业出版社.
祖爱民. 1999. 香水与礼仪[M]. 济南: 山东科学技术出版社.

第5章

材料化学与健康

材料是人类赖以生存和发展的物质基础，材料的发展水平和利用程度已成为人类文明进步的标志。化学是材料发现、发展和作用的基础，没有化学就没有材料。人们的衣、食、住、行、医疗及健康都与化学和材料有关，人们生活在化学和材料的世界里。

5.1 服装材料

衣、食、住、行是人类日常生活的基本需要，是人们从事社会活动的基本保证，其中衣一般指服装。各种色彩斑斓、造型优美的服装，给人们的生活带来了美。纤维材料是构成各种服装最重要的物质基础，不仅服装的构成离不开纤维材料，服装的功能也依赖于纤维材料。

5.1.1 服装纤维材料

通常将长度比直径大千倍以上，直径只有几微米或几十微米，具有一定柔韧性和强度的纤细物质统称为纤维。纤维具有弹性模量大、塑性形变小、强度高等特点，有很高的结晶能力，相对分子质量较小，一般为几万。随着现代社会的进步，服装面料也越来越丰富，纯棉、真丝、麻、涤纶、锦纶(尼龙)、腈纶、人造棉等，构成这些面料的都是纤维。服装材料主要的纤维类别如下所示。

- 纤维
  - 天然纤维
    - 植物纤维(天然纤维素纤维)
      - 种子纤维
        - 棉花
        - 木棉
      - 韧皮纤维
        - 苎麻
        - 亚麻
      - 叶纤维
        - 剑麻
        - 蕉麻
    - 动物纤维(天然蛋白质纤维)
      - 丝纤维
        - 桑蚕丝
        - 柞蚕丝
      - 毛纤维
        - 绵羊毛
        - 羊驼毛
        - 兔毛
        - 山羊绒(开司米纶)
        - 马海毛(安哥拉山羊毛)
  - 化学纤维
    - 人造纤维(再生纤维)
      - 人造纤维素纤维
      - 人造蛋白质纤维
    - 合成纤维
      - 涤纶(聚酯纤维)
      - 锦纶(脂肪族聚酰胺纤维)
      - 腈纶(聚丙烯腈纤维)
      - 维纶(聚乙烯醇缩甲醛纤维)
      - 丙纶(聚丙烯纤维)
      - 氯纶(聚氯乙烯纤维)
      - 氨纶(聚氨基甲酸酯纤维)

5.1.2　天然纤维

天然纤维是自然界原有的或从人工培植的植物上、人工饲养的动物上直接取得的纺织纤维。按组成和结构的不同，分为植物纤维和动物纤维两大类。在化学纤维出现以前，天然纤维一直是人类用于御寒与打扮的主要服饰材料。天然纤维织物手感柔软，吸湿性、染色性、通透性好，但容易虫蛀、发霉等。

1. 植物纤维

植物纤维的主要组成物质是纤维素，因此又称为天然纤维素纤维。纤维素为β-葡萄糖($C_6H_{12}O_6$)的聚合物，具有极长的链状结构，其分子式为$(C_6H_{12}O_6)_n$，n 的数值为几百至几千甚至一万以上，燃烧时生成二氧化碳和水，无异味。根据纤维在植物上生长部位的不同，又分为种子纤维、韧皮纤维和叶纤维。种子纤维包括棉花、木棉等，韧皮纤维包括苎麻、亚麻、大麻、黄麻等，叶纤维包括剑麻、蕉麻等。棉和麻都是常用的植物纤维。

1) 棉

纤维素含量为 93% 左右，是全球产量最多的天然纤维。其特点是：①透气性、保温性好。显微镜下观察棉纤维呈细长略扁的椭圆形管状、空心结构，空气的导热系数小。②吸湿性强、易发霉。葡萄糖单体含亲水性的羟基，吸汗能力强，含水率大于 9% 时易被霉菌分解。③容易被染成各种颜色。

2) 麻

纤维素含量为 80% 左右。其特点是：①强度高。天然纤维中强度最高，可作工业用布。②纤维直，不卷曲，缩水性小。为实心棒状的长纤维，衣服洗后不易变形，挺括，不易皱。③透气性好，散湿速度快。夏天穿着凉爽、舒适、不贴身，被称为“天然空调”。④柔软性差，手感粗硬。

2. 动物纤维

动物纤维是从动物身上获得的纤维，主要组成物质是蛋白质，因此又称为天然蛋白质纤维。主要包括丝纤维和毛纤维。丝纤维是从昆虫腺分泌物中获得的纤维，如桑蚕丝、柞蚕丝、蓖麻蚕丝、木薯蚕丝等。毛纤维是从动物披覆的毛发中获得的纤维，如绵羊毛、山羊绒、兔毛、羊驼毛、马海毛、骆驼毛等。凡是由蛋白质构成的纤维，弹性都比较好，织物不容易产生折皱，不怕酸的侵蚀，但碱对它们的腐蚀性很大。

1) 蚕丝

蚕丝是熟蚕结茧时所分泌的丝液凝固而成的连续长纤维，也称天然丝，相对分子质量为 20 万～30 万，一个蚕茧通常由一根丝缠绕而成，长达 800～1200 m。蚕丝的主要成分是丝素和丝胶，还含有少量的碳水化合物、蜡、色素和无机物，通常说的蚕丝蛋白质指的就是丝素和丝胶。蚕丝是人类最早利用的动物纤维之一。蚕丝质地轻薄柔软且强度高，比棉坚韧耐用，有丝光，吸湿性、透气性均佳，是制作高级衣服的材料。桑蚕丝素有“人体第二肌肤”“纤维皇后”的美誉。

蚕吃的是绿色的桑叶，怎么会变成又柔软又光亮的丝？原来，桑叶中含有蛋白质、糖类、脂肪和水等成分。蚕体是一座奇妙的“化工厂”，桑叶经过消化分解，其中的蛋白质和糖类变成了绢丝蛋白质，再变成绢丝液，绢丝液从丝腺体里分泌出来，遇到空气凝固就变成了银白色的蚕丝。

2) 羊毛

羊毛的主要成分是角蛋白，由多种α-氨基酸残基构成，相对分子质量约 8 万。羊毛纤维粗短，有一定卷曲，需先纺成纱，再织成服装面料。羊毛纤维表面的皮质细胞呈鳞片状，覆盖在内层皮质细胞外。虽然它又小又薄，却起着保护内层细胞的作用。在鳞片的外面还有胶和结实的角膜层，使得羊毛耐磨、光滑、保暖。羊毛具有弹性好、吸湿性强、保暖性好等优点，号称“会呼吸”的动物纤维。羊毛衣料有适度的透气性和吸湿性，热塑性能比较好，毛料服装经过熨烫后可以长时间保持挺括。

5.1.3 化学纤维

化学纤维是用天然的或人工合成的高分子物质经过化学处理和机械加工得到的纤维。根据原料来源和处理方法的不同，可分为人造纤维和合成纤维两大类。

人造纤维的短纤维一般称为“纤”，如黏纤、富纤。合成纤维的短纤维一般称为“纶”，如涤纶、锦纶。如果是长纤维，在名称末尾加“丝”或“长丝”，如黏胶丝、涤纶丝。

1. 人造纤维

人造纤维又称再生纤维，是以天然高分子化合物如纤维素或蛋白质为原料，经过一系列化学处理和机械加工而制得的纤维，因此其化学组成与原天然纤维基本相同。人造纤维包括人造纤维素纤维和人造蛋白质纤维两大类。

人造纤维素纤维又称再生纤维素纤维，是利用自然界中存在的棉短绒、木材、甘蔗渣等含有纤维素的物质制成的纤维，如黏胶纤维、富强纤维、醋酸纤维。

人造蛋白质纤维又称再生蛋白质纤维，是利用天然蛋白质产品为原料，经过人工加工制成的纤维，如牛奶纤维、大豆蛋白纤维、花生纤维、乳酪纤维等。因为这类纤维的原料价格高，性能又欠佳，所以目前使用得不多。

根据人造纤维的形状和用途不同，人造纤维又可以分为人造丝、人造棉和人造毛三种。

1) 黏胶纤维

黏胶纤维简称黏纤，由天然纤维素经碱化而成碱纤维素，再与二硫化碳作用生成可溶性纤维素黄原酸酯，再溶于稀碱液制成黏胶，经湿法纺丝而制成。人造棉、人造丝、人造毛都属于黏纤。黏纤织物吸湿性好、易染色、柔软、轻飘舒适、美观，但缩水大、弹性小、耐磨性差，耐酸碱性比棉差。

2) 醋酸纤维

醋酸纤维是以醋酸和纤维素为原料经酯化反应制得的人造纤维。醋酸纤维不易着火，可以用于制造纺织品、烟用滤嘴、塑料制品等。

醋酸长丝酷似真丝，光泽优雅、染色鲜艳、染色牢度强，手感柔软滑爽、质地轻，回潮率低、弹性好、不易起皱，具有良好的悬垂性、热塑性、尺寸稳定性，广泛用来做服装里子料、休闲装、睡衣、内衣等。醋酸短纤制成的无纺布可以用于外科手术包扎，与伤口不粘连，是高级医疗卫生材料。

3) 牛奶纤维

牛奶纤维是将液态的牛奶进行脱脂和去水，再通过湿法纺织而成，其中牛奶纤维的强度与涤纶的强度差不多，其自身的湿强度很高。牛奶纤维制成的布料非常飘逸柔软、透气滑爽，能够对人们的皮肤进行湿润和保养，同时布料废弃后可发生自身降解，不会给生态环境带来影响。

2. 合成纤维

合成纤维是以石油、煤、石灰石、天然气、水及某些农副产品等为原料，经化学合成和加工制得的纤维。

合成纤维原料丰富，苯、二甲苯、乙烯、丙烯、乙炔等都可以作为原料。1000 t 石油经炼制得到的乙烯和丙烯可以制造合成纤维 1.5 t，可织布 20 万米左右。

合成纤维强度高、耐磨性好、吸水性低、不会发霉、不受虫蛀、耐酸耐碱性能好，但容易产生静电、吸附灰尘等。常见的合成纤维有涤纶、锦纶、腈纶、维纶、丙纶、氯纶、氨纶七大纶。

1) 抗皱免烫的涤纶

涤纶的化学名称是聚酯纤维，俗称的确良，是合成纤维中产量最大的品种之一。

涤纶强度高，是棉花的 2 倍，是羊毛的 4 倍。耐磨性仅次于尼龙，在合成纤维中居第二位，因此涤纶制成的衣物结实耐用。电绝缘性优良，耐光，耐蚀，耐蛀，易洗快干，挺括耐皱，保型性好，热稳定性强。其缺点是吸湿性差，易起静电，不透气，容易起球，染色性差，不适宜作内衣。

涤纶可以呈现多种流行材质效果，常和天然纤维混纺在一起。例如，70%棉+30%聚酯纤维即可彼此取长补短，呈现美观、耐用、舒适又容易洗涤的纤维特质，常用来做 T 恤、运动休闲装等，也被大量用于轮胎帘子线、工业滤布、绳索等。

2) 结实耐用的尼龙

尼龙的化学名称是聚酰胺纤维，在我国尼龙被称为锦纶，主要指尼龙-6 和尼龙-66。尼龙在三大合成纤维(聚酰胺纤维、聚酯纤维、聚丙烯腈纤维)中产量居首位。

尼龙强度高，是棉花的 3～4 倍，是羊毛的 5～6 倍；尼龙最突出的优点是耐磨性强，是棉花的 11 倍、羊毛的 21 倍、黏纤的 51 倍左右，在合成纤维中居第一位；质量轻，比同体积的棉花轻 35%；耐腐蚀、不怕虫蛀、不发霉；伸缩性强，宜做紧身衣、袜子、手套等。但尼龙纤维耐热性差，受热到 170℃开始软化，215℃熔化，所以不宜用开水洗涤尼龙衣物，熨烫的温度也不能很高；尼龙耐光性、保型性也较差，制成的衣料不挺括，容易变形，织物易起毛球，所以尼龙不适于作高级服装的面料。

工业上尼龙用于生产轮胎帘子线、降落伞、渔网、绳索、传送带、牙刷、鞋刷等。

3) 人造羊毛——腈纶

腈纶的化学名称是聚丙烯腈纤维，就是俗称的人造羊毛，在国外又被称为奥纶、开司米纶，是仅次于聚酯纤维和聚酰胺纤维的合成纤维品种。

腈纶质轻而柔软，蓬松保暖，外观、手感和性能极似羊毛，但保暖性比羊毛高 15%，虽然比羊毛轻 10% 以上，但强度是羊毛的 2.2～3.5 倍。腈纶不会发霉和被虫蛀，对日光的抵抗性是羊毛的 2 倍，是棉花的 11 倍，因此特别适合制造帐篷、炮衣、车篷、幕布等室外织物。腈纶短纤维用以代替羊毛，或与羊毛和其他化纤产品混纺制成腈纶膨体纱、混纺毛线等。腈纶长纤维能制成绸缎，还是生产工业石墨纤维和碳纤维的原料。

腈纶的主要缺点是耐磨性比其他合成纤维差，弹性不如羊毛；耐碱性较差，吸湿、染色性能不够好。

4) 物美价廉的维纶

维纶的化学名称是聚乙烯醇缩醛纤维。维纶性能接近棉花，有“合成棉花”之称，是现有合成纤维中吸湿性最大的品种。维纶吸水性非常好，在标准条件下的吸湿率是 4.5%～5%。维纶密度小，强度和耐磨性较好，强度比棉纤维高 5 倍多；耐酸、耐碱、耐日晒、不发霉、不受虫蛀等。但维纶弹性差，织物易起皱，在湿热状态下会发生收缩；耐热性也较差，不容易染色。维纶主要用于制作外衣、棉毛衫裤、运动衫等，还可用于帆布、渔网、外科手术缝线、自行车轮胎帘子线、输送带、劳保用品、舰船绳缆、过滤材料等。

5) 比水还轻的丙纶

丙纶的化学名称是聚丙烯纤维。丙纶是合成纤维中密度最小的，只有 $0.91\times10^3\ kg\cdot m^{-3}$，可以浮在水上，因此丙纶穿着和使用都比较轻便。丙纶几乎不吸湿，强度和耐磨性好，仅次于锦纶，不霉不蛀，此外耐酸、耐碱、弹性好，具有优良的电绝缘性和机械性能等特点。丙纶可以用来做宇航服、织袜、蚊帐布、被絮、保暖填料、地毯等；工业上用来做渔网、编织绳、编织袋、帆布、水龙带等；医学上可代替棉纱布，做卫生用品。用丙纶做成的消毒纱布具有不粘连伤口的特点，且可直接高温消毒。丙纶主要的缺点是吸湿性、可染性差。此外，由于其日晒后老化现象比较显著，若在聚合体中加入添加剂，或进行化学处理，或与第二组分进行接枝共聚，老化现象可得到改善。

6) 耐腐防火的氯纶

氯纶的化学名称是聚氯乙烯纤维。氯纶由于原料丰富，工艺简单，成本低廉，又有特殊用途，因此在合成纤维中具有一定的地位。

氯纶难燃，遇火不燃烧，离火后自熄；化学稳定性好，耐强酸强碱、氧化剂和还原剂；保暖，耐晒，耐磨，耐蛀；弹性也很好。氯纶几乎不吸湿，其短纤维可以制成棉絮、毛线及针织内衣等。利用氯纶的阻燃性，可以加工成特殊用途的阻燃纺织品，如消防员和护林员穿的工作服、防火帘、安全性帐篷、地毯、车厢中的坐垫材料等。氯纶还可用作工业防腐蚀滤布、绝缘布等。

氯纶染色性差，热收缩大，限制了它在服装上的应用，改善的办法是与其他纤维品种共聚或与其他纤维进行乳液混合纺丝。

7) 弹性纤维——氨纶

氨纶的化学名称是聚氨基甲酸酯纤维。氨纶弹性最好；耐光、耐酸、耐碱、耐化学降解、耐磨；织物穿着舒适、手感柔软、不起皱。可用于制作专业运动服、健身服、潜水衣、游泳衣、牛仔裤、休闲裤、袜子、外科手术用防护衣、后勤部队用防护衣等。氨纶的主要缺点是强度最差，吸湿性差。

5.1.4 海藻纤维

1. 海藻纤维及其应用

海藻纤维被业界称为继天然纤维、化学纤维之后的第三种纤维。它是将天然海藻经过一系列的提取加工处理，得到海藻酸盐，再通过特定的纺丝方法制备而成的纤维。

目前，最常用的海藻酸盐是可溶性海藻酸钠，其分子由β-D-甘露糖醛酸结构(M 结构)和α-L-古洛糖醛酸结构(G 结构)连接而成，分子式为$(C_6H_7O_6Na)_n$，$n=80\sim750$。海藻纤维通常采用湿法纺丝制备，以氯化钙作为凝固浴，从化学角度来看，其成型过程是水溶性的海藻酸钠转变成不溶于水的海藻酸钙的过程。海藻纤维来源广泛，吸湿保湿性能优异，生物相容性好，可降解、再生，无毒无害，自阻燃；富含矿物质、维生素、蛋白质及海洋生物活性物质，有营养肌肤、促进人体血液循环、抗菌、止痒、消炎等保健作用，是一种新型健康、环保纤维。

海藻纤维被普遍应用在纺织、医学、食品及化学助剂领域。国内市场上的海藻纤维制品见表 5-1。

表 5-1　国内市场上的海藻纤维制品

类别	产品
纺织品	内衣内裤、睡衣、袜子、保暖衣裤、床单、被套、枕套、毯子、毛巾、浴巾、口罩、拖布、海藻绒面料
医疗用品	医用敷料
卫生用品	婴儿纸尿裤、湿纸巾
化妆品	美容面膜、化妆棉
潜在市场	军事防护装备及防护服(防火、防静电、防辐射)、高档运动服(透气、防臭)、防辐射化妆品、海藻纤维纸张

2. 海藻纤维面料的特性及功能

(1) 高吸湿保湿性。海藻酸钙分子结构中含有大量氢键及水合能力很强的羧基(—COOH)和羟基(—OH)，可以结合大量的水，而且 Ca^{2+}与分子中的多个氧发生螯合反应，与氢键协同形成紧密稳定的网状空间结构，具有良好的吸水保水性、透气性及柔软性，它可以吸收 20 多倍于自身重量的液体，其吸湿性比棉纤维优异。海藻纤维做的衣服穿着凉爽，不易起静电、起毛和起球，皮肤舒适度比棉布衣服还要高出 15%。

(2) 金属离子吸附性。海藻酸钠水溶液存在的羧基、羟基等基团，能与多价金属离子形成配位化合物。海藻酸中的 G 结构螯合多价金属离子，形成导电离子链，可提高大分子链的聚集能，提高织物的电磁屏蔽和抗静电能力，尤其对于低频电磁波电磁屏蔽效果非常好，可用于制造电磁屏蔽防护纺织品。

(3) 远红外功能。海藻炭是天然的海藻(昆布、海带、马尾藻等)经过特殊窑烧成的灰烬物。海藻炭内含有丰富的矿物质，化学成分多，也含有一些藻盐类成分。在抽出海藻炭内的藻盐类后，以特殊的加工程序将海藻炭烧成黑色，黑色化的海藻炭具有良好的远红外线发射效果。将黑色化的海藻炭粉碎成超微粒子后，再与聚酯溶液或尼龙溶液等混炼纺制予以抽丝、加工而成的纤维，称为海藻纤维。这种纤维可以与天然棉或其他纤维混纺，纺成的纱线便具有远红外线发射功能。远红外线照射身体能使人体血液产生共振，促使体内水分子振动，分子间摩擦产生热，促使皮下温度上升。热胀冷缩效应使微血管扩张，加速血液循环、促进新陈代谢、消除体内的有害物质，并且能迅速产生新酵素，促进人体生理机能增强。

(4) 负离子功能。海藻碳纤维能产生负离子，可以促进人体新陈代谢。海藻碳纤维中的负离子还可以激发空气中的氧气、水分产生负氧离子，营造出一种类似大自然的环境，让人心境放松而感到舒适。海藻碳纤维面料具有保温及保健双重效果。

(5) 抑菌功能。海藻纤维中含有微量的乳酸或低聚物，这些物质有抑菌作用。以金黄色葡萄球菌为例测评海藻纤维的抑菌性，发现海藻纤维的静菌活性值和杀菌活性值远高于合格值以上。

5.1.5 新型绿色纤维

绿色环保型纤维是指在纤维生产过程中，无论是原料的选择、生产、使用、销售，还是废弃物的处理都不会给人们和环境带来危害的一类纤维，如天然彩棉、竹纤维、海藻纤维等无公害植物纤维，牛奶纤维、大豆蛋白纤维、玉米纤维、甲壳素纤维等再生纤维。

1. 天然彩棉

天然彩棉是指天然生长的带有颜色的棉花。这种棉花的色彩是一种生物特性，由遗传基因控制，可以传递给下一代。现在人工培育的天然彩棉是利用基因改性技术培育出的，通过对棉花植株植入不同颜色的基因，从而使棉桃在生长过程中具有不同的颜色。

目前实际应用的天然彩棉只有棕色和绿色两种。彩棉从种植、纺织到成衣整个过程都严格遵循绿色生产标准，即种植应用生物高技术，可以不使用化肥、农药等；在纺纱过程中不经漂白和印染处理；织造染整无需漂白、煮炼、染色等传统工艺处理；织物、成衣不含甲醛、偶氮染料及重金属等，使得彩棉从原料取用到终端产品的过程达到零污染。天然彩棉有以下特点。

(1) 零污染。天然彩棉在种植过程中不施用任何化学农药，成品无需用化学染料染色、漂白，不含甲醛等有毒有害物质。

(2) 舒适。天然彩棉织物亲和皮肤，对皮肤无刺激，符合环保及人体健康要求。

(3) 抗静电。天然彩棉纤维的回潮率较高，所以其织物不起静电，不起球，柔软舒适，不易变形。

(4) 透湿性好。易吸附人体皮肤上的汗水，使体温迅速恢复正常，真正达到透气、吸汗效果。

(5) 有特殊功效。由于彩棉遇血渍后极易清洗，用在医疗过程及创伤包扎中是很好的卫生材料。彩棉还有较好的抗病虫害和耐旱、耐碱性能，具有良好的阻燃性，其制品可用于机动车和飞机等内部装饰材料。最新研究成果表明，彩棉产品有屏蔽紫外线的作用，彩棉色素对紫外线有强烈的吸收性，彩棉坯布的紫外线透过率显著低于白棉，尤其是对皮肤损害最大的紫外线A和B屏蔽效果显著。

2. 竹纤维

竹纤维是一种绿色纤维，它是以竹子为原料，通过物理或化学的方法把纤维素从竹子中提取出来，再通过常规的纺丝工序制成的纤维。竹纤维早已享誉世界，被誉为世界第五大纺织材料、纤维皇后、会呼吸的生态纤维。竹纤维有以下特点。

(1) 吸湿放湿性能好。由于竹纤维横截面上有很多微孔，可以加速对水的吸收、蒸发，因此有着良好的吸水性与透气性。用竹纤维制作的衣服一般有冬暖夏凉的特性。

(2) 天然抗菌性。竹子本身带有一种独特的成分，通常称为竹琨，能够抑制细菌的滋生，还有天然的防螨、防臭、除虫等功效。另外，竹纤维中还含有竹蜜、维生素E、酪氨酸等物质，可以有效地起到延缓衰老、抗癌的作用，对人体健康十分有益。

(3) 耐磨性、染色性好。

此外，竹子自身生长迅速，成材期短，可再生能力出众，可自然降解，节能环保。

3. 玉米纤维

玉米纤维是由玉米淀粉发酵制得的乳酸经过聚合、纺丝生产出的一种绿色环保纤维，也称为聚乳酸纤维。玉米纤维的成品废弃后可以经过微生物与土壤的降解，最终分解成二氧化碳和水，同时玉米纤维燃烧后不会散发出任何有毒成分，可以实现对大自然的零污染，是一种完全可再生降解纤维。

玉米纤维的特点是柔软度很高，又不会影响到自身的强度，同时透气性、吸水性、耐热性与抗紫外线性能都很出众。玉米纤维制成的面料手感柔软，有着与丝绸媲美的亲肤触感，还具有一定的防霉性与抗菌性，能有效地防止衣服受潮。玉米纤维本身有良好的光泽效应，在洗涤过程中也有着不俗的稳定性，不容易受到洗涤剂的侵染而变质。

4. 大豆蛋白纤维

大豆蛋白纤维是以榨过油的大豆豆粕为原料，利用生物工程技术提取豆粕中的球蛋白，再进行溶液纺丝，最后去除其中的液体成分后所得。大豆蛋白纤维是我国纺织科技工作者独立研制，并在国际上率先实现了工业化生产的新型再生蛋白纤维，被誉为世界第八大人造纤维，又被称为人造羊绒。

大豆蛋白纤维原料来自天然的大豆豆粕，原料丰富且具有可再生性，不会对资源造成掠夺性开发，而且大豆蛋白纤维生产过程中所使用的辅料、助剂均无毒，大部分助剂和半成品纤维均可回收重新使用，提取蛋白质留下的残渣还可以作为饲料，其生产过程也不会对环境造成污染。

大豆蛋白纤维既具有天然蚕丝的优良性能，又具有合成纤维的机械性能，既能满足了人们对穿着舒适性、美观性的追求，又符合服装免烫可穿的潮流。大豆蛋白纤维有以下特点。

(1) 物理机械性能好。比羊毛、棉、蚕丝的强度都高，仅次于涤纶等高强度纤维，可开发出高档的高支高密面料。大豆蛋白纤维沸水收缩率低，故面料尺寸稳定性好，在常规洗涤下不必担心织物的收缩，抗皱性也非常出色，并且易洗快干。

(2) 吸湿导湿性好。大豆蛋白纤维吸湿性与棉相当，而导湿性、透气性远优于棉，所以穿着干爽舒适，适合于贴身穿着。

(3) 羊绒般的柔软手感。大豆蛋白纤维织物手感柔软、滑爽，十分轻盈，具有可以与羊绒相媲美的手感，但比羊绒更加丝滑，与皮肤有极好的亲和力，犹如人体第二肌肤，极适合于内衣的生产。

(4) 蚕丝般的柔和光泽。大豆蛋白纤维具有真丝般光泽，华贵高雅，其悬垂性也极佳，给人以飘逸脱俗的感觉。用高支纱织成的织物，其表面纹路清晰、图案精美，是制作高档衣物的优选面料。

(5) 容易渲染，健康环保。大豆蛋白纤维本色为淡黄色，由于是蛋白质纤维，它可用酸性染料、活性染料进行染色，特别是对活性染料的亲和度很高。产品颜色鲜艳而有光泽，染色牢度极好。此外，大豆蛋白纤维有多种人体所需的氨基酸，与人体肌肤接触后，会让人体肌肤表面的胶原蛋白更加有活性，会抑制肌肤表面的细菌增长。

5.1.6　功能纤维

随着人们生活水平的提高及特殊行业对纺织品要求的不同，传统纺织品所具备的简单功能已难以满足人们的要求。近年来，科学家运用多种化学和物理新技术，制备出了许多功能性纤维，智能性服装材料也有新的进展。

功能纤维是指除一般纤维所具有的物理机械性能以外，还具有某种特殊功能的新型纤维。

例如，纤维具有卫生保健功能(抗菌、杀螨、理疗及除异味等)，防护功能(防辐射、抗静电、抗紫外线等)，医疗和环保功能(如生物相容性和生物降解性)等。

功能纤维按照具体功能特性可分为高强度纤维、耐高温纤维、高吸湿性纤维、吸湿导湿功能纤维、抗菌杀菌纤维、抗紫外线纤维、保温调温纤维、阻燃功能纤维、形态记忆智能纤维、防辐射纤维、导电纤维、抗静电纤维等。以超细纤维为核心的纤维品种，构成了功能纤维的另一类别，由它制成的面料包括麂皮、桃皮、新丝型和薄毛型超高密等新型织物。

1. 抗紫外线纤维

抗紫外线纤维是 20 世纪 90 年代开发的新型功能纤维，是指对紫外线有较强的吸收和反射性能的纤维。其制备原理是对纤维或织物添加能屏蔽紫外线的物质，进行混合和处理，以提高纤维或织物对紫外线的吸收和反射能力。

能屏蔽紫外线的物质有两类，一类是起反射紫外线作用的物质，习惯上称为紫外线屏蔽剂，通常是一些具有较高折射率的金属氧化物的粉体，如二氧化钛(TiO_2)、氧化锌(ZnO)、碳酸钙($CaCO_3$)、滑石粉、陶土等。将这些材料制成纳米级的超细粉体，由于微粒尺寸与光波波长相当，比表面积大，表面能高，超细粉体在与纤维材料共混结合后，增强了纤维材料对紫外线的反射和散射作用，从而能防止和减少紫外线透过纤维材料。其中二氧化钛和氧化锌的紫外线透射率较低，被大多数抗紫外线纤维所选用。另一类是对紫外线有强烈选择吸收，并能进行能量转换而减少它的透过量的物质，习惯上称为紫外线吸收剂，通常是一些有机化合物。国内外紫外线吸收剂品种较多，常用的有水杨酸酯类化合物、金属离子螯合物、二苯甲酮类及苯并三唑类等。紫外线吸收剂可使紫外线能级降低，并使光能转化为热能而散发。有机物质与纤维织物结合性好，但是接受大剂量、长时间紫外线的照射就会分解而降低抗紫外线效果，因此无机物紫外线屏蔽剂应用较多。

2. 远红外纤维

远红外纤维是一种具有远红外线吸收和反射功能的新型纺织材料。将具有远红外辐射功能的超细微粒添加到纤维表面或纤维内部，使纤维具有发射和吸收远红外线的功能。超细微粒粒径在 1～5 μm 为宜，添加量为 1%～10%。如果将陶瓷粉末作为添加剂，制成的远红外纤维又称陶瓷纤维，陶瓷粉体材料通常包括氧化铝(Al_2O_3)、氧化锆(ZrO_2)、氧化镁(MgO)、二氧化硅(SiO_2)、氧化锌(ZnO)等。

远红外纤维能吸收人体释放出来的热量及自然界的光和热，并向人体辐射一定波长范围的远红外线。这种远红外线具有穿透、辐射的能力，易被人体组织吸收。由于远红外线与人体内细胞分子的振动频率接近，远红外线渗入体内后，便会引起人体细胞内的原子和分子的共振，通过共振，分子之间摩擦生热，形成热反应，促使皮下组织深层部位的温度升高，并使微血管扩张，加速血液循环，有利于清除血管囤积物及体内有害物质，促进酵素生成，达到活化组织细胞、防止老化、强化免疫系统的目的。因此，远红外线对于血液循环和微循环障碍引起的多种疾病均具有防治和改善的作用。另外，远红外线可以渗透到人体皮肤深处，起到保温作用。经测定，含有远红外纤维的织物，其保暖率可提高 12% 以上。

3. 珍珠纤维

珍珠纤维是我国拥有完全自主知识产权的功能性黏胶短纤维，它采用高科技手段将纳米珍珠粉在黏胶纤维纺丝过程中加入到纤维内，使得纳米珍珠粉均匀地分布在纤维的内部和表面。如果在显微镜下观察，会看到纤维内部和表面均匀分布着纳米珍珠微粒，一根根纤维犹如一串串珍珠项链，异常光亮滑爽，非常好看。

珍珠纤维中含有 15 种以上的氨基酸和 13 种微量元素，兼具珍珠粉的保健功能和黏胶纤维的舒适特性，具有防紫外线、远红外线发射、养颜护肤、嫩白肌肤、保温透气、亲肤舒适等功能。

(1) 吸湿透气、穿着舒适。珍珠纤维的载体是黏胶纤维，它吸湿透气、穿着舒适，加入纳米珍珠粉后纤维内部及表面均匀分布着珍珠纳米微粒，纤维手感光滑凉爽，外观亮丽，有珍珠般光泽。

(2) 护肤美白。珍珠具有美白护肤、淡化面部色斑和伤疤、减缓衰老等功效。人体穿着珍珠纤维制成的内衣时，纤维上的纳米珍珠微粒与肌肤亲密接触，汗液中的乳酸会溶出纤维中部分珍珠营养成分，通过皮肤被吸收，能促进人体肌肤超氧化物歧化酶(SOD)的活性，抑制黑色素的合成，保持皮肤白皙细腻。此外，SOD 还具有清除自由基的作用，延缓皮肤衰老。

(3) 抗紫外线。珍珠的主要成分为碳酸钙，其本身具有防紫外线功能，当其粉碎成纳米级加入纤维时，其功能大大加强。珍珠纤维具有防紫外线、防皮肤老化作用。

(4) 远红外线发射功能。在黏胶纺丝液中均匀地混入 5% 左右的纳米珍珠微粒，纺丝后纤维上附着的珍珠微粒中的碳酸钙由于微晶结构效应的变化，具有较强的远红外线发射功能。

4. 超细纤维

化纤行业将单丝细度小于 0.3 dtex(相当于质量为 1 g 的纤维长度达 22.5 km)的化学纤维称为超细纤维。超细纤维直径是人发直径的 1/200。目前超细纤维的细度已经超过纺织上最细的天然纤维蚕丝。

超细纤维可用来织造人造麂皮、仿真丝、仿桃皮绒、仿毛、超高密度织物、防水透湿织物等。超细纤维织物手感特别柔软、滑爽，光泽特别柔和，同时具有优良的吸湿性和保暖性。超细纤维具有以下主要特性。

(1) 覆盖性好。超细纤维纤度极细，单位细度的纱线所含的纤维根数比普通纤维多。超细纤维的比表面积大，表面黏附的静止空气层较多，所以形成的织物较丰满，保暖性好。此外，比表面积大增多了纤维与灰尘或油污接触的次数，使得超细纤维可以吸附自身质量 7 倍的灰尘、颗粒、液体，也增大了油污从纤维表面间缝隙渗透的机会。这些孔隙能吸收大量水分，使得超细纤维具有很强的吸水性，而且因为水只是保存在孔隙中，能够很快被干燥，有效地防止细菌的滋生，所以超细纤维具有超强的清洁能力，可作为高效的清洁布。如果加工成可被水润湿的毛巾类织物，则具有高吸水性。用这种毛巾可很快地将湿头发中的水分吸掉，使头发快干。

(2) 光泽高雅柔和。纤维细可增加丝的层状结构，增大比表面积，使纤维内部反射光在表面分布更细腻，使之具有真丝般的高雅光泽。

(3) 手感柔软，垂感好。超细纤维由于纤度极细，大大降低了丝的刚度，因此容易弯曲，做成织物手感极为柔软，垂感优异。

(4) 可制成高密防水透气产品。由于纤维细，可以制成较密实的织物，使纱线之间的孔隙大于水蒸气分子而小于水分子，这样人体汗液可以以水蒸气分子的形式通过织物进行蒸发，而外界水分子不能进入织物，使织物具有防水透气功能。

(5) 后加工性能好。由于超细纤维可加工成较密实的织物，且纤维强度较大，因此可以进行磨毛、砂洗等高技术的后整理。

5. 相变调温纤维

相变调温纤维俗称空调纤维，是将相变材料加入纺丝原料中进行复合纺丝所得。该纤维主要依靠相变材料在相转化过程中进行的热量吸收与释放而获得控温特性，是一种蓄热调温功能纤维。

相变调温纤维织物与传统纤维织物的区别在于保温机理不同。传统纤维织物的保温主要是通过绝热方法避免皮肤温度降低过多，而相变调温纤维织物的保温机理是相变材料根据环境温度的变化，发生固态、液态互相转化，从而达到吸热、放热的效果。它在温度高于相变温度时，吸收热量发生相变(融化蓄热过程)，在温度低于相变温度时，发生逆向相变(凝固放热过程)，在身体和服装(或其他产品)之间形成了良好的微气候环境，对温度变化有缓冲作用，从而减缓人体体表温度的变化，保持舒适感，真正实现了人们对服装“冬暖夏凉”的功能需求。

相变调温纤维具有良好的化学稳定性、热稳定性和传热性，能纯纺，也可与棉、毛、丝、麻等各类纤维混纺。布面组织圆润滑爽、光泽亮丽，亲肤性好，透气性好。

相变调温纤维的出现首次将人类传统的被动式防御保暖方式转向主动变热调温方式。随着全球气温变化无常、旅游业的迅猛发展及人们对服装舒适性、功能性要求的提高，它将逐渐走向人们的日常生活，特别是对常年在野外和室外工作的地质队员、军人、考古工作者及外出游客等而言，更迫切地需要穿上该类纤维制成的服装。

6. 负折射率超材料

斗篷一甩，从头到脚遮住，然后就消失在视线里……这一幕是哈利 · 波特系列电影的经典镜头。如今，科幻电影中的隐身衣在现实生活中已实现。

人之所以能看到物体，是因为物体阻挡了光波通过，将照射到物体表面的光线反射到人的眼睛里。如果有一种材料敷在物体表面，能引着被物体阻挡的光波“绕着走”，那么光线就似乎没有受到任何阻挡。在观察者看来，物体就似乎变得“不存在”了，也就实现了视觉隐身。

超材料是具有天然材料所不具备的超常物理性质的人工复合材料。通过在材料的关键物理尺度上的结构有序设计，可以突破某些表观自然规律的限制，从而获得超出自然界固有的普通性质的超常材料功能。超材料是纳米级的，比一张纸还要薄，其厚度约为纸的 1/10，能够使光线绕过物体，从而使物体隐形。

负折射率现象指的是一种光线在界面上向与常规不同方向折射的现象，参见图 5-1。在负折射率超材料中，光入射到界面时，光的折射与常规折射相反，入射光线和折射光线处在界面法线方向的同一侧，也就是说，在这种材料中光出现了异常传播，发生了扭曲现象。电影中的隐形斗篷即由具有负折射率的超材料制作。

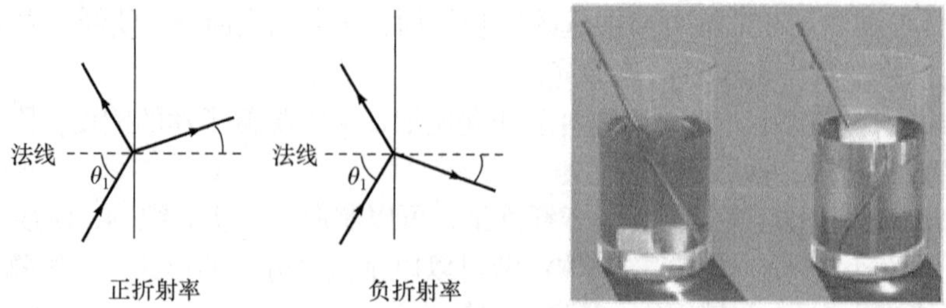

图 5-1　负折射率现象

5.1.7　服装材料中常见的有害化学物质

一件服装从纺丝、纺纱、织布、印染至成品，要经过几十道甚至更多的加工工序，各道工序都要经过酸、碱、染料、清洗剂等化学物质的处理，如果这些物质清除不净而残留在衣服上，就会给人们的健康带来危害。纺织品及服装上残留的对人体有害的化学物质包括甲醛、致癌偶氮染料、重金属、农药、防腐剂等。

1. pH

人体皮肤表层一般呈弱酸性，以防止疾病的入侵，因此纺织品 pH 控制在中性及弱酸性时对皮肤最为有益。但纺织品在印染和后整理过程中使用的各种染料和整理助剂，若未经充分水洗或中和，以及水洗过程中添加了各种整理剂而未加以规范控制，就会使最终产品的 pH 超标。pH 与标准值之间发生偏离，造成服装的酸碱不合理，将导致皮肤表层的天然屏障遭到破坏，人体皮肤受到刺激，产生灼伤感，滋生细菌，引起疾病。

2. 甲醛

甲醛是纺织服装生产中常用的一种化学物质，主要用于固色剂、防皱防缩整理剂、防腐剂等。甲醛能与纤维素羟基结合，提高印染助剂在织物上的耐久性，起固色、耐久、黏合的作用。纺织服装中或多或少都含有该化学物质。甲醛对人体(或生物)细胞的原生质有害，它可与人体的蛋白质结合，改变蛋白质内部结构并使之凝固，从而具有杀伤力，一般利用甲醛这一特性来杀菌防腐。甲醛有强烈的刺激性，对人眼、皮肤、鼻黏膜、皮肤黏膜有强烈的刺激作用，如与手指接触，会导致手指皮肤变皱，汗液分泌减少，手指甲软化、变脆；经常吸入少量甲醛，能引起慢性中毒，出现黏膜充血、头痛、软弱无力、感觉障碍、排汗不规则、体温变化、皮炎、湿疹、红肿胀痛等，也可诱发癌症等其他疾病。

长时间穿着甲醛超标的衣服，游离的甲醛被吸入人体后慢慢积累，会引起皮炎和呼吸道疾病。穿上新衣服后如出现皮肤过敏、瘙痒或呼吸道不适、咳嗽等症状，就要考虑一下是不是甲醛惹的祸。在国家历次产品质量抽检中，都有甲醛含量超标的产品被查出。我国《国家纺织产品基本安全技术规范》(GB 18401—2010)对纺织产品中的甲醛含量进行了限定：婴幼儿纺织产品不超过 $20\ mg\cdot kg^{-1}$；直接接触皮肤的纺织产品不超过 $75\ mg\cdot kg^{-1}$；非直接接触皮肤的纺织产品不超过 $300\ mg\cdot kg^{-1}$。

3. 偶氮染料

偶氮染料是指化学结构中含有偶氮基(—N═N—)的染料。因合成工艺简单、成本低、染色性能突出等优点，被广泛用于天然和合成纤维的染色和印花。偶氮染料本身是无毒无害的，但如果偶氮染料染色的纺织品与人体长期接触，染料被皮肤吸收(这种情况在色牢度不佳时更容易发生)并在人体内扩散，然后与人体正常新陈代谢过程中释放的物质(如汗液)混合起来，就会发生还原反应，释放出 20 多种致癌芳香胺。这些芳香胺在体内通过代谢作用，使细胞中的 DNA 发生结构和功能上的变化，这些变化可能成为人体病变的诱发因素，具有潜在的致癌性和致敏性，其危害性大于甲醛。因此，法规中所禁止使用的是致癌芳香胺对应的偶氮染料，并非禁止所有偶氮染料的使用。

长时间穿着含可分解芳香胺偶氮染料的衣服，会导致头疼、恶心、失眠、呕吐、咳嗽，甚至膀胱癌、输尿管癌、肾癌等恶性疾病。我国《国家纺织产品基本安全技术规范》(GB 18401—2010)规定，禁用的可分解致癌芳香胺染料有24种。

4. 残留的重金属

金属络合染料是纺织品中重金属的重要来源。天然植物纤维在生长加工过程中也可能从土壤或空气中吸收重金属。此外，在染料加工和纺织品印染加工过程中，也可能带入一部分重金属。纺织品中的重金属主要包括铜、铅、锌、铁、钴、镍、镉、锑、铬、汞等。重金属对人体的累积毒性是相当严重的，重金属一旦为人体所吸收，则可能会累积于肝、骨骼、肾、心及脑中，当受影响的器官中重金属积累到某一程度时，便会对健康造成无法逆转的巨大损害。这种情况对儿童更为严重，因为儿童对重金属的吸收能力远高于成年人。

5. 氯苯及含氯苯酚防腐剂

氯苯与含氯苯酚通常作为防腐剂用于纺织产品中。以五氯苯酚(PCP)为例，五氯苯酚是纺织品、皮革制品和木材、浆料采用的传统的防霉防腐剂，又是印花色浆增稠剂，在某些分散剂、杀虫剂中也有该物质。动物实验证明五氯苯酚具有生物毒性，可造成动物畸胎和致癌。五氯苯酚十分稳定，自然降解过程漫长，对环境有害，因而在纺织品和皮革制品中受到严格限制。

6. 农药

棉麻纤维的生长过程中经常使用某些杀虫剂，以抵抗害虫侵害，某些动物纤维往往会有残留的农兽药，虽毒性强弱不一，但都易被皮肤接触吸收，在人体内积累而危害健康。农药和五氯苯酚一样具有生物毒性，而且自然降解过程缓慢。

7. 干洗剂

四氯乙烯(C_2Cl_4)被广泛用于干洗业中。美国、西欧等国家和地区以及我国的干洗业均广泛使用含有四氯乙烯的干洗液。研究报道，四氯乙烯蒸气可导致实验动物肝、肾发生病变，而且可诱发动物癌症。人吸入后可刺激黏膜、皮肤及引起肺水肿。

8. 邻苯二甲酸酯

邻苯二甲酸酯是增塑剂，也是一类环境激素物质，在纺织品的PU或PVC涂层、胶浆印花及人造革制造等生产工艺中常见，可赋予涂层柔韧性，提高附着力。邻苯二甲酸酯为低毒物质，可溶于有机溶剂，在人体内发挥类雌激素的作用，干扰内分泌，引发男性生育问题，儿童吸收超出安全水平时易造成性早熟，对肝脏等也有极大损坏。现已被世界卫生组织国际癌症研究机构列为2B类致癌物。

9. 富马酸二甲酯

富马酸二甲酯(DMF)是一种化学防腐剂。对微生物具有广泛高效的抑菌、杀菌作用，同时具有合成工艺简单、价格便宜、防霉效果好的优点，被广泛应用于皮革及填充物、鞋类、服装等轻纺产品的杀菌及防霉处理。DMF在使用时一般被包装在封闭的小包装袋中，就像干燥剂一样。在低剂量使用时，对人体基本不会造成伤害。然而由于过量使用或受热等因素，一旦该物质从包装袋中挥发，则可能渗入产品中，引起消费者出现皮肤红肿、皮疹，严重时引发皮肤溃烂和灼伤。

为了避免或最大限度地降低这些有毒有害化学物质的伤害，可以通过“选、闻、洗、观”四法。

选，是指在挑衣服时，尽量不要购买进行过抗皱处理或经过漂白的衣服；尽量选择图案少的衣服，而且图案上的印花不要很硬；为婴幼儿购买衣服最好选择浅色的，因为浅色衣服面料在生产中引入污染的机会较少，深色的衣服经孩子穿着摩擦，易使染料脱落渗入皮肤，对孩子的身体造成伤害。特别是一些婴幼儿爱咬衣服，染料及化学助剂会因此进入体内，损伤身体。很多所谓出口转内销的优质产品，很可能是因环保审查不过关而退货，因此要选择正规生产厂商的产品，这些产品一般都经过了严格检测。如果可能，尽量购买绿色环保认证的服装，一定要认清服装上带有的一次性激光防伪标志或者注意服装所携带的有关安全标识。

闻，是指购买时闻闻衣服是否有刺鼻气味，类似于新房装修的气味。

洗，是指衣服买回家后最好用清水进行充分漂洗后再穿，因为甲醛易溶于水，这样衣服中的甲醛含量大大降低，同时可将衣服上黏附的一些污染物清洗掉。另外，衣物干洗之后要进行晾晒，除去干洗遗留的一些有害物质。

观，是指穿上新衣服后，当发现有皮肤过敏、气喘咳嗽、情绪不安、饮食欠佳等症状时，应考虑是否衣服有问题，这对老人、小孩尤为重要。

总之，在日常生活中的穿衣方面，需要注意细节，珍爱自己和家人的健康，注意以上各种有害物质，保护人身安全。

知识拓展：新型纤维服装展

5.2　食品包装材料

民以食为天，食品安全关乎人身安全，而食品包装则在其中承担着很大的责任。食品包装避免了食品与外界环境直接接触带来的污染风险；提供了食品生产、保质日期和成分等相关信息；通过包装材料优化和结构设计可保持食品性能稳定，延长食品货架期，避免食品在运输、储存过程中受到外力的挤压、冲击等导致破损、变形。

我国常用的食品包装材料主要有塑料、纸质材料、金属及玻璃。其中塑料包装所占比例超过包装材料总量的 50%，纸质包装占包装材料总量的 32%～35%，金属包装占 8%～10%，玻璃包装占 4%～6%。本节仅简要介绍塑料包装材料、纸质包装材料和功能型包装材料。

5.2.1　塑料包装材料

塑料自从发明后很快成为食品包装的重要材料，一度有“包不离塑”的说法。塑料包装具有可塑性、弹性、绝缘性、强度高、相对密度小、质量轻、抗腐蚀能力强、易于加工、资源丰富、耗能少、成本低、对食品有保护作用等优点。

1. 塑料包装材料的分类及应用

塑料包装材料的主要成分是合成树脂。目前常用的合成树脂包括聚乙烯(polyethylene，PE)、聚氯乙烯(polyvinyl chloride，PVC)、聚丙烯(polypropylene，PP)、聚酯(polyester，PET)、

聚碳酸酯(polycarbonate，PC)、聚苯乙烯(polystyrene，PS)及聚偏二氯乙烯(polyvinylidene chloride，PVDC)等。

塑料包装制品上都有一个标志：。这是由美国塑料行业相关机构制定的塑料回收标志。这套标识将塑料材质辨识码打在容器或包装上，使得每个塑料容器都有一个小小“身份证”(一个三角形的符号)，一般在塑料容器的底部。三角形里有数字 1～7，每个数字代表一种塑料材料，它们的制作材料不同，使用禁忌也不同。消费者可以通过标识知道所使用的塑料制品或包装是由什么材质制成的，应该在什么环境下使用，使用时应注意什么。这些标识符号见图 5-2。

图 5-2　塑料包装材料标识符号

1) 聚酯

聚酯材料结晶性好、无色透明、极为坚韧，具有良好的机械性、拉伸性、冲击性，成型收缩率低，耐酸碱，制品形状稳定等优点。在包装领域中，聚酯尤以包装容器的发展最为引人注目，我国 PET 瓶年产量超过 50 亿只，且呈逐年上升趋势。矿泉水瓶、碳酸饮料瓶、可乐瓶、茶饮料瓶等均为此类材质。此外，清洁用品、沐浴产品、食品用油、调味品、甜食品、药品、化妆品及含乙醇饮料的包装瓶，也都在使用 PET 材料。

聚酯材料耐热至 70℃，制成的 PET 瓶只适合装暖、冻或常温液体，装高温液体或加热易变形，而且有对人体有害的物质溶出。PET 瓶在常温条件下使用几乎不会产生有毒有害物质。

2) 聚乙烯

聚乙烯是工业和生活中应用最广的通用塑料之一，分为高密度聚乙烯(high density polyethylene，HDPE)与低密度聚乙烯(low density polyethylene，LDPE)两种。聚乙烯对酸性和碱性的抵抗力都很优异。高密度聚乙烯比低密度聚乙烯熔点高、硬度大，且更耐腐蚀。清洁用品、沐浴产品的塑料容器、超市和商场中使用的塑料袋多是高密度聚乙烯制成，可耐 110℃高温，标明食品用的塑料袋可用来盛装食品。

其他大部分的塑料袋和保鲜膜是用低密度聚乙烯做成的。低密度聚乙烯耐热性不强，通常合格的 PE 保鲜膜在温度超过 110℃时会出现热熔现象，会留下一些人体无法分解的塑料制剂。另外，用保鲜膜包裹食物加热时，食物中的油脂很容易将保鲜膜中的有害物质溶解出来。因此，食物入微波炉前，先要取下包裹着的保鲜膜。

3) 聚氯乙烯

聚氯乙烯有毒，易产生的有毒有害物质来自两个方面，一是生产过程中没有被完全聚合的单体氯乙烯，二是增塑剂中的有害物质。这两种物质在遇到高温和油脂时容易析出，可随食物进入人体，容易致癌。目前，这种材料的容器已经比较少用于包装食品。如果仍需使用，不要让它受热。PVC 材质多应用于工业产品中，如水管、建材等。

4) 聚丙烯

聚丙烯可耐 130℃高温，有较好的耐油性能，且健康环保，但透明度差。聚丙烯主要用于塑料餐盒的制作。微波炉餐盒采用这种材质制成，只有这种材质的塑料盒可以放进微波炉，在清洁后可重复使用。

5) 聚苯乙烯

聚苯乙烯无色透明，可耐高于 100℃的温度，因此经常用于制作各种需要承受开水温度的一次性容器及一次性泡沫饭盒等。聚苯乙烯绝热、绝缘、透明性好，但质脆，低温易开裂，不易被微生物分解，污染环境。聚苯乙烯制品不能放进微波炉中，以免因温度过高而释出化学物质，并且不能用于盛装强酸强碱性物质，要尽量避免用泡沫饭盒打包滚烫的食物。

6) 聚碳酸酯

聚碳酸酯能够防潮保香，无毒无害、无不良气味，耐温范围广，耐冲击，易成型，是一种理想的食品包装材料。可制成各种形状的容器，用于包装各种流体物质。缺点是产品容易破裂，耐刮痕性差。太空杯、奶瓶等均为此类材质。

7) 聚偏二氯乙烯

聚偏二氯乙烯耐油脂、耐腐蚀、耐酸、耐碱，热收缩性良好，具高阻隔性，适于密封包装，是较好的热收缩性包装材料。用作食品包装材料具有较好的柔软性和气密性，可延缓食品氧化变质，同时能够避免内装物的香味散失，防止外部不良气味侵入，适于长期保存食品。聚偏二氯乙烯对食物的防潮很有效，可用于干蔬菜、奶粉、茶叶及牛奶等食品的保鲜。

聚偏二氯乙烯虽被广泛应用，但由于其燃烧后的废弃物会产生氯化氢，导致环境污染，现已有逐步被其他材料替代的趋势。

8) 聚酰胺

聚酰胺(polyamide，PA)力学性能良好，强韧耐磨，耐寒、耐热，化学性能稳定，易加工，印刷性好，抗穿刺。聚酰胺无毒且对气味、油脂阻隔性很好，符合食品卫生安全的要求，被广泛应用于食品的冷冻包装和蒸煮包装。聚酰胺常用于酒、饮料、药品及食品的阻隔包装。目前市场销售的精制大米大多采用尼龙(聚酰胺纤维)包装袋。

2. 塑料包装材料的安全性

为了改善塑料包装制品的应用性能，人们常在石油基材料中添加多种加工助剂，这些助剂大多为人体分泌干扰物，对健康产生负面影响。塑料包装存在以下四方面食品安全问题。

(1) 塑料本身无毒，为了改性常加入一些单体材料，这些单体材料及裂解产物迁移进入食品后，对人体造成危害。

(2) 聚氯乙烯 50℃以上能析出氯化氢气体，有致突变性，危害人体；聚氯乙烯的游离单体氯乙烯在肝脏中能形成氧化氯乙烯，易致肿瘤。

(3) 在塑料上印刷图案，油墨常用甲苯、乙酸乙酯、丁酮等作为溶剂，这些物质被人体吸收后，会损伤神经系统，破坏造血功能，引起中毒。为了改善塑料的性能，在生产过程中加入润滑剂、着色剂、稳定剂等，这些物质与食品接触后可产生食品毒性。

(4) 把回收的废弃塑料当成新材料重复使用或掺混在新塑料中，造成食品安全隐患。大部分塑料制品都有较强的抗腐蚀能力，不易与酸碱反应，分解性很差，废弃后导致环境白色污染。

5.2.2 纸质包装材料

纸质包装材料的主要原材料是木材、竹子等可再生植物，废弃物芦苇、甘蔗渣、棉秆、麦秸等也可以作原材料。纸质包装材料与塑料等其他包装材料相比，在资源方面更具优势，安全性也更有保障。纸质包装材料价格低廉，生产灵活，透气性好、储运方便，柔软性好、易于造型，易回收利用，易降解，不造成环境污染。缺点在于加工过程易污染环境，存在细菌、化学物、清洁剂、涂料等残留，影响食品安全。纸质包装材料主要存在以下一些问题。

(1) 原材料中农药残留。使用的原材料如秸秆、稻草均来自农业余料，可能存在农药残留。

(2) 生产过程中添加剂的残留。生产过程中为提高纸质包装产品的综合性能，通常会添加增塑剂、荧光增白剂、消泡剂和防油剂等化学物质。其中荧光增白剂不是包装材料的必要添加剂，其主要是增加纸张白皙度，是一种致癌物，我国从 1989 开始就明确规定食品包装中禁止使用荧光增白剂。

(3) 食品纸质包装的二次使用。目前纸质材料回收处理采用的化学消解、清洗、脱墨等工艺过程，并不能完全去除纸张印刷油墨及其矿物油成分，因此这些回收的包装不能再次用于食品包装。另外，回收包装的隔离膜遭到破坏，很多分子链已经断裂，产生很多游离状态的小分子，这些游离的小分子很容易迁移到食品中。

(4) 矿物油(印刷油墨化学成分的迁移)、重金属等污染。主要指有机溶剂(苯胺、稠环类化合物等)和重金属(铅、砷、铬等)的迁移。纸张是一种纤维网状结构，分子间的结构排列没有塑料分子紧凑。油墨成分在纸张上的运动以吸收、渗透为主，其迁移主要取决于印刷压力和纸张纤维毛细管的数量与大小。用于食品或药品包装的油墨限制使用含甲醛、苯、甲苯、二甲苯和甲醇等有害物质。矿物油中还含有大量芳烃，几乎所有芳烃均有致突变性，含三个以上苯环的芳烃有遗传致癌性，高度烷基化的芳烃可能会诱发肿瘤等。日本相关部门就明确规定凡是食品包装，必须使用醇溶油墨取代甲苯油墨。

5.2.3 功能型包装材料

随着人们环保意识的增强和对食品包装材料安全性的日益关注，传统包装已经满足不了人们的要求，具有功能性的包装受到极大关注。近年来，随着新型功能材料的不断开发，包装应用研究也日益增多，包装材料越来越趋向于功能化和多元化。

目前功能包装材料发展迅速，门类众多。按照包装应用分类可分为功能性、可溶性、可食性等；按照包装的功能分类，可分为热功能、电功能、光功能、化学功能、磁功能、生物功能、记忆功能等七大类。

1. 可食性包装材料

可食性包装材料即可以食用的包装材料。它是以氨基酸、多糖、蛋白质、纤维、脂类、凝胶等天然物质为原料，采用专用设备和先进工艺生产的一类资源环保型食品包装材料。人体可以消化吸收，且对人体无害，在自然环境中能够腐蚀风化，无废弃物，这种材料质轻透明，无毒无味，不会影响食品味道，保质保鲜效果好。分为淀粉类、蛋白质类、多糖类、脂肪类、复合类和果蔬类。例如，以动物或植物蛋白为原料制成的可食性蛋白质膜类，可减少抗氧化剂和防腐剂的用量，延长食品保质期。国内可食性包装材料主要用于产品内包装，如糖果防粘淀粉纸、肠衣、胶囊壳、糖衣等。

可食包装纸是全球包装行业研究的热点。可食用纸主要有两种，一种是将蔬菜打浆、成型、烘干而成；另一种是将淀粉、糖类精化，加入其他添加剂制成，富含膳食纤维、多种维生素及矿物质。日本已经研究出了以豆渣为原料的可食性包装纸，成本低，工艺简单，广泛应用在方便面、烤肉和水果包装上。此外，最早由日本公司所研发的蔬菜包装纸实现了不用撕开包装就可食用蔬菜的功能，此种纸包装富含膳食纤维、多种维生素及矿物质，通过压膜成型法和辊压成型法经过一系列工序而制成。这种蔬菜纸颠覆了包装的定义，除了利于储存和保鲜，还富含极高的营养价值。目前市面上也出现了很多牛肉味、鸡肉味的食品包装纸。

2. 生物降解包装材料

可降解包装材料指可降解塑料，包括生物降解塑料、光降解塑料、光与生物双降解塑料、水降解塑料等。美国 FDA 规定除了生物降解塑料和极少量的水降解塑料可用于食品包装外，其他类型的可降解塑料都不能作为食品包装材料，光降解塑料不能接触食品。

生物降解是指含碳化合物在微生物的作用下最终完全降解生成二氧化碳和水的酶解过程。可用的微生物有细菌、霉菌和藻类等。塑料生物降解的主要机理是微生物在聚合物上附着，然后进行表面繁殖和消化。主要包含两个步骤：第一步，微生物通过分泌液附着到聚合物基质上，然后进行繁殖和生长，在这个过程中聚合物会发生一定的物理变形，有益于进一步的分解；第二步，微生物在繁殖过程中分泌一些特定的酶，在这些酶的作用下，高分子化合物逐渐分解为一些低聚体、二聚体及单体等小分子聚合物，最终被微生物彻底消化利用，转化为二氧化碳和水。不同的微生物种类和菌群会分泌不同的酶，能够分解不同类型的聚合物。

生物降解包装材料是以纤维素、淀粉、蛋白质、壳聚糖、脂类等食品级可再生资源为原料的一类绿色环保型材料，其最大的特点是可降解、选择通透性、抗菌、安全、方便。按照原料的来源可分为天然高分子降解塑料、微生物合成降解塑料、化学合成降解塑料等。

(1) 天然高分子降解塑料是利用淀粉、纤维素、木质素、甲壳质、蛋白质等天然高分子材料制备的生物降解材料。原料来源丰富且价格低廉，极易被微生物完全降解，而且产物无毒性。从玉米蛋白粉中提取的醇溶蛋白是可再生的天然高分子蛋白，能形成柔韧、光滑、疏水的防腐膜，具有生物可降解性。小麦粉添加甘油、甘醇、聚硅油等后，再经混合干燥、热压形成可塑性小麦塑料薄膜，可被微生物分解。但天然高分子降解塑料力学性能差，耐热性不好，不能满足现阶段材料多样化和功能化的要求。目前主要是将天然高分子改性或与其他生物降解塑料共混，得到具有广泛用途的天然高分子降解塑料。

(2) 微生物合成降解塑料是指微生物以淀粉或葡萄糖为碳源，通过酶发酵合成的高分子材料，主要包括微生物聚酯和微生物多糖。此类生物降解塑料的化学性质与聚丙烯类似，具有优良的生物相容性、压电性、气体阻隔性等，在生物医疗和包装等领域应用前景广阔。

(3) 化学合成降解塑料一般是由含有酯基或羰基的脂肪族聚酯合成而得，主要品种为脂肪族聚酯、脂肪-芳香共聚酯和脂肪族聚碳酸酯等，其分子链上的酯基和羰基结构在自然界中易被微生物或酶分解而最终降解。目前，开发较好且具备一定产业化规模的化学合成降解塑料主要包括聚乳酸(PLA)、聚丁二酸丁二醇酯(PBS)、聚对苯二甲酸丁二醇-*co*-己二酸丁二醇酯(PBTA)、聚羟基烷酸酯(PHA)、聚碳酸亚丙酯(PPC)、聚己内酯(PCL)等。

3. 纳米包装材料

纳米包装材料是指采用纳米技术，对传统包装材料进行纳米添加、纳米合成与纳米改性，然后经过加工，形成具有某些功能特性的新型包装材料。

目前国内外研究较多的是聚合物的纳米复合材料，主要是通过向柔性高分子聚合物中加入纳米超微粒子或纳米分子制备而成。由于纳米成分独特的尺寸效应，纳米包装材料在空气阻隔性、机械性能、耐热性和抑菌保鲜方面均优于传统食品包装材料。纳米包装材料已经广泛应用于食品、环境、医药等领域。

纳米包装材料是无机纳米材料与有机聚合物复合的产物。在食品包装领域，研究并应用较多的纳米包装材料有纳米银(Ag)、纳米二氧化钛(TiO_2)、纳米二氧化硅(SiO_2)、纳米氧化锌(ZnO)、纳米黏土等。

(1) 纳米 Ag 包装材料。新鲜果蔬采摘后在储存期由于代谢作用会产生乙烯，乙烯会加速果实成熟、腐烂，不利于水果的长期保存。纳米 Ag 能催化乙烯氧化成二氧化碳和水，在食品保鲜包装材料中适当添加纳米 Ag 能够加快乙烯的氧化速度，以此降低乙烯的含量，这在很大程度上能增强果蔬的保鲜效果。同时，纳米 Ag 化学性质稳定，抗菌性强，不易挥发、溶出，不污染食品，这也是纳米 Ag 在保鲜方面得到广泛应用的一个原因。

(2) 纳米 TiO_2 包装材料。纳米 TiO_2 是一种能被紫外线(340～350 nm)激发的光催化剂，对紫外线照射具有一定的屏蔽作用，可以阻止食品的自动氧化，能在一定程度上有效抑制微生物的繁殖。纳米 TiO_2 能氧化分解果蔬储藏中产生的乙烯，降低腐烂速度。有研究将纳米 TiO_2 运用在保鲜膜的制作当中，制备出了能够隔绝氧气的苹果保鲜膜。经实验测定，该保鲜膜纵向拉伸强度提升了 36%，透氧率下降了 18%，透湿率减少了 10%，二氧化碳渗透率仅变化了 1.5%。含有纳米 TiO_2 的保鲜膜保鲜效果明显优于普通苹果专用保鲜袋。此外，纳米 TiO_2 材料还具有自清洁、环保可降解、无污染的特性。这些特点使得纳米 TiO_2 包装材料在食品保鲜领域具有广泛的应用前景。但是该材料稳定性不好，长放置时间则杀菌效果减弱。因此，实际研究中常将纳米 TiO_2 与多种抗菌剂复合，如与银(Ag)、钯(Pd)、金(Au)等金属结合，制成抑菌性、稳定性较好的纳米复合材料，从而提高纳米 TiO_2 包装材料的抑菌保鲜效果。

(3) 纳米 SiO_2 包装材料。纳米 SiO_2 是目前应用比较广泛的无机非金属材料之一，无毒无味、无污染，填充于聚合物等基质中可以形成一层致密的纳米膜层，纳米膜层上有丰富的硅氧键，可以调节膜内外 CO_2 和 O_2 的交换量，达到抑制呼吸强度、保持果蔬新鲜的效果，同时，添加了纳米 SiO_2 的食品包装材料具有良好的力学和光学性能，已在食品领域得到广泛应用。

(4) 纳米 ZnO 包装材料。纳米 ZnO 具有良好的光催化活性，价格便宜，无毒无害，使用方便，遮蔽紫外线能力强，生物相容性良好，抗菌抑菌，去味防霉，在催化降解有毒有机污染物领域得到了广泛应用。纳米 ZnO 通过接触或者渗透到微生物细胞中的方式起到抗菌作用，对常见的大肠杆菌、金黄色葡萄球菌等具有较好的抗菌效果。目前国内对纳米 ZnO 包装材料的研究主要集中在单一添加方面，与其他功能物质复合使用研究较少，未来的发展方向是复合抗菌包装。

(5) 纳米黏土包装材料。纳米黏土是最早用于市售纳米复合包装材料中的新型材料之一，商品化应用也最多。其中，蒙脱土(MMT)是目前最常用的纳米黏土。蒙脱土是一类天然黏土矿物，具有类似石墨的层状结构，通过特殊方法进行改性形成纳米片层聚合物，最终形成纳米复合材料。改性能使其具有独特性能，如作为有毒物质的吸附剂、催化剂、涂层剂，尤其是聚合物-层状纳米复合材料可以提高聚合物力学性能、阻燃性、阻气性、热稳定性。美国米勒酿酒(Miller Brewing)公司和韩国海特啤酒(Hite Brewery)公司在啤酒和碳酸饮料包装中使用了MMT-多层聚合物塑料薄膜复合包装，阻隔了啤酒和饮料内部气体逸出和外界空气侵入，保证了食品的感官质量，延长了食品的货架期。

4. 智能包装材料

智能包装是食品包装界新兴的一种包装技术。它是在产品流通与销售过程中检测包装食品环境条件和获取食品质量与安全信息的包装技术，具有感知、检测、记录、追踪、通信、逻辑判断等智能功能，可追踪产品、感知包装环境、通信交流，从而促进决策，达到更好地实现包装功能的目的。智能包装在整个供应链中都具有通信交流功能，从原材料供给开始，到产品制造、产品包装、物流配送、消费和使用后包装废弃物处置的整个供应链中承担信息感知、储存、传递、反馈等重要功能。例如，盒马鲜生推出了利用大数据和二维码追溯技术的“日日鲜”系列，实现了蔬菜、水果、肉类、鸡蛋、水产品等商品从种植养殖、采收、加工、包装、储运到销售的动态化信息查询。

1) 智能包装材料的特点

智能包装所使用的材料主要是指能自我感知周围环境变化，及时做出判断并采取相应措施的一类材料。与传统包装材料相比，智能包装材料有三个特点。

(1) 感应性：智能包装材料对周围环境的变化十分敏感。

(2) 识别性：智能包装材料对不同影响因素能够加以识别并做出下一步动作。

(3) 调控性：智能包装材料能够根据环境变化调整自身条件以适应环境变化带来的影响。

2) 智能包装材料的分类

智能包装材料根据其在包装系统中表现出的特征可以归纳为变色包装材料、发光包装材料、活性包装材料等。

(1) 变色包装材料。变色包装材料是指材料在受到外界特定激发源刺激时，通过改变颜色做出反馈，这种材料可用于包装图案显示、信息记录、警示提醒、防伪等领域。例如，日本研发的一种智能变色标签，当肉质腐败时，微生物发酵产生的氨气与标签中的化学物质反应，使标签从白色变为紫色，不能被机器识别，这样商品就无法继续销售。

(2) 发光包装材料。发光包装材料是指材料在受到外界影响时，能以某种形式吸收能量，并以光的形式表现出来，形成包装视觉传达，具有警示提醒、防伪及互动等功能。在工业上常以油墨涂料、陶瓷玻璃或者有机材料为载体。例如，发光酒包装就是利用发光油墨制成，包装被拿起后包装上的图案会依次变亮，每 18 s 循环一次，既能做到防伪又能提高商品档次。

(3) 活性包装材料。活性包装材料指的是包装材料具有特定物质吸收剂或释放剂，能改变包装内部氧气和二氧化碳浓度、温湿度、pH 及微生物含量，创造适宜内装物储藏的气体环境，延长食品的货架寿命，改善食品的气味和口感，提高食品的卫生安全性，从而维持食品品质。目前已应用于生鲜食品、果蔬、医药及日用品的包装和储运中。

食品工业的发展离不开包装，食品包装材料与食品安全紧密相关，目前市场上广泛使用的几类食品包装材料既有优势又有不足。相信在不久的未来，随着现代科技的进步与发展，困扰人们的食品包装问题将会逐一解决，实用、绿色、安全、价廉的高科技食品包装材料将会一一展现在人们面前。

5.3　建筑交通功能材料

城市化进程的加快和交通运输的突飞猛进所带来的城市规划建设不合理、住宅建筑能耗高、化石能源短缺、环境污染等问题日益严重，并严重影响了人类健康。近年来我国许多大城市屡遭暴雨袭击，内城“看海”导致的不仅是惨重的经济损失，更是生命的代价。关于室内装修材料不达标引起癌症、白血病、不孕症的报道屡见不鲜。因此，实现城市和自然间的和谐共处，开发绿色建筑、交通功能材料迫在眉睫。

5.3.1 海绵城市建设材料

1. 海绵城市概念

高速发展的经济、科技及加速推进的城市化进程，使得城市内涝、饮用水资源紧缺，热岛效应、城市生态环境污染等问题日益突出。受国外低影响开发理念启发，国内学者提出了与城市水文过程紧密结合的解决之道——海绵城市(sponge city)。

2012 年 4 月，2012 低碳城市与区域发展科技论坛首次提出海绵城市概念。海绵城市也称水弹性城市，比喻城市像海绵一样，在适应环境变化和应对自然灾害等方面具有良好的弹性，在降雨时能就地或就近吸收、存蓄、入渗和净化雨水，从而补充地下水，实现城市雨水资源的有效利用；在干旱缺水时将蓄存的水释放出来，从而让水在城市中更加自然地进行传输和循环，见图 5-3。海绵城市是一种形象的表达，其学术术语为低影响开发雨水系统构建(low impact development of rainwater system construction，LIDRSC)。

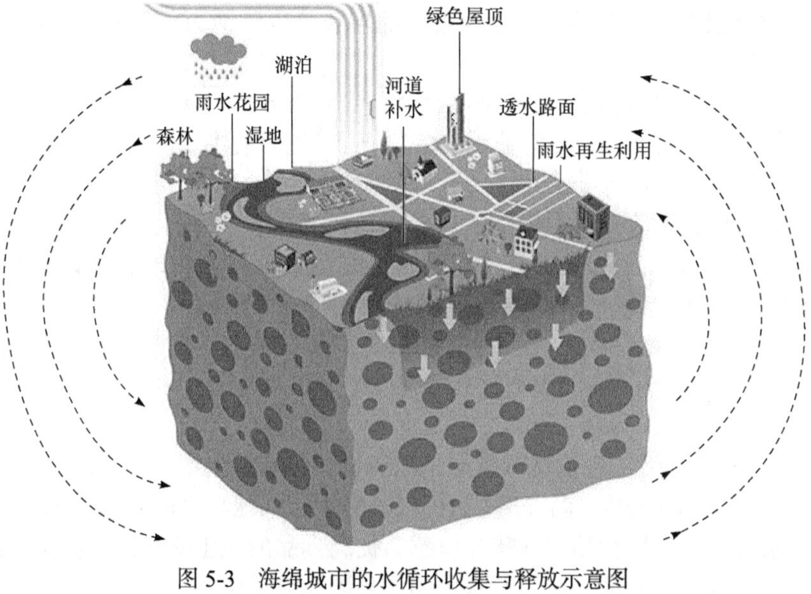

图 5-3 海绵城市的水循环收集与释放示意图

海绵城市的理念是以保持和维护原生水文为原则，通过改变传统雨水排放方式，提高城市自然雨水储蓄及排水能力。可以说，海绵城市是一种运用生态学以柔克刚的创新理念。在城市建设中引入海绵城市，对于改善城市现状，实现可持续发展，显得尤为重要。

2. 海绵体及其类型

建海绵城市就要有海绵体。海绵城市建设的关键是实现城市渗、滞、蓄、净、用和排等功能，而这几种功能的实现主要依赖于海绵体的应用。海绵体是指在进行海绵城市建设的过程中能够起到载体作用的各种设施，包括河、湖、池塘等水系，屋顶、绿地、花园、透水道路等城市配套设施。例如，让城市屋顶“绿”起来，“绿色”屋顶在滞留雨水的同时起到节能减排、缓解热岛效应的功效，道路、广场采用透水铺装等。

良好的海绵体设计是将各种功能进行综合，海绵体能够同时起到净化水质、控制城市整体水量的功能。由此可见，在海绵城市的建设过程中，海绵体的建设开发是重中之重。

3. 透水路面材料

打造海绵城市从透水道路开始。透水道路通过采用具有孔隙结构的面层或者排水渗透设施使雨水能够就地下渗，从而达到减少地表径流、雨水还原地下的目的。透水道路要求结构面层和基层必须具有透水的性能。透水道路断面结构见图 5-4，面层和基层要求具备较高的强度和良好的透水性，这样基层下面的土质层能获得雨水，变成海绵体。

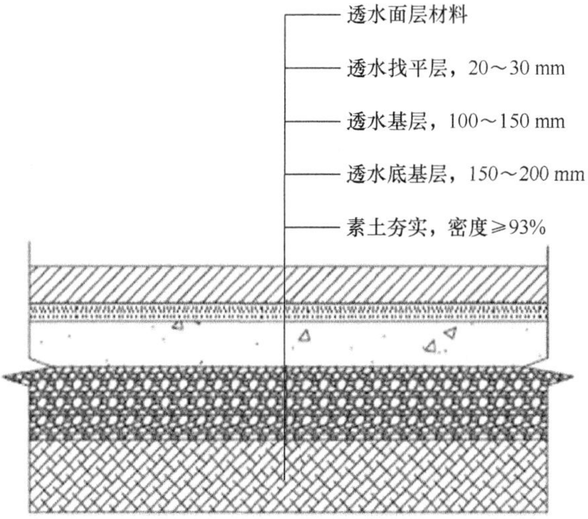

图 5-4　透水道路断面示意图

透水道路多采用透水沥青混合料、透水水泥混凝土、透水路面砖、微孔透水材料等多孔材料来铺装面层。

1) 透水沥青混合料

透水沥青混合料常用于路表磨耗层，兼具磨耗与排水功能。为了保证良好的透水性，透水性沥青路面面层和基层全部采用多孔的开级配结构，混合料所用的粗集料(粒径 4～14 mm)为单一粒级且用量较大，而细集料与矿粉填料用量很少，从而形成骨架-孔隙结构，孔隙率可高达 15%～25%。一般认为当沥青路面的透水率达到 1500 mL · h^{-1} 时就是透水沥青路面了。普通沥青和透水沥青混合料对比见图 5-5。透水沥青混合料对沥青胶结料的要求很高，需具备很高黏度方可有效黏结矿料、保证强度。例如，日本所用 TPS 改性沥青，60℃动力黏度高达 117 kPa · s，为普通沥青的近千倍。

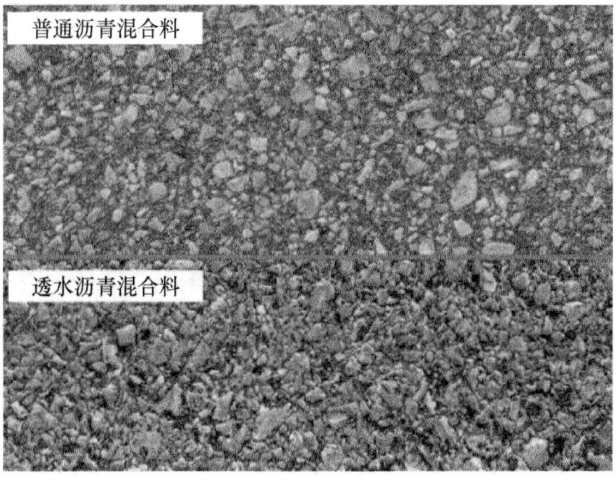

图 5-5　普通沥青混合料和透水沥青混合料对比图

2) 透水水泥混凝土

透水水泥混凝土实为大孔混凝土，它采用单一粒级的粗集料(粒径 6～20 mm)作为骨料，水泥作为主要胶凝剂，同时严格控制水泥浆用量，使其恰好包裹粗集料表面，但不致流淌填充集料间孔隙，这样便在粗集料颗粒间形成可透水的较大孔隙。透水水泥混凝土的透水系数一般在 500 $mL \cdot min^{-1}$ 左右，孔隙率为 11%～20%。普通水泥混凝土和透水混凝土的结构对比见图 5-6。

图 5-6　普通水泥混凝土和透水水泥混凝土结构对比图

透水混凝土由于采用大孔隙透水结构，存在易堵塞失效的缺陷，导致海绵城市建设配套的蓄排水系统失效，需要反复翻修。研究人员试图降低骨料粒径，但水泥凝结时间较长，造成小孔隙板结堵塞，有效透水时间较短。水泥胶结料黏结力不强，需增加水泥用量，但易造成透水性差。为保证透水效果，只能减少水泥用量，但势必造成透水砖的耐磨性差，这是目前这类材料暂时无法避免的缺陷。

3) 透水路面砖

目前我国透水路面砖品种较为繁杂，常见的有混凝土透水路面砖、自然砂透水路面砖、陶瓷透水路面砖等。混凝土透水路面砖和自然砂透水路面砖是将粒径相近的砂、石颗粒用无机胶凝材料或有机黏结剂搅拌混合后压制成型，形成带有通道孔的砖坯，再经养护而成；陶瓷透水路面砖是以黏土或氧化铝为黏结料，以粒径相近的陶瓷碎粒、玻璃碎片等为主要原料，经筛分、干燥、压制成型，并预留通道孔，再经高温烧结(1000℃以上)而成。近年来多孔混凝土透水路面砖在工程中的用量增多，其砖体透水孔隙的形成不是靠预留通道孔，而是在原材料中加入松香等发气剂，发气剂在制砖过程中因体积膨胀而形成连续孔隙，此种孔隙孔径较小、分布较均匀。

4) 微孔透水材料

微孔透水材料是目前新兴的一种环保型透水路面材料，透水系数高达 1900 $mL \cdot min^{-1}$，孔隙率高达 30%。微孔透水材料以环氧树脂、聚氨酯类等聚合物高分子材料为胶凝剂，以石英砂或风积砂为骨料，免烧压制成型。微孔透水材料基于超亲水属性来降低流液表面张力的原理，见图 5-7，以实现微孔渗透，并利用细砂骨料颗粒间几十微米间隙将流液中悬浮颗粒过滤在材料表面以防止孔隙堵塞。微孔透水材料面层高分子组分具有一定超亲水性，水滴在材料表面几乎完全铺展，接触角小于 10°。微孔透水材料的结构呈立体蜂窝状，由颗粒-界面-黏结基质构成，颗粒为石英砂或风积砂，主要化学成分为 SiO_2，强度较高；黏结基质为高分子树脂，固化成型后强度高，不易破坏，耐久性好。微孔透水材料克服了大孔隙透水易堵塞失效、强度偏低、耐久性差等缺陷。

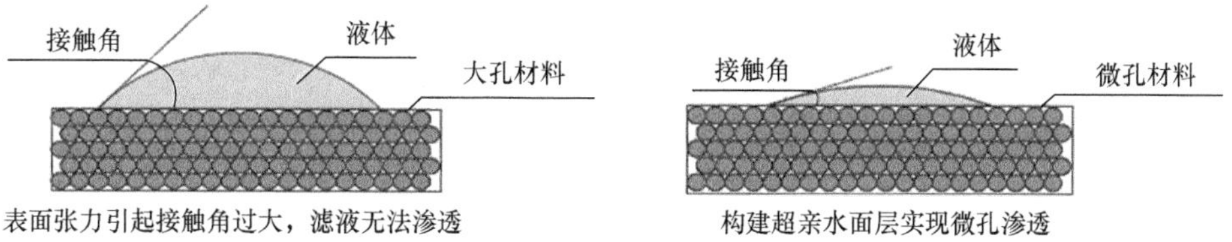

图 5-7　表面张力对流液渗透的影响

5.3.2　室内表面功能材料

根据有关统计，人类活动时间的 80% 都是处在室内，因此室内的舒适度至关重要。一个理想的室内环境不仅要满足人体安全、舒适的要求，还应不用或少用人工采暖通风或空调系统，以达到建筑节能和环境保护的目的。将具有特殊性能的功能材料应用于室内装潢，可实现改善室内环境安全性、舒适度和提升建筑节能的效果，并促进室内表面建筑材料的功能化、生态化和无害化发展。

1. 调温建筑材料

相变材料利用物质发生相变时需要吸收或放出大量热量的性质来储存或放出热能，进而达到调整、控制工作源或材料周围环境温度的目的。将相变材料与传统建筑材料(如混凝土、石膏、砂浆等)相结合，在满足强度等使用要求的基础上，制备出具有节能作用的调温建筑材料。由于相变材料具有蓄热特性，在温度升高熔化时吸收热量，而当温度降低凝结时放出热量，这样就可以实现在夜间充分储存能量，用来全部或部分负担白天的峰值负荷，使建筑供暖或不用空调或少用空调，也可减少所需空气处理设备的容量，降低空调或供暖系统的运行维护费用。同时，可减小建筑物内的温度波动，提高室内的舒适度。加拿大康考迪亚大学建筑研究中心用 49%丁基硬脂酸盐和 48%丁基棕榈酸盐的混合物作相变储能墙板，其储热能力是普通墙板的 10 倍。

2. 调湿建筑材料

调湿材料是指不需要借助任何人工能源和机械设备，依靠自身的吸放湿性能感应所调空间空气湿度的变化，从而自动调节空气相对湿度的材料。将调湿材料应用于建筑物内表面，可以达到自动调节室内环境湿度的效果。调湿材料具有微孔分布均匀、孔隙率高和比表面积大的结构特征，其中孔结构特征是影响其吸湿性能的重要因素，孔容积与总比表面积值越大，则其吸湿性能越强。调湿材料的种类有硅胶、无机盐类(如 $CaCl_2 \cdot 6H_2O$、NH_4Cl、$NaNO_3$ 等)、无机矿物(如硅藻土、沸石、海泡石、膨润土等)、有机高分子等。

调湿材料的调湿原理见图 5-8，当室内空气湿度超过某一定值 φ_2 时，平衡含湿量急剧增加，材料吸收空气中的水分阻止空气湿度的进一步增加；当室内空气湿度低于某一值 φ_1 时，平衡含湿量急剧降低，材料放出水分阻止空气湿度的进一步降低。从图中可以看出，只要调湿材料的平衡含湿量处于 U_1～U_2 之间，环境内空气相对湿度就可以维持在 φ_1～φ_2 之间。

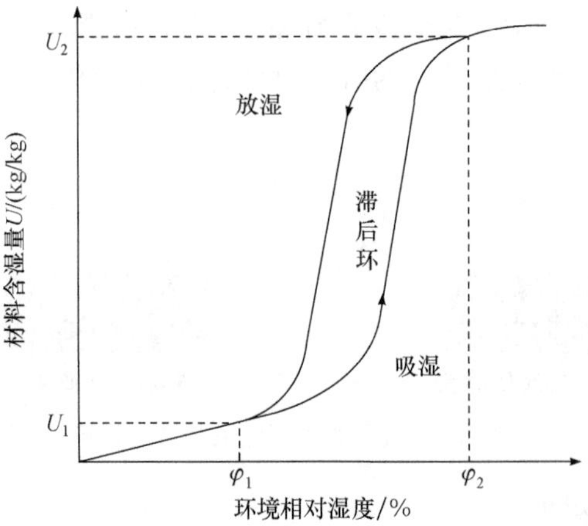

图 5-8 调湿材料吸放湿曲线

3. 光催化建筑材料

光催化建筑材料是将光催化材料添加在建筑材料中或涂在建筑物表面，在太阳光或紫外线照射下能够有效降解和去除有机污染物和微生物等，同时保持良好使用性能的绿色建筑材料。目前，具有光催化性能的材料主要是氧化物半导体和硫化物半导体，其中纳米二氧化钛因具有较强的氧化性能、化学稳定性、热稳定性，以及优异的耐候性、耐腐蚀性，且安全无毒，成为光催化材料研究的重点。

研究人员将 TiO_2 的光催化性能和超亲水特性与建筑材料结合制成绿色建筑材料，使建筑材料表现出特殊的性能。例如，将纳米 TiO_2 薄膜负载于玻璃、陶瓷表面制成的自洁玻璃、自洁陶瓷，就是利用了纳米 TiO_2 的超亲水(或超疏水)特性和在太阳光照射下能催化分解表面微生物的特性，使玻璃、陶瓷表面具有长期防污和自清洁功能，降低了建筑物的清洗和保洁成本。将纳米 TiO_2 充分混匀于水性乳胶漆中，可制成无污染、具有净化空气、除臭等功能的功能涂料。将负载纳米 TiO_2 的活性碳纤维与高吸水性树脂凝胶、沸石粉进行复合，并辅以发泡剂、稳定剂等，可制备出具有吸附降解甲醛、调节湿度作用的复合型纳米 TiO_2 多孔材料。

4. 绿色涂料——硅藻泥

硅藻是一种单细胞藻类生物。硅藻土是以硅藻遗骸(壳体)为主的一种生物沉积岩，主要成分为硅藻遗骸、石英、长石和黏土矿物。在 1000 倍的显微镜下可观测到壳体形貌呈筛状，微孔直径 0.1～0.2 μm，规则、整齐地排列成圆形和针形，见图 5-9。硅藻土质轻疏松，密度为 1.9～2.3 $g \cdot cm^{-3}$，堆积密度为 0.34～0.65 $g \cdot cm^{-3}$，比表面积为 40～65 $m^2 \cdot g^{-1}$，孔隙率达 80%～95%，吸水率是自身体积的 1.5～4.0 倍。硅藻土的化学成分主要是二氧化硅，但其在结构上是无定形的，即非晶态的。这种非晶态的 SiO_2 又称蛋白石，其实是一种含水的无定形胶态 SiO_2，可以表示为 $SiO_2 \cdot nH_2O$。纯度高的硅藻土为白色，因含有少量的氧化铝(Al_2O_3)、氧化铁(Fe_2O_3)、氧化钙(CaO)、氧化镁(MgO)及有机质等呈现灰色和浅黄色。

硅藻泥涂料的主要原料是硅藻土，硅藻土独特的微观结构决定了其具有多种功能，是乳胶漆和壁纸无法比拟的。

1) 绿色耐用特性

硅藻泥涂料主要由纯天然无机材料构成，天然环保，色彩柔和，不容易使人产生视觉疲

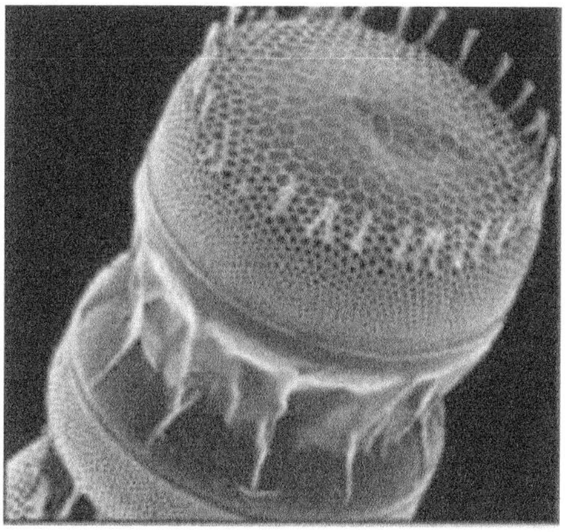

图 5-9　硅藻土的分子筛结构

劳，可以保护视力。同时，硅藻泥墙面不褪色、不脱落、不开裂、耐氧化，墙面长期如新，寿命可达 20 年以上。

2) 空气净化功能

单位面积上硅藻泥的微孔数是活性炭的 5000～6000 倍，因此可以有效地把空气中游离的甲醛、苯、氨等有害气体“吸”进去；而硅藻泥中的天然光触媒可以在光的作用下将水电解出氢氧根离子，氢氧根离子将甲醛和苯等有机物氧化为对人体无害的二氧化碳和水并“呼”出去。这种“呼吸”虽然微弱，却源源不断，永不饱和。除了可以吸收有害气体，还能够有效清除室内存在的异味，如宠物的体臭、养鱼的鱼腥等，使室内一直保持空气清新。

由于硅藻泥吸附有害气体及异味的过程为物理吸附，是由其多孔结构来实现的，因此应选择保持良好孔结构和大吸附容量的硅藻土。

3) 呼吸调湿功能

硅藻泥独特的微孔结构同样对空气中的游离水分子有很强大的吸附作用，而吸放湿度刚好与人体最适宜的环境湿度 45%～65% RH(relative humidity)相近，所以硅藻泥对湿度的调节是双向的。当室内空气潮湿的情况下，硅藻泥的微孔可以将空气中的水分吸收储存起来，当空气干燥的情况下，可以释放储存的水分，达到“呼吸调湿”功能。

4) 释放负离子功能

负离子是指带电荷的氧离子，常常把空气负离子统称为负氧离子。硅藻泥中的天然光触媒在光的作用下电离水分子时所产生的自由电子大部分被氧气所获得，生成负氧离子。负氧离子能够促进人体维生素的合成，故被誉为空气维生素，能在一定程度上改善人体的呼吸，起到镇静、催眠、镇咳等作用。例如，雷雨过后空气中的负氧离子增多，人们感到心情舒畅；而在空调房间，因空气中的负氧离子经过一系列空调净化处理后大幅度减少甚至消失，人们长时间停留会感到胸闷、头晕、乏力，这就是所谓的空调综合征。

5) 防火阻燃

硅藻泥的熔点可达 1400℃以上，化学稳定性好，不易燃烧，遇明火不燃烧、不产生任何有毒有害气体。

6) 吸音降噪

硅藻泥的微孔结构阻挡了声音的传播，因此具有很强的降噪功能，可以有效地吸收对人体有害的高频音段，并衰减低频噪声。其功效是同等厚度的水泥砂浆和石板的两倍以上，同时能够缩短 50% 的余响时间，大幅度地减少了噪声对人体的危害。

7) 防霉菌功能

霉菌的存在影响墙体美观的同时，还对其造成破坏。霉菌生存的第一要素是需要一定的有机营养环境，硅藻泥是无机矿物质，从根源上就杜绝了霉菌的生长。而市面上很多假的硅藻泥采用的是有机黏合剂如改性淀粉、树脂等，就难以杜绝霉菌的生长。霉菌滋生的第二个重要条件就是潮湿，霉菌滋生的最佳湿度在 75% RH 以上，而硅藻泥可以自动调节室内湿度在 45%～65% RH，从而避免霉菌滋生。硅藻土含量越高，硅藻泥的调湿效果就越明显，如果硅藻泥中的硅藻土含量过低或者被堵孔，无法及时吸、排放水分子，就会失去自动调湿的能力，湿度一旦达到霉菌的滋生湿度，霉菌就会开始滋生。

5.3.3 外墙保温隔热材料

在建筑中采用良好的保温隔热材料，可以对建筑环境的改善起到事半功倍的效果，大大降低用于室内供暖、降温等工程的能源消耗。实现建筑物外墙的保温及隔热功能主要体现在对低导热系数(导热系数通常小于或等于 0.2)材料的应用。

1. 发泡水泥板

发泡水泥以前称为泡沫混凝土，是采用物理或化学方法将发泡剂、水泥基胶凝材料、骨料、掺合料、外加剂和水，经混合、搅拌、发泡和切割等工艺制成的轻质气泡状绝热材料，见图 5-10。发泡水泥内部包含大量封闭气孔(气孔率大于 90%)，气孔内不流动的空气是很好的绝热介质，可切断热交换。发泡水泥密度越低、气孔越多、绝热性就越好，特别是密度低于 500 kg · m^{-3} 的发泡水泥，其导热系数小于 0.09 W · $(m \cdot K)^{-1}$。通常把导热系数低于 0.23 W · $(m \cdot K)^{-1}$ 的材料称为绝热材料，把低于 0.14 W · $(m \cdot K)^{-1}$ 的绝热材料称为保温材料。发泡水泥导热系数大多数低于 0.14 W · $(m \cdot K)^{-1}$，多数低于 0.09 W · $(m \cdot K)^{-1}$，热阻是普通混凝土的 10～20 倍。发泡水泥作为一种新型外墙保温材料，具有优良的保温隔热性能，其阻燃性能达到 A 级不燃，此外还体现出水泥基材料的耐久性和低成本；不足之处也很突出，如性脆、抗折强度低等，因而只能制成小尺寸的板材应用，通常为 300 mm× 300 mm。

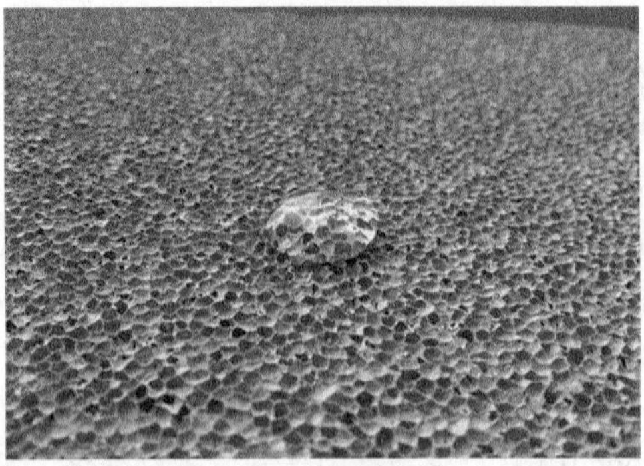

图 5-10　发泡水泥

2. 无机复合纤维保温板

无机复合纤维保温板是以高聚硅酸盐纤维、玻璃纤维等超细无机纤维为主要原材料，加入无机黏合剂、憎水剂及其他添加剂，充分水溶并搅拌均匀后，经脱水压制成板状，再经烘干切割而成的高效保温板材。它是一种基于微孔原理的绝热保温材料，综合性能显著超过传统的保温材料，其密度低于 300 kg · m^{-3}，导热系数小于 0.04 W · (m · K)$^{-1}$，燃烧性能等级为 A 级。

3. 膜材料

建筑专用膜材料具有采光性好、密度低、机械强度大、耐久性能好、抗燃性强、保温及防紫外线能力高的特点，是一种新型环保节能材料。当前应用在建筑物的膜材料类型较多，基于材质的差异可分成聚四氟乙烯膜材料与聚氯乙烯膜材料。膜材料采光性好，能够实现对自然光线的充分利用，从而降低建筑照明用电量；更好的反射率和更低的光吸收效率能够在一定程度上阻隔阳光辐射，使其具备优良的保温隔热性能；稳定的化学性质使其不会因为外界因素影响而发生变化。膜材料作为一类高性能的环保节能建筑材料在西方国家取得了普遍的运用。我国水立方的外墙就是采用了乙烯-四氟乙烯共聚物膜材料。

4. 保温隔热涂料

将纳米空心微珠、高级乳液、二氧化钛等混合材料涂刷在墙面，干燥固化后形成三维空心网络结构。这类结构中包含着大量重叠的空气组，即形成一个个独立的保温隔热单元。当这类保温隔热单元达到一定厚度后，就可以形成具有一定韧性和强度的保温隔热涂层，既具有良好的热反射率，又可以有效抑制热辐射和热传导，见图 5-11。

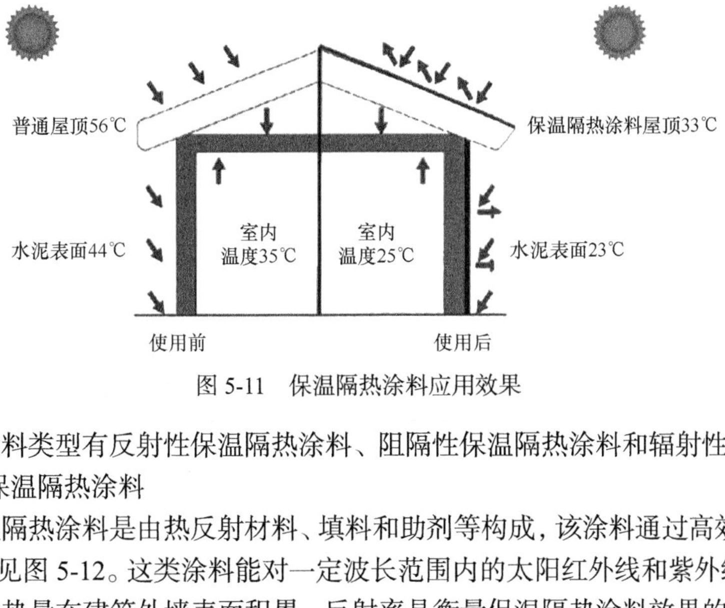

图 5-11　保温隔热涂料应用效果

保温隔热涂料类型有反射性保温隔热涂料、阻隔性保温隔热涂料和辐射性保温隔热涂料。

1) 反射性保温隔热涂料

反射性保温隔热涂料是由热反射材料、填料和助剂等构成，该涂料通过高效反射太阳光来达到隔热目的，见图 5-12。这类涂料能对一定波长范围内的太阳红外线和紫外线进行反射，避免太阳光辐射的热量在建筑外墙表面积累。反射率是衡量保温隔热涂料效果的一项重要指标，国家标准要求反射性保温涂料的太阳反射比不低于 85%。

反射性保温隔热涂料具有以下优点：①能够反射太阳光热量，降低热量的传递；②所含的有害物质微乎其微，不会对环境造成污染；③反射性材料的色彩一般较为明亮多样，符合建筑外墙的装饰性要求。

但反射性保温隔热涂料的市场较为混乱，涂料的有效性难以得到验证，其价格也相对高于其他类别的隔热保温涂料。

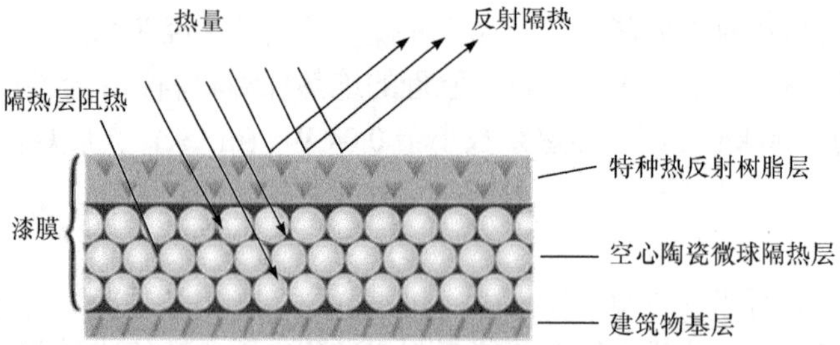

图 5-12 反射性保温隔热涂料隔热示意图

2) 阻隔性保温隔热涂料

类似于反射性涂料的高反射率，阻隔性涂料通过自身的高热阻实现隔热。通过在墙面涂刷一定厚度的阻隔性涂层，可以大大降低外墙的平均热导率，减缓热量的传递。

阻隔性涂料的特点是：①具有较小的密度；②辅以适当的分散剂和成膜助剂，可以很好地黏结在一起，形成高韧性、高耐候性的隔热涂层。

但阻隔性保温隔热涂料具有干燥收缩率大、装饰性能差等缺点，因此其在外墙隔热保温方面的应用受到限制。

3) 辐射性保温隔热涂料

建筑外墙所能接受到的太阳光可以按波长分为紫外光波段、可见光及红外光波段，而辐射性保温隔热涂料就是将所接受到的太阳光中的热量统一以最为高效的红外光辐射出去，起到隔热目的。

辐射性保温隔热涂料与上述两类涂料最为明显的区别在于，它能够主动将建筑外墙中已有的热量以辐射的形式散失掉，而其他两类材料只能够减缓热量的传导，而不能主动进行降温。实际上，太阳的辐射能大多集中于比较短的波长段，如果能将这部分热量以波长较长的红外光形式发射出去，可以有效地提高热量散失效率。因此，辐射性保温隔热涂料具有明显的应用意义。

5.3.4 碳纤维材料

1. 碳纤维的特性

碳纤维(carbon fiber，CF)是一种含碳量在 95% 以上的高强度碳材料，它是由石墨微晶等有机物纤维沿纤维轴向堆砌而成，经碳化及石墨化工艺处理而得到的微晶石墨集合体。碳纤维与高分子树脂、陶瓷、金属等基体材料复合而制成的结构材料简称碳纤维复合材料。

碳纤维具有“外柔内刚”的特征，具体特征如下。

(1) 密度小、质量轻。碳纤维的质量是钢的 1/4，是铝合金的 1/2；比强度是钢的 17 倍，是铝合金的 13 倍。

(2) 强度、弹性模量高。碳纤维树脂复合材料抗拉强度一般在 3500 MPa 以上，是钢的 7～9 倍；抗拉弹性模量为 23000～43000 MPa，也高于钢。

(3) 热膨胀系数小，导热系数大；摩擦系数小，具有润滑性。

(4) 耐高、低温性能好。碳纤维可在 2000℃下使用，在 3000℃非氧化气氛的高温下不熔化、不软化。在−180℃低温下，钢铁会变得比玻璃脆，而碳纤维仍很柔韧。

(5) 耐酸、耐油、耐腐蚀性能好。能耐浓盐酸、磷酸、硫酸、苯和丙酮等介质侵蚀。将碳纤维放在质量分数为 50% 的盐酸、硫酸或磷酸中，200 天后其弹性模量、强度和直径基本没有变化；在质量分数为 50% 的硝酸中只是稍有膨胀，其耐腐蚀性能超过黄金和铂金。

(6) 导电性好，抗辐射，可加工性能好。例如，由于碳纤维布质轻又可折可弯，可适应不同构件形状，根据受力需要可粘贴若干层，而且施工时不需要大型设备，也不需要采用临时固定，对原结构无新的损伤。

2. 碳纤维的应用

碳纤维独特的性能使它既可作为结构材料承载负荷，又可作为功能材料发挥作用。在航空、航天、汽车、环境工程、化工、能源、交通、建筑、电子、运动器材等众多领域得到了广泛应用。

1) 航空航天领域

由于碳纤维性能优越，其复合材料具有比强度高、设计性好、结构尺寸稳定、抗疲劳断裂性好和可大面积整体成型，以及特殊的电磁性能和吸波隐身的特点，在高科技的航空航天及军事领域得到应用，如用于生产军用和民用飞机、战略导弹和运载火箭等。

在航空领域，碳纤维用于水平和垂直尾翼、地板梁等基础结构材料，以及副翼、螺旋桨、升降舵、引擎等其他部件。在 20 世纪 80 年代早期，碳纤维作为结构材料开始被广泛地用在民用飞机和航空飞行器上。空中客车 A350 中碳纤维复合材料用量已接近总质量的 40%，波音 787 的机翼和机身上使用的碳纤维复合材料比例超过了 50%。碳纤维也大量用于航天器制造，如在人造卫星中用作构件、太阳能板、天线和其他部件等。将来或许人人都会拥有背包式碳纤维个人飞行器，飞着去上班，见图 5-13。

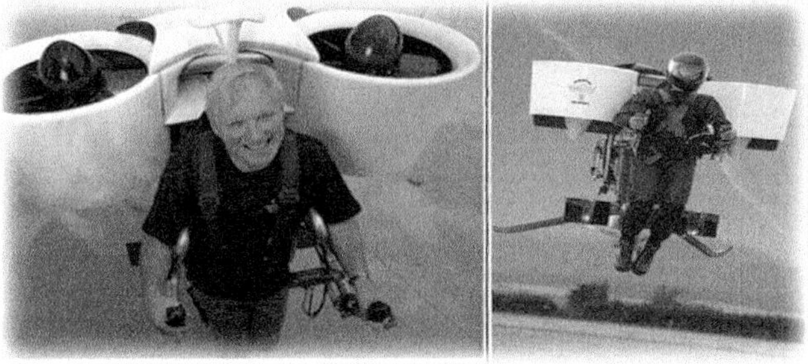

图 5-13 背包式碳纤维个人飞行器

2) 汽车制造领域

汽车轻量化是汽车产业的核心技术和重要发展方向，已经成为国家制造业的发展战略之一。已有实验证明，汽车整车质量减轻 10%，油耗将减少 6%～8%，排放降低 5%以上，制动距离缩短 5%，加速时间缩短 8%，转向力矩减少 6%，轮胎寿命提高 7%，材料疲劳寿命提高 10%，CO_2 排放量降低 8～11 g · (100 km)$^{-1}$；对于纯电动汽车，整车质量降低 10%，平均续航能力可以提升 5%～8%。碳纤维及其复合材料具有质量轻、强度高、耐腐蚀、安全性好等不可替代的优势，是汽车轻量化所使用的最佳材料。

目前，碳纤维复合材料在汽车上的应用部件主要包括汽车车身、制动器衬片、座椅加热垫、燃料储罐、传动轴、轮毂等部件，还包括汽车底盘、仪表盘、引擎盖、座椅及座椅套垫、导流罩和 A 柱等部件。使用碳纤维复合材料可使车身、底盘减重 50%以上；用碳纤维复合材料所制的板簧，质量仅为 14 kg，比传统材料减重 76%。利用碳纤维制造的汽车传动轴具有很好的降噪和减震作用，保证了汽车整体工作的平顺性。

由于成本高，碳纤维复合材料在汽车中的应用还相当有限，目前仅在一些如 F1 赛车、高级乘用车、小批量车型上有所应用，如宝马 i3 和 i8 车身、通用的 Ultralite 车身、福特的 GT40 车身等。

3) 土木建筑领域

20 世纪 80 年代末 90 年代初在发达国家兴起了一种以碳纤维布加固修复混凝土结构的新型技术，我国从 20 世纪 90 年代也开始研究和应用，这种技术已较为成熟，主要原理是通过高性能的黏合剂将一些碳纤维布粘贴在桥梁结构的表面上，继而达到加固桥梁，增强桥梁整体结构的效果。此种加固技术具有如下特征。

(1) 加固工艺简单，无需大型设备、模板及支撑，所需工作面很小，不受施工空间的限制，施工工期短。

(2) 主要用于混凝土桥梁构件和节点的加固补强，能够明显提高构件的抗弯和轴向承压能力。碳纤维还有抗震、抗风、抗疲劳和抗腐蚀的性能，因而在挠度和裂缝控制方面也起到一定的作用。

(3) 与普通碳素钢板的拉伸强度相比，碳纤维布的拉伸强度较高。

(4) 碳纤维布的比重比钢材低很多，从而减小了桥梁结构的质量和体积，节省了材料。

在混凝土构件中，碳纤维可以与钢筋共同工作或者代替钢筋单独在构件中起作用。目前很多桥梁和房屋构件内部已经使用了碳纤维。在未来的桥梁建设中，碳纤维可用于大跨度的桥梁构件，并能解决许多在以往桥梁建设中无法克服的困难，如构件的高强度和质量之间的关系，解决桥梁未达到设计年限就损坏的问题，解决桥梁构件在一些特殊环境中不耐腐蚀等问题。

知识拓展：判断皮肤类型

5.4 生物医用材料

生物材料科学已成为一门与人类现代医疗保健系统密切相关的学科。2015 年全球生物医用材料直接和间接的市场总额已达 60 亿美元，已成为世界经济的支柱性产业之一。

5.4.1 生物医用材料概况

1. 生物医用材料

生物医用材料(biomedical material)是指用于与生命系统接触和发生相互作用的，并能对其细胞、组织和器官进行诊断治疗、替换修复或诱导再生的一类天然或人工合成的特殊功能材料，又称生物材料(biomaterial)。

生物医用材料跨越了材料、医学、物理和生物化学等多学科领域。目前可以有目的地设计材料，以达到与生物组织的有机结合，人体上上下下几乎各种器官都能被生物医用材料所替代或修复。

2. 生物医用材料的应用

生物医用材料的用途主要有三种：一是替代损害的器官和组织，如人造心脏瓣膜、假牙和人工血管等；二是改善和恢复器官的功能，如隐形眼镜、心脏起搏器等；三是辅助治疗过程，如介入性治疗血管支架、用于血液透析的薄膜、药物载体与控释材料等。其中矫形外科修复材料和制品、心血管系统修复材料、血液净化材料、工程化组织和器官、人造皮肤、组织黏合剂、药物缓释材料等市场均在快速增长。表 5-2 为生物医用材料实例。

表 5-2　生物医用材料实例

材料名称	应用实例
心血管植入物	心脏和瓣膜，血管移植物，起搏器
整形和重建植入物	丰乳，上颌骨重建
矫形外科假体系统	隐形眼镜，人工晶体
牙齿植入物	义齿
体外循环装置	透析器，氧合器
导管	导尿管，积液导管
药物释放控制系统	片剂或胶囊涂层

3. 生物医用材料的分类

生物医用材料种类繁多，到目前为止被详细研究过的已有上千种，在医学临床上广泛应用的也有几十种，涉及材料学科各个领域。如果以材料的属性为分类标准，可将生物材料分为生物医用金属材料、生物医用无机非金属材料、生物医用高分子材料和生物医用复合材料。

5.4.2　生物医用金属材料

1. 生物医用金属材料及其特性

生物医用金属材料是用于生物医学的金属或合金，植入人体或动物体以修复器官和恢复功能，又称外科用金属材料，是一类惰性材料。此类材料的应用非常广泛，涉及硬组织、软组织、人工器官和外科辅助器材等各个方面。生物医用金属材料的特性包括以下几个方面。

(1) 必须无毒、无致癌性与过敏反应。生物医用金属材料植入人体后，一般希望能在体内长期发挥生理功能，在相当长的时期内，生物医用金属材料的毒性主要来自金属表面离子或原子因腐蚀或磨损进入周围生物组织，作用于细胞，抑制酶的活性，阻止酶的扩散和破坏溶酶体，与体内物质生成有毒化合物，并且金属离子进入组织液会引起水肿、栓塞、感染和肿瘤等。一般采用的降毒方法包括合金化、采用表面保护层和提高光洁度等。

(2) 有极好的耐腐蚀性能，无磁性。生物医用金属材料的耐生理腐蚀性是决定材料植入后成败的关键。腐蚀是一个缓慢的过程，其产物对生物机体的影响决定植入器件的使用寿命。医用金属材料植入体内后长期浸泡在有机酸、碱金属或碱土金属离子、氯离子等构成的恒温电解质环境中，加之蛋白质、酶和细胞的作用，其环境异常恶劣，材料腐蚀机制复杂。在设计和加工金属医用植入器件时，一方面必须考虑腐蚀可能造成的失效，从材料成分的准确性、均匀性、杂质元素的含量及冶炼铸造后材料微观组织的调整等方面对材料的质量加以调控。另一方面，由于腐蚀与材料表面和环境有关，还必须重视改善材料的表观质量，如提高光洁度等，避免制品在形状、力学设计及材料配伍上出现不当。

(3) 有足够的力学强度和抗疲劳性能，具有良好的光洁度和生物相容性。金属材料在组成上与人体组织成分相距甚远，很难与生物组织产生亲和作用，一般不具有生物活性，通常以其相对稳定的化学性能获得一定的生物相容性，植入生物组织后，总是以异物的形式被生物组织所包裹，使之与正常组织隔绝。医用金属材料常作为受力器件在人体内工作，如人工关节、人工椎体、牙种植体和骨折内固定钢板、螺钉、骨钉、骨针等。某些器件的受力状态是相当恶劣的，如人工髋关节，每年要经受约 3.6×10^6 次(以每日 1 万步计)可能数倍于人体体重的载荷冲击和磨损。要使人工髋关节的使用寿命保持在 15 年以上，则材料必须具有优良的机械性能和耐磨损性。

2. 生物医用金属材料分类及其应用

常见生物医用金属材料主要有医用不锈钢、医用钴基合金、医用钛基合金、医用形状记忆合金、医用贵金属等。另外，还包括医用钽、铌、锆材料和医用磁性合金等。

1) 医用不锈钢

医用不锈钢为铁基耐蚀合金，组成除了含有大量的铁外，还有钴、铬、镍、钛、铝、钒、碳、锰、磷、硫、硅、钼、钨等主要成分，这些成分各自发挥其重要的性能而组合成不锈钢整体性能，如钢的强度、韧性、铸造性能、防止晶间腐蚀等。医用不锈钢在骨外科和齿科中应用最为广泛。

(1) 人工关节和骨折内固定器械。例如，人工全髋关节、半髋关节、膝关节、肩关节、肘关节、腕关节及指关节等，各种规格的皮质骨和松质骨加压螺钉、脊椎钉、骨牵引钢丝、哈氏棒、鲁氏棒、人工椎体和颅骨板等，这些植入件可替代生物体因关节炎或外伤损坏的关节，应用于骨折修复、骨排列错位校正、慢性脊柱矫形和颅骨缺损修复等。现在比较成熟的髋关节置换手术，就是用生物相容性和机械性能良好的金属材料制成的一种类似人体髋关节的假体，通过手术用人工关节置换被疾病或损伤所破坏的关节面，其目的是切除病灶，清除疼痛，恢复关节的活动与原有的功能。人工髋关节置换具有关节活动较好，可早期下地活动，减少老年患者长期卧床的并发症等优点。

(2) 在齿科方面，医用不锈钢被广泛应用于镶牙、齿科矫形、牙根种植及辅助器件，如各种齿冠、齿桥、固定支架、卡环、基托等，各种规格的嵌件、牙列矫形弓丝、义齿和颌骨缺损修复等。儿童不锈钢乳牙预成冠是一种预先成型、与牙齿非常贴合的不锈钢金属牙冠。套在乳牙上可以保护牙齿并增强牙齿的强度，能够确保乳牙正常健康地被恒牙替换。用儿童牙冠恢复乳磨牙的外形和咀嚼功能，能防止充填物的脱落、继发龋的产生和牙体组织的折裂，有利于儿童的颌骨生长和继承恒牙的正常替换。

(3) 在心血管系统，医用不锈钢广泛应用于各种植入电极、传感器的外壳和合金导线，可制作不锈钢人工心脏瓣膜、各种临床介入性治疗的血管内扩张支架等。

(4) 医用不锈钢在其他方面也获得了广泛的应用，如用于各种眼科缝线、固定环、人工眼导线、眼眶填充等，还用于制作人工耳导线、各种宫内避孕环和用于输卵管栓堵等。

2) 医用钴基合金

钴在室温下是六方紧密排列晶体结构，高温稳定相是面心立方密排晶体结构，两相的相变自由能较低，通过合金化微调整和塑性加工，可使合金在室温下得到上述两相混合的复相组织，从而提高力学性能。钴基合金在人体内多保持钝化状态，很少有腐蚀现象，与不锈钢相比，其钝化膜更稳定，耐蚀性更好。耐磨性也是医用金属材料中最好的，一般植入人体后没有明显的组织学反应。

钴基合金适合于制造体内承载苛刻、耐蚀性要求较高的长期植入件，主要有各类人工关节及整形外科植入器械，在心脏外科、齿科等领域均有应用。

3) 医用钛基合金

钛是目前已知的生物亲和性最好的金属之一，钛及钛合金的密度较小，约为铁基和钴基合金的一半，比强度高，弹性模量低，生物相容性、耐腐蚀性和抗疲劳性能都优于不锈钢和钴基合金。钛和钛合金主要应用于整形外科，尤其是四肢骨和颅骨修复，是目前应用最多的金属医用材料。

目前钛制金属件有上百种，在骨外科用于制作各种骨折内固定器械和人工关节。在颅脑外科，微孔钛网可修复损坏的头盖骨和硬膜，能有效保护脑髓液系统。钛合金也可制作颅骨板用于颅骨的修复。在口腔及颌面外科，纯钛网作为骨头托架已用于颚骨再造手术，制作义齿、牙床、托环、牙桥和牙冠等，在口腔整畸、口腔种植等领域也有良好的临床效果。在心血管方面，纯钛可用来制造人工心脏瓣膜和框架。在心脏起搏器中，密封的钛盒能有效防止潮气渗入密封的电子元器件。此外，一些用物理方法刺激骨生长的电子装置也采用了钛材。

4) 医用形状记忆合金

形状记忆合金是通过热弹性与马氏体相变及其逆变而具有形状记忆效应的由两种以上金属元素所构成的材料。形状记忆合金经过一定塑性变形后，在一定条件下可以自动恢复其原始形状。

形状记忆合金在临床医疗领域有广泛应用，如人造骨骼、伤骨固定加压器、牙科正畸器、各类腔内支架、栓塞器、心脏修补器、血栓过滤器、介入导丝和手术缝合线等。记忆合金在现代医疗中正扮演着不可替代的角色。

镍钛形状记忆合金在临床上应用最为广泛。它在不同的温度下表现为不同的金属结构相。例如，低温时为单斜结构相，高温时为立方体结构相，前者柔软可随意变形，如拉直式屈曲，而后者刚硬，可恢复原来的形状，并在形状恢复过程中产生较大的恢复力。镍钛形状记忆合金的形状恢复温度与人体体温基本一致，应用起来十分方便。镍钛形状记忆合金可与生物体形成稳定的钝化膜，有良好的生物相容性。在医学上镍钛合金主要应用于尿道支架，人体内血管、腔囊或管状器官的支承、扩张架或栓塞器、夹等，还可制作各种骨连接器，广泛应用于口腔科、骨科、心血管科、胸外科、肝胆科、泌尿科、妇科等。

5) 医用贵金属

医用贵金属是指金、银、铂及其合金的总称，具有稳定的物理和化学性质，抗腐蚀性优良，表现出生物惰性，具有优良的导电性。通过合金化可对其物理、化学性能进行调控，满足不同的需求。贵金属主要用作牙科修复材料。由于它们的导电性能优良，还常用于制作植入式电极或电子检测装置。

5.4.3 生物医用无机非金属材料

生物医用无机非金属材料是由无机物单独或混合其他物质制成的材料。无机非金属材料品种繁多，考虑材料生物相容性、机械性能、加工性能、成本等因素，只有少部分材料可用作生物材料。在医学上主要用于骨组织的修复、替换，如承力骨、牙齿等，以及硬组织固定材料。

生物医用无机非金属材料按成分和性质主要分为生物陶瓷、生物玻璃、骨水泥三类。

1. 生物陶瓷

生物陶瓷是指通过植入人体或与人体组织直接接触，使机体功能得以恢复或增强而使用的陶瓷。这类材料来源丰富，有优良的植入性能，在人体内部理化性能稳定，有良好的生物相容性，其性能可通过成分设计来调节，易成形，可按需要制成各种形状和尺寸，易着色。

1) 生物陶瓷的分类

陶瓷植入材料根据其与生物体组织的反应程度一般可以分为生物惰性陶瓷、生物活性陶瓷和生物可降解陶瓷。

(1) 生物惰性陶瓷是与组织几乎不发生化学反应的材料，其引起的组织反应主要是材料周围会形成厚度不同的包裹性纤维膜。在生物体内化学性质稳定，生物相容性好，无组成元素溶出，对机体无刺激。主要用于人体骨骼、关节、齿根及人工心脏瓣膜等。氧化铝、氧化锆生物陶瓷、医用碳素材料都是生物惰性陶瓷。

(2) 生物活性陶瓷是指能与有机体组织在界面上实现化学键合的生物陶瓷。表面可与生理环境反应形成阻止材料进一步溶解的界面，与人体组织具有良好的化学亲和性，有优良的抗疲劳性能。主要用于牙科和整形外科植入体等。生物活性玻璃、玻璃陶瓷、羟基磷灰石、磷酸钙骨水泥等都属于生物活性陶瓷。

(3) 生物可降解陶瓷是在生理环境作用下能逐渐降解和被吸收的生物材料，是暂时性的替代材料，有优良的生物相容性、生物活性、可降解性和一定的机械性能。主要用于骨缺损修复、牙槽增高、耳听骨替换、人造肌腱等。磷酸钙陶瓷、硫酸钙陶瓷、可降解生物玻璃等都属于生物可降解陶瓷。

2) 生物陶瓷的应用

(1) 氧化铝是典型的生物陶瓷。目前的医用氧化铝陶瓷主要为含α-Al_2O_3的单相材料。α-Al_2O_3陶瓷又称刚玉，高硬度，高熔点，具有优异的生物相容性，良好的电、热绝缘性能，在生理环境下相当稳定，抗腐蚀，无溶出物，具有低膨胀性能。人工髋关节和人工膝关节都用到氧化铝陶瓷，氧化铝陶瓷还可用作牙科移植物、中耳骨、角质假体等。自 1969 年首次将氧化铝陶瓷用于医学领域以来，已经有超过 2 亿个氧化铝关节头和 30 多万个氧化铝髋臼内衬用于髋关节置换手术。

(2) 氧化锆陶瓷是指以 ZrO_2 为主要成分的陶瓷材料，它不仅具有普通陶瓷材料耐高温、耐腐蚀、耐磨损、高强度的优点，其韧性也是陶瓷材料中最高的。氧化锆是一种生物惰性陶瓷，其生物相容性和与骨组织的结合状况与氧化铝相似，力学性能如高抗弯强度及断裂韧性优于氧化铝陶瓷。氧化锆陶瓷的应用范围也与氧化铝相似，曾用作人工牙根、人工关节和骨折固定用螺钉等，是口腔修复领域重要的应用材料之一。氧化锆全瓷冠是目前最理想的烤瓷修复、前牙美容修复体。

(3) 羟基磷灰石(hydroxyapatite，HAP)，化学组成为$Ca_{10}(PO_4)_6(OH)_2$，属六方晶系，是人体和动物骨骼的主要无机成分。在骨质中，羟基磷灰石大约占 60%，它是一种长度为 200～400 nm、厚度为 15～30 nm 的针状结晶，其周围规则地排列着骨胶原纤维。由于 HAP 陶瓷的分子结构和钙磷比与正常骨的无机成分非常近似，其生物相容性十分优良，对生物体组织无刺激性和毒性。大量的体外和体内实验表明，在与成骨细胞共同培养时，HAP 表面有成骨细胞聚集，植入骨缺损时，骨组织与 HAP 之间无纤维组织界面。植入体内后表面也有磷灰石样结构形成，由于骨组织与植入材料之间无纤维组织间隔，与骨的结合性好，成为广泛应用的植骨代用品。但HAP生物陶瓷脆性高、抗折强度低，目前仅能应用于非承载的小型种植体，如人工齿根、耳骨、充填骨缺损等，而不能在受载场合下应用。研究表明多孔HAP生物陶瓷(5～400 μm)更利于临床应用，可应用于骨缺损的填充修补或替换，如鼻梁骨、颌骨替换；软骨、承力骨缺损的填充(骨结核、骨瘤病灶切除后的填充)；承力骨(胫骨)的替换；义眼球、人工听骨等；或者作为活性物质喷涂在其他材料表面。

2. 生物玻璃

1) 生物玻璃及其组成

生物活性玻璃一般为 CaO-SiO_2-P_2O_5，部分含有氧化镁(MgO)、氧化钾(K_2O)、氧化钠(Na_2O)、氧化铝(Al_2O_3)、氧化硼(B_2O_3)、二氧化钛(TiO_2)等，玻璃网络由硅氧四面体或磷氧四面体构成，而碱金属或碱土金属氧化物为网络调整体，网络形成体之间通过桥氧连接，非桥氧则连接网络形成体和网络调整体原子。玻璃网络中非桥氧所连接的碱金属和碱土金属离子在水相介质存在时，易溶解释放一价或二价金属离子，使生物玻璃表面具有溶解性，是玻璃具有生物活性的根本原因。因此，非桥氧所占比例越大，玻璃的生物活性越高。

2) 生物玻璃的应用

生物玻璃主要用于人工骨、人工牙或骨缺损部位的填充等，少数作为人工关节、断指连接材料，也可作为钛合金牙种植体的表面涂层。

人工骨用生物玻璃具有良好的耐酸碱腐蚀性、生物相容性、耐磨性和可加工性，是表面活性材料，能与人体骨或软组织形成生理结合，也是唯一能同时与硬组织和软组织发生键合的材料；治疗用生物玻璃可埋入肿瘤部位，通过在磁场下发热的特性或其内部的同位素放出的射线杀死癌细胞，也有良好的生物相容性；人工齿冠用生物玻璃陶瓷，具有制作容易、审美性高、强度高、适应性好、生物相容性好等优点。

3. 骨水泥

1) 骨水泥及其分类

水泥是一类无机或有机及其混合物粉末材料，在常温下当它与水或水溶液拌和后形成浆体，经过一系列化学、物理作用后，能够逐渐硬化并形成具有一定强度的人造石。水泥与玻璃和陶瓷相比具有易塑性、自硬化的特点。骨水泥作为人工合成替代材料中的重要组成部分，在硬组织缺损修复和固定移植体过程中有着不可低估的地位。骨水泥主要有磷酸钙和磷酸镁两种。

2) 骨水泥的应用

(1) 磷酸钙骨水泥。20世纪80年代中期，E. Brown和Chow发现由几种磷酸钙盐组成的混合物能在人体环境和温度下自行硬化，水化硬化过程基本不放热，其水化成分最终转化为羟基磷灰石。由此构成类似于硅酸盐水泥样的磷酸钙水泥，用于人体骨的修复，故称磷酸钙骨水泥。由于其具有在人体自行固化的特性，因此又称自固化磷酸钙骨水泥。磷酸钙骨水泥具有轻松的形状可塑性能，奇特的自行固化性能，优异的生物相容性能，良好的体内降解性能，合理的凝结时间，较高的强度，良好的抗水性及微观结构等优点。

磷酸钙骨水泥用于经皮椎体成形术。椎体成形术作为一种开放手术用于增强椎弓根螺钉和充填肿瘤切除后遗留的缺损已有几十年的历史。经皮通过椎弓根或椎弓根外向椎体内注入骨水泥以达到增加椎体强度和稳定性，防止塌陷，缓解疼痛，甚至部分恢复椎体的目的。磷酸钙骨水泥还可用于修复骨缺损。

(2) 磷酸镁骨水泥是一类反应型胶黏剂，具有磷酸钙骨水泥相似的特性，其快凝、高早强的特性恰好能弥补磷酸钙骨水泥材料在这方面的不足。含钙磷酸镁水泥用于牙齿修复，表现出低毒性，且具有良好的生物相容性、可降解性等特点。

5.4.4 生物医用高分子材料

1. 生物医用高分子材料及其分类

生物医用高分子材料是以医用为目的，用于和活体组织接触，可以进行生理系统疾病的诊断、治疗、修复或替换生物体组织或器官，增进或恢复其功能的高分子材料。另外，药物释放体系、医用黏合剂、固定化生物活性物质、诊断及亲和层析分离分析用的固定化酶、抗原体、生物传感器等也归纳于医用高分子材料范畴。

生物医用高分子材料主要有硅橡胶、聚氨酯、聚乙烯、聚丙烯、聚四氟乙烯、聚酯纤维、水凝胶等，约有1000多个品种。表5-3为常用的生物医用高分子材料。

表5-3 常用的生物医用高分子材料

材料名称	用途
有机硅橡胶、聚氨酯橡胶、嵌段聚醚氨酯弹性体	人造心脏
聚氨酯橡胶、聚对苯二甲酸乙二醇酯	人造血管
有机硅橡胶、聚乙烯	人造气管
醋酸纤维素、聚甲基丙烯酸甲酯、聚丙烯腈、聚砜、乙烯-乙烯醇共聚物、聚氨酯、聚丙烯、聚碳酸酯	人造肾
有机硅橡胶、聚乙烯	人造鼻
硅橡胶、聚丙烯中空纤维、聚四氟乙烯、聚碳酸酯	人造肺
聚甲基丙烯酸甲酯、酚醛树脂	人造骨
有机硅橡胶、聚对苯二甲酸乙二醇酯	人造肌肉
有机硅橡胶、硝基纤维素、聚硅酮-尼龙复合物、聚酯、甲壳素	人造皮肤
有机硅橡胶、聚甲基丙烯酸甲酯	牙科材料
有机硅橡胶、聚甲基丙烯酸-β-羟乙酯	隐形眼镜
聚对苯二甲酸乙二醇酯	外科缝合线
羟乙基淀粉、聚乙烯基吡咯烷酮	人造血浆
聚甲基丙烯酸甲酯、聚甲基丙烯酸-β-羟乙酯、硅橡胶	人造角膜

生物医用高分子材料根据其来源，可分为天然生物医用高分子材料和合成生物医用高分子材料。根据其稳定性可分为可降解型生物医用高分子材料和不可降解型生物医用高分子材料。根据其医用用途，可分为人体功能替代或修复用高分子材料、药用高分子材料、高分子医疗器材及制品等。

2. 生物医用高分子材料的特性

生物医用高分子材料在使用过程中，通常需要与生物机体、血液、体液等接触，有些还需长期植入体内，因此进入临床使用阶段的生物医用高分子材料必须具备以下性能。

(1) 生物相容性。包括组织相容性、血液相容性。组织相容性是指材料与人体组织，如骨骼、牙齿、内部器官、肌肉、皮肤等的相互适应性。血液相容性是指材料与血液接触是否会引起凝血、溶血等不良反应。当高分子材料用于人工脏器植入人体后，必然要长时间与体内的血液接触。因此，医用高分子对血液的相容性是所有性能中最重要的。高分子材料的血液相容性是一个十分活跃的研究课题，但至今尚未制得一种能完全抗血栓的高分子材料。这一问题的彻底解决还有待于各国科学家的共同努力。

(2) 生物功能性。生物材料具有在其植入位置上行使功能所要求的物理和化学性质，如可检查、诊断疾病，可辅助治疗疾病，可满足脏器对维持或延长生命的性能要求，可改变药物吸收途径，控制药物释放速率、部位等。

(3) 对人体组织不会引起炎症或异物反应。有些高分子材料本身对人体有害，不能用作医用材料。而有些高分子材料本身对人体组织并无不良影响，但在合成、加工过程中不可避免地会残留一些单体，或使用一些添加剂。当材料植入人体以后，这些单体和添加剂会慢慢从内部迁移到表面，从而与周围组织发生作用，引起炎症或组织畸变，严重的可引起全身性反应。这类材料也不能用作医用材料。

(4) 无毒，即化学惰性。人体环境对高分子材料主要有以下影响：①体液引起聚合物的降解、交联和相变化；②体内的自由基引起材料的氧化降解反应；③生物酶引起的聚合物分解反应；④在体液作用下材料中添加剂的溶出；⑤血液、体液中的类脂质、类固醇及脂肪等物质渗入高分子材料，使材料增塑，强度下降。但对医用高分子来说，在某些情况下老化并不一定都是贬义的，有时甚至有积极的意义。例如，作为医用黏合剂用于组织黏合，或作为医用手术缝合线时，在发挥了相应的效用后，反倒不希望它们有太好的化学稳定性，而是希望它们尽快地被组织所分解、吸收或迅速排出体外。在这种情况下，对材料的附加要求是在分解过程中不应产生对人体有害的副产物。需要说明的是，当医用高分子材料植入人体后，高分子材料本身的性质，如化学组成、交联度、相对分子质量及其分布、分子链构象、聚集态结构、高分子材料中所含的杂质、残留单体、添加剂都可能与致癌因素有关。但研究表明，在排除了小分子渗出物的影响之外，与其他材料相比，高分子材料本身并没有比其他材料具有更多的致癌可能性。

(5) 物理和力学稳定性好，材料易得，价格适当，便于消毒灭菌，易加工成型。许多人工脏器一旦植入体内将长期存留，有些甚至伴随人们的一生。因此，要求植入体内的高分子材料在极其复杂的人体环境中，不会很快失去原有的机械强度。事实上，在长期的使用过程中，高分子材料受到各种因素的影响，其性能不可能永远保持不变，只是希望变化尽可能少一些，或者寿命尽可能长一些。一般来说，化学稳定性好、不含易降解基团的高分子材料，机械稳定性也比较好。

人工脏器往往具有很复杂的形状，因此，用于人工脏器的高分子材料应具有优良的成型性能。否则，即使各项性能都满足医用高分子的要求，却无法加工成所需的形状，仍然是无法应用的。此外，还要防止在医用高分子材料生产、加工过程中引入对人体有害的物质。在医用高分子材料进入临床应用之前，都必须对材料本身的物理化学性能、机械性能及材料与生物体的相互适应性进行全面评价，并经国家管理部门批准后才能进入临床使用。

高分子材料在植入体内之前都要经过严格的灭菌消毒。灭菌处理一般有三种方法：蒸汽灭菌、化学灭菌、γ 射线灭菌。因此，在选择材料时还要考虑材料能否耐受灭菌处理。

3. 高分子材料人工器官

人工器官是指暂时或永久性地代替身体某些器官主要功能的人工装置。人工器官学科是生物医学工程专业中一门新兴学科，主要研究模拟人体器官的结构和功能，用人工材料和电子技术制成部分或全部替代人体自然器官功能的机械装置和电子装置。目前研究应用比较成功的有人工血管、人工食道、人工尿道、人工心脏瓣膜、人工关节、人工骨等材料。下面简要介绍几种重要的人工器官。

(1) 人工心脏。人工心脏是利用外在机械动力把血液输送到全身各器官以代替原有心脏功能的装置。用于人工心脏泵体的高分子材料，除具备一般高分子材料的性能外，还特别要求具有柔性、弹性、耐疲劳强度和抗血栓性。制造人工心脏的主要材料有嵌段型聚醚氨酯、聚硅氧烷与聚氨酯的嵌段共聚物、硅橡胶、聚氯乙烯、聚四氟乙烯和聚烯烃等。用于心脏膜的材料有硅橡胶、热解碳和生物瓣等。

(2) 人工肾。人工肾利用高分子材料的透析、过滤和吸附作用，使代谢物进入外界配制好的透析液中，经透析、过滤处理后完成肾脏的功能。人工肾又称人工透析机，用人工方法模仿人体肾小球的过滤作用，在体外循环的情况下，去除人体血液内过剩的含氮化合物、新陈代谢产物或逾量药物等，调节水和电解质平衡，以使血液净化。它的核心部分是一种用高分子材料(称为膜材料)制成的透析器。这种膜材料具有半通透特性，可代替肾小球以实现其毛细血管壁的滤过功能，达到血液净化的目的，见图 5-14。目前常用的膜材料有用化学方法从棉花中提取的再生纤维素和改良纤维素，以及一些高分子聚合物如聚丙烯腈、聚乙烯基吡咯烷酮、乙烯-乙烯醇共聚物、聚甲基丙烯酸甲酯、乙烯-醋酸乙烯共聚物、聚砜、聚碳酸酯、聚硫橡胶等。

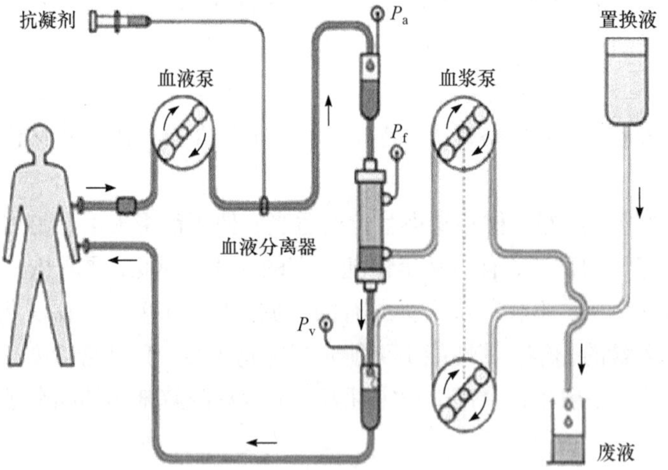

图 5-14　人工肾脏工作原理示意图

P_a：动脉压；P_v：静脉压；P_f：超滤液侧压

(3) 人工肺。人工肺又名氧合器或气体交换器，是一种代替人体肺脏排出二氧化碳、摄取氧气，进行气体交换的人工器官。以往仅应用于心脏手术的体外循环，需和血泵配合，称为人工心肺机，见图 5-15。目前人工肺有两种类型，一类是氧气与血液直接接触的气泡型，优点是价廉、高效，但易溶血和损伤血球，只能短时间使用，适合于成人手术；另一类是膜型，气体通过分离膜与血液交换氧和二氧化碳，优点是易小型化，可控制混合气体特定成分的浓度，可持续长时间使用，适用于儿童手术。可以作人工肺富氧膜的高分子材料很多，主要有硅橡胶、聚烷基砜、硅酮聚碳酸酯。

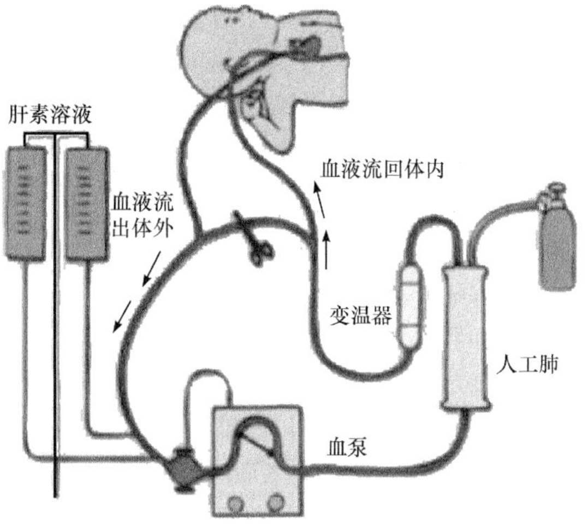

图 5-15　人工肺工作原理示意图

(4) 人工皮肤。人工皮肤是指利用工程学和细胞生物学的原理和方法，在体外人工研制的皮肤代用品，用来修复、替代缺损的皮肤组织。原料采用天然高分子(胶原、甲壳素等)或合成高分子(尼龙、涤纶、硅橡胶等)。国内外对于人工皮肤已有许多研究，公认较好的是呈复合结构的人工皮肤，其表层是控制水分蒸发、防止蛋白质和电解质损失、可以防止细菌侵入的合成高分子膜，如聚乙烯、聚氨酯等；中间层是由合成高分子纤维制成，用于人工皮肤缝合固定在被植体上的柔软织物，如尼龙筛网；底层是由生物相容性好、能促进表皮细胞贴壁和增殖的生物降解高分子制成的，可防止皮下积液的海绵状物质，如胶原海绵体、壳聚糖、共聚(丙交酯-乙交酯)，见图 5-16。

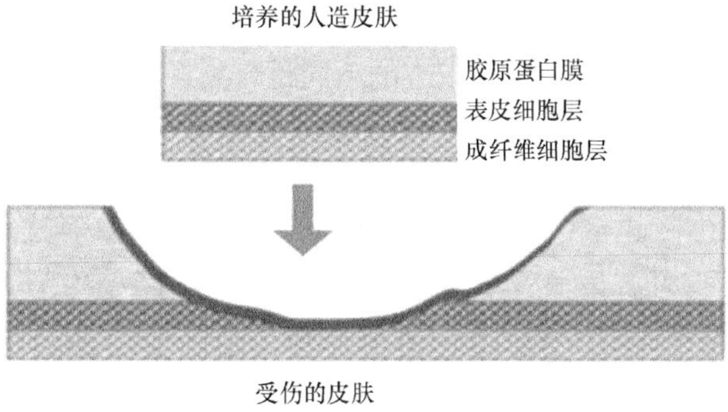

图 5-16　人工皮肤

4. 药用高分子材料

药用高分子材料按分子结构和制剂的形式可分为三大类。

(1) 本身具有药理活性的高分子药物。这类药物只有整个高分子链才显示出医药活性，它们相应的小分子单体化合物一般并无药理作用。例如，低相对分子质量的聚二甲基硅氧烷，具有低的表面张力，物理化学性质稳定且无毒，具有很好的消泡作用，可用作医用消泡剂，用于急性肺气肿和肠胃胀气的治疗。聚乙烯基氧化吡啶是一种具有药理活性的高分子，能溶于水中，通过注射其水溶液或吸入其烟雾剂，可治疗和预防由大量吸入游离二氧化硅粉尘所引起的急性或慢性硅肺。但只有聚乙烯基氧化吡啶相对分子质量大于 3 万时，才有较好的药理活性。聚氨基酸类药用高分子具有良好的抗菌活性，而小分子氨基酸却无药理活性。

(2) 高分子化的小分子药物。这类高分子药物也称高分子载体药物，其药效部分是低分子药物，其以某种化学方式连接在高分子链上。第一个高分子载体药物是 1962 年研究成功的青霉素与聚乙烯胺结合的产物。碘酒曾经是一种最常用的外用杀菌剂，消毒效果很好，但是由于它的刺激性和毒性较大，近年来日益受到人们的冷落。如果将碘与聚乙烯吡咯烷酮结合，可形成水溶性的络合物，这种络合物在药理上与碘酒有同样的杀菌作用，由于络合物中碘的释放速率缓慢，因此刺激性小，安全性高，可用于皮肤、口腔和其他部位的消毒。青霉素是一种抗多种病菌的广谱抗生素，应用十分普遍，具有易吸收、见效快的特点，缺点是排泄快。利用青霉素结构中的羧基、氨基与高分子载体反应，可得到疗效长的高分子青霉素。将青霉素与乙烯醇-乙烯胺共聚物或乙烯基吡咯烷酮-乙烯胺共聚物以酰胺键相结合，能使药效延长 30～40 倍。

(3) 聚合物药物控制释放体系。聚合物药物控制释放体系是利用聚合物作为药物的载体或介质，制成一定的剂型，控制药物在体内的释放速度，使药物按设计剂量在要求的时间内按照一定的速度在体内缓慢释放，以达到有效治疗的目的。这类药物中起药理活性作用的是小分子药物，它们以物理的方式被包裹在高分子膜中，并通过高分子材料逐渐释放。典型代表为药物微胶囊。用于控制释放体系的生物医用高分子材料，要求生物相容性好、可加工性好、有一定的机械强度等。常用于控释体系的高分子材料有硝酸纤维素塑料(俗称赛璐珞)及其衍生物、聚酯、聚原酸酯和聚酸酐、硅橡胶、乙烯-乙酸乙烯共聚物、水凝胶等。除了以上已用于临床的聚合物外，还有许多聚合物处于研究阶段，如基于环糊精主客体识别的自组装生物医药材料研究、基于可生物降解天然高分子壳聚糖为基质的药物缓释载体研究等。

5.4.5 生物医用复合材料

1. 生物医用复合材料及其分类

生物医用复合材料是由两种或两种以上的不同材料复合而成的生物医用材料。生物医用复合材料克服了各种单一材料的缺点，具有比强度和比模量高、抗疲劳性能好、抗生理腐蚀性好、力学相容性能好等优点，可以用于人体组织的修复、替换和人工器官的制造。

复合材料是多相材料，主要包括基体相和增强相。基体相是一种连续相，它把改善性能的增强相材料固结成一体，并起传递应力的作用。增强相起承受应力(结构复合材料)和显示功能(功能复合材料)的作用。按基体材料分类，复合材料可分为高分子基、陶瓷基和金属基生物医用复合材料。按材料植入人体后引起的组织反应分类，可分为近于生物惰性复合材料、生物活性复合材料和可吸收生物医用复合材料。按增强相形态和性质分类，可分为纤维增强复合材料、粒子增强复合材料和层状复合材料。按组成和结构可分为生物无机-无机复合材料、生物无机-高分子复合材料、生物无机-金属复合材料等。

2. 生物医用复合材料的应用

1) 生物无机-无机复合材料

生物无机-无机复合材料常以氧化物陶瓷、非氧化物陶瓷、生物玻璃、生物玻璃陶瓷、羟基磷灰石、磷酸钙等材料为基体，以某种结构形式引入颗粒、晶片、晶须或纤维等增强体材料，通过适当的工艺改善或调整原基体材料的性能。

目前常见的有生物活性陶瓷-生物活性陶瓷复合材料、生物陶瓷-生物玻璃复合材料、生物活性陶瓷-生物惰性陶瓷复合材料。

(1) 生物活性陶瓷-生物活性陶瓷复合材料。羟基磷灰石(HAP)和磷酸三钙(TCP)复合材料是典型的生物活性陶瓷-生物活性陶瓷复合材料，HAP 和 TCP 都是生物相容性良好的骨修复材料。作为骨缺损修复材料，TCP 比 HAP 具有更好的生物可吸收性。近年来，对 HAP 和 TCP 复合材料的研究日趋增多。日本学者研究表明，HAP-TCP 复合材料平均抗弯强度优于纯 HAP 和 TCP 陶瓷。

(2) 生物陶瓷-生物玻璃复合材料。HAP-生物活性玻璃复合材料是生物陶瓷与生物玻璃复合材料。HAP 是生物活性最好的材料之一，但它与骨质的结合强度只有生物活性玻璃的 70%，而生物玻璃虽然生物亲和性好、弹性模量低，但抗折强度小。HAP 中加入少量玻璃粉末，有助于骨组织与 HAP 的结合。HAP 还可以与生物玻璃组成层状复合材料。以 HAP 为基体材料，生物玻璃作为弱层材料，使复合材料中存在弱的界面结合层，当材料受外力作用时，外层 HAP 陶瓷产生裂纹，层间弱层材料使裂纹发生偏转并吸收能量，从而提高复合材料的断裂韧性和使用可靠性。

(3) 生物活性陶瓷-生物惰性陶瓷复合材料。氧化铝、氧化锆等陶瓷材料具有较高的强度和化学稳定性，但它们与生物组织的结合只是一种机械的锁合。生物活性陶瓷具有良好的生物相容性，可以与组织形成牢固的化学键合，但脆性和低的抗疲劳性能限制了其使用。基于上述情况，以高强度氧化物陶瓷为基材，掺入羟基磷灰石等生物活性陶瓷颗粒形成复合陶瓷，在保持氧化物陶瓷优良力学性能的基础上赋予其生物活性；利用陶瓷补强技术，在生物活性陶瓷基材中掺入氧化物等颗粒以改善其力学性能，制成一类生物活性陶瓷-生物惰性陶瓷复合材料。目前常见的有 HAP-ZrO_2 复合材料、TCP-ZrO_2 复合材料、HAP-纳米 SiC 复合材料等。

2) 生物无机-高分子复合材料

生物无机-高分子复合材料是由无机材料与高分子材料复合而成的一类新型复合材料。从无机材料形状来分，可分为纤维状和颗粒状两大类。研究发现，几乎所有的生物体组织都是由两种或两种以上的材料所构成的，如人体骨骼和牙齿是由天然有机高分子构成的连续相和弥散于其基质中的羟基磷灰石晶粒复合而成的。生物无机-高分子复合材料的特点是，利用高弹性模量的生物无机材料增强高分子材料的刚性，并赋予其生物活性，同时利用高分子材料的可塑性增进生物无机材料的韧性。这类材料主要用于人体硬组织的修复与重建。

(1) HAP-胶原复合材料。HAP-胶原复合材料已得到广泛、深入的研究与开发。研究证实，胶原与多孔羟基磷灰石陶瓷复合，其强度比 HAP 陶瓷提高 2～3 倍。胶原膜有利于孔隙内新生骨生长，植入狗的股骨后仅 4 周，新骨即已充满所有大的孔隙。胶原与颗粒状 HAP 复合已成为克服牙槽嵴萎缩的最理想材料。

(2) HAP-纤维蛋白黏合剂复合材料。纤维蛋白黏合剂主要由纤维蛋白原和凝血酶组成，具有良好的生物相容性、生物降解性，无毒，不影响机体的免疫系统，对 HAP 的结构无影响。将 HAP 颗粒加于纤维蛋白网上，控制纤维蛋白黏合剂成型时间，使其形成复合体，并通过调节两者的比例和成分，形成从软到硬不同强度和形态的复合材料。

(3) HAP-聚乳酸复合材料。聚 DL-丙交酯(聚乳酸)具有良好的生物相容性和可降解性，是一种中等强度的聚合物，已被用作控制释放药物载体材料和内固定材料。但聚 DL-丙交酯比较柔软，且缺乏骨结合能力。将聚 DL-丙交酯与 HAP 颗粒复合有助于提高材料的初始硬度和刚性，延缓材料的早期降解速度，便于骨折早期愈合；随着聚 DL-丙交酯的降解吸收，HAP 在体内逐渐转化为自然骨组织，可提高材料生物相容性。

(4) HAP-聚乙烯复合材料。以高密度聚乙烯与 HAP 颗粒为原料，经高速混合、双螺旋挤压成型，得到 HAP-聚乙烯复合材料。随着 HAP 含量的增加，复合材料的密度也增加，因此可通过控制 HAP 含量来调整和改变其力学性能。HAP 的掺入使生物惰性的聚乙烯具有生物活性，成为一种具有生物活性的 HAP-聚乙烯复合材料，用于临床骨修复。

(5) HAP-聚甲基丙烯酸甲酯(PMMA)复合材料。有机骨水泥 PMMA 与骨的结合性较差，防止人工关节的晚期松动效果并不理想，因此国内外均对 PMMA 进行改性，使其具有多孔结构，以便骨组织能长入骨水泥中获得生物学固定，进而对人工骨的松动起到一定的缓冲作用。在网孔结构 PMMA 骨水泥聚合中加入 HAP 粉末，制得复合骨水泥，可以促进成骨，改善骨水泥与骨界面的结合性。

另外，生物玻璃-生物高分子复合材料和碳纤维增强复合材料也是常见的生物无机-高分子复合材料。

3) 生物无机-金属复合材料

生物无机-金属复合材料是由一种或多种陶瓷相与金属或合金组成的多相复合材料。复合材料的性能取决于金属的性能、陶瓷的性能、两者的体积分数、两者的结合性能及相界面的结合强度。作为生物医用材料应用的无机-金属复合材料主要为金属基无机涂层材料。生物陶瓷涂层材料的基体一般为具有高强度、高韧性、低密度的金属及合金，如不锈钢、钛及钛合金、铬钴钼合金、铬钴合金等。生物无机涂层材料根据生物活性可分为生物惰性和生物活性涂层两类。惰性涂层包括氧化铝、氧化锆、氧化钛、碳、氮化硅、钙铝晶体、铝硅酸盐等。活性涂层包括 HAP、Na_2O-CaO-SiO_2-P_2O_5 系玻璃、Na_2O-K_2O-MgO-CaO-SiO_2-P_2O_5 系玻璃、MgO-CaO-SiO_2-P_2O_5 系玻璃等。各种无机生物涂层材料主要应用于齿根材、关节骨柄、人工骨、臼、心脏瓣膜等。

未来的发展方向是，积极开展生物可降解材料研究，加快实现生物医用材料产业化，推进生物基高分子新材料和生物基绿色化学品产业发展，同时提高材料生物相容性和化学稳定性，大力发展高性能、低成本生物医用高端材料和产品，推动医疗器械基础材料升级换代。

参考文献

付秋莹. 2019. 智能包装技术在食品行业的应用概述[J]. 印刷杂志, (1): 49-53.

李世普. 2000. 生物医用材料导论[M]. 武汉: 武汉工业大学出版社.

刘萍. 2019. 海绵城市建设中“海绵体”的开发探讨[J]. 福建建材, (4): 64-65.

刘树英. 2017. 国际相变智能调温纤维发展趋势[J]. 中国纤检, (2): 126-128.

孟玉竹. 2008. 碳纤维材料及应用[J]. 河北工程技术高等专科学校学报, (3): 14-16.

秦洪花, 房学祥, 赵霞, 等. 2018. 海藻纤维新技术进展与青岛海藻纤维产业发展现状及对策[J]. 产业用纺织品, 36(4): 1-6.

帅启明. 2017. 关于新型绿色环保纤维在服装使用材料中的应用分析[J]. 纺织报告, (9): 66-67.

谭燕玲, 周献珠. 2015. 天然彩棉研究现状及其发展趋势[J]. 纺织科技进展, (2): 1-4.

汪邦海, 朱若英. 2002. 抗紫外线纤维及其织物[J]. 天津纺织科技, 40(3): 26-28.

王锐, 张有林, 付露莹. 2018. 食品包装材料研究进展[J]. 包装与食品机械, 36(1): 51-56.

俞耀庭, 张兴栋. 2000. 生物医用材料[M]. 天津: 天津大学出版社.

张浩, 刘秀玉, 黄新杰, 等. 2015. 室内表面功能建筑材料的研究进展[J]. 涂料工业, 45(7): 84-87.

周法献, 石荣珺. 2014. 建筑外墙保温材料及构造创新[J]. 建筑技术, 45(11): 1005-1009.

第6章 环境化学与健康

人类生存的空间及其中可以直接或间接影响人类生活和发展的各种自然因素称为环境。环境化学是运用化学的理论和方法，研究大气、水、土壤环境中潜在有害有毒化学物质含量的鉴定和测定、污染物存在形态、迁移转化规律，生态效应，以及减少或消除其产生的科学，是环境科学中的重要分支学科之一。

人类活动作为环境污染的主要来源与环境化学存在密切关系。有证据表明，史前人类已经开始影响自然环境，如狩猎活动可能导致某些动物的灭绝、放火烧毁森林会破坏生态平衡等。随着工业革命的发展，人类对地球的影响不断加剧，特别是在20世纪，环境污染已发展成公害。因此，必须充分认识环境对人类社会发展的作用，将生态环境问题摆在突出位置，才能实现社会可持续发展和自然资源的永续利用。

6.1 大气环境与健康

6.1.1 大气组成与空气质量评价标准

1. 大气组成

通常地面以上 1000 km 之内的范围称为大气层。大气层是植物光合作用所需二氧化碳和呼吸作用所需氧气的来源。大气为固氮细菌和合成氨植物提供氮源，用以产生作为生命分子基本组分的化学结合态氮。作为地球的保护伞，大气层吸收了来自外太空的大部分宇宙射线，保护地球上的生物免受其伤害。大气层同样吸收了大部分的太阳电磁辐射，只允许300～2500 nm(包括近紫外光区、可见光区、近红外光区)的太阳辐射和0.01～40 μm的无线电波通过。通过吸收300 nm以下的电磁辐射，大气层过滤掉了对生命体非常有害的紫外线辐射。

大气由覆盖在地球表面的薄层混合气体组成，主要组分是78%(体积分数，下同)的氮气(N_2)和21% 的氧气(O_2)，其余1%为稀有气体和其他杂质气体等。

大气层也是许多污染物的倾倒场，从 SO_2 到制冷剂氟利昂，这些污染物最终会造成对大气环境的破坏、人类寿命的缩短和大气本身性质的改变。

2. 空气质量评价标准

1)《环境空气质量标准》的制定与修改

关于大气污染物(或有害因素)容许含量(或要求)的国家标准是《环境空气质量标准》(GB 3095—2012)。该标准是衡量环境是否受到污染的尺度，是环境规划、环境管理和制订污染物排放标准的依据，具有法律的强制性。我国于1982年制定并发布了首部《大气环境质量标准》，即GB3095—1982，此后分别于1996年和2012年进行了修改。2018年，生态环境部与国家市场监督管理总局又联合发布了该国标的修改单。

2) 空气质量指数

空气质量指数(air quality index，AQI)是定量描述空气质量状况的量纲为一的指数，分为0～50、51～100、101～150、151～200、201～300和大于300六级，相对应空气质量的六个类别：一级优，二级良，三级轻度污染，四级中度污染，五级重度污染，六级严重污染。指数越大、级别越高，说明污染越严重，对人体的健康危害也就越大。

3. 环境空气污染物

《环境空气质量标准》(GB 3095—2012)中规定的参与评价的环境空气污染物六项基本项目浓度限值见表6-1，另有4项其他项目为总悬浮颗粒物(TSP)、氮氧化物(NO_x)、铅(Pb)、苯并[a]芘(BaP)，浓度限值见表6-2。

表6-1 环境空气污染物基本项目浓度限值

序号	污染物项目	平均时间	浓度限值		单位
			一级	二级	
1	二氧化硫(SO_2)	年平均	20	60	$\mu g \cdot m^{-3}$
		24 h平均	50	150	
		1 h平均	150	500	
2	二氧化氮(NO_2)	年平均	40	40	
		24 h平均	80	80	
		1 h平均	200	200	
3	一氧化碳(CO)	24 h平均	4	4	$mg \cdot m^{-3}$
		1 h平均	10	10	
4	臭氧(O_3)	日最大8 h平均	100	160	$\mu g \cdot m^{-3}$
		1 h平均	160	200	
5	颗粒物(粒径≤10 μm)	年平均	40	70	
		24 h平均	50	150	
6	颗粒物(粒径≤2.5 μm)	年平均	15	35	
		24 h平均	35	75	

表6-2 环境空气污染物其他项目浓度限值

序号	污染物项目	平均时间	浓度限值		单位
			一级	二级	
1	总悬浮颗粒物(TSP)	年平均	80	200	$\mu g \cdot m^{-3}$
		24 h平均	120	300	
2	氮氧化物(NO_x)	年平均	50	50	
		24 h平均	100	100	
		1 h平均	250	250	

续表

序号	污染物项目	平均时间	浓度限值		单位
			一级	二级	
3	铅(Pb)	年平均	0.5	0.5	$\mu g \cdot m^{-3}$
		季平均	1	1	
4	苯并[a]芘(BaP)	年平均	0.001	0.001	
		24 h 平均	0.0025	0.0025	

该标准指出：各省级人民政府可根据当地环境保护的需要，针对环境污染的特点，对标准中未规定的污染物项目制定并实施地方环境空气质量标准。该标准还给出了环境空气中镉、汞、砷、六价铬和氟化物参考浓度限值。

6.1.2　造成大气污染的化学反应类型

1. 光化学反应

光化学(photochemistry)是研究在紫外至近红外光(波长 100～1000 nm)的作用下物质发生化学反应的科学。分子、原子、自由基或离子吸收光子而发生的化学反应称为光化学反应。光化学反应包括初级过程和次级过程。

在初级过程中，A 吸收光量子 $h\nu$ 形成激发态 A^*：

$$A + h\nu \longrightarrow A^*$$

随后初级反应过程中激发态 A^*又进一步发生次级反应，释放光能或生成新的物种，这些反应包括：

辐射跃迁，A^*通过辐射磷光或荧光失活

$$A^* \longrightarrow A + h\nu$$

无辐射跃迁，A^*与其他物质碰撞失活

$$A^* + M \longrightarrow A + M^*$$

A^*光解离之后生成新的物质

$$A^* \longrightarrow B_1 + B_2 + K + \cdots$$

A^*与其他分子反应生成新的物种

$$A^* + C \longrightarrow D_1 + D_2 + \cdots$$

例如，大气中的氯气与氢气进行光物理或光化学反应过程生成 HCl：

$$Cl_2 + h\nu \longrightarrow 2Cl^*$$

$$H_2 + Cl^* \longrightarrow HCl + H^*$$

$$Cl_2 + H^* \longrightarrow HCl + Cl^*$$

$$H^* + Cl^* \longrightarrow HCl$$

需要说明的是，在没有光的介质条件下，以上反应不能发生。

2. SO_2的转化

大气污染物中硫氧化物的主要存在形式有二氧化硫(SO_2)、三氧化硫(SO_3)、硫酸(H_2SO_4)、硫酸根(SO_4^{2-})等，其中SO_2是一次污染物，也就是从污染源直接排放的污染物，SO_3、H_2SO_4、SO_4^{2-}等物质是SO_2氧化产生的二次污染物。SO_2直接对植物造成伤害，人长时间吸入会导致支气管和肺部出现明显的刺激症状，使肺组织受损，可使人呼吸困难。SO_2还可以加强致癌物苯并[a]芘的致癌作用。另外，SO_2与大气中的烟尘有协同作用，与惰性飘尘一起被吸入后，飘尘气溶胶微粒可把SO_2带到肺部，使毒性增加3～4倍。若惰性飘尘表面吸附了金属微粒，在其催化作用下，SO_2可氧化为硫酸雾，其刺激作用比SO_2强约1倍。

气态SO_2到二次污染物的转化是逐步进行的。SO_2吸收光能后转化成激发态SO_2分子(SO_2^*)，随后发生一系列的光物理及光化学过程。在被NO_x及碳氢化合物(CH)污染的大气中，SO_2反应速率可提高10倍，较快地被氧化成SO_3、硫酸酸雾及硫酸盐气溶胶。在此期间，含硫污染物可能会重新回到地面的水体形成酸雨。

发生在20世纪初的空气污染公害事件中，很多与SO_2的排放和转化有关。1930年比利时马斯河谷烟雾事件，调查认为SO_2和SO_3烟雾的混合物是主要的致害物质。该事件导致上千人发生呼吸道疾病，一个星期内有60多人死亡。1948年美国多诺拉烟雾事件，发病人数约达6000人，也是由于工厂排放的含有SO_2等有毒有害物质的气体及金属微粒严重污染了大气。1955年日本四日市事件，铝、锰、钴等金属粉尘与SO_2形成硫酸烟雾，强烈地刺激和腐蚀人的呼吸器官，造成当地人患支气管哮喘、慢性支气管炎、哮喘性支气管炎和肺气肿等呼吸系统疾病。这些重大污染事件的共同元凶是SO_2。

3. NO_x的转化

大气污染物中的NO_x主要指一氧化氮(NO)和二氧化氮(NO_2)。空气中的NO主要来自发电厂、汽车和飞机排出的废气。在矿物燃料燃烧过程中，空气中的氮与氧化合生成NO，大气中的光化学反应过程能将NO进一步氧化成NO_2、三氧化二氮(N_2O_3)和五氧化二氮(N_2O_5)等，它们溶于水后会生成腐蚀性的硝酸盐或硝酸。

NO_2是一种红棕色有刺激性气味的剧毒气体，低温时聚合成无色的四氧化二氮(N_2O_4)。NO_2会刺激肺，从而造成支气管炎、肺炎，并降低人体对呼吸性感染疾病的抵抗力。在波长小于430 nm的阳光照射下，NO_2发生光化学分解生成高反应活性的氧原子，与挥发性有机物反应生成光化学氧化剂。NO_2还会与大气中的自由基(HO·)反应生成硝酸，形成酸雨。

4. 碳氢化合物的转化

大气中的主要碳氢化合物有甲烷、石油烃、芳香烃、萜类，其中甲烷含量高达80%以上。大气中的甲烷来自于有机物的厌氧发酵过程，一些动物的呼吸过程也产生甲烷，人为来源是石油和天然气的泄漏和排放。甲烷不易发生光化学反应，属于温室气体，温室效应是CO_2的20倍。石油烃以烷烃为主，还有烯烃、环烷烃、芳烃等，由原油开采、石油冶炼、燃料燃烧过程排放，其中不饱和烃活性高，6个碳原子以下的以气态存在，长链烃类形成气溶胶。萜类主要来自于松柏科、柑橘等植物，它易与大气中的氧化剂作用，生成过氧化物。

5. 光化学烟雾的形成

由汽车、工厂等污染源排入大气的碳氢化合物和氮氧化物(NO_x)一次污染物，在阳光的作用下发生化学反应，生成臭氧、醛、酮、酸、过氧乙酰硝酸酯(PAN)等二次污染物，参与光化学反应过程的一次污染物和二次污染物的混合物所形成的烟雾称为光化学烟雾。

NO_x 是大气污染物中最重要的光化学活性物质，也是参与光化学烟雾形成过程的基本物质，NO_x 与其他污染物如碳氢化合物共存时，受强烈的紫外线照射后产生光化学氧化剂(主要是 O_3)。碳氢化合物与大气中的自由基HO·或O·反应，连同 NO_x 一起，在强日光、低风速和低湿度等稳定的天气条件下发生化学反应，生成以臭氧为主还包括醛类、过氧乙酰硝酸酯、过氧化氢和细粒子气溶胶等污染物的强氧化性气团。这些物质的分子在吸收了太阳光的能量后变得不稳定，原有的化学链遭到破坏，形成剧毒的光化学烟雾。综上所述，光化学烟雾形成条件为：①引起光化学反应的紫外线；②烃类特别是烯烃的存在；③有 NO_x 参加。光化学烟雾的成因及危害如图 6-1 所示。

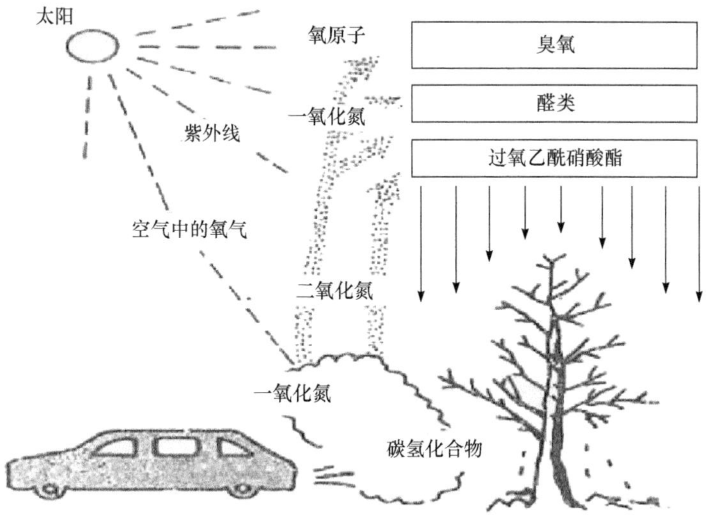

图 6-1 光化学烟雾的成因及危害示意图

光化学烟雾的成分非常复杂，对动植物和材料有害的主要是臭氧、过氧乙酰硝酸酯和甲醛等二次污染物。人和动物受到的主要伤害是眼睛和黏膜受刺激、头痛、呼吸障碍、慢性呼吸道疾病恶化、肺功能异常等。

1943 年美国洛杉矶发生的光化学烟雾事件是世界上最有名的公害事件之一。1970 年在美国加利福尼亚州、1971 年在日本东京均发生过光化学烟雾事件。

6.1.3 雾霾的形成、危害及控制

1. 雾霾的概念

雾霾，即雾和霾的统称。雾和霾的相同之处都是视程障碍物，都是气溶胶系统。不同之处，雾是一种自然现象，是大气中悬浮的水汽凝结成的气溶胶系统，主要由水滴或冰晶组成，在贴近地面的空气中形成几微米到 100 μm、肉眼可见的悬浮体，总体无毒无害。霾是空气中的 SO_2、NO_x、H_2SO_4、硝酸、可吸入颗粒物等组成的气溶胶系统造成的视觉障碍，是人为因素造成的。形成霾的污染物能直接进入并黏附在人体呼吸道和肺叶中，对人体有很大伤害。

雾霾天气是一种大气污染状态，是对大气中各种悬浮颗粒物含量超标的笼统表述。持续的雾霾天气给交通及工农业带来巨大危害，严重危及公众的身体健康甚至生命安全。

2. 雾霾的形成

1) 环境因素和气象条件

从雾与霾的形成原因和条件来看，二者有很大区别。雾是浮游在空中的大量微小水滴或冰晶，形成条件要具备较高的水汽饱和因素。出现雾时空气潮湿，空气相对湿度常达 100%或接近 100%。雾有随着空气湿度的日变化而出现早晚较常见或加浓，白天相对减轻甚至消失的现象。霾是空气中悬浮的大量微粒和气象条件共同作用的结果，发生霾时空气则相对干燥，空气相对湿度通常在 60% 以下，霾的日变化一般不明显。

雾霾、轻雾、沙尘暴、扬沙、浮尘等天气现象，都是由浮游在空中大量极微细的水滴、尘粒或烟粒等造成的，必须结合天气背景、天空状况、空气湿度、颜色气味及卫星监测等因素来综合判断是哪种天气现象。

分析雾霾形成的环境和气候因素可以看出，如果在水平方向静风现象增多，则不利于大气中悬浮微粒的扩散稀释，因而容易形成雾霾。每年的 1 月影响我国的冷空气活动偏弱，风速小，在中东部大部分地区易形成污染物在近地面层的积聚，导致雾霾天气多发。城市里的高层建筑对风起到阻挡和摩擦作用，使风经城区时速度明显减弱，大气中的悬浮微粒就容易在城区和近郊区积累，加剧雾霾发展、加重大气污染，因此城区雾霾天气要比农村多发。

如果在垂直方向上出现逆温，也就是出现高空气温比低空气温更高的现象，较暖而轻的空气位于较冷而重的空气上面，形成一种极其稳定的空气层，它就像锅盖一样笼罩在近地层的上空，使得大气层低空的空气垂直运动受到限制，严重阻碍空气的对流运动，近地层空气中的水汽、烟尘及各种有害气体难以向高空飘散而被阻滞在低空和近地面，滞留飘浮在逆温层下面的空气层中，而降低了能见度，形成雾霾。

冬季更容易发生雾霾也与逆温层有关。因为冷空气的密度比暖空气大，冷空气总向下沉，而暖空气向上跑。在冬季，夜间地面迅速降温，而白天接收到的太阳辐射相对较少，这样就造成了近地面空气温度低，高层空气温度高，因此近地面的冷空气不会向高空运动，高层的暖空气也不会降落到地面，于是各自保持着稳定的状态，在垂直方向上没有空气交换，这样就形成了雾霾。

2) 空气中悬浮颗粒物因素

除了环境因素和气象条件，工业生产如冶金、窑炉与锅炉、机电制造业、汽修喷漆等排放的废气，建筑工地和道路交通产生的扬尘、细菌和病毒等可生长颗粒，家庭装修中产生的粉尘等，都是形成雾霾的物质条件。使用柴油的大型车、公交车、大型运输卡车能排放大量有毒颗粒物，使用汽油的小型车虽然排放的是气态污染物，但很容易转化为二次颗粒污染物，增加雾霾形成概率。垃圾焚烧、冬季取暖烧煤、火山喷发等因素导致大气中的悬浮有毒颗粒物浓度增加，也是雾霾产生的重要因素。

3. 雾霾的危害

雾霾的危害在于它犹如慢性毒药在人体中发挥着消极作用而影响人体健康。

1) 诱发呼吸道疾病

不同直径的悬浮颗粒物对人体呼吸道的危害不同。一般来说，如果其粒径大于 10 μm，会被阻挡在人体鼻子之外；如果其粒径为 2.5~10 μm，颗粒物会被吸入呼吸道，鼻腔内壁的绒毛会阻挡其中绝大部分而降低其对健康的危害，但会使鼻腔变得干燥，破坏鼻腔黏膜防御能力，使细菌容易进入呼吸道而造成上呼吸道感染；如果其粒径小于 2.5 μm，这种颗粒物既不容易被阻挡也不容易被排出，会直接通过支气管进入肺泡内部，刺激呼吸道，出现咳嗽、闷气、呼吸不畅等哮喘症状，影响肺部正常功能的发挥。

2) 引发心脑血管疾病

在雾霾天气时，空气含氧量低，会使心脏跳动加速，造成血压起伏较大，导致心血管病、高血压、冠心病、脑溢血，也可能诱发心绞痛、心肌梗死、心力衰竭等。浓雾天气压比较低，人容易产生烦躁的感觉，血压自然会有所增高。另外，雾天往往气温较低，人们从温暖的室内突然走到寒冷的室外，血管热胀冷缩，也可使血压升高，容易导致中风、心肌梗死的发生。因此，有人说雾霾天气是心血管疾病患者的“健康杀手”。

3) 小儿佝偻病及细菌性疾病

雾霾天气除了引起呼吸系统疾病、心脑血管疾病的发病率增高外，还会引起小儿佝偻病及细菌性疾病。霾的出现会减弱紫外线的辐射，如经常发生霾，则会影响人体维生素 D 的合成，导致小儿缺钙，佝偻病高发。雾霾天气阳光微弱或照射不到地面，会使地表面的细菌、病毒等微生物快速繁殖，使空气中传染性病菌的活性增强，容易引起过敏、流感等疾病。

4) 长期雾霾天易诱发心理疾病

持续雾霾天气不仅对人的身体有影响，对人的心理影响也很显著。从心理学上讲，雾霾天气会给人造成沉闷、压抑的感觉，会刺激或者加剧心理抑郁的状态。此外，由于雾天光线较弱及低气压，有些人在雾天会产生精神懒散、情绪低落的现象。越来越多的研究证明，抑郁、焦虑或阿尔茨海默病等与雾霾存在一定联系。

英国科学家发现，空气污染对青少年产生精神疾病症状有重要影响。2019 年伦敦国王学院(King’s College London)神经科学与心理学中心的科学家们发布报告表示，在排除遗传、犯罪等社会因素情况下，他们可以在统计学上证明空气污染与青少年精神疾病有较高的关联度。研究人员在历时 20 年的科学监测后发现，生活在空气污染严重的城市中的青少年更有可能出现偏执和其他精神错乱情况。研究人员表示，他们追踪了 2232 名英国青少年从出生到成人的心理动向，并采集了受访者居住、学习等环境中的各种空气污染数据。结果显示，居住在污染严重地区的年轻人出现精神病症状的可能性是居住在农村污染轻地区年轻人的两倍。

伦敦国王学院的凯利(F. Kelly)教授也表示：“空气污染和大脑受到影响之间似乎存在某种联系。儿童和年轻人最容易受到空气污染的影响，因为他们的大脑和呼吸系统还不成熟。”2015 年，凯利教授就空气污染在英国皇家地理协会演讲时指出：30% 的青少年在 12～18 岁期间至少有过一次幻听或其他精神错乱的经历。对于这一现象，报告的作者之一费舍尔(H. Fisher)博士认为，他们的研究提供了“初步线索”。她说：“事实上这与吸烟和肺癌之间的联系没有什么不同。我们都认为，空气污染和精神疾病具有必然的联系。”

研究表明，雾霾与神经炎症和神经退化有关，而神经炎症导致的脑结构和脑功能异常又被证明是导致精神疾病的重要因素。雾霾可以通过直接作用大脑而导致精神疾病。

4. 雾霾的控制

雾霾的控制措施主要有以下几个方面：

1) 加大机动车污染治理

加快新能源汽车的开发和应用，加快新车排放标准实施进度，大力发展公共交通，提倡绿色出行，减少尾气的排放量。

2) 加快能源结构调整，减少燃煤量，增加清洁能源量

改变能源结构，利用脱硫、脱硝、除尘等措施提高运行效率，降低煤炭消耗污染排放。

3) 加强工业污染减排

全面推行排污许可制度和提高排污费征收标准，降低排放量。

5. 雾霾的防护

雾霾天气下的自我防护主要参考以下几个方面。

1) 减少外出和室外锻炼

研究表明，在排除了年龄、性别、时间效应和气象等影响因素之后，当颗粒物(粒径小于2.5 μm)浓度增加时，居民的死亡风险会增加。避免雾霾天室外锻炼，可以改为室内锻炼；雾霾非常严重时，外出时间太长，容易增加发病概率，特别是儿童、老人及患有慢性疾病的人，应减少外出的时间和频次；尤其在上下班高峰期和晚上大型汽车进入市区的时间段，道路旁污染物浓度较高，应尽量减少停留时间。

是否外出或者什么时间外出可参考表 6-3 中的空气质量指数范围值。

表 6-3　空气质量指数与外出活动的对照

空气质量指数	空气质量			对健康影响情况	建议采取的措施
	指数级别	指数类别	表示颜色		
0～50	一级	优	绿色	空气质量令人满意，基本无空气污染	各类人群可正常活动
51～100	二级	良	黄色	空气质量可以接受，但某些污染物可能对极少数异常敏感人群健康有较弱影响	极少数异常敏感人群应减少户外活动
101～150	三级	轻度污染	橙色	易感人群症状有轻度加剧，健康人群出现刺激症状	儿童、老年人及心脏病、呼吸系统疾病患者应减少长时间、高强度的户外锻炼
151～200	四级	中度污染	红色	进一步加剧易感人群症状，可能对健康人群心脏、呼吸系统有影响	儿童、老年人及心脏病、呼吸系统疾病患者避免长时间、高强度的户外锻炼，一般人群适量减少户外运动
201～300	五级	重度污染	紫色	心脏病和肺病患者症状显著加剧，运动耐受力降低，健康人群普遍出现症状	儿童、老年人及心脏病、呼吸系统疾病患者应停留在室内，停止户外活动；一般人群减少户外活动
>300	六级	严重污染	褐红色	健康人群运动耐受力降低，有明显强烈症状，提前出现某些疾病	儿童、老年人和患病人群应当留在室内，避免体力消耗，一般人群应避免户外活动

2) 少抽烟

卷烟、雪茄和烟斗在不完全燃烧的情况下会产生很多细颗粒物，烟草烟雾含有 7000 多种化合物，其中包括 69 种致癌物和 172 种有害物质，会严重危害抽烟者本身和吸入“二手烟”人群的身体健康。

3) 合理穿戴防护并注意个人卫生

在雾霾天气外出时，建议选用正规合格、与自己脸型大小匹配的 N95 口罩，这种口罩能抵挡 95%的 0.3 μm 的颗粒，在 $PM_{2.5}$ 爆表的天气也能起到一定效果。口罩取下后要等到里面干燥后再对折起来，以防呼吸的潮气使口罩滋生细菌，佩戴的时间不宜过长。戴帽子、穿长袖衣服可以减少浓度较高的有毒有害污染物沾染在头发和暴露的皮肤上。

外出回家注意洗手、洗脸；在室外不要挖鼻孔，以免造成鼻黏膜损伤，让病菌、灰尘乘虚而入；回家后用纸巾擤鼻涕可以帮助清理鼻腔内的灰尘。

4) 清淡饮食

少吃刺激性食物，多吃新鲜蔬菜和水果，可以补充各种维生素和无机盐，还能够润肺除燥、祛痰止咳、健脾补肾。可以多吃豆腐、牛奶等食品，必要时补充维生素 D，以增强抵抗力。

5) 室内起居

在阳台、露台、室内多种绿植，如绿萝、万年青、虎皮兰等绿色冠叶类植物可以净化空气，也可以使用空气净化器。注意早睡早起，不要熬夜，增强身体免疫力。空气清新剂容易造成空气二次污染，室内有老人、小孩时尽量不用。

应对雾霾污染、改善空气质量的首要任务是控制 $PM_{2.5}$。治理雾霾要从一点一滴做起，从每一个人做起。

健康贴士　雾霾天要不要开窗通风

雾霾天气不主张早晚开窗通风，最好等太阳出来再开窗通风。家里会有厨房油烟污染、家具添加剂污染等，如不通风换气，污浊的室内空气同样会危害健康。在室外空气污染不是十分严重时，静风条件下可每天两次、每次 20 min 开窗换气。但要避开早晚交通高峰和风力较大引起扬尘时开窗。若遇到连续污染天气，通风换气时可在纱窗附近挂上湿毛巾，这样能够起到过滤、吸附的作用。

6.2 水与健康

6.2.1 水污染的来源及危害

1. 水污染的主要来源

水污染指污染物进入河流、湖泊、海洋或地下水中，使水质和底泥的物理、化学性质或生物群落组成发生变化，造成水质恶化，降低水体的使用价值和功能，危害人体健康或者破坏生态环境的现象。水污染的主要来源有：

(1) 工业废水，即在工业生产中，热交换、产品输送、产品清洗、选矿、除渣、生产反应等过程产生的大量废水。

(2) 生活污水，即来自家庭、机关、商业和城市公用设施及城市径流的污水。生活污水陈腐后其中的溶解氧含量下降，出现厌氧降解反应，会产生硫化氢、硫醇、吲哚和粪臭素，使水具有恶臭味。

(3) 医院污水，一般综合医院、传染病医院、结核病医院等排出的污水含有大量的病原体，如伤寒杆菌、痢疾杆菌、结核杆菌、致病原虫、肠道病毒、腺病毒、肝炎病毒、血吸虫卵、钩虫、蛔虫卵等。这些病原体在外环境中往往可生存较长时间。因此，医院污水污染水或土壤后，能在较长时间内通过饮水或食物途径传播疾病。

(4) 农田水的径流和渗透污水。我国广大农村习惯使用未经处理的人畜粪便、尿液浇灌菜地和农田。土壤经施肥或使用农药后，通过雨水或灌溉用水的冲刷及土壤的渗透作用，其中残存的肥料及农药通过农田的径流而进入地面水和地下水。

(5) 固体废物导致的污水。废物的堆放、掩埋和倾倒都有可能带来水污染：一些废弃物被人为倾倒进入水体，一些暂时堆放于露天的废物可能因雨水淋湿或刮风等原因被带入水体，更有一些难以处置的废弃物被人们掩埋在地下深层，如地下处置工程设置不当或不加任何处理填埋，会使被处置的污染物进入水体，导致水体污染。

在以上污染源中，工业废水含污染物多、成分复杂，不仅在水中不易净化，而且处理比较困难，尤其是重金属污染物难以治理。重金属污染物在水体中具有相当高的稳定性和难降解性，积累达到一定限度就会对水生植物及水生动物系统产生严重危害，并可通过食物链在水产品体内大量累积，进入人体则会影响人的健康。因此，水体重金属污染日益成为人们关注的焦点。

2. 水体中的重金属污染

化学意义上的重金属是指密度大于 4.5 $g \cdot cm^{-3}$ 的金属，一般指元素周期表中原子序数大于 23 的过渡元素，如铜、铅、锌、铁、钴、镍、锰、镉、汞、钨、钼、金、银等。尽管锰、铜、锌等重金属是生命活动所需要的微量元素，但是大部分重金属如汞、铅、镉等并非生命活动所必需，而且所有重金属在人体内超过一定浓度都对人体有毒害。

当重金属进入水体，超过了一定的浓度标准就造成了水体污染。水体中的金属有利或有害不仅取决于金属的种类，还取决于金属的浓度及存在的价态和形态。例如，金属有机化合物(有机汞、有机铅、有机砷、有机锡等)比相应的金属无机化合物毒性强得多，可溶态的金属比颗粒态金属的毒性大，六价铬比三价铬毒性大等。即使有益的金属元素，如果浓度超过某一数值也会产生剧烈的毒性，导致动植物中毒甚至死亡。

由于重金属具有富集性，很难在环境中降解，因此重金属污染来源广、残留时间长、自然环境中不可被消除、不能被生物降解，相反可通过食物链富集，在人体内能与蛋白质及酶等发生强烈的相互作用，也可能在人体的某些器官中累积，造成人体急性中毒、亚急性中毒、慢性中毒等，这种累积性危害有时需要 10～20 年才显现出来。重金属有放大效应，水体中的重金属通过生物转化为毒性更强的金属化合物，如汞的甲基化作用就是其中典型的例子。

3. 水体重金属“五毒”及其危害

不同的重金属危害不同的靶器官。水体污染中，毒性最强的重金属有：汞、镉、铅、铬和砷及其化合物，称为“五毒”金属。这些重金属对人体的危害和重金属在人体内的作用机理在 2.3.8 小节已有详述。在生活饮用水中对这些重金属的限值可参考《生活饮用水卫生标准》(GB 5749—2006)，见表 6-4。

表 6-4　水质常规指标及限值

指　标	限　值
1. 微生物指标①	
总大肠菌群(MPN · 100 mL^{-1} 或 CFU · 100 mL^{-1})	不得检出
耐热大肠菌群(MPN · 100 mL^{-1} 或 CFU · 100 mL^{-1})	不得检出
大肠埃希氏菌(MPN · 100 mL^{-1} 或 CFU · 100 mL^{-1})	不得检出
菌落总数(CFU/mL)	100
2. 毒理指标	
砷(mg · L^{-1})	0.01
镉(mg · L^{-1})	0.005
铬(六价，mg · L^{-1})	0.05
铅(mg · L^{-1})	0.01
汞(mg · L^{-1})	0.001
硒(mg · L^{-1})	0.01
氰化物(mg · L^{-1})	0.05
氟化物(mg · L^{-1})	1.0
硝酸盐(以 N 计，mg · L^{-1})	10 地下水源限制时为 20
三氯甲烷(mg · L^{-1})	0.06
四氯化碳(mg · L^{-1})	0.002
溴酸盐(使用臭氧时，mg · L^{-1})	0.01
甲醛(使用臭氧时，mg · L^{-1})	0.9
亚氯酸盐(使用二氧化氯消毒时，mg · L^{-1})	0.7
氯酸盐(使用复合二氧化氯消毒时，mg · L^{-1})	0.7
3. 感官性状和一般化学指标	
色度(铂钴色度单位)	15
浑浊度(NTU-散射浊度单位)	1 水源与净水技术条件限制时为 3
臭和味	无异臭、异味
肉眼可见物	无
pH(pH 单位)	不小于 6.5 且不大于 8.5
铝(mg · L^{-1})	0.2
铁(mg · L^{-1})	0.3
锰(mg · L^{-1})	0.1

续表

指　标	限　值
3. 感官性状和一般化学指标	
铜($mg\cdot L^{-1}$)	1.0
锌($mg\cdot L^{-1}$)	1.0
氯化物($mg\cdot L^{-1}$)	250
硫酸盐($mg\cdot L^{-1}$)	250
溶解性总固体($mg\cdot L^{-1}$)	1000
总硬度(以 $CaCO_3$ 计，$mg\cdot L^{-1}$)	450
耗氧量(COD_{Mn} 法，以 O_2 计，$mg\cdot L^{-1}$)	3 水源限制，原水耗氧量>6 $mg\cdot L^{-1}$ 时为 5
挥发酚类(以苯酚计，$mg\cdot L^{-1}$)	0.002
阴离子合成洗涤剂($mg\cdot L^{-1}$)	0.3
4. 放射性指标②	指导值
总 α 放射性($Bq\cdot L^{-1}$)	0.5
总 β 放射性($Bq\cdot L^{-1}$)	1

① MPN 表示最可能数；CFU 表示菌落形成单位。当水样检出总大肠菌群时，应进一步检验大肠埃希氏菌或耐热大肠菌群；水样未检出总大肠菌群，不必检验大肠埃希氏菌或耐热大肠菌群。
② 放射性指标超过指导值，应进行核素分析和评价，判定能否饮用。

6.2.2 水体重金属污染防治

水体重金属污染的防治途径主要包括源头控制和污染修复两方面。

1. 源头控制

预防是防治一切污染的关键，水污染防治应当坚持预防为主、防治结合、综合治理的原则，做好源头控制工作才是上策，而立法是根本，是克服源头控制阻力的法律依据。

我国于 1984 年 5 月 11 日通过了《中华人民共和国水污染防治法》，并多次修订。该法律对水体污染的源头控制做了明确规定，如规定禁止向水体排放油类、酸液、碱液或者剧毒废液，禁止在水体清洗装贮过油类或者有毒污染物的车辆和容器，禁止向水体排放、倾倒工业废渣、城镇垃圾和其他废弃物。国家标准《污水综合排放标准》(GB 8978—1996)对第一类污染物最高允许排放浓度做了规定，见表 6-5。

表 6-5　第一类污染物最高允许排放浓度　　单位：$mg\cdot L^{-1}$

序号	污染物	最高允许排放浓度	序号	污染物	最高允许排放浓度
1	总汞	0.05	8	总镍	1.0
2	烷基汞	不得检出	9	苯并[a]芘	0.00003
3	总镉	0.1	10	总铍	0.005
4	总铬	1.5	11	总银	0.5
5	六价铬	0.5	12	总α放射性	1Bq · L^{-1}
6	总砷	0.5	13	总β放射性	10 Bq · L^{-1}
7	总铅	1.0			

2. 污染修复

重金属废水处理方法主要包括物理、化学、生物三大类处理方法及新型复合处理方法。

1) 物理处理法

重金属污染的物理处理法又分为吸附法、膜分离法、离子交换法、溶剂萃取法等。

(1) 吸附法是应用多种多孔性吸附材料去除废水中重金属离子的一种方法。所用的吸附材料有活性炭、玉米棒子芯、白杨木材锯屑等天然吸附材料，以及复合生物吸附材料、改性的壳聚糖新型材料等。

(2) 膜分离法是利用一种特殊的半透膜，在外界压力的作用下，不改变溶液的化学形态，使溶液中的一种溶质或溶剂渗透出来，从而达到分离的目的。

(3) 离子交换法是利用重金属离子与离子交换剂进行交换，达到去除废水中重金属离子的方法。常用的离子交换剂有阳离子交换树脂、阴离子交换树脂、螯合树脂等。

(4) 溶剂萃取法利用重金属离子在有机相或水相溶解度的不同，使重金属浓缩于有机相进行分离。由于液液接触，可连续操作而且分离效果好，但在萃取的过程中能源消耗大。

2) 化学处理法

重金属污染的化学处理法又分为氧化还原法、沉淀法、电修复法、高分子基体捕捉法等。

(1) 氧化还原法是利用重金属的多种价态，加入一定的氧化剂和还原剂，使重金属获得人们所需的价态。这种方法能使废水中的重金属离子向更易生成沉淀或毒性较小的价态转换，然后沉淀去除。

(2) 沉淀法是通过化学反应使重金属离子变成不溶性物质而沉淀分离出来，包括中和沉淀法、硫化物沉淀法、铁氧体沉淀法、氢氧化物沉淀法等，不足之处是容易造成二次污染。

(3) 电修复法是给受重金属污染的水体两端加上直流电场，利用电场迁移力将重金属迁移出水体。用电浮选法可以净化含有铜、镍、锌、镉等重金属的工业污水。

(4) 高分子基体捕捉法是利用高分子基体亲水性的螯合形成基与水中的重金属离子选择性反应，生成不溶于水的金属络合物，进行重金属捕集。该方法可用于电镀废水处理。

3) 生物修复法

生物修复技术是指利用生物特别是微生物将土壤、地下水和海洋等环境中的有毒有害污染物降解为二氧化碳和水，或转化为无害物质，使污染生态环境修复为正常生态环境的工程技术。生物修复法又包括动物处理法、植物处理法和微生物处理法。

(1) 动物处理法是利用一些优选的鱼类及其他水生动物品种在水体中吸收、富集重金属，以达到水体重金属污染修复的目的。例如，双壳类软体动物既可以作为指示生物，也能够对亲脂性化合物和一些重金属离子有高度富集作用，于是有人提出用牡蛎富集重金属铜和镉。日本为从根本上消灭因汞污染造成的人、畜“水俣病”，培植了一种非食用性鱼放在水俣湾生活和繁殖。这种鱼具有富集海水中汞的能力且不会死，定期捕捞后销毁，经多年的努力终于使水俣湾水域中汞浓度大大降低。

(2) 植物处理法是利用重金属积累或超重金属积累水生植物，将水体中的重金属提取、富集到植物体内，然后通过收割植物将重金属从水体清除出去。

(3) 微生物处理法是利用水体中的微生物及藻类吸收富集重金属，以达到去除重金属、修复污染水体的作用。由于藻类生物富集的效率高，成为目前研究的重点方向之一。

生物修复技术是利用参与生物修复过程的生物类群，包括微生物、植物、动物及它们构成的生态系统对污染物进行转移、转化及降解，从而使水体得到净化，因此可以与绿化环境及景观改善结合起来，实现生态修复的最大效益。例如，在水体中适当种植对重金属具有吸附作用的浮水植物和挺水植物，如凤眼莲、香蒲、黑麦草、水芹菜等，可达到既净化水质、又改善生态环境的目的，1 万平方米植物一昼夜就可以吸附几百克到几千克重金属。生物修复技术符合可持续发展原则，目前已成为全世界普遍关注的水环境修复技术。

对于水体重金属污染的防治是一项长远的工程，从“防”到“治”，要有足够的紧迫感。提高全民素质、增强环保意识，从我做起、从一点一滴做起，才能从根本上消除污染。

健康贴士

日常生活中重金属污染的防治

重金属进入人体的途径主要有三种，分别是吃的食物、饮用的水和呼吸的大气，某些情况下皮肤吸收也是一种途径。日常生活中重金属污染防治总的原则有两条：一是防，二是排。

防。食物结构要多样化，不同产地、不同品牌换着吃；不吸烟，烟叶中镉、砷的含量非常高；少吃或不吃动物内脏，内脏容易富集重金属；少食鸡头、鱼头、鸭头、鹅头等，很多重金属会储存于脑组织中，民谚有“10 年鸡头赛砒霜”之说；少吃贝壳类水生动物，贝类具有较强的富集镉、汞、砷等重金属的能力；少吃油炸食品和膨化食品，防止摄入添加剂中的金属；少喝易拉罐饮料，防止不合格的铝罐带来铝的污染；含有朱砂的药品或保健品不能吃，朱砂的主要成分是硫化汞。

排。食用牛奶、豆浆等高蛋白类食物，蛋白质和重金属螯合后形成重金属-蛋白复合物，将重金属排出体外；喝茶，茶叶中的茶多酚可以与重金属离子结合，将其排出；补充维生素 C、维生素 E、抗氧化类食物，可以降低重金属对 DNA 的损伤，食物的膳食纤维中含有多种活性基团，可以与重金属螯合后将其排出体外；多食用蘑菇、冬菇、平菇、金针菇等菇菌类食用菌，研究证明，食用菌对正常人和烟酒嗜好者的血铅、血镉均有明显的降低效果。抗重金属食谱只能起到保健预防的作用，一旦发生重金属中毒，必须马上送医院治疗。

6.3 土壤与健康

土壤是构成生态系统的基本环境要素，是人类赖以生存和发展的物质基础，加强土壤污染防治是构建国家生态安全体系的重要部分，是实现农产品质量安全的重要保障，是新时期环保工作的重要内容。

6.3.1 土壤是生命之基

地壳中原来整体坚硬的岩石，经风化、剥蚀搬运、沉积，发生包括物理、化学和生物在内的各种作用，形成的固体矿物、水和气体的集合体称为土壤。土壤由固相、液相、气相三相物质组成。固体土粒占土壤总体积的 50%，其中，矿物质约占 38%，有机质约占 12%；液相是指土壤水和土壤中的可溶性物质，占土壤总体积的 25%～30%；气相是指土壤空气，占土壤总体积的 20%～25%。

土壤是“生命之基，万物之母”，孕育了人类，给人们提供了生存的物质条件。土壤中矿物质主要元素有 O、Si、Al、Fe、Ca、Mg、K、Na、Ti、C 等，占土壤矿物质总质量的 99%以上，化合物 SiO_2、Al_2O_3、Fe_2O_3 占土壤矿质总质量的 75%，属于土壤的主体。

唯有净土才有净食，有净食才可安居乐业。土壤是人类社会生产活动的重要物质基础，是不可缺少且较难再生的自然资源，土壤既与人类命运息息相关，也必然会受到人类活动的影响。人类在生产、生活中产生的物质很多直接或间接排入土壤，其中有害物质在土壤中的含量超过一定限度，以致土壤理化、生物等特性改变，这种状态称为土壤污染。土壤污染妨碍了土壤的正常功能。

6.3.2　土壤污染及其特点

1. 土壤污染类型和来源

降低农作物的产量和质量，通过粮食、蔬菜、水果等间接影响人体健康的物质都称为土壤污染物。土壤污染分为无机型污染物污染、有机型污染物污染、生物型污染物污染及放射性污染物污染。2014 年《全国土壤污染状况调查公报》指出，我国土壤的污染类型以无机型为主，有机型次之，复合型污染比重较小。

1) 无机型污染物

人们对无机型污染普遍关注的是重金属污染物。有害重金属除了生物毒性显著的汞、镉、铅、铬及类金属砷外，还包括具有毒性的重金属锌、铜、钴、镍、钒等。

(1) 工矿企业排放的废气、废水、废渣是造成其周边土壤重金属污染的主要原因。例如，冶金工业排放的金属氧化物粉尘会在重力作用下以降尘形式进入土壤，形成以排污工厂为中心、半径为 2～3 km 范围的点状污染；硫化矿产的开采、选矿、冶炼过程中和矿藏开采后的固体废弃物如尾矿、废石、粉煤灰和工业垃圾，会通过大气干湿沉降进入土壤，或是随矿山废水直接排放进入土壤，或是被直接放置到土壤中造成污染。煤矸石不但直接占用大量农田，而且在风力、降水等自然力的作用下，通过直接渗透、飘尘沉降、雨水冲刷等方式将大量有害有毒物质如汞、铬、镉、铜、砷等带入土壤。

(2) 汽车尾气排放导致交通干线两侧土壤受铅、锌等重金属污染。汽油中添加的抗爆剂四乙基铅随废气排出而污染土壤，使行车频率高的公路两侧形成明显的铅污染带。

(3) 农业生产活动造成耕地土壤重金属污染。例如，砷被大量用作杀虫剂、杀菌剂、杀鼠剂和除草剂；使用未经处理或未达到排放标准的工业和生活污水灌溉农田，污水中含有的重金属、酚、氰化物等许多有毒有害的物质被带至农田，在灌溉渠系两侧形成污染带；污泥作为肥料施用，常使土壤受到重金属、无机盐的污染；有机肥料也会带来重金属污染，一些小规模的养殖场，在农畜的饲料中添加含砷制剂用以杀死农畜体内的寄生虫，这些含砷的牲畜粪便作为有机肥料被堆积入田时，肥料内的重金属就会潜入地下，并随着耕种传递到农作物中。

(4) 城市固体废弃物垃圾的不合理处置造成耕地土壤重金属污染。由于日晒、雨淋、水洗，城市固体废弃物垃圾中的重金属极易移动，以辐射状、漏斗状向周围土壤扩散，重金属元素会在雨水的淋洗下向土壤中释放其有效成分，造成土壤污染；大量废旧变压器、电子垃圾及废弃电缆堆放于路边、田边，有的甚至在农田当中随意拆卸和焚烧，其中大量的铅、汞、镉等重金属和酸碱溶液泄漏进入土壤，导致严重污染。

土壤无机型污染还来源于大气沉降，大气中的二氧化硫、氮氧化物和颗粒物等有害物质在大气中发生反应形成酸雨，通过沉降和降水而降落到地面引起土壤酸化，也是无机型污染物的来源之一。

2) 有机型污染物

土壤中有机型污染物主要包括有机农药、石油烃、塑料制品、染料、表面活性剂、增塑剂和阻燃剂等，其主要来源为化肥、农药、农膜、焚烧秸秆、污水灌溉、养殖禽畜、污泥堆肥、废弃物垃圾、污染物泄漏等。

(1) 化肥的过度使用。我国是一个农业大国，化肥施用量巨大，长期过度使用氮、磷等化学肥料会使土壤酸化。造成土壤胶体分散、结构破坏、土壤板结、耕层变浅、耕性变差、保水肥能力下降、生物学性质恶化，增加了农业生产成本，影响了农作物的产量和质量。另外，未被作物吸收的氮、磷等随农田排水扩散，在根层以下积累或转入地下，造成更大面积的土壤污染。

(2) 农药残留。喷施于作物上的农药，除部分被植物吸收或逸入大气外，还有一些直接散落于农田进入土壤或被土壤吸附，土壤中的农药残留不断累积，污染程度不断加大，严重损害了土壤中有益微生物的生存，并且导致农产品农药残留量超标，危害人体健康。

(3) 农用地膜的残留。农用地膜良好的增温保墒效果对农业产生了重大的、积极的作用，但残留农用地膜也带来了一系列负面影响。大量的残留地膜破坏土壤结构，危害作物正常生长发育，造成农作物减产，进而影响到农业环境。

(4) 畜禽养殖堆肥。由于畜禽养殖规模化水平较低，粪便利用率不高，畜禽养殖污水基本是直排，畜禽饲料中添加的铜、铅等微量元素和抗生素、动物生长激素等许多未被畜禽吸收的微量元素和有机污染物便随粪便排出体外，这种不合格的畜禽粪便肥料也会造成土壤污染。

3) 生物型污染物

土壤中含有一定量的病原体，如肠道致病菌、肠道寄生虫、钩端螺旋体、破伤风杆菌、霉菌和病毒等，主要来自医院污水、未经处理的粪便、垃圾、生活污水、饲养场和屠宰场等，其中危害最大的是传染病医院未经消毒处理的污水和污物。禽畜饲养场的厩肥和屠宰场的废物，其性质近似人粪尿，利用这些废物作肥料，如果不进行物理和生化处理，则其中的寄生虫、病原菌和病毒等可引起土壤和水域污染，并通过水和农作物危害人体健康。未经处理的生活污水用于灌溉农田，将会使污水中病原菌和寄生虫进入农田带来污染。

4) 放射性污染物

土壤辐射污染的来源有铀矿和钍矿开采、铀矿浓缩、核废料处理、核武器爆炸、核试验、燃煤发电厂、磷酸盐矿开采、农用化学品加工、科研及医疗机构等产生的各种废弃物等。大气层核试验的散落物可造成土壤的放射性污染，煤矸石中含有的放射性物质还会导致土壤的辐射性污染。

2. 土壤污染的特点

(1) 隐蔽。大气、水、废弃物污染是很容易通过感官而被发现的，但土壤污染具有很高的隐蔽性，在污染初期很难单凭嗅觉和视觉直观发现深藏于土壤中的污染，而是当污染积累达到一定程度时，通过对土壤样品进行采样化验，用化学仪器分析其中有害物质的残存量，甚至通过研究人畜等的健康状况，才能判断其中存留的可能造成隐患的物质对种植物的危害程度。发现土壤污染时往往是已经发生了很长时间，这就造成土壤污染监管远远滞后于污染现状。受累于这种长期潜伏的隐蔽性，农用地土壤污染多数没有得到应有的关注与重视。

(2) 累积。土壤不像大气和水的扩散与稀释能力那么高，其中的有毒有害物质积累时间较长、成分复杂，往往治理难度较大。污染物经过土壤对其一系列的化学沉淀、物理吸附及生物吸收等程序后，在土壤中日积月累造成危害。

(3) 不可逆。土壤中累积的污染物质特别是重金属污染物基本上是不可逆转的。被污染的土壤在很长时间内难以被应用到生产生活和经济建设中。

(4) 不均匀。由于土壤性质差异大，污染物在土壤中迁移慢，土壤中污染物分布不均匀，空间变异大。

(5) 难治理。土壤污染物一般降解难度大，治理土壤污染要通过换土、淋洗土等方法进行全面治理，周期长、工作变数大，治理工作效果不明显。因此，相比于大气和水体污染，土壤污染治理成本更高、周期更长、难度更大。

6.3.3　土壤污染的危害

土壤受到污染后，含重金属浓度较高的污染土在风力和水力作用下，进入大气和水体中，导致大气污染、地表水污染、地下水污染和生态系统退化等其他次生生态环境问题。土壤污染使农产品的重金属和农药残留超标，严重危害人类身体健康，也造成大量的资源浪费和经济损失。

1. 土壤重金属污染对人体健康的危害

土壤中的重金属污染物不能被生物降解，只有通过生物吸收得以去除。这些污染物在植物体内积累并通过食物链富集到人体和动物体中，危害人体健康。我国《土壤环境质量 农用地土壤污染风险管控标准(试行)》(GB 15618—2018)中规定了农用地土壤污染基本项目的风险筛选值见表 6-6。

表 6-6　农用地土壤污染风险筛选值(基本项目)

序号	污染物项目①②		风险筛选值			
			pH≤5.5	5.5<pH≤6.5	6.5<pH≤7.5	pH>7.5
1	镉	水田	0.3	0.4	0.6	0.8
		其他	0.3	0.3	0.3	0.6
2	汞	水田	0.5	0.5	0.6	1.0
		其他	1.3	1.8	2.4	3.4
3	砷	水田	30	30	25	20
		其他	40	40	30	25
4	铅	水田	80	100	140	240
		其他	70	90	120	170
5	铬	水田	250	250	300	350
		其他	150	150	200	250
6	铜	果园	150	150	200	200
		其他	50	50	100	100
7	镍		60	70	100	190
8	锌		200	200	250	300

①重金属和类金属砷均按元素总量计。

②对于水旱轮作地，采用其中较严格的风险筛选值。

2. 土壤有机污染对人体健康的危害

有些土壤有机污染物持久存在于环境中，具有生物蓄积性、半挥发性和高毒性，不能被降解，对人类健康具有严重危害，例如，土壤中残留的二噁英类物质具有致癌和致畸作用，号称世界上最毒的化合物之一，每人每日能容许的二噁英摄入量为每千克体重 1 pg，二噁英中的 2, 3, 7, 8-TCDD 只需几十皮克就足以使豚鼠毙命，连续数天施以每千克体重若干皮克的喂量能使孕猴流产。很多残留有机污染物具有雌激素的作用，对人体的内分泌系统和生殖系统有潜在的威胁，也会使人类婴儿的出生体重降低，使儿童发育不良，产生骨骼发育障碍，导致神经系统和代谢的紊乱、注意力下降、免疫系统受到抑制，引起致癌、致畸、致突变的“三致”问题。

3. 土壤生物污染对人体健康的危害

土壤污染中的生物污染会对生态系统产生不良影响。有害的生物种群从外界环境侵入土壤后大量繁衍，破坏原来的生态平衡。一些在土壤中长期存活的植物病原体能严重危害植物，造成农业减产，如某些植物致病细菌污染土壤后能引起植物的青枯病、果树的细菌性溃疡和根癌病，某些致病真菌污染土壤后能引起蔬菜的根肿病、枯萎病、黑穗病、线虫病等。

土壤生物污染对人体造成的危害更加严重，被病原体污染的土壤能传播伤寒、痢疾、疟疾、病毒性肝炎等多种疾病。土壤中存在的大量寄生虫导致人体极易受到寄生虫的危害。这些病症通过人与人接触而传播得更为猛烈，病原体随患者和带菌者的粪便以及他们的衣物、器皿的洗涤污水污染土壤，通过雨水的冲刷和渗透，病原体又被带进地面水或地下水中，进而引起这些疾病的水型暴发流行。被污染的土壤是蚊蝇滋生和鼠类繁殖的场所，而蚊、蝇和鼠类又是许多传染病的媒介。因此，被生物污染的土壤在流行病学上被视为特别危险的物质。

4. 土壤放射性污染对人体健康的危害

土壤被放射性物质污染后，通过放射性衰变能产生射线，穿透人体组织，使机体的一些组织细胞死亡。这些射线对机体既可造成外照射损伤，又可通过饮食或呼吸进入人体，造成内照射损伤，使受害者头昏、疲乏无力、脱发、白细胞减少或增多、发生癌变等。

1986 年 4 月 26 日凌晨，苏联切尔诺贝利核电站发生爆炸，事故造成超过 10000 km^2 范围受污染，其中乌克兰约有 1500 km^2 的肥沃农田因污染而废弃，有约 2000 万人受到放射性污染，其影响在 30 年后仍会持续。

6.3.4 土壤污染防治

土壤污染是一个漫长的积累过程，防治土壤污染主要有源头预防和末端治理两方面。

1. 源头预防措施

土壤污染治理难度大、成本高、周期长，因此要以预防为主，防治结合。通过建立健全土壤污染防治的政策法律法规，全面实施土壤污染防治规划，有助于从源头预防土壤污染。

1979 年我国推出第一部关于保护环境和自然资源、防治污染和其他公害的综合性法律《中华人民共和国环境保护法(试行)》；1986 年我国颁布了第一部全面规范土地管理和土地利用的法律《中华人民共和国土地管理法》；1998 年制定了《基本农田保护条例》；2008 年原环境保护部发布《关于加强土壤污染防治工作的意见》；2016 年国务院颁布了《土壤污染防治行动计划》(简称“土十条”)。

1995 年我国首次制定了《土壤环境质量标准》(GB 15618—1995)，规定了土壤中污染物的最高允许浓度指标值及相应的监测方法。2018 年进行修订时将该标准名称调整为《土壤环境质量 农用地土壤污染风险管控标准(试行)》(GB 15618—2018)，规定了农用地土壤中镉、汞、砷、铅、铬、铜、镍、锌等基本项目，以及六六六、滴滴涕、苯并[a]芘等其他项目的风险筛选值，规定了农用地土壤中镉、汞、砷、铅、铬的风险管制值，更新了监测、实施与监督要求。

自 2019 年 1 月 1 日起施行的《中华人民共和国土壤污染防治法》填补了我国土壤污染防治领域的法律空白，与大气污染、水污染等相关法律构建起立体、严密的生态环境法治网。

2. 末端治理——土壤修复

土壤修复是指利用物理、化学和生物的方法将土壤中的污染物质清除出土体，或将其固定在土壤中而降低其迁移性和生物有效性。要根据土壤受污染的情况和类型选择土壤修复技术。修复主要基于两种策略，一是去除，将污染物质从土壤中去除，达到清洁土壤的目的；二是固定，将重金属固定在土壤中限制其释放，从而降低其风险。土壤污染的主要修复技术有物理修复技术、化学修复技术、生物修复技术、联合修复技术等。

1) 物理修复技术

物理修复技术是采用隔离、清洗、热处理、电化法等物理技术将污染物从土壤介质中分离出来的方法。

(1) 换土法、客土法、深耕翻土法、去表层土法。换土法是将受污染的土壤运走，然后运入无污染的干净土壤。客土法是通过运来干净土壤覆盖住原来受污染的土壤或者是将两者混合。深耕翻土法是翻动上下层土壤将干净土壤和受污染土壤进行置换。去表层土法是去掉表层受污染土壤，从而达到土壤修复的目的。这类方法工程量大、处理成本高，也不能解决被污染土壤的二次污染问题，适用于小面积且污染较为严重的土壤的治理，并且还要对污染的土壤进行储放和处理等。

(2) 电动修复技术。向污染土壤中插入电极施加直流电压，通过离子电学和电渗析作用，使重金属离子在电场作用下发生电迁移、电渗流、电泳等而在电极附近富集，然后进行集中处理或分离。适合小范围修复渗透性差、传导性好的黏性土壤。

(3) 热处理技术。对土壤中易挥发重金属、土壤中半挥发性、挥发性有机污染物进行去除的物理修复技术。通过微波、蒸汽、红外辐射等方式对污染土壤进行加热升温，使土壤中的污染物挥发并进行收集处理，从而减少土壤中易挥发重金属的含量，达到土壤修复目的。该技术不适用于处理土壤中不易挥发的重金属和腐蚀性有机物等，收集的污染物质也要妥善处理，对重金属可再利用。该方法去除污染物效果好，进行修复后的土壤可再利用，但该技术能耗过高、设备价格昂贵、脱附时间过长，加热过程对土壤营养成分及生产性能也会产生影响。有效利用太阳能代替高能耗是研究的方向。

(4) 土壤的物理净化作用。土壤是多相的疏松多孔体，可被视为天然的过滤装置，进入土壤中的难溶性固体污染物可被土壤机械阻留，可溶性污染物可被土壤水分稀释而降低毒性，或被土壤固相表面吸附，但可随水迁移至地表水或地下水层。某些污染物可挥发或转化成气态物质后通过土壤孔隙迁移到大气介质中。

以上类型均为土壤对污染物的物理修复。该作用只能使土壤中的污染物的浓度降低，却无法实现土壤中污染物的彻底消除。其本质只是令土壤中的污染物从一处转移到另一处，不利于从根本上改变土壤环境。

2) 化学修复技术

化学修复技术是运用化学手段破坏污染物的化学成分，从而达到降低污染物浓度的目的。化学修复技术一般包括化学淋洗技术、化学改良剂技术、化学氧化还原技术等。

(1) 化学淋洗技术。化学淋洗技术是把水或冲洗剂等淋洗剂注入污染土壤，在重力作用下或通过水头压力推动淋洗液通过被污染土层，然后把含有污染物的溶液从土壤中抽提出来，利用分离和污水处理技术清洗土壤，在轻质土和砂质土中应用效果较好。目前常用的淋洗剂有无机酸、螯合剂和天然有机酸。无机酸易改变土壤 pH、破坏土壤结构；螯合剂难降解，使用过量易造成二次污染；天然有机酸去除重金属的效果较好且易降解、无残留。因此，找到合适的淋洗剂是淋洗法的关键，需防止在使用淋洗剂过程中产生新的污染。

(2) 化学改良剂技术。化学改良剂技术是一种土壤稳定化修复的方法，也称固化/稳定化技术，是向污染的土壤中加入特定的稳定剂，将污染物固定在污染介质中，使其处于稳定或抑制状态，或者直接通过稳定剂与重金属的作用，如沉淀、吸附、配位、有机络合和氧化还原作用等改变重金属的形态，从而降低重金属的浓度迁移性及生物有效性，达到土壤修复的目的。常用的稳定剂有水泥、环氧树脂、石灰、硅胶、磷酸盐类物质、黏土矿物类材料、金属氧化物类材料、有机类材料及复合类固定剂等，也可以加入有机胶体，增加土壤中的胶体含量，使污染物的阴离子与阳离子被吸附到土壤的胶体上，降低污染离子的浓度。该技术操作简单，治理费用和难度相对较低，且药剂较为常见，适用于土壤中污染物的离子浓度不是很高时。用该方法修复土壤污染时，污染物埋藏深度、土壤 pH、土壤有机质和湿度、温度等都会影响最终修复效果。

(3) 化学氧化还原技术。向土壤中投加氧化剂或还原剂，使污染物质发生氧化还原反应来净化土壤的方法。常用的氧化试剂有芬顿(Fenton)试剂、臭氧、过氧化氢等。也可以通过调节土壤氧化还原电位，使某些重金属污染物转化为沉淀物，以控制其迁移和转化，降低污染物危害程度。调节土壤氧化还原电位主要通过调节土壤水分和耕作措施实现。

3) 生物修复技术

生物修复技术是指利用植物、真菌、细菌等生物的生命代谢活动降解有机污染物，从而去除土壤中的污染物，使土壤质量得以提高或改善。生物修复技术主要包括微生物修复技术与植物修复技术两种。

(1) 微生物修复技术是目前我国应用最多的一种技术，是指利用微生物的分解作用(充当分解者或消费者)将土壤中的污染物转化为 CO_2、水和无机物的过程。生物堆肥是生物修复技术的一种，将污染物与有机物(稻草、麦秸、碎木片和树皮等)、粪便等混合起来，依靠堆肥过程中的微生物作用来降解土壤中难降解的有机污染物。

(2) 植物修复技术是通过种植某些经过优选的植物，利用植物及其根际微生物直接或间接吸收、挥发、分离、降解污染物，恢复重建自然生态环境和植被景观。该技术是最实用可靠的修复技术之一，可被植物修复的污染物有重金属、有机化合物、农药、难分解的其他物质等。也可以在污染土壤上繁殖非食用的种子经济作物，利用某些特定的动植物和微生物较快地吸收或降解土壤中的污染物质。该技术的决定性因素为能否找到生存能力强和去污效率高的植物。

4) 联合修复技术

联合修复技术为多种修复技术的联合使用。常见的联合修复技术包括微生物/动物/植物联合修复技术、化学/物化/生物联合修复技术、电压/植物修复技术和基因工程/植物修复技术等。

国内土壤修复行业仍处于萌发阶段，多数试点项目为城市搬迁厂区的场地污染治理，涉及面窄，更具市场潜力的其他领域并未有效拓展。随着国家对土壤修复重视度的提高，以及相对完善的土壤修复治理管理体系构建，未来将会产生更多的土壤修复项目。

6.4　电子垃圾与健康

电子垃圾(waste from electric and electronic equipment，WEEE)又称电子废弃物，是指不能再使用或被废弃的电子电器产品，包括各种废旧计算机、通信设备、家用电器，以及被淘汰的精密电子仪器仪表等。狭义的理解认为，电子垃圾是在消费过程中产生的废旧电子电器产品；广义的理解认为，除了消费者废弃的电子电器产品，电子垃圾还包括生产过程中产生的不合格产品及其零部件、边角余料、维修过程中产生的报废品及废弃零部件。

6.4.1　电子垃圾污染与危害

电子垃圾是一种特殊的垃圾，具有资源性和污染性的双重特性，它潜在的环境污染性对健康构成威胁。

电子垃圾中所含的污染物质种类繁多、成分复杂。例如，一台计算机有 700 多个元件，其中有一半元件含有汞、砷、铬等各种有毒化学物质；电视机、电冰箱、手机等电子产品也都含有铅、铬、汞等重金属；激光打印机和复印机中含有碳粉等，若不妥善处理而直接填埋、焚烧，必将造成二次污染，其危害具有明显的潜在性和长期性。

电子垃圾中的主要有害金属有铅、汞、铬、镉、锌、铜、镍等几十种；主要塑料成分包括聚氯乙烯(polyvinyl chloride，PVC)、聚乙烯(polyethene，PE)、丙烯腈-丁二烯-苯乙烯聚合物(acrylonitrile butadiene styrene plastic，ABS)、聚苯乙烯(polystyrene，PS)、聚丙烯(polypropylene，PP)、聚乙烯对苯二甲酸酯(PET)等，以及溴化阻燃剂(brominated flame retardants，BFR)、调色剂和表面涂层等多种有害物质。

1. 电子垃圾中的重金属

1) 铅

主要存在于计算机和电视机的印刷电路板和阴极射线管(cathode ray tube，CRT)中。含量占计算机总质量的 6.3%～6.5%。每台计算机中阴极射线管内含有约 3.6 kg 铅。铅及其化合物在常温下不易氧化、耐腐蚀。

2) 镉

主要存在于电阻器、红外线发生器和半导体等中，其化合物也作为塑料固化剂，在旧的阴极射线管中也使用。

3) 汞

据估计，全世界每年耗用的汞有 22% 用在电子电器产品中，主要用于纯平显示器的照明装置、旧计算机的主机开关和继电器，还用于温度计、传感器、阻滞器、转换器、医疗设备、电灯、手机及电池中。

4) 六价铬

六价铬化合物常用作金属外壳防蚀剂及用于坚化和美化处理，如用铬酸铅作着色剂，用重铬酸钠作防蚀剂。

5) 钡

钡是一种软的银白色金属，用在计算机显示器阴极射线管荧屏上，用于除去真空管和显像管中的痕量气体，保护用户免遭辐射，也用在弹簧、继电器、连接器、计算机主板中。金属钡粉尘能在常温下燃烧，遇热、火焰或化学反应能引起燃烧和爆炸，与水或酸接触剧烈反应，并释出氢气引起燃烧，与氟、氯等接触会发生剧烈的化学反应。遇酸或稀酸会引起燃烧爆炸。可溶性钡盐如氯化钡、硝酸钡等食入后可发生严重中毒，出现消化道刺激症状、心肌受累、低血钾等。吸入可溶性钡化合物的粉尘，可引起急性钡中毒，表现与口服中毒相仿，但消化道反应较轻。长期接触钡化合物的工人出现流涎、无力、气促、口腔黏膜肿胀及糜烂、鼻炎、心动过速、血压增高、脱发等。

6) 铍

金属铍轻而坚硬，是电热的良导体且没有磁性，广泛用于计算机主板和键盘底片中。铍被认为可导致肺癌。长期接触铍即使是很小剂量，也容易患铍长期症(一种肺病)。研究表明，患病后即使不再接触铍，多年后仍会有铍长期症。

2. 电子垃圾中的其他有害物质

1) 聚氯乙烯

同很多其他的含氯化合物一样，PVC 是严重污染环境和有害人体健康的塑料品种之一，由于 PVC 很难回收利用，一旦燃烧会产生二噁英和呋喃，具有极强的毒性和致癌性。此外，PVC 中还包含有机锡、铅和含镉固化剂及酞酸盐等有毒物质。目前很多领域开始使用其他聚合材料代替 PVC，但用于电子产品的塑料仍然有 26%含有 PVC。

2) 溴化阻燃物

含有溴元素的有机阻燃剂如聚溴二苯醚(poly brominated diphenyl ethers，PBDE)和聚溴联苯(poly brominated biphenyls，PBB)用于电子产品的塑料外壳及电路板中，作用是阻止燃烧、防止发烟。溴化阻燃物在电子器件中的含量较高，为 5%～30%不等。主要以混合模式掺杂在产品中，不与产品形成化学键，易从产品表面脱离而进入环境，并随大气和水体的迁移造成污染。这类阻燃剂会引起人体内分泌的紊乱，诱发神经系统的损害，还有可能增加消化及淋巴系统致癌的风险。所有溴化阻燃物产品在焚化时都会形成强致癌物——二噁英和呋喃。最近的研究发现，人类乳汁中 PBDE 的含量(质量分数)每 5 年增加 1 倍。

3) 油墨

计算机的外部设备如打印机中包含黑色或彩色的油墨。黑色油墨的主要成分是炭黑，国际癌症研究机构将炭黑定为 2B 类致癌物(2B 类致癌物：对人可能致癌，但对人类致癌性证据不足，对实验动物致癌性证据充分)。呼吸是接触炭黑的主要途径，吸入油墨会刺激呼吸系统。彩色油墨中还含有重金属和其他有机污染物。激光打印机和复印机中的炭粉也是导致从事打印和复印工作人员肺癌发病率升高的元凶。

4) 磷化物及其他添加物

磷化物是一种无机化合物，应用于阴极射线管玻璃内表面的包衣，通过磷化物产生磷光效应，使人们可以看到显示器图像。磷包衣中含有重金属，如锌、钒等。这些金属及其化合物会危害人类的健康。

5) 损耗臭氧层物质

电冰箱和空调器的制冷剂氯氟烃和保温层中的发泡剂氢氯氟烃都属于损耗臭氧层物质(ozone depleting substance，ODS)。丢弃废旧冰箱(包括冰柜和商用冷冻机)和空调器中的冷冻剂会直接破坏大气臭氧层。

氟利昂是传统的空调制冷剂。氟利昂在大气中的平均寿命达数百年，人类排放的氟利昂有一部分上升到平流层后，在强烈紫外线的作用下解离出氯原子，并在这里与臭氧发生连锁反应，从而不断破坏臭氧分子，连锁反应导致一个氟利昂分子就能破坏多达 10 万个臭氧分子。

6) 酞酸酯

邻苯二甲酸酯类(phthalic acid esters，PAEs)又称酞酸酯，主要用作增塑剂以提高塑料产品的强度和可加工性。PAEs 难降解，可通过生物链浓缩，在水、大气、土壤、沉积物及生物体中普遍检出。PAEs 具有类雌激素作用，能够干扰人体的内分泌系统，影响生殖，又被称为环境激素。另外，酞酸酯类具有“三致”性。

3. 电子垃圾回收、处理过程产生的危害

1) 传统处理方法污染环境

电子产品的拆解是专业性很强、技术含量很高的工作。但我国还没有建立比较完善的回收电子垃圾的体系，回收处理主要是集中在一些个体经营者的作坊中。这些个体经营者采用粗放式的回收处理工艺，仅靠一把锤子和一个酸池即能在电子垃圾中不断“淘金”。他们用火烤电路板取出电子元件，用煤气炉烧掉一些没用的材料，留下金、银、铜等贵金属，如果没有有效的防护措施，会产生大量的化学污染物，对空气、水体和土壤造成污染。他们用酸洗的方法来溶解电器上廉价的零件，收集残渣中的贵金属，由于工艺比较落后，也会产生大量废液、废渣、废气。许多人为了从废旧计算机芯片中提取金而使用王水(浓盐酸和浓硝酸体积比 3∶1 的混合溶液)，提取过程中产生大量酸性气体，用过的废酸未经处理直接倒入河里或渗入地下。边角料就地焚烧也释放出大量有害气体，如剧毒的二噁英、呋喃、多氯联苯类等致癌物质，对自然环境和人体造成危害。对于计算机主机、显示器和键盘等物品的塑料部分，则被送到熔化炉熔化。电子垃圾拆解场地及周围环境中经常检测出多种重金属及持久性有机污染物。

非正规和非标准的拆解过程中产生的重金属和有机物会通过经口摄入、直接吸入、皮肤暴露等途径进入人体，危害人体健康，对儿童健康的影响尤为突出，会导致新生儿出生体重偏低、肛门与生殖器间距离较短、新生儿评分偏低、肺功能较差、乙肝表面抗体水平较低等。

2) 存在易燃易爆等安全隐患

一些电子垃圾经过维修、改装、更换零部件等处理后，流向旧货市场或贫困地区，这种电子产品的质量无法保证，容易漏电、短路，发生燃烧甚至爆炸，对人民生命财产构成威胁。

3) 造成资源浪费

电子垃圾中包含纯度很高的金属物质，其循环利用的前景可观。若仅仅将其丢弃或掩埋，

会造成大量的资源浪费。

6.4.2 电子垃圾的治理

我国先后颁布实施了《固体废物污染环境防治法》《中华人民共和国清洁生产促进法》等法律法规，对电子垃圾的回收处理做出了相应规定。2016 年我国又发布了《电器电子产品有害物质限制使用管理办法》，自 2016 年 7 月 1 日起施行。

1. 电子垃圾的分类拆解与分选

在保证对大气、地质、水源环境无污染的情况下，可对电子垃圾进行分类拆解与分选。

(1) 电子器具的外壳一般是铁制、塑制、钢制或铝制，因此可从电子垃圾中回收塑料和铁、钢、铝等金属，进行二次利用。

(2) 电视机和显示器中的显像管含有玻璃，可进行玻璃回收，但必须注意这种玻璃中含有的铅、砷等有害金属污染环境，没有特种设备不能贸然进行回收，更不可随意丢弃，可作为显示玻璃的回炉料循环使用，也可以用作其他玻璃的添加剂。显像管茎上的偏转线圈是铜制的，可进行铜的回收。

(3) 废旧空调、制冷器具中的蒸发器、冷凝器中含有高精度的铝和铜，可进行回收，但要注意制冷剂氟利昂对大气臭氧层有极大的破坏力，在拆解前应收集氟利昂，防止其泄漏。

(4) 电动机由铁壳、磁体、铜制绕组组成，可进行铁、磁体、铜的回收。

(5) 大部分的废旧电子器具都有电子线路板，其包含大量废电子元件，由金属锡焊接在线路板上，可采用专门的设备进行锡、铁、铜、铝的回收。

(6) 大部分电子器具具有机械结构，一般有铁制或塑制、钢制等，可进行大量的铁、塑料、钢的回收。

(7) 计算机板卡的金手指上或 CPU 的管脚上一般有金涂层，可由特种设备进行金的回收。

(8) 计算机的硬盘盘体由优质铝合金制成，可进行相应金属的回收。

(9) 对连接废弃物的大量异种材料如电线、电缆的铜芯等，可进行相应的塑料、铝、铜等材料的回收。

(10) 通信工具大量使用电池，一般为锂或镍氢电池，可进行回收利用。

2. 电子垃圾的处理方式

电子垃圾一般先拆分为印刷电路板、电缆电线、显像管等，再根据不同部分的特点进行分类处理，处理方式可分为拆解分类、粉碎分选、金属回收处理等。

1) 拆解分类

对于较大型、完整的电子废料进行人工拆解和分类整理，回收单一金属如铁、铝、铜及塑料、玻璃等，需要进一步处理的原料如电路板、电线、电镀金属等集中由粉碎分选、电析回收、贵金属精炼等工序处理。

例如，计算机荧光屏经拆解后，塑料外壳、铁、铝、铜可直接分类回收，电路板集中进行破碎分选处理；阴极射线管必须用专用拆解设备经拆除线圈、破真空、铅玻璃/钡玻璃分离等处理后，回收铜线、金属栅网、玻璃等有价物质。

2) 粉碎分选

粉碎分选处理是利用破碎、粉碎、研磨、分选、清洗等将废弃物研磨至粉粒状，将不同材质分离，再利用磁选、重力分选和静电分选等将有价物质分离、回收。处理对象包含废印刷电路板、废电子零件、废晶片、电阻等。破碎又分干法破碎和湿法破碎。干法破碎的特点是运转周期短、成本低、再生资源效果好，但是阻燃剂易分解释放出有毒气体和粉尘；湿法破碎是将水引入处理过程，可以减少粉尘的产生量，也可避免局部过热，但会产生废水。

分选是利用各组分物理性质和化学性质的不同对破碎后的粉末进行分离，分为物理法分选和化学法分选。物理法分选是根据不同材料的形状、磁化率、导电度或电阻率不同对材料进行分离，该方法具有成本低、二次污染小、分离效果好、各组分的回收利用率高的优点，但对金属成分的分离效果差，所以还需要结合化学分选进一步提炼贵金属。

3) 金属回收处理

电析法回收贵金属。贵金属回收主要指金、银、钯、铂的回收，处理对象包括镀贵金属的印刷电路板、电子零件及边料、含贵金属的擦拭纸，以及其他镀贵金属的废金属和含有贵金属的废电镀液等。利用电析方法回收贵金属，首先将贵金属镀层溶解，过滤得到贵金属溶液，以电析方式回收贵金属，处理流程包括溶解、清洗、电析、废液处理等步骤。

酸蚀法。酸蚀法是湿法冶金的一种，是利用王水等强氧化性酸使废弃物中的贵金属和其他金属溶解后进入溶液中，再采用电解处理技术回收金属。该法主要问题是回收过程中产生的废水、废渣和有毒烟气易造成严重的二次污染，因此不适合大规模处理。

选择性浸出法。选择性浸出法主要是利用贵金属与一些配合剂反应，生成水溶性的金属络离子，实现贵金属与普通金属的分离。目前，主要利用氰化物作为浸出剂，但氰化物是剧毒品，已经有不少国家和地区严令禁止将氰化物作浸出剂。取代氰化物浸金的两种最有希望的方法是硫脲浸金和硫代硫酸盐浸金。

生物冶金技术。通过微生物的催化氧化作用，电子垃圾中的有价金属以离子形式溶解到浸出液中并最终回收。

电子垃圾具有复杂多样的特点，仅用一种处理方法难以达到理想效果，应将各种处理方法合理结合起来，取长补短。

6.5　居室环境与健康

人的一生中有 70%～90% 的时间是在各种室内环境中度过的，因此，居室环境的好坏与居民的生活质量及人体健康密切相关。

室内环境质量常劣于空旷室外，室内空气污染常比室外空气污染还要严重。专家提醒人们：在室内可检出近 300 多种污染物，约有 68% 的人体疾病与室内空气污染有关。室内环境污染比室外环境污染对人体健康的威胁更大，应引起人们的重视。

了解居室环境污染物的来源、居室主要污染物的种类及危害，并采取有效措施将居室环境污染物控制在一定的水平范围内，预防和降低居室空气的污染，对保障身心健康、提高生活品质具有重要的意义。

6.5.1　室内空气质量标准

1. 室内空气质量

评价居室环境质量优劣的一个重要的指标是室内空气质量，早期的室内空气质量研究多侧重于单项的空气流畅指标、空气温湿度指标和室内污染物指标。这些单项指标在某些方面最直接、有效，但是仅从客观方面进行了评价，忽略了主观因素。室内空气质量除了直接以一系列污染物浓度指标来评价外，还可以从主观感受的角度来评价。

2.《室内空气质量标准》(GB/T 18883—2002)

2002 年我国颁布了《室内空气质量标准》(GB/T 18883—2002)，该标准规定了室内空气质量参数及检验方法，适用于住宅和办公建筑物，其他室内环境可参照执行。标准中规定的室内空气质量参数指标包括物理性指标、化学性指标、生物性指标和放射性指标(表 6-7)。

表 6-7 室内空气质量标准

序号	参数类别	参数	单位	标准值	备注
1	物理性	温度	℃	22～28	夏季空调
				16～24	冬季采暖
2		相对湿度	%	40～80	夏季空调
				30～60	冬季采暖
3		空气流速	$m \cdot s^{-1}$	0.3	夏季空调
				0.2	冬季采暖
4		新风量	$m^3 \cdot h^{-1} \cdot 人^{-1}$	30[1]	
5	化学性	二氧化硫(SO_2)	$mg \cdot m^{-3}$	0.50	1 h 均值
6		二氧化氮(NO_2)	$mg \cdot m^{-3}$	0.24	1 h 均值
7		一氧化碳(CO)	$mg \cdot m^{-3}$	10	1 h 均值
8		二氧化碳(CO_2)	%	0.10	日平均值
9		氨(NH_3)	$mg \cdot m^{-3}$	0.20	1 h 均值
10		臭氧(O_3)	$mg \cdot m^{-3}$	0.16	1 h 均值
11		甲醛(HCHO)	$mg \cdot m^{-3}$	0.10	1 h 均值
12		苯(C_6H_6)	$mg \cdot m^{-3}$	0.11	1 h 均值
13		甲苯(C_7H_8)	$mg \cdot m^{-3}$	0.20	1 h 均值
14		二甲苯(C_8H_{10})	$mg \cdot m^{-3}$	0.20	1 h 均值
15		苯并[a]芘(B[a]P)	$ng \cdot m^{-3}$	1.0	日平均值
16		可吸入颗粒 PM_{10}	$mg \cdot m^{-3}$	0.15	日平均值
17		总挥发性有机物(TVOC)	$mg \cdot m^{-3}$	0.60	8 h 均值
18	生物性	菌落总数	$cfu \cdot m^{-3}$	2500	依据仪器定
19	放射性	氡(^{222}Rn)	$Bq \cdot m^{-3}$	400	年平均值(行动水平)[2]

1) 新风量要求不小于标准值，除温度、相对湿度外的其他参数要求不大于标准值。

2) 行动水平即达到此水平建议采取干预行动以降低室内氡浓度。

标准要求检测条件要尽量接近日常居住状态。甲醛、氨、苯、总挥发性有机物(total volatile organic compound，TVOC)检测应在关闭门窗 1 h 后，氡在关闭门窗 24 h 后进行，须按照国标的规定进行空气采样、分析，然后得出检测报告。

6.5.2 居室环境污染来源

造成室内空气质量差的原因是室内污染，室内污染与居室建筑、装修、居室主人的生活方式和室外环境等有密切关系。室内污染的主要来源有以下六个方面。

1. 室外大气和地质环境及建筑物的本身污染

室外大气污染和生态环境的破坏加剧了室内空气的污染。建筑石材、陶瓷制品是室内放射性元素镭、氡、钍、铀的主要来源，这些元素在衰变中产生的放射性物质，对人体健康危害极大。

2. 室内装饰材料及家具释放物的污染

室内装饰材料及家具释放物的污染是造成室内空气污染的主要方面，油漆、胶合板、刨花板、泡沫填料、内墙涂料、塑料贴面等材料中均含有甲醛、苯、甲苯、乙醇、氯仿等有机物，以上物质都具有致癌性。

装饰过程中使用的胶黏剂中含有以甲醛为主要成分的脲醛树脂，其中残留和未参与反应的甲醛会逐渐向周围环境释放；胶、漆、涂料等会造成室内苯超标；氨水为主要的混凝土防冻剂，氨类物质会随着温湿度等环境变化而还原成氨气，再从墙体中缓慢释放；装饰材料中还会散发出铅、酚、甲醛、石棉粉尘、放射性物质等。

3. 烹调及燃烧产物的污染

厨房污染主要是空气污染，厨房内空气污染与能源结构、所用的食用油种类、烹饪方法、食物种类等均有关系。厨房中常见的污染物有苯并芘、CO、可吸入颗粒物、NO_x 等。

4. 人体的新陈代谢、体味、烟气的污染

人类活动对室内的环境有很大影响，如人类的排泄物、排遗物，产生的腋臭、脚臭，人体受细菌感染而产生的气体、液体，这些都是室内环境污染的来源。卫生间是人们排泄和清洁洗浴的地方，很容易产生污染，加上环境较密闭、湿度较大、空间较小等，往往成为家庭中的一个污染源。

5. 家用电器、日常用品、各种生活废弃物的挥发成分的污染

电热毯、微波炉、冰箱、吸尘器、电视机、计算机及手机等家用电器工作时所产生的不同波长频率的电磁波充斥空间，对人体也具有潜在危险，称为电磁污染。铝制门窗，炊具，各种化妆品，杀虫剂类物品，缺少日照的家具、衣物等，都从不同方面带来室内污染。

6. 微生物、病毒、细菌污染

微生物及微尘多存在于温暖潮湿及不清洁的环境中，附着在灰尘颗粒上随空气一起流动，易引发过敏、哮喘及传染病症状。其中值得一提的是尘螨，尘螨是人体支气管哮喘病的一种

过敏源，尘螨喜欢栖息在房屋的灰尘中，春、秋两季是尘螨生长、繁殖的最旺盛期，也是支气管哮喘的高发期。

室内化学用品及其典型污染源见表 6-8。

表 6-8 室内化学用品及其典型污染源

污染源	典型污染物
洗涤剂	脂肪族化合物、芳香族化合物、有机卤化物、酮类、有机磷(硫)化合物
杀虫剂	醇类、酮类、醛类、酯类、醚类
芳香剂	芳香族化合物、醇类、重金属微粒
化妆品	芳香族化合物及其衍生物、有机卤化物、醇类、酮类、醛类、酯类、醚类

6.5.3 居室污染的种类及危害

居室污染可分为物理污染、化学污染和生物污染三大类。

1. 物理污染

室内物理污染是由温度、湿度、通风、换气、噪声、光等物理因素引起的环境状况恶化的现象，比较突出的有噪声污染、光污染、放射性污染、电磁辐射污染。

噪声与光污染主要来自室外及室内的电器设备产生的噪声、光。噪声污染会影响心情和休息，严重者会导致心脏疾病及其他血管疾病。30～40 dB 属较安静，大于 50 dB 会影响睡眠和休息，70 dB 以上会干扰谈话。光污染是另一种物理污染，室内灯光颜色杂乱，壁材涂料、地板瓷砖太亮，镜子过多，都会增加视觉的疲劳感。

氡是一种放射性污染物，为惰性气体，存在于一切环境空气中，人们平时感觉不到它的存在，最易被人们忽视。居室环境中的氡主要来源于建筑材料和装饰材料，存在于建筑水泥、矿渣砖和装饰石材及土壤中。部分家具、壁纸和一些装修材料中含有氡，会散发出浓烈的刺激性气味。氡对人体的主要危害是降低人体免疫力，严重的可导致肺癌，它是除吸烟之外的第二致癌物。另外，氡还对人体脂肪有很高的亲和力，从而影响人的神经，使人精神不振、昏昏欲睡。

室内的电磁辐射污染是在各种家用电器的使用过程中产生的电磁波及辐射污染。摆放家用电器时不要过于集中而造成辐射污染叠加，电器不用时拔掉电源插座。多吃富含维生素 C 的食物以调节人体内的电磁紊乱。

空气质量良好的居室要求有良好的通风设备，起居室、卧室、厨房、走廊、浴室等温度保持在 16～28℃，室内的湿度保持在 30%～80%，噪声小于 50 dB；保持足够的新风量，室外无空气污染源；室内有足够的照明光源，室外无强光污染源；无放射性污染物质的存在等。

2. 化学污染

室内化学污染物包括挥发性有机化合物，如苯、甲苯和甲醛等；无机化合物，如氨气、一氧化碳、二氧化碳、二氧化硫及臭氧等。主要来自装修、家具、煤气热水器、抽烟及厨房的油烟等。

1) 挥发性有机物

挥发性有机物(volatile organic compound，VOC)指常温下沸点在 50～260℃的各种有机化合物，其室内允许浓度为 0.8 mg · m^{-3}(日平均)。VOC 的特点是在施工中大量挥发，使用中缓慢释放。按化学结构可进一步分为 8 类：烷类、芳烃类、烯类、卤烃类、酯类、醛类、酮类和其他化合物，它们中有些具有致癌、致畸、致突变毒性，其中至少有十几种被列入我国国家环境保护总局确定的优先监测物质名录。在非工业性室内环境中，可以见到 50～130 种挥发性有机物，它们都以微量或痕量水平出现。

TVOC 是指室内空气中挥发性有机物总的质量。这个指标是由丹麦学者莫尔哈韦(L. Molhave)于 1986 年首先提出的，借以评价室内空气中 VOC 的总水平。TVOC 的最大特点是便于化学检测，因此得到广泛的应用。

室内 VOC 的常见来源有：室外的工业废气、汽车尾气、光化学污染物等；室内建筑装饰材料如油漆、含水涂料、黏合剂、捻缝胶等，室内装饰材料，如壁纸、其他装饰品等；纤维材料，如地毯、挂毯、化纤窗帘等；办公用品，如油墨、复印机、打印机、修正液等；各种生活用品，如化妆品、清洁剂、防腐剂、纺织纤维等；家用燃料和烟叶的不完全燃烧；人体排泄物等。

人们对室内 VOC 对健康影响的研究远不及对甲醛的研究深入。由于 VOC 并非单一的化合物，各化合物之间的协同作用较难确定，不同地区、不同时间点所测的 VOC 的组分不尽相同。这些问题给 VOC 对健康的影响效应的研究带来了一系列的困难。一般认为在正常的非工业性室内环境中的挥发性有机化合物浓度水平还不至于导致人体的肿瘤和癌症。

2) 甲醛

甲醛分子式为 HCHO，是一种无色、有强烈刺激性气味的气体，易挥发。室内的甲醛多来源于各类人造板材(胶合板、细工木板、中密度纤维板和刨花板等)，涂料和油漆也含有一定甲醛，但含量较低。

甲醛为较高毒性的物质，已经被世界卫生组织确定为致癌和致畸形物质，是潜在的强致突变物之一，可谓居室的“头号杀手”。《室内空气质量标准》(GB/T 18883—2002)规定居室内甲醛浓度应小于或等于 0.10 mg · m^{-3}。甲醛浓度达到 0.06～0.07 mg · m^{-3}时，儿童就会发生轻微气喘；达到 0.1 mg · m^{-3}时，就有异味和不适感；达到 0.5 mg · m^{-3}时，可刺激眼睛，引起流泪；达到 0.6 mg · m^{-3}时，可引起咽喉不适或疼痛；更高浓度吸入时会出现呼吸道严重刺激、眼刺激、头痛等，可引起恶心、呕吐、咳嗽、胸闷、气喘甚至肺水肿；达到 30 mg · m^{-3}时，会立即致人死亡。

3) 苯系物

苯(C_6H_6)是一种无色具有特殊芳香气味的液体，甲苯(C_7H_8)和二甲苯(C_8H_{10})属于苯的同系物。它们主要存在于油漆、胶及各种内墙涂料中。对皮肤、眼睛和上呼吸道有刺激作用，长期接触会引起慢性中毒，易出现头晕、头痛、乏力和失眠等症状。苯可以在肝脏和骨髓中进行代谢，而骨髓是红细胞、白细胞和血小板的形成部位，苯进入体内可在造血组织本身形成具有血液毒性的代谢产物。长期接触苯可引起骨髓损害，白细胞和血小板减少，导致再生障碍性贫血及白血病。

慢性苯中毒的主要症状是身体虚弱、血液中的白细胞减少、身体免疫功能下降，严重中毒者全血细胞(包括白细胞、红细胞、血小板)都减少。长期接触低浓度苯的工人中白血病、恶性淋巴瘤发病率明显高于一般人群，许多白血病是由重度慢性苯中毒患者发展而来的。

4) 氨

氨(NH_3)是一种无色而具有强烈刺激性和腐蚀性臭味的碱性气体。氨气主要来源于建筑施工中的混凝土外加剂，如北方冬季施工时为了提高混凝土的强度而加入的含有尿素的防冻剂，也可能来自室内装饰材料。氨对人体的危害主要是对呼吸道、眼黏膜及皮肤的损害，会出现流泪、头疼、头晕症状等。氨可破坏血液的运氧功能，严重的可发生肺气肿、呼吸系统病变等。

5) 氮氧化物

室内氮氧化物(NO_x)主要是指 NO 和 NO_2，来自于各种燃料的燃烧过程和日常生活中的烹调过程。NO_x 作用于机体的呼吸系统，能引起呼吸功能的变化，导致呼吸系统疾病。

6) 二氧化碳

二氧化碳(CO_2)主要由人在室内活动时产生，正常情况下室内 CO_2 浓度低于 0.07%，人体感觉良好。随 CO_2 浓度增加，人体不舒适感加强，会出现头晕、胸闷、呼吸急促等症状。

7) 一氧化碳和二氧化硫

室内一氧化碳(CO)和二氧化硫(SO_2)主要来自燃煤炉灶。CO 被吸入人体后，能迅速与血红蛋白结合，降低血红蛋白输送氧的功能，造成机体缺氧，特别是易造成心肌和脑组织缺氧。SO_2 是一种窒息性气体，会强烈刺激呼吸道，可导致肺气肿，加重过敏性鼻炎和过敏性眼炎。

8) 吸烟

(1) 烟碱：吸烟也是居室的主要污染源之一，吸烟带来的室内污染物已经成为引发白血病、癌症、导致胎儿畸形的罪魁祸首之一。烟雾中含有 250 种以上的有害物质，如尼古丁、煤焦油、氨、一氧化碳、重金属等。烟草中除含有害化学物质外，还有放射性元素。尼古丁是一种难闻、味苦、无色透明的油质液体，挥发性强，在空气中极易氧化成暗灰色，能迅速溶于水及乙醇中，通过口鼻支气管黏膜很容易被机体吸收。粘在皮肤表面的尼古丁也可被吸收渗入体内。

(2) 烟焦油：烟焦油是吸烟者使用的烟嘴内积存的一层棕色油腻物，俗称烟油。它是有机质在缺氧条件下不完全燃烧的产物，是烃及烃的氧化物、硫化物及氮化物的复杂混合物，其中包括苯并芘、镉、砷、亚硝胺及放射性同位素等。

(3) 苯并芘：常见的苯并芘又称苯并[a]芘或 3,4-苯并芘(benzopyrene，BaP)，是一种常见的高活性间接致癌物。BaP 释放到大气中后与大气中各种类型微粒形成气溶胶，经呼吸道吸入肺部，进入肺泡甚至血液，导致肺癌和心血管疾病。

(4) 重金属：香烟中的重金属种类较多，危害比较重的有 Cd、Cr、As、Pb，主要危害前已述及。

3. 生物污染

生物污染是指各种有害的微生物及寄生虫等病原体直接污染水、气及食品，直接危害人体健康。这些微生物在一定条件下可保持较长的生存时间和致病性。它们通过空气传播，常常是肉眼看不到的，对人们的健康具有极大的威胁，会直接引起各种疾病。

室内微生物种类有细菌及病毒、真菌和尘螨等，它们都是直接影响室内微生物的污染源。细菌占绝大多数，其中球形菌比例居首，革兰阳性菌和需氧、兼性厌氧菌占多数。

1) 细菌和病毒

细菌和病毒在空气中主要以两种形式存在：一是附着于空气颗粒物上，直径大于 10 μm 的颗粒物可同细菌一起降落到地面，直径小于 10 μm 的颗粒物则携菌长时间飘浮在空气中；二是含在飞沫中，当人们打喷嚏、咳嗽、唱歌、谈话时，由口、鼻喷出飞沫，细菌及病毒会附于飞沫蒸发而形成的“飞沫核”上迅速分散于室内各处，并长时间飘浮在空气中。因此，在通风不良、空气污浊、细菌数量多的室内，极容易传播呼吸道传染病。

室内主要的细菌和病毒有溶血性链球菌、绿色链球菌、肺炎双球菌、流感病毒、结核杆菌、白喉杆菌、脑膜炎球菌、麻疹病毒等。这些病菌和病毒都是通过空气中的尘埃进行传播的。

2) 真菌

如果空气中存在含毒素的真菌，如曲霉菌、灰黄青霉等，人们会受到真菌的感染，易患脚气或者湿疹、皮炎等。其中有些真菌能通过其毒性代谢物霉菌毒素致癌。

霉菌是一种能够在温暖和潮湿环境中迅速繁殖的微生物，也是致病因子。空气中的霉菌会引起人们恶心、呕吐、腹痛等症状，严重的会导致哮喘、痢疾等。

3) 尘螨

尘螨是最常见的空气微小生物之一，是一种很小的节肢动物，肉眼很难发现。尘螨是引起过敏性疾病的罪魁祸首之一，在室内环境中繁衍速度很快，室内空气中尘螨的数量与室内温度和清洁度息息相关。地毯、壁纸和软垫家具的广泛应用有助于尘螨的繁殖生长。尘螨通过空气流动进入人体后导致呼吸道疾病、皮肤过敏性皮炎、鼻炎和慢性荨麻疹等疾病。

4) 动物皮屑及具生物活性的物质

宠物皮屑及其尿液或唾液都会直接通过空气对人体造成危害，使人产生变态反应。当室内有宠物时，空气中变态反应源的含量也会随之增加。根据调查，普通人群中对猫、狗的变态反应源有过敏反应的人大约占 15%。在饲养宠物的家庭中，哮喘和过敏性鼻炎等变态反应性疾病发生率大大提高。

6.5.4　改善居室环境的基本措施

1. 防止装修污染

以立法的形式对装修材料实行环境质量认证，规定建筑装饰材料的有害释放物的最高允许释放浓度标准，鼓励开发绿色建材，限制污染超标装修材料的生产和销售；严把装修材料环保关，环保装饰材料中不是没有有害物质，而是含量或释放量要低于国家标准；施工过程环保化，及时清洗施工用具，涂料、胶黏剂、处理剂、稀释剂和溶剂使用后应及时封闭存放，以减轻有害气体对室内环境的污染，同时进行“开放”式装修，让有害气体尽快散失；装修结束后，即使居室内感觉不到有难闻的气味，也要请专业权威机构对室内甲醛含量和放射性物质含量等有害物质含量进行检测，符合环境质量标准后再入住。

2. 减少室内污染源

入住以后，购置的家具、生活起居也可能会带来新的污染，还需要健康的生活方式来维系好的室内空气质量。

1) 减少室内微生物污染源

细菌是单细胞的微小原核生物，其形态、生长、繁殖和数量受环境物理化学因素影响较大，还与室内卫生状况、人员数量、活动方式及空气污染程度等有关。温度对细菌数影响较大，冬季气温较低，一些细菌繁殖、生长受限，室内空气细菌数量减少。湿度过低的空气会使细菌抵抗力降低，繁殖体细菌容易趋向死亡。紫外线有杀菌作用，尤其是波长 254 nm 的紫外线可使菌体核酸最大吸收、生物活性改变、菌体死亡。日光中紫外线透过玻璃窗后强度虽减弱，但仍有一定杀菌效果。高浓度负离子也有抑菌或杀灭作用。

室内的地毯及被套需要经常进行晾晒，减少螨虫及霉菌的传播。经常进行室内打扫，尽可能将各个角落的灰尘用吸尘器吸走。及时清理生活和建筑垃圾，保证地毯及室内建材等物品的清洁与干燥，防止微生物的滋生。

2) 减少厨房烟气污染

厨房污染物以燃具产生的废气为主，厨房设计上必须与居室其他部分完全隔开。平时注意关闭厨房门，烹调时切勿将油过度加热。使用灶具或燃气热水器时，均需开启抽烟排气装置，降低厨房中燃料燃烧和烹调油烟产生的污染。不在室内吸烟，以减少香烟烟雾产生的室内空气污染。

3) 保持卫生间干净卫生

人体排泄物中有大量致病菌，尤其是疾病患者排泄的致病菌更多。根据监测，在抽水马桶 1 m^3 左右的空气中可检出大量大肠杆菌、痢疾杆菌和肝炎病毒，马桶成为疾病传播源之一。马桶冲水时放下盖子能有效避免病菌的扩散。卫生间阴暗潮湿，空气含菌量高，是居室空气一个重要的致病菌污染源。一定要选用安全有效的空气消毒产品净化空气。

保证浴室的通风，使得湿气及时排出室外，可以有效地防止微生物的滋生。

4) 注重宠物卫生

注重宠物的卫生，及时处理排泄物并经常为它们进行清洁。狗、猫和鼠能够通过咬人或舔人的伤口传播各种病菌。人的手部皮肤特别容易受到宠物所带病菌的侵袭。免疫力低下或做过脾脏切除的患者被宠物咬伤的后果尤为严重。狗、猫和鼠等动物会传播导致扁桃体炎的链球菌，还会引起百日咳鲍特菌和红球菌感染，对人的脑和心脏造成损害。应按国家规定定期给宠物注射抗病疫苗和口服杀虫药，预防宠物致病。

3. 种植绿色植物

不少绿色植物能够分解或者吸收一些有毒物质，起到净化空气、除尘、杀菌的作用。

有的植物对某种有害物质的净化吸附效果比较强，因此可根据室内环境污染有针对性地选择植物。适合在室内放置的植物很多，如有“绿色净化器”之美称的吊兰系列，在夜间也可以吸收二氧化碳的芦荟，具有“卧室植物”之美誉的虎尾兰，在夜间气孔打开释放氧气的仙人掌、仙人球，“活血圣药”龙血树，能去除尼古丁、甲醛的万年青等。另外，扶郎花和菊花能消除苯、甲苯的污染。

也有一些植物因香气过重或者释放有毒物质而不适宜在室内摆放，如兰花、紫荆花、含羞草、月季花、百合花、夜来香、夹竹桃、松柏、洋绣球花(包括五色梅、天竺葵等)、郁金香、黄花杜鹃等。

6.5.5 现代科学治理居室环境技术

室内污染治理属于事后处理办法。常用的现代科学治理技术有负离子空气净化法、光触媒、生物触媒等，这些方法中有些属于把室内污染物转化为非污染物，有些是把污染物吸附后再放置到室外经过阳光照射等作用挥发出来。

1. 负离子空气净化法

负氧离子也称空气负离子，是指获得多余电子而带负电荷的氧气离子，它是空气中的氧分子结合了自由电子而形成的。负氧离子(O_2^-)是一种纯净的自然因子，自然界的放电现象、光电效应、喷泉、瀑布等都能使周围空气电离，形成负氧离子，它在野外、森林、瀑布、海边等自然环境中广泛、大量的存在，在医学界享有“空气维生素”的美称。

在正常情况下，空气中的气体分子不带电，但在受热及强电场的作用下，空气中的气体分子会失去一些电子，即所谓空气电离，这些失去的电子称为自由电子。自由电子会与其他中性分子相结合，得到带负电的气体分子，称为空气负离子。空气电离产生的自由电子大部分被氧气获得，形成负氧离子。高浓度的负氧离子可以有效地改善室内空气质量，让人仿佛置身于雨后的清新空气中。负氧离子可以促进人体合成和储存维生素，强化和激活人体的生理活动，空气中的负离子增加，让人心情更舒畅，夜间运行负离子空气净化器，可以促进人体的新陈代谢，改善睡眠质量。

室内缺乏负氧离子时，可以用负氧离子空气净化器来补充。由人工强电场产生的电子与空气中的中性分子及带正电的尘埃、病毒、细菌结合，吸附集中空气中的粉尘，起到降尘作用，同时负离子将空气中的氧气部分电离成臭氧，对细菌有一定的杀灭作用，达到净化空气的目的。负氧离子的作用主要表现在以下几个方面。

(1) 对神经系统的影响。可使大脑皮层功能及脑力活动加强，精神振奋，工作效率提高，能使睡眠质量得到改善。负离子还可使脑组织的氧化过程加强，使脑组织获得更多的氧。

(2) 对心血管系统的影响。负氧离子有明显的扩张血管作用，可解除动脉血管痉挛，达到降低血压的目的。负氧离子对于改善心脏功能和改善心肌营养也大有好处，有利于高血压和心脑血管疾病患者的病情恢复。

(3) 对血液系统的影响。研究证实，负氧离子有使血液流速变慢、延长凝血时间的作用，能使血中含氧量增加，有利于血氧输送、吸收和利用。

(4) 对呼吸系统的影响。负氧离子通过呼吸道进入人体，可以提高人的肺活量。有人曾经试验，在玻璃面罩中吸入负氧离子 30 min，可使肺部吸收氧气量增加 2%，而排出二氧化碳量可增加 14.5%，故负氧离子有改善和增加肺功能的作用。

但负氧离子不能通过物理、化学、生物反应将甲醛、苯等有害物质分解以达到净化空气的目的，而对于 VOC 气体的分解作用还有待进一步研究。

2. 光催化技术——光触媒

光催化技术是现代空气净化技术的一种。光催化就是在光的作用下进行的催化反应。光催化剂吸收特定波长的光辐射后，受激产生电子空穴对，随后引发一系列的化学反应。光触媒是以纳米级二氧化钛为代表的具有光催化功能的一类物质的总称，有很多氧化物可以称为光触媒。二氧化钛作为光触媒光催化效果明显，并且是化学性质稳定的物质，拥有更好的实用性。

二氧化钛能在常温常压下降解多种痕量有机污染物，及硫化物、氮氧化物等无机污染物，并且反应迅速、能源消耗低、降解完全，适合室内空气净化。

我国首台光催化空气净化器于 2009 年在国家超细粉末工程研究中心研制成功。该净化器对室内空气中病菌杀菌效果可达 99.9%，双重光催化对甲醛、苯等去除率达 90%，除尘率达

95%以上，并可有效控制甲型 H1N1 流感病菌在空气中的传播。

光催化过程中产生的活性超氧离子自由基和羟基自由基能穿透细菌的细胞壁，破坏细胞膜质，进入菌体，阻止成膜物质的传输，阻断其呼吸系统和电子传输系统，从而有效地杀灭细菌。

二氧化钛具有催化活性高、氧化分解能力强、化学性质稳定、成本低廉、对人体和环境无害、可以利用太阳能作为光源激活光催化剂、稳定及可重复利用等优点。在二氧化钛等光催化剂的作用下，空气中所含多种有机污染物可被完全降解成 CO_2、H_2O 等，无机污染物被氧化或还原为无害物。二氧化钛光催化剂可设计成反应器或直接附着在建筑材料的表面，利用太阳光或室内照明灯照射，消除室内包括挥发性有机物在内的多种有害气体成分。

3. 纳米银复合生物酶技术

生物酶是由活细胞产生的具有催化作用的有机物(一般是从植物中提取的蛋白质)。通过一定技术将生物酶进行雾化处理，喷射在室内，让它们和空气中的有害气体充分接触，破坏有害气体的原子结构。生物酶可以清除空气中的甲醛。

4. 静电除尘、除油烟法

静电除尘、除油烟法的工作原理是通过电晕放电使空气中的尘粒带上正电荷，再利用集尘装置捕集带电的粒子。该方法的优点是净化效率高，尤其是对大颗粒污染物净化效率相对更高。该法目前用于厨房吸油烟机。

室内污染具有累积性、长期性及多样性的特点。常常存在生物、化学、放射等多种污染。有些空气净化器采用多重复合滤网，具有同时除尘、去除异味、烟味、甲醛净化的功能。

现代的生活方式给我们带来了舒适，但同样也不能忽略它给我们带来的“副产品”。一方面在日常的生活中明确减少污染的注意事项，采取有效的防治对策；另一方面要大力开展科学研究，增加室内空气质量相关研究领域的科研投入，推动该研究领域的快速发展，并加强学术成果的交流和推广，使科技成果尽快发挥其作用，研发出无毒、无污染的新型材料，只有这样才能真正彻底地清除这些“隐形杀手”。从国家的角度应该加强立法，包括室内空气质量标准方面的立法和相关建筑装饰材料生产应用方面的立法。从大众的角度应该增强加强室内通风换气的意识，多摆放有用绿色植物，尽可能地改善室内空气质量。

在选择居室污染治理技术和产品时应该注意以下几点：

(1) 应根据室内污染的实际情况有针对性地选择治理方法及产品。

(2) 选择的产品应当有产品质检报告，证明治理产品有明显的净化效果，并且无其他毒副作用，不会产生二次污染。

(3) 选择的治理产品应当有长期稳定的治理效果。

(4) 若出现严重超标危害人体健康且治理产品无法解决时，应当及时拆除治理产品。

参考文献

敖俊. 2018. 电子废弃物资源化处理技术的应用与进展[J]. 有色冶金设计与研究, 6: 51-54.

范拴喜. 2011. 土壤重金属污染与控制[M]. 北京：中国环境科学出版社.

洪坚平. 2011. 土壤污染与防治[M]. 3 版. 北京：中国农业出版社.

穆穆，张人禾. 2014. 应对雾霾天气：气象科学与技术大有可为[J]. 中国科学：地球科学, 44(1): 1-2.

熊言林, 刘顺江. 2013. 雾霾天气与化学[J]. 化学教育, 12: 3-5.
许艺. 2019. 废旧电子垃圾的资源化回收及应用分析[J]. 节能与环保, 5: 109-110.
于晓莉, 刘强. 2011. 水体重金属污染及其对人体健康影响的研究[J]. 绿色科技, 10: 123-126.
虞淼, 姚芳, 陈小微. 2018. 环境激素酞酸酯类化合物检测的样品前处理技术研究进展[J]. 食品安全质量检测学报, 9(14): 3706-3713.
郑培楷. 2019. 我国土壤污染现状与防治管理措施的探讨[J]. 节能, 4: 134-135.
Manahan S E. 2013. 环境化学[M]. 孙红文主译, 汪磊, 王翠萍, 张彦峰, 等译. 北京: 高等教育出版社.
Masters G M, Ela W P. 2009. 环境工程与科学导论[M]. 王建兵, 等译. 北京: 高等教育出版社.

第 7 章

药物化学与健康

人的生长、繁衍、疾病、衰老和死亡等过程都包含着复杂的化学过程。在药物的发展史中，无论是治疗头痛的药物阿司匹林，还是治疗疟疾的药物青蒿素等，都与化学技术密切相关。药物就其化学本质而言都是由一些化学元素如 C、H、O、N、S 等组成的化学品，然而药物不仅仅是化学品，更重要的是用来预防、诊断和治疗疾病的物质。由于药物的出现，人类因疾病死亡的比例逐渐降低。可以说，药物科学的发展改善了人的健康状况，延长了人的平均寿命。

7.1 药物与健康

不断提高生存质量和健康水平是人类的基本要求，也是社会进步的重要标志。19 世纪后期，得益于化学和染料技术及其工业的高速发展，德国和瑞士的化工巨头开始用化学方法合成药品。19 世纪末 20 世纪初，化学药品如雨后春笋般被开发出来，如乙酰苯胺、非那西汀、肾上腺素、阿司匹林、磺胺、巴比妥、普鲁卡因等，人类疾病治疗因化学药物的诞生而出现了质的飞跃。

7.1.1 药物概述

1. 药品及其特性

药品是指用于预防、治疗、诊断人的疾病，有目的地调节人的生理机能，并规定有适应证或者功能主治、用法和用量的物质，包括中药材、中药饮片、中成药、化学原料药及其制剂、抗生素、生化药品、放射性药品、血清、疫苗、血液制品和诊断药品等。

从使用对象上说药品是以人为使用对象，预防、治疗、诊断人的疾病，有目的地调节人的生理机能，有规定的适应证、用法和用量要求。从使用方法上说除外观外，患者无法辨认其内在质量，许多药品需要在医生的指导下使用，不由患者选择决定。同时，药品的使用方法、数量、时间等多种因素在很大程度上决定其使用效果，误用不仅不能“治病”，还可能“致病”，甚至危及生命安全。

药品具有以下几个特性：

(1) 种类复杂性。药品的种类复杂、品种繁多。2020 年版《中国药典》共收载品种 5911 种，其中中药收载 2711 种，化学药收载 2712 种，生物制品收载 153 种。

(2) 药品的医用专属性。药品不是一种独立的商品，它与医学紧密结合，相辅相成。患者只有通过医生的检查诊断，并在医生与执业药师的指导下合理用药，才能达到防治疾病、保持健康的目的。

(3) 药品质量的严格性。药品直接关系到人们的身体健康甚至生死存亡，因此，其质量容不得有半点马虎，必须确保药品的安全、有效、均一、稳定。另外，药品的质量还有显著的特点：它不像其他商品，有质量等级之分，如优等品、一等品、二等品、合格品等，药品只有符合规定与不符合规定之分，只有符合规定的产品才允许销售，否则不得销售。

2. 药物的简单分类

药物的分类有很多种方法，根据药物的来源可分为天然药物和人工合成药物。天然药物是指经现代医药体系证明具有一定药理活性的动物药、植物药和矿物药等。矿物药如矿物质中药白矾，为矿物明矾石经加工提炼而成的结晶，主要化学成分为十二水合硫酸铝钾，外用能解毒杀虫和燥湿止痒，内用可以止血、止泻和化痰，主要用于中风、癫痫、喉痹、疥癣湿疮、痈疽肿毒、水火烫伤和口舌生疮。植物药如人参是多年生草本植物，人参的肉质根为著名强壮滋补药，适用于调整血压、恢复心脏功能、神经衰弱及身体虚弱等症，也有祛痰、健胃、利尿、兴奋等功效。

人工合成药物是指用化学合成或生物合成等方法制成的药物，人工合成药物又分为全合成和半合成药物。

全合成药物指的是一些完全由化学合成得到的药物，如人工全合成的胰岛素可以治疗糖尿病。1965年9月17日，中国科学家人工合成了具有全部生物活力的结晶牛胰岛素。胰岛素是机体内唯一能降低血糖的激素，同时促进糖原、脂肪、蛋白质合成，外源性胰岛素主要用来治疗糖尿病。布洛芬是通过全合成制备的药物，具有抗炎、镇痛、解热作用，适用于治疗风湿性关节炎、类风湿性关节炎、骨关节炎、强直性脊柱炎和神经炎等。

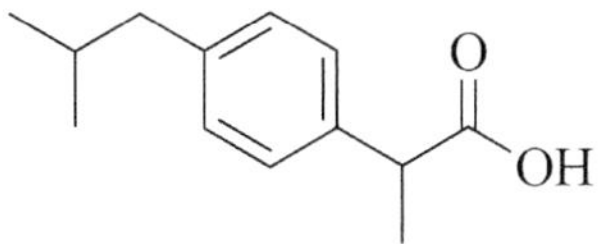

布洛芬化学结构式

半合成药物指的是在一些天然化合物的基础上进行结构修饰得到的化合物。例如，半合成的青霉素类药物，如阿莫西林、美洛西林等都是在青霉素的基础上进行结构的修饰，使药物的某些性能得到改善。

按照药物的化学组成或结构可分为无机化学药物如硫酸镁等，有机化学药物如法莫替丁、阿司匹林和环丙沙星等。

按照药物的管理分类，药物分为处方药和非处方药两大类。处方药(Rx)是指有处方权的医生所开具出来的处方，并由此从医院药房购买的药物。这种药通常具有一定的毒性及其他潜在的影响，用药方法和时间都有特殊要求，必须在医生指导下使用。非处方药就是通常说的 OTC 药品，也称柜台销售药品，是指患者自己根据药品说明书，自选、自购、自用的药物。这类药毒副作用较小，而且也容易察觉，不会引起耐药性、成瘾性，与其他药物相互作用也小，在临床上使用多年，疗效稳定。非处方药主要用于病情较轻、稳定、诊断明确的疾病，可以在药店随意购买。但非处方药是随着社会发展、群众文化水平的提高而诞生，所以要遵循见病用药、对症用药、明白用药、依法(用法、用量)用药的基本原则。根据非处方药的安全程度，又分为甲类和乙类两种。非处方药的包装、标签、说明书上均有其特有标识“OTC”，红色为甲类，必须在药店出售；绿色为乙类，除药店外，还可在药监部门批准的宾馆、商店等商业企业中零售。相对而言，乙类比甲类更安全，消费者要正确使用非处方药，切记在使用前应仔细阅读使用说明书。

3. 药物的命名及通用名称命名规则

每种药物都有一个特定的名称，通常有三种类型的名称来表达。第一种类型是国际非专有名(INN)，又称为通用名，通常是由国家或国际命名委员会命名的；第二种是化学名称，是由国际纯粹与应用化学联合会(IUPAC)及国际生物化学联合会(IUB)等国际机构整理出来的系统化学名；第三种是商品名，是由新药开发者在申报时选定的。通用名和化学名主要针对原料药，也是上市药物主要成分的名称，一个药物只有一个通用名；商品名针对药物的最终产品，是由制药企业自己选择的。

通用名在世界范围使用不受任何限制，不能取得专利和行政保护。目前 INN 已被世界各国采用，任何该药品的生产者都可使用 INN。中华人民共和国卫生部药典委员会(现为国家药典委员会)编写的《中国药品通用名称》是中国药品命名的依据，其中的中文名称是根据英文名称、药品性质和化学结构及药理作用等特点，采用音译、意译、音意合译或其他译名，尽量与英文名称对应。长音节可简缩，中文名称尽可能不多于 6 个字，易于发音。表 7-1 为 INN 使用的部分词干的中文译名表。

表 7-1 INN 使用的部分词干的中文译名表

词干		药物举例		药物类型
英文	中文	INN	通用名	
-cillin	西林	amoxicillin	阿莫西林	抗生素
cef-	头孢	cefalexin	头孢氨苄	抗生素
-conazole	康唑	fluconazole	氟康唑	抗真菌药
-oxacin	沙星	norfloxacin	诺氟沙星	合成抗菌药
-nidazole	硝唑	metronidazole	甲硝唑	抗菌药
-caine	卡因	procaine	普鲁卡因	局部麻醉药

7.1.2 药物与健康的关系

世界人口的平均寿命大致以每 5 年延长 1 岁左右的速度增长。1995～2000 年为 63.9 岁，2000～2005 年为 65.5 岁，2005～2010 年为 66.8 岁，2010～2015 年为 68.1 岁，2015～2020 年为 69.3 岁，预计 2020～2025 年将超过 70 岁。

药物是几千年来人类在战胜和预防疾病中不断完善起来的，人体和药物存在着相互辩证的关系。一方面，药物作为外因协助人体自身产生抗病能力，或抑制病原体消除疾病，恢复健康；另一方面，人体的组织和器官不断地作用于药物，使药物发生变化，降低药物对人体的作用甚至出现副作用。

1. 临床上常用的几种典型药物

1) 硝苯地平

药物硝苯地平缓释片的主要成分为硝苯地平，其化学结构式如下。

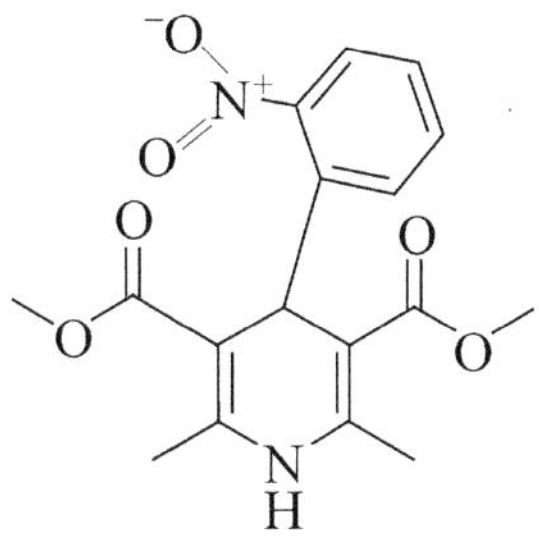

硝苯地平化学结构式

硝苯地平是通过化学合成制备得到的药物，硝苯地平制剂有普通片剂和各种类型的缓释片，用于预防和治疗冠心病、心绞痛，特别是变异型心绞痛和冠状动脉痉挛所致心绞痛，对呼吸功能没有不良影响，故适用于患有呼吸道阻塞性疾病的心绞痛患者，其疗效优于 β 受体拮抗剂，还适用于各种类型的高血压，对顽固性、重度高血压也有较好的疗效。由于能降低后负荷，对顽固性充血性心力衰竭也有良好的疗效，适于长期服用。

服用该药前，要注意以下事项：

(1) 停止服用钙拮抗剂时应逐渐减量，没有医生指示，不要停止服药。

(2) 低血压患者慎用。

(3) 严重主动脉瓣狭窄、肝肾功能不全患者慎用。

(4) 孕妇及哺乳期妇女禁用。

(5) 儿童禁用。

2) 左氧氟沙星

左氧氟沙星是第三代喹诺酮类药物的代表药物之一，其化学结构式如下。

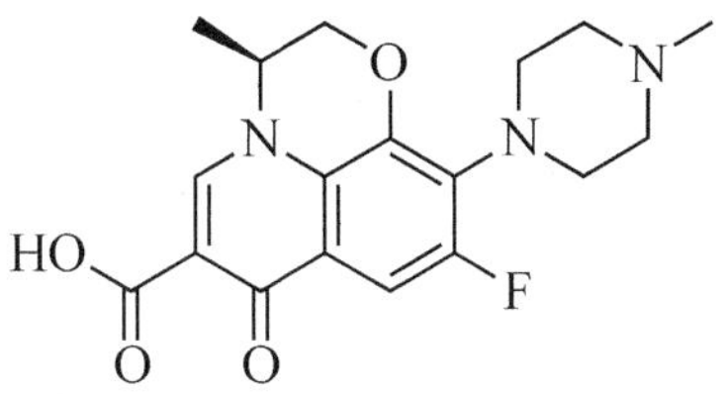

左氧氟沙星化学结构式

左氧氟沙星有片剂和注射剂，具有抗菌广谱、抗菌作用强的特点，对多数肠杆菌科细菌，如肺炎克雷伯菌、变形杆菌属、伤寒沙门菌属、志贺菌属、流感杆菌、部分大肠杆菌、绿脓杆菌、淋球菌等有较强的抗菌活性，对部分葡萄球菌、肺炎链球菌、衣原体等也有良好的抗菌和抑制作用。左氧氟沙星为氧氟沙星的左旋体，其体外抗菌活性约为氧氟沙星的两倍，其作用机制是通过抑制细菌 DNA 解旋酶的活性，阻止细菌 DNA 的合成和复制从而导致细菌死亡。

左氧氟沙星和双黄连注射剂存在严重不良反应。左氧氟沙星注射剂严重不良反应以全身性损害、中枢及外周神经系统损害、皮肤及其附件损害、呼吸系统损害、胃肠系统损害为主，其中过敏反应问题较为典型，临床主要表现为过敏性休克、过敏样反应、呼吸困难、多形性红斑型药疹、喉水肿等。

使用左氧氟沙星应注意以下事项：

(1) 孕妇及哺乳期妇女用药注意，动物实验未证实喹诺酮类药物有致畸作用，但对孕妇用药进行的研究尚无明确结论。鉴于该药可引起未成年动物关节病变，故孕妇禁用。对怀孕期的安全性尚未确立，故对孕妇或可能怀孕的妇女不可用药。因氧氟沙星会向母乳中移动，故哺乳期妇女不要用此药，必须用药时，应停止哺乳。

(2) 该药在婴幼儿及 18 岁以下青少年体内的安全性尚未确定。但该药用于数种幼龄动物时，可致关节病变。因此，18 岁以下的婴幼儿及青少年不宜使用。

(3) 老年患者常有肾功能减退，因该药部分经肾排出，需减量应用。

3) 头孢噻肟钠

头孢噻肟钠(cefotaxime sodium)为注射剂，是第三代头孢类抗生素的代表药物之一，临床应用广泛，其化学结构式如下。

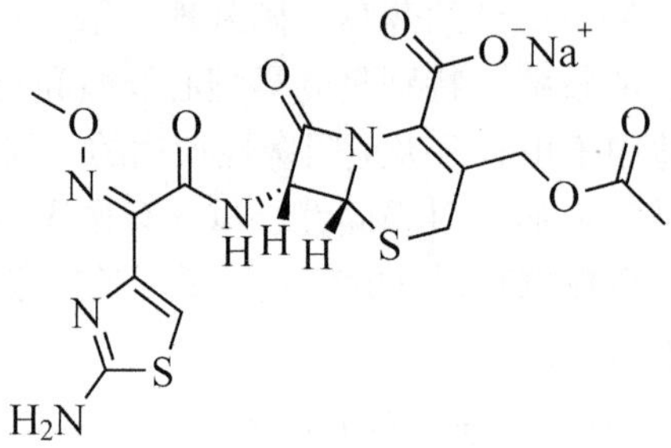

头孢噻肟钠化学结构式

头孢噻肟钠为第三代半合成头孢菌素，对革兰阳性菌的作用不如头孢唑林，肠球菌对该品耐药，对耐青霉素的肺炎球菌无效，对革兰阴性菌有强大的杀菌活性，对大肠杆菌、流感杆菌、肺炎杆菌、奇异变形杆菌、沙门菌属的抗菌作用较头孢哌酮强，对脆弱拟杆菌作用弱或耐药，铜绿假单胞菌、阴沟肠杆菌对该品不敏感。主要用于敏感菌所致的呼吸道、泌尿道、骨和关节、皮肤和软组织、腹腔、胆道、消化道、五官、生殖器等部位的感染，对烧伤、外伤引起的感染及败血症、中枢感染也有效。

口服或注射头孢类药物期间，如果喝酒，会出现腹痛、嗜睡、胸闷，甚至还会出现血压下降、呼吸困难、休克等症状。头孢类药物与乙醇相互作用会产生一种双硫仑样的化学反应。双硫仑样的化学反应是指头孢类药物与乙醇相遇后抑制肝脏中的乙醛脱氢酶，使乙醇在体内氧化为乙醛后，不能再继续分解氧化，导致体内乙醛蓄积而产生一系列反应。更为可怕的是用药者饮酒后 5～10 min 就会发病，持续时间从 30 min 到几个小时不等，而且静脉输入头孢类抗生素比口服用药出现反应的速度更快，后果更严重，双硫仑样反应可引起面红耳赤、心率加快、血压降低等表现，重者可致呼吸抑制、心肌梗死、急性心衰、惊厥及死亡。除头孢类抗生素外，还有其他药物也可引起双硫仑样反应：咪唑类药物如甲硝唑、奥硝唑等；其他抗生素如呋喃唑酮、酮康唑、异烟肼等；磺脲类降糖药如格列齐特、格列吡嗪等；其他药物如华法林、妥拉唑啉等。千万要记住，无论是口服还是注射头孢菌素类药物期间及停药一周内均要戒酒。在戒酒的同时，还应避免服用一切含乙醇的药物、食物，如藿香正气水、酒心巧克力等。

4) 维生素

维生素类药物分为两大类，一类是脂溶性维生素 A、维生素 D、维生素 E、维生素 K，另一类是水溶性 B 族维生素和维生素 C，B 族维生素又包含维生素 B_1、维生素 B_2、维生素 B_6、维生素 B_{12}、维生素 B_9(叶酸)、维生素 B_5(泛酸)、维生素 B_3(烟酰胺)和生物素等。

维生素 A 是包括所有具有视黄醇生物活性的化合物，是一类脂溶性的维生素，在体内可以转化为视黄醇的类胡萝卜素，称为维生素 A 原。各种哺乳动物和鱼类中都含有，植物中不含有维生素 A，但含有胡萝卜素，这也是所有维生素 A 的最终来源。维生素 A 不足或缺乏时可引起一系列疾病，如夜盲症、干眼症、骨骼发育迟缓、牙齿不健全、心血管疾病和肿瘤等。人体摄入过量的维生素 A 会引起中毒综合征，过量维生素 A 的急性中毒症状主要有嗜睡、头痛、呕吐等，婴儿有前囟膨出，慢性中毒的症状主要有皮肤干燥、粗糙、呈鱼鳞状，脱发、唇干裂、瘙痒、口舌疼痛、杵状指、骨肥厚、眼球震颤、指甲易碎、高钙血、肝脾肿大等，甚至出现颅内压升高和低烧。儿童还有厌食、肛门瘙痒、体重不增加，严重的有烦躁和出现骨头肿胀、疼痛以致运动受限等。大剂量维生素 A 还会导致畸形。科学家指出，每天服用 25000～50000 IU(IU：国际单位)连续 8 个月以上，可能引起中毒。成人一次服用的中毒剂量为 150000 IU。因此，在使用大剂量维生素 A 治疗儿童学习障碍及预防癌症时，应严加注意，避免出现过量中毒。

维生素 D 是类固醇衍生物，有 5 种化合物，也是一类脂溶性的维生素，与人体健康密切相关的主要包括维生素 D_2 和维生素 D_3 两种，人体与许多动物皮肤内的 7-脱氢胆固醇经紫外线照射后可转变为维生素 D_3。长期缺乏维生素 D，会影响体内钙、磷的代谢，影响骨质的发育，如小儿佝偻病、中老年人的骨质疏松症等。摄入过多时也有危害，如引起高血钙和高尿钙等，当机体大量摄入维生素 D，使体内维生素 D 反馈作用失调，肠吸收钙与磷增加，血钙浓度过高，降钙素调节使血钙沉积于骨与其他器官组织，影响其功能。例如，钙盐沉积于肾脏可产生肾小管坏死和肾钙化，严重时可发生肾萎缩、慢性肾功能损害；钙盐沉积于小支气管与肺泡，损坏呼吸道上皮细胞引起溃疡或钙化灶；如在神经系统、心血管等重要器官组织出现较多钙化灶，可产生不可逆的严重损害。

维生素 B_1 被称为精神性的维生素，是一种水溶性的维生素，它对神经组织和精神状态有良好的影响。富含维生素 B_1 的食物有酵母、米糠、全麦、花生、猪肉、大多数蔬菜、牛奶等。维生素 B_1 服用后多余的量一般会排出体外，不会储留在人体中。每天服用超过 5～10 g 时，偶尔会出现发抖、疱疹、浮肿、神经质、心跳增快及过敏等副作用。大量使用维生素 B_1，会引起头痛、眼花、烦躁、心律失常、浮肿和神经衰弱。临床妇女大量使用维生素 B_1 可引起出血不止。

维生素 C 也是一种水溶性的维生素，又名抗坏血酸，人体由于缺乏由六碳糖合成维生素 C 所必需的古洛糖酸内酯氧化酶，因此必须从食物中摄取。维生素 C 缺乏会导致倦怠、疲劳、肌肉酸疼和牙龈出血等，严重的可引起败血病。过量服用维生素 C 会产生比较严重的副作用，维生素 C 代谢后会生成草酸，若长期每天摄取 4000 mg 以上的维生素 C 补充剂，却没有补充适量水分，过多的草酸容易与体内的钙质结合，形成难以被溶解的草酸钙，增加结石的风险。若本身属于易结石体质者，不建议摄取过多维生素 C。维生素 C 属于酸性物质，过量服用会刺激肠胃黏膜，使肠道过酸，进而导致腹泻。若是患有胃炎、溃疡的人服用过量维生素会让症状更加恶化，产生戒断症状，出现早期维生素 C 缺乏症败血病的症状，如齿龈肿胀、出血，牙齿松动等状况，建议以递减的方式逐渐减少服用量，减轻戒断反应症状。

2. 合理用药，保护健康

生病意味着不健康，合理用药才能对健康起到保护作用。在合理用药方面应注意以下问题：

(1) 合理选择药物。每种药物在发挥治病作用的同时，允许一定的毒副作用存在。临床选药应注意充分发挥治疗作用，尽量避免副作用。怎样选择药物来治疗疾病，一定要在医生的指导下进行，自己不能凭感觉用药。

(2) 适当的剂量。药物的剂量不同，疗效就不同，因此剂量必须准确。“是药三分毒”，如果不按照处方中规定的剂量服药，就有可能产生较大的毒副作用，起不到治疗的作用。

(3) 适当的间隔时间。通过化学手段得到的药物要做成制剂才能使用，做成的制剂可能有多种，如普通片剂、缓控释制剂、胶囊剂、注射剂、贴剂等，比如服用普通的片剂，一天三次服药，饭前服还是饭后服，这与药物的释放特性有明显的关系。如果不遵守服用方法而随意服用，就会影响效果或对肠胃造成刺激。

(4) 适当的途径。适合用口服的药物，就尽量不要采用静脉注射。药物的剂型有多种形式，如口含片、咀嚼片和口服片等，口含片必须含化才能起到应有的治疗作用，咀嚼片必须嚼碎吃，注射剂必须注射，等等。例如，青霉素在注射之前必须进行皮试，如果没有进行皮试直接注射，可能引起过敏，严重者会导致死亡。注射青霉素类药物一定要在正规医院进行，保证一旦产生过敏后能快速进行急救治疗。

(5) 适当的患者。药物进入体内会分散到身体的各个器官，人的年龄不一样，对药物的耐受性不一样，如婴幼儿和老年人，身体状况有明显的差异。例如喹诺酮类药物，18 岁以前最好不要用这类药物，因为这类药物会导致关节病变，对青少年的身体产生比较严重的危害。使用同一种药物，也要进行全面权衡，同一个治疗方案不可能适用于所有的患者。

(6) 适当的疗程。生病的本质是身体被微生物或病毒感染了，微生物或病毒的杀灭需要一定的周期。如果不按照疗程服用或注射药物，在疗程未结束时停药，没有完全消灭的微生物可能再次生长，疾病就可能再次发作。如果不断地中断治疗，感染的疾病微生物可能就对这种药物产生了抗药性，也就是常说的耐药，选用的药物将不再起到治疗作用。延长给药时间，容易产生蓄积中毒、细菌耐药性、药物依赖性等不良反应的现象，而症状刚刚得到控制就停药，往往又不能彻底治愈疾病。因此，只有把握好周期，才能取得治病的效果。

(7) 适当的目标。每种药物都有使用范围，如盐酸二甲双胍治疗糖尿病、氨氯地平治疗高血压、头孢曲松钠治疗各种感染，所以说每种药物都有特定的作用对象。要根据具体情况，采取积极、正确、客观的态度，正确对待病症，合理用药。

用药科学合理，可以药到病除；用药不合理，不仅于病无补，还可能增添新病，甚至会夺去人的生命。因此患者用药时必须在医生或药师的指导下合理进行，只有遵循用药规律，才能确保用药安全有效，实现身体早日康复。

3. 家庭小药箱

药品是每个家庭的必备品，家里准备一些常用的药品是非常必要的，有利于妥善应对紧急情况和突发状况。

1) 特殊疾病患者

家里有特殊疾病患者，如冠心病患者，应常备速效救心丸。速效救心丸有行气活血、祛瘀止痛的功效。其中所含的川芎能减小血管阻力，减轻心脏负担，直接扩张冠状动脉，增加冠脉血量，改善微循环，改善急性心肌缺血缺氧；所含的冰片有开窍醒神、止痛的作用。所以，常见到心区疼痛的心脏病患者吃速效救心丸缓解疼痛。当冠心病患者出现胸闷、心前区不适、左肩酸沉等先兆症状，就应及时含服速效救心丸。舌下含服，避免了经过肝脏的首过消除作用，药物经过舌下黏膜直接入血作用于冠状动脉和心脏，药物作用更有效、更迅速。

当然，服用速效救心丸缓解症状后，还是应去医院进行检查治疗，尤其是冠心病发展至心肌梗死时，不能一味地靠速效救心丸，应立即去医院救治。

2) 外用消炎药

碘伏是一种常用的外用消炎药，是单质碘与聚乙烯吡咯烷酮的无定形结合物。碘伏具有广谱杀菌作用，可杀灭细菌繁殖体、真菌、原虫和部分病毒。在医疗上用作杀菌消毒剂，可用于皮肤、黏膜的消毒，也可处理烫伤、治疗滴虫性阴道炎、霉菌性阴道炎、皮肤霉菌感染等。碘伏是外用药，禁止口服。

3) 常用感冒药

感冒是一种常见的疾病，感冒药按其成分包括西药组方的感冒药、中药组方的感冒药和中西药合剂的感冒药。大多数感冒药，不管是西药、中药还是复方药，都是 OTC(非处方)药物。需要特别提醒的是，感冒切忌叠加吃药。不少人为追求第二天能正常上班，便加大剂量或同时吃两三种感冒药，用药过度非但不能促使感冒病程缩短，还会加大药物副作用。盲目用药治疗会增强细菌抗药性，也不利于人体免疫系统发挥正常的作用，正所谓“欲速则不达”。

4) 解热镇痛类药物

阿司匹林为水杨酸的衍生物，经近百年的临床应用，证明对缓解轻度或中度疼痛，如牙痛、头痛、神经痛、肌肉酸痛及痛经效果较好，也用于感冒、流感等发热疾病的退热，治疗风湿痛等。近年来发现阿司匹林对血小板聚集有抑制作用，能阻止血栓形成，临床上用于预防短暂脑缺血发作、心肌梗死、人工心脏瓣膜和静脉瘘或其他手术后血栓的形成。在使用中应注意与食物同服或用水冲服，以减少对胃肠的刺激。阿司匹林和酒不能同时服用，酒的主要成分乙醇在肝脏乙醇脱氢酶作用下变成乙醛，再在乙醛脱氢酶作用下变成乙酸，进而生成二氧化碳和水，阿司匹林会降低乙醛脱氢酶的活性，阻止乙醛氧化为乙酸，导致体内乙醛堆积，使全身疼痛症状加重，并导致肝损伤。

5) 胃肠止泻药

生活中腹泻疾病的发病率越来越高，较多的原因引发了腹泻的出现，危害了患者的肠胃健康，导致患者身体不适。泻药是控制腹泻的药物，通过减少肠道蠕动或保护肠道免受刺激而达到止泻作用，适用于剧烈腹泻或长期慢性腹泻，以防止机体过度脱水、水盐代谢失调、消化及营养障碍。止泻药物对消化道内的细菌、病毒及其产生的毒素、气体具有极强的吸附作用，从而起到止泻作用。例如阿片及其衍生物，此类药能提高胃肠张力，抑制肠蠕动，制止推进性收缩，从而减缓食物的推进速度，使水分有充分的时间吸收而止泻。该类药物有复方樟脑酊、地芬诺酯、盐酸洛哌丁胺等，止泻药与抗生素忌同时服用，服止泻药时不能饮用牛奶，因为牛奶不仅会降低止泻药的药效，而且其含有的乳糖还容易加重腹泻。

7.1.3 化学药物的发展趋势

1. 化学合成技术不断发展

在 20 世纪 60 年代，史克必成公司使用现代化药物筛选方法开发的化学合成药品西咪替丁获得美国 FDA 批准，美国基因泰克公司的科学家首次通过生物技术合成了胰岛素和生长素，以罗氏公司为代表的公司首次阐释了单克隆抗体，80 年代之后，得益于计算机技术的高速发展，部分科学家开始探索使用计算机模拟药物的设计，研发的效率得以大幅提高，进一步加速了创新药行业的发展，各种不同类型的化学合成新药不断出现。

20世纪80年代后半叶，绿色化学技术开始发展起来，绿色化学设计是从化工品合成到治理再到处理的整个生命周期，目的是使化学工业更安全、更清洁、更节能，在这一过程中制药行业受益最大。环境因子是一种定量描述绿色化学合成工艺的评价指标，制药厂每生产1 kg产品通常会产生25～100 kg废物，这个比值称为环境因子，即E因子。辉瑞(Pfizer)公司在实验室内首次用化学手段合成柠檬酸盐西地那非(商品名为“伟哥”)时，该药物的E因子为105，该产品在1998年上市。通过进一步研究，去除了含氯溶剂、去除了过氧化氢(可能导致灼伤)、去除了草酰氯(在反应中可产生一氧化碳，存在安全问题)，最终研究人员把E因子降到了8。

2. 化学药物的发展趋势

随着合成药物各大类别的系列产品陆续上市，发现新的药物单体化合物的速度在减缓，研究开发费用越来越高，在近年上市的新品种中，抗感染药物、心血管药物、中枢神经系统药物、抗癌药物占主导地位。

化学药物的发展趋势主要体现在以下几个方面：①研究治疗靶点的生物靶分子的结构和功能，并研究生物靶分子与药物小分子之间的相互作用，在此基础上通过对现有某些药物小分子的结构进行修饰或设计新的药物小分子，并对这些修饰的或创新的药物小分子进行有目的筛选，从而发现新药；②利用组合化学方法发现新药；③对现有的含有手性碳原子的外消旋体药物进行光学拆分，选择最具活性的对映体，再进行立体选择性合成或不对称合成研究；④继续对从动植物或微生物中提取分离的已确知化学结构的新化合物的化学合成方法进行研究；⑤研究开发先进的合成技术，如声化学合成、微波化学合成、电化学合成、固相化反应、纳米技术、冲击波化学合成等先进的合成技术，选择新型催化剂，研究环境友好合成工艺技术及新型高效分离技术，用这些新的技术改造现有合成药物的生产工艺。

健康贴士

服药注意事项

(1) 喹诺酮类药物孕妇应禁用，左氧氟沙星注射剂18岁以下患者禁用。

(2) 口服或注射头孢菌素类药物期间及停药一周内均要戒酒。在戒酒的同时，还应避免服用一切含乙醇的药物、食物，如藿香正气水、酒心巧克力等。

(3) 服用藿香正气水等含有乙醇的药物不能开车。

(4) 服用含有嗜睡作用的感冒药物，如含有苯海拉明等，不能开车。

(5) 服用阿司匹林，不能饮酒，容易加重病情，并导致肝损伤。

(6) 服用止泻药物，不能喝牛奶，容易加重腹泻。

7.2 抗生素与健康

抗生素是20世纪最伟大的医学发现，它使人类的平均寿命至少延长了10年。抗生素作为抗感染治疗的主要药物，在保证人类健康中发挥着重要作用。

7.2.1 抗生素简介

1. 抗生素及其发展史

1) 抗生素

抗生素是指由微生物(包括细菌、真菌、放线菌属)或高等动植物在生活过程中所产生的具有抗病原体或其他活性的一类次级代谢产物，能干扰其他生活细胞发育。现临床常用的抗生素有微生物培养液中的提取物，以及用化学方法合成或半合成的化合物。目前已知的天然抗生素不下万种。抗生素的抑菌或杀菌作用主要是针对"细菌有而人(或其他动植物)没有"的机制进行杀伤。

2) 抗生素的发展史

1877 年，巴斯德(L. Pasteur)和朱伯尔(J. F. Jouber)发现空气中的一些普通细菌可抑制炭疽杆菌的生长。

1928 年，弗莱明(A. Fleming)发现了能杀死致命细菌的青霉菌。青霉素治愈了梅毒和淋病，而且在当时没有任何明显的副作用。

1936 年，磺胺的临床应用开创了现代抗微生物化学治疗的新纪元。

1944 年，在新泽西州立大学分离出第二种抗生素——链霉素，有效治愈了另一种可怕的传染病——结核。

1947 年，氯霉素出现，它主要针对痢疾、炭疽病菌，治疗轻度感染。

1948 年，四环素出现，这是最早的广谱抗生素。在当时它能够在还未确诊的情况下有效地使用，而现在四环素基本上只被用于家畜。

1956 年，礼来公司发明了万古霉素，它被称为抗生素的最后武器。因为它对 G+细菌细胞壁、细胞膜和 RNA 有三重杀菌机制，不易诱导细菌对其产生耐药性。

1980 年，喹诺酮类药物出现，和其他抗菌药不同，它们破坏细菌染色体，不受基因交换耐药性的影响。

1983 年开始，转基因工程菌成为生产抗生素的主要手段。

3) 青霉素的发现

1928 年 9 月的一天，病菌学家弗莱明培养了一些葡萄球菌，这是一种能引起传染性皮肤病和脓肿的常见细菌，他发现原本生长着金黄色葡萄球菌的培养皿中长出了青色的霉菌，凡是培养物与青色霉菌接触的地方，黄色的葡萄球菌不见了。细心又认真的弗莱明发现能使葡萄球菌死亡的菌种是青霉菌，具有强烈的杀菌作用。随后经过进一步研究，弗莱明发现真正的杀菌物质是青霉菌生长过程的代谢物，他称其为青霉素。此后在长达 4 年的时间里，弗莱明对这种青霉菌进行了全面的专项研究，发现青霉菌是真菌，对许多能引起严重疾病的传染病菌有显著的抑制和破坏作用，而且杀菌作用极强，对人和动物的毒害极小。弗莱明用实验证明了青霉素的抗菌性"完美无缺"，但是他无法实现青霉素的批量生产。1935 年英国病理学家弗洛里(H. W. Florey)与侨居英国的德国生物化学家钱恩(E. B. Chain)合作，重新研究青霉素的性质、化学结构，分离并纯化青霉素，终于解决了青霉素的提纯问题。青霉素的普及应用给受传染病折磨的人们带来了生机，青霉素的发现开辟了全世界现代医疗革命的新阶段。

青霉素的发现具有划时代的意义，青霉素又被称为青霉素 G、盘尼西林等。青霉素是人类发现的第一种抗生素，是一种高效、低毒、临床应用广泛的重要抗生素，它的研制成功大大增强了人类抵抗细菌性感染的能力。在战争期间，防止战伤感染的药品是十分重要的战略物资，所以，美国将研制青霉素放在与研制原子弹同等重要的地位。青霉素发现的重大意义在于其对各种细菌感染的显著治疗效果，数以千万计的生命得以拯救。为表彰青霉素对人类的巨大贡献，1945 年，诺贝尔生理学或医学奖授予青霉素的发现者弗莱明，以及提纯及应用者弗洛里和钱恩。

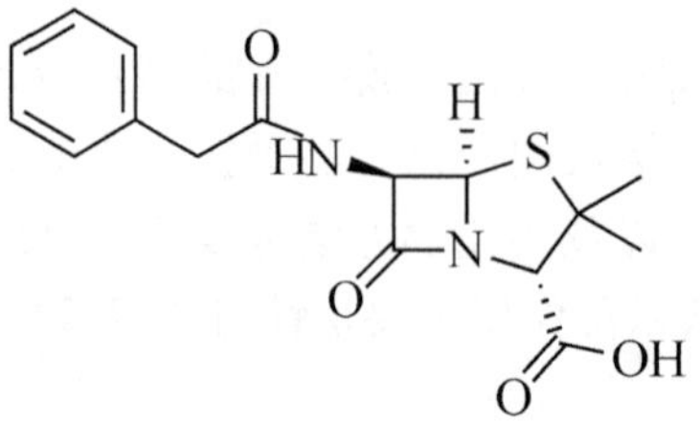

青霉素化学结构式

2. 细菌耐药性的出现

细菌耐药性又称抗药性，指细菌对于抗菌药物作用的耐受性，耐药性一旦产生，药物的治疗效果就明显下降。耐药性根据其发生原因可分为获得耐药性和天然耐药性。自然界中的病原体，如细菌的某一株也可存在天然耐药性。当长期应用抗生素时，占多数的敏感菌株不断被杀灭，耐药菌株就大量繁殖，代替敏感菌株，而使细菌对该种药物的耐药率不断升高。目前认为后一种方式是产生耐药菌的主要原因，为了保持抗生素的有效性，应合理使用。

2014 年 4 月 30 日，世界卫生组织发布报告称，抗生素耐药性细菌正蔓延至全球各地，世界卫生组织对 114 个国家的数据进行调查并汇总出这份报告。在日本、法国和南非等地，在淋病治疗中发现了头孢菌素类抗生素无效的病例。报告忠告医疗工作者应将抗生素处方控制在必要的最小限度，同时呼吁普通患者仅在医师开具处方时才使用抗生素。报告显示，对强力抗菌药碳青霉烯耐药的肺炎克雷伯菌也呈全球性蔓延，在部分国家，碳青霉烯类抗生素对半数以上感染患者无效。报告还估计，耐甲氧西林金黄色葡萄球菌(MRSA，超级细菌)感染患者与非耐药性感染患者相比，死亡率可能要高出 64%。

在大多数情况下，耐药性是通过进化而产生的(一种被称为诱导抗性的过程)。细菌快速繁殖，在最佳条件下，细菌的数量可以在 15～30 min 内翻一番。当接触到亚致死剂量(比最小致死剂量略低的剂量)的抗生素时，细菌就会产生耐药性。经过几代繁殖，它们积累了有利于自身的突变，而当细菌分裂时，它们就会将这种耐药性传递给后代。细菌也很杂乱，它们互相交换携带的耐药性代码遗传物质(质粒)，这使不同类型细菌之间的耐药性迅速扩散。

3. 抗生素的作用和分类

1) 抗生素杀菌作用

抗生素杀菌作用主要有四种机制：抑制细菌细胞壁的合成、与细胞膜相互作用、干扰蛋白质的合成及抑制核酸的转录和复制。

(1) 抑制细菌细胞壁的合成。抑制细胞壁的合成会导致细菌细胞破裂死亡，以这种方式作用的抗菌药物包括青霉素类和头孢菌素类，哺乳动物的细胞没有细胞壁，不受这些药物的影响。细菌的细胞壁主要是肽聚糖，而合成肽链的细胞器为核糖体，核糖体是细菌的细胞器。但是使用频繁会导致细菌的抗药性增强。这一作用的达成依赖于细菌细胞壁的一种蛋白，通常称为青霉素结合蛋白，β-内酰胺类抗生素能与这种蛋白结合从而抑制细胞壁的合成，所以 PBPs(青霉素结合蛋白)也是这类药物的作用靶点。

(2) 与细胞膜相互作用。一些抗生素与细胞膜相互作用而影响膜的渗透性，这对细胞具有致命的作用。以这种方式作用的抗生素有多黏菌素和短杆菌素。

(3) 干扰蛋白质的合成。干扰蛋白质的合成意味着细胞存活所必需的酶不能被合成。干扰蛋白质合成的抗生素包括福霉素(放线菌素)类、氨基糖苷类、四环素类和氯霉素。

(4) 抑制核酸的转录和复制。抑制核酸的转录和复制阻止了细胞分裂和(或)所需酶的合成。以这种方式作用的抗生素包括萘啶酸等。

2) 抗生素分类

抗生素的生产根据其种类的不同有多种方式，如青霉素由微生物发酵法进行生物合成，磺胺、喹诺酮类等可用化学合成法生产，还有半合成抗生素是将生物合成法制得的抗生素用化学、生物或生化方法进行分子结构改造而制成的各种衍生物。按照化学结构可以分为：喹诺酮类抗生素、β-内酰胺类抗生素、大环内酯类、氨基糖苷类抗生素等；按照用途可以分为抗细菌抗生素、抗真菌抗生素、抗肿瘤抗生素、抗病毒抗生素、畜用抗生素、农用抗生素及其他微生物药物(如麦角菌产生的具有药理活性的麦角碱类，有收缩子宫的作用)等。

(1) β-内酰胺类抗生素。由青霉菌所产生的一类抗生素总称为青霉素，青霉素不干扰人体的酶系统，只选择性地作用于细菌并引起溶菌作用。根据侧链 R 基团的不同，可将青霉素分为 F、V、G、X 等几类。

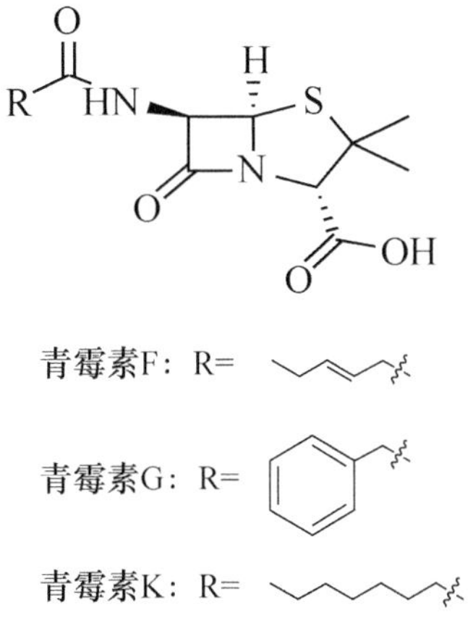

青霉素类抗生素化学结构式

头孢菌素是与青霉素结构相似的另一类抗生素，比青霉素稳定，但天然的头孢菌素抗菌效力较低，最初的头孢类抗生素主要用于治疗由革兰阳性菌引起的感染，随着第二代、第三代等头孢类药物的出现，对革兰阴性菌感染的作用逐渐增强。

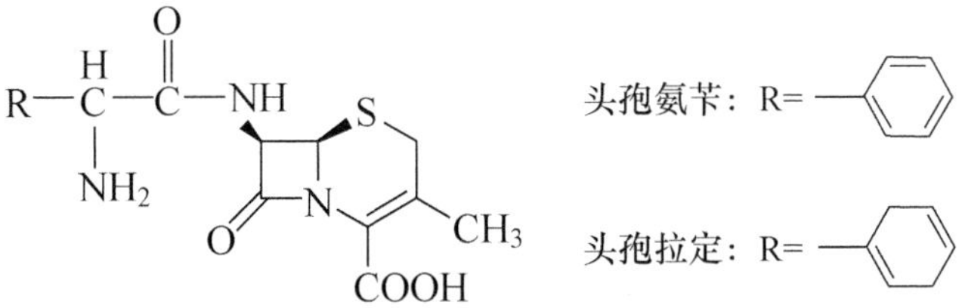

头孢菌素类抗生素化学结构式

头孢类抗生素是分子中含有头孢烯的半合成抗生素，属于β-内酰胺类抗生素，都是 7-氨基头孢烷酸的衍生物。1948 年意大利的 Bronyzn 发现头孢菌素，从 1964 年礼来公司上市第一代产品头孢噻吩以来，已经出现了五代头孢类抗生素产品，这几代产品只是按照时间先后和药理性能的不同而划分，并不是后代研发的产品可以替代之前的头孢菌素，每一代产品都有自身独特的用途。

(2) 氨基糖苷类抗生素。这类抗生素含氨基糖，包括链霉素、庆大霉素、卡那霉素、小诺霉素等。其中链霉素对结核病、败血病和泌尿道感染等疾病有很好的效果，较有代表性的药物为硫酸链霉素。

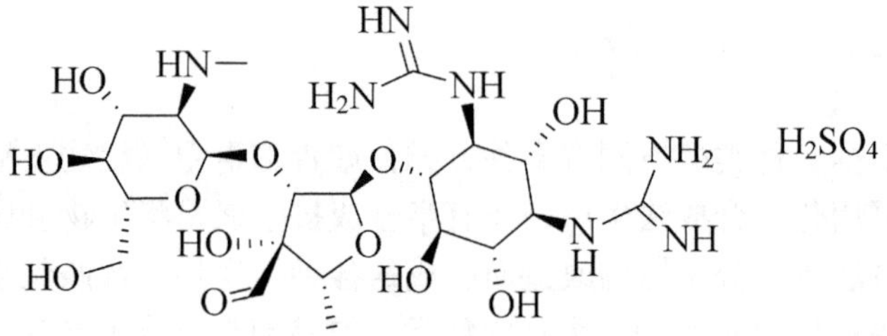

硫酸链霉素化学结构式

(3) 喹诺酮类抗生素。主要适用于治疗由革兰阴性菌引起的感染，随着第二代、第三代和第四代等喹诺酮类药物的出现，对革兰阳性菌的作用逐渐增强。喹诺酮主要有诺氟沙星(又名氟派酸)、环丙沙星、左氧氟沙星、氟罗沙星、莫西沙星等。

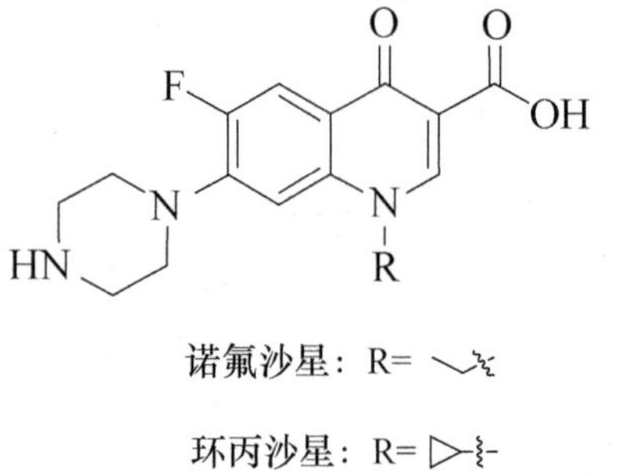

喹诺酮类药物化学结构式

(4) 大环内酯类抗生素。这类抗生素是指以大环内酯为基本骨架的一类抗生素。其中较有代表性的为红霉素。红霉素主要用于由耐药性金黄色葡萄球菌、溶血性链霉菌引起的感染症，如脑炎、败血症等。由于红霉素对胃肠道刺激作用比较大，已逐渐退出市场，半合成的琥珀酸乙酯红霉素已成为市场中的主流产品。

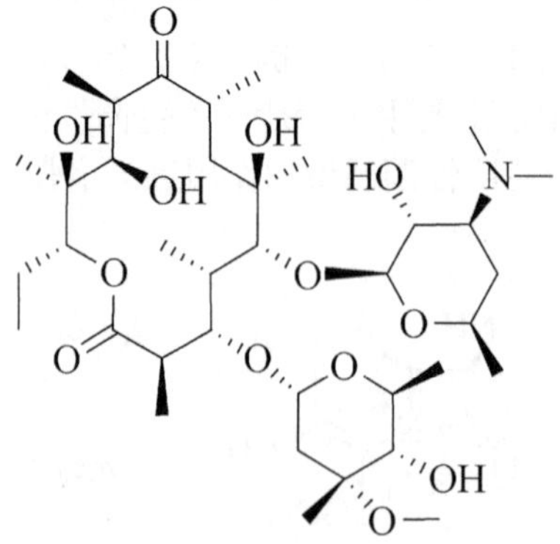

红霉素化学结构式

(5) 四环类抗生素。这是由放线菌产生的一类广谱抗生素。主要有土霉素、四环素、金环素等。主要特点是抗菌谱广、毒副作用较小。其中较有代表性的为盐酸土霉素。这一类抗生素由于副作用比较大，已经逐渐退出人用药市场。

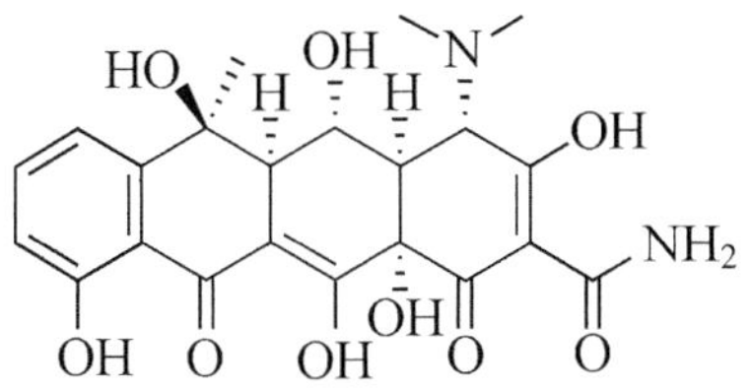

盐酸土霉素化学结构式

7.2.2　合理使用抗生素

1. 抗生素的使用误区

2013 年中国的抗生素千人每天使用量是 157 个计量单位，而欧美国家千人每天使用量普遍在 20～30 个计量单位，2011～2012 年美国是 28.8 个计量单位，2003 年欧洲是 20.1 个计量单位。据此可以算出，中国是美国的 5.5 倍，是欧洲的 7.8 倍。

目前抗生素的使用主要存在以下误区：

1) 抗生素等于消炎药

抗生素不直接针对炎症发挥作用，而是针对引起炎症的微生物起到杀灭的作用，仅仅适用于由细菌引起的炎症，而对由病毒引起的炎症无效。

2) 广谱抗生素优于窄谱抗生素

抗生素使用的原则是能用窄谱的不用广谱，用一种能解决问题的就不用两种，轻度或中度感染一般不联合使用抗生素。在没有明确病原微生物时可以使用广谱抗生素，如果明确了致病的微生物最好使用窄谱抗生素，否则容易增强细菌对抗生素的耐药性。

3) 新的抗生素比老的好，贵的抗生素比便宜的好

一般要因病、因人选择，坚持个体化给药。例如，红霉素是老牌抗生素，价格很便宜，它对于军团菌和支原体感染的肺炎具有相当好的疗效。而且，有的老药药效比较稳定，价格便宜，不良反应较明确。

4) 使用抗生素的种类越多，越能有效地控制感染

一般来说不提倡联合使用抗生素。因为联合用药可能增加一些不合理的用药因素，这样不能增强疗效，反而会降低疗效，而且容易产生一些毒副作用或者细菌对药物的耐药性。

5) 感冒和发热就用抗生素

病毒或者细菌都可以引起感冒。抗生素只对细菌性感冒有用，抗生素适用于由细菌和部分其他微生物引起的炎症发热，对病毒性感冒、麻疹、腮腺炎、伤风、流感等患者用抗生素治疗有害无益。此外，就算是细菌感染引起的发热也有多种不同的类型，不能盲目地使用头孢菌素等抗生素。例如，结核引起的发热，如果盲目使用抗生素而耽误了正规治疗会贻误病情，最好在医生指导下用药。

6) 频繁更换抗生素，一旦有效就停药

抗生素的疗效有一个周期问题，如果使用某种抗生素的疗效暂时不好，首先应当考虑用药时间不足。用药时间不足的话，有可能根本见不到效果，即便见了效，也应该在医生的指导下服够必需的周期。

此外，由于抗生素在畜禽饲料中的广泛应用尤其是超标使用，引起各种病原微生物产生抗药性，以及动物的二重感染，严重影响畜禽健康状况，还被怀疑会引起畜禽产品中药物残

留，不仅影响畜禽产品的质量及其安全性，还会导致人类体内病原微生物对抗生素产生耐药性，进而直接威胁人类健康。

滥用抗生素产生的危害：

(1) 诱发细菌耐药。病原微生物为躲避药物在不断变异，耐药菌株也随之产生。目前，几乎没有一种抗菌药物不存在耐药现象。

(2) 损害人体器官。抗生素在杀菌的同时，也会造成人体损害，影响肝肾功能，引起胃肠道反应等。

(3) 导致二重感染。在正常情况下，人体的口腔、呼吸道、肠道都有细菌寄生，寄殖菌群在相互拮抗下维持着平衡状态。如果长期使用广谱抗菌药物，敏感菌会被杀灭，而不敏感菌乘机繁殖，未被抑制的细菌、真菌及外来菌也可乘虚而入，诱发又一次的感染。

(4) 造成社会危害。滥用抗生素可能引起某些细菌耐药现象的发生，对感染的治疗会变得十分困难。

2. 使用抗生素的原则

合理使用抗生素要遵循以下原则：

(1) 不自行购买。多数抗生素是处方药物，有病先看医师，凭处方购药，不要凭想当然到药店买药。

(2) 不主动要求。看感冒等日常小病时不要动辄要求医生开抗生素。

(3) 不任意服用。最好到医院确诊后，根据医生的建议服用，千万不要盲目乱用。

(4) 不随便停药。按时按量服药，以维持药物在身体里的足够浓度，即便已经好转的病情也可能因为残余细菌作用而反弹。

对生产中滥用抗生素的对策：

(1) 健全法律法规制度，加大执法力度。

(2) 严格禁止在饲料中添加抗生素。

(3) 加大对抗生素生产与经营市场的整顿力度。

(4) 严格执行动物性食品安全监管制度。

(5) 在养殖生产中大力提倡使用无公害抗菌药物。

虽然抗生素自发现以来拯救了无数人的生命，但是滥用抗生素产生的严重后果也越来越成为一个不容忽视的问题。一种新的抗生素的研制需要 10～15 年的时间和十几亿美元的费用，如若使用不当，2～5 年病菌就会对这种药物产生耐药性。因此，要理性对待抗生素，科学合理地利用抗生素，避免导致将来无药可用的境地。

7.2.3 抗生素的发展趋势

1. 新的抗生素不断出现

自 21 世纪以来，抗感染药物中大环内酯类抗生素以其免皮试、副作用小而赢得患者的青睐，它的销售总额呈明显上升的态势，当然也与其开发新药的速度密不可分；而四环素类药物由于毒副作用较大，其份额在逐渐减少。其他类抗生素相对保持稳定，领头的仍为头孢类抗生素，占有近半数市场份额。当前，全球范围内的抗生素增长空间有限，另外，新产品不断出现，今后市场竞争将日趋激烈。在各个国家逐步改善医疗卫生的条件下，致病菌将得到控制，也使抗生素使用量逐步减少。另一方面，人类经过长期使用抗生素，也认识到滥用抗生素的严重后果，因此对使用抗生素更趋谨慎。只要有细菌的存在，就会有抗生素的存在，人类与细菌的战斗是一场持久战，随着各种病症和各类抗生素新药的不断出现，抗感染类药物的市场将发生巨大的变化，而临床用的新型抗感染类药将成为市场上的新焦点。

2. 最新上市的部分抗生素

1) 莫西沙星

1999 年由拜耳公司开发上市，剂型有片剂、胶囊剂和注射液。莫西沙星为第四代喹诺酮类抗生素。

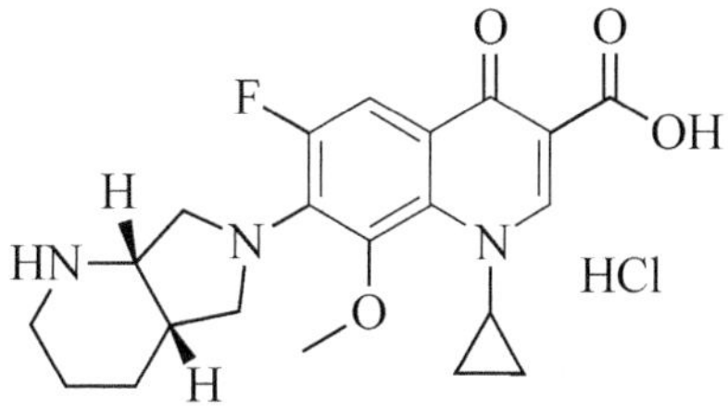

莫西沙星化学结构式

该药对多数阳性和阴性菌、厌氧菌、结核杆菌、衣原体和支原体作用强；对肺炎链球菌、金黄色葡萄球菌、支原体和衣原体作用明显强于环丙沙星；对肺炎链球菌和金黄色葡萄球菌作用超过司氟沙星。用于治疗呼吸道、泌尿道和皮肤软组织感染。不良反应少，至今未见严重过敏反应，几乎没有光敏反应。

2) 头孢洛林酯

2010 年 10 月 29 日，美国 FDA 批准一种新的注射用头孢类抗生素头孢洛林酯。头孢洛林酯是第五代头孢类抗生素，该药用于治疗成人获得性细菌性肺炎、急性细菌性皮肤和软组织感染，包括耐甲氧西林金黄色葡萄球菌所致感染，这两种适应证都属于严重并可能威胁生命的感染，尤其是社区获得性肺炎发病率和死亡率都较高。

头孢洛林由头孢唑兰衍生得到。作用机制与β-内酰胺类抗生素一致，与青霉素结合蛋白结合起作用，头孢洛林酯是一种药物前体，经过体内代谢转换为有活性的头孢洛林及无活性的头孢洛林 M1。

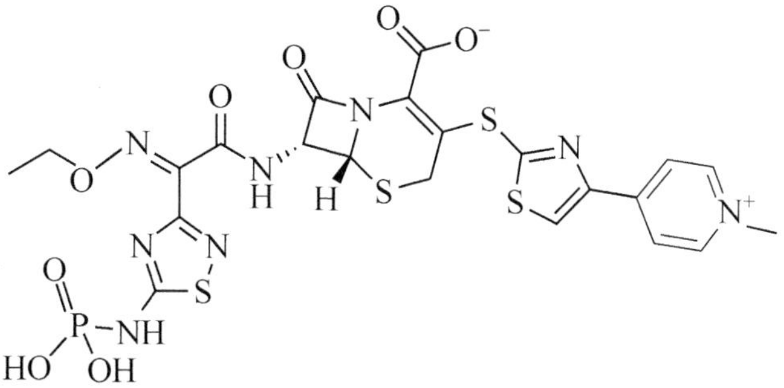

头孢洛林酯化学结构式

3) 法罗培南钠

法罗培南钠由日本山之内制药株式会社首先研制，并于 1997 年在日本获准上市，是既可口服也可注射的培南类药物，使口服生物利用度得以大幅度提高。

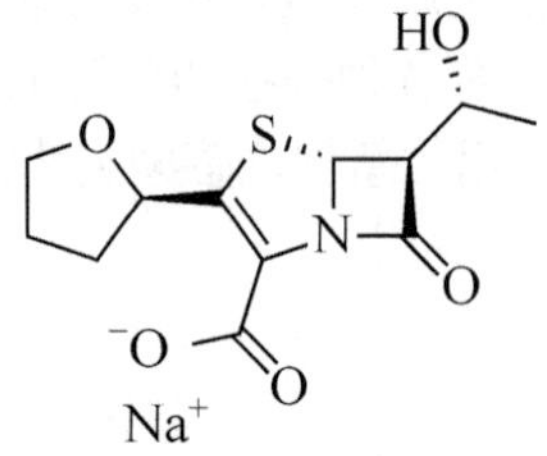

法罗培南钠化学结构式

法罗培南钠是碳青霉烯类抗生素，碳青霉烯类抗生素是抗菌谱最广、抗菌活性最强的非典型β-内酰胺抗生素，因其具有对β-内酰胺酶稳定及毒性低等特点，已经成为治疗严重细菌感染最主要的抗菌药物之一。其结构与青霉素类的青霉环相似，不同之处在于噻唑环上的硫原子为碳所替代，且 C_2 与 C_3 之间存在不饱和双键；另外，其 6 位羟乙基侧链为反式构象。研究证明正是这个构型特殊的基团，使该类化合物与通常青霉烯的顺式构象显著不同，具有超广谱的、极强的抗菌活性，以及对β-内酰胺酶高度的稳定性。培南类是迄今抗菌谱最广、抗菌活性较强的抗生素，扮演着重症感染最后一道防线的重要角色，在临床上被作为人类仅次于万古霉素的抗生素防线。

健康贴士

使用抗生素注意事项

(1) 遵医嘱，合理使用抗生素。
(2) 不滥用抗生素。
(3) 抗生素使用前和使用后不要饮酒。
(4) 不要自行随意购买和随意停用抗生素类药物。
(5) 注射青霉素类药物一定要做皮试。
(6) 进入青霉素类药物生产场所，一定要提前做过敏性测试。

7.3 疟疾与青蒿素

1969 年，卫生部中医研究院(现为中国中医科学院)接受抗疟疾药研究任务，屠呦呦任科技组组长。2011 年 9 月，因创制新型抗疟药青蒿素和双氢青蒿素的贡献，屠呦呦获得被誉为“诺奖风向标”的拉斯克奖。2015 年 10 月，时年 85 岁的屠呦呦因创制新型抗疟药青蒿素和双氢青蒿素的贡献，与另外两位科学家共享 2015 年度诺贝尔生理学或医学奖。

7.3.1 疟疾

疟疾是一种传染病，英文“malaria”的本意是“坏的气体”，因为这种疾病被认为是从沼泽地的静止水体中产生的瘴气所致。20 世纪 70 年代，疟疾仅在非洲地区每年就可导致数百万人死亡。即便是现在，由于现有疟疾药物的耐药性，以及非洲一些地区药物缺乏等原因，每年仍有很多人死于疟疾，特别是一些幼儿。

临床上疟疾以周期性寒战、发热、出汗、贫血和脾肿大为特征。

世界范围内，每年因患疟疾而死亡的人数在 100 万～300 万之间，其中大部分为儿童、孕妇、旅游者等对流行的疟原虫免疫力差的人群。疟疾主要的流行地区是非洲中部、南亚、东南亚及南美北部的热带地区。

疟疾主要靠携带有疟原虫(寄生虫)的蚊虫叮咬后传播进入人体，首先在肝脏内聚集，通过血液循环在血细胞中繁殖后，再次被媒介蚊虫通过吸血叮咬回到蚊虫体内，继续传染。

7.3.2 治疗疟疾的药物

青蒿素由中国药学家屠呦呦在 1971 年发现，是继乙氨嘧啶、氯喹、伯氨喹之后最有效的抗疟药物，尤其是对于脑型疟疾和抗氯喹疟疾，具有速效和低毒的特点，曾被世界卫生组织称为“世界上唯一有效的疟疾治疗药物”。

1. 奎宁

在青蒿素发现之前，治疗疟疾的药物主要有氯喹和金鸡纳碱，而金鸡纳碱也称奎宁。奎宁是靠与疟原虫的 DNA 链结合，阻碍其 RNA 的转录和蛋白质的合成，继而消灭疟原虫。但是奎宁的副作用不容小觑。如果长时间服用奎宁，会有头痛、恶心、呕吐、视力听力减退等症状，严重过量时会出现呼吸困难甚至死亡。20 世纪 60 年代，疟原虫对奎宁类药物已经产生了抗药性，严重影响治疗效果。

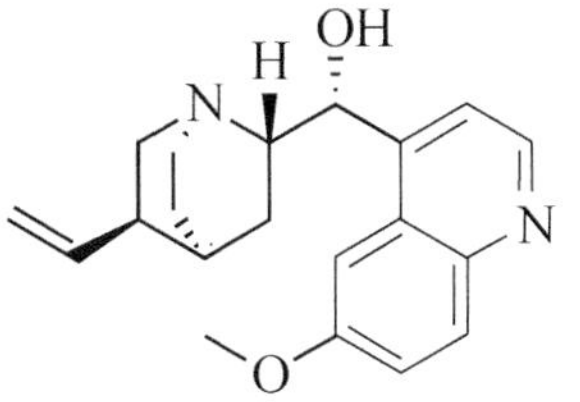

奎宁化学结构式

2. 青蒿素的发现和全合成研究

青蒿素是我国第一个自行开发和研制的药物，青蒿素类药物是世界卫生组织向全球推荐的一线抗疟药。非洲国家普遍应用该类药物，很多国家 100%应用该类药，有些国家用该类药物占全部抗疟药的 80%左右。青蒿素类药物在很大程度上提高了重症疟疾的治愈率，大幅度降低了病死率。

青蒿素是从复合花序植物黄花蒿中提取得到的一种无色针状晶体。在提取青蒿素的过程中，屠呦呦看到东晋葛洪《肘后备急方》中将青蒿“绞汁”的用药经验，改用沸点比乙醇低的乙醚提取，最终于 1971 年 10 月 4 日分离获得青蒿中性提取物样品，样品对鼠疟原虫有 100% 的抑制率。这一发现被誉为“拯救 2 亿人口”的发现。用乙醚提取的主要原因是青蒿素中的特殊过氧桥结构对热不稳定，易受湿、热和还原性物质的影响而分解，从而使青蒿素的活性大大降低。

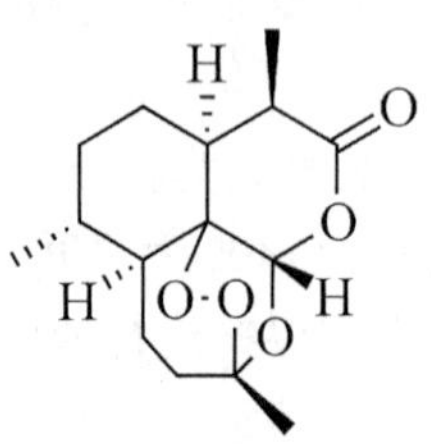

青蒿素化学结构式

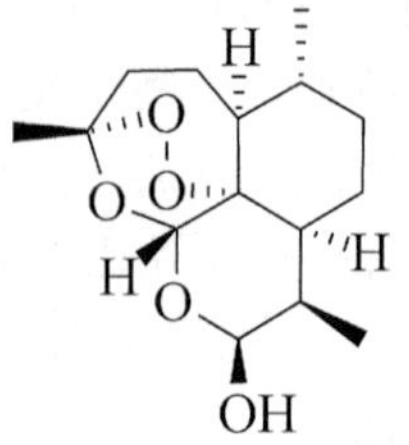

双氢青蒿素化学结构式

青蒿素是一个含过氧基团的倍半萜内酯化合物，分子式为 $C_{15}H_{22}O_5$，15 个碳中 7 个是手性碳，罕见的过氧以内型的方式固定在两个四级碳上而形成“桥”。显然这一奇特结构的全合成是极具挑战性的。1983 年 1 月 6 日，青蒿素的合成终于实现了，经测定合成的青蒿素与天然青蒿素完全一致。

3. 青蒿素的抗疟机理

青蒿素的抗疟疾作用机理主要在于，在治疗疟疾的过程中通过青蒿素活化产生自由基与疟原蛋白结合，作用于疟原虫的膜系结构，使其泡膜、核膜及质膜均遭到破坏，线粒体肿胀，内外膜脱落，从而对疟原虫的细胞结构及其功能造成破坏，细胞核内的染色质也受到一定的影响。青蒿素还能使疟原虫对异亮氨酸的摄入量明显减少，从而抑制虫体蛋白质的合成。

4. 青蒿素的主要用途

研究表明，青蒿素在医疗方面主要有以下用途：

(1) 抗疟。该品乙醚提取物中性部分及其稀醇浸膏对鼠疟、猴疟、人疟均有显著作用。

(2) 抗病原微生物。该品煎剂对表皮葡萄球菌、卡他球菌、炭疽杆菌、白喉杆菌有较强的抑制作用。

(3) 解热。注射液对实验性家兔发热有退热作用。

(4) 抗白血病。研究表明青蒿酸衍生物对白血病 P388 细胞有明显的抑制活性，青蒿 β 衍生物也有此作用。

青蒿素类化合物是一种与过去抗疟药作用机制完全不同的新型药物，目前衍生物主要有双氢青蒿素蒿甲醚、双氢青蒿素蒿乙醚及双氢青蒿素青蒿琥酯。

研究发现青蒿素还具有以下用途：

在抗肿瘤方面：①Fe^{2+}介导产生自由基，选择杀伤细胞；②直接杀伤肿瘤细胞；③阻滞细胞周期，诱导细胞凋亡；④抑制肿瘤血管生成。

在抗寄生虫方面：①抗弓形虫，弓形虫是人畜共患病的专性细胞内寄生原虫，研究表明青蒿素能明显抑制弓形虫侵入细胞；②抗血吸虫，青蒿素及其多种衍生物均有抗血吸虫作用，它能有效杀灭进入宿主体内的幼虫，降低血吸虫的感染率和感染程度；③抗卡氏肺孢子虫，动物实验表明，青蒿素可抗大鼠的卡氏肺孢子虫。目前，效果较好的衍生物是双氢青蒿素青蒿琥酯。

7.3.3 青蒿素的深入研究进展

青蒿素的一系列研究成果代表了中国科学家对促进人类健康做出的重大贡献，期望能从已有几千年历史的中国传统医药宝库里挖掘出更多的宝藏，服务人类健康。

自屠呦呦发现青蒿素以来，青蒿素衍生物一直作为最有效、无并发症的疟疾联合用药。然而，世界卫生组织发布的《2018 年世界疟疾报告》显示，全球疟疾防治进展陷入停滞，疟疾仍是世界上最主要的致死病因之一。究其原因，除对疟疾防治经费支持力度和核心干预措施覆盖不足等因素外，疟原虫对青蒿素类抗疟药物产生抗药性是当前全球抗疟面临的最大技术挑战。

2019 年 6 月，针对近年来青蒿素在全球部分地区出现的抗药性难题，屠呦呦及其团队经过多年攻坚，在抗疟机理研究、抗药性成因、调整治疗手段等方面取得新突破，提出了应对青蒿素抗药性难题的切实可行的治疗方案，获得世界卫生组织和国内外权威专家的高度认可。

7.4　癌症与健康

2019 年 1 月，国家癌症中心的最新癌症数据统计结果显示，2015 年我国恶性肿瘤发病约 392.9 万人，死亡约 233.8 万人。平均每天超过 1 万人被确诊为癌症，每分钟有 7.5 个人被确诊为癌症。近 10 多年来，恶性肿瘤发病率每年保持约 3.9%的增幅，死亡率每年保持 2.5%的增幅。

7.4.1　癌症及其临床表现

1. 癌症

癌症也称恶性肿瘤，是由于机体细胞失去正常调控，过度增殖而引起的疾病。肿瘤细胞都是源自自身的细胞，每个体细胞中都有原癌基因和抑癌基因，原癌基因主要负责调节细胞周期，控制细胞生长和分裂的过程，抑癌基因主要是阻止细胞不正常的增殖，肿瘤细胞就是一系列原癌基因与抑癌基因的突变逐渐积累的结果。

肿瘤是机体局部组织的细胞发生了持续性异常增殖而形成的赘生物，由实质细胞、血管、支持性基质与结缔组织所组成。良性肿瘤为纤维包膜所包覆，只有局部生长，在正常状态下不破坏宿主，或仅由于其占有体积的原因而对宿主产生破坏作用，不产生浸润与转移，不会侵入周围组织。恶性肿瘤能产生浸润与转移，病体一般无包膜，即使有假性包膜也可被穿透，通常俗称“癌”，对宿主有很大的破坏作用。

2. 癌症的临床表现

恶性肿瘤的临床表现因其所在的器官、部位及发展程度不同而不同，但恶性肿瘤早期多无明显症状，即便有症状也常无特征性，等患者出现特征性症状时，肿瘤常已经属于晚期。一般将癌症的临床表现分为局部表现和全身性症状两个方面。

1) 癌症的局部表现

(1) 肿块：癌细胞恶性增殖所形成，可用手在体表或深部触摸到。恶性肿瘤的肿块生长迅速，表面不平滑，不易推动；良性肿瘤则一般表面平滑，像鸡蛋和乒乓球一样容易滑动。

(2) 疼痛：肿瘤的膨胀性生长或破溃、感染等使末梢神经或神经干受刺激或压迫，可出现局部疼痛。出现疼痛往往提示癌症已进入中晚期。

(3) 溃疡：体表或胃肠道的肿瘤，若生长过快，可因供血不足出现组织坏死或因继发感染而形成溃烂。例如，某些乳腺癌可在乳房处出现火山口样或菜花样溃疡，分泌血性分泌物，并发感染时可有恶臭味；胃、结肠癌形成的溃疡一般只有通过胃镜、结肠镜才可观察到。

(4) 出血：癌组织侵犯血管或癌组织小血管破裂而产生。例如，肺癌患者咯血或痰中带血；胃癌、食管癌、结肠癌则可呕血或便血；泌尿道肿瘤可出现血尿；子宫颈癌可有阴道流血；肝癌破裂可引起腹腔内出血。

(5) 梗阻：癌组织迅速生长而造成空腔脏器的梗阻。当梗阻部位在呼吸道即可发生呼吸困难、肺不张；食管癌梗阻食管则吞咽困难；胆道部位的癌可以阻塞胆总管而发生黄疸；膀胱癌阻塞尿道而出现排尿困难等；胃癌伴幽门梗阻可引起餐后上腹饱胀、呕吐等。总之，因癌症所梗阻的部位不同而出现不同的症状。

(6) 其他：颅内肿瘤可引起视力障碍(压迫视神经)、面瘫(压迫面神经)等多种神经系统症状；骨肿瘤侵犯骨骼可导致骨折；肝癌引起血浆白蛋白减少而致腹水等。肿瘤转移可以出现相应的症状，如区域淋巴结肿大、肺癌胸膜转移引起的癌性胸水等。

2) 癌症的全身症状

早期恶性肿瘤多无明显全身症状。恶性肿瘤患者常见的非特异性全身症状有体重减轻、食欲不振、恶病质、大量出汗(夜间盗汗)、贫血、乏力等。恶病质常是恶性肿瘤晚期全身衰竭的表现，不同部位肿瘤，恶病质出现早晚不一样，一般消化道肿瘤者可较早发生。

2016 年 1 月 25 日，国家癌症中心赫捷院士和陈万青教授带领团队，在国际顶级期刊 *A Cancer Journal for Clinicians* 上发布了 2015 年中国癌症统计数据。根据统计数据分析，2015 年中国癌症总发病 429.16 万例，总死亡 281.42 万例，肺癌和胃癌位居全国癌症发病及死亡的前两位。其中肺癌以 61.02 万人位居首位，是夺取生命最多的癌症，排在第二位的是胃癌，死亡人数为 49.80 万。紧随其后的是肝癌 42.20 万人、食道癌 37.50 万人和结直肠癌 19.10 万人。

肺癌是发病率和死亡率增长最快、对人群健康和生命威胁最大的恶性肿瘤之一。肺癌的病因至今尚不完全明确，大量资料表明，长期大量吸烟与肺癌的发生有非常密切的关系。已有研究证明：长期大量吸烟者患肺癌的概率是不吸烟者的 10～20 倍，开始吸烟的年龄越小，患肺癌的概率越高。此外，吸烟不仅直接影响本人的身体健康，还对周围人群的健康产生不良影响，导致被动吸烟者肺癌患病率明显增加。

胃癌是我国常见的恶性肿瘤之一，其发病原因不明，可能与多种因素，如生活习惯、饮食种类、环境因素、遗传因素、精神因素等有关，也与慢性胃炎、胃息肉、胃黏膜异形增生和肠上皮化生、手术后残胃，以及长期幽门螺杆菌感染等有一定的关系。胃癌发病有明显的地域性差别，在我国的西北与东部沿海地区胃癌发病率比南方地区明显为高。长期食用熏烤、盐腌食品的人群胃癌发病率高，与食品中亚硝酸盐、真菌毒素、多环芳烃化合物等致癌物或前致癌物含量高有关。

3) 癌症的易患人群

(1) 癌症家族性和遗传性疾病的人群：许多常见的恶性肿瘤，如乳腺癌、胃癌、大肠癌、肝癌、食管癌、白血病往往有家族聚集现象。

(2) 与癌有关疾病的人群：长期患有慢性胃炎、宫颈炎、乙型肝炎、皮肤溃疡的患者易患癌症。

(3) 不良嗜好人群：长期吸烟的人群易患肺癌、胃癌。喜饮过热的水、汤及吃刺激性强或粗糙食物的人群易患食管癌。喜欢坐热炕的人易患皮肤癌。长期酗酒者易患食管癌、肝癌。

(4) 职业易感人群：长期接触医用或工业用辐射的人群，接受超剂量的照射后，易患白血病、淋巴瘤。长期接触石棉、玻璃丝的人群易患间皮瘤。长期吸入工业废气、城市污染空气的人群易患肺癌。

(5) 个性易感人群：精神长期处于抑郁、悲伤、自我克制及内向的人群，易患癌症。

7.4.2　癌症产生的原因

肿瘤的发生与发展是一个多因素、多步骤的十分复杂多变的过程，各有不同的细胞与遗传机理。2% 的肿瘤有遗传倾向，80%～90% 由环境因素诱发，其中 35% 为食物因素引起，30% 为吸烟，5% 由职业和环境化学制癌剂导致。

一般将肿瘤的发生与发展分成两个阶段：

(1) 诱发阶段，对于许多潜在的致癌物，正常的机体能将它们在产生危害前排出体外，当机体防御能力降低时，体内致癌物被活化，造成细胞分裂异常，有缺陷的遗传物质将传代下去。

(2) 促进阶段，诱发阶段的损伤细胞并没有完全形成肿瘤细胞，只有当异常细胞广泛增殖占据正常细胞的空间时，才会形成肿瘤。

尽管与遗传因素有关，但肿瘤主要还是由环境因素引起的，包括食物因素、吸烟因素及职业与环境中化学致癌剂等。

1. 环境因素

大量的研究表明，癌症与环境因素有明显的关系。环境污染在方方面面影响着人类生活和身体健康。例如，工厂未经处理排放的废水废气造成水体污染和大气污染，室内装修污染影响家人身体健康。环境因素通常包括物理、化学和生物等因素，其中化学因素是最主要的。

1) 化学因素

已经发现 1000 多种化学物质有致癌作用，其中与人类恶性肿瘤关系比较密切的有 30 余种，如 3,4-苯并芘类多环芳香烃、芥子气、联苯胺、苯胺、偶氮化合物、亚硝胺化合物、铬、镍、锌、镉、砷、硫、钼、氯乙烯、苯等。还有一些化学物质对人类有潜在的致癌作用，如农药、家庭用化学清洁剂、消毒剂等。另外，某些医用药物如免疫抑制剂、激素类药物等也有致癌活性。

医学家研究发现，有 10 多种化学物质具有极强的致癌作用，其中亚硝胺类、苯并芘和黄曲霉毒素是公认的三大致癌物质。

亚硝胺类几乎可以引发人体所有脏器肿瘤，其中以消化道癌最为常见。亚硝胺类化合物普遍存在于烟酒、熏肉、烤肉、罐装食品中。

苯并芘主要产生于煤、石油、天然气等物质的燃烧过程中，脂肪、胆固醇等在高温下也可形成苯并芘，如香肠等熏制品中苯并芘含量比普通肉高 60 倍。经验证，长期接触苯并芘，除能引起肺癌外，还会引起消化道癌、乳腺癌等。

苯并芘被认为是高活性致癌剂，但并非直接致癌物，必须经细胞微粒体中的氧化酶激活才具有致癌性。苯并芘进入机体后，除少部分以原形随粪便排出外，一部分经肝、肺细胞微粒体中氧化酶激活而转化为数十种代谢产物，其中转化为羟基化合物或醌类的反应是一种解毒反应；转化为环氧化物特别是转化成 7,8-环氧化物的反应则是一种活化反应，7,8-环氧化物再代谢产生 7,8-二氢二羟基-9,10-环氧化苯并芘，便可能是最终致癌物。

2) 物理因素

主要有电离辐射、微波和电磁波、放射性物质、热辐射和紫外线、机械性刺激、灼热、创伤等。人类受电离辐射易患白血病、骨肉瘤、甲状腺癌，受大剂量紫外线照射，可诱发皮肤鳞状细胞癌；长期接触放射性物质或长期生活在放射性物质污染区域，容易得肺癌和白血病；长期食用过热、过硬食物易诱发食管癌。

3) 生物因素

生物致癌因素可分为两种，一种是病毒，另一种是霉菌。有些病毒潜伏到人体后，在一定条件下，就会诱发恶性肿瘤。与病毒有关的恶性肿瘤主要有鼻咽癌、宫颈癌、白血病、肝癌等。人们日常生活中食用的谷物、坚果和蔬菜等易受多种霉菌污染，如黄曲霉毒素、镰刀菌、交链孢菌和杂色曲霉菌，其中曲霉菌产生的黄曲霉毒素有较强的致癌作用，可以诱发肝癌和胃癌。

1993 年，黄曲霉毒素被世界卫生组织的癌症研究机构划定为 I 类致癌物，是一种毒性极强的剧毒物质。黄曲霉毒素的危害性在于对人及动物肝脏组织有破坏作用，严重时可导致肝癌甚至死亡。在天然污染的食品中黄曲霉毒素最为多见，其毒性和致癌性也最强。医学家认为，黄曲霉毒素很可能是肝癌发生的重要原因。

2. 内在因素

1) 遗传因素

真正直接遗传的肿瘤只是少数不常见的肿瘤，遗传因素在大多数肿瘤发生中的作用是增加了机体发生肿瘤的倾向性和对致癌因子的易感性，如乳腺癌、结直肠癌、食管癌、胃癌等。

2) 内分泌因素

如雌激素和催乳素与乳腺癌有关，生长激素可以刺激癌的发展。

3) 免疫因素

先天性或后天性免疫缺陷易发生恶性肿瘤，如丙种蛋白缺乏症患者易患白血病和淋巴造血系统肿瘤，肾移植后长期应用免疫抑制剂的患者，肿瘤发生率较高，但大多数恶性肿瘤发生于免疫机能“正常”的人群，主要原因在于肿瘤能逃脱免疫系统的监视并破坏机体免疫系统，机制尚不完全清楚。

7.4.3 癌症的治疗

肿瘤防治专家认为，癌症死亡率居高不下，一个重要原因在于我国癌症患者发现时较多处于中晚期。治疗癌症应早发现早治疗。

癌症目前主要有五种治疗方法：手术治疗、化学治疗、放射线治疗、靶向药物治疗、免疫和中医中药治疗。

1. 手术治疗

发现病症后，及时就医，对早期或较早期实体肿瘤来说，手术切除是首选的治疗方法。根据手术的目的不同，可分以下几种。

1) 根治性手术

手术要把肿瘤及其周围一定范围的正常组织和可能受侵犯的淋巴结彻底切除。这种手术适合于肿瘤范围较局限、没有远处转移、体质好的患者。

2) 姑息性手术

肿瘤范围较广，已有转移而不能做根治性手术的晚期患者，为减轻痛苦、维持营养和延长生命，可以只切除部分肿瘤或做些减轻症状的手术。

3) 减瘤手术

肿瘤体积较大或侵犯较广，不具备完全切除条件，可以做肿瘤的大部切除，降低瘤负荷，为以后的放、化疗或其他治疗奠定基础。

4) 探查性手术

对深部的内脏肿物，有时经过各种检查不能确定其性质时，需要开胸、开腹或开颅检查肿块的形态，区别其性质，或切取一小块活组织做快速冰冻切片检查，明确诊断后再决定手术和治疗方案，为探查性手术。

5) 预防性手术

用于癌前病变，防止其发生恶变或发展成进展期癌。

2. 化学治疗

由于癌细胞与正常细胞最大的不同处在于快速的细胞分裂及生长，因此抗癌药物的作用原理通常是借由干扰细胞分裂的机制来抑制癌细胞的生长。多数的化疗药物都没有专一性，会同时杀死进行细胞分裂的正常组织细胞，因而常伤害需要进行分裂以维持正常功能的健康组织。这些组织通常在化疗后能自行修复。

因为有些抗癌药品合并使用可获得更好的效果，化学治疗常常同时使用两种或两种以上的药物，称为综合化学疗法，大多数病患的化疗都是使用这样的方式进行。

3. 放射治疗

放射治疗简称放疗，是使用辐射线杀死癌细胞，缩小肿瘤。放射治疗可经由体外放射治疗或体内放射治疗。由于癌细胞的生长和分裂都较正常细胞快，借由辐射线破坏细胞的遗传物质，可阻止细胞生长或分裂，进而控制癌细胞的生长。不过放射治疗的效果仅能局限在接受照射的区域内。放射治疗的目标则是要尽可能地破坏所有癌细胞，同时尽量减少对邻近健康组织的影响。虽然辐射线照射对癌细胞和正常细胞都会造成损伤，但大多数正常细胞可从放射治疗的伤害中恢复。

4. 靶向药物治疗

肿瘤靶向治疗技术是指以肿瘤为目标，采用有选择、针对性较强、患者易于接受、反应小的局部或全身治疗的药物，最终达到有效控制肿瘤、减少肿瘤周围正常组织损伤为目的的治疗手段。

5. 免疫和中医中药治疗

免疫疗法是利用人体内的免疫机制来对抗肿瘤细胞。目前较有进展的就是癌症疫苗疗法和单克隆抗体疗法，而免疫细胞疗法则是近年发展的新治疗技术。

中医中药治疗配合手术和放化疗，可以减轻放化疗的毒副作用，促进患者恢复，增强对放化疗的耐受力。中医中药在中国古老的大地上已经运用了几千年，经过几千年的临床实践，证实了我国的中医中药无论在治病、防病，还是养生，都是确凿有效可行的。在西医未传入我国之前，我们的祖祖辈辈都用中医中药来治疗疾病，挽救了无数人的生命。

7.4.4 癌症的预防

1. 肿瘤的三级预防

国际抗癌联盟认为，1/3 的癌症是可以预防的，1/3 的癌症如能早期诊断是可以治愈的，1/3 的癌症可以减轻痛苦，延长生命。据此提出了恶性肿瘤的三级预防概念。

一级预防是消除或减少可能致癌的因素，防止癌症的发生。约 80%的癌症与环境和生活习惯有关，改善生活习惯，如戒烟，注意环境保护较为重要，近年来的免疫预防和化学预防均属于一级预防。二级预防是指癌症一旦发生，如何在早期阶段发现并予以及时治疗。三级预防是治疗后的康复。

2. 癌症化学预防

癌症化学预防是指用天然或合成的化学物质阻止、逆转、减缓癌症发生发展过程的策略，是癌症预防的热点研究领域。

在癌变的早期，利用毒性较低的天然或合成化学物质抑制前体化合物形成真正的致癌物，并阻止其与细胞内的大分子如 DNA、RNA 或蛋白质发生接触和反应，直至将其完全排出体外，是预防、抑制或逆转癌症发生的重要策略。这个过程即所谓的癌症的化学预防。

3. 癌症化学预防干预机制的药物

1) 已知的化学预防干预机制药物

(1) 抗氧化剂类：视黄醇类、β-胡萝卜素、维生素 C 和维生素 E 及微量元素硒。抗氧化剂化学预防机制是其能对抗和清除体内代谢产生的自由基和活性氧，已知自由基或活性氧能破坏细胞膜的脂质结构，使细胞内多种蛋白质变性并能攻击核酸结构，导致肠黏膜细胞结构受损，从而易受致癌物侵袭而发生癌变。

(2) 非甾体类抗炎药：由于其化学结构和抗炎机制与糖皮质激素甾体抗炎药(SAIDS)不同，故称为非甾体类抗炎药(NSAIDS)。该类药包括阿司匹林、吡罗昔康、布洛芬等作用机理相同的抗炎药，许多流行病学调查资料表明，此类药能降低大肠癌的发病率和死亡率。

(3) 多酚：又称黄酮类，由 40 多种化学成分组成，具有抗氧化、强化血管壁、促进肠胃消化、降低血脂肪、增加身体抵抗力，并防止动脉硬化及血栓形成的作用。多酚类能抑制多种致突变剂和致癌剂引起的突变和癌变，如存在于水果和坚果中的鞣酸、绿茶中的儿茶酚等衍生物、姜黄素等。

(4) 钙剂：抑制黏膜上皮细胞多胺代谢通路中的关键酶鸟氨酸脱羧酶及酪氨酸激酶的活性，过量的多胺能使细胞内细胞器功能紊乱，导致信号传导出错，诱发细胞增殖和癌变。

(5) 蛋白酶抑制剂：主要抑制胰蛋白酶和胰凝乳蛋白酶，从而限制肿瘤生长所需的过量氨基酸。蛋白酶抑制剂一方面通过抑制蛋白酶，另一方面通过阻断氧自由基生成而发挥作用。蛋白酶抑制剂在体内和体外均能抑制由化学致癌剂、离子辐射和癌基因所引起的肿瘤，因此这类化合物将在预防多种人类肿瘤中发挥作用。

2) 癌症的化学预防机制

化学致癌物多为脂溶性物质，从细胞和机体中清除它的前提是必须提高其亲水性。根据有机化学的原理，要提高其亲水性，必须在其分子结构中引入亲水基团，引入的基团和其母分子必须具有生物安全性，通过这个机制可以清除体内的化学致癌物质，从而预防癌症。在疏水的化学致癌物中引入羟基，在已产生的羟基上再糖基化，进一步提高化合物的水溶性而促使其排出体外。

7.4.5　抗癌药物的发展

抗癌药物一般是指用于治疗恶性肿瘤的药物，传统细胞毒类抗肿瘤药物和以细胞信号传导分子为靶点的抗肿瘤药物是肿瘤治疗的主体。

1. 细胞毒类抗肿瘤药物

1) 拓扑异构酶抑制剂

真核细胞 DNA 拓扑异构酶 I 是生物体内重要的细胞核内酶，参与 DNA 复制、转录和修复等所有关键的核内过程，DNA 拓扑异构酶 I 已成为重要的抗肿瘤药物研究新靶点。

主要为喜树碱类化合物，代表药物有化学半合成衍生物伊立替康和拓扑替康。临床上主要对卵巢癌、小细胞和非小细胞性肺癌、宫颈癌、结直肠癌、前列腺癌等疗效较好。

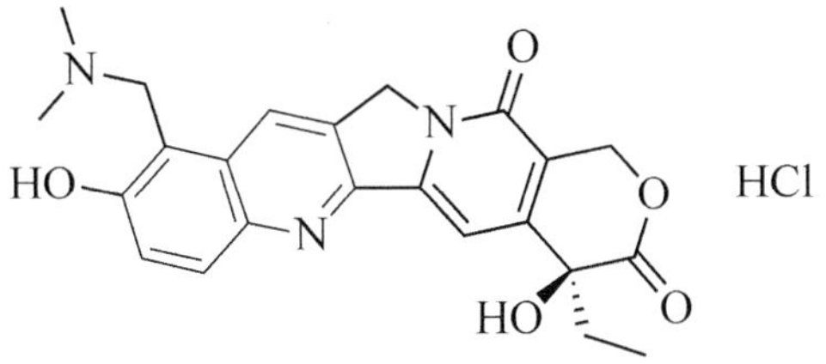

盐酸拓扑替康化学结构式

2) 胸苷酸合成酶抑制剂

胸苷酸合成酶抑制剂会导致 DNA 断裂从而导致细胞死亡。2004 年 2 月，美国 FDA 批准礼来公司的培美曲塞二钠为晚期恶性胸膜间皮瘤的一线治疗药物，同年 10 月 FDA 又以快速审批的方式批准培美曲塞二钠作为局部晚期肺癌或转移性非小细胞肺癌的二线治疗药物。2005 年，我国也以快速审批的方式批准其在中国上市。

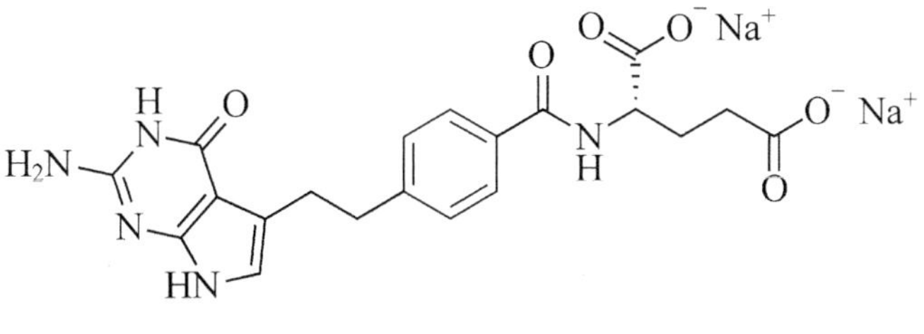

培美曲塞二钠化学结构式

3) 铂类抗肿瘤药物

1969 年首先发现顺铂具有抗肿瘤活性，现已合成几千种铂络合物，其中 10%具有抗肿瘤活性，铂络合物产生抗肿瘤活性的原因是其与肿瘤细胞 DNA 结合，从而干扰 DNA 的复制，抑制肿瘤细胞的分裂。

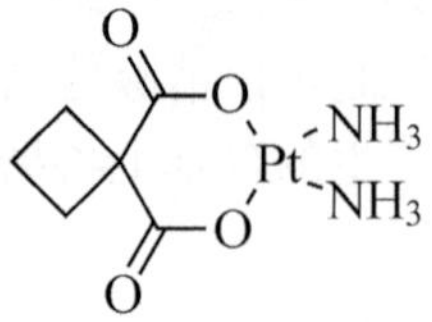

卡铂化学结构式

2. *以细胞信号传导分子为靶点的抗肿瘤药物*

肿瘤形成及增殖，与信号传导蛋白的突变、信号蛋白与配体结合异常及有关酶功能异常有关。目前这一类的药物主要有蛋白激酶抑制剂、表皮生长因子受体酪氨酸激酶抑制剂、法尼基转移酶抑制剂等。代表药物有甲磺酸伊马替尼、吉非替尼和盐酸埃克替尼等。

甲磺酸伊马替尼的开发单位为瑞士诺华公司，美国 FDA 于 2001 年 5 月批准伊马替尼作为治疗慢性骨髓白血病的药物，于 2002 年 2 月又核准其作为治疗胃肠道间质肿瘤的药物。

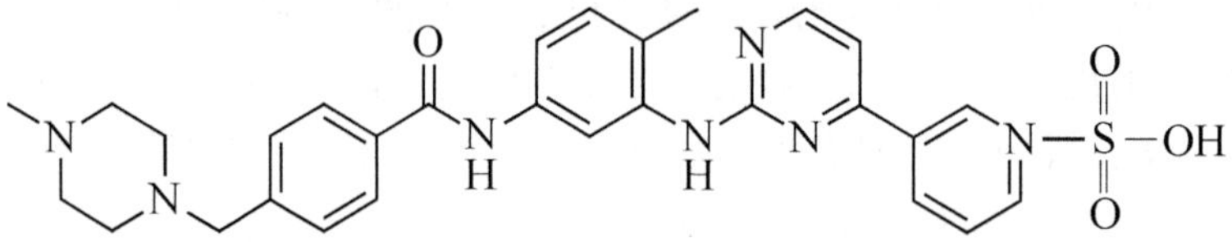

甲磺酸伊马替尼化学结构式

健康贴士

远离癌症

(1) 多吃应季新鲜蔬菜和水果，少吃红肉，多吃鱼。
(2) 不吃隔夜菜，不吃霉变食物，不吃发霉花生。
(3) 避免吃油炸类、烧烤类、腌制类和熏制类食物。
(4) 不熬夜。
(5) 多运动。
(6) 少吃盐和糖。
(7) 不生气，养成快乐生活的习惯。
(8) 不吸烟，不酗酒。
(9) 保持正常体重。
(10) 经常体检。

7.5 心脑血管疾病与健康

人类的文明进程就是战胜疾病、灾难甚至毁灭的进程。20 世纪 50 年代，“文明病”首先袭击美国，随后在很多发达国家相继出现，不断对人类的健康造成越来越多的危害。

7.5.1　心脑血管疾病的起因和危害

1. 心脑血管疾病

心脑血管疾病是心脏血管和脑血管疾病的统称，泛指由于高脂血症、血液黏稠、动脉粥样硬化、高血压等所导致的心脏、大脑及全身组织发生的缺血性或出血性疾病。心脑血管疾病是一种严重威胁人类，特别是 50 岁以上中老年人健康的常见病，具有高患病率、高致残率和高死亡率的特点，即使应用目前最先进、完善的治疗手段，仍可能有 50%以上的心脑血管意外幸存者生活不能完全自理。

心脑血管疾病是全身性血管病变或系统性血管病变在心脏和脑部的表现。其病因主要有 4 个方面：①动脉粥样硬化、高血压性动脉硬化、动脉炎等血管性因素；②高血压等血流动力学因素；③高脂血症、糖尿病等血液流变学异常；④白血病、贫血、血小板增多等血液成分因素。

2. 心脑血管疾病的危害

首先，心脑血管病带来的最大危害就是中风。心脑血管病的动脉硬化很容易导致血栓形成，而血栓一旦在大脑中形成，就容易导致中风。在我国，脑中风患者即使出院后复发率也很高。

其次，心脑血管病患者也很容易猝死。动脉硬化是动脉内壁沉积有脂肪、复合碳水化合物与血液中的固体物(特别是胆固醇)，并伴随纤维组织的形成、钙化等病变。心血管病出现后容易产生心绞痛及心梗等相似的症状，一旦触发心梗就有可能猝死，从正常动脉到无症状的动脉粥样硬化、动脉狭窄约需十年到十几年的时间，但从无症状的动脉硬化到有症状的动脉硬化，则只需要数分钟。

除了这些危害，心脑血管病患者还容易同时出现多种病症，如高血压、肾衰竭等。

7.5.2　心脑血管疾病的症状和预防

1. 心脑血管疾病的症状

心脑血管疾病首先要注意的就是全身症状，早期通常情况下表现为头晕，并且常伴有情绪激动、注意力不集中的症状。常见的症状是烦躁、心悸，有的心脑血管病患者还会出现肢体麻木的症状等，患者因为烦躁情绪会影响睡眠质量，从而导致睡眠不足。而这些症状都与患者的大脑皮层功能出现紊乱和自主神经出现功能失调有关。

2. 如何预防心脑血管疾病

1) 科学饮食

高血压与高脂血症等是导致心脑血管疾病的重要原因，预防心脑血管疾病，理应预防高血压与高脂血症。科学饮食是重要预防手段之一(详见 3.2.4 小节)。

2) 注意劳逸结合

不要让身体过度疲劳，不熬夜。熬夜加班等会让心脏得不到休息，让心脏处于长久的兴奋中会导致心脏功能减弱。疲劳还有可能会让心肌处于缺氧状态，从而导致心肌梗死。长时间的强体力、强脑力劳动都可能导致猝死。

3) 保持心情畅快平和

愤怒容易伤肝，肝火上升会导致气血往头上涌，就容易发生脑溢血。要善于调节自己的心情，让自己处于一种平和的状态。

4) 适当运动

每天必须保证 30 min～1 h 的有氧运动，这样能够加快身体血液循环，增加身体供氧，强化内脏功能，及时为身体排毒。有氧运动有散步、游泳、瑜伽、球类运动、太极拳、跳舞、体操和爬山等。

5) 补充深海鱼油

深海鱼油含有二十碳五烯酸(EPA)和二十二碳六烯酸(DHA)，能清除血管中的硬化斑块，降低血液中总胆固醇，抑制血液凝集，阻止末梢血管堵塞，预防动脉硬化，预防高血压、脑溢血，阻止心肌梗死的发生。

7.5.3 心脑血管疾病治疗药物及其发展

如何通过有效的干预手段，降低心脑血管疾病发病率与死亡率，已经成为一个日益迫切的重大公共卫生问题。

治疗心脑血管疾病的药物很多，某些类别药物具有一种以上治疗适应证。例如，血管紧张素转化酶抑制剂，原仅用于治疗高血压，现证实可治疗充血性心力衰竭，预防首次心肌梗死痊愈患者再次发生心脏相关疾病。快速增长的心脑血管疾病患者给心脑血管疾病药物带来了巨大的市场空间。

1. 治疗心脑血管疾病的代表药物

1) 华法林

华法林能够抑制某些凝血因子的维生素 K 依赖性激活，是现处方量最大的抗凝血药物，至今仍是临床上唯一一个口服有效的维生素 K 拮抗剂和唯一一个获准长期应用的抗凝血药物。优点是高度有效，能够减少心房纤维性颤动患者 64%的中风发生率。缺点是会带来严重甚至致死性的出血风险。此外，因个体差异性大且易受到饮食的影响，药物相互作用又很复杂，故华法林在临床实践中难以最优剂量用药。

2) 氯吡格雷

氯吡格雷是一种新型高效的抗血小板聚集药物，用于冠心病、动脉粥样硬化等血栓性心脑血管疾病的治疗。1986 年由法国 Sanofi 公司研制成功，并于 1998 年首先在美国上市，随后在加拿大、澳大利亚、新加坡等上市，2001 年在我国上市，目前临床都使用其硫酸氢盐或苯磺酸盐。

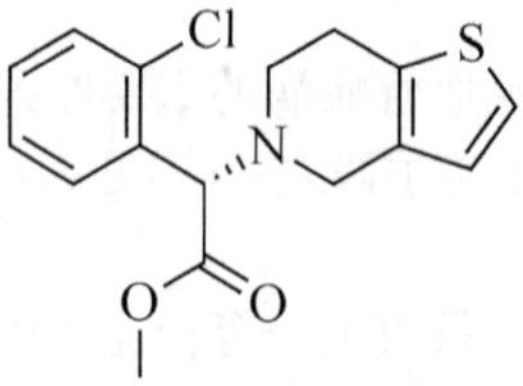

氯吡格雷化学结构式

3) 瑞舒伐他汀

瑞舒伐他汀(rosuvastatin)是一种他汀类药物，与运动、饮食控制和减肥联合来治疗高胆固醇血症和其他相关症状，也用来预防心脑血管疾病。他汀类药物有显著的降低低密度脂蛋白胆固醇、降低甘油三酯和升高高密度脂蛋白胆固醇的作用，瑞舒伐他汀是目前最有效的降脂药物。

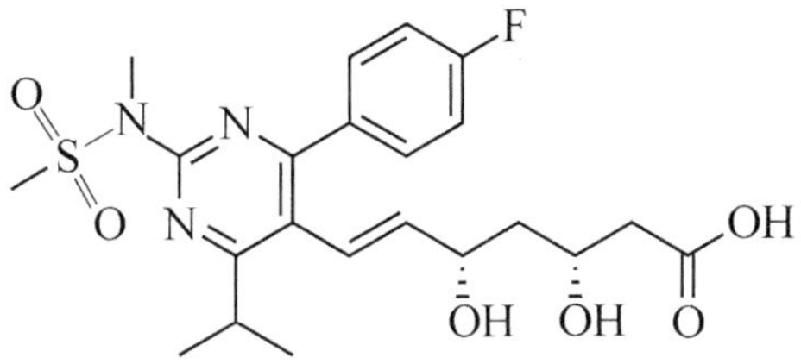

瑞舒伐他汀化学结构式

2. 治疗心脑血管疾病药物的发展趋势

在调血脂药领域，有关升高高密度脂蛋白的药品开发和研究是研究热点。在生活中如橄榄油、亚麻籽油、核桃油等，可以有效提高高密度脂蛋白。针对房颤治疗的药物一直是医药界研究的热点，抗血小板药物如凝血 Xa 因子抑制剂受关注，要求抗血小板药物具有如下特点：

(1) 短半衰期和超短效作用，一旦停止使用，血小板的功能短时间得以恢复。

(2) 能实现静脉给药。

(3) 抗血小板作用的可逆性。

健康贴士

远离心脑血管疾病

(1) 少吃动物脂肪，不吃太油腻的食物。

(2) 多吃新鲜蔬菜、水果。

(3) 多吃粗粮，饮食清淡。

(4) 不吸烟、少喝白酒，可适量喝红酒。

(5) 注意劳逸结合。

(6) 保持心情畅快平和。

(7) 适当进行有氧运动。

7.6　糖尿病与健康

糖尿病在 20 世纪以前可以说是非常少见的疾病。随着生活水平的日益提高，糖尿病患者不断增多，我国糖尿病发病率在过去 10 年里增长迅速。造成这一状况的原因可以归咎于人口老龄化、城市化、工业化、营养变化、肥胖症流行和体力活动减少。2015 年全球成年糖尿病患者数量达4.15亿人,排名前3的国家为中国(1.096亿人)、印度(6920万人)及美国(2930万人),而1980年这一数字仅为1.08亿人，约占全球人口的4.7%，到2040年这一数字预计会增长至约6.42亿。

7.6.1 糖尿病及其分类

1. 糖尿病

糖尿病是一种严重危害人们健康的常见慢性疾病，是导致人类死亡的第三位因素，仅次于心脑血管疾病和肿瘤。持续性出现高血糖与糖尿，就是糖尿病，是身体对胰岛素的需求增多而造成胰岛素的相对不足，以及组织对胰岛素的敏感性降低所致的一种慢性全身性疾病。

2. 糖尿病的表现和临床危害

糖尿病的特点是高血糖，临床表现为“三多一少”，即多食、多饮、多尿及体重减少，同时出现皮肤瘙痒、四肢酸痛、性欲减退、月经不调等。

糖尿病若得不到及时治疗，极易并发心脑血管疾病，如冠心病、脑血管病、肾病变、视网膜病变等，而这些并发症会成为威胁糖尿病患者生命的主要原因。

3. 糖尿病的分类

糖尿病分为四种类型：

1) 胰岛素依赖型(Ⅰ型)

Ⅰ型糖尿病主要原因是胰岛β细胞严重破坏或完全破坏，血浆胰岛素水平低于正常范围，导致胰岛素释放曲线低平，患者大多为青少年。特点是发病急，“三多一少”症状明显，遗传因素是重要诱因，在遗传基础上再加外来因素(如病毒感染)就会发病。Ⅰ型糖尿病由于细胞不能制造胰岛素，因此，注射胰岛素是唯一的治疗方法。

2) 非胰岛素依赖型(Ⅱ型)

Ⅱ型糖尿病主要原因是基础胰岛素分泌正常或增高，但胰岛β细胞对葡萄糖的刺激反应减弱，患者年龄大多在40岁以上，临床上症状较轻，“三多一少”现象不明显，此型患者占我国糖尿病患者总数的95%，Ⅱ型糖尿病患者胰岛β细胞可以制造胰岛素，但身体却不回应，肥胖和年龄是潜在的风险。

3) 营养不良相关型

多发生于热带或亚热带发展中国家年轻人，常有营养不良的病史，患者多消瘦明显，血糖很高，但不容易发生酮症酸中毒，这种类型的患者中国目前还没有报道。

4) 继发型糖尿病

由于胰腺损伤或者其他内分泌疾病，造成胰岛素分泌不足或对抗胰岛素的激素不适当升高而造成的糖尿病。

7.6.2 糖尿病的预防

糖尿病目前已成为世界第三大非传染性疾病，其并发症涉及多系统多器官，严重危害身体健康，降低生活质量，因此，糖尿病的防治工作显得尤为重要。1992 年在日内瓦召开的世界糖尿病预防研究大会上，提出了积极开展糖尿病三级预防的问题，并达成了统一认识。

1. 一级预防

一级预防是避免糖尿病发病。一级预防的主要工作包括三个方面：

(1) 宣传糖尿病知识。

(2) 提倡健康的行为，如合理饮食、适量运动、避免肥胖、戒烟限酒、心理平衡等。

(3) 定期检查，一旦发现有糖耐量受损(IGT)或空腹血糖受损(IFG)，应及早地实行干预。

一级预防的干预措施包括生活方式干预与药物干预。临床试验证明，首先通过减轻体重、增加体力活动、调整饮食等一系列生活方式干预措施，可以降低糖尿病风险。其次，应用二甲双胍和阿卡波糖等药物干预，也可以起到减少糖尿病发生的作用。

2. 二级预防

二级预防是及早检出并有效治疗糖尿病。应该将血糖测定列入常规的体检项目，即使正常者也要定期测定。如果有多饮、多食、多尿、体重减轻、皮肤瘙痒等异常症状，一定要仔细检查，及早诊断。

在治疗方面，应当贯彻早期治疗、长期治疗、综合治疗及治疗措施个体化四项原则。国际糖尿病联盟(IDF)提出了糖尿病血糖控制现代治疗五要点：

(1) 饮食治疗(详见 3.2.4 小节)。

(2) 适当运动。体育锻炼宜饭后进行，时间不宜长，强度不宜大。

(3) 药物治疗。包括口服药物与注射胰岛素。

(4) 血糖监测。患者需掌握自我血糖监测技术，学会如何监测血糖及监测的频度。

(5) 糖尿病教育。

此外，糖尿病治疗要全面达标，除血糖控制满意外，还要求血脂、血压正常或接近正常，体重保持在正常范围，并有良好的精神状态。

3. 三级预防

三级预防是延缓和防治糖尿病并发症。针对糖尿病患者需要加强糖尿病并发症教育，如并发症的种类、危害性、严重性及其危险因素等和预防措施等。应尽可能早地进行并发症筛查，以尽早发现和处理。通过有效的治疗，慢性并发症在早期可能终止或逆转。

7.6.3 糖尿病治疗药物及其发展

1921 年，加拿大科学家班廷(F. Banting)与贝斯特(C. Best)首次成功地提取了胰岛素；1922 年，胰岛素第一次成功用于人体试验。胰岛素的发现无疑是糖尿病领域具有里程碑意义的事件，改变了无数患者的生活，班廷也因此被称为“胰岛素之父”。11 月 14 日是班廷的生日，是他第一个把胰岛素用于糖尿病患儿，挽救了这个患儿的生命。为了缅怀班廷的功绩，1991 年世界卫生组织和国际糖尿病联盟决定将其生日定为世界糖尿病日。其目的是引起全球对糖尿病的警觉和醒悟，号召世界各国在这一天开展糖尿病宣传和防治，推动国际糖尿病防治事业的开展。

在与糖尿病长期斗争的过程中，科学家们根据糖尿病的发病机制及药物作用靶点，相继发现了多种类型的化学降糖药，包括磺酰脲类药物、双胍类药物、α-糖苷酶抑制剂、非磺酰脲类药物、噻唑烷二酮类药物、GLP-1 受体激动剂、DPP-4 抑制剂、SGLT-2 抑制剂等。

1. 磺酰脲类药物

磺酰脲类药物如格列本脲、格列吡嗪、格列齐特、格列喹酮等。低血糖是此类药物的主要不良反应，在使用中应注意防止低血糖的发生。

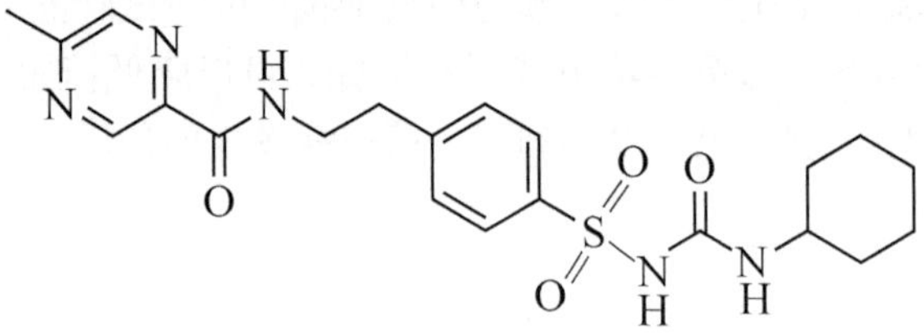

格列吡嗪化学结构式

2. 二甲双胍类药物

二甲双胍类药物的代表是盐酸二甲双胍。该类药物不刺激胰岛β细胞，对正常人几乎无作用，而对Ⅱ型糖尿病患者降血糖作用明显。它不影响胰岛素分泌，主要通过促进外周组织摄取葡萄糖、抑制葡萄糖异生、降低肝糖原输出、延迟葡萄糖在肠道吸收，由此达到降低血糖的目的。与磺酰脲类药比较，该类药物不刺激胰岛素分泌，因而很少引起低血糖。此外，盐酸二甲双胍具有增加胰岛素受体、降低胰岛素抵抗的作用，还有改善脂肪代谢及纤维蛋白溶解、减轻血小板聚集作用，有利于缓解心血管并发症的发生与发展，是儿童、超重和肥胖型Ⅱ型糖尿病的首选药物。主要用于肥胖或超重的Ⅱ型糖尿病患者，也可用于Ⅰ型糖尿病患者，可减少胰岛素用量，也可用于对胰岛素抵抗综合征的治疗；由于它对胃肠道的反应大，应于进餐中或餐后服用。肾功能损害患者禁用。

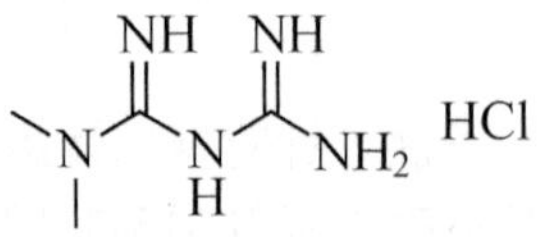

盐酸二甲双胍化学结构式

3. α-葡萄糖苷酶抑制剂

α-葡萄糖苷酶抑制剂能竞争性抑制麦芽糖酶、葡萄糖淀粉酶及蔗糖酶，阻断 1,4-糖苷键水解，延缓淀粉、蔗糖及麦芽糖在小肠分解为葡萄糖，降低餐后血糖。其常用药物有阿卡波糖、伏格列波糖。单独使用不引起低血糖，也不影响体重。可与其他类口服降糖药及胰岛素合用。可用于各型糖尿病，可以改善Ⅱ型糖尿病患者餐后血糖，也可用于对其他口服降糖药药效不明显的患者。

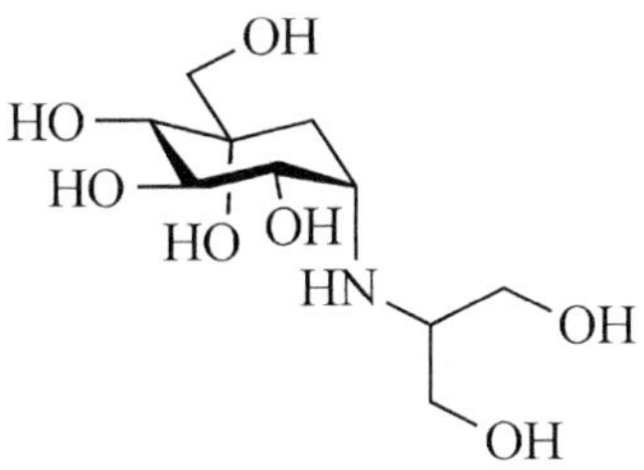

伏格列波糖化学结构式

4. 格列奈类药物

格列奈类药物通过刺激第一时相的胰岛素分泌，产生降糖效果。与磺酰脲类药物不同，该类药物属于超短效药物，作用迅速，疗效达到后降糖作用迅速停止，故对β细胞的刺激时间大大缩短，可以有效延长β细胞寿命。国内上市的格列奈类药物包括瑞格列奈、那格列奈和米格列奈。

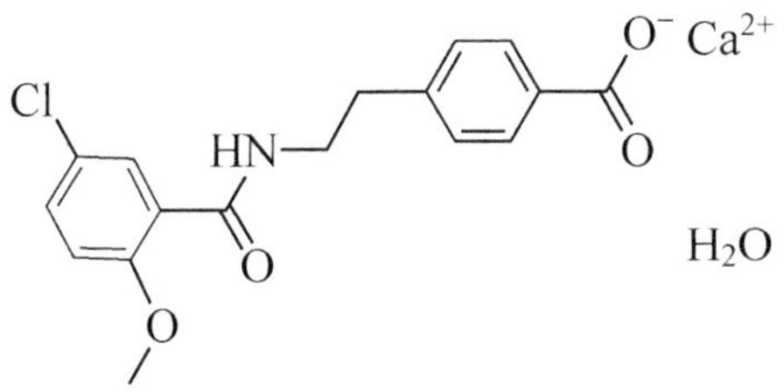

米格列奈钙化学结构式

5. 噻唑烷二酮类

该类药物通过提高靶组织对胰岛素的敏感性，提高利用胰岛素的能力，改善糖代谢及脂质代谢，能有效降低空腹血糖及餐后血糖。单独使用不引起低血糖，常与其他类口服降糖药合用，能产生明显的协同作用。其常用药物有罗格列酮、吡格列酮，罗格列酮通过提高胰岛素的敏感性而有效地控制血糖。该类药物适用于治疗Ⅱ型糖尿病，单一服用并辅以饮食控制和运动，可控制Ⅱ型糖尿病患者的血糖。

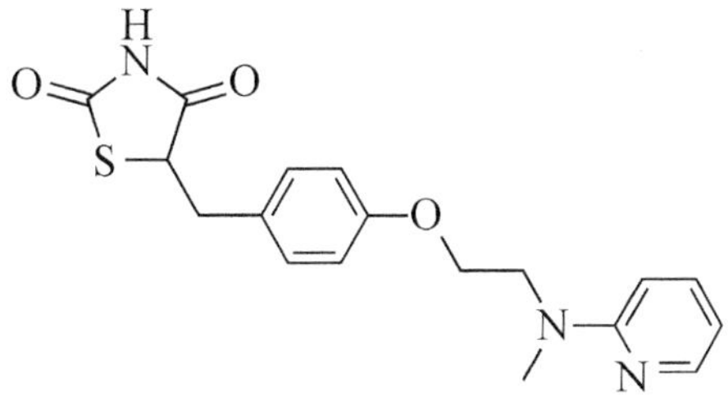

罗格列酮化学结构式

6. 二肽基肽酶-4 抑制剂

二肽基肽酶-4(DPP-4)抑制剂自 2006 年 10 月以来在全球 80 多个国家获得批准，2010 年在中国上市。它能提高一种被称为肠促胰岛激素(GLP-1)的生理机制，减少 GLP-1 在人体内的失活，通过影响胰腺中的β细胞和α细胞来调节葡萄糖水平，可增强人体自身的降糖能力。

由勃林格殷格翰研发的利格利汀于 2011 年 5 月 2 日获得美国 FDA 批准，用于结合饮食和运动改善Ⅱ型糖尿病患者对血糖水平的控制。该类药物先后出现了沙格列汀、苯甲酸阿格列汀、西格列汀、维格列汀、替格列汀、吉米格列汀和曲格列汀等。

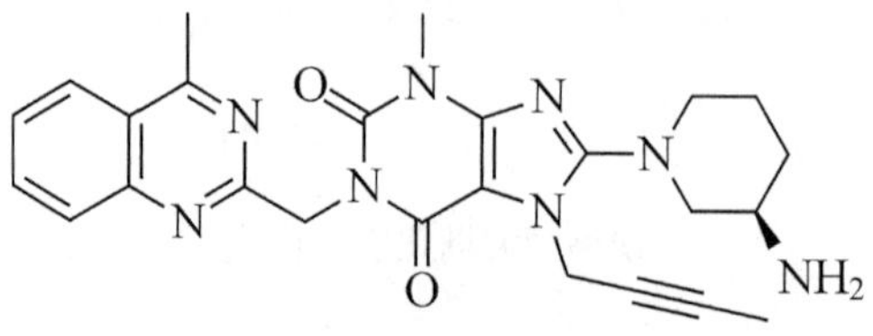

利格利汀化学结构式

日本武田制药生产的曲格列汀(英文名 Zafatek)于 2015 年 3 月 26 日获准上市，是比较可靠的每周口服一次的糖尿病药。相比胰岛素和每日服用一次的糖尿病药，曲格列汀有着明显的用药方便、无痛苦、降糖效果好的特点。曲格列汀的上市标志着全球首款周服糖尿病药的研发成功，更多的糖尿病患者将免受痛苦，减少并发症，迎来健康生活。

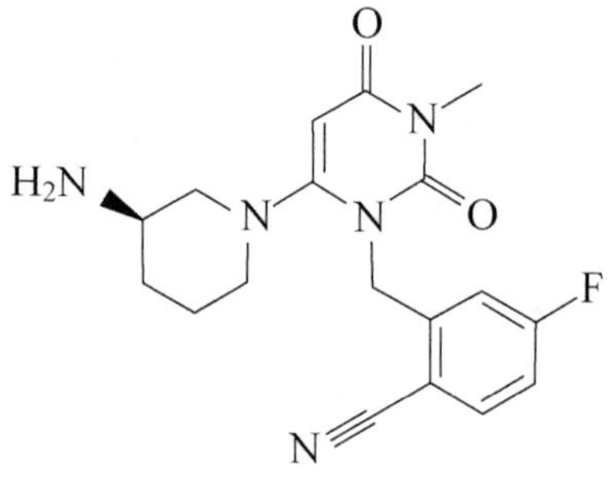

曲格列汀化学结构式

7. 葡萄糖转运蛋白亚型 SGLT-2 抑制剂

SGLT 是一种葡萄糖转运蛋白，有两种亚型即 SGLT-1 和 SGLT-2，分别分布于小肠黏膜和肾小管，能够将葡萄糖转运进血液。卡格列净(canagliflozin)是美国 FDA 2013 年批准的首个葡萄糖转运蛋白亚型 SGLT-2 抑制剂，用于治疗成年患者的Ⅱ型糖尿病。卡格列净能抑制 SGLT-2，使肾小管中的葡萄糖不能顺利重吸收进入血液而随尿液排出，从而降低血糖浓度。由于葡萄糖经肾脏排入尿液，因此伴随肾功能损害、症状性低血压、真菌感染等副作用。

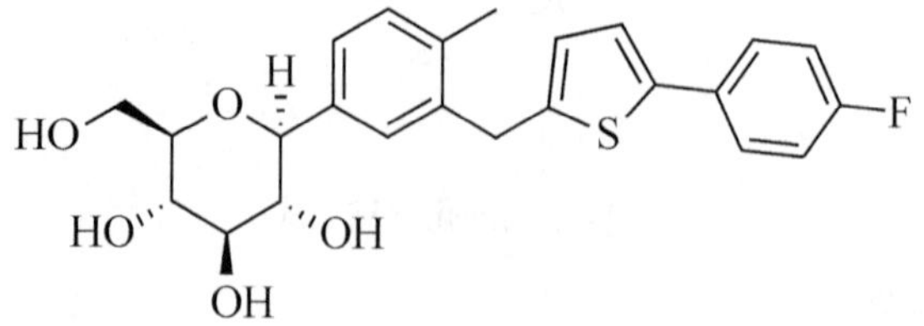

卡格列净化学结构式

健康贴士 远离糖尿病

(1) 适量运动，每周至少运动 5 天，每天至少运动 30 min 或每周至少运动 150 min。
(2) 饮食合理，限制食糖摄入。
(3) 控制体重，避免肥胖。
(4) 作息规律，提高机体抵抗力。

7.7 痛风与健康

早在公元前 5 世纪，希波克拉底就有关于痛风临床表现的记载。“痛风”一词源自拉丁文“Guta”(一滴)，意指一滴有害液体造成关节伤害，痛像一阵风，来得快，去得也快，故名痛风。随着生活水平的提高，痛风的患病率在逐年增加，尿酸生成增加和排泄减少均可导致痛风的发生。

7.7.1 痛风

痛风也称高尿酸血症，是由于嘌呤代谢紊乱引起的一种反复发作的炎症性疾病，是一种单钠尿酸盐(MSU)沉积所致的晶体相关性关节病，与嘌呤代谢紊乱及尿酸排泄减少所致的高尿酸血症直接相关，属代谢性风湿病范畴。高尿酸血症继“三高”之后被人们称为“第四高”。其实，相当一部分高尿酸血症患者没有关节痛的症状，因而常常被人们忽略，但其对全身多个系统的损害却在不知不觉中发生着。

痛风在各个年龄段均可发生，男性发病率高于女性。痛风患者经常会在夜晚出现突然性的关节疼痛现象，此病发病急，关节部位可出现严重的疼痛、水肿、红肿和炎症，疼痛感可持续几天或几周不等。痛风可并发肾脏病变，严重者可出现关节破坏、肾功能损害，常伴发高脂血症、高血压、糖尿病、动脉硬化及冠心病等。

《凯利风湿病学》中将痛风自然病程概括为 4 个阶段，即无症状性高尿酸血症、急性痛风性关节炎、发作间期、痛风石与慢性痛风性关节炎。

1. 无症状性高尿酸血症

此时期的患者血清中尿酸浓度增高，但并未出现临床上的关节炎症状。无症状性高尿酸血症情形可能终其一生都会存在，但也可能会转变成急性痛风关节炎或肾结石，临床大多数无症状性高尿酸血症患者会先发生痛风症状才转变成其他情形，但有 10%～40%患者会先发生肾结石症状。

2. 急性痛风性关节炎

此时期的患者会在受累关节部位出现剧痛症状。在病发的早期较常侵犯单一关节(占 90%)，其中约有半数发生于脚掌骨关节，因此患者疼痛难当，但发展到后来，也很可能会侵犯多处关节，有时也可能只侵犯其他部位。痛风常犯部位包括大脚趾、脚背、脚踝、脚跟、膝、腕、手指和肘等部位，但其他部位也会发作。

一般而言，痛风患者会在晚上开始发生剧痛及关节发炎的情形，有时候也会同时出现发烧症状，此种情形的发作常常见于饮食过量，尤其是饮酒、药物、外伤或手术后的发作，有时在脚踝扭伤后也会导致发作。临床上在患者入睡前可能尚无任何异样，但痛风发作时所引起的剧痛可能会使患者从睡梦中痛醒，且在受犯关节处会出现严重红肿热痛现象，令人疼痛难耐，症状会由轻变重，发冷与颤抖现象也会加重。

3. 发作间期

痛风的发作间期是指患者症状消失的期间，即临床上患者未出现任何症状。发作间期长短不等，可能会持续一两天至几周，约 7%的患者很幸运，他们的痛风会自然消退，不再发作，但是大多数患者会在一年内复发。反复发作后倾向于多关节性，发作较严重，发作期较长，且伴随着发烧。

4. 痛风石与慢性痛风性关节炎

患痛风石与慢性痛风性关节炎的患者体内会有尿酸结晶沉积在软骨、滑液膜及软组织中，形成痛风石，而且血中的尿酸浓度越高，患病时间越久，可能会沉积越多的痛风石。有时会影响血管与肾，造成严重肾功能衰竭，并造成不易排泄尿酸的恶性循环，因而痛风石的沉积也就越多。

常常沉积痛风石的部位很多，包括耳朵、手部、肘部、跟腱、脚踝或脚趾，有时候更会引起局部溃疡，不易愈合，甚至需接受截除手术。严重患者会引起关节变形或慢性症状，足部变形严重时可能造成患者在穿鞋上的严重问题。此外，发生肾结石的危险性随血清中尿酸浓度增高而增加，且常会引起肾病变，肾衰竭后可能需接受血液透析，这也是引起痛风患者死亡的主要原因之一。

7.7.2 痛风发病原因及影响因素

痛风的本质原因是体内尿酸水平升高，造成尿酸盐在关节和肾脏部位的沉积。痛风的风险因素有非遗传因素和遗传因素两个方面，高尿酸血症是痛风形成的关键生理指标。年龄增长、男性、种族来源及饮食、药物是高尿酸血症和痛风形成的关键风险因素。通常来说，造成痛风的主要原因包括但不限于：①吃了太多的肉类和海鲜，畅饮了过多的啤酒，人体的尿酸水平升高，就可能造成尿酸盐沉积；②肥胖、高血压和糖尿病患者，肥胖、高甘油三酯血症及高血压患者尿酸产量会增多且排泄会减少，引起高尿酸与痛风；③服用了某些药物，如长时间服用利尿药、小剂量阿司匹林、复方降压片等药物，会造成肾脏排泄尿酸减少；④家族中如有痛风患者，患病的概率也会大大增加。

7.7.3 痛风的预防

痛风虽然不能根治，但完全可以控制。饮食、用药和检查三者合一，才能有效地杜绝和控制痛风。

1. 定期体检

一般做常规抽血就可以知道尿酸水平是否超标。定期监测血尿酸，是了解血尿酸控制情况、调整饮食及用药的重要依据，是确保血尿酸水平长期控制达标的保证。

2. 科学饮食

不合理饮食是诱发痛风的重要因素之一，人体有 20%的尿酸是外源性的，因此通过调整饮食结构，可以在一定程度上减少尿酸的生成(详见 3.2.4 小节)。

3. 合理用药

1) 急性发作期不宜用降尿酸药物

痛风急性发作期急需解决的问题是关节炎症及肿痛，应选择具有消炎镇痛作用的对症治疗药物(如非甾体类抗炎药、秋水仙碱、糖皮质激素等)。而降尿酸药物(如别嘌呤醇、非布司他、苯溴马隆等)不仅没有消炎镇痛的作用，对控制关节炎症及疼痛无效，反而因其能够显著降低血尿酸水平，促使关节内痛风石表面溶解，释放不溶性尿酸盐结晶，尿酸盐结晶被白细胞吞噬后会释放炎性因子和水解酶，反而会加重关节炎症或引起“转移性痛风”。因此，在痛风急性发作期间，不宜服用降尿酸药，而应该在疼痛症状完全缓解、过急性期之后再服用降尿酸药。但是，如果患者之前已开始服用降尿酸药物，则应继续服用，无需停药。目的是尽量维持患者急性期血尿酸浓度的相对稳定，避免因血尿酸浓度大幅波动而导致病情加重。

2) 不要擅自停用降尿酸药物

痛风是一种代谢性疾病，目前尚不能根治，即便血尿酸已降至目标值，也不能擅自停药，而应将药物逐渐减至可将血尿酸维持在目标范围内的最小有效剂量，并坚持长期服用。临床上，只有少数患者可以停药，通过单纯的生活方式干预(如低嘌呤饮食、戒酒、减肥等)，便可将血尿酸控制在目标水平。大多数患者都需要在生活方式干预的基础上，同时配合口服降尿酸药物(如别嘌呤醇、非布司他或苯溴马隆等)才能使血尿酸控制水平达标。临床上很多痛风患者血尿酸刚降到正常，或者刚觉得不痛了就停药，很容易导致病情反复。

3) 降尿酸速度不宜太快

痛风发作不仅与高尿酸有关，与血尿酸浓度大幅波动也有很大关系。当血尿酸浓度突然降低时，会使关节等处附着的尿酸盐结晶快速溶解，产生一些不溶性的针状结晶，这些微晶体被白细胞吞噬后，释放炎性介质，从而诱发关节滑膜的炎症及疼痛。因此建议降尿酸药物从小剂量开始服用，缓慢增加剂量，在启动降尿酸药物治疗时，最好联合服用小剂量抗炎止痛药物，直至血尿酸水平稳定达标为止。

4) 尽量避免服用影响尿酸排泄的药物

如青霉素类、喹诺酮类、噻嗪类利尿剂及呋塞米(速尿)、吡嗪酰胺和乙胺丁醇、大剂量阿司匹林(每天大于 2 g)等，这些药物均可影响尿酸排泄，促使血尿酸升高。

7.7.4 痛风治疗药物及其发展

1. 急性痛风性关节炎治疗药物

秋水仙碱是急性痛风性关节炎治疗的特效药物，其主要作用机理是通过抑制巨噬细胞吞噬尿酸钠晶体，从而对 IL-1β 的生成和释放进行抑制。秋水仙碱是一种生物碱，因最初从百合科植物秋水仙中提取出来，也称秋水仙素。秋水仙碱可能是通过降低白细胞活动和吞噬作用及减少乳酸形成从而减少尿酸结晶的沉积，减轻炎性反应，起到止痛作用。主要用于急性痛风，对一般疼痛、炎症和慢性痛风无效。需要注意的是采用秋水仙碱进行急性痛风性关节炎治疗过程中，很容易引发不良反应。秋水仙碱有剧毒，恶心、呕吐、腹泻、腹痛、胃肠反应是严重中毒的前驱症状，症状出现时即行停药，肾脏损害可见血尿、少尿、对骨髓有直接抑制作用，引起粒细胞缺乏、再生障碍性贫血等。

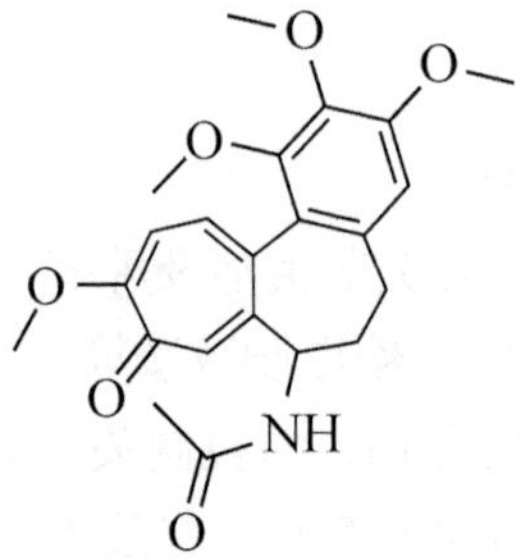

秋水仙碱化学结构式

2. 尿酸生成抑制药物

1) 别嘌呤醇

别嘌呤醇可抑制黄嘌呤氧化酶，使次黄嘌呤及黄嘌呤不能转化为尿酸，即尿酸合成减少，进而降低血中尿酸浓度，减少尿酸盐在骨、关节及肾脏的沉积，是一种能抑制尿酸合成的药物。别嘌呤醇可抑制肝药酶的活性，在临床上主要用于原发性和继发性高尿酸血症，尤其是尿酸生成过多者，也用于肾功能不全的高尿酸血症，适合于反复发作或慢性痛风者。用于痛风性肾病患者可使症状缓解，且可减少肾脏尿酸结石的形成和用于尿酸性肾结石和尿酸性肾病等。别嘌呤醇有骨髓抑制作用，可引起全血细胞减少，必要时停药。服药期间应多饮水，并使尿液呈中性或碱性以利尿酸排泄。别嘌呤醇必须在痛风性关节炎的急性炎症症状消失后(一般在发作后两周左右)才能开始应用。用药期间应定期检查血象及肝肾功能，有肾、肝功能损害者及老年人应谨慎用药，并应减少日用量。

2) 非布司他

非布司他化学名为 2-[(3-氰基-4-异丁氧基)苯基]-4-甲基-5-噻唑羧酸，为黄嘌呤氧化酶(XO)抑制剂，适用于具有痛风症状的高尿酸血症的长期治疗，它可以通过抑制尿酸合成来达到降低血清尿酸浓度的目的。临床研究结果表明非布司他在降低尿酸的有效性和安全性方面均明显优于其他降尿酸药物。开始用药治疗后，可观察到痛风发作增加，这是由变化的血清尿酸水平减少导致沉积的尿酸盐活动引起的。为预防服用该药时痛风发作，推荐同时给药非甾体抗炎药或秋水仙碱，正在服用硫唑嘌呤、巯嘌呤或胆茶碱的患者禁用非布司他。

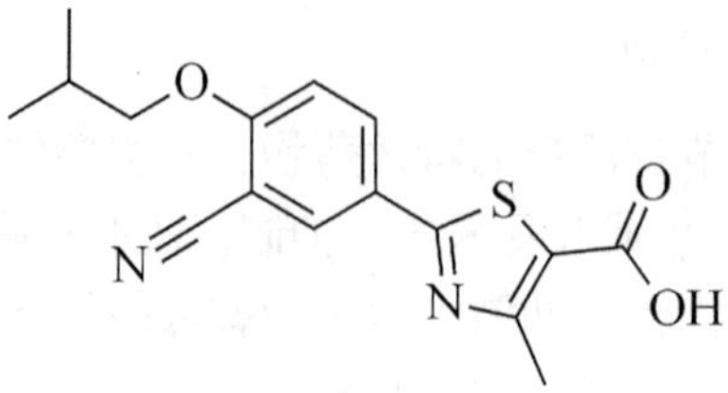

非布司他化学结构式

健康贴士 远离痛风

(1) 不吃海鲜，尤其是鱿鱼、墨鱼、虾、螃蟹。
(2) 少吃肉类，尤其是动物内脏。
(3) 食用含水分多的水果和食品，液体量维持在 2000 mL/d 以上，最好能达到 3000 mL/d。
(4) 不喝酒，尤其不能喝啤酒。
(5) 饮食要清淡，少油腻少盐，多吃粗粮。
(6) 多喝茶，可提高 30%以上的尿酸排出率。
(7) 精神愉快，增加有氧运动。

7.8 艾滋病与健康

有研究认为，艾滋病起源于非洲，后由移民带入美国。1981 年 6 月 5 日，美国疾病预防控制中心在《发病率和死亡率周报》上登载了 5 例艾滋病患者的病例报告，这是世界上第一次有关艾滋病的正式记载。1982 年，这种疾病被命名为艾滋病。不久以后，艾滋病迅速蔓延到各大洲。1985 年，一位到中国旅游的外籍人士患病入住北京协和医院后很快死亡，后被证实死于艾滋病，这是我国第一次发现艾滋病病例。1986 年 7 月 25 日，世界卫生组织发布公报，国际病毒分类委员会会议决定，将艾滋病病毒改称为人类免疫缺陷病毒(human immunodeficiency virus，HIV)。2015 年 3 月 4 日，多国科学家研究发现，艾滋病病毒已知的 4 种病株，均来自喀麦隆的黑猩猩及大猩猩，是人类首次完全确定艾滋病病毒毒株的所有源。

7.8.1 艾滋病及其临床表现

1. 艾滋病

艾滋病是一种危害性极大的传染病，由感染 HIV 引起。HIV 是一种能攻击人体免疫系统的病毒。它把人体免疫系统中最重要的 CD4T 淋巴细胞作为主要攻击目标，大量破坏该细胞，使人体丧失免疫功能。因此，人体易于感染各种疾病，并可发生恶性肿瘤，病死率较高。HIV 在人体内的潜伏期平均为 8～9 年，患艾滋病以前，可以没有任何症状地生活和工作多年。艾滋病病毒广泛存在于感染者的血液、精液、阴道分泌物、乳汁、脑脊液、有神经症状的脑组织液中，其中以血液、精液、阴道分泌物中浓度最高，艾滋病病毒的基因组比已知任何一种病毒的基因组都复杂。

HIV 感染者要经过数年，甚至长达 10 年或更长的潜伏期后才会发展成艾滋病患者，因机体抵抗力极度下降会出现多种感染，并发生长期消耗，以至全身衰竭而死亡。艾滋病患者由于免疫功能严重缺损，常合并严重的机会感染，常见的有细菌(鸟胞内分枝杆菌复合体，MAI)、原虫(卡氏肺囊虫、弓形体)、真菌(白色念珠菌、新型隐球菌)、病毒(巨细胞病毒、单纯疱疹病毒、乙型肝炎病毒)，最后导致无法控制而死亡，另一些病例可发生卡波济(Kaposis)肉瘤或恶性淋巴瘤。此外，感染单核巨噬细胞中 HIV 呈低度增殖，不引起病变，但损害其免疫功能，可将病毒传播至全身，引起间质肺炎和亚急性脑炎。艾滋病已被我国列入乙类法定传染病，并被列为过境卫生监测传染病之一。

2. 艾滋病的临床表现

发病人群以青壮年较多，发病年龄80%在18～45岁，即性生活较活跃的年龄段。在感染艾滋病后往往患有一些罕见的疾病，如肺孢子虫肺炎、弓形体病、非典型分枝杆菌与真菌感染等。感染艾滋病病毒后一旦发展成为艾滋病，患者就可能出现各种临床表现。

1) 一般症状

持续发烧、虚弱、盗汗，持续广泛性全身淋巴结肿大。特别是颈部、腋窝和腹股沟淋巴结肿大更明显。淋巴结直径在1 cm以上，质地坚实，可活动，无疼痛。体重下降在3个月之内可达10%以上，最多可降低40%，患者消瘦特别明显。

2) 呼吸道症状

长期咳嗽、胸痛、呼吸困难，严重时痰中带血。

3) 消化道症状

食欲下降、厌食、恶心、呕吐、腹泻，严重时可便血。通常用于治疗消化道感染的药物对这种腹泻无效。

4) 神经系统症状

头晕、头痛、反应迟钝、智力减退、精神异常、抽搐、偏瘫、痴呆等。

5) 皮肤和黏膜损害

单纯疱疹、带状疱疹、口腔和咽部黏膜炎症及溃烂。

6) 肿瘤

可出现多种恶性肿瘤，位于体表的卡波西肉瘤可见红色或紫红色的斑疹、丘疹和浸润性肿块。

当出现上面三个以上症状又有不洁性接触史时，应及时去医院检查。HIV引起的症状并没有特异性，在现实生活中有许多原因能够引起以上症状，不能因为自己的身体有相关症状就断定自己携带HIV。只有进行科学的“HIV抗体/抗原检测”才能够得出正确的结论。

7.8.2 艾滋病的预防

目前尚无预防艾滋病的有效疫苗，因此最重要的是采取预防措施。

(1) 坚持洁身自爱，不卖淫，不嫖娼，避免婚前、婚外性行为。

(2) 严禁吸毒，不与他人共用注射器。

(3) 不要擅自输血和使用血制品，要在医生的指导下使用。

(4) 不要借用或共用牙刷、剃须刀、刮脸刀等个人用品。

(5) 使用安全套是性生活中最有效的预防性病和艾滋病的措施之一。

(6) 要避免直接与艾滋病患者的血液、精液、乳汁接触，切断其传播途径。

7.8.3 艾滋病的治疗及治疗药物

目前在全世界范围内仍缺乏根治HIV感染的有效药物。现阶段的治疗目标是最大限度和持久地降低病毒载量；获得免疫功能重建和维持免疫功能；提高生活质量；降低HIV相关的发病率和死亡率。该病的治疗强调综合治疗，包括一般治疗、抗病毒治疗、恢复或改善免疫功能的治疗及机会性感染和恶性肿瘤的治疗。

1. 一般治疗

对 HIV 感染者或获得性免疫缺陷综合征患者均无须隔离治疗。对无症状 HIV 感染者，仍可保持正常的工作和生活。应根据具体病情进行抗病毒治疗，并密切监测病情的变化。对艾滋病前期或已发展为艾滋病的患者，应根据病情注意休息，给予高热量、多维生素饮食。不能进食者，应静脉输液补充营养。加强支持疗法，包括输血及营养支持疗法，维持水及电解质平衡。

2. 抗病毒治疗

抗病毒治疗是艾滋病治疗的关键。随着采用高效抗反转录病毒联合疗法的应用，大大提高了抗 HIV 的疗效，显著改善了患者的生活质量。

3. 抗艾滋病病毒治疗药物及其发展

对病毒性疾病的治疗至今仍缺乏专属性强的药物，目前国内外抗病毒新药筛选的关注点及重点研究的领域有以下几个方面。

1) 针对 HIV 在宿主细胞内复制过程所依赖基因编码生物酶作为靶点

拉替拉韦钾(艾生特)由默克公司研制，2007 年 10 月 12 日美国 FDA 批准上市，至今已在 80 多个国家和地区投入临床使用。

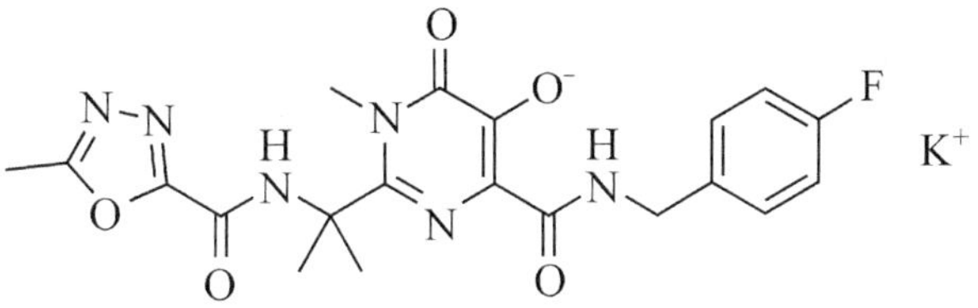

拉替拉韦钾化学结构式

拉替拉韦钾是目前第一个获得批准的治疗 HIV-1 感染的整合酶抑制剂，被用于治疗感染 HIV-1 未曾接受治疗和曾接受治疗的成人患者。拉替拉韦钾通过整合酶抑制 HIV-1 DNA 插入人体 DNA，具有限制病毒复制和感染新细胞的能力。

2) 非核苷转录酶抑制剂

2011 年 5 月 20 日美国 FDA 批准美国 Tibotec 公司的利匹韦林[rilpivirine(RPV)，商品名 Edurant]与其他抗反转录病毒药物联用用于治疗从未进行过 HIV 治疗(初治)的 HIV-1 感染成年患者。Edurant 并不能治愈 HIV 感染，患者必须坚持连续的 HIV 治疗来控制 HIV 感染并减少 HIV 相关疾病的发病率，Edurant 属于一类非核苷反转录酶抑制剂 HIV 药物。利匹韦林为第二代非核苷类反转录酶抑制剂，其作用机制是阻止 HIV 病毒复制，从而控制血液中 HIV 病毒的数量。

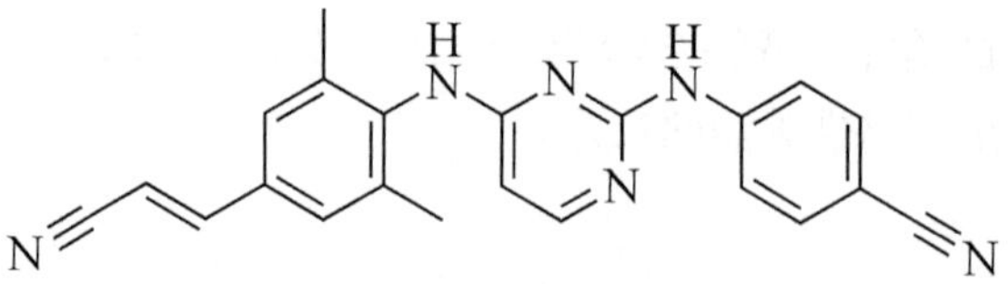

利匹韦林化学结构式

非核苷酸反转录酶抑制剂最早使用的是奈韦拉平(NVP)，该药对阻断 HIV 母婴传播具有很好的效果。该类药物目前主要有 5 种：奈韦拉平、依非韦伦(EFV)、依曲韦林(ETR)、地拉韦啶(DEL)和利匹韦林。该类药物直接与反转录酶活性位点结合，导致其失活，减少病毒基因反转录。药物优点为半衰期较长，可以减少患者的服药量；吸收好，没有食物禁忌；能够通过不同屏障系统进入脑脊液、精液和乳液中；对耐药的 HIV 毒株仍具有杀伤作用，但单用时易产生耐药性。

3) 核苷酸类抗病毒药

替诺福韦是美国吉利德(Gilead)公司开发上市的一种核苷酸类抗病毒药。2001 年经美国 FDA 批准用于治疗 HIV 的感染。由于治疗效果确切，适用性好，剂量合适，是多个治疗指南推荐使用的一线抗 HIV 药物。

核苷酸类抗病毒药是目前应用最早、品种最多的一类药物。主要有齐多夫定、去羟肌苷、司坦夫定、拉米夫定、替诺福韦酯、阿巴卡韦、扎西他滨、恩曲他滨等。该类药物竞争性与反转录酶结合，阻止 HIV 双链 DNA 合成，抑制病毒增殖。但是不良反应较大，如骨髓抑制、消化道不良反应等，单独使用时易产生耐药性。

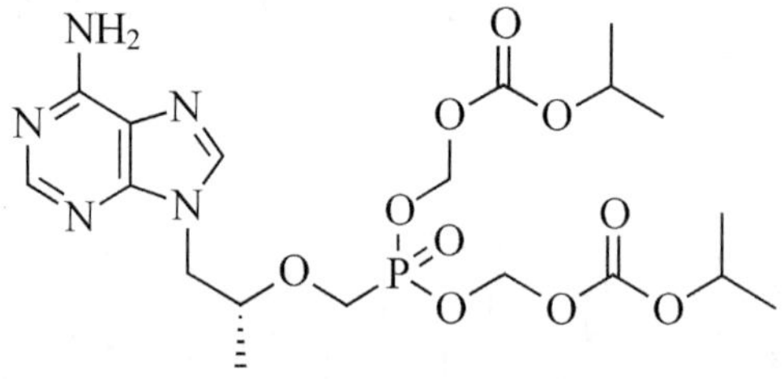

替诺福韦酯化学结构式

健康贴士

远离艾滋病

(1) 洁身自好，不要随便与不明身份的人有性关系，发生性关系时一定戴安全套。
(2) 做文眉、文眼线或者是其他一些有创伤性的美容时，一定要严格消毒。
(3) 不要和别人共用剃须刀或牙刷。
(4) 不吸毒。
(5) 阻断血液传播，避免针具交换。

参 考 文 献

国家药典委员会. 2015. 中华人民共和国药典[M]. 北京: 中国医药科技出版社.
刘新民. 2008. 临床药物学[M]. 北京: 军事医学科学出版社.
田建华, 郝恩恩. 2007. 糖尿病医疗全书[M]. 北京: 中医古籍出版社.

屠呦呦. 2009. 青蒿及青蒿素类药物[M]. 北京: 化学工业出版社.
魏于全, 张清媛, 石远凯. 2017. 肿瘤学概论[M]. 北京: 人民卫生出版社.
肖永红. 2004. 临床抗生素学[M]. 重庆: 重庆出版社.
杨解人. 2009. 临床药学与药物治疗学[M]. 北京: 军事医学科学出版社.
杨君佑, 胡弼. 2004. 心脑血管病及其防治[M]. 长沙: 中南大学出版社.
尤启冬. 2013. 药物化学[M]. 7 版. 北京: 人民卫生出版社.
张可. 2007. 艾滋病临床诊断和治疗[M]. 北京: 人民卫生出版社.
Firestein G S. 2011. 凯利风湿病学[M]. 栗占国, 唐福林, 译. 北京: 北京大学医学出版社.